走向国际数学奥林匹克的
平面几何试题诠释

（第2卷）

主　编　沈文选
副主编　杨清桃　步　凡　昊　凡

哈尔滨工业大学出版社
HARBIN INSTITUTE OF TECHNOLOGY PRESS

内容简介

全套书对 1978～2016 年的全国高中数学联赛（包括全国女子竞赛、西部竞赛、东南竞赛、北方竞赛）、中国数学奥林匹克竞赛（CMO，即全国中学生数学冬令营）、中国国家队队员选拔赛以及 IMO 试题中的 200 余道平面几何试题进行了诠释，每道试题给出了尽可能多的解法（多的有近 30 种解法）及命题背景，以 150 个专题讲座分 4 卷的形式对试题所涉及的有关知识或相关背景进行了深入的探讨，揭示了有关平面几何试题的一些命题途径. 本套书极大地拓展了读者的视野，可全方位地开启读者的思维，扎实地训练其基本功.

本套书适合于广大数学爱好者、初、高中数学竞赛选手、初、高中数学教师和中学数学奥林匹克教练员使用，也可作为高等师范院校、教育学院、教师进修学院数学专业开设的"竞赛数学"课程教材及国家级、省级骨干教师培训班参考使用.

图书在版编目(CIP)数据

走向国际数学奥林匹克的平面几何试题诠释. 第 2 卷/沈文选主编. —哈尔滨：哈尔滨工业大学出版社，2019.9
ISBN 978-7-5603-8171-8

Ⅰ.①走… Ⅱ.①沈… Ⅲ.①几何课-高中-解题 Ⅳ.①G634.635

中国版本图书馆 CIP 数据核字(2019)第 074767 号

策划编辑	刘培杰　张永芹
责任编辑	刘立娟
封面设计	孙茵艾
出版发行	哈尔滨工业大学出版社
社　　址	哈尔滨市南岗区复华四道街 10 号　邮编 150006
传　　真	0451 – 86414749
网　　址	http://hitpress.hit.edu.cn
印　　刷	哈尔滨市石桥印务有限公司
开　　本	787mm×1092mm　1/16　印张 31　字数 590 千字
版　　次	2019 年 9 月第 1 版　2019 年 9 月第 1 次印刷
书　　号	ISBN 978-7-5603-8171-8
定　　价	78.00 元

(如因印装质量问题影响阅读，我社负责调换)

前　言

在国际数学奥林匹克(IMO)中,中国学生的突出成绩已得到世界公认.这优异的成绩,是中华民族精神的体现,是龙的传人潜质的反映,它是实现民族振兴的希望,它折射出国家富强的未来.

回顾我国数学奥林匹克的发展过程,可以说是一个由小到大的发展过程,是一个由单一到全面的发展过程.在开始举办数学奥林匹克活动时,只限于在少数的几个城市举行,而今天举办的数学奥林匹克活动,几乎遍及了全国各省、市、地区,这是一种规模最大,种类与层次最多的学科竞赛活动.有各省、市的初、高中竞赛,有全国的初、高中联赛,还有全国女子竞赛、西部竞赛、东南竞赛、北方竞赛,以及中国数学奥林匹克竞赛、国家队选拔赛,等等(本套书中的全国高中联赛题、中国数学奥林匹克题、国家队选拔赛题、国际数学奥林匹克题分别用 A,B,C,D 表示,其他有关赛题以其名称冠之).

数学奥林匹克活动的中心环节是试题的命制,而平面几何能够提供各种层次、各种难度的试题,是数学奥林匹克竞赛的一个方便且丰富的题源,因而在各种类别、层次的数学奥林匹克活动中,平面几何试题始终占据着重要的地位.随着活动级别的升高,平面几何试题的分量也随之加重,甚至占到总题量的三分之一.因此,诠释走向 IMO 的平面几何试题,也是进行数学奥林匹克竞赛理论深入研究的一个重要方面.

诠释这些平面几何试题,可以使我们更清楚地看到平面几何试题具有重要的检测作用与开发价值:

它可以检测参赛者所形成的科学世界观和理性精神(平面几何知识是人们认识自然、认识现实世界的中介与工具,这种知识对于人的认识形成有较强的作用,是一种高级的认识与方法论系统)的某些侧面.

它可以检测参赛者所具有的思维习惯(平面几何材料具有深刻的逻辑结构、丰富的直观背景和鲜明的认知层次,处理时思维习惯的优劣对效果产生较大影响)的某些侧面.

它可以检测参赛者的演绎推理和逻辑思维能力(平面几何内容的直观性、难度的层次性、真假的实验性、推理过程的可预见性,成为训练逻辑思维和演绎推理的理想材料)的某些侧面.

试题内容的挑战性具有开发价值.平面几何是一种理解、描述和联系现实空间的工具(几何图形保持着与现实空间的直接且丰富的联系;几何直觉在数学活动中常常起着关键的作用;几何活动常常包含创造活动的各个方面,从构造猜想、表示假设、探寻证明、发现特例和反例到最后形成理论等,这些在各种水平的几何活动中都得到反映).

试题内容对进行创新教育具有开发价值.平面几何能为各种水平的创造活动提供丰富的素材(几何题的综合性便于学生在学习时能够借助于观察、实验、类比、直觉和推理等多种手段;几何题的层次性使得不同能力水平的学生都能从中得到益处;几何题的启发性可以使学生建立广泛的联系,并把它应用于更广的领域中).

试题内容对开展数学应用与建模教育具有开发价值.平面几何建立了简单直观、能被青少年所接受的数学模型,并教会他们用这样的数学模型去思考、探索、应用.点、线、面、三角形、四边形和圆——这是一些多么简单又多么自然的数学模型,却能让青少年沉醉在数学思维的天地里流连忘返,很难想象有什么别的模型能够这样简单,同时又这样有成效.平面几何又可作为多种抽象数学结构的模型(许多重要的数学理论都可以通过几何的途径以自然的方式组织起来,或者从几何模型中抽象出来).

诠释这些平面几何试题,可以使我们更理性地领悟到:几何概念为抽象的科学思维提供直观的模型,几何方法在所有的领域中都有广泛的应用,几何直觉是"数学地"理解高科技和解决问题的工具,几何的公理系统是组织科学体系的典范,几何思维习惯则能使一个人终身受益.

诠释这些平面几何试题,可以使我们更深刻地认识到:奥林匹克数学竞赛试题的综合基础性、实验发展性、创造问题性、艺趣挑战性等体系特征.

许多试题有着深刻的高等几何(如仿射几何、射影几何、几何变换等)和组合几何背景,它是高等数学思想与中学数学的精妙技巧相结合的基础性综合数学问题;试题中所涵盖的许多新思想、新方法,不断地影响着中学数学,从而促进中学数学课程的改革,为中学数学知识的更新架设了桥梁,为现代数学知识的传播和普及提供了科学的测度;许多试题既包含了传统数学的精华,又体现出很大的开放性、发展性、挑战性.

诠释这些平面几何试题,作者作为一种尝试,首先给出试题的尽可能多的解法,然后从试题所涉及的有关知识,或者有关背景进行深入的探讨,试图扩大读者的视野,开启思维,训练基本功.作者为图"文无遗珠"的效果,大量参考了多种图书杂志中发表的解法与探讨,并在书中加以注明,在此向他们表示谢意.

本套书于2007年1月出版了第1版,于2010年2月出版了第2版,这次修订是在第2版的基础上做了重大修改与补充,增加了历届国际数学竞赛试题,补充了8个年度的试题诠释,每章后的讲座都增加到3~5个,因而形成了各册书.

在本套书的撰写与修订过程中,得到了邹宇、羊明亮、肖登鹏、吴仁芳、彭熹、汤芳、张丹、陈丽芳、梁红梅、唐祥德、刘洁、陈明、刘文芳、谢立红、谢圣英、谢美丽、陈淼君、孔璐璐、谢罗庚、彭云飞等的帮助,他们帮助收集资料、抄录稿件、校对清样,付出了辛勤的汗水,在此也表示感谢.

衷心感谢刘培杰数学国际文化传播中心,感谢刘培杰老师、张永芹老师、刘立娟老师等诸位老师,是他们的大力支持,精心编辑,使得本书以新的面目呈现在读者面前!

限于作者的水平,书中的疏漏之处在所难免,敬请读者批评指正.

沈文选
2018年10月于长沙

目　录

第13章　1991～1992年度试题的诠释 …………………… (1)

　　第1节　嵌入三角形的平行四边形问题 ………………… (7)

　　第2节　关于三角形外心的几个充要条件 ……………… (10)

　　第3节　四边形的中位线的性质及应用 ………………… (14)

第14章　1992～1993年度试题的诠释 …………………… (24)

　　第1节　圆内接四边形四顶点组成的四个三角形问题 … (36)

　　第2节　圆内接四边形的两个充要条件 ………………… (43)

　　第3节　垂心余弦定理及应用 …………………………… (48)

　　第4节　运用向量法解题 ………………………………… (50)

第15章　1993～1994年度试题的诠释 …………………… (57)

　　第1节　四边形中的钝角三角形剖分问题 ……………… (75)

　　第2节　特殊多边形的内接正三角形问题 ……………… (81)

　　第3节　正三角形的组合 ………………………………… (83)

第16章　1994～1995年度试题的诠释 …………………… (86)

　　第1节　一个基本图形 …………………………………… (101)

第2节　位似变换 …………………………………………… (113)
第3节　三角形的外心与内心 ……………………………… (119)
第4节　正弦定理的变形及应用 …………………………… (127)

第17章　1995～1996年度试题的诠释 ……………………… (135)

第1节　梯形中位线定理的推广及应用 …………………… (157)
第2节　从平面解析几何问题到平面几何竞赛题 ………… (162)
第3节　凸四边形中的一组点共线问题 …………………… (165)
第4节　圆的外切四边形的几条性质 ……………………… (172)

第18章　1996～1997年度试题的诠释 ……………………… (183)

第1节　完全四边形的优美性质(二) ……………………… (209)
第2节　一道擂台题与高中联赛题 ………………………… (212)
第3节　关于三角形旁切圆的几个命题与问题 …………… (218)
第4节　试题D2的拓广 …………………………………… (233)

第19章　1997～1998年度试题的诠释 ……………………… (239)

第1节　根轴的性质及应用 ………………………………… (257)
第2节　与三角形垂心有关的几个命题 …………………… (263)
第3节　运用复数法解题 …………………………………… (266)

第20章　1998～1999年度试题的诠释 ……………………… (279)

第1节　过三角形巧合点的直线 …………………………… (307)
第2节　完全四边形的优美性质(三) ……………………… (315)
第3节　运用解析法解题 …………………………………… (318)
第4节　运用特殊的解析法解题 …………………………… (326)

第21章　1999～2000年度试题的诠释 ……………………… (338)

第1节　三角形高上一点的性质及推广 …………………… (353)
第2节　完全四边形的优美性质(四) ……………………… (364)
第3节　梅涅劳斯定理的第二角元形式 …………………… (377)

第 4 节　运用同一法证题 ·················· (380)

第 22 章　2000～2001 年度试题的诠释 ·············· (386)

　　第 1 节　三角形中共顶点的等角问题 ············ (401)
　　第 2 节　正三角形的分割三角形问题 ············ (409)
　　第 3 节　爱尔可斯定理 ·················· (416)

第 23 章　2001～2002 年度试题的诠释 ·············· (422)

　　第 1 节　线段垂直的一个充要条件的应用 ·········· (447)
　　第 2 节　完全四边形的优美性质(五) ············ (454)
　　第 3 节　定点问题的证明思路 ··············· (461)

第 13 章 1991～1992 年度试题的诠释

试题 A 设凸四边形 $ABCD$ 的面积为 1,求证:在它的边上(包括顶点)或内部可以找出四个点,使得以其中任意三点为顶点所构成的四个三角形的面积均大于 $\frac{1}{4}$.

证法 1 如图 13.1(a),考虑四个三角形 $\triangle ABC$, $\triangle BCD$, $\triangle CDA$, $\triangle DAB$ 的面积,不妨设 $S_{\triangle DAB}$ 最小,分四种情况讨论.

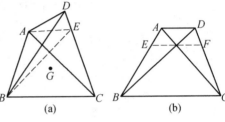

图 13.1

(1) $S_{\triangle DAB} > \frac{1}{4}$. 这时,显然 A, B, C, D 即为所求的四个点.

(2) $S_{\triangle DAB} < \frac{1}{4}$. 设 G 为 $\triangle BCD$ 的重心. 因

$$S_{\triangle BCD} = 1 - S_{\triangle DAB} > \frac{3}{4}$$

故

$$S_{\triangle GBC} = S_{\triangle GCD} = S_{\triangle GDB} = \frac{1}{3} S_{\triangle BCD} > \frac{1}{4}$$

于是, B, C, D, G 四点即为所求.

(3) $S_{\triangle DAB} = \frac{1}{4}$, 而其他三个三角形的面积均大于 $\frac{1}{4}$. 因

$$S_{\triangle ABC} = 1 - S_{\triangle CDA} < \frac{3}{4} = S_{\triangle BCD}$$

故过 A 作 BC 的平行线 l 必与线段 CD 相交于 CD 上的一点 E. 由于

$$S_{\triangle ABC} > S_{\triangle DAB}$$

因此

$$S_{\triangle EAB} > S_{\triangle DAB} = \frac{1}{4}$$

又

$$S_{\triangle EAC} = S_{\triangle EAB}, S_{\triangle EBC} = S_{\triangle ABC} > \frac{1}{4}$$

故 E, A, B, C 四点即为所求.

(4) $S_{\triangle DAB} = \dfrac{1}{4}$, 而其他三个三角形中还有一个面积为 $\dfrac{1}{4}$, 不妨设 $S_{\triangle CDA} = \dfrac{1}{4}$, 如图 13.1(b) 所示.

因 $S_{\triangle DAB} = S_{\triangle CDA}$, 故 $AD \parallel BC$. 又

$$S_{\triangle ABC} = S_{\triangle DBC} = \dfrac{3}{4}$$

故得
$$BC = 3AD$$

在 AB 上取 E, DC 上取 F, 使

$$AE = \dfrac{1}{4} AB, \quad DF = \dfrac{1}{4} CD$$

那么
$$EF = \dfrac{1}{4}(3AD + BC) = \dfrac{3}{2} AD$$

$$S_{\triangle EBF} = S_{\triangle ECF} = \dfrac{3}{4} S_{\triangle ABF} = \dfrac{3}{4} \cdot \dfrac{1}{2} S_{\triangle ABC} > \dfrac{1}{4}$$

$$S_{\triangle EBC} = S_{\triangle FBC} > S_{\triangle EBF} = \dfrac{1}{4}$$

故 E, B, C, F 四点即为所求.

证法 2 如果 $ABCD$ 是平行四边形, 那么

$$S_{\triangle ABC} = S_{\triangle BCD} = S_{\triangle CDA} = S_{\triangle DAB} = \dfrac{1}{2}$$

因此, A, B, C, D 四点即为所求.

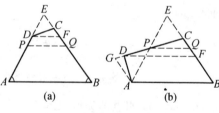

图 13.2

如果 $ABCD$ 不是平行四边形, 不妨设 AD 与 BC 不平行, 且 $\angle DAB + \angle CBA < \pi$. 又设 D 到 AB 的距离不超过 C 到 AB 的距离. 过 D 作 AB 的平行线交线段 BC 于 F. 分两种情况讨论.

(1) $DF \leqslant \dfrac{1}{2} AB$, 如图 13.2(a) 所示. 此时可在线段 AD 与 BC 上分别取 P, Q, 联结 PQ, 使得

$$PQ \parallel AB \text{ 且 } PQ = \dfrac{1}{2} AB \qquad (*)$$

则可证 A, B, Q, P 即为所求.

设直线 AD, BC 相交于 E,则

$$S_{\triangle ABP}=S_{\triangle ABQ}>S_{\triangle APQ}=S_{\triangle BPQ}=\frac{1}{4}S_{\triangle ABE}>\frac{1}{4}S_{ABCD}=\frac{1}{4} \quad (**)$$

(2) $DF>\frac{1}{2}AB$,如图 13.2(b) 所示. 此时可在线段 DC 与 FC 上分别取 P,Q,使式(**)成立(当 $CD \parallel AB$ 时,Q,F,C 三点重合).

现证 A,B,Q,P 即为所求.

设 AP 与 BC 的延长线交于 E. 由式(**),知 P 为 AE 的中点.

过 A 作 BC 的平行线 l,由于 $\angle DAB + \angle CBA < \pi$,$l$ 必与 CD 的延长线相交,设交点为 G,则

$$S_{\triangle PCE}=S_{\triangle PGA}>S_{\triangle PDA}$$

从而 $\quad S_{\triangle EAB}=S_{\triangle PCE}+S_{PABC}>S_{\triangle PDA}+S_{PABC}=S_{ABCD}$

同样可证式(**)成立.

证法 3 在凸四边形 $ABCD$ 中,不妨假定 $\angle A+\angle B\leqslant\pi$,$\angle B+\angle C\leqslant\pi$,则 $\triangle ADC$ 是以 A,B,C,D 四点中任意三点为顶点所构成的四个三角形中面积最小者,所以 $S_{\triangle ADC}\leqslant\frac{1}{2}$. 过 D 作 $DE \parallel AC$ 交 BC 的延长线于 E(也可交 BA 的延长线),联结 AE 交 DC 于 O,如图 13.3 所示,则由等积原理(等底等高的两个三角形面积相等)知

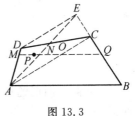

图 13.3

$$S_{\triangle ADC}=S_{\triangle AEC}$$

则 $\quad S_{\triangle EAB}=S_{ABCD}=1$

又 $DE\leqslant AC$,则 $EO\leqslant OA$,由

$$S_{\triangle AEC}=S_{\triangle ADC}\leqslant\frac{1}{2}$$

有 $\quad EC\leqslant BC$

取 EA 的中点 N,EB 的中点 Q,则 N,Q 分别在线段 AO,BC 上,联结 QN 交 AD 于 M,则

$$S_{\triangle ANQ}=\frac{1}{4}S_{\triangle EAB}=\frac{1}{4}$$

在线段 MN 上取一点 P(点 N 除外),则 $PQ>NQ$,故

$$S_{\triangle APQ}=S_{\triangle BPQ}>S_{\triangle ANQ}=\frac{1}{4}$$

又
$$AB > MQ > PQ$$
则
$$S_{\triangle PAB} = S_{\triangle QAB} > S_{\triangle APQ} > \frac{1}{4}$$

故 A, B, Q, P 即为所要找出的符合要求的四点. 证毕.

注 (1) 特别地,当 $\angle DAB + \angle CBA = \pi, \angle ABC + \angle DCB = \pi$ 时,就是四边形 $ABCD$ 为平行四边形的情形,如图 13.4(a) 所示,这时上面证明过程中所有含等号的不等式只取等号,Q, N, M 分别与 C, O, D 重合,P 在线段 OD 上(点 O 除外).

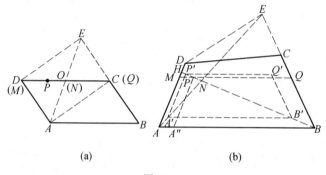

图 13.4

(2) 下面我们把题目条件中"在它的边上(包括顶点)"这一条件去掉,将题目加强.

在图 13.3 中,设 P 为 MN 的中点,过 P 作 $PA'' \parallel AM$ 交 AB 于 A'',则
$$S_{ABQN} = S_{A''BQP} = \frac{3}{4}$$

如图 13.4(b) 所示. 联结 BP 交线段 AD 或 DC 于 H,在 PH 上取一点 P'(H, P 除外),过 P' 作 $P'Q' \underline{\parallel} PQ$,$P'A' \underline{\parallel} PA''$,过 Q' 作 $Q'B' \underline{\parallel} QB$,联结 $A'B'$,则
$$\text{梯形 } A''BQP \cong \text{梯形 } A'B'Q'P'$$

由于 A'', B, Q, P 四点和 A', B', Q', P' 四点也是符合要求的四点,但 A', B', Q', P' 在四边形 $ABCD$ 内部,于是题目可加强为:

推论 1 设凸四边形 $ABCD$ 的面积为 1,则在它的内部存在四点,便得以其中任意三点为顶点所构成的四个三角形的面积均大于 $\frac{1}{4}$.

从推论 1 的证明中还可得到:

推论 2 设凸四边形 $ABCD$ 的面积为 1,则在它的内部可截割出一个面积为 $\frac{3}{4}$,且上、下底之比为大于 $\frac{1}{2}$ 且小于 1 的梯形.

试题 B 凸四边形 $ABCD$ 内接于圆 O,对角线 AC 与 BD 相交于 P. $\triangle ABP$, $\triangle CDP$ 的外接圆相交于 P 和另一点 Q,且 O,P,Q 三点两两不重合.试证:$\angle OQP = 90°$.

证法 1 如图 13.5,联结 AO,AQ,DO,DQ,易知
$$\angle DQA = \angle DQP + \angle PQA = \angle DCP + \angle ABP = 2\angle ABD$$
$$\angle AOD = 2\angle ABD$$
于是 $\angle DQA = \angle AOD$

从而,A,O,Q,D 四点共圆.又
$$\angle AQO = \angle ADO = 90° - \frac{1}{2}\angle AOD = 90° - \angle ABD$$
$$\angle AQP = \angle ABD$$
所以 $\angle OQP = \angle AQO + \angle AQP = 90°$

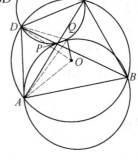

图 13.5

证法 2 如图 13.6,O_1, O_2 分别是 $\triangle ABP$ 和 $\triangle PCD$ 的外心,联结 $O_2 P$ 并延长交 AB 于 H,联结 $O_2 D$.于是
$$\angle BPH = \angle O_2 PD = 90° - \frac{1}{2}\angle DO_2 P =$$
$$90° - \angle DCP = 90° - \angle ABD$$
从而,$\angle PHB = 90°$,即 $O_2 P \perp AB$. 又 $OO_1 \perp AB$,故 $OO_1 \parallel O_2 P$.

同理 $O_2 O \parallel O_1 P$. 因而,$O_1 OO_2 P$ 是平行四边形,E 是 OP 的中点.

又 F 是 PQ 的中点,故 $EF \parallel OQ$,即 $O_1 O_2 \parallel OQ$. 但 $O_2 O_1 \perp PQ$,故 $OQ \perp PQ$,即 $\angle OQP = 90°$.

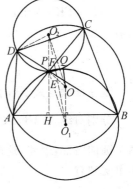

图 13.6

证法 3 参见图 12.4,将图中 M 改为 Q 即可.

试题 C 平面上给定 $\triangle ABC$, $AB = \sqrt{7}$, $BC = \sqrt{13}$, $CA = \sqrt{19}$,分别以 A, B, C 为圆心作圆,且半径依次为 $\frac{1}{3}, \frac{2}{3}, 1$. 试证:在这三个圆上各存在一点 A', B', C',使 $\triangle ABC \cong \triangle A'B'C'$.

证明 分别将以点 A, B, C 为圆心的圆叫作圆 A、圆 B、圆 C,它们的半径记作 r_A, r_B, r_C. 由三圆圆心之间的距离及半径之值可看出,这三个圆互不相交,且有 $r_A : r_B : r_C = 1 : 2 : 3$. 下面证明,在平面上存在一点 M,使得
$$MA : MB : MC = 1 : 2 : 3$$

①

首先证明一个基本事实：如果 D_1 和 D_2 分别是线段 EF 的内、外定比分点，如图 13.7 所示，使得

$$\frac{D_1E}{D_1F} = \frac{D_2E}{D_2F} = \lambda \neq 1$$

那么，对于以 D_1D_2 为直径的圆周上任意一点 M，都有 $\frac{ME}{MF} = \lambda$.

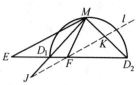

图 13.7

设 M 是以 D_1D_2 为直径的圆周上任意一点，过点 F 作直线 $l \parallel EM$. 设 l 与直线 MD_1, MD_2 的交点分别为 J, K. 于是，有

$$\triangle D_1ME \backsim \triangle D_1JF$$

从而
$$\frac{JF}{EM} = \frac{D_1F}{D_1E} = \frac{1}{\lambda}$$

还有
$$\triangle D_2FK \backsim \triangle D_2EM$$

故
$$\frac{FK}{EM} = \frac{D_2F}{D_2E} = \frac{1}{\lambda}$$

因此，$JF = FK$，故在 $\mathrm{Rt}\triangle MJK$ 中，MF 是斜边上的中线，故有 $MF = JF = FK$，更有

$$\frac{MF}{ME} = \frac{D_1F}{D_1E} = \frac{1}{\lambda}$$

现在证满足式 ① 的点 M 存在.

分别对线段 AB, AC 按比例 $\frac{1}{2}, \frac{1}{3}$ 作出具有上述性质的圆，易知点 A 在这两个圆的内部，因此，这两个圆必定相交，设 M 为交点之一. 于是，由所证的基本事实知有

$$MA : MB : MC = 1 : 2 : 3$$

以点 M 为中心，令 $\triangle ABC$ 绕 M 旋转，当点 A 到达圆周 A 上时即停止，将此时点 A 的位置记作 A'. 由于

$$MA : MB : MC = 1 : 2 : 3 = r_A : r_B : r_C$$

因此，当点 A 到达圆周 A 上时，点 B、点 C 亦分别到达圆周 B、圆周 C 上，将点 B、点 C 此时的位置分别记作 B', C'，于是就有 $\triangle A'B'C' \cong \triangle ABC$，故 A', B', C' 的存在性获证.

试题 D　在一个平面中，Ω 为一个圆周，直线 L 是该圆周的一条切线，M 为 L 上一点. 试求出具有如下性质的所有点 P 的集合：在直线 L 上存在两个点 Q 和 R，使得 M 是线段 QR 的中点，且 Ω 是 $\triangle PQR$ 的内切圆.

解 如图 13.8,设 Ω 的圆心为 O,Ω 与直线 L 相切于点 T,T 关于点 O 的对称点为 S,则 S 也在 Ω 上.

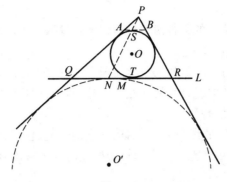

图 13.8

任取一个满足条件的点 P,过 P 作 Ω 的两条切线,设它们与 L 的交点分别为 Q,R. 过 S 作 L 的平行线,设其与 PQ,PR 相交于 A,B. 于是圆 Ω 是 $\triangle PAB$ 在 AB 边上的旁切圆,且在该边上的切点为 S.

再作 $\triangle PQR$ 在 QR 边上的旁切圆 Ω',圆心为 O',它与 QR 切于点 N.

因为 $AB \parallel QR$,所以 $\triangle PAB$ 与 $\triangle PQR$ 关于点 P 位似. 在此位似变换下,圆 Ω 变到圆 Ω',S 与 O 分别变为 N 和 O'. 这表明,点 P 必在直线 NS 上,且
$$TR = \frac{1}{2}(PR + QR - PQ) = NQ \qquad ①$$
又已知 $MQ = MR$,从而有
$$MN = MT \qquad ②$$
即点 N 是 T 关于 M 的对称点.

综上所述,点 P 必位于直线 NS 之上,其中点 N 是 T 关于 M 的对称点,点 S 是 T 关于 O 的对称点,且 P 与 N 位于点 S 的不同侧.

反之,在直线 NS 上任取一与 N 位于 S 的不同侧的点 P,过 P 作圆 Ω 的两条切线,设它们分别与 L 相交于点 Q 和 R,则重复上述作旁切圆的推导过程,仍得 ①,又因 N 满足 ②,故 $QM = MR$. 可见点 P 确实满足所有条件.

总之,所求点 P 的集合,即为直线 SN 上以 S 为端点、与 SN 方向相反的射线,点 S 不包括在内.

第 1 节 嵌入三角形的平行四边形问题

试题 A 涉及了图形嵌入问题,下面讨论一类特殊的嵌入问题.

我们在第6章第1节三角形的与其边平行的内接平行四边形问题中,给出了"其内接平行四边形的面积不大于三角形面积的一半"的结论.由此,我们有:

命题1 嵌入三角形的平行四边形面积不超过该三角形面积的一半.

对偶地,我们也有:

命题2 嵌入平行四边形的三角形面积不超过该平行四边形面积的一半.

这是两个非常活跃的组合几何问题,利用这两个命题,可以证明1991年全国高中联赛试题的加强命题:

设凸四边形 $ABCD$ 的面积为1,求证:在它的边上(包括顶点)或内部可以找出四个点,使得以其中任意三点为顶点所构成的四个三角形的面积均不小于 $\frac{4}{15}$.

现在证明如下:[①]

如图13.9,作面积为1的梯形 $ABCD$,可得

$$S_1 = S_{\triangle ABD} = \frac{1}{5}, S_2 = S_{\triangle BCD} = \frac{4}{5}$$

以下只需证明:在这个梯形区域不存在使其中每三点组成的三角形面积都大于 $\frac{4}{15}$ 的四点.

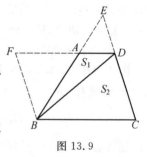

图13.9

(1) 若四点所构成的凸包为四边形,设这个四边形为 $MNPQ$,如图13.10所示,不妨设

$$S_{\triangle MNQ} = \min\{S_{\triangle MNQ}, S_{\triangle MNP}, S_{\triangle NPQ}, S_{\triangle PQM}\}$$

由

$$S_{\triangle MNQ} \leqslant S_{\triangle MNP} \Rightarrow \angle MNQ \leqslant \angle NQP$$

故可在 $\angle NQP$ 内作

$$\angle OPN = \angle MNQ$$

又由 $S_{\triangle MNQ} \leqslant S_{\triangle MPQ} \Rightarrow \angle MQN \leqslant \angle QNP$

故可在 $\angle QNP$ 内作 $\angle ONQ = \angle NQM$,从而 $\square MNOQ \subset$ 四边形 $MNPQ$.

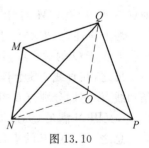

图13.10

在图13.9中,延长 BA,CD 相交于 E,由条件,有

[①] 张学文,杨林. 从一道竞赛题的加强谈起[J]. 湖南数学通讯,1992(6):26-27.

$$\frac{S_2}{S_{\triangle EBC}} = \frac{CD}{CE} = \frac{CE-DE}{CE} = 1 - \frac{DE}{CE} =$$

$$1 - \frac{S_1}{S_2} = \frac{3}{4} \Rightarrow S_{\triangle EBC} = \frac{16}{15}$$

因为有 $\square MNOQ \subset$ 四边形 $MNPQ \subset$ 梯形 $ABCD \subset \triangle EBC$，所以由命题1，有

$$S_{\square MNOQ} \leqslant \frac{1}{2} S_{\triangle EBC} = \frac{1}{2} \times \frac{16}{15} = \frac{8}{15} \Rightarrow S_{\triangle MNQ} \leqslant \frac{4}{15}$$

(2) 若四点所构成的凸包为三角形，设这个三角形为 $\triangle XYZ$，第四点 P 在 $\triangle XYZ$ 区域，则易知 $\triangle PXY, \triangle PYZ, \triangle PZX$ 中至少有一个的面积不大于 $\frac{1}{3} S_{\triangle XYZ}$，不妨设 $S_{\triangle PXY} \leqslant \frac{1}{3} S_{\triangle XYZ}$，在图 13.9 中过 B 作 CD 的平行线与 DA 的延长线相交于 F，由条件，有

$$\frac{S_{\triangle AFB}}{S_1} = \frac{AF}{AD} = \frac{BC-AD}{AD} = \frac{BC}{AD} - 1 = \frac{S_2}{S_1} - 1 = 3 \Rightarrow$$

$$S_{\triangle AFB} = \frac{3}{5} \Rightarrow S_{\square FBCD} = \frac{8}{5}$$

故由命题2，有

$$S_{\triangle PXY} \leqslant \frac{1}{3} S_{\triangle XYZ} \leqslant \frac{1}{3} \cdot \frac{1}{2} S_{\square FBCD} = \frac{4}{15}$$

(3) 若四点中至少有三点在同一直线上，这种情形的证明是显而易见的.

至此，我们证明了 $\frac{4}{15}$ 的最佳性.

注 在这个证明过程中，我们看到了梯形这个"联络员"所发挥的重要作用，同时，我们也注意到，这个问题的实质是研究四点中那个最小三角形（面积）所具有的性质和它与其他相关图形的联系，这使我们注意到三角形的内接三角形中的一个命题（第 10 章第 2 节）：

命题 3 设 H 是 $\triangle ABC$ 内的任一点，AH, BH, CH 的延长线交 $\triangle ABC$ 三边于 D, E, F，则 $S_{\triangle DEF} \leqslant \frac{1}{4} S_{\triangle ABC}$，等号当且仅当 H 与 $\triangle ABC$ 的重心 G 重合时成立.

如果将命题 1 中的平行四边形按对角线剖分为两个全等的三角形，则每一个三角形的面积小于或等于 $\frac{1}{4}$ 覆盖三角形的面积，将它们进行对照，可以看到，无论是所涉及的对象还是结论都有某种程度的一致性，这使我们想到，命题 1 与命题 3 可能有着某种内在的联系，或者能将它们在某个更一般的较高层次

的问题中统一起来,研究结果表明,这两个命题是等价的,对此,我们有:

命题 4 设 H 是 $\triangle ABC$ 内的任一点,AH,BH,CH 的延长线交 $\triangle ABC$ 三边于 D,E,F,则在 $\triangle ABC$ 内存在一个以 $\triangle DEF$ 的某两边为邻边的平行四边形.

证明 如图 13.11,G 是 $\triangle ABC$ 的重心,D',E',F' 分别为 $\triangle ABC$ 各边上的中点,则 $\triangle ABC$ 被剖分为六个区域:$\triangle AF'G$,$\triangle F'BG$,$\triangle BD'G$,$\triangle D'CG$,$\triangle E'CG$,$\triangle E'AG$. 点 H 落在其中之一(包括边界上). 不妨设 H 落在 $\triangle E'AG$ 区域,根据图 13.11,易知必有

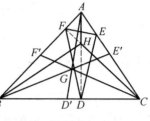

图 13.11

$$\frac{CD}{BD} \leqslant 1, \frac{AE}{CE} \leqslant 1, \frac{AF}{FB} \leqslant 1$$

由塞瓦定理,得

$$\frac{BD}{DC} \cdot \frac{CE}{EA} \cdot \frac{AF}{FB} = 1 \Rightarrow \frac{DC}{BD} = \frac{CE}{EA} \cdot \frac{AF}{FB} \leqslant \frac{CE}{EA}$$

$$\frac{AF}{FB} = \frac{DC}{BD} \cdot \frac{AE}{EC} \leqslant \frac{AE}{EC} \Rightarrow \angle BFD \geqslant \angle FDE, \angle BDF \geqslant \angle DFE$$

分别过 F,D 在 $\angle BFD$,$\angle BDF$ 内作 DE,FE 的平行线,则两平行线的交点 P 必落在 $\triangle BFD$ 区域,从而,有

$$\triangle FDE \subset \square FPDE \subset \triangle ABC$$

故由命题 1 知

$$S_{\triangle EFD} = \frac{1}{2} S_{\square FPDE} \leqslant \frac{1}{2} \left(\frac{1}{2} S_{\triangle ABC} \right) = \frac{1}{4} S_{\triangle ABC}$$

等号当且仅当

$$\frac{DC}{BD} = 1, \frac{EA}{CE} = 1, \frac{AF}{FB} = 1$$

中任两个成立,即 H 与 G 重合时成立. 证毕.

第 2 节 关于三角形外心的几个充要条件

试题 B 涉及了三角形外心的性质问题.

定理 1 三角形所在平面内的一点是其外心的充要条件为:该点到三顶点的距离相等.

显然,若点 O 为 $\triangle ABC$ 的外心,则:

(1) $\angle BOC = 2\angle A, \angle AOC = 2\angle B, \angle AOB = 2\angle C$;

(2) $OB = OC$,且 $\angle BOC = 2\angle A$.

下面,我们证明上述命题的逆命题也是成立的.[①]

引理 1　设点 O 和 C 在直线 AB 同侧,$OA = OB$ 且 $\angle AOB = 2\angle ACB$,则 O 为 $\triangle ABC$ 的外心.

引理 2　设点 O 和 C 分居直线 AB 两侧,$OA = OB$ 且 $\angle AOB = 2(180° - \angle ACB)$,则 O 为 $\triangle ABC$ 的外心.

引理 1 的证明　如图 13.12,延长 AO 交 $\triangle ABC$ 的外接圆(存在且唯一)于点 D,联结 BD,则

$$\angle ADB = \angle ACB$$

由 $\angle AOB = 2\angle ACB$

知 $\angle AOB = 2\angle ADB$

故可得 $\angle ADB = \angle OBD$

则 $OD = OB = OA$

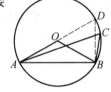

图 13.12

故 O 为 $\triangle ABD$ 的外心. 又 $\triangle ABD$ 与 $\triangle ABC$ 有相同的外接圆,故 O 为 $\triangle ABC$ 的外心.

相仿地可证明引理 2,引入有向角概念,如规定 $\overset{\frown}{AOB}$ 表示射线 OA 沿逆时针方向旋转到 OB 所成的角,则可将上述两定理以及熟知的直角三角形斜边中点是其外心综合为:

引理 3　设 O 与 $\triangle ABC$ 在同一平面上,$OA = OB$ 且 $\overset{\frown}{AOB} = 2\overset{\frown}{ACB} = 2\angle ACB$,则 O 为 $\triangle ABC$ 的外心.

综上,我们有:

定理 2　设 O 为 $\triangle ABC$ 所在平面内一点,则 O 为 $\triangle ABC$ 的外心的充要条件是下述条件之一成立:

(1) $\angle BOC = 2\angle A, \angle AOC = 2\angle B, \angle AOB = 2\angle C$;

(2) $OB = OC$,且 $\angle BOC = 2\angle A$.

例 1　如图 13.13,在 $\triangle ABC$ 中,$AB = AC$,D 是底边 BC 上一点,E 是线段 AD 上一点,且 $\angle BED = 2\angle CED = \angle A$,求证:$BD = 2CD$.

(1992 年全国初中数学联赛)

证明　作 $DO \parallel AB$ 交 AC 于 O,则由 $AB = AC$ 易知 $OD = OC$,且

[①] 方廷刚. 怎样判别三角形的外心[J]. 中学数学,1995(3):41-48.

$$\angle DOC = \angle A = 2\angle DEC$$

故 O 为 $\triangle EDC$ 的外心,取 F 为 $\triangle EDC$ 的外接圆与 AC 的交点,则

$$OF = OC = OD$$

且 $$\angle ACE = \angle ADF$$

则 $$\triangle ACE \sim \triangle ADF$$

即 $$\frac{AD}{AC} = \frac{AF}{AE}$$

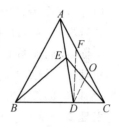

图 13.13

再由 $DO \parallel AB$ 有

$$\angle ADO = \angle BAE, \angle DOC = \angle A = \angle BED$$

则 $$\angle AOD = \angle BEA$$

有 $$\triangle ADO \sim \triangle BAE$$

即 $$\frac{OD}{AE} = \frac{AD}{AB} = \frac{AD}{AC} = \frac{AF}{AE}$$

从而 $$AF = OD = OC = OF$$

故 $$\frac{AO}{OC} = \frac{2}{1}$$

再由 $OD \parallel AB$ 知 $\frac{BD}{DC} = \frac{AO}{OC}$,于是 $BD = 2CD$.

例 2 如图 13.14,在 $\triangle ABC$ 中,$AB = AC$,$\angle A = 20°$,点 D 在 AC 上,E 在 AB 上,$\angle ACE = \angle BDE = 30°$,求 $\angle ABD$ 的度数.

解 作 $\angle CBO = 20°$,BO 交 AC 于 O,联结 OE,因 $AB = AC$ 且 $\angle A = 20°$,则

$$\angle ABC = \angle ACB = 80°$$

即 $$\angle BOC = 180° - \angle OBC - \angle BCO = 80°$$

故 $$\angle BOC = \angle BCO, BO = BC$$

又 $\angle ACE = 30°$,则 $\angle BCE = 50°$,即

$$\angle BEC = 180° - \angle EBC - \angle BCE = 50°$$

即 $$\angle BEC = \angle BCE$$

从而 $$BE = BC = BO$$

且 $$\angle EBO = 60°$$

则 $\triangle OBE$ 为正三角形,即 $OB = OE$,且

$$\angle BOE = 60° = 2\angle BDE$$

故 O 为 $\triangle BDE$ 的外心,又
$$\angle DOE = 180° - \angle EOB - \angle BOC = 40°$$
故 $\quad \angle ABD = \dfrac{1}{2}\angle EOD = 20°$

例 3 在正方形 $ABCD$ 的边 BC, CD 上各取一点 E, F,满足 $\angle EAF = 45°$,作 $EH \perp AF$,H 为垂足. 求证:$\angle CHF = 2\angle BAE$.

证明 如图 13.15,联结 AC, BH,由 $\angle ABE + \angle AHE = 180°$,知 A, B, E, H 四点共圆,则
$$\angle EBH = \angle EAH = 45°$$
即 $\quad \angle CBH = 45° = \angle ABH$
从而可证 $\triangle CBH \cong \triangle ABH$
故 $\quad HC = HA$

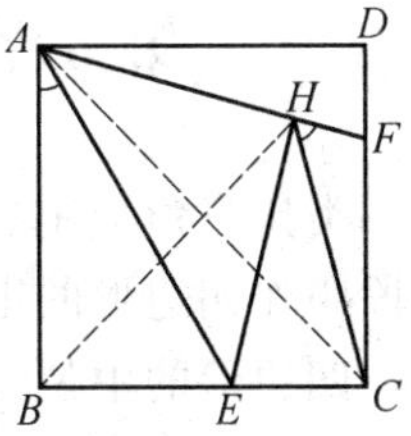

又 $\triangle AHE$ 为等腰直角三角形,$HA = HE$,则 $HA = HE = HC$,点 H 为 $\triangle AEC$ 的外心. 此时
$$\angle EHC = 2\angle EAC$$
但
$$\angle EHF = 90° = 2 \times 45° = 2\angle BAC$$
故 $\quad \angle CHF = \angle EHF - \angle EHC = 2\angle BAC - 2\angle EAC = 2(\angle BAC - \angle EAC) = 2\angle BAE$

图 13.15

例 4 AB 为半圆 O 的直径,两弦 AF, BE 相交于 Q,过 E, F 分别作半圆的切线得交点 P,求证:$PQ \perp AB$.

证明 如图 13.16,延长 EP 到 K,使 $PK = PE$,联结 KF, AE, EF, BF,直线 PQ 交 AB 于 H. 因
$$\angle EQF = \angle AQB = (90° - \angle 1) + (90° - \angle 2) =$$
$$\angle ABF + \angle BAE = \angle AFP + \angle BEP =$$
$$\angle QFP + \angle QEP$$

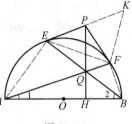

图 13.16

又由 $\quad PK = PE = PF \Rightarrow \angle K = \angle PFK$
则 $\angle EQF + \angle K = (\angle QFP + \angle QEP) + \angle PFK = \angle QFK + \angle QEK$
由于凸四边形内角和为 $360°$,则
$$\angle EQF + \angle K = \dfrac{1}{2} \times 360° = 180°$$
知 E, Q, F, K 四点共圆. 又
$$PK = PE = PF$$

则点 P 必是 $\triangle EFK$ 的外心,即点 P 是 E,Q,F,K 四点共圆的圆心,显然 $PQ = PE = PF$. 于是
$$\angle 1 + \angle AQH = \angle 1 + \angle PQF = \angle 1 + \angle PFQ = \angle 1 + \angle AFP = \angle 1 + \angle ABF = 90°$$
由此可知 $QH \perp AH$,即 $PQ \perp AB$.

第 3 节　四边形的中位线的性质及应用

类比三角形中位线的定义,我们约定:联结平面或空间四边形对边中点的线段叫作四边形的中位线.

四边形的中位线有如下性质及推论[①]:

性质 1　在任意四边形 $ABCD$ 中,E,F 分别是 AB,CD 的中点,则 $2\overrightarrow{EF} = \overrightarrow{AD} + \overrightarrow{BC}$.

证明　四边形 $ABCD$ 为平面四边形时如图 13.17(a) 或 (b) 所示(顶点可交错),四边形 $ABCD$ 为空间四边形时如图 13.18 所示,则均有以下证法
$$2\overrightarrow{EF} = (\overrightarrow{EA} + \overrightarrow{AD} + \overrightarrow{DF}) + (\overrightarrow{EB} + \overrightarrow{BC} + \overrightarrow{CF}) = (\overrightarrow{EA} + \overrightarrow{EB}) + (\overrightarrow{DF} + \overrightarrow{CF}) + (\overrightarrow{AD} + \overrightarrow{BC}) = \overrightarrow{AD} + \overrightarrow{BC}$$

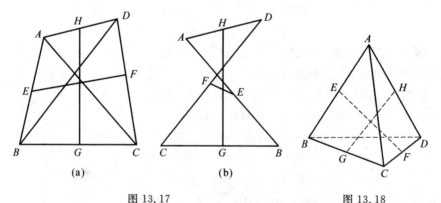

图 13.17　　　　　图 13.18

性质 2　在任意四边形 $ABCD$ 中,E,F,G,H 分别为边 AB,CD,BC,AD 的中点,则
$$EF^2 - GH^2 = \frac{1}{2}(AD^2 + BC^2 - AB^2 - CD^2)$$

---

① 程汉波.四边形的中位线的性质及应用[J].数学通讯,2014(5):48-50.

证明 由性质 1 知
$$\overrightarrow{EF}=\frac{1}{2}(\overrightarrow{AD}+\overrightarrow{BC}),\overrightarrow{GH}=\frac{1}{2}(\overrightarrow{BA}+\overrightarrow{CD})$$

于是有
$$\overrightarrow{EF}^2-\overrightarrow{GH}^2=\frac{1}{4}(\overrightarrow{AD}+\overrightarrow{BC})^2-\frac{1}{4}(\overrightarrow{BA}+\overrightarrow{CD})^2=$$
$$\frac{1}{4}(AD^2+BC^2-AB^2-CD^2)+$$
$$\frac{1}{2}(\overrightarrow{AD}\cdot\overrightarrow{BC}+\overrightarrow{BA}\cdot\overrightarrow{DC})=$$
$$\frac{1}{2}(AD^2+BC^2-AB^2-CD^2)-$$
$$\frac{1}{4}[(\overrightarrow{AD}-\overrightarrow{BC})^2-(\overrightarrow{BA}+\overrightarrow{DC})^2]$$

又由向量形式的平方差公式得
$$(\overrightarrow{AD}-\overrightarrow{BC})^2-(\overrightarrow{BA}+\overrightarrow{DC})^2=$$
$$(\overrightarrow{AD}-\overrightarrow{BC}+\overrightarrow{BA}+\overrightarrow{DC})\cdot(\overrightarrow{AD}-\overrightarrow{BC}-\overrightarrow{BA}-\overrightarrow{DC})=0$$

所以
$$EF^2-GH^2=\frac{1}{2}(AD^2+BC^2-AB^2-CD^2)$$

由以上证明过程可得重要结论:

推论 1 $\overrightarrow{AD}\cdot\overrightarrow{BC}+\overrightarrow{BA}\cdot\overrightarrow{DC}=\frac{1}{2}(AD^2+BC^2-AB^2-CD^2)$.

在性质 2 中,若令 $D\to A$,则任意四边形 $ABCD$ 退化为 $\triangle ABC$,此时 $AD=0$,$CD=AC$,$HG=AG$,$EF=\frac{1}{2}BC$,于是有
$$\frac{1}{4}BC^2-AG^2=\frac{1}{2}(BC^2-AB^2-AC^2)$$

从而有:

推论 2 $\triangle ABC$ 的边 BC 上的中线长公式
$$AG=\frac{1}{2}\sqrt{2AB^2+2AC^2-BC^2}$$

由推论 1 又可得如下结论:

推论 3 在任意四边形 $ABCD$ 中,设对角线 AC,BD 的夹角为 α,则
$$\cos\alpha=\frac{|AB^2+CD^2-AD^2-BC^2|}{2AC\cdot BD}$$

证明 因为 $\vec{AD} \cdot \vec{BC} + \vec{BA} \cdot \vec{DC} = \frac{1}{2}(AD^2 + BC^2 - AB^2 - CD^2)$,所以只需证明

$$|\vec{AC} \cdot \vec{BD}| = |\vec{AD} \cdot \vec{BC} + \vec{BA} \cdot \vec{DC}|$$

由于

$$\vec{AC} \cdot \vec{BD} - (\vec{AD} \cdot \vec{BC} + \vec{BA} \cdot \vec{DC}) =$$
$$(\vec{AD} + \vec{DC}) \cdot \vec{BD} - \vec{AD} \cdot \vec{BC} - \vec{BA} \cdot \vec{DC} =$$
$$\vec{AD} \cdot (\vec{BD} - \vec{BC}) + \vec{DC} \cdot (\vec{BD} - \vec{BA}) =$$
$$\vec{AD} \cdot \vec{CD} + \vec{DC} \cdot \vec{AD} = 0$$

注 (1) 对于平面四边形 $ABCD$,命题 1 给出了其对角线的夹角公式,若将四边形看作交错四边形 $ADBC$ 或 $ACDB$,则给出了对边的夹角公式;对于空间四边形 $ABCD$,也给出了三棱锥 $ABCD$ 每组对棱的夹角公式.

(2) 若 $D \to A$,则 $BC^2 = AB^2 + AC^2 - 2AB \cdot AC \cdot \cos \angle BAC$,这便是三角形中的余弦定理,因此推论 3 可视作余弦定理的一种空间推广.

推论 4 设平面内凸四边形 $ABCD$ 的四边长依次为 $AB = a, BC = b, CD = c, DA = d$,且记半周长 $p = \dfrac{a+b+c+d}{2}$,则四边形 $ABCD$ 的面积的最大值为 $S_{\max} = \sqrt{(p-a)(p-b)(p-c)(p-d)}$,当且仅当四边形 $ABCD$ 内接于圆时等号成立.

证明 设对角线 AC, BD 的夹角为 α,由推论 3 知

$$\cos \alpha = \frac{|AB^2 + CD^2 - AD^2 - BC^2|}{2AC \cdot BD} = \frac{|a^2 + c^2 - d^2 - b^2|}{2AC \cdot BD}$$

又由于 $S = \dfrac{1}{2} AC \cdot BD \cdot \sin \alpha$,且 $\sin \alpha = \sqrt{1 - \cos^2 \alpha}$,则

$$S = \frac{1}{2} AC \cdot BD \cdot \sin \alpha =$$

$$\frac{1}{2} AC \cdot BD \cdot \sqrt{1 - \left(\frac{|a^2 + c^2 - d^2 - b^2|}{2AC \cdot BD}\right)^2} =$$

$$\sqrt{\frac{1}{4}(AC \cdot BD)^2 - \frac{(a^2 + c^2 - d^2 - b^2)^2}{16}}$$

由托勒密定理知,在凸四边形 $ABCD$ 中,有

$$AB \cdot CD + AD \cdot BC \geq AC \cdot BD$$

其中等号成立的充要条件是四边形 $ABCD$ 为圆内接四边形,则

第 13 章 1991～1992 年度试题的诠释

$$S \leqslant \sqrt{\frac{1}{4}(ac+bd)^2 - \frac{(a^2+c^2-d^2-b^2)^2}{16}} =$$

$$\left[\frac{1}{16}(a+b+c-d)(a+b+d-c) \cdot (a+c+d-b)(b+c+d-a)\right]^{\frac{1}{2}} =$$

$$\sqrt{(p-a)(p-b)(p-c)(p-d)}$$

于是

$$S_{\max} = \sqrt{(p-a)(p-b)(p-c)(p-d)}$$

当且仅当四边形 $ABCD$ 内接于圆时等号成立.

注 若 $D \to A$,则 $d = DA = 0$,则

$$S_{\max} = S_{\triangle ABC} = \sqrt{p(p-a)(p-b)(p-c)}$$

这便是已知三角形三边求其面积的海伦公式.

例1 求证:在任意四边形中,两组对边中点的距离之和不大于四边形的半周长,当且仅当四边形是平行四边形时等号成立.

证明 如图 13.17、图 13.18,由性质 1 知,$\vec{EF} = \frac{1}{2}(\vec{AD} + \vec{BC}), \vec{GH} = \frac{1}{2}(\vec{BA} + \vec{CD})$,于是

$$|\vec{EF}| = \frac{1}{2}|\vec{AD} + \vec{BC}| \leqslant \frac{1}{2}(|\vec{AD}| + |\vec{BC}|)$$

$$|\vec{GH}| = \frac{1}{2}|\vec{BA} + \vec{CD}| \leqslant \frac{1}{2}(|\vec{BA}| + |\vec{CD}|)$$

所以

$$|\vec{EF}| + |\vec{GH}| \leqslant \frac{1}{2}(|\vec{AD}| + |\vec{BC}| + |\vec{BA}| + |\vec{CD}|)$$

当且仅当 $AD \parallel BC, AB \parallel DC$ 时等号成立.

例2 在正四面体 $ABCD$ 中,M,N 分别是 BC 和 DA 的中点,则直线 AM 和 BN 所成角的余弦值为( ).

A. $\frac{1}{3}$ B. $\frac{1}{2}$ C. $\frac{2}{3}$ D. $\frac{3}{4}$

解 选 C. 如图 13.19,不妨设正四面体的边长为 1,AM 和 BN 所成角为 α,则在四边形 $ABMN$ 中,$AB = 1, AM = BN = \frac{\sqrt{3}}{2}, AN = BM = \frac{1}{2}$.

在 $\triangle AMD$ 中,由 $AM = MD$,N 是 AD 的中点,则 $MN \perp AD$,于是

17

$$MN = \sqrt{AM^2 - AN^2} = \sqrt{\left(\frac{\sqrt{3}}{2}\right)^2 - \left(\frac{1}{2}\right)^2} = \frac{\sqrt{2}}{2}$$

由推论3中夹角公式知

$$\cos\alpha = \frac{|AB^2 + MN^2 - AN^2 - BM^2|}{2AM \cdot BN} =$$

$$\frac{\left|1 + \frac{1}{2} - \frac{1}{4} - \frac{1}{4}\right|}{2 \cdot \frac{\sqrt{3}}{2} \cdot \frac{\sqrt{3}}{2}} = \frac{2}{3}$$

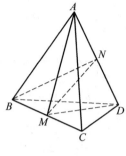

图 13.19

例 3 已知凸五边形 $ABCDE$ 的边 BC,CD,DE,EA 的中点分别为 P,Q,R,S，又 PR,QS 的中点分别为 M,N. 求证：$MN \parallel AB$，且 $MN = \frac{1}{4}AB$.

证明 如图 13.20，联结 RQ,EC,SP，由性质1，有

$$\overrightarrow{MN} = \frac{1}{2}(\overrightarrow{RQ} + \overrightarrow{PS}) =$$

$$\frac{1}{2}\left[\frac{1}{2}\overrightarrow{EC} + \frac{1}{2}(\overrightarrow{BA} + \overrightarrow{CE})\right] =$$

$$\frac{1}{4}\overrightarrow{EC} + \frac{1}{4}\overrightarrow{CE} + \frac{1}{4}\overrightarrow{BA} =$$

$$\frac{1}{4}\overrightarrow{BA}$$

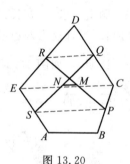

图 13.20

故 $MN \parallel AB$，且 $MN = \frac{1}{4}AB$.

如果考虑平面四边形的对角线，则有完全四点形的概念：

我们也约定，一般的平面四边形加上两条对角线称为完全四点形（为区别于完全四边形而称为完全四点形）. 由于平面四边形不具有稳定性，而完全四点形则是稳定的，故完全四点形的六条边长可以表示图形的任何数量关系，这又为研究一般平面四边形奠定了基础.

完全四点形有四个顶点、六条边、三组对边和三条中位线.

完全四点形的中位线有如下结论：

性质3 完全四点形的三条中位线共点且互相平分，它们平方和的4倍等于六边的平方之和；任一条中位线平方的4倍等于其他四边的平方和减去中点

在两边的平方和.[1]

已知:如图 13.21,在完全四点形($ABCD$)中,EF,GH,IJ 是三条中位线,记 $AB=a$,$BC=b$,$CD=c$,$DA=d$,$AC=e$,$BD=f$.

求证:(1)EF,GH,IJ 三线共点且互相平分;

(2)$EF^2+GH^2+IJ^2=\dfrac{1}{4}(a^2+b^2+c^2+d^2+e^2+f^2)$ ①

(3)$EF^2=\dfrac{1}{4}(b^2+d^2+e^2+f^2-a^2-c^2)$ ②

$GH^2=\dfrac{1}{4}(a^2+c^2+e^2+f^2-b^2-d^2)$ ③

$IJ^2=\dfrac{1}{4}(a^2+b^2+c^2+d^2-e^2-f^2)$ ④

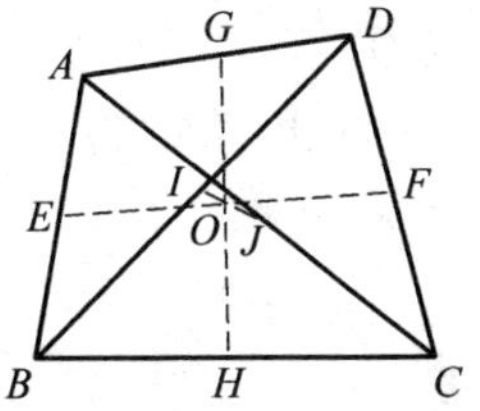

图 13.21

证明 (1)(向量法)以 A 为公共始点,$\vec{AB}$,$\vec{AC}$,$\vec{AD}$ 为基向量,设 EF,GH,IJ 的中点分别为 O_1,O_2,O_3 且是同一点(图中为 O).

设 W 是 $\triangle XYZ$ 边 YZ 上的中点,则易证

$$\vec{XW}=\dfrac{1}{2}(\vec{XY}+\vec{XZ})$$

利用这个结论知

$$\vec{AO_1}=\dfrac{1}{2}(\vec{AE}+\vec{AF})=\dfrac{1}{2}(\dfrac{1}{2}\vec{AB}+\dfrac{1}{2}(\vec{AC}+\vec{AD}))=\dfrac{1}{4}(\vec{AB}+\vec{AC}+\vec{AD})$$

同理可证

$$\vec{AO_2}=\vec{AO_3}=\dfrac{1}{4}(\vec{AB}+\vec{AC}+\vec{AD})$$

所以 O_1,O_2,O_3 是同一点 O,由于 O 是每条中位线的中点,故三条中位线共点且互相平分,于是有三个平行四边形:□$EHFG$,□$EJFI$,□$IHJG$.

(2)对于 □$EHFG$,利用"平行四边形两对角线的平方和等于四边的平方和"与三角形的中位线定理,有

$$EF^2+GH^2=2(EG^2+GF^2)=2\left(\dfrac{f^2}{4}+\dfrac{e^2}{4}\right)=\dfrac{1}{2}(e^2+f^2) \quad ⑤$$

同理

$$EF^2+IJ^2=\dfrac{1}{2}(b^2+d^2) \quad ⑥$$

---

[1] 杨林. 数学教与思[M]. 北京:华语出版社,2010:30-35.

$$IJ^2 + GH^2 = \frac{1}{2}(a^2 + c^2) \qquad ⑦$$

由 ⑤ + ⑥ + ⑦ 得

$$EF^2 + GH^2 + IJ^2 = \frac{1}{4}(a^2 + b^2 + c^2 + d^2 + e^2 + f^2)$$

即式 ①.

(3) 由 ⑤⑥ 得

$$EF^2 = \frac{1}{2}(e^2 + f^2) - GH^2 \qquad ⑧$$

$$EF^2 = \frac{1}{2}(b^2 + d^2) - IJ^2 \qquad ⑨$$

由 $\frac{⑧+⑨}{2}$ 得

$$EF^2 = \frac{1}{4}(e^2 + f^2 + b^2 + d^2) - \frac{1}{2}(GH^2 + IJ^2)$$

代入 ⑦ 得 $EF^2 = \frac{1}{4}(b^2 + d^2 + e^2 + f^2 - a^2 - c^2)$, 此即式 ②.

同理可证式 ③ 和 ④.

由 ② 得中位线长

$$EF = \frac{1}{2}\sqrt{b^2 + d^2 + e^2 + f^2 - a^2 - c^2} \qquad ⑩$$

注 以下对中位线定理所适应的特殊图形作简要讨论.

(1) 视三角形为四边形的退化情形(如一顶点趋于另一顶点的极限图形).

在图 13.21 中, 设 $A \to D$, 则 $d \to 0, e \to c, f \to a$, 于是 EF 变成 $\triangle ABC$ 的中位线, 由 ⑩ 得

$$EF = \frac{1}{2}\sqrt{b^2 + d^2 + e^2 + f^2 - a^2 - c^2} = \frac{b}{2}$$

即三角形中位线长公式.

又设 $A \to B$, 则 A, B, E 三点趋于重合, 此时 $a \to 0, e \to b, f \to d$, EF 变成 $\triangle ACD$ 中 CD 边上的中线, 由 ⑩ 得

$$EF = \frac{1}{2}\sqrt{b^2 + d^2 + e^2 + f^2 - a^2 - c^2} = \frac{1}{2}\sqrt{2(b^2 + d^2) - c^2}$$

此即三角形的中线长公式.

这样, 三角形的中位线、中线与三边的数量关系在完全四点形中得到统一.

(2) 若四边形为 $\square ABCD$, 则 $a = c, b = d$, 且有 $e^2 + f^2 = 2(a^2 + b^2)$. 由 ⑩

得

$$EF = \frac{1}{2}\sqrt{b^2+d^2+e^2+f^2-a^2-c^2} =$$
$$\frac{1}{2}\sqrt{2b^2+2(a^2+b^2)-2a^2} = b = d$$

即平行四边形的中位线与另一组对边平行且相等.

(3) 若四边形为梯形 $ABCD$,设 $AD \parallel BC$,则 EF 为梯形的中位线,故 ⑩ 是梯形中位线的另一种表达式. 由于梯形中位线 $EF = \frac{1}{2}(b+d)$,与 ⑩ 联立得

$$\frac{1}{2}(b+d) = \frac{1}{2}\sqrt{b^2+d^2+e^2+f^2-a^2-c^2}$$

两边平方并整理得

$$e^2 + f^2 = a^2 + c^2 + 2bd \qquad ⑪$$

⑪ 说明"梯形的两对角线的平方和等于两腰的平方和与两底乘积 2 倍之和".

这样,梯形与平行四边形的对角线及四边的关系在完全四点形中通过中位线公式也得到了形式上的统一.

利用完全四点形的中位线公式,我们得到凸四边形面积公式:

推论 5 设凸四边形 $ABCD$,E,H,F,G 分别为 AB,BC,CD,DA 边上的中点,O 为 EF 与 GH 的交点,记 $AB=a,BC=b,CD=c,DA=d,AC=e,BD=f,EF=p$,$GH=q,\angle EOH=\theta$,如图 13.22 所示,则凸四边形 $ABCD$ 的面积为

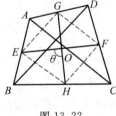

图 13.22

$$S = \frac{1}{4}\sqrt{(2ef-a^2+b^2-c^2+d^2)(2ef+a^2-b^2+c^2-d^2)} \qquad ⑫$$

证明 利用 $S = 2S_{\square EHFG}$,再由 $EH = \frac{1}{2}e, OE = \frac{1}{2}p, OH = \frac{1}{2}q$ 以及三角形面积的海伦公式与公式 ②③,有

$$S = 2S_{\square EHFG} = 8S_{\triangle HEO} =$$
$$8\sqrt{\frac{HE+EO+OH}{2} \cdot \frac{HE+EO-OH}{2} \cdot \frac{HE-EO+OH}{2} \cdot \frac{-HE+EO+OH}{2}} =$$
$$\frac{1}{2}\sqrt{(e+p+q)(e+p-q)(e-p+q)(-e+p+q)} =$$

$$\frac{1}{2}\sqrt{-e^4-p^4-q^4+2e^2p^2+2e^2q^2+2p^2q^2}=$$

$$\frac{1}{2}\sqrt{e^2(2p^2+2q^2-e^2)-(p^2-q^2)^2}=$$

$$\frac{1}{2}\sqrt{(ef)^2-(p^2-q^2)^2}=\quad(因 2p^2+2q^2=e^2+f^2)$$

$$\frac{1}{2}\sqrt{(ef)^2-\frac{1}{4}(a^2-b^2+c^2-d^2)^2}=\quad(依中位线公式②③)$$

$$\frac{1}{4}\sqrt{(2ef-a^2+b^2-c^2+d^2)(2ef+a^2-b^2+c^2-d^2)}$$

证毕.

注 公式⑫又称为贝利契纳德公式,它的其他证法可参见作者的另著《平面几何范例多解探究》.

推论 6 若四边形 $ABCD$ 为平行四边形,则

$$S_{\square ABCD}=\frac{1}{2}\sqrt{(ef-a^2+b^2)(ef+a^2-b^2)} \qquad ⑬$$

或

$$S_{\square ABCD}=\sqrt{(l-a)(l-b)(l-a-2b)(l-2a-b)} \qquad ⑭$$

其中 $l=\dfrac{2a+2b+e+f}{2}$.

对于⑬,将 $a=c, b=d$ 代入⑫即得;对于⑭,利用 $e^2+f^2=2(a^2+b^2)$,代入⑫可得.

推论 7 若四边形 $ABCD$ 为梯形,设 $AD \parallel BC$,则

$$S_{梯形ABCD}=\sqrt{t(t-e)(t-f)(t-b-d)} \qquad ⑮$$

其中 $t=\dfrac{b+d+e+f}{2}$.

由⑪得 $a^2+c^2=e^2+f^2-2bd$,代入⑫即得⑮.

注 如果将平行四边形看作两腰平行且相等的特殊梯形,那么将 $b=d$ 代入⑮又可得到平行四边形面积的另外一种形式的表达式

$$S_{\square ABCD}=\sqrt{t(t-e)(t-f)(t-2b)} \quad (t 同前) \qquad ⑯$$

或

$$S_{\square ABCD}=\sqrt{t'(t'-e)(t'-f)(t'-2a)} \qquad ⑰$$

其中 $t'=\dfrac{2a+e+f}{2}$.

推论 8　若凸四边形 $ABCD$ 内接于圆,则
$$S=\sqrt{(u-a)(u-b)(u-c)(u-d)} \qquad ⑱$$
其中 $u=\dfrac{a+b+c+d}{2}$.

证明　由托勒密定理 $ef=ac+bd$,代入 ⑫,故得

$S=\dfrac{1}{4}\sqrt{(2ac+2bd-a^2+b^2-c^2+d^2)(2ac+2bd+a^2-b^2+c^2-d^2)}=$

$\dfrac{1}{4}\sqrt{[(b+d)^2-(a-c)^2][(a+c)^2-(b-d)^2]}=$

$\sqrt{\left(\dfrac{a+b+c-d}{2}\right)\cdot\left(\dfrac{a+b-c+d}{2}\right)\cdot\left(\dfrac{a-b+c+d}{2}\right)\cdot\left(\dfrac{-a+b+c+d}{2}\right)}=$

$\sqrt{(u-a)(u-b)(u-c)(u-d)}$

证毕.

推论 9　若凸四边形 $ABCD$ 外切于圆,则
$$S=\sqrt{\left(\dfrac{ef+ac-bd}{2}\right)\cdot\left(\dfrac{ef-ac+bd}{2}\right)} \qquad ⑲$$

证明　因四边形外切于圆,则
$$a+c=b+d \Rightarrow a^2+c^2=b^2+d^2+2bd-2ac$$
代入 ⑫ 即得 ⑲.

推论 10　若凸四边形 $ABCD$ 既内接又外切于圆,则 $S=\sqrt{abcd}$.

从以上推论可以看到,由 ⑫ 导出 ⑬～⑲ 是系统、简洁和自然的.

第 14 章 1992～1993 年度试题的诠释

试题 A 设 $A_1A_2A_3A_4$ 为圆 O 的内接四边形,H_1,H_2,H_3,H_4 依次为 $\triangle A_2A_3A_4$,$\triangle A_3A_4A_1$,$\triangle A_4A_1A_2$,$\triangle A_1A_2A_3$ 的垂心.求证:H_1,H_2,H_3,H_4 四点在同一个圆上,并定出该圆的圆心位置.

证法 1 (1)如图 14.1,过 A_3 作圆 O 的直径 A_3B,联结 $BA_1,BA_2,BA_4,H_1A_2,H_1A_4,H_2A_1,H_2A_4$. 因 A_2H_1,BA_4 同垂直于 A_3A_4,故 $A_2H_1 \parallel BA_4$. 因 A_4H_1,BA_2 同垂直于 A_2A_3,故 $A_4H_1 \parallel BA_2$. 因此,四边形 $H_1A_4BA_2$ 为平行四边形,从而 $A_2H_1 \underline{\underline{\parallel}} BA_4$.

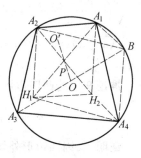

图 14.1

同理,可得四边形 $H_2A_4BA_1$ 为平行四边形.

因此,$A_1H_2 \underline{\underline{\parallel}} BA_4$,从而 $A_2H_1 \underline{\underline{\parallel}} A_1H_2$. 联结 H_1,H_2.

因此,四边形 $A_1A_2H_1H_2$ 为平行四边形.

(2)联结 A_1H_1,A_2H_2. 由平行四边形的性质,知对角线 A_1H_1 与 A_2H_2 互相平分.设它们的交点为 P,则 $A_1P=PH_1,A_2P=PH_2$.

同理可得 A_2H_2 与 A_3H_3 互相平分,则交点为 A_2H_2 的中点,故为点 P. 同理,A_3H_3 与 A_4H_4 互相平分于点 P,即 $A_3P=PH_3,A_4P=PH_4$,于是 A_i 和 H_i ($i=1,2,3,4$)关于点 P 是中心对称的.

(3)因 A_1,A_2,A_3,A_4 共圆,故 H_1,H_2,H_3,H_4 这四点也共圆,其圆心是点 O 关于点 P 的中心对称点.

联结 OP,并延长 OP 到 O',使 $PO'=OP$,则点 O' 是 H_1,H_2,H_3,H_4 四点所决定的圆的圆心.

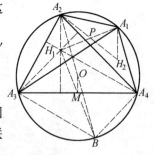

图 14.2

证法 2 如图 14.2,过 $\triangle A_2A_3A_4$ 的外接圆的圆心 O 作 A_3A_4 的垂线 OM,垂足为 M,作直径 A_2B,联结 $BA_3,BA_4,H_1A_2,H_1A_3,H_1A_4,BH_1$.

因 BA_3 和 A_4H_1 同垂直于 A_2A_3,故 $BA_3 \parallel$

A_4H_1. 同理 $BA_4 /\!/ A_3H_1$, 故四边形 $BA_4H_1A_3$ 为平行四边形. 由于 M 是 A_3A_4 的中点, 故 B,M,H_1 共线. OM 为 $\triangle BA_2H_1$ 的中位线, 因此, $A_2H_1 \underline{\parallel} 2OM$.

同理, 在 $\triangle A_1A_3A_4$ 中, 有 $A_1H_2 \underline{\parallel} 2OM$, 因此, 有 $A_2H_1 \underline{\parallel} A_1H_2$, 四边形 $A_1A_2H_1H_2$ 为平行四边形.

联结 A_1H_1, A_2H_2, 由平行四边形的性质知 A_1H_1 与 A_2H_2 互相平分, 设交点为 P. 同理, A_2H_2 与 A_3H_3 互相平分于点 P, A_3H_3 与 A_4H_4 互相平分于点 P. (以下同证法 1 的(3).)

证法 3 如图 14.1, 设圆 O 的半径是 R, 并设点 P 是线段 A_1H_1 的中点, 联结 OP 并延长到 O', 使 $O'P = OP$.

易知, 四边形 $OA_1O'H_1$ 是平行四边形. 故 $O'H_1 = OA_1 = R$.

过 A_3 作圆 O 的直径 A_3B, 联结 BA_4, 则 A_2H_1, BA_4 同垂直于 A_3A_4, 故 $A_2H_1 /\!/ BA_4$. 因 A_4H_1, BA_2 同垂直于 A_2A_3, 故 $A_4H_1 /\!/ BA_2$, 因此, 四边形 $H_1A_4BA_2$ 为平行四边形, 从而 $A_2H_1 \underline{\parallel} BA_4$.

同理可证, $A_1H_2 \underline{\parallel} BA_4$, 所以 $A_2H_1 \underline{\parallel} A_1H_2$, P 也是 A_2H_2 的中点, 从而 $O'H_2 = OA_2 = R$.

类似地, 可证 $O'H_3 = OA_3 = R, O'H_4 = OA_4 = R$, 所以 $O'H_1 = O'H_2 = O'H_3 = O'H_4 = R$, 即 H_1, H_2, H_3, H_4 在以 O' 为圆心, R 为半径的圆上.

证法 4 利用圆内接三角形的一个性质(卡诺定理):"若 O,H 分别是 $\triangle ABC$ 的外心和垂心, $OM \perp BC$ 于 M, 则 $AH = 2OM$."

可作以下证明.

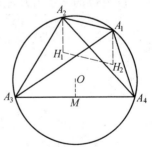

图 14.3

如图 14.3, 作 $OM \perp A_3A_4$ 于点 M, 联结 A_1H_2, A_2H_1, H_1H_2, 则
$$A_1H_2 = 2OM, A_2H_1 = 2OM$$
又因为 $A_1H_2 \perp A_3A_4, A_2H_1 \perp A_3A_4$, 所以 $A_1A_2H_1H_2$ 为平行四边形.

所以 $H_1H_2 \underline{\parallel} A_2A_1$, 同理 $H_2H_3 \underline{\parallel} A_3A_2, H_3H_4 \underline{\parallel} A_4A_3, H_4H_1 \underline{\parallel} A_1A_4$.

则四边形 $H_1H_2H_3H_4 \cong$ 四边形 $A_1A_2A_3A_4$.

故 H_1, H_2, H_3, H_4 四点共圆, 圆心由 $\triangle H_1H_2H_3$ 便可定出.

证法 5 如图 14.4，作 O 关于 A_1A_3，A_2A_4 的对称点 O_1，O_2，作 $\square OO_2O'O_1$，联结 A_2H_1，A_3H_1，$O'H_1$，知

$$A_3H_1 \underline{\underline{\parallel}} OO_2 \underline{\underline{\parallel}} O_1O'$$

所以 $O'H_1 \underline{\underline{\parallel}} O_1A_3 = OA_3$ （对称性）

所以 $O'H_1 = R$. 同理 $O'H_2 = R$，$O'H_3 = R$，$O'H_4 = R$.

故 H_1，H_2，H_3，H_4 四点共圆，且 O' 为圆心.

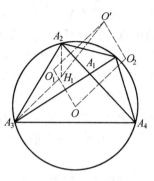

图 14.4

证法 6 （由山东青岛二中邹明给出）如图 14.5，作圆 O 的直径 A_2B，联结 A_3B，A_4B，A_2H_1，A_3H_1，A_4H_1.

由 $A_3H_1 \perp A_2A_4$，$BA_4 \perp A_2A_4$ 得

$$A_3H_1 \parallel BA_4$$

同理 $A_4H_1 \parallel BA_3$

因此，四边形 $A_3BA_4H_1$ 为平行四边形.

$$\overrightarrow{OH_1} = \overrightarrow{OA_3} + \overrightarrow{A_3H_1} = \overrightarrow{OA_3} + \overrightarrow{BA_4} =$$
$$\overrightarrow{OA_3} + \overrightarrow{BO} + \overrightarrow{OA_4} =$$
$$\overrightarrow{OA_2} + \overrightarrow{OA_3} + \overrightarrow{OA_4}$$

设圆 O 的半径为 R，作向量

$$\overrightarrow{OC} = \overrightarrow{OA_1} + \overrightarrow{OA_2} + \overrightarrow{OA_3} + \overrightarrow{OA_4}$$

则 $\overrightarrow{H_1C} = \overrightarrow{OC} - \overrightarrow{OH_1} = \overrightarrow{OA_1}$

$$|\overrightarrow{H_1C}| = |\overrightarrow{OA_1}| = R$$

同理 $|\overrightarrow{H_2C}| = |\overrightarrow{OA_2}| = R$

$|\overrightarrow{H_3C}| = |\overrightarrow{OA_3}| = R$

$|\overrightarrow{H_4C}| = |\overrightarrow{OA_4}| = R$

因此，H_1，H_2，H_3，H_4 四点共圆，该圆的圆心 C 由 $\overrightarrow{OC} = \overrightarrow{OA_1} + \overrightarrow{OA_2} + \overrightarrow{OA_3} + \overrightarrow{OA_4}$ 确定.

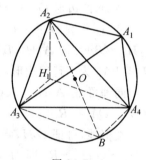

图 14.5

证法 7 （由张家港市吴宇栋给出）如图 14.6，以圆心 O 为原点，任取互相垂直的两条直线为 x 轴、y 轴，建立平面直角坐标系. 设圆 O 为

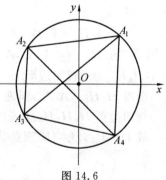

图 14.6

单位圆.

设 $A_1(\cos\theta_1,\sin\theta_1),A_2(\cos\theta_2,\sin\theta_2),A_3(\cos\theta_3,\sin\theta_3),A_4(\cos\theta_4,\sin\theta_4)$,则直线 A_3A_4 为

$$\frac{y-\sin\theta_4}{x-\cos\theta_4}=\frac{\sin\theta_3-\sin\theta_4}{\cos\theta_3-\cos\theta_4}$$

即

$$\cos\frac{\theta_3+\theta_4}{2}\cdot x+\sin\frac{\theta_3+\theta_4}{2}\cdot y=\cos\frac{\theta_3-\theta_4}{2}$$

则直线 A_2H_1 为

$$\frac{y-\sin\theta_2}{x-\cos\theta_2}=\tan\frac{\theta_3-\theta_4}{2}$$

即

$$\sin\frac{\theta_3+\theta_4}{2}\cdot x-\cos\frac{\theta_3+\theta_4}{2}\cdot y+\sin\frac{2\theta_2-\theta_3-\theta_4}{2}=0 \qquad ①$$

由对称性知直线 A_3H_1 为

$$\sin\frac{\theta_2+\theta_4}{2}\cdot x-\cos\frac{\theta_2+\theta_4}{2}\cdot y+\sin\frac{2\theta_3-\theta_2-\theta_4}{2}=0 \qquad ②$$

由①②可解出 $H_1(\cos\theta_2+\cos\theta_3+\cos\theta_4,\sin\theta_2+\sin\theta_3+\sin\theta_4)$.

由对称性可得

$$H_2(\cos\theta_1+\cos\theta_3+\cos\theta_4,\sin\theta_1+\sin\theta_3+\sin\theta_4)$$

$$H_3(\cos\theta_1+\cos\theta_2+\cos\theta_4,\sin\theta_1+\sin\theta_2+\sin\theta_4)$$

$$H_4(\cos\theta_1+\cos\theta_2+\cos\theta_3,\sin\theta_1+\sin\theta_2+\sin\theta_3)$$

记 O' 为 $(\cos\theta_1+\cos\theta_2+\cos\theta_3+\cos\theta_4,\sin\theta_1+\sin\theta_2+\sin\theta_3+\sin\theta_4)$,则 $|O'H_1|=|O'H_2|=|O'H_3|=|O'H_4|=1$,故 H_1,H_2,H_3,H_4 在以 O' 为圆心,1 为半径的圆上.

证法 8 (由安徽庐江中学夏则勇给出)以圆心 O 为原点,建立平面直角坐标系,设圆 O 的半径为 a,如图 14.6 所示.设点 $A_1(a\cos\alpha_1,a\sin\alpha_1),A_2(a\cos\alpha_2,a\sin\alpha_2),A_3(a\cos\alpha_3,a\sin\alpha_3),A_4(a\cos\alpha_4,a\sin\alpha_4)$,先求出 $\triangle A_1A_2A_3$ 的垂心 H_4 的坐标.

显然,$\triangle A_1A_2A_3$ 的外心为原点,重心为 $G_4(\dfrac{a(\cos\alpha_1+\cos\alpha_2+\cos\alpha_3)}{3},\dfrac{a(\sin\alpha_1+\sin\alpha_2+\sin\alpha_3)}{3})$,设 H_4 的坐标为 (x_4,y_4),由平面几何知识,外心 O、重心 G、垂心 H 在一条直线(欧拉线)上,且 $|OG|:|GH|=\dfrac{1}{2}$.设 H_4 分 OG_4

所成比为 λ，H_4 是外分点，则
$$\lambda = \frac{OH_4}{H_4G_4} = -\frac{3}{2}$$

则 $x_4 = [0 + (-\frac{3}{2}) \times \frac{1}{3}a(\cos\alpha_1 + \cos\alpha_2 + \cos\alpha_3)] \div [1 + (-\frac{3}{2})] =$
$a(\cos\alpha_1 + \cos\alpha_2 + \cos\alpha_3)$

同样 $y_4 = a(\sin\alpha_1 + \sin\alpha_2 + \sin\alpha_3)$

即 $H_4(a(\cos\alpha_1 + \cos\alpha_2 + \cos\alpha_3), a(\sin\alpha_1 + \sin\alpha_2 + \sin\alpha_3))$

同理，可得到

$H_3(a(\cos\alpha_1 + \cos\alpha_2 + \cos\alpha_4), a(\sin\alpha_1 + \sin\alpha_2 + \sin\alpha_4))$
$H_2(a(\cos\alpha_1 + \cos\alpha_3 + \cos\alpha_4), a(\sin\alpha_1 + \sin\alpha_3 + \sin\alpha_4))$
$H_1(a(\cos\alpha_2 + \cos\alpha_3 + \cos\alpha_4), a(\sin\alpha_2 + \sin\alpha_3 + \sin\alpha_4))$

设 $\triangle H_2H_3H_4$ 的外接圆圆心为 $O'(x', y')$，故
$$|O'H_1|^2 = |O'H_2|^2 = |O'H_3|^2 = |O'H_4|^2$$

经由循环式，观察易知它们的公共解是
$$x' = a(\cos\alpha_1 + \cos\alpha_2 + \cos\alpha_3 + \cos\alpha_4)$$
$$y' = a(\sin\alpha_1 + \sin\alpha_2 + \sin\alpha_3 + \sin\alpha_4)$$

即点 O' 的坐标是 $(a(\cos\alpha_1 + \cos\alpha_2 + \cos\alpha_3 + \cos\alpha_4), a(\sin\alpha_1 + \sin\alpha_2 + \sin\alpha_3 + \sin\alpha_4))$.

由此知 $\triangle H_2H_3H_4$ 的外接圆半径是 a，又因为
$$|O'H_1| = \sqrt{(a\cos\alpha_1)^2 + (a\sin\alpha_1)^2} = a$$

所以 H_1, H_2, H_3, H_4 四点共圆，且此圆的半径与已知圆圆 O 的半径相等，该圆的圆心位置是
$O'(a(\cos\alpha_1 + \cos\alpha_2 + \cos\alpha_3 + \cos\alpha_4), a(\sin\alpha_1 + \sin\alpha_2 + \sin\alpha_3 + \sin\alpha_4))$
证毕.

证法 9 （由山东淄博朱恒杰给出）设圆心 O 为坐标原点，点 A_1, A_2, A_3, A_4 分别表示复数 z_1, z_2, z_3, z_4，且 $|z_1| = |z_2| = |z_3| = |z_4|$. 过 O 作 A_3A_4 的垂线交 A_3A_4 于点 M，则点 M 表示的复数是 $\frac{z_3 + z_4}{2}$. 由 $A_2H_1 \underline{\underline{\parallel}} 2OM$ 知，向量 $\overrightarrow{A_2H_1}$ 表示的复数是 $z_3 + z_4$. 从而点 H_1 表示复数 $z_2 + z_3 + z_4$. 联结 A_1H_1，易知 A_1H_1 的中点 P 表示复数 $\frac{1}{2}(z_1 + z_2 + z_3 + z_4)$. 点 O 关于 P 的对称点 O' 表示复数 $z_1 +$

$z_2+z_3+z_4$. 而
$$|\overrightarrow{O'H_1}|=|(z_2+z_3+z_4)-(z_1+z_2+z_3+z_4)|=|z_1|$$
同理 $|\overrightarrow{O'H_2}|=|z_2|$，$|\overrightarrow{O'H_3}|=|z_3|$，$|\overrightarrow{O'H_4}|=|z_4|$

因此 $|\overrightarrow{O'H_1}|=|\overrightarrow{O'H_2}|=|\overrightarrow{O'H_3}|=|\overrightarrow{O'H_4}|$

这说明 H_1,H_2,H_3,H_4 四点在同一个圆上，且圆心为 O'.

证法 10 （由武钢三中杨克给出）以 O 为原点建立复平面. 以下各字母既代表点，又代表该点对应的复数.

首先，对以 O 为外心的 $\triangle ABC$，若其垂心为 H，则由欧拉定理知，$H=A+B+C$. 现令
$$S=A_1+A_2+A_3+A_4$$
则有 $H_k=S-A_k, k=1,2,3,4$

从而 $|H_k-S|=|A_k|, k=1,2,3,4$

又 A_1,A_2,A_3,A_4 同在以 O 为圆心的圆上，故 $|A_k|$ 为定值. 也就是说，H_1,H_2,H_3,H_4 在以 S 为圆心的一个圆上，且该圆与圆 O 大小相等.

注 （1）这道试题是流行广泛的一道陈题.

(i) 参见梁绍鸿《初等数学复习及研究（平面几何）》第 190 页第 7 题；

(ii) 1984 年巴尔干地区三个国家的联赛中此题也作为试题，参见李炯生等编译的《中外数学竞赛》第 40 页第 10.23 题；

(iii) 在 1988 年出版的中文版《几何变换》（U. M. 亚格龙著）第 36 页也可查到此题.

(2) 事实上，上面证法 10 还十分便于推广.

令 $x_k=\lambda \cdot H_k (\lambda \in \mathbf{R}, k=1,2,3,4)$，则
$$x_k=\lambda(S-A_k)$$
从而 $|x_k-\lambda S|=\lambda \cdot |A_k|$

这样，x_1,x_2,x_3,x_4 在以 λS 为圆心的一个圆上，该圆半径与圆 O 半径之比为 λ.

特别地，由关于欧拉线的知识，有：

(i) 当 $\lambda=\dfrac{1}{3}$ 时，x_k 为 $\triangle A_{k+1}A_{k+2}A_{k+3}$ 的重心；

(ii) 当 $\lambda=\dfrac{1}{2}$ 时，x_k 为 $\triangle A_{k+1}A_{k+2}A_{k+3}$ 的九点圆心，

其中 $A_{k+4}=A_k, k=1,2,3,4$. 也就是将题中的"垂心"换为"重心"或"九点圆心"后，所得四点仍共圆.

试题 B 设圆 K 和圆 K_1 同心,它们的半径分别是 $R, R_1, R_1 > R$. 四边形 $ABCD$ 内接于圆 K, 四边形 $A_1B_1C_1D_1$ 内接于圆 K_1, 点 A_1, B_1, C_1 和 D_1 分别在射线 CD, DA, AB 和 BC 上. 求证: $\dfrac{S_{A_1B_1C_1D_1}}{S_{ABCD}} \geqslant \dfrac{R_1^2}{R^2}$.

证法 1 简记 S_{ABCD} 为 S, $S_{A_1B_1C_1D_1}$ 为 S_1, 并以 a, b, c, d 分别表示线段 AB, BC, CD, DA 的长度, x, y, z, w 分别表示线段 AB_1, BC_1, CD_1, DA_1 的长度.

先证下述结论: $ab + cd \leqslant 4R^2$, $ad + bc \leqslant 4R^2$.

事实上,令 M, N 分别为弦 AC 所对的两圆弧的中点(图 14.7),则 $S_{\triangle ANC} \geqslant S_{\triangle ABC}$, $S_{\triangle AMC} \geqslant S_{\triangle ADC}$ ($\triangle ANC$ 和 $\triangle AMC$ 底边 AC 上的高分别大于或等于 $\triangle ABC$ 和 $\triangle ADC$ 底边 AC 上的高),且显然 MN 是圆 K 的直径.

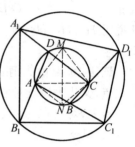

图 14.7

从而有
$$ab + cd \leqslant AM^2 + AN^2 = (2R)^2 = 4R^2$$

同理有
$$ad + bc \leqslant 4R^2$$

$$\frac{S_1}{S} = 1 + \frac{S_{\triangle AB_1C_1}}{S} + \frac{S_{\triangle BC_1D_1}}{S} + \frac{S_{\triangle A_1CD_1}}{S} + \frac{S_{\triangle A_1B_1D}}{S}$$

由于
$$\frac{S_{\triangle AB_1C_1}}{S} = \frac{2S_{\triangle AB_1C_1}}{2S_{\triangle ABD} + 2S_{\triangle CBD}} = \frac{x(a+y)\sin \angle B_1AC_1}{ad\sin \angle DAB + bc\sin \angle BCD}$$

显然
$$\angle B_1AC_1 = \pi - \angle DAB = \angle BCD$$

所以
$$\sin \angle B_1AC_1 = \sin \angle DAB = \sin \angle BCD$$

即有
$$\frac{S_{\triangle AB_1C_1}}{S} = \frac{x(a+y)}{ad+bc}$$

同理可得
$$\frac{S_{\triangle BC_1D_1}}{S} = \frac{y(b+z)}{ab+cd}$$

$$\frac{S_{\triangle A_1CD_1}}{S} = \frac{z(c+w)}{bc+ad}$$

$$\frac{S_{\triangle A_1B_1D}}{S} = \frac{w(d+x)}{ab+cd}$$

从而得
$$\frac{S_1}{S} = 1 + \frac{x(a+y)}{ad+bc} + \frac{y(b+z)}{ab+cd} + \frac{z(c+w)}{bc+ad} + \frac{w(d+x)}{ab+cd} \geqslant$$
$$1 + \frac{1}{4R^2}[x(a+y) + y(b+z) + z(c+w) + w(d+x)]$$

利用圆幂定理,有

$$x(a+y) = \frac{x}{y}[y(a+y)] = \frac{x}{y}[(R_1-R)(R_1+R)] = \frac{x}{y}(R_1^2-R^2)$$

$$y(b+z) = \frac{y}{z}(R_1^2-R^2)$$

$$z(c+w) = \frac{z}{w}(R_1^2-R^2)$$

$$w(x+d) = \frac{w}{x}(R_1^2-R^2)$$

所以有

$$\frac{S_1}{S} \geqslant 1 + \frac{R_1^2-R^2}{4R^2}(\frac{x}{y}+\frac{y}{z}+\frac{z}{w}+\frac{w}{x}) \geqslant 1 + \frac{R_1^2-R^2}{R^2}\left[\sqrt[4]{\frac{xyzw}{xyzw}}\right] = \frac{R_1^2}{R^2}$$

证法 2 将四边形 $ABCD$ 和 $A_1B_1C_1D_1$ 的面积分别记为 S 和 S_1,于是有

$$\frac{S_1}{S} = 1 + \frac{S_{\triangle AB_1C_1}}{S} + \frac{S_{\triangle BC_1D_1}}{S} + \frac{S_{\triangle CD_1A_1}}{S} + \frac{S_{\triangle DA_1B_1}}{S} \quad ①$$

因为

$$\angle B_1AC_1 = 180° - \angle DAB =$$
$$\angle DCB = 180° - \angle A_1CD_1$$
$$\angle A_1DB_1 = 180° - \angle ADC =$$
$$\angle ABC = 180° - \angle C_1BD_1$$

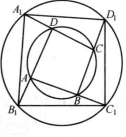

图 14.8

所以

$$\frac{S_{\triangle AB_1C_1}}{S} = \frac{x(a+y)}{ad+bc}, \frac{S_{\triangle BC_1D_1}}{S} = \frac{y(b+z)}{ab+cd}$$

$$\frac{S_{\triangle CD_1A_1}}{S} = \frac{z(c+w)}{ad+bc}, \frac{S_{\triangle DA_1B_1}}{S} = \frac{w(d+x)}{ab+cd} \quad ②$$

其中 $a=AB, b=BC, c=CD, d=DA, x=AB_1, y=BC_1, z=CD_1, w=DA_1$,如图 14.8 所示. 由切割线定理知

$$x(d+x) = y(a+y) = z(b+z) = w(c+w) = R_1^2 - R^2$$

从而由式①②及均值不等式便得

$$\frac{S_1}{S} = 1 + (R_1^2-R^2)[\frac{x}{y(ad+bc)} + \frac{y}{z(ab+cd)} + \frac{z}{w(ad+bc)} + \frac{w}{x(ab+cd)}] \geqslant$$

$$1 + 4(R_1^2-R^2)\frac{1}{\sqrt{(ad+bc)(ab+cd)}} \quad ③$$

再由均值不等式有
$$2\sqrt{(ad+bc)(ab+cd)} \leqslant (ad+bc)+(ab+cd) = (a+c)(b+d) \leqslant$$
$$\frac{1}{4}(a+b+c+d)^2 \leqslant 8R^2 \qquad ④$$

其中最后一个不等式是因为圆内接四边形中正方形的周长最大. 将式 ④ 代入式 ③ 得
$$\frac{S_1}{S} \geqslant 1 + \frac{R_1^2 - R^2}{R^2} = \frac{R_1^2}{R^2}$$

证法 3　记 $S_1 = S_{A_1B_1C_1D_1}$, $S = S_{ABCD}$, 如图 14.9 所示. 则
$$\frac{S_1}{S} = \frac{S + S_{\triangle AB_1C_1} + S_{\triangle BC_1D_1} + S_{\triangle CD_1A_1} + S_{\triangle DA_1B_1}}{S} =$$
$$1 + \frac{S_{\triangle AB_1C_1}}{S} + \frac{S_{\triangle BC_1D_1}}{S} + \frac{S_{\triangle CD_1A_1}}{S} + \frac{S_{\triangle DA_1B_1}}{S}$$

而
$$\frac{S_{\triangle AB_1C_1}}{S} = \frac{S_{\triangle AB_1C_1}}{S_{\triangle ABD}+S_{\triangle BDC}} = \frac{\frac{1}{2}x(a+y)\sin\angle B_1AC_1}{\frac{1}{2}ad\sin\angle DAB + \frac{1}{2}bc\sin\angle BCD}$$

由于　　$\angle B_1AC_1 = \pi - \angle DAB = \angle BCD$

则
$$\frac{S_{\triangle AB_1C_1}}{S} = \frac{x(a+y)}{ad+bc}$$

同理
$$\frac{S_{\triangle BC_1D_1}}{S} = \frac{y(b+z)}{ab+cd}$$

$$\frac{S_{\triangle CD_1A_1}}{S} = \frac{z(c+w)}{bc+ad}$$

$$\frac{S_{\triangle DA_1B_1}}{S} = \frac{w(d+x)}{cd+ab}$$

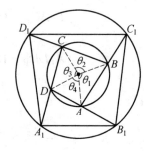

图 14.9

又由切割线定理知
$$y(a+y) = R_1^2 - R^2$$

则
$$\frac{S_{\triangle AB_1C_1}}{S} = \frac{x}{y(ad+bc)}(R_1^2 - R^2)$$

同理
$$\frac{S_{\triangle BC_1D_1}}{S} = \frac{y}{z(ab+cd)}(R_1^2 - R^2)$$

$$\frac{S_{\triangle CD_1A_1}}{S} = \frac{z}{w(bc+ad)}(R_1^2 - R^2)$$

$$\frac{S_{\triangle DA_1B_1}}{S} = \frac{w}{x(ab+cd)}(R_1^2 - R^2)$$

从而
$$\frac{S_1}{S} = 1 + \left[\frac{x}{y(ad+bc)} + \frac{y}{z(ab+cd)} + \frac{z}{w(ad+bc)} + \frac{w}{x(ab+cd)}\right](R_1^2 - R^2) \geqslant$$
$$1 + 4\sqrt[4]{\frac{1}{(ad+bc)^2(ab+cd)^2}} \cdot (R_1^2 - R^2)$$

又
$$a = 2R\sin\frac{\theta_1}{2}, b = 2R\sin\frac{\theta_2}{2}, c = 2R\sin\frac{\theta_3}{2}, d = 2R\sin\frac{\theta_4}{2}$$

故
$$(ad+bc)(ab+cd) = 16R^4(\sin\frac{\theta_1}{2}\sin\frac{\theta_4}{2} + \sin\frac{\theta_2}{2}\sin\frac{\theta_3}{2}) \cdot$$
$$(\sin\frac{\theta_1}{2}\sin\frac{\theta_2}{2} + \sin\frac{\theta_3}{2}\sin\frac{\theta_4}{2})$$

注意到
$$\frac{\theta_1 + \theta_2}{2} = \pi - \frac{\theta_3 + \theta_4}{2}, \cos\frac{\theta_1+\theta_2}{2} = -\cos\frac{\theta_3+\theta_4}{2}$$

从而
$$\sin\frac{\theta_1}{2}\sin\frac{\theta_2}{2} + \sin\frac{\theta_3}{2}\sin\frac{\theta_4}{2} =$$
$$\frac{1}{2}(\cos\frac{\theta_1-\theta_2}{2} - \cos\frac{\theta_1+\theta_2}{2} + \cos\frac{\theta_3-\theta_4}{2} - \cos\frac{\theta_3+\theta_4}{2}) =$$
$$\frac{1}{2}(\cos\frac{\theta_1-\theta_2}{2} + \cos\frac{\theta_3-\theta_4}{2}) \leqslant 1$$

同样
$$\sin\frac{\theta_1}{2}\sin\frac{\theta_4}{2} + \sin\frac{\theta_2}{2}\sin\frac{\theta_3}{2} \leqslant 1$$

则
$$\frac{S_1}{S} \geqslant 1 + 4\sqrt[4]{\frac{1}{(16R^4)^2}}(R_1^2 - R^2) = 1 + 4\frac{R_1^2 - R^2}{4R^2} = \frac{R_1^2}{R^2}$$

故
$$\frac{S_1}{S} \geqslant \frac{R_1^2}{R^2}$$

试题 C $\triangle ABC$ 的 $\angle A$ 的平分线与 $\triangle ABC$ 的外接圆交于点 D,点 I 是 $\triangle ABC$ 的内心,点 M 是边 BC 的中点,P 是 I 关于 M 的对称点(设点 P 在圆内),延长 DP 与外接圆相交于点 N.试证:在 AN,BN,CN 三条线段中,必有一条线段是另两条线段之和.

证法 1 如图 14.10,不妨设 N 在 $\overset{\frown}{BC}$ 上.待证 $BN + CN = AN$.显然
$$S_{\triangle BND} + S_{\triangle CND} = 2S_{\triangle MND}$$

因点 P 在 ND 上,且 $IM = MP$,则
$$2S_{\triangle MND} = S_{\triangle IND} = S_{\triangle BND} + S_{\triangle CND} \quad (*)$$
令 $\angle NAD = \theta$,则
$$\angle NBD = \angle NCD = \theta$$
于是
$$S_{\triangle BND} = \frac{1}{2} BD \cdot BN \sin \theta$$
$$S_{\triangle CND} = \frac{1}{2} CD \cdot CN \sin \theta$$
$$S_{\triangle IND} = \frac{1}{2} ID \cdot AN \sin \theta$$

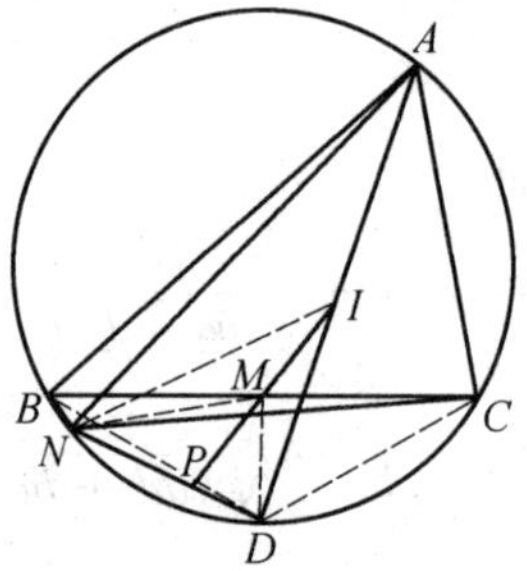

及熟知的结果 $BD = CD = ID$,代入 $(*)$ 即得
$$BN + CN = AN$$

图 14.10

证法 2 (由单墫教授给出) 如图 14.11,设 $\triangle ABC$ 的边为 a, b, c,角为 $2\alpha, 2\beta, 2\gamma$,又设 $\angle NCB = \delta$,易知 $\angle PCB = \beta, \angle PBC = \gamma$ 及图中各角. 所以
$$PN = \frac{PB}{\sin \alpha} \sin(2\beta + 3\gamma - \delta) = \frac{PC}{\sin \alpha} \sin(\beta + \delta)$$
从而 $\sin \beta \sin(2\beta + 3\gamma - \delta) = \sin \gamma \sin(\beta + \delta)$
即
$$\cos(3\beta + 3\gamma - \delta) - \cos(\beta + 3\gamma - \delta) = \cos(\beta + \gamma + \delta) - \cos(\beta - \gamma + \delta)$$

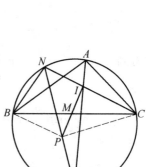

图 14.11

移项再和差化积得
$$\sin(2\beta + 2\gamma)\sin(\beta + \gamma - \delta) = \sin(\beta + \gamma)\sin(2\gamma - \delta)$$
即
$$\sin 2\alpha \cos(\alpha + \delta) = \cos \alpha \sin(2\gamma - \delta)$$
约去 $\cos \alpha$ 后化为
$$\sin(2\alpha + \delta) - \sin \delta = \sin(2\gamma - \delta)$$
由正弦定理,上式即 $NC - NB = NA$,所以 $NC = NA + NB$.

试题 D1 设 D 是锐角 $\triangle ABC$ 内部的一个点,使得 $\angle ADB = \angle ACB + 90°$,并有 $AC \cdot BD = AD \cdot BC$.

(1) 计算比值 $\dfrac{AB \cdot CD}{AC \cdot BD}$.

(2) 求证: $\triangle ACD$ 的外接圆和 $\triangle BCD$ 的外接圆在点 C 处的切线互相垂直.

解 (1) 如图 14.12，分别作 $\angle CBE = \angle CAD$，$\angle ACD = \angle BCE$，边 BE, CE 相交于 E. 于是 $\triangle ACD \backsim \triangle BCE$，从而

$$\frac{AC}{BC} = \frac{AD}{BE} = \frac{CD}{CE}$$ ①

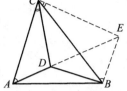

图 14.12

所以 $AC \cdot BE = BC \cdot AD = AC \cdot BD$，即

$$BE = BD$$ ②

又因为

$$\angle ADB = \angle CBD + \angle CAD + \angle ACB = 90° + \angle ACB$$

所以

$$\angle DBE = \angle CBD + \angle CBE = \angle CBD + \angle CAD = 90°$$ ③

故 $\triangle DBE$ 是等腰直角三角形. 由 ① 知

$$AC : BC = CD : CE, \text{且} \angle ACD = \angle BCE$$

于是 $\angle ACB = \angle DCE$，从而 $\triangle CAB \backsim \triangle CDE$，所以

$$\frac{DE}{BA} = \frac{CE}{CB} = \frac{CD}{CA}$$

即

$$\frac{AB \cdot CD}{BD \cdot CA} = \frac{DE}{BD} = \sqrt{2}$$

(2) 如图 14.13，设 CK, CL 分别是 $\triangle ACD, \triangle BCD$ 的外接圆的切线. 因为

$$\angle LCD = \angle CBD, \angle KCD = \angle CAD$$

所以由(1)中的式 ③ 有

$$\angle LCK = \angle LCD + \angle KCD = \angle CBD + \angle CAD = 90°$$

即 $CL \perp CK$.

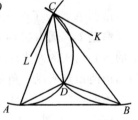

图 14.13

试题 D2 对于平面上任意三点 P, Q, R，我们定义 $m(PQR)$ 为 $\triangle PQR$ 的最短的一条高线的长度(当 P, Q, R 共线时，令 $m(PQR) = 0$).

设 A, B, C 为平面上三点，对此平面上任意一点 X，求证

$$m(ABC) \leqslant m(ABX) + m(AXC) + m(XBC)$$

证明 令 $a = BC, b = CA, c = AB, p = AX, q = BX, r = CX$. 显然，一个三角形的最短高线在它的最长边上.

(1) 若 $\max\{a, b, c, p, q, r\} \in \{a, b, c\}$，不妨设 $\max\{a, b, c, p, q, r\} = a$，则

$$m(ABC) = \frac{2}{a}S_{\triangle ABC} \leqslant \frac{2}{a}(S_{\triangle ABX} + S_{\triangle BCX} + S_{\triangle CAX}) \leqslant$$
$$\frac{2S_{\triangle ABX}}{\max\{c,p,q\}} + \frac{2S_{\triangle BCX}}{\max\{a,q,r\}} + \frac{2S_{\triangle CAX}}{\max\{b,r,p\}} =$$
$$m(ABX) + m(BCX) + m(CAX)$$

(2) 若 $\max\{a,b,c,p,q,r\} \in \{p,q,r\}$,不妨设 $p = \max\{a,b,c,p,q,r\}$. 如图 14.14,令 α 为 AB 逆时针转到 AX 所成的角,β 为 AX 逆时针转到 AC 所成的角,这是有向角,若顺时针转则为负角. 不妨设 $b \leqslant c$,则
$$m(ABC) \leqslant b|\sin(\alpha+\beta)| =$$
$$b|\sin\alpha\cos\beta + \cos\alpha\sin\beta| \leqslant$$
$$b(|\sin\alpha| + |\sin\beta|) \leqslant$$
$$c|\sin\alpha| + b|\sin\beta| =$$
$$m(ABX) + m(ACX) \leqslant$$
$$m(ABX) + m(ACX) + m(BCX)$$

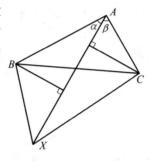

图 14.14

综合(1)(2),原题得证.

第1节 圆内接四边形四顶点组成的四个三角形问题[①]

试题 A 涉及了圆内接四边形四顶点组成的三角形问题.

命题 1 圆内接四边形四顶点组成的四个三角形的垂心构成的四边形与原四边形全等,且每一顶点与其他两顶点所成三角形的垂心之连线共点,共点于两全等四边形外心连线段的中点.

证明 如图 14.15,由于三角形任一顶点至该三角形垂心的距离,等于外心至其对边的距离的两倍,于是 A_3H_3 的长度等于 O 到 A_1A_4 的距离的两倍,A_2H_4 的长度等于 O 到 A_1A_4 的距离的两倍,且 A_3H_3、A_2H_4 均与 A_1A_4 垂直,故 $H_3H_4A_2A_3$ 为平行四边形,即有 $H_3H_4 \underline{\underline{\parallel}} A_3A_2$.

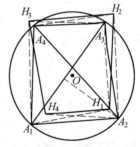

图 14.15

同理,$H_1H_2 \underline{\underline{\parallel}} A_1A_4$,$H_2H_3 \underline{\underline{\parallel}} A_1A_2$,$H_4H_1 \underline{\underline{\parallel}} A_4A_3$.

[①] 沈文选.从一道竞赛题谈起[J].湖南数学通讯,1993(1):30-33.

故四边形 $H_1H_2H_3H_4 \cong$ 四边形 $A_4A_1A_2A_3$.

由于平行四边形 $A_1A_2H_2H_3, A_2A_3H_3H_4, A_3A_4H_4H_1$ 有相同的中心 P,则四条线 $A_4H_1, A_1H_2, A_2H_3, A_3H_4$ 共点于 P,且 P 是 A_i 和 H_{i+1}($i=1,2,3,4$,且 $H_5=H_1$)的对称中心,故 P 是 $H_1H_2H_3H_4$ 与 $A_4A_1A_2A_3$ 的外心的对称中心,即 P 是两全等四边形外心连线段的中点.

顺此联想,我们发现圆内接四边形四顶点组成的三角形还有如下一系列涉及其外心、重心、内心、旁心、西姆松线、九点圆等的美妙结论.

命题 2 圆内接四边形四顶点组成的四个三角形外心共点于原四边形的外心.

命题 3 圆内接四边形四顶点组成的四个三角形重心构成的四边形与原四边形相似.

证明 如图 14.16,设 M_1, M_2, M_3, M_4 分别为 $\triangle A_1A_2A_3, \triangle A_2A_3A_4, \triangle A_3A_4A_1, \triangle A_4A_1A_2$ 的重心,E 为 A_2A_3 的中点,联结 A_1E, A_4E,则 M_1 在 A_1E 上,M_2 在 A_4E 上.于是,在 $\triangle EA_4A_1$ 中,$M_1M_2 \underline{\underline{/\!/}} \frac{1}{3}A_1A_4$.

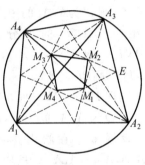

图 14.16

同理 $$M_2M_3 \underline{\underline{/\!/}} \frac{1}{3}A_1A_2$$
$$M_3M_4 \underline{\underline{/\!/}} \frac{1}{3}A_3A_2$$
$$M_4M_1 \underline{\underline{/\!/}} \frac{1}{3}A_4A_3$$

又四边形 $M_1M_2M_3M_4$ 与 $A_4A_1A_2A_3$ 的对应角相等,故四边形 $M_1M_2M_3M_4 \backsim$ 四边形 $A_4A_1A_2A_3$.

命题 4 圆内接四边形一条对角线分成的两个三角形的内心与此对角线两端点的连线交圆于四点,相对两点的连线互相垂直.

证明 如图 14.17,因为 M 在 $\angle A_1A_4A_2$ 的平分线 A_4I_4 上,所以 M 平分 $\overgroup{A_1A_2}$.

同理,Q, N, P 分别平分 $\overgroup{A_2A_3}, \overgroup{A_3A_4}, \overgroup{A_4A_1}$.

联结 MP,则 $\angle MPQ$ 所对的弧是 $\angle A_1A_4A_3$

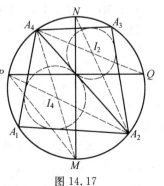

图 14.17

所对弧的一半,即 $\angle MPQ = \frac{1}{2}\angle A_1 A_4 A_3$. 同理 $\angle PMN = \frac{1}{2}\angle A_1 A_2 A_3$.

而 $\angle A_1 A_4 A_3 + \angle A_1 A_2 A_3 = 180°$,故 $\angle MPQ + \angle PMN = 90°$,从而 $MN \perp PQ$.

命题 5 圆内接四边形四顶点组成的两相交三角形的内心与公切边所对弧的中点构成等腰三角形,且两内心连线为底边.

证明 如图 14.18,I_2, I_3 分别是 $\triangle A_2 A_3 A_4$,$\triangle A_3 A_4 A_1$ 的内心,联结 $A_3 I_3$ 并延长交四边形外接圆于点 N,则 N 为 $\overset{\frown}{A_1 A_4}$ 的中点,设 P 为 $\overset{\frown}{A_4 A_3}$ 的中点,则 P 在 $\angle A_4 A_1 A_3$ 的平分线上,从而 $\angle A_4 NP = \angle PNI_3, \angle A_4 PN = \angle NPA_1$,于是 $\triangle NA_4 P \cong \triangle NI_3 P$,则 $PI_3 = PA_4$.

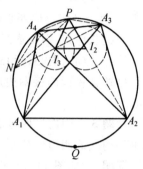

图 14.18

同理 $PI_2 = PA_3$,而 $PA_4 = PA_3$,故 $PI_3 = PI_2$.

若 Q 为 $A_1 A_2$ 的中点,也可证 $QI_3 = QI_2$.

命题 6 在圆内接四边形 $A_1 A_2 A_3 A_4$ 中,设 $\triangle A_1 A_2 A_3, \triangle A_2 A_3 A_4$,$\triangle A_3 A_4 A_1, \triangle A_4 A_1 A_2$ 的内心分别为 I_1, I_2, I_3, I_4;其内切圆半径分别为 r_1, r_2, r_3, r_4;边 $A_1 A_2, A_2 A_3, A_3 A_4, A_4 A_1$ 上的切点依次是 E, F, M, N, G, H, P, Q,则:

(1) $EF = GH, MN = PQ$.

(2) $EF \cdot MN = r_1 \cdot r_3 + r_2 \cdot r_4$.

(3) $r_1 + r_3 = r_2 + r_4$.

(4) $|r_1 - r_2| = |r_3 - r_4|, |r_1 - r_4| = |r_2 - r_3|$.

(5) 四边形 $I_1 I_2 I_3 I_4$ 是矩形.

证明 (1) 如图 14.19,有

$$A_1 E = \frac{1}{2}(A_1 A_2 + A_1 A_4 - A_2 A_4)$$

$$A_2 F = \frac{1}{2}(A_1 A_2 + A_2 A_3 - A_1 A_3)$$

从而

$$EF = A_1 A_2 - A_1 E - A_2 F = \frac{1}{2}(A_1 A_3 + A_2 A_4 - A_1 A_4 - A_2 A_3)$$

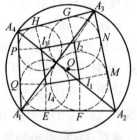

图 14.19

又 $$A_3G = \frac{1}{2}(A_3A_4 + A_2A_3 - A_2A_4)$$

$$A_4H = \frac{1}{2}(A_1A_4 + A_3A_4 - A_1A_3)$$

从而 $GH = A_3A_4 - A_3G - A_4H = \frac{1}{2}(A_1A_3 + A_2A_4 - A_1A_4 - A_2A_3)$

故 $$EF = GH$$

同理 $$MN = PQ$$

(2) 联结 $A_1I_4, EI_4, A_3I_2, GI_2$,如图 14.19,由 $\angle A_4A_1A_2 + \angle A_4A_3A_2 = 180°$,有

$$\angle I_4A_1E + \angle I_2A_3G = 90°$$

所以 $$\text{Rt}\triangle A_1I_4E \backsim \text{Rt}\triangle I_2A_3G$$

所以 $$A_1E \cdot A_3G = I_4E \cdot I_2G = r_4 \cdot r_2$$

同理 $$A_2M \cdot A_4P = r_1 \cdot r_3$$

又 $$A_1E = \frac{1}{2}(A_1A_2 + A_1A_4 - A_2A_4)$$

$$A_3G = \frac{1}{2}(A_3A_4 + A_2A_3 - A_2A_4)$$

所以 $r_2 \cdot r_4 = \frac{1}{4}(A_1A_2 + A_1A_4 - A_2A_4)(A_3A_4 + A_2A_3 - A_2A_4)$

同理 $r_1 \cdot r_3 = \frac{1}{4}(A_1A_2 + A_2A_3 - A_1A_3)(A_3A_4 + A_4A_1 - A_1A_3)$

故
$$\begin{aligned}4(r_1 \cdot r_3 + r_2 \cdot r_4) &= A_2^2A_4^2 + A_1^2A_3^2 - (A_1A_2 + A_2A_3 + A_3A_4 + A_4A_1) \cdot \\ &\quad (A_2A_4 + A_1A_3) + (A_1A_2 \cdot A_2A_3 + \\ &\quad A_2A_3 \cdot A_3A_4 + A_3A_4 \cdot A_4A_1 + A_4A_1 \cdot A_1A_2) + \\ &\quad 2(A_1A_2 \cdot A_3A_4 + A_2A_3 \cdot A_4A_1) = \\ &\quad (A_2A_4 + A_1A_3)^2 - [(A_1A_2 + A_3A_4) + \\ &\quad (A_2A_3 + A_4A_1)](A_2A_4 + A_1A_3) + \\ &\quad (A_1A_2 + A_3A_4)(A_2A_3 + A_4A_1) = \\ &\quad (A_1A_3 + A_2A_4 - A_1A_2 - A_3A_4) \cdot \\ &\quad (A_1A_3 + A_2A_4 - A_2A_3 - A_4A_1) = 2EF \cdot 2MN\end{aligned}$$

为了证明(3)与(4),下面先介绍一条引理.

$\triangle ABC$ 内接于半径为 R,圆心为 O 的圆,如果 O, A 在直线 BC 的同侧,记

d_{BC} 为 O 到 BC 的距离,否则 d_{BC} 为 O 到 BC 距离的相反数;若 $\triangle ABC$ 内切圆半径为 r,则 $d_{BC}+d_{AC}+d_{AB}=R+r$.

事实上,如图 14.20,作 AB,BC,CA 的垂线段 OM, ON,OP,则 A,M,P,O 四点共圆,由托勒密定理,有

$$OA \cdot MP + OP \cdot AM = OM \cdot AP$$

令 $BC=a, AC=b, AB=c$,则

$$R \cdot \frac{a}{2} + (-d_{AC}) \cdot \frac{c}{2} = d_{AB} \cdot \frac{b}{2}$$

即 $\qquad b \cdot d_{AB} + c \cdot d_{AC} = R \cdot a$

同理 $\qquad c \cdot d_{BC} + a \cdot d_{AB} = R \cdot b$

$$a \cdot d_{AC} + b \cdot d_{BC} = R \cdot c$$

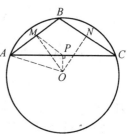

图 14.20

三式相加得

$$(d_{AC}+d_{AB})a + (d_{AB}+d_{BC})b + (d_{BC}+d_{AC})c = R(a+b+c) \qquad ①$$

又 $\qquad 2S_{\triangle ABC} = (a+b+c)r$

$$2S_{\triangle ABC} = 2(S_{\triangle ABO} + S_{\triangle BCO} - S_{\triangle CAO}) = c \cdot d_{AB} + a \cdot d_{BC} + b \cdot d_{AC}$$

所以 $\qquad a \cdot d_{BC} + b \cdot d_{AC} + c \cdot d_{AB} = (a+b+c)r \qquad ②$

① + ② 得

$$(a+b+c)(d_{BC}+d_{AC}+d_{AB}) = (a+b+c)(R+r)$$

故 $\qquad d_{BC} + d_{AC} + d_{AB} = R + r$

(3) 不失一般性,设四边形 $A_1A_2A_3A_4$ 的外心 O 在图 14.19 中的位置,由上面的引理有

$$r_1 = d_{A_1A_2} + d_{A_2A_3} + d_{A_1A_3} - R = |d_{A_1A_2}| + |d_{A_2A_3}| + |d_{A_1A_3}| - R$$

$$r_2 = d_{A_2A_4} + d_{A_2A_3} + d_{A_3A_4} - R = |d_{A_2A_4}| + |d_{A_2A_3}| + |d_{A_3A_4}| - R$$

$$r_3 = d_{A_1A_3} + d_{A_1A_4} + d_{A_3A_4} - R = -|d_{A_1A_3}| + |d_{A_1A_4}| + |d_{A_3A_4}| - R$$

$$r_4 = d_{A_2A_4} + d_{A_1A_4} + d_{A_1A_2} - R = -|d_{A_2A_4}| + |d_{A_1A_4}| + |d_{A_1A_2}| - R$$

所以 $\qquad r_1 + r_3 = r_2 + r_4$

(4) 由上即有 $|r_1 - r_2| = |r_3 - r_4|$,$|r_1 - r_4| = |r_2 - r_3|$.

(5) 我们可给出其多种证明方法如下.

证法 1 如图 14.19,由上面结论(1)(4)先证得 $I_1I_2I_3I_4$ 为平行四边形. 再证 I_1, I_2, I_3, I_4 四点共圆即可.

证法 2 如图 14.21,由命题 4 知,$PQ \perp MN$,由命题 5 推知 $PQ \perp I_2I_3$, $PQ \perp I_4I_1$,$MN \perp I_1I_2$,$MN \perp I_3I_4$,故四边形 $I_1I_2I_3I_4$ 为矩形.

注 命题6中的(5)曾作为首届数学奥林匹克国家集训队选拔试题(见第7章试题C1).

命题 7 圆内接四边形四顶点组成的四个三角形的内心、旁心共十六点,分配在八条直线上,每条线上四点,而这八条线是互相垂直的两组平行线,每组含四条线.

此为富尔曼定理,证略.

命题 8 四边形外接圆上任一点在它对于四边形四顶点组成的四个三角形的西姆松线上的射影共线.

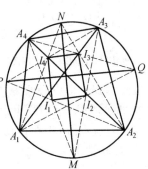

图 14.21

命题 9 四边形外接圆上任两点对于四边形四顶点组成的四个三角形中每个三角形的两条西姆松线各交于一点,这样的四点共线.

命题 10 圆内接四边形的四个顶点组成的四个三角形的九点圆,这样的四个圆交于一点.

以上的命题 8,9,10 均摘自梁绍鸿编《初等数学复习及研究》中复习题三:46,47(5) 及 63. 证明均略.

命题 11 设四边形 $H_1H_2H_3H_4$、四边形 $G_1G_2G_3G_4$ 分别是圆内接四边形 $A_1A_2A_3A_4$ 的以四顶点组成的四个三角形的垂心四边形、重心四边形,则三个圆内接四边形 $A_1A_2A_3A_4$,$H_1H_2H_3H_4$,$G_1G_2G_3G_4$ 彼此互相位似,三个圆心共线.

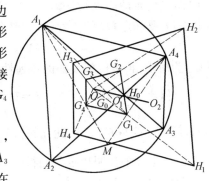

图 14.22

证明 首先,如图 14.22,设 A_1G_1,A_4G_4 相交于 G_0,联结 A_1G_4,A_4G_4 交 A_2A_3 于 M,则 M 是 A_2A_3 的中点.联结 A_4M,G_1 在 A_4M 上.

$\triangle A_1MG_1$ 被直线 $A_4G_0G_4$ 所截,由梅涅劳斯定理,$\dfrac{G_1G_0}{G_0A_1} \cdot \dfrac{A_1G_4}{G_4M} \cdot \dfrac{MA_4}{A_4G_1} = 1$,

由重心性质 $\dfrac{A_1G_4}{G_4M} = \dfrac{2}{1}$,$\dfrac{MA_4}{A_4G_1} = \dfrac{3}{2}$,由此得 $\dfrac{G_1G_0}{G_0A_1} = \dfrac{1}{3}$,同理 $\dfrac{G_4G_0}{G_0A_4} = \dfrac{1}{3}$,即 A_1G_1 通过 A_4G_4 上一定点 G_0,且被 G_0 分为 1:3,同法可证 A_2G_2,A_3G_3 都通过 A_4G_4 上一定点 G_0,且被 G_0 分为 1:3. 从而:

(1) A_1G_1,A_2G_2,A_3G_3,A_4G_4 都经过同一点 G_0;

(2) $\dfrac{G_0G_1}{G_0A_1} = \dfrac{G_0G_2}{G_0A_2} = \dfrac{G_0G_3}{G_0A_3} = \dfrac{G_0G_4}{G_0A_4} = \dfrac{1}{3}$.

所以四边形 $G_1G_2G_3G_4$ 与 $A_1A_2A_3A_4$ 位似,位似中心是 G_0,位似比 $k_1 = \dfrac{1}{3}$,对应点都在位似中心两旁,它们互相成内位似. 因四边形 $A_1A_2A_3A_4$ 内接于圆 O,故四边形 $G_1G_2G_3G_4$ 也内接于圆,设其圆心为 O_1,O_1 与 O 是在此位似变换中的一对对应点. 由于在位似变换中,对应点连线必过位似中心,故 O, G_0, O_1 三点共线. 联结 OG_0,在 OG_0 的延长线上取点 O_1,使

$$G_0 O_1 = \dfrac{1}{3} O G_0, \cdots \qquad ①$$

则此点 O_1 就是圆 $G_1G_2G_3G_4$ 的圆心.

其次,由欧拉线定理,三角形外心 O、重心 G、垂心 H 三点共线,且 $GH = 2OG$. 而由已知条件,$O, G_i, H_i (i=1,2,3,4)$ 共线,它们分别是题设四个三角形的欧拉线. 因此四边形 $H_1H_2H_3H_4$ 与四边形 $G_1G_2G_3G_4$ 对应点连线经过同一点 O,且有 $\dfrac{OH_i}{OG_i} = 3 (i=1,2,3,4)$. 故这两个四边形成外位似(对应点在 O 同旁),位似中心为 O,位似比 $k = 3$. 由四边形 $G_1G_2G_3G_4$ 内接于圆知 $H_1H_2H_3H_4$ 也内接于圆,设后者圆心为 O_2,O_2 与 O_1 是此位似变换的对应点,O_1O_2 连线必过位似中心 O. 要确定 O_2 的位置,只需要在 OO_1 的延长线上截

$$OO_2 = 3OO_1, \cdots \qquad ②$$

则 O_2 为所求. 再由位似变换的传递性知,四边形 $H_1H_2H_3H_4$ 与 $A_1A_2A_3A_4$ 也位似. 位似比为 $k = k_1k_2 = \dfrac{1}{3} \times 3 = 1$. 由此可见,三个圆内接四边形 $A_1A_2A_3A_4$,$H_1H_2H_3H_4$,$G_1G_2G_3G_4$ 彼此互相位似,三圆心 O, O_2, O_1 共线,且 $\dfrac{OO_1}{O_1O_2} = \dfrac{1}{2}$.

注 上面的证明启示我们得出另一重要结论.

若四边形 $A_1A_2A_3A_4$ 与 $H_1H_2H_3H_4$ 位似,则对应点连线 $A_iH_i (i=1,2,3,4)$ 四线共点于位似中心(记为 H_0). 又由于位似比为 1,故 H_0 必为对应点 O, O_2 连线段的中点,即

$$OH_0 = \dfrac{1}{2} OO_2, \cdots \qquad ③$$

这里定义 O, G_0, H_0 分别为四边形 $A_1A_2A_3A_4$ 的外心、重心、垂心,则得欧拉线的推广:圆内接四边形的外心 O、重心 G_0、垂心 H_0 共线,且由 ①②③ 推知 $\dfrac{OG_0}{G_0H_0} = 1$. 同时,圆 $G_1G_2G_3G_4$、圆 $H_1H_2H_3H_4$ 的圆心 O_1 和 O_2 也在此直线上

(五点共线),不难计算 $OG_0 : G_0O_1 : O_1H_0 : H_0O_2 = 3 : 1 : 2 : 6$.

第 2 节　圆内接四边形的两个充要条件

为了讨论问题的方便,我们先看几个引理.①②③

引理 1　四边形 $ABCD$ 内接于圆 O, $\triangle BCD$, $\triangle ACD$, $\triangle ABD$, $\triangle ABC$ 的内切圆半径分别为 r_1, r_2, r_3, r_4, 则 $r_1 + r_3 = r_2 + r_4$.

事实上,由本章第 1 节中命题 6(3) 即得证.

引理 2　四边形 $ABCD$ 内接于圆 O,对角线为 AC, BD,记 $AD = a, AB = b$, $BC = c, CD = d, BD = x, AC = y$, 则 $\dfrac{x}{y} = \dfrac{ad + bc}{ab + cd}$.

证明　在 $\triangle ABD$ 和 $\triangle BCD$ 中分别运用余弦定理有

$$x^2 = a^2 + b^2 - 2ab\cos \angle BAD$$
$$x^2 = c^2 + d^2 - 2cd\cos \angle BCD$$
(*)

由于四边形 $ABCD$ 为圆内接四边形,故 $\angle BCD = \pi - \angle BAD$,因此由式(*)知

$$a^2 + b^2 - 2ab\cos \angle BAD = c^2 + d^2 + 2cd\cos \angle BAD$$

故有

$$\cos \angle BAD = \frac{(a^2 + b^2) - (c^2 + d^2)}{2(ab + cd)}$$

将其代入式(*)得

$$x^2 = \frac{(ad + bc)(ac + bd)}{ab + cd}$$

同理可得

$$y^2 = \frac{(ab + cd)(ac + bd)}{ad + bc}$$

所以

$$\frac{x^2}{y^2} = \frac{(ad + bc)^2}{(ab + cd)^2}$$

故

$$\frac{x}{y} = \frac{ad + bc}{ab + cd}$$

引理 3　四边形 $ABCD$ 内接于圆 O, $\triangle BCD$, $\triangle ACD$, $\triangle ABD$, $\triangle ABC$ 中 AC, BD 一侧的旁切圆半径分别为 r_A, r_B, r_C, r_D, 则 $r_A + r_C = r_B + r_D$.

证明　如图 14.23,引用引理 2 中的记号,并记圆 O 的半径为 R,由三角形

---

① 孙幸荣,汪飞. 两个优美的几何恒等式[J]. 数学通报, 2005(2): 57-58.
② 贯福春. 四边形的两个优美性质[J]. 中学数学, 2005(7): 47.
③ 邹黎明. 涉及四边形的两个优美结论[J]. 中学数学, 2005(12): 37-38.

的面积公式,得

$$S_{\triangle ABC} = \frac{1}{2}(b+c-y)r_D = \frac{bcy}{4R}$$

所以

$$2Rr_D = \frac{bcy}{b+c-y}$$

同理

$$2Rr_B = \frac{ady}{a+d-y}$$

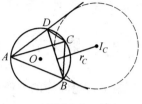

图 14.23

$$2Rr_C = \frac{abx}{a+b-x}$$

$$2Rr_A = \frac{cdx}{c+d-x}$$

于是

$$r_A + r_C = r_B + r_D \Leftrightarrow \frac{abx}{a+b-x} + \frac{cdx}{c+d-x} = \frac{ady}{a+d-y} + \frac{bcy}{b+c-y} \quad ①$$

由引理 2 知, $\dfrac{x}{y} = \dfrac{ad+bc}{ab+cd}$,将其变形可得

$$ab(c+d-x) + cd(a+b-x) = ad(b+c-y) + bc(a+d-y) \quad ②$$

把式 ① 通分,并运用式 ②,可得

$$式① \Leftrightarrow x(a+d-y)(b+c-y) = y(a+b-x)(c+d-x) \quad ③$$

而

式 ③ 左边 $= [x(a+d) - xy](b+c-y) =$

$[(a+d)x - (ac+bd)](b+c-y) =$

$(ac+bd)y + (a+d)(b+c)x - (b+c)(ac+bd) - (a+d)xy =$

$(ac+bd)y + (ac+bd)x + (ab+cd)x - (a+b+c+d)xy =$

$(ac+bd)x + (ac+bd)y + (ad+bc)y - (c+d)xy - (a+b)xy =$

$x^2 y + (a+b)(c+d)y - (c+d)xy - (a+b)xy =$

$(a+b)y(c+d-x) - xy(c+d-x) =$

$(c+d-x)(a+b-x)y = $ 式 ③ 右边

可见,原结论成立.

引理 4 在四边形 $ABCD$ 中,若 $r_1 + r_3 = r_2 + r_4$,则四边形 $I_1 I_2 I_3 I_4$ 是矩形,如图 14.24 所示.

证明 作 $I_1 G \perp BC$ 于点 G,$I_4 H \perp BC$ 于点 H,$I_4 N \perp I_1 G$ 于点 N,则

$$BH = \frac{1}{2}(AB + BC - AC)$$

$$CG = \frac{1}{2}(BC + CD - BD)$$

则 $GH = BC - BH - CG = \frac{1}{2}(BD + AC - AB - CD)$

又 $I_1 N = |r_1 - r_4|$

故 $I_1 I_4^2 = (r_1 - r_4)^2 + \frac{1}{4}(BD + AC - AB - CD)^2$

同理 $I_2 I_3^2 = (r_2 - r_3)^2 + \frac{1}{4}(BD + AC - AB - CD)^2$

由 $r_1 + r_3 = r_2 + r_4$

有 $r_1 - r_4 = r_2 - r_3$

即 $I_1 I_4 = I_2 I_3$

同理 $I_1 I_2 = I_4 I_3$

故四边形 $I_1 I_2 I_3 I_4$ 是平行四边形.

又作 $I_1 E \perp BD$ 于点 E, $I_3 F \perp BD$ 于点 F, 作 $I_1 M \perp I_3 F$ 于点 M, 则

$$I_3 M = r_1 + r_3$$

又 $EF = |BD - DE - BF|$

又 $DE = \frac{1}{2}(BD + DC - BC)$

$$BF = \frac{1}{2}(BD + AB - AD)$$

则 $EF = \frac{1}{2}|AD + BC - AB - CD|$

即 $I_1 I_3^2 = (r_1 + r_3)^2 + \frac{1}{4}(AD + BC - AB - CD)^2$

同理 $I_2 I_4^2 = (r_2 + r_4)^2 + \frac{1}{4}(AD + BC - AB - CD)^2$

则 $I_1 I_3 = I_2 I_4$

故 $\square I_1 I_2 I_3 I_4$ 是矩形.

引理 5 在四边形 $ABCD$ 中,若 $r_A + r_C = r_B + r_D$,则四边形 $I_A I_B I_C I_D$ 是矩形.

证明 如图 14.25,作 $I_A E \perp BC$ 于点 E, $I_D F \perp BC$ 于点 F, $I_A M \perp I_D F$ 于点 M, 则

$$I_D M = |r_A - r_D|$$

$$EF = EC + CF = \frac{1}{2}(BC + CD + BD) + \frac{1}{2}(AB + BC + AC) - BC =$$
$$\frac{1}{2}(AB + CD + AC + BD)$$

则 $\qquad I_A I_D^2 = (r_A - r_D)^2 + \frac{1}{4}(AB + CD + AC + BD)^2$

同理 $\qquad I_B I_C^2 = (r_B - r_C)^2 + \frac{1}{4}(AB + CD + AC + BD)^2$

由 $\qquad\qquad\qquad r_A + r_C = r_B + r_D$

有 $\qquad\qquad\qquad r_A - r_D = r_B - r_C$

则 $\qquad\qquad\qquad I_A I_D = I_B I_C$

同理 $\qquad\qquad\qquad I_A I_B = I_C I_D$

即四边形 $I_A I_B I_C I_D$ 是平行四边形.

同理
$$I_A I_C^2 = I_B I_D^2 = (r_A + r_C)^2 + \frac{1}{4}(AD + BC - AB - CD)^2$$

故 $\Box I_A I_B I_C I_D$ 是矩形.

引理 6 在四边形 $ABCD$ 中,若 $r_1 + r_3 = r_2 + r_4$,则四边形 $ABCD$ 内接于圆.

证明 (反证法) 如图 14.26,作 $\triangle ABC$ 的外接圆圆 O,假设 D 不在圆周上,设圆 O 交 BD (或 BD 的延长线) 于 D',联结 AD', CD',设 $\triangle ABD', \triangle BCD', \triangle ACD'$ 的内心分别为 I'_3, I'_1, I'_2,半径分别为 r'_3, r'_1, r'_2.

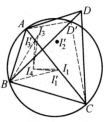

图 14.26

由引理 1 知 $r'_1 + r'_3 = r'_2 + r_4$,又由引理 4 知四边形 $I'_1 I'_2 I'_3 I_4$ 是矩形,则
$$\angle I'_3 I_4 I'_1 = 90°$$

(1) 若 D' 在线段 BD 上,易知 B, I'_3, I_3 在一条直线上,B, I'_1, I_1 在一条直线上,因
$$\angle I'_3 AB = \frac{1}{2} \angle D'AB < \frac{1}{2} \angle DAB = \angle I_3 AB$$

则 I'_3 在线段 BI_3 上.

同理 I'_1 在线段 BI_1 上. 故
$$\angle I'_3 I_4 I'_1 > \angle I_3 I_4 I_1$$

又由引理 4 知,当 $r_1 + r_3 = r_2 + r_4$ 时,四边形 $I_1 I_2 I_3 I_4$ 是矩形,即

$$\angle I_3 I_4 I_1 = 90°$$

矛盾.

(2) 若 D' 在线段 BD 的延长线上,亦矛盾. 故四边形 $ABCD$ 有外接圆.

引理 7 在四边形 $ABCD$ 中,若 $r_A + r_C = r_B + r_D$,则四边形 $ABCD$ 内接于圆.

证明 （反证法）如图 14.27,作 $\triangle ABC$ 的外接圆圆 O,假设 D 不在圆周上,设圆 O 与 BD（或 BD 的延长线）交于 D',联结 AD',CD',设 $\triangle BCD'$,$\triangle ACD'$,$\triangle ABD'$ 中 AC,BD 一侧的旁切圆圆心分别记为 I'_A, I'_B, I'_C,半径分别记为 r'_A, r'_B, r'_C. 由引理 3 知 $r'_A + r'_C = r'_B + r_D$,由引理 5 知 $I'_A I'_B I'_C I_D$ 是矩形,故

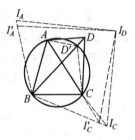

图 14.27

$$\angle I'_A I_D I'_C = 90°$$

(1) 若 D' 在线段 BD 上,易知点 B, I'_C, I_C 在一条直线上,点 B, I'_A, I_A 在一条直线上. 又

$$\angle BCI'_C = \frac{1}{2}\angle BCD' < \frac{1}{2}\angle BCD = \angle BCI_C$$

则 I'_C 在线段 BI_C 上. 同理 I'_A 在线段 BI_A 上. 则

$$\angle I_A I_D I_C > \angle I'_A I_D I'_C$$

又

$$r_A + r_C = r_B + r_D$$

由引理 5,四边形 $I_A I_B I_C I_D$ 是矩形,故

$$\angle I_A I_D I_C = 90°$$

矛盾.

(2) 若 D' 在线段 BD 的延长线上,亦可得矛盾. 故四边形 $ABCD$ 内接于圆.

由引理 1、引理 6,即得:

命题 1 在四边形 $ABCD$ 中,$\triangle BCD$,$\triangle ACD$,$\triangle ABD$,$\triangle ABC$ 的内切圆半径分别为 r_1, r_2, r_3, r_4,则四边形 $ABCD$ 有外接圆的充要条件是 $r_1 + r_3 = r_2 + r_4$.

由引理 3、引理 7,即得:

命题 2 在四边形 $ABCD$ 中,$\triangle BCD$,$\triangle ACD$,$\triangle ABD$,$\triangle ABC$ 的位于 AC,BD 一侧的旁切圆半径分别为 r_A, r_B, r_C, r_D,则四边形 $ABCD$ 有外接圆的充要条件是 $r_A + r_C = r_B + r_D$.

第3节 垂心余弦定理及应用

定理 设 $\triangle ABC$ 的外接圆半径为 R,垂心为 H,则 $AH = 2R|\cos A|$, $BH = 2R|\cos B|$, $CH = 2R|\cos C|$.

证明 如图 14.28,记 $\angle BAC = \angle A$, $\angle ABC = \angle B$, $\angle BCA = \angle C$, 因 $\angle AHE = \angle C$, 于是在 $\triangle AHE$ 中, 有

$$AH = \frac{AE}{\sin \angle AHE} = \frac{AE}{\sin C}$$

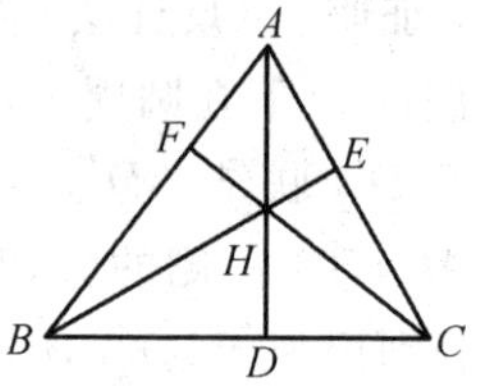

在 $\triangle ABE$ 中

$$AE = AB|\cos A| \qquad ①$$

所以 $$AH = \frac{AB|\cos A|}{\sin C} = 2R|\cos A|$$

同理 $$BH = 2R|\cos B|, CH = 2R|\cos C|$$

图 14.28

由于定理结构与正弦定理相似,故我们把它称为垂心余弦定理.

注 在 $\triangle ABC$ 中,当 $\angle A > 90°$ 时,AH 的方向远离对边 BC,而此时 $\angle B$, $\angle C$ 皆为锐角,BH, CH 皆指向其对边. 为了消除式①中的绝对值符号,不妨规定"垂距"(顶点到垂心的距离)的有向值:若 AH 指向对边,其值为正,否则其值为负,如此一来,公式可以写成

$$\frac{AH}{\cos A} = \frac{BH}{\cos B} = \frac{CH}{\cos C} = 2R$$

为了应用上的方便,也可以将上式写成其等价形式

$$AH = 2R\cos A, BH = 2R\cos B, CH = 2R\cos C$$

(只需注意:当 $\angle A = 90°$, $AH = 0$ 时,规定 $\frac{AH}{\cos A} = 2R$.)

例 1 设 H 为 $\triangle ABC$ 的垂心,D, E, F 分别是 BC, CA, AB 的中点. 一个以 H 为圆心的圆 H 交直线 EF, FD, DE 于 A_1, A_2, B_1, B_2, C_1, C_2 (图 14.29). 求证:$AA_1 = AA_2 = BB_1 = BB_2 = CC_1 = CC_2$.

(1989 年加拿大数学奥林匹克竞赛训练题)

证明 设 $AB = c$, $BC = a$, $CA = b$, $\triangle ABC$ 的外接圆半径为 R, 圆 H 的半径为 r, 联结 HA_1, 联结 AH 交 EF 于点 M, 从而有 $AM \perp A_1A_2$, 且 $AM = \frac{1}{2}AH_1$. 则

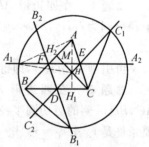

图 14.29

$$AA_1^2 = AA_2^2 = AM^2 + A_1M^2 = AM^2 + r^2 - MH^2 =$$
$$(\frac{1}{2}AH_1)^2 + r^2 - (AH - \frac{1}{2}AH_1)^2 = r^2 + AH \cdot AH_1 - AH^2$$
①

又由于 B, H_2, H, H_1 四点共圆,于是有 $AH \cdot AH_1 = AH_2 \cdot AB$,而
$$AH_2 \cdot AB = b\cos A \cdot c = \frac{1}{2}(b^2 + c^2 - a^2)$$
②

由定理及正弦定理可得
$$AH^2 = 4R^2\cos^2 A, a^2 = 4R^2\sin^2 A$$

于是即得
$$AH^2 = 4R^2 - a^2$$
③

把②③代入①整理得
$$AA_1^2 = AA_2^2 = \frac{1}{2}(a^2 + b^2 + c^2) - 4R^2 + r^2$$

同理
$$BB_1^2 = BB_2^2 = \frac{1}{2}(a^2 + b^2 + c^2) - 4R^2 + r^2$$

$$CC_1^2 = CC_2^2 = \frac{1}{2}(a^2 + b^2 + c^2) - 4R^2 + r^2$$

于是结论得证.

例 2 锐角 $\triangle ABC$ 的垂心为 H,R 为 $\triangle ABC$ 外接圆半径,r 为 $\triangle ABC$ 内切圆半径,求证:$AH + BH + CH = 2(R + r)$.

(1979 年河北省中学生数学竞赛题)

证明 如图 14.30,由圆周角与圆心角的关系,即知
$$\angle A = \angle BOD$$

由定理有 $AH = 2R\cos A$

而在 Rt$\triangle OBD$ 中
$$OD = OB\cos \angle BOD = R\cos A$$

则 $AH = 2OD$

同理 $BH = 2OE, CH = 2OG$

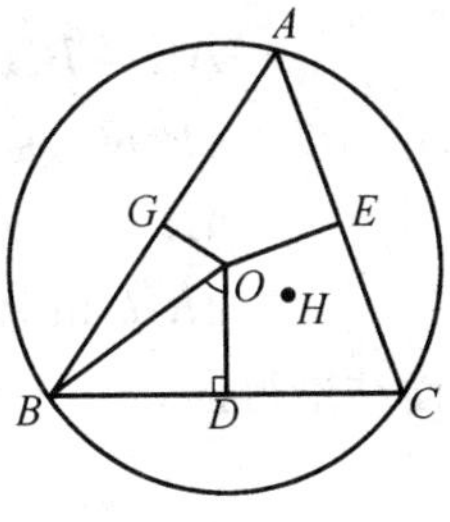

则 $AH + BH + CH = 2(OD + OE + OG)$

图 14.30

下面只要证明 $OD + OE + OG = R + r$,问题就完满解决了,但事实上,我们有($S = \frac{1}{2}(a + b + c)$)

$$Sr = \frac{1}{2}a \cdot OD + \frac{1}{2}b \cdot OE + \frac{1}{2}c \cdot OG \qquad ①$$

又因 $A, G, O, E; G, B, D, O$ 和 D, C, E, O 四点分别共圆,由托勒密定理得

$$\frac{1}{2}aR = \frac{1}{2}c \cdot OE + \frac{1}{2}b \cdot OG \qquad ②$$

$$\frac{1}{2}bR = \frac{1}{2}c \cdot OD + \frac{1}{2}a \cdot OG \qquad ③$$

$$\frac{1}{2}cR = \frac{1}{2}a \cdot OE + \frac{1}{2}b \cdot OD \qquad ④$$

将①②③④相加即得

$$SR + Sr = S(OD + OE + OG)$$

故 $OD + OE + OG = R + r$,从而问题得证.

例3 设 H 是锐角 $\triangle ABC$ 的垂心,求证

$$AH \cdot BH \cdot AB + BH \cdot CH \cdot BC + CH \cdot AH \cdot CA = AB \cdot BC \cdot CA.$$

证明 设 $AB = c, BC = a, CA = b, \triangle ABC$ 外接圆半径为 R,则由定理有

$$AH \cdot BH \cdot AB = 4R^2 \cos A \cos B \cdot c \qquad ①$$

$$BH \cdot CH \cdot BC = 4R^2 \cos B \cos C \cdot a \qquad ②$$

$$CH \cdot AH \cdot CA = 4R^2 \cos C \cos A \cdot b \qquad ③$$

①+② 得

$$AH \cdot BH \cdot AB + BH \cdot CH \cdot BC =$$
$$4R^2 \cos B(c \cdot \cos A + a \cdot \cos C) = 4R^2 b \cos B \qquad ④$$

③+④ 得

$$AH \cdot BH \cdot AB + BH \cdot CH \cdot BC + CH \cdot AH \cdot CA =$$
$$4R^2 b(\cos B + \cos A \cos C) =$$
$$4R^2 b[-\cos(A+C) + \cos A \cos C] =$$
$$4R^2 b \sin A \sin C = b(2R \sin A)(2R \sin C) = bac$$

从而结论得证.

第4节 运用向量法解题

试题 A 的证法 6 是运用向量法而证的.

向量是现代数学"数形结合"的产物,是解决几何问题的有力工具.在数学竞赛试题中有很多直线型的平面几何问题可通过向量法巧妙解决.

1. 利用向量的线性运算解题

例 1 如图 14.31, A, B 为两条定直线 AX, BY 上的定点, P, R 为射线 AX 上两点, Q, S 为射线 BY 上两点, $\dfrac{AP}{BQ} = \dfrac{AR}{BS}$ 为定比. M, N, T 分别为线段 AB, PQ, RS 上的点, $\dfrac{AM}{MB} = \dfrac{PN}{NQ} = \dfrac{RT}{TS}$ 为另一定比. 问 M, N, T 三点的位置关系如何? 证明你的结论.

(1994 年 IMO 中国集训队第九次测验题)

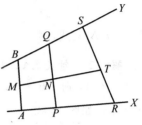

图 14.31

解 设 $\overrightarrow{AB} = \boldsymbol{a}, \overrightarrow{AR} = \boldsymbol{b}, \overrightarrow{AS} = \boldsymbol{c}, \overrightarrow{AM} = m\overrightarrow{AB}, \overrightarrow{AP} = n\overrightarrow{AR}$, 则

$$\overrightarrow{MT} = \overrightarrow{MA} + \overrightarrow{AR} + \overrightarrow{RT} =$$
$$-m\overrightarrow{AB} + \boldsymbol{b} + m\overrightarrow{RS} =$$
$$-m\boldsymbol{a} + \boldsymbol{b} + m(\boldsymbol{c} - \boldsymbol{b}) =$$
$$m(\boldsymbol{c} - \boldsymbol{a}) + (1-m)\boldsymbol{b}$$

$$\overrightarrow{MN} = \overrightarrow{MA} + \overrightarrow{AP} + \overrightarrow{PN} =$$
$$-m\boldsymbol{a} + n\overrightarrow{AR} + m\overrightarrow{PQ} =$$
$$-m\boldsymbol{a} + n\boldsymbol{b} + m(\overrightarrow{PA} + \overrightarrow{AB} + \overrightarrow{BQ}) =$$
$$-m\boldsymbol{a} + n\boldsymbol{b} + m(-n\overrightarrow{AR} + \boldsymbol{a} + n\overrightarrow{BS}) =$$
$$-m\boldsymbol{a} + n\boldsymbol{b} - mn\boldsymbol{b} + m\boldsymbol{a} + mn(\boldsymbol{c} - \boldsymbol{a}) =$$
$$n[m(\boldsymbol{c} - \boldsymbol{a}) + (1-m)\boldsymbol{b}] = n\overrightarrow{MT}$$

故 M, N, T 三点共线.

例 2 如图 14.32, AC, CE 是正六边形 $ABCDEF$ 的两条对角线, 点 M, N 分别内分 AC, CE, 使 $AM : AC = CN : CE = r$. 如果 B, M, N 三点共线, 求 r.

(第 23 届 IMO 试题)

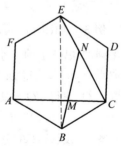

图 14.32

解法 1 设 $\overrightarrow{AC} = 2\boldsymbol{a}, \overrightarrow{AF} = 2\boldsymbol{b}$, 则

$$\overrightarrow{AM} = r\overrightarrow{AC} = 2r\boldsymbol{a}, \overrightarrow{AB} = \boldsymbol{a} - \boldsymbol{b}$$

有

$$\overrightarrow{BM} = \overrightarrow{BA} + \overrightarrow{AM} = \boldsymbol{b} + (2r-1)\boldsymbol{a}$$

又因

$$\overrightarrow{CE} = \dfrac{1}{2}\overrightarrow{CA} + \dfrac{3}{2}\overrightarrow{AF} = 3\boldsymbol{b} - \boldsymbol{a}$$

则

$$\overrightarrow{CN} = r\overrightarrow{CE} = 3r\boldsymbol{b} - r\boldsymbol{a}$$

从而

$$\overrightarrow{MN} = \overrightarrow{MC} + \overrightarrow{CN} =$$

$$2(1-r)\boldsymbol{a} + 3r\boldsymbol{b} - r\boldsymbol{a} =$$
$$3r\boldsymbol{b} + (2-3r)\boldsymbol{a}$$

又 B,M,N 共线,则 $\dfrac{1}{3r} = \dfrac{2r-1}{2-3r}$,故 $r = \dfrac{\sqrt{3}}{3}$.

解法 2 延长 EA, CB 交于点 P,设正六边形的边长为 1,则 $PB=2$, A 为 EP 的中点, $EA = AP = \sqrt{3}$,如图 14.33 所示.

因为 $\overrightarrow{AM} = r\overrightarrow{AC}$,则 $\overrightarrow{CM} = (1-r)\overrightarrow{CA}$.

因为 $\overrightarrow{CP} = 3\overrightarrow{CB}$,且 CA 是 $\triangle PCE$ 边 PE 上的中线, $\overrightarrow{CN} = r\overrightarrow{CE}$,所以

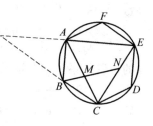

图 14.33

$$\overrightarrow{CA} = \frac{1}{2}(\overrightarrow{CE} + \overrightarrow{CP}) = \frac{1}{2r}\overrightarrow{CN} + \frac{3}{2}\overrightarrow{CB}$$

又 $\overrightarrow{CA} = \dfrac{\overrightarrow{CM}}{1-r}$,故

$$\frac{1}{2r}\overrightarrow{CN} + \frac{3}{2}\overrightarrow{CB} = \frac{\overrightarrow{CM}}{1-r}$$

$$\overrightarrow{CM} = \frac{1-r}{2r}\overrightarrow{CN} + \frac{3(1-r)}{2}\overrightarrow{CB}$$

当 B,M,N 三点共线时,存在实数 t,使得 $\overrightarrow{CM} = (1-t)\overrightarrow{CN} + t\overrightarrow{CB}$. 因此

$$\frac{1-r}{2r} + \frac{3(1-r)}{2} = 1$$

解得 $r = \dfrac{\sqrt{3}}{3}$.

例 3 如图 14.34,给定 $\lambda > 1$,设点 P 是 $\triangle ABC$ 外接圆的 $\overset{\frown}{BAC}$ 上的一个动点,在射线 BP 和 CP 上分别取点 U 和 V,使得 $BU = \lambda BA$, $CV = \lambda CA$,在射线 UV 上取点 Q,使得 $UQ = \lambda UV$. 求点 Q 的轨迹.

(1997 年 IMO 中国国家队选拔考试题)

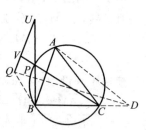

图 14.34

解 设 $\overrightarrow{BA}, \overrightarrow{CA}$ 分别对应复数 a, b,且
$$\angle ABU = \angle ACV = \alpha$$
$$\overrightarrow{BU} = \lambda a(\cos\alpha + \mathrm{i}\sin\alpha)$$
$$\overrightarrow{CV} = \lambda b(\cos\alpha + \mathrm{i}\sin\alpha)$$

因为
$$\overrightarrow{BQ} = \overrightarrow{UQ} - \overrightarrow{UB} = \lambda\overrightarrow{UV} - \overrightarrow{UB} =$$
$$\lambda(\overrightarrow{UB} + \overrightarrow{BC} + \overrightarrow{CV}) - \overrightarrow{UB} =$$

所以 $\overrightarrow{QB}+\lambda\overrightarrow{BC}=(1-\lambda)\overrightarrow{UB}-\lambda\overrightarrow{CV}=$
$$(\lambda-1)\overrightarrow{UB}+\lambda\overrightarrow{BC}+\lambda\overrightarrow{CV}$$
$$\lambda(\lambda-1)a(\cos\alpha+i\sin\alpha)-\lambda^2 b(\cos\alpha+i\sin\alpha)$$
$$|\overrightarrow{QB}+\lambda\overrightarrow{BC}|=\lambda|\lambda(a-b)-a|=\lambda|\lambda\overrightarrow{BC}+\overrightarrow{AB}|$$

令 $\lambda\overrightarrow{BC}=\overrightarrow{BD}$,从而 $|\overrightarrow{QD}|=\lambda|\overrightarrow{AD}|$.

故点 Q 的轨迹是以 D 为圆心,$\lambda|\overrightarrow{AD}|$ 为半径的圆弧.

当点 P 与点 B,C 重合时,割线 BP,CP 变为过 B,C 的切线,此时的点 Q_1,Q_2 即为轨迹弧的端点.

2. 运用向量的数量积运算解题

例 4 在锐角 $\triangle ABC$ 中,AD,BE 是它的两条高,AP,BQ 是两条角平分线,I,O 分别是三角形的内心和外心.证明:点 D,E,I 共线当且仅当 P,Q,O 共线.

(第 38 届 IMO 预选题)

证明 如图 14.35,取 C 为原点,以 $\overrightarrow{CA}=\boldsymbol{a}$,$\overrightarrow{CB}=\boldsymbol{b}$ 为基向量建立仿射坐标系.

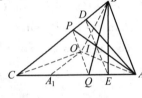

图 14.35

设 $|\boldsymbol{a}|=a$,$|\boldsymbol{b}|=b$,$|\overrightarrow{AB}|=c$,$s=a+b+c$,$\overrightarrow{CD}=\lambda\boldsymbol{b}$,则 $\overrightarrow{AD}=\lambda\boldsymbol{b}-\boldsymbol{a}$.

因为 $\boldsymbol{b}\cdot\overrightarrow{AD}=\lambda b^2-\boldsymbol{a}\cdot\boldsymbol{b}=0$,所以
$$\lambda=\frac{\boldsymbol{a}\cdot\boldsymbol{b}}{|\boldsymbol{b}|^2}=\frac{a}{b}\cos C$$

即 $D\left(0,\dfrac{a}{b}\cos C\right)$.

同理,$E\left(\dfrac{b}{a}\cos C,0\right)$.又因为 $\dfrac{CQ}{QA}=\dfrac{BC}{BA}$,所以
$$\overrightarrow{CQ}=\frac{b}{b+c}\boldsymbol{a}$$

即 $Q\left(\dfrac{b}{b+c},0\right)$.

同理,$P\left(0,\dfrac{a}{a+c}\right)$,$I\left(\dfrac{b}{s},\dfrac{a}{s}\right)$.

设 $\triangle ABC$ 外接圆半径为 R,作 $OA_1 \parallel BC$ 交 AC 于 A_1.因为 $\angle AOC=2\angle B$,所以
$$\sin\angle A_1CO=\cos B,\sin\angle A_1OC=\cos A$$

由正弦定理得
$$CA_1=\frac{R\cos A}{\sin C}\cdot A_1O=\frac{R\cos B}{\sin C}$$

则 $O\left(\dfrac{R\cos A}{a\sin C}, \dfrac{R\cos B}{b\sin C}\right)$.

故
$$\overrightarrow{PO} = \left(\dfrac{R\cos A}{a\sin C}, \dfrac{R\cos B}{b\sin C} - \dfrac{a}{a+c}\right)$$
$$\overrightarrow{QO} = \left(\dfrac{R\cos A}{a\sin C} - \dfrac{b}{b+c}, \dfrac{R\cos B}{b\sin C}\right)$$

因此
$\overrightarrow{PO}$ 与 $\overrightarrow{QO}$ 共线 $\Leftrightarrow$

$\dfrac{R^2 \cos A \cdot \cos B}{ab\sin^2 C} =$

$\left(\dfrac{R\cos A}{a\sin C} - \dfrac{b}{b+c}\right)\left(\dfrac{R\cos B}{b\sin C} - \dfrac{a}{a+c}\right) \Leftrightarrow$

$\dfrac{ab}{(a+c)(b+c)} = \dfrac{R}{\sin C}\left(\dfrac{\cos A}{a+c} + \dfrac{\cos B}{b+c}\right) \Leftrightarrow$

$2\sin A \cdot \sin B \cdot \sin C = \cos A \cdot (\sin B + \sin C) + \cos B \cdot (\sin A + \sin C) \Leftrightarrow$

$\cos A + \cos B = \cos C$

$$\overrightarrow{DI} = \left(\dfrac{b}{s}, \dfrac{a}{s} - \dfrac{a}{b}\cos C\right)$$
$$\overrightarrow{EI} = \left(\dfrac{b}{s} - \dfrac{b}{a}\cos C, \dfrac{a}{s}\right)$$

因此
DI 与 EI 共线 $\Leftrightarrow$

$\dfrac{ab}{s^2} = \left(\dfrac{a}{s} - \dfrac{a}{b}\cos C\right)\left(\dfrac{b}{s} - \dfrac{b}{a}\cos C\right) \Leftrightarrow$

$s\cos C = a+b \Leftrightarrow$

$\cos C \cdot (\sin A + \sin B + \sin C) = \sin A + \sin B \Leftrightarrow$

$\cos A + \cos B = \cos C$

故 D,E,I 共线当且仅当 P,Q,O 共线.

例5 如图 14.36,在四面体 $ABCD$ 中,E,F 分别是 AC,BD 的中点. 求证:EF 是 AC 与 BD 公垂线的充要条件是 $AB=CD$ 且 $AD=BC$.

证明 因为
$$\overrightarrow{EF} = \overrightarrow{AF} - \overrightarrow{AE} =$$

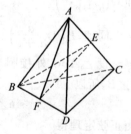

图 14.36

$$\frac{1}{2}(\overrightarrow{AB}+\overrightarrow{AD}-\overrightarrow{AC})=$$
$$-\frac{1}{2}(\overrightarrow{BA}+\overrightarrow{BC}-\overrightarrow{BD})$$

所以
$$\overrightarrow{EF}\cdot\overrightarrow{AC}=\overrightarrow{EF}\cdot\overrightarrow{BD}=0\Leftrightarrow$$
$$\overrightarrow{AC}\cdot 2(\overrightarrow{AB}+\overrightarrow{AD}-\overrightarrow{AC})=$$
$$-\overrightarrow{BD}\cdot 2(\overrightarrow{BA}+\overrightarrow{BC}-\overrightarrow{BD})=0\Leftrightarrow$$
$$\begin{cases}\overrightarrow{AC}\cdot(2\overrightarrow{AD}-\overrightarrow{AC})=\overrightarrow{AC}\cdot(\overrightarrow{AC}-2\overrightarrow{AB})\\ \overrightarrow{BD}\cdot(2\overrightarrow{BC}-\overrightarrow{BD})=\overrightarrow{BD}\cdot(\overrightarrow{BD}-2\overrightarrow{BA})\end{cases}\Leftrightarrow$$
$$\begin{cases}\overrightarrow{AD}^2-(\overrightarrow{AD}-\overrightarrow{AC})^2=(\overrightarrow{AC}-\overrightarrow{AB})^2-\overrightarrow{AB}^2\\ \overrightarrow{BC}^2-(\overrightarrow{BC}-\overrightarrow{BD})^2=(\overrightarrow{BD}-\overrightarrow{BA})^2-\overrightarrow{BA}^2\end{cases}\Leftrightarrow$$
$$\begin{cases}\overrightarrow{AD}^2-\overrightarrow{CD}^2=\overrightarrow{BC}^2-\overrightarrow{AB}^2\\ \overrightarrow{BC}^2-\overrightarrow{CD}^2=\overrightarrow{AD}^2-\overrightarrow{AB}^2\end{cases}\Leftrightarrow$$
$$\begin{cases}AB=CD\\ AD=BC\end{cases}$$

例 6 BC 为圆 Γ 的直径,Γ 的圆心为 O,A 为 Γ 上的点,$0°<\angle AOB<120°$,D 是 $\overparen{AB}$(不含 C 的弧)的中点,过 O 平行于 DA 的直线交 AC 于 I,OA 的垂直平分线交 Γ 于 E,F.证明:I 是 $\triangle CEF$ 的内心.

(第 43 届 IMO 试题)

证明 如图 14.37,联结 OD,OF,AE,AF,BE.

因为 OA 与 EF 互相垂直平分,所以,四边形 $AEOF$ 是菱形,$\overparen{AE}=\overparen{AF}$,$\angle ACE=\angle ACF$.因此,$AC$ 是 $\angle ECF$ 的平分线.

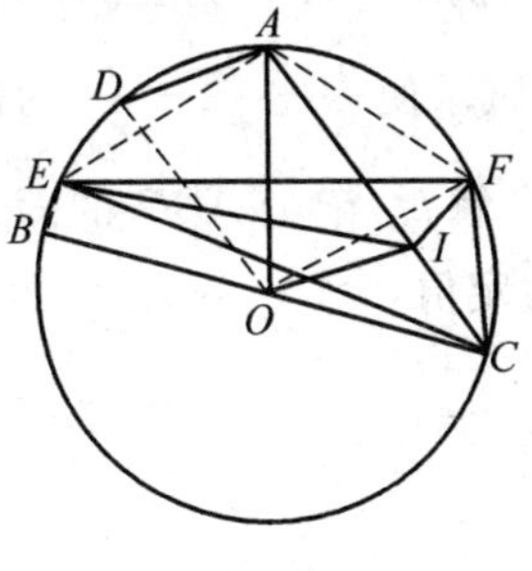

设圆 O 的半径为 R,$\angle AOD=\angle BOD=\alpha$.

因为 $OA\perp EF$,$BE\perp EC$,所以,EI 在 $\overrightarrow{OA}$,$\overrightarrow{BE}$ 上的射影长为 $\dfrac{|\overrightarrow{EI}\cdot\overrightarrow{OA}|}{R}$,$\dfrac{|\overrightarrow{EI}\cdot\overrightarrow{BE}|}{|\overrightarrow{BE}|}$,即为点 I 到边 EF,EC 的距离.

图 14.37

下面证 $\dfrac{|\overrightarrow{EI}\cdot\overrightarrow{OA}|}{R}=\dfrac{|\overrightarrow{EI}\cdot\overrightarrow{BE}|}{|\overrightarrow{BE}|}$.

由于 D 是 $\overparen{AB}$ 的中点,因此
$$\angle ACB=\angle BOD,OD\parallel AC$$

又因为 $AD \parallel OI$，所以，四边形 $ADOI$ 是平行四边形.
$$\vec{EI} \cdot \vec{OA} = (\vec{EA} - \vec{OD}) \cdot \vec{OA} =$$
$$\vec{EA} \cdot \vec{OA} - \vec{OD} \cdot \vec{OA} = \frac{1 - 2\cos\alpha}{2} R^2$$
$$|\vec{BE}| = |\vec{OE} - \vec{OB}| = \sqrt{(\vec{OE} - \vec{OB})^2} =$$
$$\sqrt{2R^2 - 2(\vec{OE} \cdot \vec{OB})} =$$
$$\sqrt{2R^2 - 2R^2 \cos(2\alpha - 60°)} =$$
$$2R|\sin(\alpha - 30°)|$$
$$\vec{BE} \cdot \vec{EI} = (\vec{OE} - \vec{OB}) \cdot (\vec{OF} - \vec{OD}) =$$
$$\vec{OE} \cdot \vec{OF} - \vec{OE} \cdot \vec{OD} - \vec{OB} \cdot \vec{OF} + \vec{OB} \cdot \vec{OD} =$$
$$-\frac{R^2}{2} - R^2\cos(60° - \alpha) - R^2\cos(60° + 2\alpha) + R^2\cos\alpha =$$
$$R^2(2\cos\alpha - 1) \cdot \sin(\alpha - 30°)$$

从而
$$\frac{|\vec{EI} \cdot \vec{OA}|}{R} = \frac{|\vec{EI} \cdot \vec{BE}|}{|\vec{BE}|}$$

故 I 是 $\triangle CEF$ 的内心.

依据几何量的特征构造恰当的向量，再利用数量积不等式
$$(\boldsymbol{a} \cdot \boldsymbol{b})^2 \leqslant |\boldsymbol{a}|^2 |\boldsymbol{b}|^2$$
确定几何量的最值.

例 7 设 P 为 $\triangle ABC$ 内的一动点，P 到三边 a,b,c 的距离分别记为 r_1, r_2, r_3，试求使 $\dfrac{a}{r_1} + \dfrac{b}{r_2} + \dfrac{c}{r_3}$ 的值为最小的点 P. （第 22 届 IMO 试题）

解 记 $\triangle ABC$ 的面积为 S，则 $ar_1 + br_2 + cr_3 = 2S$ 为定值，周长 $a+b+c$ 为定值，令
$$\boldsymbol{\alpha} = (\sqrt{ar_1}, \sqrt{br_2}, \sqrt{cr_3})$$
$$\boldsymbol{\beta} = \left(\sqrt{\frac{a}{r_1}}, \sqrt{\frac{b}{r_2}}, \sqrt{\frac{c}{r_3}}\right)$$

因为 $(\boldsymbol{\alpha} \cdot \boldsymbol{\beta})^2 \leqslant |\boldsymbol{\alpha}|^2 |\boldsymbol{\beta}|^2$，即
$$(a+b+c)^2 \leqslant \left(\frac{a}{r_1} + \frac{b}{r_2} + \frac{c}{r_3}\right)(ar_1 + br_2 + cr_3)$$

所以，$\dfrac{a}{r_1} + \dfrac{b}{r_2} + \dfrac{c}{r_3} \geqslant \dfrac{(a+b+c)^2}{2S}$ 为定值，当且仅当 $r_1 = r_2 = r_3$ 时，等号成立.

故使 $\dfrac{a}{r_1} + \dfrac{b}{r_2} + \dfrac{c}{r_3}$ 的值为最小的点 P 为 $\triangle ABC$ 的内心.

第 15 章 1993～1994 年度试题的诠释

试题 A1 设一凸四边形 $ABCD$，它的内角中仅有 $\angle D$ 是钝角，用一些直线段将该凸四边形分成 n 个钝角三角形，但除去 A, B, C, D，在该凸四边形的边界上，不含分割出的钝角三角形顶点，试证：n 应该满足的充分必要条件是 $n \geqslant 4$。

证法 1 设凸四边形 $ABCD$ 中仅有 $\angle D$ 是钝角.

充分性.

先证：非钝角三角形可分割成 3 个钝角三角形. 事实上，取锐角 $\triangle ABC$ 的顶点 B，或 $\mathrm{Rt}\triangle ABC$ 的直角顶点 B，向对边 AC 作高 BG. 以 AC 为直径向三角形内作半圆，于是 BG 上位于该半圆内的任意点 E 与 $\triangle ABC$ 三顶点连线将 $\triangle ABC$ 剖分成 3 个钝角三角形 $\triangle ABE$，$\triangle BCE$，$\triangle CAE$.

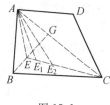

图 15.1

(1) 如图 15.1，联结 AC，由上知 $\triangle ABC$ 可剖分成 3 个钝角三角形，连同钝角 $\triangle ACD$，凸四边形 $ABCD$ 可剖分成 4 个钝角三角形.

(2) 如图 15.1，在 (1) 的基础上，作 $AE_1, AE_2, \cdots$，即得新的剖分的钝角 $\triangle AEE_1, \triangle AE_1E_2, \cdots (\cdots > \angle AE_2C > \angle AE_1C > \angle AEC > 90°)$，凸四边形 $ABCD$ 可剖分为 $n = 5, 6, \cdots$ 个钝角三角形.

必要性.

先证：非钝角三角形不能剖分成两个钝角三角形. 因为由三角形任一顶点向对边作剖分线段，顶角经剖分不能得钝角，而剖分线段与对边的夹角不能将 $180°$ 角分成两个钝角，所以非钝角三角形不能剖分成两个钝角三角形.

今设凸四边形已被剖分为 n 个钝角三角形. 如果该凸四边形的 4 条边分别属于 4 个不同的钝角三角形，则已有 $n \geqslant 4$. 如果有两条邻边同属于一个钝角三角形（不相邻的两条边不能构成三角形），这时只能是下列两种情况之一：

(1) 该两邻边夹角为钝角 $\angle D$，这时 AC 必为剖分线. 因而非钝角 $\triangle ABC$ 必被再剖分，只能剖分成 3 个或 3 个以上的钝角三角形，连同钝角 $\triangle ADC$，有 $n \geqslant 4$.

(2) 该两邻边夹角不是 $\angle D$，这时夹角不能是 $\angle B$，因为 $\triangle ABC$ 不是钝角三角形，因而 BD 是剖分线，并将 $\angle D$ 剖分出一个钝角来，使得上述两邻边作为该钝角三角形的两条边. 另一部分为非钝角三角形，它必剖分成 3 个或 3 个以上的钝角三角形,故 $n \geqslant 4$.

证法 2 充分性.如图 15.2,作对角线 AC,则由题设知,△ADC 是钝角三角形,△ABC 是非钝角三角形,取 △ABC 的费马点 E,则

$$\angle AEB = \angle BEC = \angle CEA = 120°$$

这就把四边形 $ABCD$ 剖分成 4 个钝角三角形:△ADC,△AEB,△BEC,△CEA.

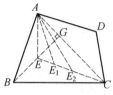

图 15.2

再在 CE 边上取点 $E_1, E_2, \cdots$,又可把 △AEC 剖分成 $2, 3, \cdots$ 个钝角 △AEE_1,△AE_1E_2,$\cdots$.这就把四边形分成了 $n = 5, 6, \cdots$ 个钝角三角形.

必要性.易证明一个非钝角三角形不能剖分成 2 个钝角三角形.

假设已经作出了 n 个钝角三角形的剖分.考虑 CD 边,设它属于已剖分的钝角 △ECD,如图 15.3 所示,若 E 为点 B,由于 △BCD 为钝角三角形,只有 $\angle BDC$ 为钝角(已设 $\angle D$ 为钝角),从而 $\angle BDA$ 为锐角,△BDA 为非钝角三角形.它不能剖分成 2 个而只能剖分成 3 个或 3 个以上的钝角三角形,连同 △BCD,有 $n \geqslant 4$.若 E 为点 A,则 △ABC 为非钝角三角形,同理可知 $n \geqslant 4$.

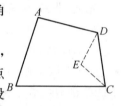

图 15.3

注 (1)对于不熟悉费马点的人,充分性中的点 E 可以这样选取:以 AC 为直径向 △ABC 内作半圆,在高 BG(图 15.1)上取位于半圆内的任一点作为点 E.必要性也可以通过分别证明四边形 $ABCD$ 不可能分成 $n = 1, 2, 3$ 个钝角三角形而得证.

(2)该试题命制背景[①]:该试题经历了很长时间的讨论才得以形成.原始命题十分简洁优美,但难度太大.原始命题是:"用若干直线将正方形剖分为若干部分,称为割分,试证明正方形被剖分成 n 个钝角三角形的充分必要条件是 $n \geqslant 6$."

证明 充分性.将正方形按对角线剖分,得两个直角三角形,每个直角三

---

① 李名德,王祖樾.一九九三年全国高中数学联赛某些试题的引申与推广[J].中学教研(数学),1993(12):29-33.

第 15 章 1993～1994 年度试题的诠释

角形可剖分成 3 个钝角三角形. 于是一正方形可剖分成 6 个钝角三角形. 如果将一直角三角形先剖分出一个钝角三角形, 余下的直角三角形再剖分出 3 个钝角三角形. 这样正方形可剖分成 7 个钝角三角形. 类似对 8,9,… 均可作出, 如图 15.4 所示.

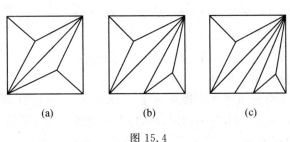

图 15.4

因此, 对于任何大于或等于 6 的 n, 均可将正方形剖分成 n 个钝角三角形. 充分性证毕.

必要性. 为简述起见, 将一个正方形剖分成若干钝角三角形, 称为"钝角剖分".

现设正方形已作出了钝角剖分, 我们证明所剖分出的钝角三角形个数必大于或等于 6.

显然, 正方形四个直角顶角必须都被剖分, 否则有直角三角形而非钝角剖分了. 四直角剖分必在正方形内部相交, 得到"剖分点". 剖分点之间的线段称为"剖分线".

(1) 正方形不存在"仅有一个内部剖分点"的钝角剖分.

我们反证之. 设仅有的一个内部剖分点为 E, 如图 15.5 所示, 则剖分四直角顶角的剖分线必交于点 E. 显然在点 E 处至少有一个非钝角, 不妨设为 $\angle AEB$, 则 $\triangle AEB$ 为非钝角三角形. 若过点 E 再进行剖分, 比如引剖分线 EF(F 是 AB 边上的新剖分点), 则含高 EG 的 $\triangle AEF$ 必是锐角或直角三角形, 因此无论怎样剖分, 在内部剖分点仅有一个的条件下, 不能实现剖分.

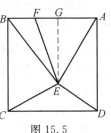

图 15.5

(2) 设正方形内部剖分点的个数大于或等于 2.

(i) 设 AB,CD 边上除 A,B,C,D 外没有新的剖分点.

由于已完成了对正方形的钝角剖分, 所以 AB 应属于某个钝角三角形, 设为 $\triangle AEB$. 同样, CD 应属于某个钝角三角形, 设为 $\triangle CFD$, 如图 15.6 所示.

由于 E 处对 AB 所张的角为钝角,因此点 E 在以 AB 为直径的半圆内.类似地,F 在以 CD 为直径的半圆内.这样 $\triangle AEB$,$\triangle CFD$ 分离在两个内部不相交的半圆内,这两个三角形相互分离而不相交.

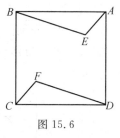

图 15.6

边 AE 或者边 AE 的一段,应属于异于 $\triangle AEB$ 的一个被剖分出的钝角三角形.类似讨论 BE.于是由 $\triangle AEB$ 至少找出了三个剖分的钝角三角形.对 $\triangle CFD$ 同样讨论,又得三个不同的剖分钝角三角形.

如果这六个钝角三角形互不相同,我们就证明了 $n \geqslant 6$.但 BE 与 CF,AE 与 CF 或 BE 与 DF,AE 与 DF 共同剖分三角形的情况还是可能的,我们证明在这种情形下,也仍有 $n \geqslant 6$.

BE 与 CF 共同剖分三角形的可能情况有三种,如图 15.7 所示.

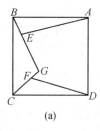 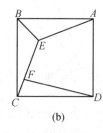 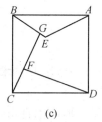

(a)　　　　　　　(b)　　　　　　　(c)

图 15.7

情况(a).五边形 $AEGFD$ 不能剖分成两个钝角三角形.因为若能剖分,只能 E,G,D(或 A,F,G)共线,此时 $\triangle AED$($\triangle AFD$)不可能是钝角三角形.五边形 $AEGFD$ 剖分成钝角三角形时剖分数大于或等于 3,故 $n \geqslant 6$.

情况(b).四边形 $AEFD$ 中只有 $\angle AEF$ 是钝角,用它的对角线分成的两个三角形至少有一个不是钝角三角形,所以它剖分成钝角三角形的剖分数也不小于 3,故 $n \geqslant 6$.

情况(c).五边形 $AEGFD$ 不能剖分成两个钝角三角形.因为五边形 $AEGFD$ 可剖分成两个三角形只有当 A,E,F(或 D,E,G)共线时,若 A,E,F 共线,用 AF 剖分成两个三角形,$\triangle AFD$ 和 $\triangle EFG$ 中,由于 $\angle BGC$,$\angle CFD$,$\angle AEB$ 为钝角,故 $\triangle EFG$ 为锐角三角形,不是钝角三角形剖分;同样,若 D,E,G 共线,用 DG 剖分五边形,得到的 $\triangle DFG$ 也不可能是钝角三角形,所以也有 $n \geqslant 6$.

AE 与 CF 共同剖分三角形的情形,只可能对角线为剖分线,如图 15.8 所示.

第 15 章 1993～1994 年度试题的诠释

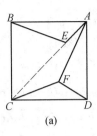 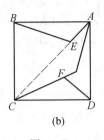 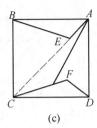

(a)   (b)   (c)

图 15.8

当对角线为剖分线时,对角线将正方形 $ABCD$ 剖分成两个直角三角形,而每个直角三角形要剖分成钝角三角形剖分数至少为 3,故 $n \geqslant 6$.

BE 与 FD,AE 与 FD 共同剖分三角形时,证明类似.

(ii) 正方形 $ABCD$ 的边界上还有新的剖分点,若边界上新剖分点至少有两个,则边界被分成至少六段,且每段(或其部分)分别属于不同的剖分三角形. 故 $n \geqslant 6$.

若边界上只有一个新的剖分点,则边界被分成五段,由这五段可以找到五个互不相同的剖分三角形. 故剖分数大于或等于 5. 若剖分数为 5,只可能五个三角形有共同顶点 O(图 15.9),与内部剖分点数大于或等于 2 矛盾. 所以 $n \geqslant 6$.

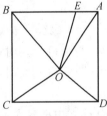

图 15.9

(关于正方形剖分的上述简洁优美命题,由徐士英(浙江师大)提出,并由徐士英、王祖樾(杭州电子工业学院)共同合作完成证明. 命题组集体讨论了许多降低难度的方案. 现在的命题形式是由过伯祥(舟山师专)提出的.)

试题 A2 水平直线 m 通过圆 O 的中心,直线 $l \perp m$,l 与 m 相交于点 M,点 M 在圆心的右侧. 直线 l 上不同的三点 A,B,C 在圆外,且位于直线 m 上方,点 A 离点 M 最远,点 C 离点 M 最近,AP,BQ,CR 为圆 O 的三条切线,P,Q,R 为切点. 试证:

(1) l 与圆 O 相切时,$AB \cdot CR + BC \cdot AP = AC \cdot BQ$.

(2) l 与圆 O 相交时,$AB \cdot CR + BC \cdot AP < AC \cdot BQ$.

(3) l 与圆 O 相离时,$AB \cdot CR + BC \cdot AP > AC \cdot BQ$.

证法 1 设圆半径为 r,$OM = x$,$AM = a$,$BM = b$,$CM = c(a > b > c > 0)$. 易算得

$$AM^2 + OM^2 - OP^2 = AP^2$$

故有 $\quad AP^2 = a^2 + x^2 - r^2 = a^2 + t \quad$(令 $t = x^2 - r^2$)

$$AP = \sqrt{a^2 + t}$$

同理 $BQ=\sqrt{b^2+t}, CR=\sqrt{c^2+t}$

令 $G=(AB\cdot CR+BC\cdot AP)^2-(AC\cdot BQ)^2$

则
$G=[(a-b)\sqrt{c^2+t}+(b-c)\sqrt{a^2+t}]^2-(a-c)^2(b^2+t)=$
$[(a-b)\sqrt{c^2+t}+(b-c)\sqrt{a^2+t}]^2-[(a-b)+(b-c)]^2(b^2+t)=$
$(a-b)^2(c^2+t)+(b-c)^2(a^2+t)+2(a-b)(b-c)\sqrt{c^2+t}\sqrt{a^2+t}-$
$(a-b)^2(b^2+t)-(b-c)^2(b^2+t)-2(a-b)(b-c)(b^2+t)=$
$-(a-b)^2(b^2-c^2)+(b-c)^2(a^2-b^2)+$
$2(a-b)(b-c)[\sqrt{(c^2+t)(a^2+t)}-b^2-t]=$
$(a-b)(b-c)[-(a-b)(b+c)+(a+b)(b-c)+$
$2\sqrt{(c^2+t)(a^2+t)}-2b^2-2t]=$
$2(a-b)(b-c)[-(ac+t)+\sqrt{(c^2+t)(a^2+t)}]$

l 与圆 O 相切时,有 $x=r$,从而 $t=0, G=0$,(1)成立.

l 与圆 O 相交时,$0<x<r$,于是 $t<0$,又点 C 在圆外,故
$$x^2+c^2>r^2, t=x^2-r^2>-c^2>-a^2$$

从而 G 式中根号内为正数,且 $ac+t>0$.于是通过两端平方及 $t<0$,可验证
$$\sqrt{(c^2+t)(a^2+t)}<ac+t$$

即 $G<0$,(2)成立.

l 与圆 O 相离时,$x>r$,于是 $t>0$,同样可验证 $G>0$,(3)成立.

证法 2

(1) l 与圆 O 相切如图 15.10 所示.

由圆的切线定理,可知 $AP=AM, BQ=BM, CR=CM$.于是欲证的结论(1)成为
$$AB\cdot CM+BC\cdot AM=AC\cdot BM \qquad (1')$$

由于 $AM=AB+BC+CM$,$(1')$ 的左边等于
$$AB\cdot CM+BC(AB+BC+CM)=$$
$$(AB+BC)(BC+CM)=AC\cdot BM$$

因此式 $(1')$ 成立.

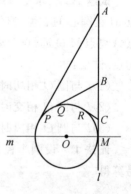

图 15.10

(2) l 与圆 O 相交如图 15.11 所示.

由圆切割线定理,有
$$AP^2=AD\cdot AE, BQ^2=BD\cdot BE, CR^2=CD\cdot CE$$

故
$$G = (AB \cdot CR + BC \cdot AP)^2 - (AC \cdot BQ)^2 =$$
$$AB^2 \cdot CR^2 + BC^2 \cdot AP^2 - AC^2 \cdot BQ^2 +$$
$$2AB \cdot BC \cdot CR \cdot AP =$$
$$AB^2 \cdot CD \cdot CE + BC^2 \cdot AD \cdot AE - AC^2 \cdot BD \cdot BE +$$
$$2AB \cdot BC \sqrt{AD \cdot AE \cdot CD \cdot CE}$$

类似(1'),可得
$$AB \cdot CE + BC \cdot AE = AC \cdot BE$$

于是
$$G = AB \cdot CD(AC \cdot BE - BC \cdot AE) +$$
$$BC \cdot AD(AC \cdot BE - AB \cdot CE) -$$
$$AC \cdot BD(AB \cdot CE + BC \cdot AE) +$$
$$2AB \cdot BC \sqrt{AD \cdot AE \cdot CD \cdot CE}$$

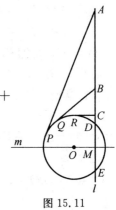

图 15.11

类似(1'),又有
$$BC \cdot DE + CD \cdot BE = BD \cdot CE$$
$$AB \cdot DE + BD \cdot AE = AD \cdot BE$$

故
$$G = AB \cdot AC(CD \cdot BE - BD \cdot CE) + AC \cdot BC(AD \cdot BE - BD \cdot AE) -$$
$$AB \cdot BC(CD \cdot AE + AD \cdot CE - 2\sqrt{CD \cdot AE \cdot AD \cdot CE}) =$$
$$AB \cdot AC(-BC \cdot DE) + AC \cdot BC(AB \cdot DE) -$$
$$AB \cdot BC(\sqrt{CD \cdot AE} + \sqrt{AD \cdot CE})^2 < 0$$

(3) l 与圆 O 相离如图 15.12 所示.

我们设法将 AP, BQ, CR 这些线段汇集在一个三角形中.

易知
$$AP^2 = AM^2 + OM^2 - OP^2$$

再由点 M 向圆 O 作切线 MS,点 S 为切点,并在直线 m 上取点 T,使 $MT = MS$. 于是
$$AP^2 = AM^2 + OM^2 - OS^2 = AM^2 + MS^2 =$$
$$AM^2 + MT^2 = AT^2$$

从而 $AP = AT$. 同理 $BQ = BT, CR = CT$.

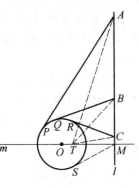

图 15.12

在 $\triangle ATC$ 中,如图 15.13 所示,我们证明
$$AB \cdot CT + BC \cdot AT > AC \cdot BT$$

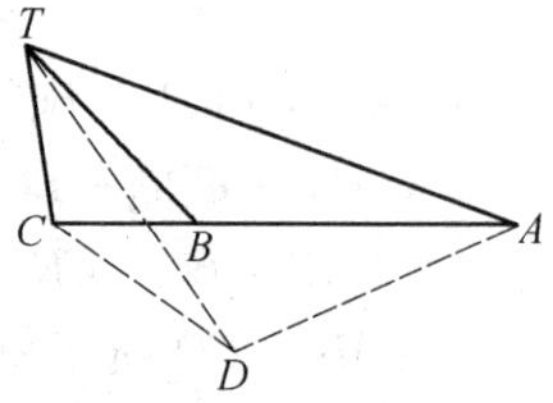

事实上,如图作辅助线使 $\angle TCD = \angle TBA$,$\angle BAD = \angle BTA$,于是 $\triangle TCD \backsim \triangle TBA$,$\triangle TCB \backsim \triangle TDA$. 从而
$$AB \cdot CT = CD \cdot BT, BC \cdot AT = DA \cdot BT$$
$$AB \cdot CT + BC \cdot AT = CD \cdot BT + DA \cdot BT =$$
$$(CD + DA)BT > AC \cdot BT$$

将 $AP = AT, BQ = BT, CR = CT$ 代入,即得
$$AB \cdot CR + BC \cdot AP > AC \cdot BQ$$

图 15.13

证法 3 （由葛洲坝六中姚季新给出）在上述证法 2 中,(1) 的证明较易,(2)(3) 的证明难度大一些.下面的证法,其实(2)和(3)都可通过技术性处理转化为下列命题:

若 $0 < \alpha < \beta < \gamma < \dfrac{\pi}{2}$,则有
$$\sin(\gamma - \alpha) < \sin(\beta - \alpha) + \sin(\gamma - \beta) \quad (*)$$

我们先来看其中的(2),若直线 l 与圆 O 相交,证明
$$AB \cdot CR + BC \cdot AP < AC \cdot BQ$$

设直线 l 与圆 O 的交点为 D, E,以 M 为圆心,以 MD 为半径作圆 M,并设圆 M 的半径为 $r(r = MD)$,过点 A, B, C 分别作圆 M 的切线 $AP', BQ', CR'(P', Q', R'$ 为切点),如图 15.14 所示.

由 $AP^2 = AD \cdot AE, AP'^2 = AD \cdot AE$,于是 $AP' = AP$,同理有 $BQ' = BQ, CR' = CR$.

又设 $\angle MAP' = \alpha, \angle MBQ' = \beta, \angle MCR' = \gamma$,则有 $0 < \alpha < \beta < \gamma < \dfrac{\pi}{2}$,这时
$$AB \cdot CR = (AM - BM)CR' = r(\csc\alpha - \csc\beta)r\cot\gamma =$$
$$\dfrac{r^2(\sin\beta - \sin\alpha)\cos\gamma}{\sin\alpha\sin\beta\sin\gamma}$$

同理
$$BC \cdot AP = \dfrac{r^2(\sin\gamma - \sin\beta)\cos\alpha}{\sin\alpha\sin\beta\sin\gamma}$$

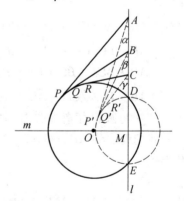

图 15.14

$$AC \cdot BQ = \frac{r^2(\sin\gamma - \sin\alpha)\cos\beta}{\sin\alpha\sin\beta\sin\gamma}$$

欲证 $AB \cdot CR + BC \cdot AP < AC \cdot BQ$,只要证

$$(\sin\beta - \sin\alpha)\cos\gamma + (\sin\gamma - \sin\beta)\cos\alpha < (\sin\gamma - \sin\alpha)\cos\beta$$

移项并用差角的正弦公式,上式化为

$$\sin(\gamma - \alpha) < \sin(\beta - \alpha) + \sin(\gamma - \beta)$$

这就化为命题(*)的结论.

其中的(3)为若直线 l 与圆 O 相离,证明: $AB \cdot CR + BC \cdot AP > AC \cdot BQ$,如图15.15所示.

过点 M 引圆 O 的切线 MS(S 为切点),则 $AP^2 = AO^2 - OP^2 = AM^2 + MO^2 - OS^2 = AM^2 + MS^2$

在 MO 上截取 $MT = MS$,则 $AP^2 = AM^2 + MT^2 = AT^2$,于是 $AT = AP$,同理可得 $BT = BQ, CT = CR$.

又设 $\angle MAT = \alpha, \angle MBT = \beta, \angle MCT = \gamma$,则有 $0 < \alpha < \beta < \gamma < \frac{\pi}{2}$,并设 $MT = a$,那么

$$AB \cdot CR = (AM - BM)CT = a(\cot\alpha - \cot\beta)a\csc\gamma = \frac{a^2\sin(\beta - \alpha)}{\sin\alpha\sin\beta\sin\gamma}$$

同理

$$BC \cdot AP = \frac{a^2\sin(\gamma - \beta)}{\sin\alpha\sin\beta\sin\gamma}$$

$$AC \cdot BQ = \frac{a^2\sin(\gamma - \alpha)}{\sin\alpha\sin\beta\sin\gamma}$$

欲证 $AB \cdot CR + BC \cdot AP > AC \cdot BQ$,即只要证

$$\sin(\beta - \alpha) + \sin(\gamma - \beta) > \sin(\gamma - \alpha)$$

这还是命题(*)的结论.

这样不管直线 l 与圆 O 是相交还是相离,不同两类问题的结论都成立,通过处理、转化、化归为同一个命题(*)的证明.这是数学命题证明的一种常用方法,也是研究数学问题中的一种比较理想的思考方法.

下面仅剩下命题(*)的证明,事实上,由 $0 < \alpha < \beta < \gamma < \frac{\pi}{2}$,有

$$0 \leqslant \left|\beta - \frac{\alpha+\gamma}{2}\right| < \frac{\gamma-\alpha}{2} < \frac{\pi}{4}$$

由余弦函数在 $[0, \frac{\pi}{4})$ 内为减函数,有

$$\cos\left|\beta - \frac{\alpha+\gamma}{2}\right| > \cos\frac{\gamma-\alpha}{2}$$

即

$$\cos\left(\beta - \frac{\alpha+\gamma}{2}\right) > \cos\frac{\gamma-\alpha}{2}$$

又 $\sin\frac{\gamma-\alpha}{2} > 0$,有

$$2\sin\frac{\gamma-\alpha}{2}\cos\left(\beta - \frac{\alpha+\gamma}{2}\right) > 2\sin\frac{\gamma-\alpha}{2}\cos\frac{\gamma-\alpha}{2}$$

利用积化和差公式即得

$$\sin(\beta-\alpha) + \sin(\gamma-\beta) > \sin(\gamma-\alpha)$$

这就完成了我们的证明.

下面的两种证法由罗增儒教授给出[①].

为了行文的方便,设 $MA=a, MB=b, MC=c (a>b>c>0), OM=x>0$,圆半径为 $r, d=x^2-r^2$,则

$$AP = \sqrt{AO^2 - OP^2} = \sqrt{AM^2 + OM^2 - OP^2} = \sqrt{a^2 + x^2 - r^2} = \sqrt{a^2 + d}$$

$$BQ = \sqrt{b^2 + d}$$

$$CR = \sqrt{c^2 + d}$$

证法 4 将求证式转化为确定 I 的符号. 作差

$$I = AB \cdot CR + BC \cdot AP - AC \cdot BQ =$$
$$(a-b)\sqrt{c^2+d} + (b-c)\sqrt{a^2+d} - (a-c)\sqrt{b^2+d} =$$
$$(b-c)(\sqrt{a^2+d} - \sqrt{b^2+d}) - (a-b)(\sqrt{b^2+d} - \sqrt{c^2+d}) =$$
$$\frac{(b-c)(a^2-b^2)}{\sqrt{a^2+d} + \sqrt{b^2+d}} - \frac{(a-b)(b^2-c^2)}{\sqrt{b^2+d} + \sqrt{c^2+d}}$$ ①

(1) l 与圆 O 相切时, $d=0, I=0$,命题成立.

(2) l 与圆 O 相交时, $d<0$,由 $a>b>c>0$ 知

---

① 罗增儒.1993 年高中联赛最后一题新解[J].中等数学,1994(1):14-15.

有
$$\frac{c^2}{c^2+d} > \frac{b^2}{b^2+d} > \frac{a^2}{a^2+d} > 1$$

得
$$\frac{c}{\sqrt{c^2+d}} > \frac{b}{\sqrt{b^2+d}} > \frac{a}{\sqrt{a^2+d}} > 1$$

$$\frac{c}{\sqrt{c^2+d}} > \frac{b+c}{\sqrt{b^2+d}+\sqrt{c^2+d}} > \frac{b}{\sqrt{b^2+d}} >$$
$$\frac{a+b}{\sqrt{a^2+d}+\sqrt{b^2+d}} > \frac{a}{\sqrt{a^2+d}}$$

代入①得
$$I = (a-b)(b-c)\left(\frac{a+b}{\sqrt{a^2+d}+\sqrt{b^2+d}} - \frac{b+c}{\sqrt{b^2+d}+\sqrt{c^2+d}}\right) < 0$$

(3) l 与圆 O 相离时, $d > 0$, 由 $a > b > c > 0$ 知
$$0 < \frac{c^2}{c^2+d} < \frac{b^2}{b^2+d} < \frac{a^2}{a^2+d} < 1$$

有
$$0 < \frac{c}{\sqrt{c^2+d}} < \frac{b}{\sqrt{b^2+d}} < \frac{a}{\sqrt{a^2+d}} < 1$$

得
$$\frac{c}{\sqrt{c^2+d}} < \frac{b+c}{\sqrt{b^2+d}+\sqrt{c^2+d}} < \frac{b}{\sqrt{b^2+d}} <$$
$$\frac{a+b}{\sqrt{a^2+d}+\sqrt{b^2+d}} < \frac{a}{\sqrt{a^2+d}}$$

代入①得
$$I = (a-b)(b-c)\left(\frac{a+b}{\sqrt{a^2+d}+\sqrt{b^2+d}} - \frac{b+c}{\sqrt{b^2+d}+\sqrt{c^2+d}}\right) > 0$$

证法 5 (1) l 与圆 O 相切时, $d = 0$, 可直接验证.
(2) l 与圆 O 相交时, $d < 0$. 作三角变换
$$AM = \frac{\sqrt{|d|}}{\cos \alpha}, BM = \frac{\sqrt{|d|}}{\cos \beta}, CM = \frac{\sqrt{|d|}}{\cos \gamma}$$

其中
$$0 < \gamma < \beta < \alpha < \frac{\pi}{2}$$

则有
$$AP = \sqrt{|d|} \tan \alpha, AP^2 = AM^2 - |d|$$
$$BQ = \sqrt{|d|} \tan \beta$$
$$CR = \sqrt{|d|} \tan \gamma$$

从而
$$I = (AM-BM)CR + (BM-CM)AP - (AM-CM)BQ =$$
$$AM(CR-BQ) + BM(AP-CR) + CM(BQ-AP) =$$
$$|d|\left(\frac{\tan\gamma - \tan\beta}{\cos\alpha} + \frac{\tan\alpha - \tan\gamma}{\cos\beta} + \frac{\tan\beta - \tan\alpha}{\cos\gamma}\right) =$$
$$\frac{d[\sin(\beta-\gamma) - \sin(\alpha-\gamma) + \sin(\alpha-\beta)]}{\cos\alpha\cos\beta\cos\gamma} = \qquad ①$$
$$\frac{d\left[2\sin\frac{\alpha-\gamma}{2}\cos\frac{\alpha-2\beta+\gamma}{2} - \sin(\alpha-\gamma)\right]}{\cos\alpha\cos\beta\cos\gamma} =$$
$$\frac{2d\sin\frac{\alpha-\gamma}{2}\left(\cos\frac{\alpha-2\beta+\gamma}{2} - \cos\frac{\alpha-\gamma}{2}\right)}{\cos\alpha\cos\beta\cos\gamma} =$$
$$\frac{4d\sin\frac{\alpha-\gamma}{2}\sin\frac{\alpha-\beta}{2}\sin\frac{\beta-\gamma}{2}}{\cos\alpha\cos\beta\cos\gamma} < 0 \quad (d<0) \qquad ②$$

得
$$AB \cdot CR + BC \cdot AP < AC \cdot BQ$$

(3) 当 l 与圆 O 相离时, $d > 0$. 作三角变换
$$AM = \sqrt{d}\tan\alpha, BM = \sqrt{d}\tan\beta, CM = \sqrt{d}\tan\gamma$$

其中
$$0 < \gamma < \beta < \alpha < \frac{\pi}{2}$$

则有
$$AP = \frac{\sqrt{d}}{\cos\alpha}, BQ = \frac{\sqrt{d}}{\cos\beta}, CR = \frac{\sqrt{d}}{\cos\gamma}$$

从而
$$I = (AM-BM)CR + (BM-CM)AP - (AM-CM)BQ =$$
$$d\left(\frac{\tan\beta - \tan\gamma}{\cos\alpha} + \frac{\tan\alpha - \tan\beta}{\cos\gamma} + \frac{\tan\gamma - \tan\alpha}{\cos\beta}\right) =$$
$$\frac{d[\sin(\beta-\gamma) + \sin(\alpha-\beta) - \sin(\alpha-\gamma)]}{\cos\alpha\cos\beta\cos\gamma}$$

这与上面式 ① 完全一样,也可得式 ②,从而由 $d > 0$ 推出 $I > 0$,得
$$AB \cdot CR + BC \cdot AP > AC \cdot BQ$$

注 此题是梁绍鸿先生的《初等数学复习及研究》(平面几何)一书中总复习题第 62 题, 此题还被收入《华罗庚数学奥林匹克学校试题解析》(高三部分)(大百科全书出版社出版).

试题 B 设 $ABCD$ 是一个梯形 ($AB \parallel CD$), E 是线段 AB 上一点, F 是线

段 CD 上一点，线段 CE 与 BF 相交于点 H，线段 ED 与 AF 相交于点 G. 求证：$S_{EHFG} \leqslant \dfrac{1}{4} S_{ABCD}$.

如果 $ABCD$ 是任意一个四边形，同样结论是否成立？请说明理由.

此题有人指出[①]：结论中的等号不能成立.

如图 15.16，联结 EF，因 $AE \parallel DF$，故 $S_{\triangle EGF} = S_{\triangle AGD}$，且 $AG : GF = EG : GD$. 设 $AG : GF = k$，则

图 15.16

$$S_{\triangle AGE} = k \cdot S_{\triangle EGF}, S_{\triangle DGF} = \dfrac{1}{k} \cdot S_{\triangle EGF}$$

则

$$S_{ADFE} = S_{\triangle ADG} + S_{\triangle DGF} + S_{\triangle EGF} + S_{\triangle AGE} =$$
$$2S_{\triangle EGF} + (k + \dfrac{1}{k}) S_{\triangle EGF}$$

由 $k + \dfrac{1}{k} \geqslant 2$，知

$$S_{ADFE} \geqslant 4 S_{\triangle EGF} \quad\quad\quad ①$$

同理

$$S_{BEFC} \geqslant 4 S_{\triangle EHF} \quad\quad\quad ②$$

①② 两式相加得 $S_{ABCD} \geqslant 4 S_{EHFG}$，即

$$S_{EHFG} \leqslant \dfrac{1}{4} S_{ABCD} \quad\quad\quad ③$$

下面说明式①与式②中的等号不可能同时成立，亦即题目中的结论不能取等号.

式①中等号成立等价于 $k = 1$，即 $EF \parallel AD$. 同理，式②中等号成立等价于 $EF \parallel BC$. 故①②两式等号同时成立时必有 $AD \parallel EF \parallel BC$，这与 $ABCD$ 是梯形相矛盾. 故结论应改为 $S_{EHFG} < \dfrac{1}{4} S_{ABCD}$.

证法 1 如图 15.16，联结 EF，在梯形 $AEFD$ 中，显然有

$$\sin \angle AGD = \sin \angle DGF = \sin \angle EGF = \sin \angle AGE \quad\quad ①$$
$$S_{\triangle AGD} = S_{\triangle AED} - S_{\triangle AEG} = S_{\triangle AEF} - S_{\triangle AEG} = S_{\triangle EGF} \quad\quad ②$$

由①和②有

---

① 刘久松. 对 1994 年中国数学奥林匹克第一题的修正[J]. 中学数学，1994(10)：34.

$$(S_{\triangle EGF})^2 = S_{\triangle EGF} \cdot S_{\triangle AGD} =$$
$$(\frac{1}{2}EG \cdot GF\sin\angle EGF)(\frac{1}{2}AG \cdot GD\sin\angle AGD) =$$
$$(\frac{1}{2}EG \cdot AG\sin\angle AGE)(\frac{1}{2}GF \cdot GD\sin\angle DGF) =$$
$$S_{\triangle AGE} \cdot S_{\triangle DGF} \qquad ③$$

由②和③有
$$S_{AEFD} = S_{\triangle AGE} + S_{\triangle EGF} + S_{\triangle DGF} + S_{\triangle AGD} =$$
$$2S_{\triangle EGF} + (S_{\triangle AGE} + S_{\triangle DGF}) \geqslant$$
$$2S_{\triangle EGF} + 2\sqrt{S_{\triangle AGE} \cdot S_{\triangle DGF}} = 4S_{\triangle EGF} \qquad ④$$

类似地,有
$$S_{BEFC} \geqslant 4S_{\triangle EHF} \qquad ⑤$$

④+⑤ 再乘以 $\frac{1}{4}$ 有
$$\frac{1}{4}S_{ABCD} > S_{EHFG} \quad (因④⑤两式等号不同时取得) \qquad ⑥$$

对于后半题,如果 $ABCD$ 是任意一个凸四边形,结论不一定成立. 反例如:如图 15.17,作一个梯形 $ABCD$, $BC \parallel AD$, $AD=1, BC=100$, 梯形高 $h=100$. 在 AB 上取一点 E,作 $EF \parallel BC$, 交线段 CD 于点 F. 已知线段 EF 与 BC 之间的距离为 1, 则

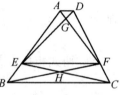

图 15.17

$$S_{ABCD} = \frac{1}{2}(AD+BC)h = 5\,050$$
$$EF = \frac{1}{100}(99BC+AD) = 99.01$$

点 G 到线段 EF 的距离记为 h^*,显然
$$\frac{h^*}{99-h^*} = \frac{EF}{AD} = 99.01$$

从而
$$h^* = \frac{99 \times 99.01}{100.01}$$

那么
$$S_{EHFG} > S_{\triangle EFG} = \frac{1}{2}EF \cdot h^* =$$
$$\frac{99 \times (99.01)^2}{200.02} > \frac{1}{4} \times 5\,050 = \frac{1}{4}S_{ABCD}$$

证法 2 如图 15.18,联结 EF,过点 H 作 P_1P_2 ∥ FC,交 EF 于点 P_1,交 BC 于点 P_2,过点 G 作 P_3P_4 ∥ DF,交 EF 于点 P_4,交 AD 于点 P_3,由第 6 章第 1 节中定理的推论,可推知

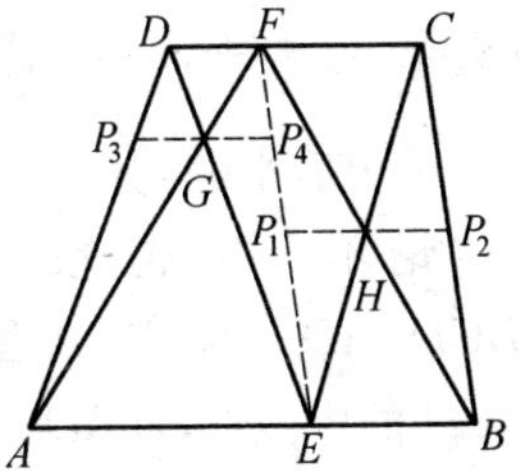

$$S_{\triangle FP_1H} \leqslant \frac{1}{4}S_{\triangle EFC}, S_{\triangle EP_1H} \leqslant \frac{1}{4}S_{\triangle EFB}$$

又 $S_{\triangle EFB} = S_{\triangle CEB}$

图 15.18

则 $S_{\triangle EP_1H} \leqslant \frac{1}{4}S_{\triangle CEB}$

则

$$S_{\triangle FP_1H} + S_{\triangle EP_1H} \leqslant \frac{1}{4}S_{\triangle EFC} + \frac{1}{4}S_{\triangle CEB} = \frac{1}{4}S_{EBCF} \qquad ①$$

同理

$$S_{\triangle FGP_4} + S_{\triangle EGP_4} \leqslant \frac{1}{4}S_{AEFD} \qquad ②$$

① + ② 便得

$$S_{EHFG} \leqslant \frac{1}{4}S_{ABCD}$$

由于①②中的等号不能同时成立,故

$$S_{EHFG} < \frac{1}{4}S_{ABCD}$$

对于后半题,同证法 1.

证法 3 如图 15.19,联结 EF,记 $S_{\triangle EFH} = S_1$,$S_{\triangle FHC} = S_2$,$S_{\triangle CHB} = S_3$,$S_{\triangle BHE} = S_4$,$S_{\triangle EFG} = S'_1$.

$ABCD$ 是梯形(AB ∥ CD).

由第 1 章第 4 节定理 6 的推论 3,有

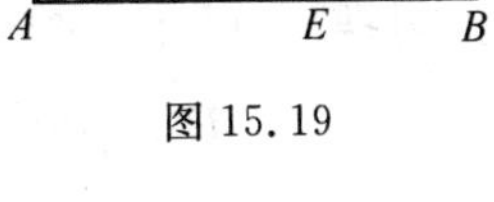

$$S_1 + S_3 \leqslant S_2 + S_4$$

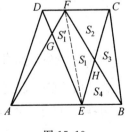

图 15.19

即 $2(S_1 + S_3) \leqslant S_1 + S_2 + S_3 + S_4$

而 $S_1 = S_3$

则 $4S_1 \leqslant S_{EBCF}$

即 $S_1 \leqslant \frac{1}{4}S_{EBCF}$

同理 $S'_1 \leqslant \frac{1}{4}S_{AEFD}$

故 $S_{EHFG} = S_1 + S'_1 < \frac{1}{4}S_{EBCF} + \frac{1}{4}S_{AEFD} = \frac{1}{4}S_{ABCD}$

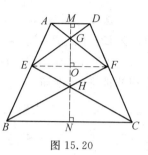

图 15.20

对于后半题,如果 $ABCD$ 是任意一个四边形,那么结论不一定成立. 例如,可作一个等腰梯形 $ABCD(AD \parallel BC)$,如图 15.20 所示,取 AB 的中点 E,CD 的中点 F,且 $AD = 2, BC = 6$,则 $EF = 4$. 过 G, H 作梯形的高 MN,设 $GM = h, OH = h_1$,则 $OG = 2h$, $HN = \frac{3}{2}h_1$. 又 $3h = \frac{5}{2}h_1$,则 $h_1 = \frac{6}{5}h$,则

$$S_{EHFG} = S_{\triangle GEF} + S_{\triangle HEF} = \frac{1}{2} \cdot 4 \cdot 2h + \frac{1}{2} \cdot 4 \cdot h_1 = \frac{32}{5}h$$

$$4S_{EHFG} = \frac{128}{5}h$$

$$S_{ABCD} = \frac{1}{2}(AD + BC)MN =$$

$$\frac{1}{2}(2+6)(3h + \frac{5}{2}h_1) = 24h$$

又 $$\frac{128}{5}h > 24h$$

则 $$4S_{EHFG} > S_{ABCD}$$

即 $$S_{EHFG} > \frac{1}{4}S_{ABCD}$$

注 对于这道试题,如果考虑它的加强,则可得到①:在原题条件下,若设 $AB = a, DC = b (a \neq b)$,则有

$$S_{EHFG} \leqslant \frac{ab}{(a+b)^2}S_{ABCD} \qquad (*)$$

由于 $a \neq b$,显然有 $\frac{ab}{(a+b)^2} < \frac{1}{4}$,所以式 $(*)$ 加强了试题 B.

为证明式 $(*)$,先引入如下引理.

引理 设 $0 < \lambda, \mu < 1$,对任意的 $a, b \in \mathbf{R}_+$,均有

$$F(\lambda, \mu) = \frac{\lambda\mu}{\lambda a + \mu b} + \frac{(1-\lambda)(1-\mu)}{(1-\lambda)a + (1-\mu)b} \leqslant \frac{1}{a+b}$$

当且仅当 $\lambda = \mu$ 时等号成立.

---

① 李刚,冯华. 一道冬令营赛题的加强[J]. 中学数学,1998(2):38-39.

事实上

$$F(\lambda,\mu) = \frac{\lambda\mu[(1-\lambda)a+(1-\mu)b]+(1-\lambda)(1-\mu)(\lambda a+\mu b)}{(\lambda a+\mu b)[(1-\lambda)a+(1-\mu)b]} =$$

$$\frac{\lambda\mu(1-\lambda)a+\lambda\mu(1-\mu)b+\lambda(1-\lambda)(1-\mu)a+\mu(1-\lambda)(1-\mu)b}{(\lambda a+\mu b)[(1-\lambda)a+(1-\mu)b]} =$$

$$\frac{\lambda(1-\lambda)[\mu+(1-\mu)]a+\mu(1-\mu)[\lambda+(1-\lambda)]b}{(\lambda a+\mu b)[(1-\lambda)a+(1-\mu)b]} =$$

$$\frac{\lambda(1-\lambda)a+\mu(1-\mu)b}{(\lambda a+\mu b)[(1-\lambda)a+(1-\mu)b]}$$

则要证 $F(\lambda,\mu) \leqslant \dfrac{1}{a+b}$，即证

$$(a+b)[\lambda(1-\lambda)a+\mu(1-\mu)b] \leqslant (\lambda a+\mu b)[(1-\lambda)a+(1-\mu)b]$$

又

$$\begin{aligned}
\text{左边}-\text{右边} &= [\lambda(1-\lambda)a(a+b)-(1-\lambda)(\lambda a+\mu b)a] + \\
&\quad [\mu(1-\mu)b(a+b)-(1-\mu)(\lambda a+\mu b)b] = \\
&= (1-\lambda)a[\lambda(a+b)-(\lambda a+\mu b)] + \\
&\quad (1-\mu)b[\mu(a+b)-(\lambda a+\mu b)] = \\
&= (1-\lambda)(\lambda-\mu)ab+(1-\mu)(\mu-\lambda)ab = \\
&= ab(\lambda-\mu)[(1-\lambda)-(1-\mu)] = \\
&= -ab(\lambda-\mu)^2 \leqslant 0
\end{aligned}$$

故左边 $\leqslant$ 右边，从而 $F(\lambda,\mu) \leqslant \dfrac{1}{a+b}$（当且仅当 $\lambda=\mu$ 时等号成立）.

下面证明式(*).

如图 15.21，联结 EF. 令 $AE:AB=\lambda$, $DF:DC=\mu(0<\lambda,\mu<1)$，则

$$AE=\lambda \cdot AB=\lambda a, \quad DF=\mu \cdot DC=\mu b$$

因 $AE \parallel DF$，故 $S_{\triangle EGF}=S_{\triangle AGD}$ 且

$$AG:GF=EG:GD=AE:DF=\lambda a:\mu b$$

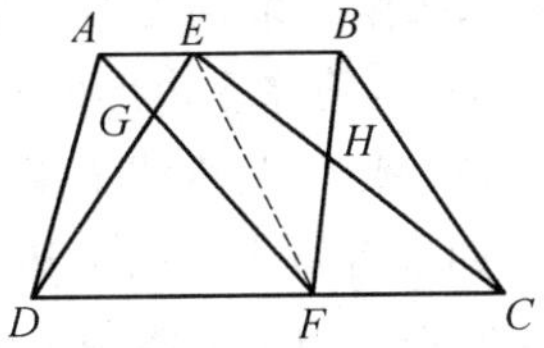

则

$$S_{\triangle AGE}=\frac{\lambda a}{\mu b}S_{\triangle EGF}, \quad S_{\triangle DGF}=\frac{\mu b}{\lambda a}S_{\triangle EGF}$$

即

$$\begin{aligned}
S_{ADFE} &= S_{\triangle ADG}+S_{\triangle DGF}+S_{\triangle EGF}+S_{\triangle AGE} = \\
&= 2S_{\triangle EGF}+\left(\frac{\lambda a}{\mu b}+\frac{\mu b}{\lambda a}\right)S_{\triangle EGF} = \\
&= \frac{(\lambda a+\mu b)^2}{\lambda\mu ab} \cdot S_{\triangle EGF}
\end{aligned}$$

图 15.21

又
$$S_{ADFE} = \frac{\lambda a + \mu b}{a+b} \cdot S_{ABCD}$$

则
$$S_{\triangle EGF} = \frac{\lambda \mu ab}{(\lambda a + \mu b)(a+b)} \cdot S_{ABCD}$$

同理
$$S_{\triangle EHF} = \frac{(1-\lambda)(1-\mu)ab}{[(1-\lambda)a + (1-\mu)b](a+b)} \cdot S_{ABCD}$$

将上两式相加得
$$S_{EHFG} = \frac{ab}{a+b}\left[\frac{\lambda\mu}{\lambda a + \mu b} + \frac{(1-\lambda)(1-\mu)}{(1-\lambda)a + (1-\mu)b}\right]S_{ABCD}$$

由引理知不等式(*)得证,当且仅当 $\lambda = \mu$,即 $AE:AB = DF:DC$ 时等号成立.

试题 C 对于两个凸多边形 S, T,如果 S 的顶点都是 T 的顶点,则称 S 是 T 的子凸多边形.

(1) 求证:当 $n(n \geqslant 5)$ 是奇数时,对于凸 n 边形,存在 m 个无公共边的子凸多边形,使得原多边形的每条边及每条对角线都是 m 个子凸多边形中的边.

(2) 求出上述 m 的最小值,并给出证明.

解 (1) 记 $n = 2k+1$(正整数 $k \geqslant 2$),凸 n 边形的顶点依次为 $A_1, A_2, \cdots, A_{2k+1}$. 我们有 k 个三角形 $A_i A_{i+1} A_{i+2} (i=1,2,\cdots,k)$ 和 $\frac{1}{2}k(k-1)$ 个四边形 $A_i A_j A_{k+i} A_{k+j} (1 \leqslant i < j \leqslant k)$. 显然,上述

$$k + \frac{1}{2}k(k-1) = \frac{1}{2}k(k+1) = \frac{1}{8}(n^2 - 1)$$

个子凸多边形符合题目要求.

(2) 作一条直线 l,不通过这凸 n 边形的任何一个顶点,这条直线将 n 边形一分为二,使原多边形的 k 个顶点在直线 l 的一侧,另外 $k+1$ 个顶点在直线 l 的另一侧. 显然,与直线 l 相交的边或对角线共有 $k(k+1)$ 条.

如果有 m 个子凸多边形满足题目要求,那么其中每一个子凸多边形最多包含与直线 l 相交的两条边或对角线. 因此

$$m \geqslant \frac{1}{2}k(k+1) = \frac{1}{8}(n^2 - 1)$$

由(1)可知,这个最小值就是 $\frac{1}{8}(n^2 - 1)$.

试题 D $\triangle ABC$ 是一个等腰三角形,$AB = AC$. 假如:

(1) M 是 BC 的中点,O 是直线 AM 上的点,使得 OB 垂直于 AB;

(2) Q 是线段 BC 上不同于 B 和 C 的一个任意点;

(3) E 在直线 AB 上,F 在直线 AC 上,使得 E,Q 和 F 是不同的三个共线点.

求证:$OQ \perp EF$ 当且仅当 $QE = QF$.

证明 如图 15.22,当 $OQ \perp EF$ 时,为证 $QE = QF$,只需证明:$EO = FO$,即证 $\triangle EOF$ 为等腰三角形,可通过证明 $\angle OEF = \angle OFE$ 来处理.反过来,由 $QE = QF$ 往证 $OQ \perp EF$ 时,可以利用同一方法来证明.

现联结 OE,OF,OC.

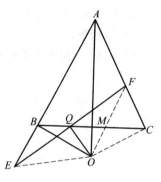

图 15.22

如果 $OQ \perp EF$,那么,结合条件 $OB \perp AB$,知 O,Q,B,E 四点共圆,因此,$\angle OEQ = \angle OBQ$.

注意到,$\triangle ABC$ 为等腰三角形,而 M 为 BC 的中点,所以,$\triangle ABO$ 与 $\triangle ACO$ 关于直线 AO 对称,故 $OB = OC$,且 $OC \perp AC$.

由 $OC \perp AC$ 及 $OQ \perp EF$,知 O,C,F,Q 共圆,故 $\angle OFQ = \angle OCQ$.

利用前面推出的 $OB = OC$,知 $\angle OEQ = \angle OBQ = \angle OCQ = \angle OFQ$,故 $\triangle EOF$ 为等腰三角形,因此,$QE = QF$.

反过来,设 $QE = QF$,过 Q 作直线 l 与 OQ 垂直,设 l 交 AB 于 E',交 AC 于 F'.若 E 与 E' 重合,则 F 与 F' 重合,反过来也对,因此只需考虑 E 与 E' 不重合,F 与 F' 不重合的情形.

这时,由前面所证,知 $QE' = QF'$,结合 $QE = QF$ 知四边形 $EE'FF'$ 为平行四边形,从而 $EE' \parallel FF'$,但 EE' 与 FF' 交于点 A,矛盾.所以,E 与 E' 重合,F 与 F' 重合,故 $OQ \perp EF$.

综上可知,结论成立.

第1节 四边形中的钝角三角形剖分问题

试题 A 涉及了四边形中的钝角三角形剖分.如果将题中"仅有一个钝角"及"边界上不含有钝角三角形顶点"的条件去掉,结论又将如何?浙江师大的肖雯先生探讨了这个问题,现介绍如下.[1]

为了讨论问题的方便,先介绍关于一般三角形剖分的一个结论.

---

[1] 肖雯.关于四边形的钝角三角剖分[J].中学教研(数学),1993(12):33-36.

引理 对凸四边形 $ABCD$ 作任意三角形剖分,若四边形 $ABCD$ 的对角线不是剖分线,且四边形内部有剖分点,则剖分三角形的个数 n 必须满足 $n \geqslant 4$.

证明 设凸四边形 $ABCD$ 内部有剖分点 E,则 E 必为某剖分 $\triangle EFG$ 的顶点,分两种情形讨论.

(1)$\triangle EFG$ 的边 FG 在凸四边形 $ABCD$ 的边界上,不妨设在 AB 上,如图 15.23 所示.

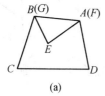
(a)
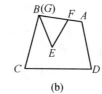
(b)

(c)

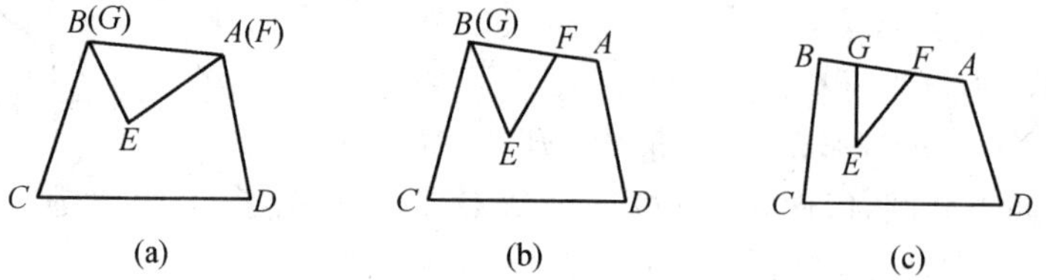

图 15.23

情况(a):由于对角线不是剖分线,五边形 $AEBCD$ 不可能分成两个三角形,所以 $n \geqslant 4$.

情况(b):六边形 $AFEBCD$ 不可能分成两个三角形,也有 $n \geqslant 4$.

情况(c):七边形 $AFEGBCD$ 不可能分成两个三角形,故也有 $n \geqslant 4$.

(2)$\triangle EFG$ 的边 FG 不在凸四边形 $ABCD$ 的边界上,此时三边 EF,FG,GE(或其部分)必属于不同于 $\triangle EFG$ 的剖分三角形,且各不相同,所以也有 $n \geqslant 4$,如图 15.24 所示.

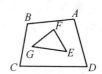

图 15.24

注 引理中的条件"对角线不是剖分线和内部有剖分点"是重要的,缺一将不能保证 $n \geqslant 4$,如图 15.25 所示.

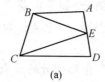
(a)
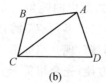
(b)

图 15.25

(内部没有剖分点,$n=3$;对角线为剖分线,$n=2$.)

考虑凸四边形仅有一个钝角的情形：

此时,我们证明 $n \geq 4$.

分以下两种情形讨论.

(1) 边界上不含新剖分点.

此时即原竞赛题,充分性易由构造法给出,应用引理我们给出原竞赛题不同于标准答案的一个必要性证明.

若凸四边形内部没有剖分点,而边界上也没有新剖分点,此时四边形的三角剖分只能是用对角线的剖分,对角线将凸四边形分成两个三角形,由于原四边形只有一个钝角,不可能都是钝角三角形,因此当边界上没有剖分点时,仅有一个钝角的凸四边形的钝角三角剖分,必有剖分内点.

如果对角线是剖分线,则对角线分四边形的两个三角形中必有一个非钝角三角形,它分成钝角三角形至少需分成三份,所以 $n \geq 4$. 若对角线不为剖分线,由于边界上无新剖分点的钝角三角剖分必有内剖分点,由引理也有 $n \geq 4$.

(2) 边界上含新剖分点.

(i) 若凸四边形的对角线是剖分线,则 $n \geq 4$.

(ii) 若凸四边形的对角线不是剖分线,且四边形内有剖分点,由引理知此时剖分数 $n \geq 4$.

(iii) 假设凸四边形的对角线不是剖分线,且四边形内部无剖分点.

设凸四边形的唯一钝(内)角为 $\angle D$,分两种情形讨论.

若过 $\angle D$ 无剖分线,则有图 15.26 中的两种情况.

(a)

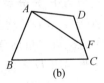
(b)

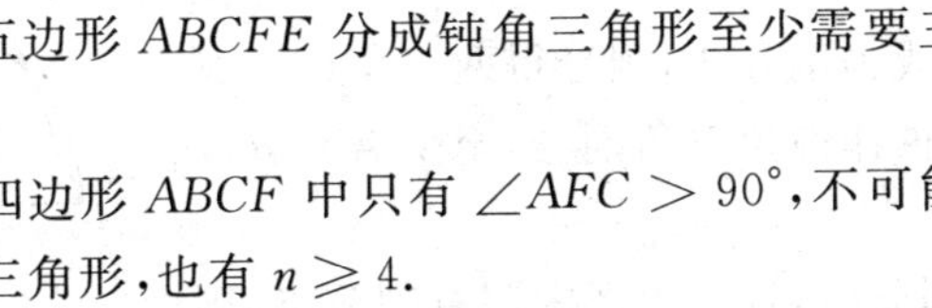

图 15.26

情况(a):凸五边形 $ABCFE$ 分成钝角三角形至少需要三个,$n \geq 4$；

情况(b):凸四边形 $ABCF$ 中只有 $\angle AFC > 90°$,不可能剖分成两个钝角三角形,也有 $n \geq 4$.

图 15.27

若过 $\angle D$ 有剖分线,如图 15.27 所示,如 $\triangle ADE$ 为非钝角三角形,则要剖分成钝角三角形至少需要三个,故 $n \geq 4$. 若 $\triangle ADE$ 为钝角三角形,钝角只能是 $\angle ADE$ 与 $\angle AED$ 之一,此时凸四边形

$BCDE$ 只可能有一个钝角,不可能分成两个钝角三角形,故也有 $n \geqslant 4$.

考虑凸四边形恰有两个钝角的情形.

(1) 若两钝角为对角,则 $n \geqslant 2$.

易知,证略.

(2) 若两钝角为邻角,设为 $\angle C, \angle D$. 记以 AB 为直径的圆为圆 O,分几种情况考察.

(i) 若 C, D 中至少有一点在圆 O 内部,则 $n \geqslant 4$,如图 15.28(a) 所示.

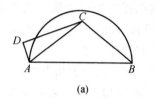
(a)
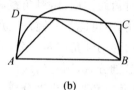
(b)

图 15.28

必要性显然,充分性由图及钝角三角形可分成两个钝角三角形即知.

(ii) 若 C, D 不在圆 O 内部,但 CD 中有点在圆 O 内,则 $n \geqslant 3$.

充分性由图 15.28(b) 可知. 必要性:由于四边形 $ABCD$ 的对角线不能把四边形分成两个钝角三角形,故 $n \geqslant 3$.

(iii) 若 CD 中没有点位于圆 O 内,但 BC 与圆 O 交于点 E,且 $\angle ADE > 90°$(或 AD 与圆 O 交于点 F,且 $\angle BCF > 90°$),则 $n \geqslant 3$,如图 15.29 所示.

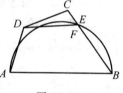

图 15.29

充分性:在 BE 上取点 F 充分靠近 E,使 $\angle ADF > 90°$,此时 $\triangle ABF, \triangle ADF, \triangle CDF$ 均为钝角三角形,它们形成凸四边形 $ABCD$ 的钝角三角剖分.

必要性:由凸四边形 $ABCD$ 不能用对角线分成两个钝角三角形推出.

(iv) 其他情形时 $n \geqslant 4$,如图 15.30 所示.

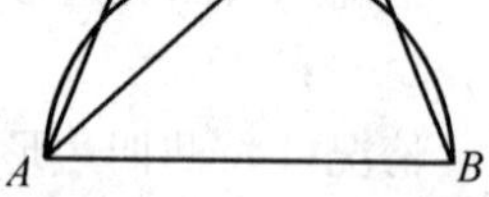

充分性显然.

必要性:若对角线为剖分线,则分得两三角形必有一个为非钝角三角形,再作钝角三角剖分,至少需要分成三份,故 $n \geqslant 4$.

若对角线不为剖分线,且四边形内部有剖分点,则由引理知 $n \geqslant 4$.

图 15.30

若对角线不为剖分线,且四边形内部无剖分点,对钝角 $\angle D$ 剖分或不剖分两种情形讨论.

若钝角 $\angle D$ 不剖分,如图 15.31 所示.

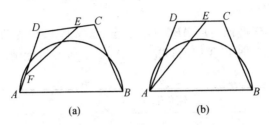

图 15.31

情况(a):凸五边形 $ABCEF$ 的三角剖分数至少需要 3,故 $n \geqslant 4$.

情况(b):凸四边形 $ABCE$ 只有两邻角 $\angle BCE$,$\angle AEC$ 为钝角,不可能分成两个钝角三角形,也有 $n \geqslant 4$.

若钝角 $\angle D$ 剖分,如图 15.32 所示.

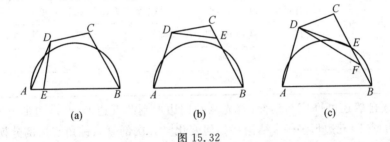

图 15.32

情况(a):$\triangle ADE$ 不可能为非钝角三角形,因否则要分成钝角三角形必有内剖分点. $\triangle ADE$ 为钝角三角形,只有 $\angle DEA > 90°$,故 $\angle DEB < 90°$.凸四边形 $EBCD$ 不可能分成两个钝角三角形,故 $n \geqslant 4$.

情况(b):四边形 $ABED$ 不能用对角线分成两个钝角三角形,也有 $n \geqslant 4$.

情况(c):此时由于 $\angle ADF < \angle ADE \leqslant 90°$,凸四边形 $ABFD$ 只有一个钝角,不可能分成两个钝角三角形,所以 $n \geqslant 4$.

考虑凸四边形有三个钝角和没有钝角的情形.

若凸四边形有三个钝角,则易见可剖分成 n 个钝角三角形的充要条件是剖分数 $n \geqslant 2$.

若凸四边形没有钝角,则凸四边形 $ABCD$ 为矩形.当 $AB = CD$ 时,即正方形的情形,结论是 $n \geqslant 6$.当 $AB \neq CD$ 时,即矩形的情形,也可仿正方形的情形类似地证明.

最后,我们归纳一下探讨的结论:

对一般凸四边形 $ABCD$,它可剖分成 n 个钝角三角形的充要条件是剖分数 $n \geq n_0$.

n_0 的数值依赖于凸四边形 $ABCD$ 的性态,已如上述.因为凸四边形的钝角个数只能是 $0,1,2,3$,所以我们的讨论已经穷尽了所有可能情况,现将结论列表总结如下:

钝角个数			n_0
0			6
1			4
2		两钝角为对角	2
	两钝角为邻角,设为 $\angle C$, $\angle D$	至少 C,D 之一在圆 O 内(圆 O 是以 AB 为直径的圆)	2
		C,D 不在圆 O 内,CD 中有点在圆 O 内	3
		CD 中没有点位于圆 O 内,但 BC 与圆 O 交于 E,$\angle ADE > 90°$	3
		CD 中没有点位于圆 O 内,但 AD 与圆 O 交于 F,$\angle BCF > 90°$	3
		其他	4
3			2

本题自然还可推广与延伸:首先从凸四边形到凸五边形、凸六边形……,到凹四边形、凹五边形……,结论将如何变化?其次剖分从钝角三角剖分换成锐角三角剖分,结论又将如何?直角三角剖分的情形较易讨论,但是否能对一般 n 边形得出结论呢?

特别地,对正方形的锐角三角剖分,由图 15.33 及每一锐角三角形可分成四个锐角三角形,所以当 $n \geq 8$ 时,正方形总可剖分成 n 个锐角三角形,反之,我们问:8 是否是最小数? 即正方形可剖分成 n 个锐角三角形时,是否一定有 $n \geq 8$?我们的猜想是对的,希望有兴趣的读者证明它.

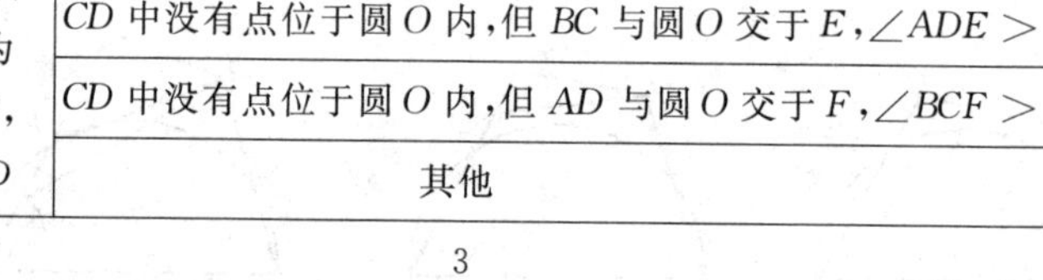

($n=8$)　　　　($n=9$)　　　　($n=10$)

图 15.33

第2节　特殊多边形的内接正三角形问题

在1978年全国高中数学联赛中,有一道正方形的内接正三角形问题.这里,我们再介绍几个特殊多边形的内接正三角形问题.①

问题1　在一边长为a的正方形$ABCD$内以A为一个顶点作等边三角形,使它的另外两个顶点E,F分别位于BC和CD上,求这个等边$\triangle AEF$的边长.(用锐角三角函数表示)

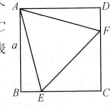

图 15.34

此题解法不难,略解如下.

如图15.34,易证$Rt\triangle ABE \cong Rt\triangle ADF$,于是

$$\angle BAE = \angle DAF = \frac{90°-60°}{2} = 15°$$

从而等边$\triangle AEF$的边长

$$AE = \frac{AB}{\cos \angle BAE} = \frac{a}{\cos 15°}$$

注　此题若不要求用锐角三角函数表示,亦可解答如下.

设$BE = x(0 < x < a)$,则$CE = CF = a - x$,且$EF = AE = \sqrt{a^2+x^2}$.于是在$Rt\triangle CEF$中,由勾股定理可得$a^2+x^2 = 2(a-x)^2$,解得$x = (2-\sqrt{3})a$.从而等边$\triangle AEF$的边长$AE = \sqrt{a^2+x^2} = (\sqrt{6}-\sqrt{2})a$.

原解综合运用几何与三角知识,简洁明朗;此解充分运用方程思想,独到新颖.两种解法,各得其趣.而且对比可得结论$\cos 15° = \dfrac{1}{\sqrt{6}-\sqrt{2}} = \dfrac{\sqrt{6}+\sqrt{2}}{4}$,由此亦可联想到:欲求$\cos 15°$,可构造题图求解.

问题2　矩形$ABCD$是否存在内接正$\triangle AEF$,其中点E,F分别在边BC和CD上? 若可能存在,则此矩形的长与宽满足的条件是什么?

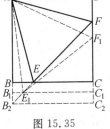

图 15.35

如图15.35,可使正方形$ABCD$的一边AD固定,其对边BC向下平移,如此来探讨矩形的情形.

设此时能作内接正$\triangle AE_1F_1$,由$AE = AF$,

---

① 彭学军.习题再思索,学习增收获[J].中学生数学,1998(11):17.

$\angle EAE_1 = \angle FAF_1 = 60° - \angle EAF_1$, $AE_1 = AF_1$, 可知 $\triangle AEE_1 \cong \triangle AFF_1$. 从而 $\angle AEE_1 = \angle AFF_1 = 105°$. 又 $\angle AEB = 75°$, 于是 $\angle BEE_1 = 30°$ (定值).

由上可见, 若令 $\angle BEB_2 = 30°$, 且 B_2 在 AB 的延长线上, 则可知正方形 $ABCD$ 变为矩形 $AB_1C_1D(AB \leqslant AB_1 \leqslant AB_2)$ 时能作唯一符合题意的正 $\triangle AE_1F_1$, 且顶点 E_1 在线段 EB_2 上滑动. 当 E_1 与 B_2 重合时, 矩形长与宽的比最大为 $AB_2 : AD = \dfrac{1}{\cos 30°} = \dfrac{2\sqrt{3}}{3}$. 从而若矩形存在符合题意的正三角形, 则其长与宽之比 k 满足 $1 \leqslant k \leqslant \dfrac{2\sqrt{3}}{3}$.

问题 3 菱形 $ABCD$ 是否存在内接正 $\triangle AEF$, 且 E, F 分别在边 BC 和 CD 上? 若可能存在, 还唯一吗? 此时, 其内角 $\angle A$ (即图 15.36 中 $\angle BAD$) 满足的条件是什么?

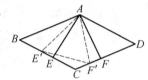

图 15.36

显然当 $0° < \angle A < 60°$ 时, 菱形不存在符合题意的内接正三角形.

当 $60° \leqslant \angle A < 180°$ 时, 由菱形的轴对称性可知只需作 $\angle BAE = \angle DAF = \dfrac{\angle A - 60°}{2}$, 分别交 BC, CD 于点 E, F, 则 $\triangle AEF$ 即为符合题意的一个正三角形.

假若这样的正三角形还可作出一个 $\triangle AE'F'$, 如图 15.36 所示, 则 $\triangle AEE' \cong \triangle AFF'$, 从而

$$\angle AEE' = \angle AFF'$$

又由对称性可知 $\quad\angle AFF' = \angle AEC$

于是 $\quad\angle AEE' = \angle AEC$

从而 $\quad AE \perp BC$

即 $\quad\angle BAE + \angle B = 90°$

因为 $\quad\angle BAE = \dfrac{\angle A - 60°}{2}, \angle B = 180° - \angle A$

所以可得 $\quad\dfrac{\angle A - 60°}{2} + 180° - \angle A = 90°$

从而 $\quad\angle A = 120°$

由上可见, 当 $\angle A = 120°$ 时, 菱形 $ABCD$ 存在无数个符合题意的正 $\triangle AEF$, 且其中关于 AC 对称的 $\triangle AEF$ 边长最短. 而当 $60° \leqslant \angle A < 180°$ 且 $\angle A \neq 120°$ 时, 只能存在唯一的正 $\triangle AEF$.

第3节 正三角形的组合

由两个或两个以上的正三角形组成的图形称为正三角形组合,正三角形的组合图有如下有趣的结论:

结论 1 如图 15.37, $\triangle ABC$ 与 $\triangle AB_1C_1$ 是正三角形, A 是公共顶点, O_1, O_2 分别是 BC_1 和 B_1C 的中点,则:

(1) $BC_1 = B_1C$;

(2) $\triangle AO_1O_2$ 是正三角形.

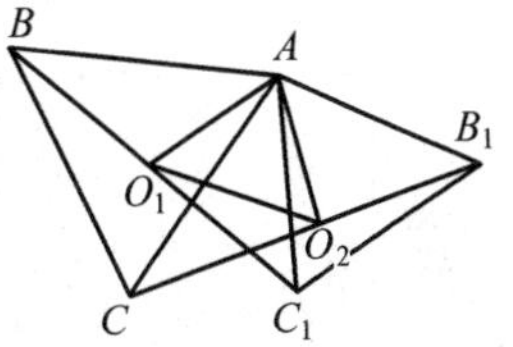

证明 因 $\triangle ABC$ 与 $\triangle AB_1C_1$ 均为正三角形,故 $AC = AB$,且 $\angle BAC$ 为 $60°$; $AB_1 = AC_1$, $\angle B_1AC_1$ 也为 $60°$. 只需把 $\triangle AB_1C$ 绕点 A 顺时针旋转 $60°$ 就与 $\triangle AC_1B$ 重合,所以, $BC_1 = CB_1$,且 BC_1 与 B_1C 所夹的锐角为 $60°$; 同样, $AO_1 = AO_2$,且其所夹锐角为 $60°$,即 $\triangle AO_1O_2$ 为正三角形.

图 15.37

结论 2 如图 15.38, $\triangle ABC$ 与 $\triangle A_1B_1C_1$ 均为正三角形, B_1 在 AC 上, O_1, O_2, O_3 分别为 AA_1, BB_1, CC_1 的中点,则 $\triangle O_1O_2O_3$ 为正三角形.

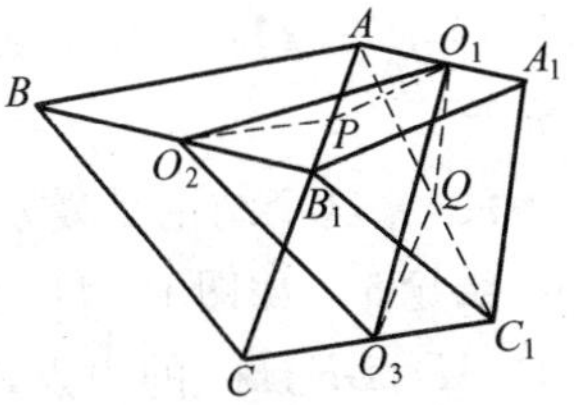

证明 联结 AC_1,作 AB_1 的中点 P 和 AC_1 的中点 Q. 则 $O_1P \underline{\underline{/\!/}} \frac{1}{2} A_1B_1, O_1Q \underline{\underline{/\!/}} \frac{1}{2} A_1C_1$,即 $O_1P = O_1Q$,且 $\angle PO_1Q$ 为 $60°$,同理, $PO_2 = QO_3$,其所夹锐角也为 $60°$,故把 $\triangle PO_1O_2$ 绕 O_1 逆时针旋转 $60°$ 就与 $\triangle QO_1O_3$ 重合,即 $O_1O_2 = O_1O_3$,且 $\angle O_2O_1O_3$ 为 $60°$,故 $\triangle O_1O_2O_3$ 为正三角形.

图 15.38

结论 3 如图 15.39, $\triangle ABC$ 和 $\triangle A_1B_1C_1$ 均为正三角形, O_1, O_2, O_3 分别为 AA_1, BB_1, CC_1 的中点,则 $\triangle O_1O_2O_3$ 为正三角形.

证明 分别作 AC_1, BC_1 的中点 P, Q. 接下来的证明就与结论 2 的证明相同.

注 结论 3 实际上就是著名的:

爱尔可斯(Echols)定理 1 联结两个正三角形对应顶点的连线中点组成的三角形是正三角形.

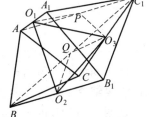

图 15.39

结论 4 如图 15.40, $\triangle AOB, \triangle COD, \triangle EOF$ 均为正三角形, O_1, O_2, O_3 分别是 BC, DE, FA 的中点,则 $\triangle O_1O_2O_3$ 是正三角形.

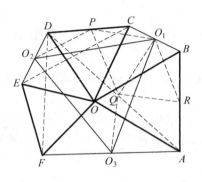

图 15.40

分析与证明 此题相当于在图 15.37 中再"嵌入"一个正三角形,因此,问题应尽可能转化并利用结论 1 的结论来解决. 作 CD 的中点 P, AB 的中点 R, AD 的中点 Q, 由结论 1(1) 可知四边形 O_1PQR 是菱形, 且 $\triangle O_1PQ$ 是正三角形, 故 $O_1P = O_1Q$, $\angle PO_1Q$ 为 $60°$, 又 $O_2P \underline{\underline{\parallel}} \frac{1}{2}EC$, $QO_3 \underline{\underline{\parallel}} \frac{1}{2}DF$, 由结论 1(1) 可知 $O_2P = QO_3$, 其所夹锐角也为 $60°$, 则由结论 2 的证明可知 $\triangle O_1O_2O_3$ 为正三角形.

注 这个结论是爱尔可斯定理 1 的推广.

结论 5 如图 15.41, $\triangle ABC$, $\triangle CDE$, $\triangle EFG$ 均为正三角形, O_1, O_2, O_3 分别是 AD, DF, BG 的中点, 则 $\triangle O_1O_2O_3$ 是正三角形.

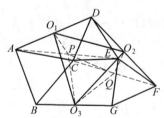

图 15.41

注意到结论 5 与结论 2,3 条件和结论的相似之处, 故应设法在图 15.41 中找出满足结论 2,3 条件的正三角形, 从而利用结论 2,3 的证法证之.

证明 作 AE 的中点 P, CF 的中点 Q, 由结论 3 可知 $\triangle PQO_3$ 为正三角形, 又 $O_1P \underline{\underline{\parallel}} \frac{1}{2}DE$, $O_2Q \underline{\underline{\parallel}} \frac{1}{2}DC$, 故 $O_1P = O_2Q$, 且所夹锐角为 $60°$, 则由结论 2 的证明可知 $\triangle O_1O_2O_3$ 为正三角形.

若在图 15.41 中 $\triangle CDE$ 的顶点 D 处再接上一个正三角形, 有如下结论:

结论 6 如图 15.42,△ABC,△CDE,△EFG,△DHI 均为正三角形,O_1,O_2,O_3 分别是 AH,BF,IG 的中点,则 △$O_1O_2O_3$ 是正三角形.

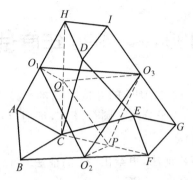

图 15.42

分析与证明 结论 6 是结论 5 的延伸,注意两者的相互联系,只需联结 CF,CH,作它们的中点 P,Q,则由结论 5 的结论可知 △PQO_3 为正三角形,而接下来的证明也与结论 5 相同.

关于正三角形的组合还有著名的拿破仑(Napoleon)定理和爱尔可斯定理 2 等.

拿破仑定理 以三角形各边为边分别向外侧作等边三角形,则它们的中心构成一个等边三角形.

爱尔可斯定理 2 若 △$A_1B_1C_1$,△$A_2B_2C_2$,△$A_3B_3C_3$ 都是正三角形,则 △$A_1A_2A_3$,△$B_1B_2B_3$,△$C_1C_2C_3$ 的重心也构成正三角形.

关于上述两个著名定理的证明以及正三角形的其他组合结论,正三角形的性质与判定等内容均可参见作者的另著《平面几何图形特性新析》,哈尔滨工业大学出版社,2017.

第16章 1994～1995年度试题的诠释

试题A 如图16.1,设 $\triangle ABC$ 的外接圆 O 的半径为 R,内心为 I,$\angle B = 60°$,$\angle A < \angle C$,$\angle A$ 的外角平分线交圆 O 于 E,证明:(1) $IO = AE$;(2) $2R < IO + IA + IC < (1+\sqrt{3})R$.

下面先给出(1)的多种证法,再给出(2)的证法.(以下证法中,记 $\angle BAC = \angle A, \angle ABC = \angle B, \angle ACB = \angle C$.)

(1)证法1 如图16.1,设射线 BI 与圆 O 交于点 M,联结 MA, MC,易知 M 为 $\overset{\frown}{AC}$ 的中点,$MA = MC$.

联结 OA, OC, OM,易知 $\angle AOM = \angle B = 60°$,故 $\triangle AOM$ 为正三角形,$MC = MA = MO = R$.

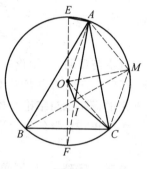

图16.1

由 I 是 $\triangle ABC$ 的内心,M 是 $\overset{\frown}{AC}$ 的中点,知

$$\angle MAI = \frac{1}{2}(\angle A + \angle B) = \angle MIA$$

有

$$MI = MA = R$$

故 A, O, I, C 在以 M 为圆心,R 为半径的圆 M 上,圆 M 与圆 O 为等圆.

设 AI 的延长线与 $\overset{\frown}{BC}$ 交于点 F,联结 EF.

因 AF, AE 分别为 $\angle A$ 及其外角的平分线,故 $\angle EAF$ 为直角,EF 为圆 O 的直径,又

$$\angle OFA = \angle OAF = \angle OCI$$

依"在同圆或等圆中,相等的圆周角所对的弦相等",即知

$$AE = IO$$

证法2 如图16.2,设射线 BI, AI 分别与圆 O 交于点 M, F,易知 M 为 $\overset{\frown}{AC}$ 的中点,联结 OA, OM, AM.

由

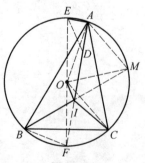

图16.2

$$\angle AOM = \angle B = 60°$$

知 $\triangle OAM$ 为正三角形,且

$$\angle AMO = 60°, \angle AMB = \angle C$$

有

$$\angle IMO = \angle AMB - \angle AMO = \angle C - 60°$$

联结 EF, FB,因 AF, AE 分别为 $\angle A$ 及其外角的平分线,故 $\angle EAF$ 为直角,EF 为圆 O 的直径.又

$$\angle AEF = \angle ABF = \angle B + \frac{1}{2}\angle A$$

则

$$\angle AOE = 180° - 2\left(\angle B + \frac{1}{2}\angle A\right) = \angle C - 60°$$

即

$$\angle IMO = \angle AOE$$

从而两等腰三角形 $\triangle MIO \cong \triangle OAE, IO = AE$.

证法 3 如图 16.3,延长 AI 交 $\overparen{BC}$ 于点 D,联结 OA, OC, OD, OE.

因 AI 和 AE 分别平分 $\angle A$ 及其外角,则 $\angle EAD = 90°$,即 EOD 为一条直径.又

$$\angle AOC = 2\angle B = 120°$$
$$\angle AIC = 180° - \frac{1}{2}(\angle BAC + \angle ACB) =$$
$$180° - \frac{1}{2}(180° - \angle B) = 120°$$

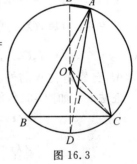

图 16.3

则 A, O, I, C 四点共圆,即

$$\angle ICO = \angle IAO = \angle IDO$$
$$\angle OIC = 180° - \angle OAC = 150°$$

在 $\triangle OIC$ 中应用正弦定理有

$$OI = \frac{OC \sin \angle OCI}{\sin \angle OIC} = 2R \sin \angle OCI = 2R \sin \angle ODI = AE$$

证法 4 如图 16.2,延长 AI 交圆 O 于 F,由题设知 $AE \perp AF$(内、外角平分线性质),故 EF 为直径.

作 $ED \parallel OI$ 交 AF 于点 D,因 O 为 EF 的中点,故 $OI = \frac{1}{2}ED$.

联结 OC,因

$$\angle AOC = 2\angle B = 120°$$
$$\angle AIC = 180° - \frac{1}{2}(\angle CAB + \angle BCA) = 120°$$

故 $\angle AOC = \angle AIC$，从而 A,O,I,C 四点共圆. 因此即得 (因 $OA = OC$，且 $\angle AOC = 120°$)
$$\angle OIA = \angle OCA = 30°$$

又由 $OI \parallel ED$，知
$$\angle EDA = \angle OIA = 30°$$

再由 $\angle EAD = 90°$，得
$$AE = \frac{1}{2}ED$$

所以
$$OI = AE$$

下面的证法 5 至证法 10 由湖北宜昌的万兴灿、杨开清给出.

首先联结 OA, OC，则 $\angle AOC = 2\angle B = 120°$，$\angle AIC = 180° - \frac{1}{2}(\angle A + \angle C) = 120°$，故有 I,O,A,C 四点共圆. 延长 AI 交圆 O 于点 F，联结 EF，因为 AE, AF 分别是 $\angle A$ 的外、内角平分线，则 $EA \perp AF$，故有 EF 为圆 O 的直径.

证法 5 如图 16.4，作 $OG \perp AF$ 于 G，有
$$OG \parallel EA$$

且
$$OG = \frac{1}{2}EA$$

又由 I,O,A,C 四点共圆，得
$$\angle OIA = \angle OCA = \angle OAC = \frac{1}{2}(180° - \angle AOC) = 30°$$

有
$$OG = \frac{1}{2}IO$$

即
$$IO = EA$$

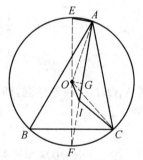

图 16.4

证法 6 如图 16.5，联结 EC 交 AF 于点 D，因
$$\angle CEA = \angle B = 60°, EA \perp AD$$

则
$$EA = \frac{1}{2}ED, \angle EDA = 30°$$

又由 I,O,A,C 四点共圆，得

$$\angle OIA = \angle OCA = \frac{1}{2}(180° - \angle AOC) = 30°$$

则　　　　　　　　$OI \parallel ED$

且　　　　　　　　$OI = \frac{1}{2}ED$

有　　　　　　　　$OI = EA$

证法 7　如图 16.5,由 I,O,A,C 四点共圆,知
$$\angle IOC = \angle DAC$$
$$\angle OCI = \angle OAF = \angle AFE = \angle ACD$$

则　　　　　　　　$\triangle OIC \backsim \triangle ADC$

有　　　　　　　　$OI : AD = OC : AC$

又　　　　　　　　$\angle B = 60°, AC = \sqrt{3}R$

及　　　　　　　　$\angle AED = 60°, AD = \sqrt{3}EA$

有　　　　　　　　$OI = \dfrac{R \cdot \sqrt{3}EA}{\sqrt{3}R} = EA$

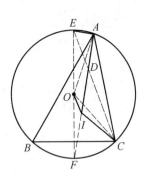

图 16.5

证法 8　如图 16.5,因 I,O,A,C 四点共圆, $AC = \sqrt{3}R$,由托勒密定理有
$$OI \cdot AC + AO \cdot IC = AI \cdot OC$$

即　　　　　　　　$OI \cdot \sqrt{3}R + R \cdot IC = AI \cdot R$

即　　　　　　　　$AI = IC + \sqrt{3}OI$

因　　　　　　　　$\angle AEC = \angle B = 60°$

则　　　　　　　　$\angle EDA = \angle IDC = 30°$

又由　　　　　　　　$\angle DIC = 120°$

知　　　　　　　　$\angle ICD = 180° - 120° - 30° = 30°$

有　　　　　　　　$IC = ID, AD = \sqrt{3}AE$

即有　　　　　　　　$AI = AD + ID = IC + \sqrt{3}AE$

故　　　　　　　　$OI = AE$

证法 9　如图 16.6,过 O 引 $OG \underline{\parallel} EA$,联结 AG, GI.因 $EA \perp AI$,则 $OG \perp AI$,又由 $AG = OE = OA$,知 O, G 关于 AI 对称.

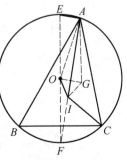

图 16.6

又由 O, I, C, A 四点共圆，知 $\angle OIA = 30°$，有 $\triangle OIG$ 是正三角形，即
$$OI = OG = EA$$

证法 10 如图 16.7，联结 BE，则
$$\angle ABE = \pi - \angle BEA - \angle EAB =$$
$$\pi - (\pi - \angle C) - (\frac{\pi}{2} - \frac{\angle A}{2}) =$$
$$\angle C - \frac{1}{2}(\angle B + \angle C) = \frac{\angle C}{2} - 30°$$

即
$$EA = 2R\sin(\frac{C}{2} - 30°)$$

又由欧拉公式
$$OI^2 = R^2 - 2Rr$$
$$r = 4R\sin\frac{A}{2}\sin\frac{B}{2}\sin\frac{C}{2} = 2R\sin\frac{A}{2}\sin\frac{C}{2}$$

有
$$OI^2 = R^2(1 - 4\sin\frac{A}{2}\sin\frac{C}{2}) = R^2[1 + 2(\cos\frac{A+C}{2} - \cos\frac{A-C}{2})] =$$
$$2R^2(1 - \cos\frac{A-C}{2}) = 2R^2(1 - \cos\frac{120° - 2C}{2}) = 4R^2\sin^2\frac{60° - C}{2}$$

又因 $\angle A < \angle C$，则 $\angle C > 60°$，有
$$OI = 2R\sin(\frac{C}{2} - 30°)$$

故
$$OI = EA$$

证法 11 如图 16.7，因
$$\angle EBA = 180° - \frac{\angle B + \angle C}{2} - (180° - \angle C) = \frac{\angle C}{2} - 30°$$

则
$$AE = 2R\sin(\frac{C}{2} - 30°)$$

又
$$\angle AIC = 180° - \frac{\angle A + \angle C}{2} = 120°$$

则
$$IC = \frac{AC\sin\frac{A}{2}}{\sin 120°} = \frac{2R\sin 60° \sin\frac{A}{2}}{\sin 120°} = 2R\sin\frac{A}{2}$$

在 $\triangle OIC$ 中,注意到 $\angle OCI = \dfrac{\angle C}{2} - 30°$,则

$$IO^2 = R^2 + IC^2 - 2R \cdot IC\cos\left(\dfrac{C}{2} - 30°\right) =$$

$$R^2 + 4R^2\sin^2\dfrac{A}{2} - 4R^2\sin\dfrac{A}{2}\cos\left(\dfrac{C}{2} - 30°\right) =$$

$$R^2 + 4R^2\dfrac{1-\cos A}{2} - 2R^2[\sin 30° + \sin(30° - A)] =$$

$$2R^2 - 2R^2[\cos A + \cos(120° - A)] =$$

$$2R^2[1 - \cos(60° - A)] = \left[2R\sin\left(30° - \dfrac{A}{2}\right)\right]^2$$

故

$$IO = 2R\sin\left(30° - \dfrac{A}{2}\right) = 2R\sin\left(\dfrac{C}{2} - 30°\right) = AE$$

(2) **证法 1** 如图 16.1,如(1)中证法 1 所述,圆 M 与圆 O 是等圆. 在圆 M 中,有

$$IO = 2R\sin\dfrac{1}{2}\angle IMO = 2R\sin\dfrac{1}{2}(\angle IMA - \angle OMA) =$$

$$2R\sin\dfrac{1}{2}(C - 60°) = 2R\sin\left(\dfrac{1}{2}C - 30°\right)$$

$$IA = 2R\sin\dfrac{1}{2}\angle IMA = 2R\sin\dfrac{1}{2}C$$

$$IC = 2R\sin\dfrac{1}{2}A$$

故

$$IO + IA + IC = 2R\left[\sin\left(\dfrac{1}{2}C - 30°\right) + \sin\dfrac{1}{2}C + \sin\dfrac{1}{2}A\right] =$$

$$2R\left[\sin\left(\dfrac{1}{2}C - 30°\right) + 2\sin\dfrac{1}{4}(C + A)\cos\dfrac{1}{4}(C - A)\right] =$$

$$2R\left[\sin\left(\dfrac{1}{2}C - 30°\right) + \sin\left(90° - \dfrac{1}{4}C + \dfrac{1}{4}A\right)\right] =$$

$$2R \cdot 2\sin\dfrac{1}{2}\left(60° + \dfrac{1}{4}C + \dfrac{1}{4}A\right)\cos\dfrac{1}{2}\left(120° - \dfrac{3}{4}C + \dfrac{1}{4}A\right) =$$

$$2R \cdot 2\sin 45°\cos\dfrac{1}{2}(150° - C) =$$

$$2\sqrt{2}R\sin\left(15° + \dfrac{1}{2}C\right)$$

由 $\angle A < \angle C$ 知 $60° < \angle C < 120°$,有

$$30° < \frac{1}{2}\angle C < 60°$$

而
$$\sin 75° = \frac{\sqrt{2}+\sqrt{6}}{4}$$

故
$$2\sqrt{2}R\sin 45° < IO + IA + IC < 2\sqrt{2}R\sin 75°$$

此即
$$2R < IO + IA + IC < (1+\sqrt{3})R$$

证法 2　如图 16.2, 联结 OC, $\angle AOC = 2\angle B = 120°$, 有
$$\angle OAC = \angle OCA = 30°, \angle AIC = \angle B + \frac{1}{2}\angle A + \frac{1}{2}\angle C = 120°$$

由
$$\angle AOC = \angle AIC$$

故 A, O, I, C 四点共圆, 则
$$\angle OCI = \angle OAF = \angle OFA$$
$$\angle OIC = 180° - \angle OAC = 150°$$

且
$$\angle AIO = \angle ACO = 30°$$

得
$$\angle OIF = 150°$$

故
$$\triangle OIC \cong \triangle OIF, IC = IF$$

如(1)中证法 2 所述, $\angle EAF$ 是直角, EF 是圆 O 的直径, 则
$$IO + IA + IC = AE + AF = 2R(\sin\angle OFA + \cos\angle OFA) =$$
$$2\sqrt{2}R\sin(\angle OFA + 45°) =$$
$$2\sqrt{2}R\sin(\angle OAF + 45°) =$$
$$2\sqrt{2}R\sin(30° - \frac{1}{2}A + 45°) =$$
$$2\sqrt{2}R\sin[75° - \frac{1}{2}(120° - C)] =$$
$$2\sqrt{2}R\sin(15° + \frac{1}{2}C)$$

由
$$\angle A < \angle C$$

知
$$60° < \angle C < 120°$$

有
$$30° < \frac{1}{2}\angle C < 60°$$

而
$$\sin 75° = \frac{\sqrt{2}+\sqrt{6}}{4}$$

故
$$2\sqrt{2}R\sin 45° < IO + IA + IC < 2\sqrt{2}R\sin 75°$$

第16章 1994~1995年度试题的诠释

此即 $$2R < IO + IA + IC < (1+\sqrt{3})R$$

证法3 如图16.3,由
$$\angle OID = 180° - \angle OIA = 180° - \angle OCA = 150° = \angle OIC$$
知 $$\triangle OID \cong \triangle OIC$$
有 $$ID = IC$$
即 $$2R = ED < AE + AD = AE + AI + IC$$
记 $\angle ICO = \alpha$,于是有
$$AE + AD = 2R(\sin\alpha + \cos\alpha)$$
因 $$\alpha = 30° - \frac{1}{2}\angle A < 30°$$
则
$$AE + AD = 4R\sin 45°\cos(45° - \alpha) < 4R\sin 45°\cos 15° =$$
$$2R(\sin 60° + \sin 30°) = (1+\sqrt{3})R$$
故 $$2R < IO + IA + IC < (1+\sqrt{3})R$$

证法4 如图16.2,由 A, O, I, C 四点共圆及 $\triangle OFA$ 是等腰三角形,得
$$\angle ICO = \angle IAO = \angle IFO$$
又由 $\angle OIA = 30°$,知
$$\angle OIC = \angle OIA + \angle AIC = 150°$$
$$\angle OIF = 180° - \angle OIA = 150°$$
故 $$\angle OIC = \angle OIF$$
又 $$OI = OI$$
所以 $$\triangle OIF \cong \triangle OIC$$
从而 $$IF = IC$$
又已证得 $IO = AE$,所以
$$IO + IA + IC = AE + IA + IF = AE + AF > EF = 2R$$
记 $\angle OFI = \alpha$,则
$$\alpha = \angle OAI \leqslant \frac{1}{2}\angle BAC < 30°$$
(由 $\angle BAC < \angle BCA, \angle B = 60°$ 知 $\angle BAC < 60°$)
且 $$AE + AF = 2R\sin\alpha + 2R\cos\alpha = 2\sqrt{2}R\sin(45° + \alpha)$$

而当 $\alpha \leqslant 45°$ 时,$\sin(45°+\alpha)$ 是 α 的增函数,所以
$$AE + AF < 2R(\sin 30° + \cos 30°) = (1+\sqrt{3})R$$
即
$$IO + IA + IC < (1+\sqrt{3})R$$

下面的证法 5,6 由万兴灿、杨开清给出.

证法 5 设 $AI = x, IO = y, IC = z$,由(1)证法 8 知
$$x = \sqrt{3}y + z$$
有
$$y = \frac{x-z}{\sqrt{3}}$$
又由
$$AC = \sqrt{3}R, \angle AIC = 120°$$
知
$$(\sqrt{3}R)^2 = x^2 + z^2 - 2xz\cos 120°$$
即
$$x^2 + z^2 + xz = 3R^2$$
从而
$$(x+y+z)^2 = x^2+y^2+z^2+2xy+2yz+2zx =$$
$$x^2 + z^2 + (\frac{x-z}{\sqrt{3}})^2 + 2xz + 2(x+z)(\frac{x-z}{\sqrt{3}}) =$$
$$\frac{4(x^2+z^2+xz)}{3} + \frac{2(x^2-z^2)}{\sqrt{3}} = 4R^2 + \frac{2(x^2-z^2)}{\sqrt{3}}$$
而
$$\angle A < \angle C$$
有
$$0 < \frac{2(x^2-z^2)}{\sqrt{3}} < \frac{2(x^2+z^2+xz)}{\sqrt{3}} = 2\sqrt{3}R^2$$
故
$$4R^2 < (x+y+z)^2 < 4R^2 + 2\sqrt{3}R^2 = (1+\sqrt{3})^2R^2$$
即
$$2R < x+y+z < (1+\sqrt{3})R$$

证法 6 如图 16.8,因 $\angle AIC = 120°$,则
$$\angle FIC = 60°$$
又
$$\angle AFC = \angle B = 60°$$
有 $\triangle IFC$ 为正三角形. 则
$$AI + IC + IO = AI + IF + AE =$$
$$AF + AE > EF = 2R$$
在 FA 的延长线上取点 M,使 $AM = AE$,引 $CN \underline{\parallel} AM$,联结 MN,有 $MN = AC$,在 $\triangle FIO$ 与 $\triangle FCN$ 中,$FC = FI$,$CN =$

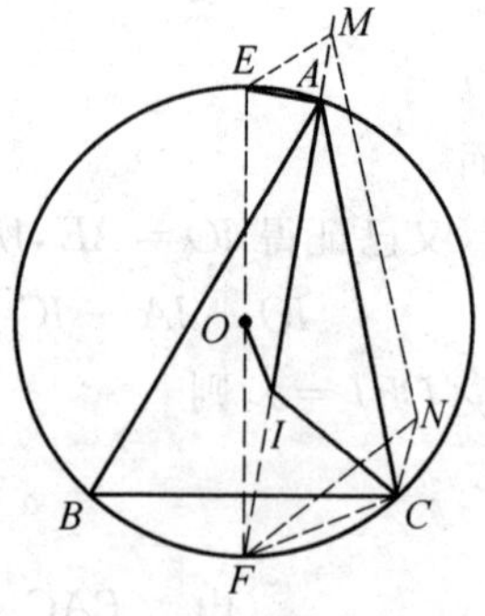

图 16.8

$AM = AE = IO$，又
$$\angle FIO = 180° - \angle OIA = 180° - 30° = 150° > 120° =$$
$$\angle A + \angle C = \frac{\angle A}{2} + \frac{\angle A}{2} + \angle C =$$
$$\angle BCF + \angle FAC + \angle C =$$
$$\angle BCF + \angle ACN + \angle C = \angle FCN$$
则
$$FO > FN$$
即
$$FN < R$$
故有
$$FM < FN + MN < R + AC = R + \sqrt{3}R$$
即有
$$2R < AI + IC + IO < (1 + \sqrt{3})R$$

证法 7　如图 16.1，因
$$\angle IFC = \angle ABC = 60° = \frac{1}{2}(\angle A + \angle C) = \angle BCF + \angle ICB = \angle ICF$$
则 $IC = IF$，于是
$$IO + IA + IC = AE + IA + IF = AE + AF > EF = 2R$$
且
$$IO + IA + IC = AE + AF = 2R[\cos(60° + \frac{1}{2}A) + \sin(60° + \frac{1}{2}A)] =$$
$$2\sqrt{2}R\sin(105° + \frac{1}{2}A) = 2\sqrt{2}R\sin(75° - \frac{1}{2}A)$$
又 $\angle B = 60°$，$\angle A < \angle C$，所以 $\angle A < 60°$，$45° < 75° - \frac{1}{2}\angle A < 75°$，所以
$$IO + IA + IC < 2\sqrt{2}R\sin 75° = (\sqrt{3} + 1)R$$
$$2R < IO + IA + IC < (\sqrt{3} + 1)R$$

下面的证法 8,9 由李长明教授给出.

证法 8　如图 16.9，延长 AO 交圆 O 于点 D，延长 AI 交圆 O 于点 F，联结 OC. 注意到 $OC = OF = R$，知 $\angle OFC = \angle OCF$，由 A, O, I, C 四点共圆，知
$$\angle OFI = \angle OAI = \angle OCI$$
从而
$$\angle IFC = \angle ICF$$
故
$$IC = IF$$
即
$$IA + IC = AF$$

①

因等腰 $\triangle OAC$ 的顶角 $\angle AOC=120°$，则
$$\angle OAC=30°>\angle IAC=\frac{1}{2}\angle A$$
即 AI 介于 AO,AC 之间．

延长 AO 交圆 O 于点 D，则在 $Rt\triangle AFD$ 与 $Rt\triangle ACD$ 中，由 AI 介于 AO 与 AC 之间，则
$$S_{\triangle AFD}<S_{\triangle ACD}$$
即 $$DF\cdot AF<DC\cdot AC$$
但 $$DF^2+AF^2=AD^2=DC^2+AC^2$$
则 $$(DF+AF)^2<(DC+AC)^2$$
即

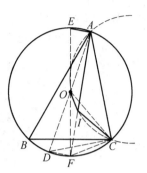

图 16.9

$$AD<DF+AF<DC+AC \quad\quad ②$$
又 $DF=AE$（关于圆心对称），再由 ① 及 $DF=AE=IO$，有
$$DF+AF=IO+IA+IC \quad\quad ③$$
另一方面，$\angle ADC=\angle ABC=60°$．
而在 $Rt\triangle ACD$ 中，斜边 $AD=2R$，则
$$DC=R,AC=\sqrt{3}R$$
将 ③ 与这两个等式代入 ② 中，即得
$$2R<IO+IA+IC<(1+\sqrt{3})R$$

证法 9 如图 16.10，在图 16.9 的基础上，延长 AC 至 C'，使 $CC'=CD$，再延长 AF 至 F'，使 $FF'=FD$．这时与上述证法一样可知
$$AC'=(1+\sqrt{3})R \quad\quad ①$$
$$AF'=AF+DF=IO+IA+IC \quad\quad ②$$
又 $$\angle AC'D=\angle AF'D=45°$$

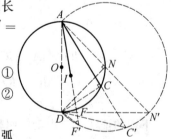

图 16.10

则 C',F' 在以 AD 为弦的一弓形弧上，且此弓形弧之圆心 N 实为半圆 $\overset{\frown}{AD}$ 的中点．

而 AI 介于 AD,AC 之间（见证法 8），则 $AD<AF'<AC'$，用①②代换，即得所证．

注 此题还可以运用解析法处理（参见第 20 章第 3 节例 11）．

试题 B 空间有四个球，它们的半径分别为 $2,2,3,3$，每个球都与其余三个

球外切.另有一个小球与那四个球都外切,求这个小球的半径.

解 如图 16.11,用 A,B 记半径为 3 的那两个球的中心,令 $R=3$;用 C,D 记半径为 2 的那两个球的中心,令 $r=2$. 从而有

$$AB=2R, CD=2r$$
$$AD=AC=BD=BC=R+r$$

若小球存在,记其球心为 P,半径为 s,我们有

$$AP=BP=R+s$$
$$CP=DP=r+s$$

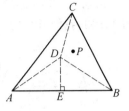

图 16.11

过点 C 作线段 AB 的垂直平分面. 由于 $AC=BC$, $AP=BP, AD=BD$,所以点 P 以及线段 CD 都在这个平面上. 这个平面与 AB 的交点记为 E,它应是 AB 的中点.

考察 $\triangle CDE$,如图 16.12 所示. 注意到

$$DE=CE=\sqrt{(R+r)^2-R^2}=\sqrt{2Rr+r^2}$$
$$DC=2r$$
$$DP=CP=r+s$$

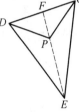

图 16.12

于是,$\triangle DEP \cong \triangle CEP$. 因此,$\angle DEP=\angle CEP$. 延长 EP 交 DC 于点 F,于是 $EF \perp CD$. 从而 $CF=FD=r$,且

$$EF=\sqrt{EC^2-CF^2}=\sqrt{r^2+2Rr-r^2}=\sqrt{2Rr}$$

另外

$$FP=\sqrt{(r+s)^2-r^2}=\sqrt{s^2+2sr}$$

现在再讨论 $\triangle APE$. 由于 $PE \perp AE$,故有

$$EP=\sqrt{AP^2-AE^2}=\sqrt{(R+s)^2-R^2}=\sqrt{2Rs+s^2}$$

由于 $EF=FP+PE$,可得

$$\sqrt{2Rr}=\sqrt{2Rs+s^2}+\sqrt{s^2+2rs}$$

将 $r=2, R=3$ 代入上式,得出关于 s 的方程

$$2\sqrt{3}=\sqrt{s^2+6s}+\sqrt{s^2+4s}$$

解之得 $s=\dfrac{6}{11}$,即小球的半径是 $\dfrac{6}{11}$.

试题 C 给定锐角 θ 和相内切的两个圆. 过公切点 A 作定直线 l(不过圆心)交外圆于另一点 B. 设点 M 在外圆优弧上运动,N 是 MA 与内圆的另一交点,P 是射线 MB 上的点,使得 $\angle MPN=\theta$. 试求点 P 的轨迹.

解法 1 当动点 M 在大圆优弧的不同部位时,相应的图形略有差异(参看图 16.13,我们所写的文字说明统一地适用于各种情形).

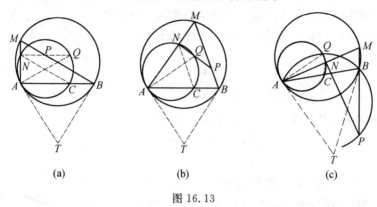

图 16.13

设直线 l 与内圆的另一交点是 C,联结 NC. 过点 A 和点 B 作外圆的切线相交于点 T. 由
$$\angle TAB = \angle AMB = \angle ANC$$
知
$$MB \parallel NC$$
则
$$\angle CNP = \angle MPN = \theta.$$

设直线 PN 与内圆的另一交点是 Q,则 A,C,N,Q 四点都在内圆周上,因而
$$\angle CAQ = \angle CNP = \angle MPN = \theta.$$
由此得知 A,Q,P,B 四点共圆.

综上所述,点 Q 是内圆上的定点,$\angle CAQ = \theta$,并且点 P 在 $\triangle ABQ$ 的外接圆上. 因此,我们可以按以下方式作出点 P 的轨迹(请验证).

在内圆被直线 l 截得的优弧上取点 Q,使得 $\angle BAQ = \theta$,然后作 $\triangle ABQ$ 的外接圆. 该外接圆周在 $\angle ABT$ 外的那段圆弧,就是所求的轨迹.

解法 2 分别过点 A,B 作外圆的切线相交于点 T. 设直线 l 与内圆的另一交点是 C,联结 NC. 在切线 BT 上取一点 D,使得 $\angle BDC = \theta$,然后,联结 AD 和 CD,如图 16.14 所示. 因
$$\angle NMP = \angle CBD, \angle MPN = \angle BDC$$
则
$$\triangle MNP \backsim \triangle BCD.$$
因而
$$\frac{MN}{MP} = \frac{BC}{BD} \qquad \text{①}$$

又因为 $MB \parallel NC$，所以

$$\frac{AM}{MN} = \frac{AB}{BC}$$

将式 ① 和式 ② 两边分别相乘就得到

$$\frac{AM}{MP} = \frac{AB}{BD}$$

又因为 $\qquad \angle AMP = \angle ABD$

所以 $\qquad \triangle AMP \backsim \triangle ABD$

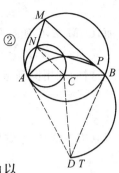

图 16.14

上式右端是一个完全确定的三角形，因此，$\triangle AMP$ 的各角以及各边之比都是完全确定的. 我们看到，点 P 可由点 M 经过绕点 A 的旋转位似变换而得到，即

$$\angle PAM = \angle DAB (定角)$$

$$\frac{AP}{AM} = \frac{AD}{AB} (定值)$$

因此，将所给的外圆的优弧作相应的旋转位似变换就得到点 P 的轨迹.

综上所述，点 P 的轨迹是以 AD 为弦，张角等于 $\angle ABD$（定角）的一段圆弧.

试题 D1　设 A, B, C, D 是一条直线上依次排列的四个不同的点，分别以 AC, BD 为直径的圆相交于 X 和 Y，直线 XY 交 BC 于 Z. 若 P 为 XY 上异于 Z 的一点，直线 CP 与以 AC 为直径的圆相交于 C 和 M，直线 BP 与以 BD 为直径的圆相交于 B 和 N. 试证：AM, DN 和 XY 三线共点.

证明　设 AM 交直线 XY 于点 Q，而 DN 交直线 XY 于点 Q'，如图 16.15 所示. 注意：这里只画出了点 P 在线段 XY 上的情形，其他情况可类似证明. 需证：Q 与 Q' 重合.

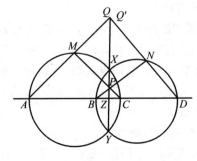

图 16.15

由于 XY 为两圆的根轴，故 $XY \perp AD$，而 AC 为直径，所以

$$\angle QMC = \angle PZC = 90°$$
进而,Q,M,Z,C 四点共圆.

同理 Q',N,Z,B 四点共圆.

这样,利用圆幂定理,可知
$$QP \cdot PZ = MP \cdot PC = XP \cdot PY$$
$$Q'P \cdot PZ = NP \cdot PB = XP \cdot PY$$
所以,$QP=Q'P$.而 Q 与 Q' 都在直线 XY 上且在直线 AD 同侧,从而,Q 与 Q' 重合.

综上,结论获证.

试题 D2 设 $ABCDEF$ 是凸六边形,满足 $AB=BC=CD, DE=EF=FA$,$\angle BCD=\angle EFA=60°$,设 G 和 H 是这个六边形内部的两点,使得 $\angle AGB=\angle DHE=120°$.

试证:$AG+GB+GH+DH+HE \geqslant CF$.

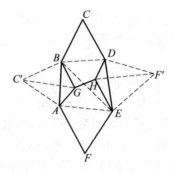

图 16.16

证明 题给条件中的图形由两个正三角形和一个凸四边形组成,并且四边形 $ABDE$ 关于直线 BE 对称.

现在作 C,F 关于直线 BE 的对称点 C',F',联结 $C'B,C'A,C'G$ 和 $F'D$,$F'E,F'H$,如图 16.16 所示,利用对称性,知 $\triangle C'BA$ 和 $\triangle F'DE$ 都是正三角形.

由 $\angle AGB=120°$,知 C',B,G,A 四点共圆,从而由托勒密定理,知
$$C'G \cdot AB = BG \cdot C'A + AG \cdot BC'$$
结合 $\triangle C'BA$ 为正三角形知 $C'G = BG+AG$.

类似可知:$F'H = DH+HE$,所以
$$AG+GB+GH+DH+EH = C'G+GH+HF' \geqslant C'F'$$
又由于 $C'F'$ 为 CF 关于 BE 的对称图形,故 $C'F'=CF$.

综上,结论成立.

第16章 1994～1995年度试题的诠释

第1节 一个基本图形

方亚斌先生探讨了数学竞赛命题中的一个基本图形[1],下面加以介绍.

如图 16.17,设 $\triangle ABC$ 的三内角平分线分别交三边于 A_0, B_0, C_0,交其外接圆于 D, E, F,又交 $\triangle DEF$ 的三边于 A_1, B_1, C_1. 点 M, N, P, Q, R, S 分别是 $\triangle ABC$ 与 $\triangle DEF$ 三边的交点. 记 $\angle A, \angle B, \angle C$ 为 $\triangle ABC$ 的三内角,其对边分别为 a, b, c;$\angle D, \angle E, \angle F$ 为 $\triangle DEF$ 的三内角,其对边分别为 a', b', c'. $R(R'), r(r'), p(p')$,$S(S')$ 分别为 $\triangle ABC (\triangle DEF)$ 的外接圆半径、内切圆半径、半周长和面积,$\triangle ABC$ 的内心为 I.

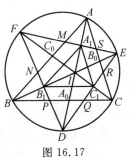

图 16.17

这一常见的构图,可以衍生出一系列数学竞赛题.

题1 $AD \perp EF$.

(1991年第32届IMO加拿大训练题第6题)

证明 由

$$\angle ADF + \angle DFE = \angle ADF + \angle DFC + \angle CFE = \frac{1}{2}\angle C + \frac{1}{2}\angle A + \frac{1}{2}\angle B = 90°$$

知
$$AD \perp EF$$

类似可知
$$BE \perp DF, CF \perp DE$$

故 I 为 $\triangle DEF$ 的垂心.

题2 I 为 $\triangle A_1 B_1 C_1$ 的内心.

(《数学通讯》1994年第1期"问题"第71题)

证明 由题1知,A_1, F, B_1, I 四点共圆,所以
$$\angle B_1 A_1 I = \angle B_1 FI$$

又
$$\angle B_1 FI = \angle DFC = \angle DAC = \angle DAB$$

所以
$$\angle B_1 A_1 I = \angle DAB, A_1 B_1 \parallel AB$$

同理
$$B_1 C_1 \parallel BC, C_1 A_1 \parallel CA$$

故 I 为 $\triangle A_1 B_1 C_1$ 的内心.

---

① 方亚斌. 数学竞赛命题中的一个基本图形[J]. 中学数学,1998(12):1-5.

题 3 D, E, F 分别为 $\triangle IBC, \triangle ICA, \triangle IAB$ 的外心.

证明 因
$$\angle BID = \angle BAI + \angle ABI = \frac{\angle A + \angle B}{2} =$$
$$\angle CAD + \angle CBE =$$
$$\angle CBD + \angle CBI = \angle IBD$$

故 $DB = DI$

同理 $DC = DI$

故 $DB = DC = DI$

D 为 $\triangle IBC$ 的外心.

类似可知,E, F 分别为 $\triangle ICA, \triangle IAB$ 的外心.

注意到 A, B, C 与 D, E, F 六点共圆,故 $\triangle ABC$ 与由 $\triangle IBC, \triangle ICA, \triangle IAB$ 的外心组成的 $\triangle DEF$ 有相同的外心,此即 1988 年第 17 届 USAMO 第 4 题的结论.

题 4 四边形 $AMIS$ 为菱形.

(1977 年第 11 届全苏数学奥林匹克竞赛八年级第 4 题)

证明 由题 3 知,$EA = EI$,由题 1 知,$EF \perp AI$,故 EF 垂直平分 AI,得
$$SA = SI, MA = MI$$

又 $\angle SAA_1 = \angle MAA_1$

得 $AS = AM$

从而 $SA = SI = IM = MA$

故四边形 $AMIS$ 为菱形.

题 5 M, I, Q 三点共线,且 $MQ \parallel AC$.

(1965 年全俄中学生数学奥林匹克竞赛八年级第 3 题)

证明 由题 4 知,$AMIS, CQIR$ 均为菱形,故 $MI \parallel AC, QI \parallel AC$,从而 M, I, Q 三点共线,且 $MQ \parallel AC$.

同理可证,N, I, R 三点共线(1990 年湖南省第五届中学生数学夏令营 B 卷第二(6) 题);$NR \parallel BC$(《数学通报》1988 年第 11 期"数学问题解答"第 461 题);P, I, S 三点共线,且 $PS \parallel AB$,从而知六边形 $MNPQRS$ 的三条"长"对角线平行于 $\triangle ABC$ 的三边,且交于一点,此即 1977 年第 11 届全苏数学奥林匹克竞赛九、十年级第 1 题.

第16章 1994～1995年度试题的诠释

题6 $\dfrac{AI}{IA_0} = \dfrac{b+c}{a}$.

(1979年广东省中学数学竞赛题)

证明 由角平分线性质,知

$$\frac{AI}{IA_0} = \frac{AC}{CA_0} = \frac{AB}{BA_0}$$

得

$$\frac{AI}{IA_0} = \frac{AC + AB}{CA_0 + BA_0} = \frac{b+c}{a}$$

题7 $\dfrac{1}{IA_0} - \dfrac{1}{ID} = \dfrac{1}{AI}, \dfrac{AI}{IA_0} - \dfrac{IA_0}{A_0D} = 1$.

(《友谊88》国际中学生(九年级)数学循环赛第3题)

证明 由 $\triangle ACA_0 \backsim \triangle BDA_0$,得

$$\frac{AC}{CA_0} = \frac{BD}{DA_0} = \frac{DI}{DA_0}$$

又 I 为 $\triangle ABC$ 的内心,所以

$$\frac{AC}{CA_0} = \frac{AI}{IA_0}$$

得

$$\frac{AI}{IA_0} = \frac{DI}{DA_0}$$

所以

$$\frac{1}{AI} = \frac{DA_0}{IA_0 \cdot DI} = \frac{DI - IA_0}{IA_0 \cdot DI} = \frac{1}{IA_0} - \frac{1}{DI}$$

$$\frac{AI}{IA_0} = \frac{DA_0 + A_0I}{DA_0} = 1 + \frac{IA_0}{DA_0}$$

即

$$\frac{AI}{IA_0} - \frac{IA_0}{DA_0} = 1$$

题8 $\dfrac{ID}{IA} + \dfrac{IE}{IB} + \dfrac{IF}{IC} = \dfrac{1}{2}\csc\dfrac{A}{2}\csc\dfrac{B}{2}\csc\dfrac{C}{2} - 1$.

(《数学通讯》1981年第6期"问题征解"第5题)

证明 由题7得

$$\frac{IA}{ID} = \frac{IA}{IA_0} - 1$$

由题6得

$$\frac{IA}{ID} = \frac{b+c}{a} - 1 = \frac{b+c-a}{a}$$

所以

$$\frac{ID}{IA} = \frac{a}{b+c-a} = \frac{\sin A}{\sin B + \sin C - \sin A} = \frac{\sin\dfrac{A}{2}}{2\sin\dfrac{B}{2}\sin\dfrac{C}{2}}$$

同理 $\dfrac{IE}{IB} = \dfrac{\sin\dfrac{B}{2}}{2\sin\dfrac{C}{2}\sin\dfrac{A}{2}}, \dfrac{IF}{IC} = \dfrac{\sin\dfrac{C}{2}}{2\sin\dfrac{A}{2}\sin\dfrac{B}{2}}$

所以 $\dfrac{ID}{IA} + \dfrac{IE}{IB} + \dfrac{IF}{IC} = \dfrac{\sin^2\dfrac{A}{2} + \sin^2\dfrac{B}{2} + \sin^2\dfrac{C}{2}}{2\sin\dfrac{A}{2}\sin\dfrac{B}{2}\sin\dfrac{C}{2}}$

因为 $\sin^2\dfrac{A}{2} + \sin^2\dfrac{B}{2} + \sin^2\dfrac{C}{2} = \dfrac{1}{2}[3 - (\cos A + \cos B + \cos C)] =$
$$1 - 2\sin\dfrac{A}{2}\sin\dfrac{B}{2}\sin\dfrac{C}{2}$$

所以
$$\dfrac{ID}{IA} + \dfrac{IE}{IB} + \dfrac{IF}{IC} = \dfrac{1 - 2\sin\dfrac{A}{2}\sin\dfrac{B}{2}\sin\dfrac{C}{2}}{2\sin\dfrac{A}{2}\sin\dfrac{B}{2}\sin\dfrac{C}{2}} =$$
$$\dfrac{1}{2}\csc\dfrac{A}{2}\csc\dfrac{B}{2}\csc\dfrac{C}{2} - 1$$

题 9 $AD\cos\dfrac{A}{2} + BE\cos\dfrac{B}{2} + CF\cos\dfrac{C}{2} = 8R\cos\dfrac{A}{2}\cos\dfrac{B}{2}\cos\dfrac{C}{2}$.

证明 在四边形 $ABCD$ 中，由托勒密定理，知
$$AB \cdot CD + AC \cdot BD = AD \cdot BC$$

因为 $BD = CD = \dfrac{1}{2}BC\sec\angle DBC = \dfrac{a}{2}\sec\dfrac{A}{2}$

所以 $(c+b)\dfrac{a}{2}\sec\dfrac{A}{2} = AD \cdot a$

$$AD = \dfrac{b+c}{2}\sec\dfrac{A}{2},\ AD\cos\dfrac{A}{2} = \dfrac{b+c}{2}$$

同理 $BE\cos\dfrac{B}{2} = \dfrac{c+a}{2}, CF\cos\dfrac{C}{2} = \dfrac{a+b}{2}$

所以
$$AD\cos\dfrac{A}{2} + BE\cos\dfrac{B}{2} + CF\cos\dfrac{C}{2} =$$
$$a + b + c = 2R(\sin A + \sin B + \sin C) =$$
$$8R\cos\dfrac{A}{2}\cos\dfrac{B}{2}\cos\dfrac{C}{2}$$

令 $R=1$,得
$$\frac{\cos\frac{A}{2}\cos\frac{B}{2}\cos\frac{C}{2}}{AD\cos\frac{A}{2}+BE\cos\frac{B}{2}+CF\cos\frac{C}{2}}=\frac{1}{8}$$

此即 1987 年湖北省数学奥林匹克函授学校暑期面授高中组竞赛试题第一(3)题.

题 10 $R=\dfrac{ID\cdot IF}{IB},2r=\dfrac{IA\cdot IC}{IE}.$

([俄]B.B.波拉索洛夫《平面几何问题集及其解答》11.7 题)

证明 由题 3 及题 9 知
$$ID=BD=\frac{a}{2}\sec\frac{A}{2}$$
$$IE=\frac{b}{2}\sec\frac{B}{2},IF=\frac{c}{2}\sec\frac{C}{2}$$

又
$$IA=r\csc\frac{A}{2},IB=r\csc\frac{B}{2},IC=r\csc\frac{C}{2}$$

故
$$\frac{ID\cdot IF}{IB}=\frac{\frac{a}{2}\sec\frac{A}{2}\cdot\frac{c}{2}\sec\frac{C}{2}}{r\csc\frac{B}{2}}=\frac{ac\sec\frac{A}{2}\sec\frac{C}{2}}{4r\csc\frac{B}{2}}=$$
$$\frac{4R^2\sin A\sin C\sec\frac{A}{2}\sec\frac{C}{2}}{4r\csc\frac{B}{2}}=$$
$$\frac{4R^2\sin\frac{A}{2}\sin\frac{B}{2}\sin\frac{C}{2}}{r}=R$$

$$\frac{IA\cdot IC}{IE}=\frac{r\csc\frac{A}{2}\cdot r\csc\frac{C}{2}}{\frac{b}{2}\sec\frac{B}{2}}=\frac{r^2\csc\frac{A}{2}\csc\frac{C}{2}}{R\sin B\sec\frac{B}{2}}=$$
$$\frac{r^2}{2R\sin\frac{A}{2}\sin\frac{B}{2}\sin\frac{C}{2}}=2r$$

由题 10 可得

$$\frac{ID \cdot IF}{IB} = R, \frac{IA \cdot IB}{IF} = 2r$$

两式相乘,即知 $AI \cdot ID = 2Rr$,此即 1979 年山东省中学数学竞赛题.

又由

$$\frac{IA \cdot IC}{IE} = 2r, BI \cdot IE = 2Rr$$

两式相乘,得 $IA \cdot IB \cdot IC = 4Rr^2$,此即[苏]Л.С.莫坚诺夫《初等数学习题汇编·平面几何》第 17 章 §3.10.

题 11 $\dfrac{DP}{DQ} \cdot \dfrac{ER}{ES} \cdot \dfrac{FM}{FN} = 1$.

证明 因

$$\angle EDF = \angle EDA + \angle FDA = \frac{1}{2}(\angle B + \angle C)$$

由题 1 知 $AA_1 \perp EF$,故 $\angle ASF = 90° - \dfrac{1}{2}\angle A$,从而 $\angle EDF = \angle ASF$,F, S, R, D 四点共圆,得

$$ER \cdot ED = ES \cdot EF$$

同理 $FM \cdot FE = FN \cdot FD, DP \cdot DF = DQ \cdot DE$.

此三式相乘,得 $DP \cdot ER \cdot FM = DQ \cdot ES \cdot FN$,此即结论.

由题 11,$\dfrac{DP}{DQ}, \dfrac{ER}{ES}, \dfrac{FM}{FN}$ 之中,必有一个不超过 1,也必有一个不小于 1,此即《数学通报》1988 年第 12 期"数学问题解答"第 468 题.

题 12 $S' \geq S$.

(《数学教学》1983 年第 6 期"数学问题与解答"第 26 题,
1988 年第 29 届 IMO 预选题第 4 题)

证明 易知,$\triangle ABC$ 与 $\triangle DEF$ 的三内角关系式为

$$\angle D = \frac{\pi - \angle A}{2}, \angle E = \frac{\pi - \angle B}{2}, \angle F = \frac{\pi - \angle C}{2}$$

故得

$$2S' = 4R'^2 \sin D \sin E \sin F = R^2(\sin 2D + \sin 2E + \sin 2F) =$$
$$R^2(\sin A + \sin B + \sin C) = Rp = R \cdot \frac{S}{r} = S \cdot \frac{R}{r} \geq 2S$$

故得
$$S' \geq S$$

题 13 $16S'^3 \geq 27R^4 \cdot S$.

(1989 年第 30 届 IMO 预选题第 14 题)

证明 由题 12 知 $S' = \dfrac{RS}{2r}$,故只要证 $2S^2 \geqslant 27Rr^3$,即

$$2p^2 \geqslant 27Rr = 27\dfrac{abc}{4p}$$

亦即 $(a+b+c)^3 \geqslant 27abc$,此式显然成立.

题 14 $p' \geqslant p, r' \geqslant r$.

(《首届全国数学奥林匹克命题比赛精选》之一题)

证明
$$\dfrac{p'}{p} = \dfrac{\dfrac{S'}{r'}}{\dfrac{S}{r}} = \dfrac{S'r}{Sr'} = \dfrac{Rr}{2rr'} = \dfrac{R'}{2r'} \geqslant 1$$

即
$$p' \geqslant p$$

$$\dfrac{r'}{r} = \dfrac{4R'\sin\dfrac{D}{2}\sin\dfrac{E}{2}\sin\dfrac{F}{2}}{4R\sin\dfrac{A}{2}\sin\dfrac{B}{2}\sin\dfrac{C}{2}} = \dfrac{\sin\dfrac{D}{2}\sin\dfrac{E}{2}\sin\dfrac{F}{2}}{\cos D\cos E\cos F}$$

因为
$$\cos D\cos E \leqslant \dfrac{1-\cos F}{2} = \sin^2\dfrac{F}{2}$$

同理
$$\cos E\cos F \leqslant \sin^2\dfrac{D}{2}, \cos F\cos D \leqslant \sin^2\dfrac{E}{2}$$

所以
$$\sin\dfrac{D}{2}\sin\dfrac{E}{2}\sin\dfrac{F}{2} \geqslant \cos D\cos E\cos F$$

故
$$r' \geqslant r$$

由 $p' \geqslant p$ 知,$a' < a, b' < b, c' < c$ 不能同时成立,此即《数学通报》1990 年第 11 期"数学问题解答"第 684 题.

题 15 $AF + FB + BD + DC + CE + EA \geqslant AD + BE + CF$.

(1991 年国家教委数学试验班招生试题第 4 题)

证明 由题 1 知,I 为 $\triangle DEF$ 的垂心,由题 12 知,$\triangle DEF$ 为锐角三角形,即点 I 在 $\triangle DEF$ 的内部.根据爱尔特希 — 莫德尔不等式,得

$$DI + EI + FI \geqslant 2(IA_1 + IB_1 + IC_1)$$

由题 4 知
$$2(IA_1 + IB_1 + IC_1) = AI + BI + CI$$

故
$$DI + EI + FI \geqslant AI + BI + CI$$

由题 3 知

$$AF + FB + BD + DC + CE + EA =$$
$$2(ID + IE + IF) \geqslant$$

$$(ID+IE+IF)+(AI+BI+CI)=$$
$$(AI+ID)+(BI+IE)+(CI+IF)=$$
$$AD+BE+CF$$

题 16 $AD+BE+CF > AB+BC+CA$.

(1982 年澳大利亚数学竞赛题)

证明 在 $\triangle BDC$ 中,$BD+CD > BC$,即 $2DI > BC$,同理
$$2EI > AC, 2FI > AB$$
所以
$$2(DI+EI+FI) > AB+BC+CA \qquad ①$$
在 $\triangle BIC$ 中,$IB+IC > BC$,同理
$$IC+IA > CA, IA+IB > AB$$
所以
$$2(IB+IC+IA) > AB+BC+CA \qquad ②$$
① + ② 即得结论.

题 17 $IA \cdot IB \cdot IC \leqslant ID \cdot IE \cdot IF$.

(《中等数学》1998 年第 3 期 23 页命题)

证明 据题 10 知
$$R=\frac{IE \cdot IF}{IA}=\frac{ID \cdot IF}{IB}=\frac{ID \cdot IE}{IC}$$
故
$$R^3=\frac{(ID \cdot IE \cdot IF)^2}{IA \cdot IB \cdot IC}$$
同理
$$(2r)^3=\frac{(IA \cdot IB \cdot IC)^2}{ID \cdot IE \cdot IF}$$
由熟知的不等式 $R \geqslant 2r$ 可得
$$(ID \cdot IE \cdot IF)^3 \geqslant (IA \cdot IB \cdot IC)^3$$
即
$$IA \cdot IB \cdot IC \leqslant ID \cdot IE \cdot IF$$

题 18 $ID+IE+IF \geqslant IA+IB+IC$.

(1990 年第 31 届 IMO 预选题第 106 题)

证明 由题 10 的推导得
$$ID=BD=\frac{a}{2}\sec\frac{A}{2}=2R\sin\frac{A}{2}$$
$$IA=r\csc\frac{A}{2}=4R\sin\frac{B}{2}\sin\frac{C}{2}$$

等等,因此

$$\delta = ID + IE + IF - (IA + IB + IC) =$$
$$2R[\sin\frac{A}{2} + \sin\frac{B}{2} + \sin\frac{C}{2} -$$
$$2(\sin\frac{A}{2}\sin\frac{B}{2} + \sin\frac{B}{2}\sin\frac{C}{2} + \sin\frac{C}{2}\sin\frac{A}{2})]$$

令 $t = \sin\frac{A}{2} + \sin\frac{B}{2} + \sin\frac{C}{2}$,由熟知的公式

$$\sin^2\frac{A}{2} + \sin^2\frac{B}{2} + \sin^2\frac{C}{2} = \frac{2R-r}{2R}$$

得 $$\delta = f(t) = 2R(-t^2 + t + \frac{2R-r}{2R})$$

又易知 $t - \frac{3}{2} = -\frac{1}{2}[(2\sin\frac{\alpha+\beta}{4} - \cos\frac{\alpha-\beta}{4})^2 + \sin^2\frac{\alpha-\beta}{2}] \leqslant 0$

因此 $y = f(t)$ 的图像是抛物线的一段,$0 < t \leqslant \frac{3}{2}$,显然

$$f(0) = 2R - r > 0$$

从而 $$f(t) \geqslant 0$$

即 $\delta \geqslant 0, ID + IE + IF \geqslant IA + IB + IC$

题 19 $\dfrac{DA_0}{AA_0} + \dfrac{EB_0}{BB_0} + \dfrac{FC_0}{CC_0} \geqslant \dfrac{AA_1}{DA_1} + \dfrac{BB_1}{EB_1} + \dfrac{CC_1}{FC_1}$.

(《中学数学教学》1993 年第 4 期"有奖擂台题")

证明 左边 $= \dfrac{S_{\triangle BDC}}{S} + \dfrac{S_{\triangle EAC}}{S} + \dfrac{S_{\triangle FAB}}{S} = \dfrac{S_{AFBDCE}}{S} - 1$

右边 $= \dfrac{S_{\triangle AEF}}{S'} + \dfrac{S_{\triangle BDF}}{S'} + \dfrac{S_{\triangle CDE}}{S'} = \dfrac{S_{AFBDCE}}{S'} - 1$

由题 12,$S' \geqslant S$ 知,左边 $\geqslant$ 右边.

题 20 $\dfrac{DA_0}{AA_0} + \dfrac{EB_0}{BB_0} + \dfrac{FC_0}{CC_0} \geqslant 1$.

(《上海中学数学》1988 年第 4 期"数学问题与解答"第 4 题)

证明 由题 4 知,EF 是 AI 的中垂线,故 $S_{\triangle IEF} = S_{\triangle AEF}$,同理

$$S_{\triangle IFD} = S_{\triangle BFD}, S_{\triangle IDE} = S_{\triangle CDE}$$

三式相加,即得

$$S_{\triangle DEF} = S_{\triangle AEF} + S_{\triangle BFD} + S_{\triangle DCE}$$

故

$$2S_{\triangle DEF} = S_{\triangle DEF} + S_{\triangle AEF} + S_{\triangle BFD} + S_{\triangle DCE} =$$

$$S_{AFBDCE} = S_{\triangle ABC} + S_{\triangle DBC} + S_{\triangle ECA} + S_{\triangle FAB}$$

由题 12 知

$$S_{\triangle DEF} \geqslant S_{\triangle ABC}$$

可得

$$S_{\triangle DBC} + S_{\triangle ECA} + S_{\triangle FAB} \geqslant S_{\triangle ABC}$$

即

$$\frac{S_{\triangle DBC}}{S_{\triangle ABC}} + \frac{S_{\triangle ECA}}{S_{\triangle ABC}} + \frac{S_{\triangle FAB}}{S_{\triangle ABC}} \geqslant 1$$

亦即

$$\frac{DA_0}{AA_0} + \frac{EB_0}{BB_0} + \frac{FC_0}{CC_0} \geqslant 1$$

题 21 ① $\dfrac{DA_0}{AA_1} + \dfrac{EB_0}{BB_1} + \dfrac{FC_0}{CC_1} \geqslant 3$; ② $\dfrac{AA_1}{DA_0} + \dfrac{BB_1}{EB_0} + \dfrac{CC_1}{FC_0} \geqslant 3$.

(《中学教研》1993 年第 2 期"难题征解"第 19 题)

证明 由 $S_{\triangle DA_0B} + S_{\triangle DA_0C} = S_{\triangle DBC}$ 得

$$BD \cdot DA_0 \sin C + DC \cdot DA_0 \sin B = BD \cdot DC \sin(B+C)$$

注意到 $DB = DC = \dfrac{1}{2}a\sec\dfrac{A}{2}$ 得

$$DA_0 = \frac{DB \sin A}{\sin B + \sin C} = \frac{2R\sin^2\dfrac{A}{2}}{\cos\dfrac{B-C}{2}}$$

又

$$AA_1 = \frac{1}{2}AI = 2R\sin\frac{B}{2}\sin\frac{C}{2}$$

故

$$\frac{DA_0}{AA_1} = \frac{\sin^2\dfrac{A}{2}}{\sin\dfrac{B}{2}\sin\dfrac{C}{2}\cos\dfrac{B-C}{2}}$$

同理

$$\frac{EB_0}{BB_1} = \frac{\sin^2\dfrac{B}{2}}{\sin\dfrac{C}{2}\sin\dfrac{A}{2}\cos\dfrac{C-A}{2}}$$

$$\frac{FC_0}{CC_1} = \frac{\sin^2\dfrac{C}{2}}{\sin\dfrac{A}{2}\sin\dfrac{B}{2}\cos\dfrac{A-B}{2}}$$

所以

$$\frac{DA_0}{AA_1} + \frac{EB_0}{BB_1} + \frac{FC_0}{CC_1} \geqslant 3\sqrt[3]{\frac{DA_0}{AA_1} \cdot \frac{EB_0}{BB_1} \cdot \frac{FC_0}{CC_1}} =$$

$$\frac{3}{\sqrt[3]{\cos\frac{B-C}{2}\cos\frac{C-A}{2}\cos\frac{A-B}{2}}} \geqslant 3$$

其中,等号当且仅当 $\angle A = \angle B = \angle C$ 时成立.

另外,利用公式

$$\sin\frac{A}{2} = \sqrt{\frac{(p-b)(p-c)}{bc}}, \cos\frac{A}{2} = \sqrt{\frac{p(p-a)}{bc}}$$

等,易知

$$\frac{AA_1}{DA_0} + \frac{BB_1}{EB_0} + \frac{CC_1}{FC_0} = 2p^2\left(\frac{1}{a^2}+\frac{1}{b^2}+\frac{1}{c^2}\right) - 3p\left(\frac{1}{a}+\frac{1}{b}+\frac{1}{c}\right) + 3$$

故欲证 ②,只需证明

$$(a+b+c)\left(\frac{1}{a^2}+\frac{1}{b^2}+\frac{1}{c^2}\right) \geqslant 3\left(\frac{1}{a}+\frac{1}{b}+\frac{1}{c}\right)$$

由熟知的不等式

$$\frac{1}{a^2}+\frac{1}{b^2}+\frac{1}{c^2} \geqslant \frac{1}{3}\left(\frac{1}{a}+\frac{1}{b}+\frac{1}{c}\right)^2$$

$$(a+b+c)\left(\frac{1}{a}+\frac{1}{b}+\frac{1}{c}\right) \geqslant 9$$

可知 ② 成立,其中等号当且仅当 $a = b = c$ 时成立.

题 22 (1) $\dfrac{AI^2}{bc} + \dfrac{BI^2}{ca} + \dfrac{CI^2}{ab} = 1.$

(《数学通报》1994 年第 6 期"数学问题解答"第 898 题)

(2) $\dfrac{bc}{AI^2} + \dfrac{ca}{BI^2} + \dfrac{ab}{CI^2} \geqslant 9.$

(江苏省第三届部分中学高二数学通讯赛第五(2)题)

证明 由题 6 得 $\dfrac{AI}{IA_0} = \dfrac{b+c}{a}$,则

$$\frac{AI}{AA_0} = \frac{b+c}{a+b+c}$$

又由角平分线长公式得

$$AA_0 = \frac{2}{b+c}\sqrt{bcp(p-a)}$$

可得

$$\frac{AI^2}{bc} = \frac{b+c-a}{a+b+c}$$

同理

$$\frac{BI^2}{ca} = \frac{c+a-b}{a+b+c}, \frac{CI^2}{ab} = \frac{a+b-c}{a+b+c}$$

三式相加，即得
$$\frac{AI^2}{bc}+\frac{BI^2}{ca}+\frac{CI^2}{ab}=1$$

由题 18 得
$$AI=4R\sin\frac{B}{2}\sin\frac{C}{2}$$

故
$$\frac{bc}{AI^2}=\frac{4R^2\sin B\sin C}{16R^2\sin^2\frac{B}{2}\sin^2\frac{C}{2}}=\cot\frac{B}{2}\cot\frac{C}{2}$$

同理
$$\frac{ca}{BI^2}=\cot\frac{A}{2}\cot\frac{C}{2},\frac{ab}{CI^2}=\cot\frac{A}{2}\cot\frac{B}{2}$$

故得
$$\frac{bc}{AI^2}+\frac{ca}{BI^2}+\frac{ab}{CI^2}=\cot\frac{A}{2}\cot\frac{B}{2}+\cot\frac{B}{2}\cot\frac{C}{2}+\cot\frac{C}{2}\cot\frac{A}{2}\geq$$
$$3\sqrt[3]{(\cot\frac{A}{2}\cot\frac{B}{2}\cot\frac{C}{2})^2}\geq 3\sqrt[3]{(3\sqrt{3})^2}=9$$

其中等号当且仅当 $\angle A=\angle B=\angle C$ 时成立.

题 23 $AI+BI+CI\geq\frac{2}{3}(AA_0+BB_0+CC_0)\geq 2(IA_0+IB_0+IC_0)$.

(《数学通讯》1994 年第 5 期"数学竞赛之窗"问题 84)

证明 由题 22 得
$$AI=\frac{b+c}{a+b+c}AA_0,BI=\frac{c+a}{a+b+c}BB_0,CI=\frac{a+b}{a+b+c}CC_0$$

不妨设 $a\leq b\leq c$, 则
$$b+c\geq c+a\geq a+b,AA_0\geq BB_0\geq CC_0$$

由切比雪夫不等式
$$AI+BI+CI\geq\frac{1}{3}(\frac{b+c}{a+b+c}+\frac{c+a}{a+b+c}+\frac{a+b}{a+b+c})\cdot$$
$$(AA_0+BB_0+CC_0)=$$
$$\frac{2}{3}(AA_0+BB_0+CC_0)$$

而
$$IA_0+IB_0+IC_0=AA_0+BB_0+CC_0-(AI+BI+CI)\leq$$
$$AA_0+BB_0+CC_0-\frac{2}{3}(AA_0+BB_0+CC_0)=$$
$$\frac{1}{3}(AA_0+BB_0+CC_0)$$

题 24 $\frac{1}{4} < \frac{AI \cdot BI \cdot CI}{AA_0 \cdot BB_0 \cdot CC_0} \leqslant \frac{8}{27}$.

(1991 年第 32 届 IMO 第 1 题)

证明 记 $x = \frac{AI}{AA_0}$，由题 23 得，$x = \frac{b+c}{a+b+c}$，同理

$$y = \frac{BI}{BB_0} = \frac{c+a}{a+b+c}$$

$$z = \frac{CI}{CC_0} = \frac{a+b}{a+b+c}$$

显然
$$x + y + z = 2$$

由均值不等式
$$xyz \leqslant \left(\frac{x+y+z}{3}\right)^3 = \frac{8}{27}$$

另外，由三角形两边之和大于第三边可知
$$x > \frac{1}{2}, y > \frac{1}{2}, z > \frac{1}{2}$$

设
$$x = \frac{1+\varepsilon_1}{2}, y = \frac{1+\varepsilon_2}{2}, z = \frac{1+\varepsilon_3}{2}$$

其中，$\varepsilon_1, \varepsilon_2, \varepsilon_3$ 均为正数，且
$$\varepsilon_1 + \varepsilon_2 + \varepsilon_3 = 1$$

于是
$$xyz = \frac{(1+\varepsilon_1)(1+\varepsilon_2)(1+\varepsilon_3)}{8} > \frac{1+\varepsilon_1+\varepsilon_2+\varepsilon_3}{8} = \frac{1}{4}$$

第 2 节　位似变换[①]

设 O 为平面 α 上一定点，H 为 α 到自身的一一变换.如果对于 α 上任意异于点 O 的点 A，在 OA 所在直线上有点 A'，满足 $\overrightarrow{OA'} : \overrightarrow{OA} = k \neq 0$，则称 H 为平面 α 上的位似变换，记为 $H(O,k)$.其中点 O 为位似中心，k 为位似系数或位似比.A 与 A' 在点 O 的同侧时，$k > 0$，此时 O 为外分点，此种变换称为正位似（或顺位似）；A 与 A' 在点 O 的两侧时，$k < 0$，此时 O 为内分点，此种变换为反位似（或逆位似）；在 $k = \pm 1$ 时分别是恒等变换和中心对称变换.点 A 集及其象点 A' 集称为位似变换下的位似形.

[①] 沈文选.位似变换及其应用[J].中等数学，1994(2):1-3.

显然,位似变换是相似变换的特殊情形.平移变换可以看作位似中心在无穷远点的位似变换.不难发现,一个反位似是一个中心对称与一个正位似的复合(或称乘积).

位似变换有如下一些有趣的性质.

性质 1　一对位似对应点与位似中心共直线.

性质 2　位似变换的逆变换仍是位似变换,其位似系数与原位似系数互为倒数.

性质 3　在位似变换下,一条线(直或曲)上的点变到一条线(直或曲)上,且保持顺序,即共线点变为共线点,共点线变为共点线.

性质 4　在位似变换下,一条直线变到与它平行的直线;任何两条直线的平行、相交的位置关系保持不变;圆变成圆,且两圆心是其对应点.除内含非同心圆外,任何两圆都是位似形,两圆相切时切点为位似中心,两圆外离时外(内)公切线的交点为其正(反)位似中心,两非等圆相交时外公切线交点为正位似中心.

性质 5　在位似变换下,对应线段的比等于位似比的绝对值,对应图形面积的比等于位似比的平方.

性质 6　在位似变换下,圆和圆、圆和直线、直线和直线的交角均保持不变.

性质 7　分别以 k_1 和 $k_2(k_1k_2 \neq 1)$ 为位似比的两个位似变换的复合(乘积)是一个以 k_1k_2 为位似比的位似变换,它的中心在已知的两个位似中心的连线上.特别地,两个正(反)位似变换之积是正位似,两个位似变换中有且仅有一个反位似时,其积也是反位似.

下面仅给出性质7的略证.

设 A,B 是平面 α 上任两点,在 $H(O_1,k_1)$ 下的象为 $A',B';A',B'$ 在 $H(O_2,k_2)$ 下的象是 A'',B''.因为 $\overrightarrow{A'B'}=k_1\overrightarrow{AB},\overrightarrow{A''B''}=k_2\overrightarrow{A'B'}$,所以 $\overrightarrow{A''B''}=k_1k_2\overrightarrow{AB}$.因为 $k_1k_2 \neq 1$,所以直线 AA'' 与 BB'' 必相交于某一点 O.否则,四边形 $ABB''A''$ 是平行四边形,$\overrightarrow{AB}=\overrightarrow{A''B''}$.由于 $\triangle AOB$ 和 $\triangle A''OB''$ 的相似比为 k_1k_2,故 $\overrightarrow{OA''}=k_1k_2\overrightarrow{OA}$,点 O 是这种变换下的不变点.这表明,当 $k_1k_2 \neq 1$ 时,位似变换 $H(O_1,k_1)$ 与 $H(O_2,k_2)$ 的积是位似变换 $H(O,k_1k_2)$.

下面证 O 在直线 O_1O_2 上.因为

$$\overrightarrow{O_1A'}=k_1\overrightarrow{O_1A},\overrightarrow{O_2A''}=k_2\overrightarrow{O_2A'}$$

所以

第16章 1994～1995年度试题的诠释

$$\overrightarrow{O_2A''} = k_2(\overrightarrow{O_2O_1} + \overrightarrow{O_1A'}) = k_2(\overrightarrow{O_2O_1} + k_1\overrightarrow{O_1A}) =$$
$$k_2\overrightarrow{O_2O_1} + k_1k_2\overrightarrow{O_1O_2} + k_1k_2\overrightarrow{O_2A} =$$
$$(k_1k_2 - k_2)\overrightarrow{O_1O_2} + k_1k_2\overrightarrow{O_2A}$$

这表明在位似变换 $H(O, k_1k_2)$ 下,任一点 A 和它的象 A'' 与两个定点 O_1, O_2 之间的关系. 对于不变点 O,也应有 $\overrightarrow{O_2O} = (k_1k_2 - k_2)\overrightarrow{O_1O_2} + k_1k_2\overrightarrow{O_2O}$,即 $\overrightarrow{O_2O} = \dfrac{k_1k_2 - k_2}{1 - k_1k_2}\overrightarrow{O_1O_2}$. 此式表明点 O 在直线 O_1O_2 上.

注 当 $k_1k_2 = 1$ 时,若把位似中心看作无穷远点,性质7是成立的,且可改写成任何三个互相位似的图形的位似中心共线.

合理运用位似变换解题,是一种重要的解题思路. 下面我们从八个方面列举一些例子.

1. 证明点共直线

例1 三个全等的圆有一个公共点 Q,且都在一个已知三角形内,每一个圆与三角形的两条边相切. 求证:三角形的内心 I、外心 O 与点 Q 共线.

(1981年第22届IMO第5题)

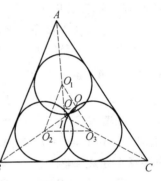

图16.18

分析 要证三点共线,若能证其中两点是以第三点为位似中心的一双对应点即可. 如图16.18,易知 $\triangle O_1O_2O_3 \sim \triangle ABC$,又 AO_1, BO_2, CO_3 分别为 $\angle A, \angle B, \angle C$ 的平分线,应交于 $\triangle ABC$ 的内心 I. 因此,I 是 $\triangle ABC$ 与 $\triangle O_1O_2O_3$ 的位似中心. 又 $QO_1 = QO_2 = QO_3$,即 Q 为 $\triangle O_1O_2O_3$ 的外心,且 O 为 $\triangle ABC$ 的外心. 由此即证.

2. 证明点共圆

例2 如图16.19,设 H 是 $\triangle ABC$ 的垂心,L, M, N 分别是 BC, CA, AB 边的中点,D, E, F 分别是三条高的垂足,P, Q, R 分别是 HA, HB, HC 的中点. 求证:$L, M, N, D, E, F, P, Q, R$ 共圆.

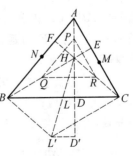

图16.19

分析 由于 P, Q, R 分别是 HA, HB, HC 的中点,故以 H 为位似中心,位似比为2的位似变换把圆 PQR 变成圆 ABC. 因此,要证明 L, M, N, D, E, F 在圆 PQR 上,只要证明这些点在上述位似变换下的象点均在圆

ABC 上即可.联结 HL 并延长至 L',使 $LL' = HL$.则 $L'B \parallel CF, L'C \parallel BE$.从而,$\angle L'BA = \angle L'CA = 90°$,即知 L' 在圆 ABC 上.同理,M,N 的象 M',N' 也在圆 ABC 上.延长 HD 至 D',使 $DD' = HD, L'D' \parallel LD$.有 $\angle DD'L' = 90°$,即知 D' 在圆 ABC 上.同理,E,F 的象 E',F' 也在圆 ABC 上.再由上述位似变换之逆即证.

3. 证明直线共点

例3 如图 16.20,$\triangle A_1A_2A_3$ 是一个非等腰三角形,它的边分别为 a_1, a_2, a_3,其中 a_i 是 $\angle A_i$ 的对边($i=1,2,3$),M_i 是边 a_i 的中点.$\triangle A_1A_2A_3$ 的内切圆圆 I 切边 a_i 于点 T_i,S_i 是 T_i 关于 $\angle A_i$ 平分线的对称点.求证:M_1S_1, M_2S_2, M_3S_3 三线共点.

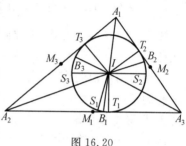

图 16.20

(1982 年第 23 届 IMO 第 2 题)

分析 由 $M_1M_2 \parallel A_2A_1$,我们希望 $S_1S_2 \parallel A_2A_1$.由题设,T_1 与 S_1,T_2 与 S_2 都关于 A_1B_1 对称,则 $\overarc{T_1T_2} = \overarc{T_3S_1}$.又 T_2 与 S_2,T_3 与 T_1 关于 A_2B_2 对称,则 $\overarc{T_1T_2} = \overarc{T_3S_2}$.有 $T_3I \perp S_1S_2$,故 $S_1S_2 \parallel A_2A_1$.同理 $S_2S_3 \parallel A_3A_2, S_3S_1 \parallel A_1A_3$,又 $M_1M_2 \parallel A_2A_1, M_2M_3 \parallel A_3A_2, M_3M_1 \parallel A_1A_3$,于是,$\triangle M_1M_2M_3$ 和 $\triangle S_1S_2S_3$ 的对应边两两平行,故这两个三角形或全等或位似.

由于 $\triangle S_1S_2S_3$ 内接于内切圆 I,而 $\triangle M_1M_2M_3$ 内接于九点圆,且 $\triangle A_1A_2A_3$ 为不规则三角形,故内切圆与九点圆不重合.所以 $\triangle S_1S_2S_3$ 与 $\triangle M_1M_2M_3$ 位似.可证 M_1S_1, M_2S_2, M_3S_3 共点,即共点于位似中心.

4. 证明角相等

例4 如图 16.21,在四边形 $ABCD$ 中,以一双对边的比 $AB:CD$ 内分另一双对边 AD, BC 于 E, F,延长 BA, CD 与 FE 的延长线分别相交于 G, Q.试证:$\angle BGF = \angle FQC$.

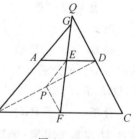

图 16.21

分析 由于要证明的两角在两个三角形中,且题设中有线段的比内分不在一条直线上两线段,条件较分散,需要作辅助线将条件集中.不妨联结 BD,则

$$C \xrightarrow{H(B, \frac{CD}{AB+CD})} F, A \xrightarrow{H(D, \frac{CD}{AB+CD})} E$$

假设

$$D \xrightarrow{H(B,\frac{AB}{AB+CD})} P$$

即

$$\frac{BP}{BD} = \frac{AB}{AB+CD}$$

则

$$\frac{DP}{DB} = \frac{CD}{AB+CD}$$

故

$$B \xrightarrow{H(D,\frac{CD}{AB+CD})} P$$

因为在位似变换下,直线变成与它平行的直线,所以 $PF \parallel CD$, $PE \parallel AB$.

从而

$$\angle PEF = \angle BGF, \angle PFE = \angle FQC$$

又

$$\frac{BF}{BC} = \frac{BP}{BD} = \frac{PF}{CD}, \frac{DE}{DA} = \frac{DP}{DB} = \frac{PE}{AB}$$

由上两式相除得

$$\frac{AB}{CD} \cdot \frac{PF}{PE} = \frac{BP}{DP}$$

又

$$\frac{BP}{PD} = \frac{AE}{ED} = \frac{AB}{CD}$$

则

$$\frac{PF}{PE} = 1$$

从而

$$\angle PEF = \angle PFE$$

故

$$\angle BGF = \angle FQC$$

5. 求解线段关系式

例 5 如图 16.22, 四边形 $ABCD$ 的对边 AD,BC 的延长线交于点 E, AB,DC 的延长线交于点 F, O 为其对角线交点, 过 O 作 AB 的平行线 OQ 交 DF 于点 G, 交 EF 于点 Q. 求证: $OG = GQ$.

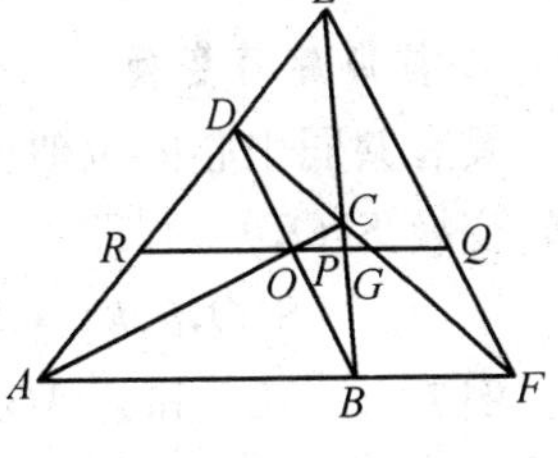

分析 设 QGO 交 AD 于 R, 交 EB 于 P. 作位似变换

$$A,B,F \xrightarrow{H(E,\frac{ER}{EA})} R,P,Q$$

$$A,B,F \xrightarrow{H(C,\frac{CO}{CA})} O,P,G$$

图 16.22

$$A,B,F \xrightarrow{H(D,\frac{DR}{DA})} R,O,G$$

则
$$\frac{RQ}{AF}=\frac{RP}{AB}, \frac{RO}{AB}=\frac{RG}{AF}, \frac{OP}{AB}=\frac{OG}{AF}$$

由
$$\frac{GQ}{AF}=\frac{RQ-RG}{AF}=\frac{RQ}{AF}-\frac{RG}{AF}=\frac{RP}{AB}-\frac{RO}{AB}=\frac{OP}{AB}=\frac{OG}{AF}$$

即证得
$$GQ=OG$$

6. 求解一类轨迹问题

联结不在二次曲线 C 上的定点 P 与曲线 C 上的动点 Q, 点 M 分 PQ 成定比 λ 时, 则点 M 的轨迹是与曲线 C 位似的曲线 C'. 定点 P 为位似中心, 定值 $\frac{\lambda}{1+\lambda}$ (或 $\frac{\lambda}{1-\lambda}$ 或 $\frac{\lambda}{\lambda-1}$) 为位似比.

例 6 如图 16.23, 从 $P(4,3)$ 到椭圆 $\frac{x^2}{9}+\frac{y^2}{4}=1$ 上任一点 Q 作线段, 点 M 内分 PQ 成 $2:1$. 求点 M 的轨迹方程, 并问点 M 在何处时, 它与椭圆两焦点 F_1, F_2 所成的三角形面积最大?

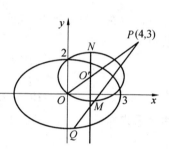

图 16.23

分析 由题设, 位似中心为 $P(4,3)$, 位似比 $\frac{\lambda}{1+\lambda}=\frac{2}{3}$. 由位似变换的性质 5, 曲线 C' 的有关数据均为 C 的对应数据与位似比的乘积, 可知所求轨迹是椭圆, 且长、短半轴为 $2, \frac{4}{3}$, 中心为 $O'(\frac{4}{3},1)$.

欲使 $S_{\triangle MF_1F_2}$ 最大, M 应在轨迹椭圆中纵坐标最大的顶点 $N(\frac{4}{3},\frac{7}{3})$ 处.

7. 位似旋转变换

具有共同中心的位似变换 $H(O,k)$ 和旋转变换 $r(O,\theta)$ 的复合, 便得位似旋转变换 $S(O,\theta,k)$, 即

$$S(O,\theta,k)=H(O,k)\circ r(O,\theta)=r(O,\theta)\circ H(O,k)$$

例 7 $\triangle ABC$ 和 $\triangle ADE$ 是两个不全等的等腰直角三角形. 现固定 $\triangle ABC$, 而将 $\triangle ADE$ 绕点 A 在平面上旋转. 试证: 不论 $\triangle ADE$ 旋转到什么位置, 线段 EC 上必存在点 M, 使 $\triangle BMD$ 为等腰直角三角形.

(1987 年全国高中联赛)

分析 设 △ADE 在旋转过程中的任一位置如图 16.24 所示. 考虑这样两个位似旋转变换:$S(E,45°,\sqrt{2})$ 和 $S(C,45°,\frac{\sqrt{2}}{2})$. 在前一个变换下,点 D 变到点 A,BC 的中点 M 变到 M';在第二个变换下,点 A 变到点 B,点 M' 变到点 M. 因此,M 是两个变换的复合的不变点. 由于 $S(E,45°,\sqrt{2})\circ S(M,45°,\frac{\sqrt{2}}{2})=S(M,90°,1)$. 在这个复合变换下点 D 变到点 B,所以 $\angle DMB=90°$. 又 $DM=BM$,由此证得结论成立.

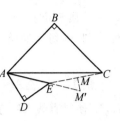

图 16.24

第 3 节 三角形的外心与内心

试题 A 涉及了三角形的外心与内心,下面谈谈三角形外心、内心的有关性质及应用.

外心的性质:

性质 1 三角形的外心是三角形三条边的垂直平分线的交点.

性质 2 三角形的外心到三角形的三个顶点的距离相等.

性质 3 直角三角形的外心是斜边的中点;锐角三角形的外心在三角形的内部;钝角三角形的外心在三角形的外部.

性质 4 设 O 是 △ABC 的外心,则
$$\angle BOC=2\angle A,\angle COA=2\angle B,\angle AOB=2\angle C$$

内心的性质:

性质 1 三角形的内心是三角形的三条内角平分线的交点.

性质 2 三角形的内心到三边的距离相等.

性质 3 设 I 是 △ABC 的内心,联结 AI 并延长交 △ABC 的外接圆于另一点 M,则 $MI=MB=MC$.

性质 4 设 I 是 △ABC 的内心,则

$$\angle BIC=90°+\frac{1}{2}\angle A$$

$$\angle CIA=90°+\frac{1}{2}\angle B$$

$$\angle AIB=90°+\frac{1}{2}\angle C$$

性质5(欧拉公式) △ABC 的内心为 I,外心为 O.设 R,r 分别是 △ABC 的外接圆、内切圆半径,则
$$OI^2 = R^2 - 2Rr$$

例1 在 △ABC 的外接圆的 $\overparen{AB}$(不含点 C),$\overparen{BC}$(不含点 A)上分别取点 K,L,使得直线 KL 与直线 AC 平行.证明:△ABK 和 △CBL 的内心到 $\overparen{AC}$(包含点 B)的中点的距离相等.

证明 若 AB = BC,则结论显然成立.

如图 16.25,不妨设 AB < BC,用 I_1, I_2 分别表示 △AKB,△CLB 的内心,联结 BI_1, BI_2 并延长,它们与 △ABC 的外接圆的另一个交点分别记为 P,Q.设 $\overparen{ABC}$ 的中点为 R.

由 KL ∥ AC,得 $\overparen{AK} = \overparen{CL}$,而 P,Q 分别为 $\overparen{AK}, \overparen{CL}$ 的中点,所以
$$RP = RQ, PA = QC$$

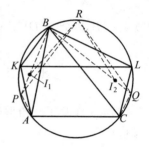

图 16.25

于是,由内心性质 3 知
$$PI_1 = PA = QC = QI_2$$

又 $\angle I_1 PR = \angle I_2 QR$,所以
$$\triangle I_1 PR \cong \triangle I_2 QR$$

从而,$RI_1 = RI_2$.

例2 设 I 为 △ABC 的内心,P 是 △ABC 内部的一点,满足
$$\angle PBA + \angle PCA = \angle PBC + \angle PCB$$
求证:$AP \geqslant AI$,并说明等号成立的充分必要条件是 P = I.

证明 设 $\angle A = \alpha, \angle B = \beta, \angle C = \gamma$.由于
$$\angle PBA + \angle PCA + \angle PBC + \angle PCB = \beta + \gamma$$
由题设可得
$$\angle PBC + \angle PCB = \frac{\beta + \gamma}{2}$$
所以,$\angle BPC = \pi - \dfrac{\beta + \gamma}{2} = \angle BIC$.

由于点 P,I 位于 BC 的同侧,故 B,C,I,P 四点共圆,即 P 在 △BCI 的外接圆 ω 上,如图 16.26 所示.

记 △ABC 的外接圆为 ω_1,则 ω 的圆心 M 为 ω_1 的 $\overparen{BC}$ 的中点,即为 ∠A 的

平分线 AI 与 ω_1 的交点.

在 $\triangle APM$ 中,有
$$AP + PM \geqslant AM = AI + IM = AI + PM$$
故 $AP \geqslant AI$.

等号成立的充分必要条件是点 P 位于线段 AI 上,即 $P = I$.

例 3 设 I, O 分别是 $\triangle ABC$ 的内心、外心,求证: $\angle AIO \leqslant 90°$ 的充要条件是 $2BC \leqslant AB + AC$.

证明 如图 16.27,延长 AI 与外接圆交于点 D,联结 BD, CD, OD,则
$$\angle AIO \leqslant 90° \Leftrightarrow AI \geqslant ID \Leftrightarrow 2 \leqslant \frac{AD}{DI}$$

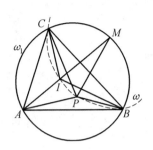

图 16.26

由内心性质 3,知 $DI = DB = DC$.

结合托勒密定理得
$$AD \cdot BC = AB \cdot CD + AC \cdot BD = AB \cdot DI + AC \cdot DI$$

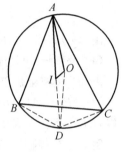

图 16.27

所以
$$\frac{AD}{DI} = \frac{AB + AC}{BC}$$

故 $\angle AIO \leqslant 90° \Leftrightarrow 2 \leqslant \frac{AB + AC}{BC}$.

因此,$\angle AIO \leqslant 90°$ 的充要条件是 $2BC \leqslant AB + AC$.

注 解本题的关键是,先把 $\angle AIO \leqslant 90°$ 转换为 $AI \geqslant ID$,然后再用托勒密定理(圆内接四边形的对角线的乘积等于对边乘积的和).

例 4 设 $\triangle ABC$ 的内心为 I,联结 AI 与 $\triangle ABC$ 的外接圆圆 O 交于另一点 E,AE 与 BC 相交于点 D. 设 R, r 分别是 $\triangle ABC$ 的外接圆、内切圆半径,求证:

(1) E 为 $\triangle BCI$ 的外心;

(2) $AD \cdot AE = AB \cdot AC$;

(3) $AI \cdot IE = 2Rr$;

(4) $OI^2 = R^2 - 2Rr$(欧拉定理).

证明 (1) 如图 16.28,联结 BE, CE.

因为 $BE = CE = EI$,所以,E 为 $\triangle BCI$ 的外心.

(2) 因为 $\triangle ABD \backsim \triangle AEC$,所以

$$\frac{AD}{AC}=\frac{AB}{AE}$$

即
$$AD \cdot AE = AB \cdot AC$$

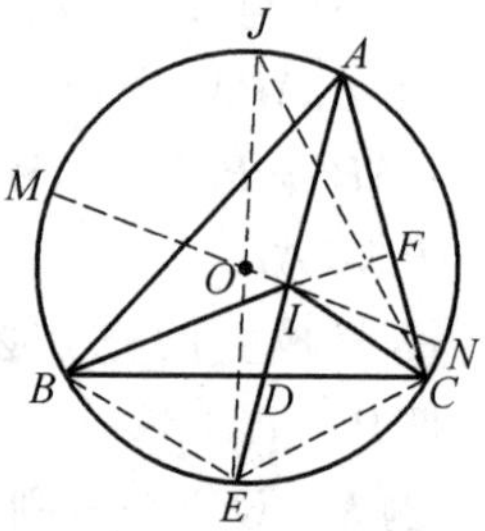

(3) 如图 16.28,过点 I 作 $IF \perp AC$,垂足为 F,则 $IF=r$. 联结 EO 并延长交圆 O 于点 J,联结 JC,则 Rt$\triangle AFI \backsim$ Rt$\triangle JCE$. 所以

$$\frac{AI}{JE}=\frac{IF}{CE}$$

即
$$AI \cdot CE = JE \cdot IF$$

由(1)知,$CE=IE$,故 $AI \cdot IE = 2Rr$.

(4) 设直线 OI 与圆 O 相交于点 M,N.

由(3)和相交弦定理得

$$2Rr = AI \cdot IE = IM \cdot IN = (R+OI)(R-OI) = R^2 - OI^2$$

所以,$OI^2 = R^2 - 2Rr$.

图 16.28

例5 在等腰 $\triangle ABC$ 中,$AB=AC$,有一个圆内切于 $\triangle ABC$ 的外接圆,且与 AB,AC 分别相切于点 P,Q. 求证:P,Q 两点连线的中点是 $\triangle ABC$ 的内切圆圆心.

证明 如图 16.29,设 D 是两圆的切点. 由圆和等腰三角形的对称性,知 AD 是 $\triangle ABC$ 外接圆的直径. 设 E 是 AD 与 PQ 的交点. 由 $AP=AQ$,知 E 为 PQ 的中点,且 $AE \perp PQ$. 联结 DP,CD,CE,DQ.

因为 $\overset{\frown}{PD}=\overset{\frown}{QD}$,所以

$$\angle DQC = \angle DPQ = \angle DQE$$

又 DQ 是公共边,所以

$$\text{Rt}\triangle DQE \cong \text{Rt}\triangle DQC$$

于是,$EQ=QC$. 从而,$\angle QEC = \angle QCE$. 而 $PQ \parallel BC$,所以

$$\angle BCE = \angle QEC = \angle QCE$$

故 CE 是 $\angle BCA$ 的平分线.

因此,E 是 $\triangle ABC$ 的内心.

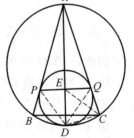

图 16.29

注 事实上,当 $AB \neq AC$ 时,结论也成立,这就是曼海姆(Mannheim)定理(参见第 31 章第 1 节性质 7 及第 4 节性质 7).

例 6 如图 16.30,设锐角 $\triangle ABC$ 的外接圆的圆心为 O,经过 A,O,C 三点的圆的圆心为 K,且与边 AB 和 BC 分别相交于点 M 和 N,现知点 L 与 K 关于直线 MN 对称,证明:$BL \perp AC$. (第 26 届俄罗斯数学奥林匹克竞赛试题)

证明 不妨设 $\angle ABC = \beta \leqslant 45°$,$\angle BAC = \alpha$,则 $\angle AOC = 2\beta$,从而在圆 K 上不包含点 O 的 $\overset{\frown}{AQC}$ 的度量等于 4β. 由于 $\angle ABC \overset{m}{=\!=\!=} \frac{1}{2}(\overset{\frown}{AQC} - \overset{\frown}{MN})$,即 $\beta \overset{m}{=\!=\!=} \frac{1}{2}(4\beta - \overset{\frown}{MN})$,从而 $\overset{\frown}{MN} \overset{m}{=\!=\!=} 2\beta$,即圆心角 $\angle MKN = 2\beta$. 注意到 L 与 K 关于 MN 对称,得 $\angle MLN = 2\beta$,$ML = LN$.

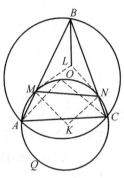

又 $\angle MBN = \beta$,推知 L 是 $\triangle MBN$ 的外心.

因四边形 $AMNC$ 内接于圆 K,故知 $\angle BNM = \angle BAC = \alpha$,在 $\triangle MBN$ 的外接圆中,$\angle BLM$ 为圆心角,所以 $\angle BLM = 2\alpha$. 在 $\triangle MBL$ 中

$$\angle MBL = \angle LMB = \frac{1}{2}(\pi - 2\alpha) = \frac{\pi}{2} - \alpha$$

图 16.30

由于

$$\angle ABL + \angle BAC = \frac{\pi}{2} - \alpha + \alpha = \frac{\pi}{2}$$

所以 $BL \perp BC$. 对于 $\beta > 45°$ 的情形,可类似证明(略).

例 7 非等腰锐角 $\triangle ABC$ 的内切圆 ω 切边 BC 于 D,I 和 O 分别是 $\triangle ABC$ 的内心和外心,$\triangle AID$ 的外接圆交直线 AO 于 A 和 E,求证:线段 AE 的长等于圆 ω 的半径. (2012 年第 38 届俄罗斯数学奥林匹克竞赛试题)

证明 不妨设 $AB < AC$,如图 16.31,设射线 DI 交线段 AO 和 AC 分别于点 P 和 Q,则

$$\angle AIP = \angle DQC - \angle IAC = 90° - \angle C - \frac{1}{2}\angle A$$

$$\angle IAP = \angle OAB - \angle IAB =$$
$$\frac{1}{2}(180° - \angle AOB) - \frac{1}{2}\angle A =$$
$$90° - \angle C - \frac{1}{2}\angle A$$

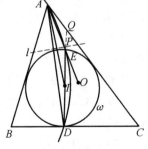

图 16.31

从而 $AP = PI$,即点 P 位于 AI 的垂直平分线 l 上.

于是,射线 PA 和 PI 关于 l 对称,$\triangle AID$ 的外接圆关于 l 也对称,故线段 AE 和 ID 关于 l 对称,故它们的长度相等.

例8 H 是一个非等腰的锐角 $\triangle ABC$ 的垂心,E 是 AH 的中点,$\triangle ABC$ 的内切圆与边 AB 和 AC 分别切于 C' 和 B',F 是 E 关于直线 $B'C'$ 的对称点,求证:F 与 $\triangle ABC$ 的内心和外心共线.

(2012 年第 38 届俄罗斯数学奥林匹克竞赛试题)

证明 不妨设 $AB > AC$,如图 16.32,设 O,I 分别是 $\triangle ABC$ 的外心和内心,r 是内切圆半径,$\angle BAC = \alpha$,BB_1,CC_1 分别是高,则 $\triangle ABC$ 与 $\triangle AB_1C_1$ 相似,且相似比等于 $k=\cos\alpha$,又设 L 是 I 关于直线 $B'C'$ 的对称点.

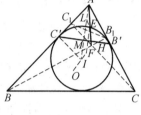

图 16.32

先看一条引理:设 L 和 I 是两个相似三角形 $\triangle AB_1C_1$,$\triangle ABC$ 的对应点,则 L 是 $\triangle AB_1C_1$ 的内心.

事实上,由于 $AI \perp B'C'$,L 位于平分线 AI 上,故只需证明 $\dfrac{AL}{AI}=k$,令 M 为 $B'C'$ 的中点,则

$$\angle MC'I = \angle C'AI = \dfrac{\alpha}{2},\ AI = \dfrac{r}{\sin\dfrac{\alpha}{2}}$$

$$AL = AI - LI = AI - 2MI = \dfrac{r}{\sin\dfrac{\alpha}{2}} - 2r\sin\dfrac{\alpha}{2}$$

可推出

$$\dfrac{AL}{AI} = 1 - 2\sin^2\dfrac{\alpha}{2} = \cos\alpha = k$$

注意到 A,B_1,H,C_1 位于在以 E 为圆心的圆上,则 E 和 O 也是两个相似三角形 $\triangle ABC$ 和 $\triangle AB_1C_1$ 的对应点,因此 $\angle OIA = \angle ELA$.

因为 E 和 F 关于 $B'C'$ 对称,线段 FI 和 EL 关于 $B'C'$ 也对称,$\angle FIA = \angle ELI$.

从而 $\angle OIA + \angle FIA = \angle ELA + \angle ELI = 180°$,即 O,I,F 三点共线.

例9 A_1,B_1,C_1 分别是 $\triangle ABC$ 的边 BC,CA,AB 的点,满足 $AB_1 - AC_1 = CA_1 - CB_1 = BC_1 - BA_1$. I_A,I_B 和 I_C 分别是 $\triangle AB_1C_1$,$\triangle A_1BC_1$ 和 $\triangle A_1B_1C$ 的内心,求证:$\triangle I_AI_BI_C$ 的外心与 $\triangle ABC$ 的内心重合.

(2012 年第 38 届俄罗斯数学奥林匹克竞赛试题)

证明 如图 16.33,令 I 为 $\triangle ABC$ 的内心,A_0,B_0,C_0 分别是内切圆与边 BC,CA,AB 的切点.

设 A_1 位于线段 A_0B 上(其他情形可类似讨论).

注意到
$$CA_0 + AC_0 = CB_0 + AB_0 = CA$$
由题设有
$$CA_1 + AC_1 = CB_1 + AB_1 = CA$$
从而
$$CA_0 + AC_0 = CA_1 + AC_1$$
即有
$$CA_0 - CA_1 = AC_1 - AC_0$$
亦即 $A_1A_0 = C_1C_0$,且 C_1 位于线段 C_0A 上,于是有 Rt$\triangle IA_0A_1 \cong$ Rt$\triangle IC_0C_1$,有 $\angle IA_1C = \angle IC_1B$,从而 B, A_1, I, C_1 四点共圆. 同理, A, C_1, I, B_1 及 C, B_1, I, A_1 分别四点共圆.

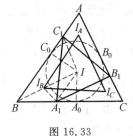

图 16.33

注意到 B, I_B, I 位于 $\angle B$ 的角平分线上,则
$$\angle A_1 I_B I = \angle BA_1 I_B + \angle A_1 BI_B = \angle I_B A_1 C_1 + \angle C_1 BI =$$
$$\angle I_B A_1 C_1 + \angle C_1 A_1 I = \angle I_B A_1 I$$
于是 $II_B = IA_1$.

同理, $II_B = IC_1 = II_A = IB_1 = II_C = IA_1$,即 I 为 $\triangle I_A I_B I_C$ 的外心.

例 10 A_1, B_1, C_1 分别是 $\triangle ABC$ 的边 BC, CA, AB 上的点,满足 $AB_1 - AC_1 = CA_1 - CB_1 = BC_1 - BA_1$. O_A, O_B 和 O_C 分别是 $\triangle AB_1C_1, \triangle A_1BC_1$ 和 $\triangle A_1B_1C$ 的外心,求证: $\triangle O_AO_BO_C$ 的内心与 $\triangle ABC$ 的内心重合.

(2012 年第 38 届俄罗斯数学奥林匹克竞赛试题)

证明 如图 16.34,令 I 为 $\triangle ABC$ 的内心, A_0, B_0, C_0 分别是内切圆与边 BC, CA, AB 的切点.

设 A_1 位于线段 A_0B 上(其他情形可类似讨论).

注意到
$$CA_0 + AC_0 = CB_0 + AB_0 = CA$$
由题设有
$$CA_1 + AC_1 = CB_1 + AB_1 = CA$$
从而
$$CA_0 + AC_0 = CA_1 + AC_1$$
即有
$$CA_0 - CA_1 = AC_1 - AC_0$$

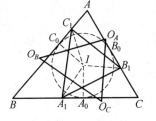

图 16.34

亦即 $A_1A_0 = C_1C_0$,且 C_1 位于线段 C_0A 上,于是有 Rt$\triangle IA_0A_1 \cong$ Rt$\triangle IC_0C_1$,有 $\angle IA_1C = \angle IC_1B$,从而 B, A_1, I, C_1 四点共圆.

同理，A, C_1, I, B_1 及 C, B_1, I, A_1 分别四点共圆，且 $IC_1 = IA_1 = IB_1$.

注意到 IA_1, IB_1, IC_1 分别为上述三个圆两两相交的公共弦，从而连心线 O_BO_C, O_CO_A, O_AO_B 分别是 IA_1, IB_1, IC_1 的垂直平分线，于是 I 到 $\triangle O_AO_BO_C$ 各边的距离等于 $\dfrac{IA_1}{2} = \dfrac{IB_1}{2} = \dfrac{IC_1}{2}$，即 I 为 $\triangle O_AO_BO_C$ 的内心.

例 11 已知在不等边 $\triangle ABC$ 中，三边 BC, CA, AB 的长度成等差数列，I, O 分别是 $\triangle ABC$ 的内心、外心. 证明：(1) $IO \perp BI$；(2) 若 BI 交 AC 于点 K, D, E 分别是边 BC, AB 的中点，则 I 是 $\triangle DEK$ 的外心.

(2006 年印度数学奥林匹克竞赛试题)

证明 (1) 如图 16.35，作 $\triangle ABC$ 的外接圆圆 O，延长 BI 与圆 O 交于点 P，则由内心性质，知 $PA = PC = PI$.

对圆内接四边形 $ABCD$ 应用托勒密定理，有
$$AC \cdot BP = AB \cdot CP + AP \cdot BC =$$
$$(AB + BC) \cdot IP =$$
$$2AC \cdot IP$$

亦有 $BP = 2IP$.

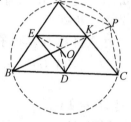

图 16.35

从而 I 为 BP 的中点，故 $OI \perp BI$.

(2) 由角平分线性质，知 $\dfrac{AK}{KC} = \dfrac{AB}{BC}$，注意到 $AK + KC = AC, 2AC = AB + BC$，得

$$\dfrac{AK}{AC} = \dfrac{AB}{2AC}$$

即
$$AK = \dfrac{1}{2}AB = AE$$

同样
$$CK = \dfrac{BC}{2} = CD$$

于是 $\triangle AIE \cong \triangle AIK, \triangle CID \cong \triangle CIK$，即有 $IE = IK = ID$.

故 I 为 $\triangle DEK$ 的外心.

例 12 设 M, N 分别是 $\triangle ABC$ 外接圆上 $\overset{\frown}{BC}, \overset{\frown}{CA}$ 的中点，过点 C 作 $PC \parallel NM$ 交外接圆于点 P, I 为 $\triangle ABC$ 的内心. 直线 PI 交外接圆于点 T，分别过 C, T 作圆的切线交于点 Q. 求证：N, M, Q 三点共线.

证明 如图 16.36，由题设知 A, I, M 及 B, I, N 分别三点共线，联结 CM, CI, CN，则

$$NI = NC, MI = MC$$

即知 $\triangle MCN$ 与 $\triangle MIN$ 关于直线 NM 对称,亦即知 $MN \perp CI$.

又 $PC \parallel NM$,则 $PC \perp CI$,亦即 $\angle PCI = 90°$.

从而
$$\angle CIP = 90° - \angle CPI = 90° - \angle CPT = 90° - \angle CTQ = \frac{1}{2}\angle CQT$$

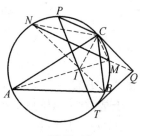

图 16.36

于是知点 Q 为 $\triangle CTI$ 的外心,即有 $QI = QC$,亦即 Q 在 CI 的中垂线上,故 N, M, Q 共线.

第 4 节　正弦定理的变形及应用

在试题 A 的证法 3 中,涉及了正弦定理的变形.

正弦定理的原始形式是
$$\frac{a}{\sin A} = \frac{b}{\sin B} = \frac{c}{\sin C} = 2R$$

其中,a, b, c 为三角形三边之长,$\angle A, \angle B, \angle C$ 为边 a, b, c 的对角,R 为三角形外接圆的半径.

正弦定理常用如下 4 种形式:

(1) **变形 1**
$$\frac{a}{b} = \frac{\sin A}{\sin B}, \frac{a}{c} = \frac{\sin A}{\sin C}, \frac{b}{c} = \frac{\sin B}{\sin C}$$

这表明:通过正弦定理,可实现边比与角的正弦之比的相互转化,从而把边的关系转化为角的关系,用三角知识加以解决,或把角的问题转化为边的问题来解决.

例 1　已知 P, Q 为线段 BC 上两定点,且 $BP = CQ$,A 为 BC 外一点,满足 $\angle BAP = \angle CAQ$,求证:$AB = AC$.

证明　如图 16.37,在 $\triangle ABP$ 和 $\triangle ACQ$ 中,分别应用正弦定理,有
$$\frac{AP}{BP} = \frac{\sin B}{\sin \angle BAP}, \frac{AQ}{CQ} = \frac{\sin C}{\sin \angle CAQ}$$

注意到 $\angle BAP = \angle CAQ$,$BP = CQ$,于是
$$\frac{\sin B}{\sin C} = \frac{AP}{AQ}$$
①

又在 $\triangle ABC$ 中,由正弦定理,有

$$\frac{\sin B}{\sin C}=\frac{AC}{AB}$$

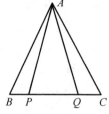

图 16.37

由①② 有
$$\frac{AB}{AC}=\frac{AQ}{AP}$$

注意到 $\angle BAP = \angle CAQ$，则有 $\angle BAQ = \angle PAC$.

于是，有 $\triangle ABQ \sim \triangle ACP$.

又 $BQ = BP + PQ = PQ + QC = PC$，则知 $\triangle ABQ \cong \triangle ACP$，故 $AB = AC$.

例 2 如图 16.38，设 M 是 BC 的中点，$MN \perp BC$ 交 AB 于 L，且 L 是 MN 的中点. 设 $\angle BAC = \alpha$，求证：$\sin \alpha = 3\sin(C-B)$.

证明 联结 LC，则 $LC = LB$，$\angle LCA = \angle C - \angle B$.

在 $\triangle ALC$ 中，由正弦定理，得
$$\frac{\sin \angle CAB}{\sin \angle LCA} = \frac{\sin \alpha}{\sin(C-B)} = \frac{LC}{AL}$$

过 L 作 $LF \parallel AC$ 交 BC 于 F.

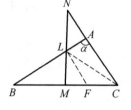

图 16.38

因 L 为 MN 的中点，从而
$$MF = FC = \frac{1}{4}BC, \quad \frac{LB}{AL} = \frac{BF}{FC}$$

则
$$\frac{\sin \alpha}{\sin(C-B)} = \frac{LC}{AL} = \frac{LB}{AL} = \frac{BF}{FC} = \frac{3}{1}$$

故
$$\sin \alpha = 3\sin(C-B)$$

(2) **变形 2**
$$a = \frac{b\sin A}{\sin B}(\text{其他略})$$

这表明：通过正弦定理，可把问题中涉及的线段用上述形式表示，通过运算等手段解题.

例 3 已知 D 是 $\triangle ABC$ 内一点，且 $\angle DAB = \angle DBC = \angle DCA = \theta$，则 $\frac{1}{\sin^2 \theta} = \frac{1}{\sin^2 A} + \frac{1}{\sin^2 B} + \frac{1}{\sin^2 C}$.

证明 如图 16.39，$\angle ADC = 180° - \theta - (\angle A - \theta) = 180° - \angle A$，在 $\triangle DCA$ 中，运用正弦定理有
$$AD = \frac{AC \cdot \sin \theta}{\sin A} = \frac{b\sin \theta}{\sin A}$$

于是
$$S_{\triangle ABD} = \frac{1}{2} c \cdot AD \cdot \sin \theta = \frac{bc \cdot \sin^2 \theta}{2\sin A} =$$

$$\frac{1}{2}bc \cdot \sin A \cdot \frac{\sin^2\theta}{\sin^2 A} = S_{\triangle ABC} \cdot \frac{\sin^2\theta}{\sin^2 A}$$

同理

$$S_{\triangle DBC} = S_{\triangle ABC} \cdot \frac{\sin^2\theta}{\sin^2 B}, S_{\triangle DCA} = S_{\triangle ABC} \cdot \frac{\sin^2\theta}{\sin^2 C}$$

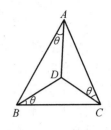

图 16.39

从而

$$S_{\triangle ABC} = S_{\triangle DAB} + S_{\triangle DBC} + S_{\triangle DCA} = S_{\triangle ABC}\left(\frac{\sin^2\theta}{\sin^2 A} + \frac{\sin^2\theta}{\sin^2 B} + \frac{\sin^2\theta}{\sin^2 C}\right)$$

故

$$\frac{1}{\sin^2\theta} = \frac{1}{\sin^2 A} + \frac{1}{\sin^2 B} + \frac{1}{\sin^2 C}$$

例 4 如图 16.40,设 l 是经过点 C 且平行于 $\triangle ABC$ 的边 AB 的直线,$\angle A$ 的内角平分线交边 BC 于 D,交 l 于 E;$\angle B$ 的内角平分线交边 AC 于 F,交 l 于 G. 如果 $GF = DE$,试证:$AC = BC$. （IMO 31 预选题）

证明 设 $BC = a, CA = b, AB = c, \angle A = 2\alpha, \angle B = 2\beta$.

因 BF 平分 $\angle B$,则

$$\frac{CF}{FA} = \frac{CF}{AC - CF} = \frac{CF}{b - CF} = \frac{a}{c}$$

从而

$$CF = \frac{ab}{a+c}$$

同理可得

$$CD = \frac{ab}{b+c}$$

又 $l \parallel AB$,则 $\angle CGF = \beta, \angle FCG = 2\alpha$.

在 $\triangle CFG$ 中,由正弦定理得

$$GF = \frac{CF \sin 2\alpha}{\sin \beta} = \frac{ab \sin 2\alpha}{(a+c)\sin \beta}$$

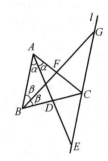

图 16.40

同理,在 $\triangle CDE$ 中,有

$$ED = \frac{CD \sin 2\beta}{\sin \alpha} = \frac{ab \sin 2\beta}{(b+c)\sin \alpha}$$

由 $GF = DE$,得

$$(b+c)\sin\alpha\sin 2\alpha = (a+c)\sin\beta\sin 2\beta \qquad ①$$

在 $\triangle ABC$ 中,由正弦定理得

$$\frac{b}{\sin 2\beta} = \frac{a}{\sin 2\alpha} \qquad ②$$

将 ② 代入 ① 得

$$c(\sin\alpha\sin 2\alpha - \sin\beta\sin 2\beta) + a\sin 2\beta(\sin\alpha - \sin\beta) = 0 \qquad ③$$

若 $\alpha > \beta$,则 $\sin\alpha > \sin\beta$,且 $BC > AC$,故 $\sin 2\alpha > \sin 2\beta$. 因而式 ③ 左端两项均大于 0,矛盾.

同理,$\beta > \alpha$ 也不成立.

于是,$\alpha = \beta$,则 $\angle A = \angle B$,即 $AC = BC$.

(3) **变形 3**

$$a = 2R\sin A \text{ 或 } \sin A = \frac{a}{2R}(\text{其他略})$$

于是,可把三角形的边、角与其外接圆的半径联系起来,以寻求解题途径.

例 5 如图 16.41,在 $\triangle ABC$ 中,$AB > AC$,$\angle A$ 的一条外角平分线交 $\triangle ABC$ 的外接圆于点 E,过 E 作 $EF \perp AB$,垂足为 F.

求证:$2AF = AB - AC$. (1989 年全国高中联赛题)

证法 1 如图 16.41,设 $\triangle ABC$ 的三内角为 $\angle A$,$\angle B$,$\angle C$,外接圆半径为 R,则

$$\alpha = \frac{1}{2}(\angle B + \angle C)$$

$$\widehat{AE} = \widehat{CAE} - \widehat{AC} = 2\alpha - 2\angle B = \angle C - \angle B$$

由正弦定理得

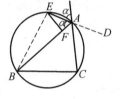

图 16.41

$$AE = 2R\sin\frac{1}{2}(C - B)$$

则

$$2AF = 2AE\cos\alpha =$$

$$2 \cdot 2R\sin\frac{C-B}{2}\cos\frac{B+C}{2} =$$

$$2R(\sin C - \sin B) =$$

$$AB - AC$$

证法 2 设 $\triangle ABC$ 的三内角为 $\angle A$,$\angle B$,$\angle C$,其外接圆半径为 R,联结 EB. 由正弦定理得

$$AB = 2R\sin C, AC = 2R\sin B$$

则

$$AB - AC = 2R(\sin C - \sin B) = 4R\cos\frac{C+B}{2}\sin\frac{C-B}{2}$$

延长 EA 到 D,则 AD 是 $\angle A$ 的外角平分线. 所以

$$\angle DAC = \frac{\angle C + \angle B}{2}$$

又因 $\angle DAC$ 是圆内接四边形 $AEBC$ 的外角,则

$$\angle EBC = \angle DAC = \frac{\angle C + \angle B}{2}$$

$$\angle EBA = \frac{\angle C + \angle B}{2} - \angle B = \frac{\angle C - \angle B}{2}$$

于是,在 $\triangle EBA$ 中,由正弦定理得

$$AE = 2R\sin\frac{C-B}{2}$$

从而

$$AB - AC = 2AE\cos\frac{C+B}{2} \qquad ①$$

在 $Rt\triangle AEF$ 中,$\angle EAF = \frac{\angle C + \angle B}{2}$,所以

$$AF = AE\cos\angle EAF = AE\cos\frac{C+B}{2} \qquad ②$$

由 ①② 得 $2AF = AB - AC$.

例 6 已知三个半径为 R 的圆有公共点,求证:如果这些圆两两相交于另外三点,则过这三点的圆的半径也为 R.

(1986 年第 12 届全俄数学奥林匹克竞赛试题)

证明 如图 16.42,设圆 O_1、圆 O_2、圆 O_3 的半径均为 R,公共交点为 D,且两两相交于点 A,B,C. 又设过 A,B,C 三点的圆的半径为 R',易证 $\triangle AO_1D \cong \triangle AO_3D$. 于是

$$\angle AO_1D = \angle AO_3D = \alpha$$

同理可证

$$\angle BO_1D = \angle BO_2D = \beta$$
$$\angle CO_2D = \angle CO_3D = \gamma$$

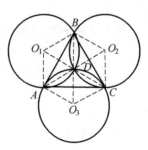

图 16.42

则

$$\angle BDC = 180° - (\angle DBC + \angle DCB) =$$
$$180° - \frac{1}{2}(\beta + \gamma)$$

$$\angle BAC = \angle BAD + \angle DAC = \frac{1}{2}(\beta + \gamma)$$

于是 $\angle BDC + \angle BAC = 180°$
则 $\sin\angle BDC = \sin\angle BAC$ ①

在 $\triangle DBC$ 与 $\triangle ABC$ 中，由正弦定理得

$$\sin\angle BDC = \frac{BC}{2R} \qquad ②$$

$$\sin\angle BAC = \frac{BC}{2R} \qquad ③$$

由①②③得 $R' = R$，即 $\triangle ABC$ 的外接圆半径也为 R.

(4) 变形 4

正弦定理的联用常有如下结论：

结论 1 设半径为 R 的圆内接凸多边形的边长分别为 $a_1, a_2, \cdots, a_n$，其所对的圆周角分别为 $\theta_1, \theta_2, \cdots, \theta_n$，则 $\dfrac{a_1}{\sin\theta_1} = \dfrac{a_2}{\sin\theta_2} = \cdots = \dfrac{a_n}{\sin\theta_n} = 2R$.

结论 2 设 $\alpha, \beta, \gamma, \alpha_1, \beta_1, \gamma_1$ 均为正角，且 $\alpha + \beta + \gamma = \alpha_1 + \beta_1 + \gamma_1 = 180°$，若

$$\sin\alpha : \sin\beta : \sin\gamma = \sin\alpha_1 : \sin\beta_1 : \sin\gamma_1$$

则 $\alpha = \alpha_1, \beta = \beta_1, \gamma = \gamma_1$.

结论 3 设 P 是 $\triangle ABC$ 的底边 BC 所在直线上除点 C 以外的任意一点，则有

$$\frac{BP}{PC} = \frac{AB \cdot \sin\angle BAP}{AC \cdot \sin\angle PAC}$$

例 7 在等边六边形 $ABCDEF$ 中，顶角 $\angle A, \angle C, \angle E$ 之和等于顶角 $\angle B, \angle D, \angle F$ 之和. 证明：$\angle A = \angle D, \angle B = \angle E, \angle C = \angle F$.

证明 如图 16.43，设 $\angle A = 2\alpha_1, \angle C = 2\beta_1, \angle E = 2\gamma_1, \angle BDF = \alpha, \angle DFB = \beta, \angle DBF = \gamma$，六边形的边长为 a.

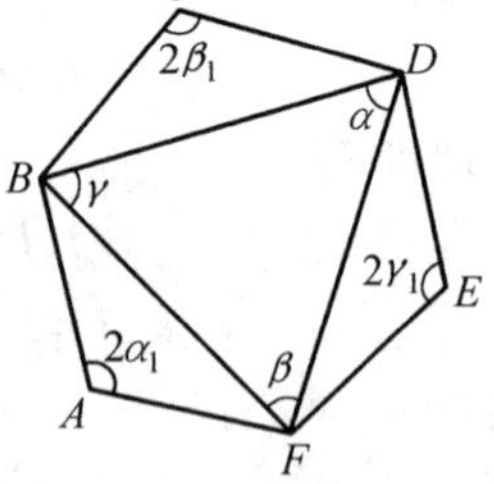

则六边形内角和 $= 4 \times 180° = 720°$.

因 $\angle A + \angle C + \angle E = \angle B + \angle D + \angle F$

则 $2\alpha_1 + 2\beta_1 + 2\gamma_1 = 360°$

即 $\alpha_1 + \beta_1 + \gamma_1 = 180°$

$\alpha_1 = 180° - (\beta_1 + \gamma_1)$ ①

在等腰 $\triangle ABF$ 中

$$BF = 2a\sin\alpha_1$$

图 16.43

同理 $$BD = 2a\sin\beta_1, DF = 2a\sin\gamma_1$$
即 $$BF : BD : DF = \sin\alpha_1 : \sin\beta_1 : \sin\gamma_1 \qquad ②$$
在 $\triangle BDF$ 中,由正弦定理得
$$BF : BD : DF = \sin\alpha : \sin\beta : \sin\gamma \qquad ③$$
由②③得
$$\sin\alpha_1 : \sin\beta_1 : \sin\gamma_1 = \sin\alpha : \sin\beta : \sin\gamma$$
显然 $$\alpha + \beta + \gamma = 180°$$
由结论 2 得
$$\alpha = \alpha_1, \beta = \beta_1, \gamma = \gamma_1$$
则 $$\angle D = \alpha + \angle CDB + \angle FDE =$$
$$\alpha_1 + (90° - \beta_1) + (90° - \gamma_1) =$$
$$\alpha_1 + 180° - (\beta_1 + \gamma_1) =$$
$$2\alpha_1 = \angle A$$
同理可证 $\angle B = \angle E, \angle C = \angle F$.

例 8 如图 16.44,O 是凸五边形 $ABCDE$ 内一点,有 $\angle 1 = \angle 2, \angle 3 = \angle 4$, $\angle 5 = \angle 6, \angle 7 = \angle 8$. 求证: $\angle 9$ 与 $\angle 10$ 相等或互补.

证明 由题设,根据正弦定理得
$$\frac{OA}{\sin\angle 10} = \frac{OB}{\sin\angle 1} = \frac{OB}{\sin\angle 2} = \frac{OC}{\sin\angle 3} =$$
$$\frac{OC}{\sin\angle 4} = \frac{OD}{\sin\angle 5} = \frac{OD}{\sin\angle 6} =$$
$$\frac{OE}{\sin\angle 7} = \frac{OE}{\sin\angle 8} = \frac{OA}{\sin\angle 9}$$

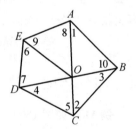

图 16.44

由此得 $\sin\angle 10 = \sin\angle 9$,故
$$\angle 9 = \angle 10 \text{ 或 } \angle 9 + \angle 10 = 180°$$

例 9 如图 16.45,$AB = CD = 1, \angle ABC = 90°, \angle CBD = 30°$,求 AC.

解 设 $AC = x$,由结论 3,有
$$\frac{AD}{DC} = \frac{AB \cdot \sin 120°}{BC \cdot \sin 30°}$$

则 $$\frac{x+1}{1} = \frac{1 \cdot \frac{\sqrt{3}}{2}}{BC \cdot \frac{1}{2}}$$

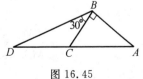

图 16.45

因而,$BC = \dfrac{\sqrt{3}}{x+1}$.

再在 Rt$\triangle ABC$ 中应用勾股定理,即得
$$1 + \dfrac{3}{(x+1)^2} = x^2$$
整理得
$$(x+2)(x^3 - 2) = 0$$
依题意可知,$x = \sqrt[3]{2}$,即 $AC = \sqrt[3]{2}$.

例 10　如图 16.46,以 $\triangle ABC$ 的边 AB, AC 为边长分别向三角形外作正方形 $ABEF$, $ACGH$, BC 边上的高 AD 的延长线交 FH 于 M. 求证: $FM = MH$,且 $AM = \dfrac{1}{2}BC$.

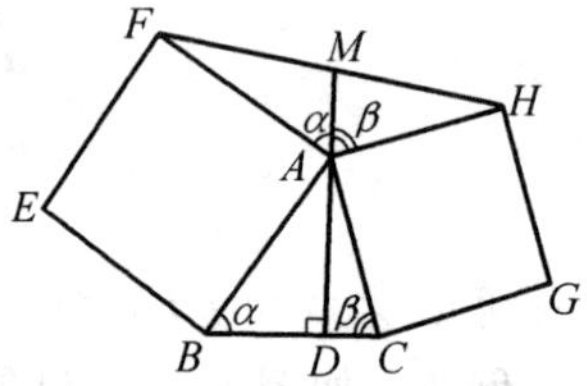

证明　设 $\angle ABC = \alpha$, $\angle BCA = \beta$,则由已知条件易知,$\angle FAM = \alpha$, $\angle MAH = \beta$. 于是,由结论 3,得
$$\dfrac{FM}{MH} = \dfrac{AF \cdot \sin \alpha}{AH \cdot \sin \beta} = \dfrac{AB \cdot \sin \alpha}{AC \cdot \sin \beta} = \dfrac{AD}{AD} = 1$$
因此,$FM = MH$.

又 $\angle BAC = 180° - (\alpha + \beta)$,于是由正弦定理,有
$$BC \cdot \sin \beta = AB \cdot \sin \angle BAC = AF \cdot \sin(\alpha + \beta)$$
再由结论 3 及 $FM = MH$,得
$$\dfrac{AM}{BC} = \dfrac{AM \cdot \sin \beta}{BC \cdot \sin \beta} = \dfrac{AM \cdot \sin \beta}{AF \cdot \sin(\alpha + \beta)} = \dfrac{MH}{FH} = \dfrac{1}{2}$$
故有 $AM = \dfrac{1}{2}BC$.

图 16.46

例 11　如图 16.47,$ABCD$ 为圆内接四边形,过 AB 上一点 M 引 MP, MQ, MR 分别垂直于 BC, CD, AD,联结 P, R 与 MQ 相交于 N,求证:$\dfrac{PN}{NR} = \dfrac{BM}{MA}$.

证明　设 $\angle PMN = \alpha$, $\angle NMR = \beta$. 由条件可知,α 与 $\angle C$ 互补,$\angle C$ 与 $\angle A$ 互补,因此 $\alpha = \angle A$. 同理 $\beta = \angle B$. 又易知
$$BM \cdot \sin B = PM$$
$$MA \cdot \sin A = MR$$
由结论 3,即得
$$\dfrac{PN}{NR} = \dfrac{PM \cdot \sin \alpha}{MR \cdot \sin \beta} = \dfrac{PM \cdot \sin A}{MR \cdot \sin B} = \dfrac{BM}{MA}$$

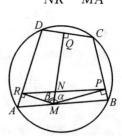

图 16.47

第17章 1995～1996年度试题的诠释

试题 A 菱形 $ABCD$ 的内切圆 O 与各边的切点依次为 E,F,G,H, 在 $\overset{\frown}{EF}$ 和 $\overset{\frown}{GH}$ 上分别作圆 O 的切线交 AB 于点 M, 交 BC 于点 N, 交 CD 于点 P, 交 DA 于点 Q, 求证:$MQ \parallel NP$.

证法 1 如图 17.1, 联结 AC, BD 交于内切圆的圆心 O, 记 MN 与圆 O 的切点为 L, 联结 OE, OF, OM, ON, OL, 于是

$$OE \perp AB, OF \perp BC, OL \perp MN$$

记

$$\angle MOE = \alpha, \angle NOF = \beta, \angle ABO = \varphi$$

于是由

$$\angle BMN = 2\alpha, \angle BNM = 2\beta$$

知

$$2\varphi + 2\alpha + 2\beta = 180°$$

即

$$\varphi + \alpha + \beta = 90°$$

从而

$$\angle AOM = \varphi + \alpha = \angle CNO$$
$$\angle CON = \varphi + \beta = \angle AMO$$

于是

$$\triangle AMO \backsim \triangle CON$$

即

$$AM \cdot CN = AO \cdot OC$$

同理

$$AO \cdot OC = AQ \cdot CP$$

则

$$AM \cdot CN = AQ \cdot CP$$

从而

$$\triangle AMQ \backsim \triangle CPN$$

即

$$\angle CNP = \angle AQM$$

则

$$\angle AMQ + \angle CNP = \angle AMQ + \angle AQM = 180° - \angle A = 2\varphi$$

于是

$$\angle QMN + \angle MNP = 180°$$

故

$$MQ \parallel NP$$

注 或者由

$$\angle EOF = 2\alpha + 2\beta = 180° - 2\varphi$$

知

$$\angle BON = 90° - \varphi - \beta = \alpha$$
$$\angle CNO = \angle NBO + \angle BON = \varphi + \alpha = \angle AOM$$

又	$\angle OCN = \angle MAO$
则	$\triangle OCN \backsim \triangle MAO$
于是	$AM \cdot CN = CO \cdot AO$
同理	$AQ \cdot CP = CO \cdot AO$
从而	$AM \cdot CN = AQ \cdot CP$
又	$\angle MAQ = \angle PCN$
则	$\triangle AMQ \backsim \triangle CPN$
即	$\angle AMQ = \angle CPN$
从而	$MQ \parallel NP$

证法 2 作辅助线同证法 1,于是有 $\varphi + \alpha + \beta = 90°$. 记圆 O 的半径为 R. 因

$$\angle AOB = 90° = \angle AEO$$

则 $\angle AOE = \varphi$

同理 $\angle COF = \varphi$

于是
$$AM = AE + EM = R\tan\varphi + R\tan\alpha = R(\tan\varphi + \tan\alpha)$$
$$CN = CF + FN = R(\tan\varphi + \tan\beta)$$

则
$$AM \cdot CN = R^2(\tan\varphi + \tan\alpha)(\tan\varphi + \tan\beta) =$$
$$R^2 \cdot \frac{\sin\varphi\cos\alpha + \cos\varphi\sin\alpha}{\cos\varphi\cos\alpha} \cdot$$
$$\frac{\sin\varphi\cos\beta + \cos\varphi\sin\beta}{\cos\varphi\cos\beta} =$$
$$R^2 \cdot \frac{\sin(\varphi+\alpha)\sin(\varphi+\beta)}{\cos^2\varphi\cos\alpha\cos\beta} =$$
$$R^2 \cdot \frac{\cos\beta\cos\alpha}{\cos^2\varphi\cos\alpha\cos\beta} = \frac{R^2}{\cos^2\varphi}$$

同理 $AQ \cdot CP = \dfrac{R^2}{\cos^2\varphi}$

从而 $AQ \cdot CP = AM \cdot CN$

则 $\triangle AMQ \backsim \triangle CPN$

即 $\angle AQM = \angle CNP$

故 $\angle AMQ + \angle CNP = \angle AMQ + \angle AQM = 180° - \angle A = 2\varphi$

即

$$\angle QMN + \angle MNP = 360° - (\angle AMQ + \angle BNM + \angle BNM + \angle CNP) = 180°$$
所以 $MQ \parallel NP$

证法 3 先证明下述引理：如图 17.2，在 $\triangle ABC$ 中，$AB = AC$，半圆 O 分别切 AB, AC 于点 E, F，在 $\overset{\frown}{EF}$ 上任作半圆 O 的切线 MN，交 AB, AC 于 M, N. 则
$$BM \cdot CN = OB^2$$

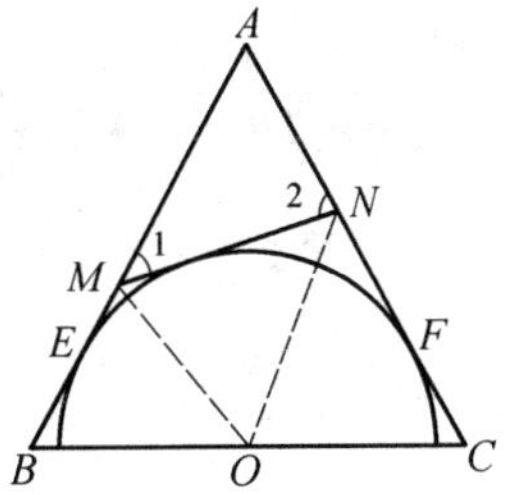

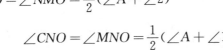

图 17.2

联结 OM, ON，则
$$\angle BMO = \angle NMO = \frac{1}{2}(\angle A + \angle 2)$$
$$\angle CNO = \angle MNO = \frac{1}{2}(\angle A + \angle 1)$$

从而
$$\angle MON = 180° - (\angle MNO + \angle NMO) = 90° - \frac{1}{2}\angle A = \angle B = \angle C$$

于是 $\triangle BMO \backsim \triangle OMN \backsim \triangle CON$

则 $$\frac{BM}{OB} = \frac{CO}{NC}$$

即 $$BM \cdot CN = OB^2$$

下面来证原题，在图 17.1 中，联结 AC. 对 $\triangle ABC$ 及 $\triangle ADC$ 应用前述引理，得
$$AM \cdot CN = OA^2 = AQ \cdot CP$$

即 $$AM : AQ = CP : CN$$

又 $\angle MAQ = \angle PCN, \triangle AMQ \backsim \triangle CPN$，则
$$\angle AMQ = \angle CPN$$

从而 $MQ \parallel NP$

下述证法 4,5 由江苏茹双林给出.

分析 设内切圆半径为 1，建立坐标系，则可引进适当角后，用复数表示各点，从而用复数表示 $\overrightarrow{MQ}$ 与 $\overrightarrow{NP}$.

证法 4 如图 17.3，设 $\angle DOH = \theta$(定值), $\angle DOQ = \theta_1, \angle DOM = \pi - \theta_2$. 而 $\angle POQ = \theta$，则 $\angle DOP = \theta - \theta_1$. 同理，$\angle BON = \theta - \theta_2$. 则

$$z_Q = \frac{1}{\cos(\theta-\theta_1)}(\cos\theta_1 + i\sin\theta_1)$$

$$z_M = \frac{1}{\cos(\theta-\theta_2)}[\cos(\pi-\theta_2) + i\sin(\pi-\theta_2)] =$$

$$\frac{1}{\cos(\theta-\theta_2)}(-\cos\theta_2 + i\sin\theta_2)$$

$$z_P = \frac{1}{\cos\theta_1}[\cos(\theta-\theta_1) - i\sin(\theta-\theta_1)]$$

$$z_N = \frac{1}{\cos\theta_2}[-\cos(\theta-\theta_2) + i\sin(\theta-\theta_2)]$$

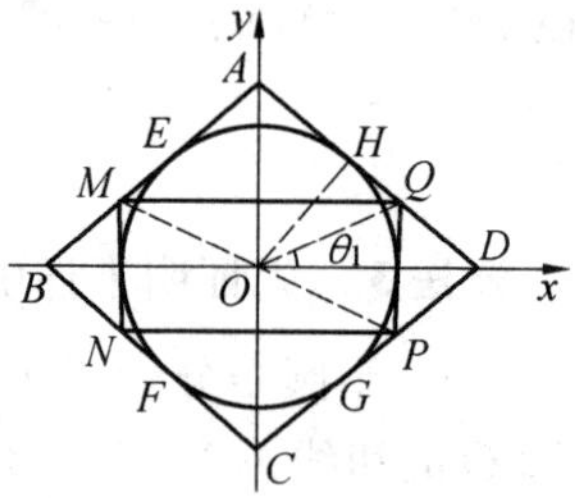

图 17.3

故

$$z_{MQ} = \frac{1}{\cos(\theta-\theta_1)\cos(\theta-\theta_2)}\{[\cos\theta_1\cos(\theta-\theta_2) + \cos\theta_2\cos(\theta-\theta_1)] +$$

$$i[\sin\theta_1\cos(\theta-\theta_2) - \sin\theta_2\cos(\theta-\theta_1)]\} = \cdots$$

上式虚部 $= \sin\theta_1\cos\theta\cos\theta_2 + \sin\theta_1\sin\theta\sin\theta_2 -$

$$\sin\theta_2\cos\theta\cos\theta_1 - \sin\theta_2\sin\theta\sin\theta_1 =$$

$$\cos\theta\sin(\theta_1-\theta_2)$$

同理 $z_{NP} = \frac{1}{\cos\theta_1\cos\theta_2}\{[\cos\theta_1\cos(\theta-\theta_2) + \cos\theta_2\cos(\theta-\theta_1)] +$

$$i\cos\theta\sin(\theta_1-\theta_2)\}$$

则 $\qquad \dfrac{z_{MQ}}{z_{NP}} = \dfrac{\cos\theta_1\cos\theta_2}{\cos(\theta-\theta_1)\cos(\theta-\theta_2)} \in \mathbf{R}$

故 $\qquad MQ \parallel NP$

分析 建立如图 17.3 所示的直角坐标系,设切线 PQ,MN 的切点分别为 I,J. 因 M,Q 的坐标分别依赖于 I,J 的位置,故可引进 I,J 的某圆心角作为参数表示 k_{MQ},也可表示 k_{PN},然后证明 $k_{MQ}=k_{PN}$.

证法 5 设 $\angle DOH = \alpha$(定值), $\angle DOI = \alpha_1$, $\angle DOJ = \alpha_2 + \pi$,其中,$-\alpha < \alpha_1, \alpha_2 < \alpha$. 圆 O 的方程为 $x^2+y^2=r^2$,则 AD 的方程为

$$\cos\alpha \cdot x + \sin\alpha \cdot y = r$$

AB 的方程为 $\qquad -\cos\alpha \cdot x + \sin\alpha \cdot y = r$

BC 的方程为 $\qquad -\cos\alpha \cdot x - \sin\alpha \cdot y = r$

CD 的方程为 $\qquad \cos\alpha \cdot x - \sin\alpha \cdot y = r$

PQ 的方程为 $\qquad \cos\alpha_1 \cdot x + \sin\alpha_1 \cdot y = r$

MN 的方程为 $\qquad \cos\alpha_2 \cdot x + \sin\alpha_2 \cdot y = -r$

由 AD 和 PQ 的方程解得点 Q 的坐标为

$$Q\left(\frac{\cos\frac{\alpha_1+\alpha}{2}\cdot r}{\cos\frac{\alpha_1-\alpha}{2}},\frac{\sin\frac{\alpha_1+\alpha}{2}\cdot r}{\cos\frac{\alpha_1-\alpha}{2}}\right)$$

由 AB 和 MN 的方程解得点 M 的坐标为

$$M\left(\frac{-\cos\frac{\alpha-\alpha_2}{2}\cdot r}{\cos\frac{\alpha+\alpha_2}{2}},\frac{\sin\frac{\alpha-\alpha_2}{2}\cdot r}{\cos\frac{\alpha+\alpha_2}{2}}\right)$$

则 $$k_{QM}=\frac{y_M-y_Q}{x_M-x_Q}=\frac{\sin\frac{\alpha_1+\alpha_2}{2}\cos\alpha}{\cos\frac{\alpha_1+\alpha_2}{2}\cos\alpha+\cos\frac{\alpha_1-\alpha_2}{2}}$$

同理 $$k_{PN}=k_{QM}$$
故 $$QM\ /\!/\ PN$$

证法 6 （由安徽李彪、汪春杰给出）如图 17.4，设 $AE=a, BE=b, ME=m, NF=n, GP=s, QH=t$. 则

$$CF=CG=AH=AE=a$$
$$DG=DH=BF=BE=b$$
$$MN=ME+NF=m+n$$
$$PQ=PG+QH=s+t$$
$$BM=BE-ME=b-m$$
$$BN=BF-NF=b-n$$

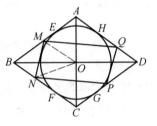

图 17.4

$MQ\ /\!/\ NP\Leftrightarrow\angle AMQ=\angle CPN\Leftrightarrow\triangle AMQ\backsim\triangle CPN\Leftrightarrow\dfrac{AM}{AQ}=\dfrac{CP}{CN}\Leftrightarrow$

$$(a+m)(a+n)=(a+s)(a+t)\Leftrightarrow$$
$$a(m+n)+mn=a(s+t)+st \qquad ①$$

另一方面，设圆 O 的半径为 r，则

$$S_{\triangle ABC}=\frac{1}{2}(a+b)^2\sin\angle ABC=r(a+b)$$

即 $$\sin\angle ABC=\frac{2r}{a+b}$$

$$S_{\triangle ABC}=S_{\triangle AMO}+S_{\triangle MNO}+S_{\triangle NCO}+S_{\triangle BMN}=$$

$$\frac{r}{2}(a+m)+\frac{r}{2}(m+n)+\frac{r}{2}(a+n)+$$
$$\frac{1}{2}(b-m)(b-n)\sin\angle ABC=$$
$$r[(a+m+n)+\frac{(b-m)(b-n)}{a+b}]$$

同理 $S_{\triangle CDA}=r[(a+s+t)+\frac{(b-s)(b-t)}{a+b}]$

从而
$$(a+m+n)+\frac{b^2-bm-bn+mn}{a+b}=$$
$$(a+s+t)+\frac{b^2-bs-bt+st}{a+b}\Leftrightarrow$$
$$a(m+n)+b(m+n)+b^2-bm-bn+mn=$$
$$a(s+t)+b(s+t)+b^2-bs-bt+st\Leftrightarrow$$
$$a(m+n)+mn=a(s+t)+st$$

式 ① 成立,故原命题成立.

下面的证法 7 由天津李宝毅等,陕西王杨,福建张鹏程给出.

证法 7　建立点 O 为原点,以对角线 AC,BD 分别为 y 轴和 x 轴的坐标系,如图 17.5 所示. 设圆 O 的半径为 1,点 H 的坐标为 $(\cos\theta,\sin\theta)$. 于是点 A 和 D 的坐标分别为 $(0,\frac{1}{\sin\theta})$ 和 $(\frac{1}{\cos\theta},0)$,直线 AD 的方程为

$$x\cos\theta+y\sin\theta=1 \qquad ①$$

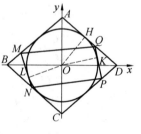

图 17.5

由对称性知菱形的另外三边所在直线的方程分别为

$$AB:-x\cos\theta+y\sin\theta=1 \qquad ②$$
$$BC:-x\cos\theta-y\sin\theta=1 \qquad ③$$
$$CD:x\cos\theta-y\sin\theta=1 \qquad ④$$

设 PQ 与圆 O 的切点 K 的坐标为 $(\cos\alpha,\sin\alpha)$,MN 与圆 O 的切点 L 的坐标为 $(\cos\beta,\sin\beta)$. 于是直线 PQ 的方程为

$$x\cos\alpha+y\sin\alpha=1 \qquad ⑤$$

将 ④ 与 ⑤ 联立并解出点 P 的横、纵坐标为

$$x_P = \frac{\cos\frac{\alpha-\theta}{2}}{\cos\frac{\alpha+\theta}{2}}, \quad y_P = \frac{\sin\frac{\alpha-\theta}{2}}{\cos\frac{\alpha+\theta}{2}} \qquad \text{⑥}$$

完全平行地可以求得

$$x_Q = \frac{\cos\frac{\alpha+\theta}{2}}{\cos\frac{\alpha-\theta}{2}}, \quad y_Q = \frac{\sin\frac{\alpha+\theta}{2}}{\cos\frac{\alpha-\theta}{2}} \qquad \text{⑦}$$

$$x_M = \frac{\sin\frac{\theta-\beta}{2}}{\sin\frac{\theta+\beta}{2}}, \quad y_M = \frac{\cos\frac{\theta-\beta}{2}}{\sin\frac{\theta+\beta}{2}} \qquad \text{⑧}$$

$$x_N = \frac{\sin\frac{\theta+\beta}{2}}{\sin\frac{\theta-\beta}{2}}, \quad y_N = \frac{-\cos\frac{\theta+\beta}{2}}{\sin\frac{\theta-\beta}{2}} \qquad \text{⑨}$$

由 ⑥ ～ ⑨ 即可求得直线 MQ, NP 的斜率为

$$k_{MQ} = \frac{\dfrac{\cos\frac{\theta-\beta}{2}}{\sin\frac{\theta+\beta}{2}} - \dfrac{\sin\frac{\alpha+\theta}{2}}{\cos\frac{\alpha-\theta}{2}}}{\dfrac{\sin\frac{\theta-\beta}{2}}{\sin\frac{\theta+\beta}{2}} - \dfrac{\cos\frac{\alpha+\theta}{2}}{\cos\frac{\alpha-\theta}{2}}} = \frac{\cos\frac{\theta-\beta}{2}\cos\frac{\alpha-\theta}{2} - \sin\frac{\alpha+\theta}{2}\sin\frac{\theta+\beta}{2}}{\sin\frac{\theta-\beta}{2}\cos\frac{\alpha-\theta}{2} - \cos\frac{\alpha+\theta}{2}\sin\frac{\theta+\beta}{2}} =$$

$$\frac{\frac{1}{2}\left[\cos\frac{\alpha-\beta}{2} + \cos(\theta - \frac{\alpha+\beta}{2}) + \cos(\theta + \frac{\alpha+\beta}{2}) - \cos\frac{\alpha-\beta}{2}\right]}{\sin\frac{\theta-\beta}{2}\cos\frac{\alpha-\theta}{2} - \cos\frac{\alpha+\theta}{2}\sin\frac{\theta+\beta}{2}}$$

$$k_{NP} = \frac{\dfrac{\sin\frac{\alpha-\theta}{2}}{\cos\frac{\alpha+\theta}{2}} + \dfrac{\cos\frac{\theta+\beta}{2}}{\sin\frac{\theta-\beta}{2}}}{\dfrac{\cos\frac{\alpha-\theta}{2}}{\cos\frac{\alpha+\theta}{2}} - \dfrac{\sin\frac{\theta+\beta}{2}}{\sin\frac{\theta-\beta}{2}}} = \frac{\sin\frac{\alpha-\theta}{2}\sin\frac{\theta-\beta}{2} + \cos\frac{\theta+\beta}{2}\cos\frac{\alpha+\theta}{2}}{\cos\frac{\alpha-\theta}{2}\sin\frac{\theta-\beta}{2} - \sin\frac{\theta+\beta}{2}\cos\frac{\alpha+\theta}{2}} =$$

走向国际数学奥林匹克的平面几何试题诠释(第 2 卷)

$$\frac{\frac{1}{2}\left[\cos\left(\theta-\frac{\alpha+\beta}{2}\right)-\cos\frac{\alpha-\beta}{2}+\cos\left(\theta+\frac{\alpha+\beta}{2}\right)+\cos\frac{\alpha-\beta}{2}\right]}{\cos\frac{\alpha-\theta}{2}\sin\frac{\theta-\beta}{2}-\sin\frac{\theta+\beta}{2}\cos\frac{\alpha+\theta}{2}}$$

从而 $\qquad K_{MQ}=K_{NP}$

故 $\qquad MQ \parallel NP$

注 此届联赛由广西承办.①

命题小组在研究本题的过程中发现:菱形 $ABCD$ 不仅是 $MQ \parallel NP$ 的充分条件,也是 $MQ \parallel NP$ 的必要条件. 由于此题难度相对偏低,因而有人提议改证充分条件为证充要条件. 后来考虑到二试的平面几何题一贯偏难,以致很多考生干脆放弃,失去了平面几何题的考查作用,改证充分条件为证充要条件的提议未被采纳. 此次平面几何题难度相对偏低,就是想消除多数考生对平面几何题的畏难心理. 下面关于其必要条件的证明由广西师范大学汤服成老师给出.

问题 1 如图 17.6,四边形 $ABCD$ 外切于圆 O,E,F,G,H 为切点. 如果过 $\overset{\frown}{EF}$ 上的任一点 L 作圆 O 的切线交 AB,BC 于 M,N,过 $\overset{\frown}{GH}$ 上的任一点 K 作圆 O 的切线交 AD,CD 于 Q,P,总有 $MQ \parallel NP$ 成立,则必有 $AB=AD$,$CB=CD$.

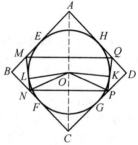

图 17.6

证明 联结 OA,OC,易知 $\angle BAO=\angle DAO$,$\angle BCO=\angle DCO$. 在 BF,DG 上各取一点,不妨设为 N,P,使 $FN=GP$. 过点 N 作圆 O 的切线切圆 O 于 L 交 AB 于点 M,过 G 作圆 O 的切线切圆 O 于点 K 交 AD 于点 Q. 由问题假设,知

$$NP \parallel MQ$$

由 $\qquad CN=CF+FN=CG+GP=CP$

有 $\qquad OC \perp NP$

则 $\qquad ON=OP, \angle ONP=\angle OPN$

易证 $\qquad Rt\triangle OLN \cong Rt\triangle OKP$

即 $\qquad \angle ONL=\angle OPK, \angle LNP=\angle KPN$

因此 $MNPQ$ 为等腰梯形,即

---

① 曾晓新,袁绍唐,宣泽永. 1995 年全国高中联赛命题工作回顾及试题解答[J]. 数学通讯,1996(2):39-44.

进而
$$MN = QP$$
$$ML = QK, ME = HQ, AM = AQ$$
则
$$OA \perp MQ$$
但
$$MQ \parallel NP$$
则 A, O, C 共线. 故
$$\triangle ABC \cong \triangle ADC$$
得
$$AB = AD, CB = CD$$

问题 2 如图 17.7,四边形 $ABCD$ 外切于圆 O, E, F, G, H 为切点. 如果过 $\overset{\frown}{EH}$ 上的任一点 L' 作圆 O 的切线交 AB, AD 于点 M', Q', 过 $\overset{\frown}{FG}$ 上任一点 K' 作圆 O 的切线交 CB, CD 于点 N', P', 总有 $M'N' \parallel Q'P'$ 成立, 则必有 $BA = BC, DA = DC$.

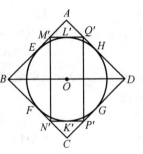

图 17.7

证明完全类似于问题 1.

根据以上两问题的证明,立即可以知道:如果一个外切于圆 O 的四边形 $ABCD$ 同时满足问题 1 和问题 2 的条件,那么 $ABCD$ 一定是菱形. 这也就是说原问题的逆命题成立.

试题 B1 设 H 是锐角 $\triangle ABC$ 的垂心,由 A 向以 BC 为直径的圆作切线 AP, AQ, 切点分别为 P, Q, 求证: P, H, Q 三点共线.

证法 1 如图 17.8,记 BC 的中点为 O, 联结 PQ, AO 交于点 G, 于是 $AO \perp PQ$. 设 AD, BE 是 $\triangle ABC$ 的两条高,于是点 E 在圆 O 上. 因

$$\angle HEC = 90° = \angle HDC$$

则 H, D, C, E 四点共圆, 即

$$AQ^2 = AE \cdot AC = AH \cdot AD$$

联结 OQ, 于是 $OQ \perp AQ$. 由射影定理有

$$AG \cdot AO = AQ^2 = AH \cdot AD$$

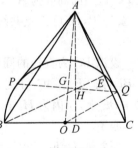

图 17.8

则 G, O, D, H 四点共圆.

联结 HG, 于是有

$$\angle HGO = 180° - \angle HDO = 90° = \angle QGO$$

故直线 HG 与 PQ 重合,即 P, H, Q 三点共线.

证法 2 如图 17.9,记 BC 的中点为 O,联结 PH, QH, PD, QD, AO, OP, OQ,并设 AD, BE 为 $\triangle ABC$ 的两条高,于是点 E 在圆 O 上且有
$$OP \perp AP, OQ \perp AQ$$
由
$$\angle APO = 90° = \angle AQO = \angle ADO$$
知 A, P, O, D, Q 五点共圆,则
$$\angle APD + \angle AQD = 180°$$
又
$$\angle HEC = 90° = \angle HDC$$
有 H, D, C, E 四点共圆,则
$$AP^2 = AQ^2 = AE \cdot AC = AH \cdot AD$$
即过 H, D, Q 三点的圆与 AQ 切于点 Q,过 H, D, P 三点的圆与 AP 切于点 P. 从而
$$\angle AHP = \angle APD, \angle AHQ = \angle AQD$$
则
$$\angle AHP + \angle AHQ = \angle APD + \angle AQD = 180°$$
故 P, H, Q 三点共线.

证法 3 (由苏州大学朱汉林给出)如图 17.10,若设 BC 边上的高线为 AE,再设 PQ 与 AE 交于 H_0. 于是,要证 P, H, Q 三点共线,现可改证 H_0 为 $\triangle ABC$ 的垂心.

设以 BC 为直径的圆 O 与 AC 的另一交点为 F,联结 BF,则 $BF \perp AC$. 于是,若能证得 $H_0F \perp AC$,则 H_0 就在 BF 上,又因为 H_0 在 AE 上,所以 H_0 就是 $\triangle ABC$ 的垂心了.

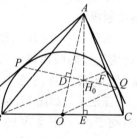

图 17.10

而要证 $H_0F \perp AC$,现只需证 H_0, E, C, F 四点共圆.

事实上,如图 17.10,联结 OQ, OA,则 $OQ \perp AQ$,且 $PQ \perp AO$,垂足记为 D. 于是,由射影定理,有
$$AQ^2 = AD \cdot AO \qquad ①$$
由 D, O, E, H_0 四点共圆,得
$$AD \cdot AO = AH_0 \cdot AE \qquad ②$$
又由切割线定理,有
$$AQ^2 = AF \cdot AC \qquad ③$$
因此,由①②③得 $AF \cdot AC = AH_0 \cdot AE$,从而可得 H_0, E, C, F 四点共圆.

证法 4 （由江苏兴化中学蔡玉书给出）如图 17.11，以 BC 为 x 轴，BC 的中垂线为 y 轴建立直角坐标系，设 $B(-1,0)$，$C(1,0)$，$A(x_0,y_0)(x_0^2 + y_0^2 > 1)$，则以 BC 为直径的圆的方程为 $x^2+y^2=1$.

由解析几何知识得直线 PQ 的方程是
$$x_0 x + y_0 y = 1 \qquad ①$$
直线 AD 的方程是
$$x = x_0 \qquad ②$$
直线 BE 的方程是
$$y = -\frac{x_0-1}{y_0}(x+1) \qquad ③$$

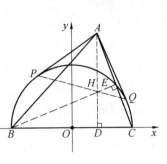

图 17.11

由②③得垂心 $H\left(x_0, \dfrac{1-x_0^2}{y_0}\right)$，显见点 H 在直线 PQ 上.

试题 B2 如图 17.12，在 $\triangle ABC$ 中，$\angle C=90°$，$\angle A=30°$，$BC=1$. 求 $\triangle ABC$ 的内接三角形（三顶点分别在三边上的三角形）的最长边的最小值.

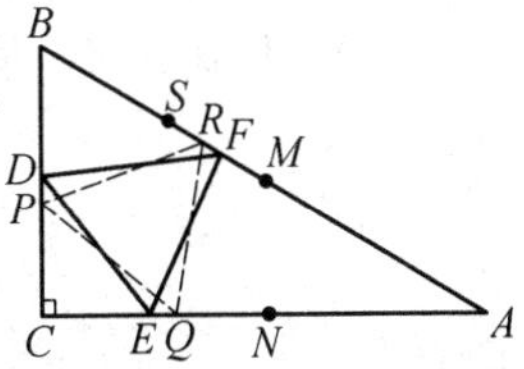

解 首先在 $\triangle ABC$ 的内接正三角形的范围内，求边长的最小值.

在 BC 上任取一点 D，记 $BD=x$.

然后，分别在 CA,AB 上取点 E 和 F，使
$$CE=\frac{\sqrt{3}}{2}x,\; BF=1-\frac{x}{2}$$

图 17.12

由余弦定理有
$$DF^2 = BD^2 + BF^2 - 2BD \cdot BF \cos 60° =$$
$$x^2+(1-\frac{x}{2})^2-2x(1-\frac{x}{2})\times\frac{1}{2}=\frac{7}{4}x^2-2x+1$$
$$DE^2 = (1-x)^2+(\frac{\sqrt{3}}{2}x)^2 = \frac{7}{4}x^2-2x+1$$
$$EF^2 = (\sqrt{3}-\frac{\sqrt{3}}{2}x)^2+(1+\frac{x}{2})^2-2\sqrt{3}(1-\frac{x}{2})(1+\frac{x}{2})\cos 30°=$$
$$\frac{7}{4}x^2-2x+1$$

于是
$$DE=EF=FD$$

即 $\triangle DEF$ 是正三角形.

这表明,对于 BC 上任一点 D,都可以作出一个内接正三角形.

记 CA,AB 的中点分别为 N,M,BM 的中点为 S,则当点 D 从点 B 变到点 C 时,点 E 从点 C 变到点 N,点 F 从点 M 变到点 S.

记 $\triangle DEF$ 的边长为 a,则

$$a^2 = \frac{7}{4}x^2 - 2x + 1 = \frac{7}{4}(x - \frac{4}{7})^2 + \frac{3}{7}$$

于是当 $x = \frac{7}{4}$ 时,边长 a 取得最小值 $\sqrt{\frac{3}{7}}$,如图 17.12 中点 P,Q,R 的位置.

下面证明,任何内接三角形的最大边的边长都不小于 $\sqrt{\frac{3}{7}}$.

为方便计算,引入以 C 为原点,CA 为正半 x 轴,CB 为正半 y 轴的直角坐标系. 设 $\triangle XYZ$ 为 $\triangle ABC$ 的任一内接三角形,其中点 X,Y,Z 分别位于 BC,CA,AB 上.

在 BM 上取点 R_1,使 $MR_1 = \frac{1}{3}MB$,取点 R_2,使 $MR_2 = \frac{3}{14}MB$,于是

$$AR_1 = \frac{2}{3}AB, BR_2 = \frac{11}{14}BM$$

从而有
$$y_{R_1} = \frac{2}{3} > \sqrt{\frac{3}{7}}$$

$$x_{R_2} = \frac{11}{14} \times \frac{\sqrt{3}}{2} > \frac{10}{13} \times \frac{\sqrt{3}}{2} > \sqrt{\frac{3}{7}}$$

(1) 若点 Z 位于线段 BR_1 上,则

$$y_Z \geqslant y_{R_1} > \sqrt{\frac{3}{7}}$$

若点 Z 位于线段 R_2A 上,则

$$x_Z \geqslant x_{R_2} > \sqrt{\frac{3}{7}}$$

可见,XZ 的长大于 $\sqrt{\frac{3}{7}}$,于是自然有 $\triangle XYZ$ 的最长边的边长大于 $\sqrt{\frac{3}{7}}$.

(2) 设点 Z 位于线段 R_1R_2 的内部,则将 Z 作为 F,作正 $\triangle DEF$,不难验证, $x_E < x_F, y_D < y_F$.

因而,若点 X 位于线段 DC 上,则

$$ZX \geqslant ZD = FD$$

若点 Y 位于线段 CE 上,则
$$ZY \geqslant ZE = FE$$
若点 X 位于线段 BD 上,且点 Y 位于线段 EA 上,则由勾股定理知
$$XY \geqslant DE$$
所以 $\triangle XYZ$ 的最长边的边长不小于 $\triangle DEF$ 的边长,从而不小于 $\sqrt{\dfrac{3}{7}}$.

综上可知,所求最长边的最小值为 $\sqrt{\dfrac{3}{7}}$.

试题 C 以 $\triangle ABC$ 的底边 BC 为直径作半圆,分别交 AB,AC 于点 D 和 E,过点 D 和 E 分别作 BC 的垂线,垂足分别为点 F,G,线段 DG 和 EF 交于点 M. 求证:$AM \perp BC$.

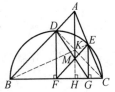

图 17.13

证法 1 如图 17.13,作高 AH 并联结 BE,CD,于是
$$BE \perp AC, CD \perp AB$$

因
$$DF \perp BC, EG \perp BC$$
则
$$DF \parallel EG$$
即
$$\frac{DM}{MG} = \frac{DF}{EG} = \frac{S_{\triangle DBC}}{S_{\triangle EBC}} = \frac{BD \cdot CD}{BE \cdot CE} = \frac{BD \cdot CD}{CE \cdot BE} \quad \text{①}$$
又
$$\triangle ACD \backsim \triangle ABE$$
有
$$\frac{CD}{BE} = \frac{AC}{AB} = \frac{AD}{AE} \quad \text{②}$$
由 $DF \parallel AH \parallel EG$,知
$$\frac{AD}{FH} = \frac{BD}{BF}, \frac{AE}{HG} = \frac{CE}{CG}$$
则
$$\frac{AD}{AE} = \frac{BD \cdot FH \cdot CG}{BF \cdot HG \cdot CE} \quad \text{③}$$

由 ①～③ 得到
$$\frac{DM}{MG} = \frac{BD^2 \cdot FH \cdot CG}{CE^2 \cdot HG \cdot BF} = \frac{BC \cdot BF \cdot FH \cdot CG}{CG \cdot BC \cdot HG \cdot BF} = \frac{FH}{HG}$$

从而 $MH \parallel DF$,又 $DF \perp BC$,则 $MH \perp BC$,又由 $AH \perp BC$,有直线 MH 与 AH 重合,故 $AM \perp BC$.

证法 2 作辅助线同证法 1. 因
$$DF \perp BC, EG \perp BC$$
则
$$DF = BD\sin B = BC\cos B\sin B, EG = BC\cos C\sin C$$

即
$$\frac{DM}{MG} = \frac{DF}{EG} = \frac{\cos B \sin B}{\cos C \sin C} = \frac{AC \cos B}{AB \cos C}$$

由
$$\triangle ACD \sim \triangle ABE$$

有
$$\frac{AC}{AB} = \frac{AD}{AE}$$

即
$$\frac{DM}{MG} = \frac{AD \cos B}{AE \cos C} = \frac{FH}{HG}$$

故 $MH \parallel DF$

因 $DF \perp BC$,则 $MH \perp BC$,又由 $AH \perp BC$,有直线 MH 与 AH 重合,故
$$AM \perp BC$$

证法 3 作辅助线同证法 1,于是 $BE \perp AC, CD \perp AB$,记 $\triangle ABC$ 的垂心为 K. 因
$$DF \perp BC, EG \perp BC, AH \perp BC$$

则
$$DF \parallel AH \parallel EG$$

即
$$\frac{FH}{FC} = \frac{DK}{DC}, \frac{HG}{BG} = \frac{KE}{BE}$$

从而
$$\frac{FH}{HG} = \frac{FC \cdot DK}{DC} \cdot \frac{BE}{BG \cdot KE} = \frac{BE}{CD} \cdot \frac{CF}{BG} \cdot \frac{DK}{KE}$$

由
$$\triangle BKD \sim \triangle CKE$$

知
$$\frac{KD}{KE} = \frac{BD}{CE}$$

又由
$$CD^2 = CF \cdot CB, BE^2 = BG \cdot BC$$

有
$$\frac{FH}{HG} = \frac{BE}{CD} \cdot \frac{CF \cdot CB}{BG \cdot BC} \cdot \frac{KD}{KE} = \frac{BE}{CD} \cdot \frac{CD^2}{BE^2} \cdot \frac{BD}{CE} =$$
$$\frac{CD \cdot BD}{BE \cdot CE} = \frac{S_{\triangle DBC}}{S_{\triangle EBC}} = \frac{DF}{EG} = \frac{DM}{MG}$$

则 $MH \parallel DF$

因 $DF \perp BC$,则 $MH \perp BC$,又由 $AH \perp BC$,知直线 AH 与 MH 重合,故
$$AM \perp BC$$

证法 4 作辅助线同证法 1,于是 AH, BE, CD 交于一点,即垂心. 由塞瓦定理,有
$$\frac{AD}{DB} \cdot \frac{BH}{HC} \cdot \frac{CE}{EA} = 1 \qquad ①$$

由 $EG \perp BC, DF \perp BC$,则 $EG \parallel DF$,即

$$\frac{GM}{MD} = \frac{EG}{DF} = \frac{S_{\triangle EBC}}{S_{\triangle DBC}} = \frac{BE \cdot CE}{BD \cdot CD} \qquad ②$$

又 $AH \parallel EG$,有

$$\frac{HG}{AE} = \frac{CH}{CA}$$

$$HG = \frac{AE \cdot CH}{AC} \qquad ③$$

又由

$$AB \cdot CD = 2S_{\triangle ABC} = AC \cdot BE \qquad ④$$

由 ①~④ 得到

$$\frac{AD}{AB} \cdot \frac{BH}{HG} \cdot \frac{GM}{MD} = \frac{AD}{AB} \cdot \frac{BH \cdot AC}{AE \cdot CH} \cdot \frac{BE \cdot CE}{BD \cdot CD} = \frac{AD}{DB} \cdot \frac{BH}{HC} \cdot \frac{CE}{EA} = 1$$

由梅涅劳斯定理的逆定理知 A, M, H 三点共线. 故

$$AM \perp BC$$

证法 5 如图 17.14,作高 AH,联结 BE, CD,于是 $BE \perp AC, CD \perp AB$. 设 AH, BE, CD 交于垂心 K,联结 DE 交 AH 于点 N. 直线 ANK 与 $\triangle DBE$ 相截,由梅涅劳斯定理有

$$\frac{DA}{BA} \cdot \frac{BK}{KE} \cdot \frac{EN}{DN} = 1$$

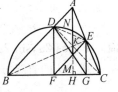

图 17.14

由 $\triangle BHK \backsim \triangle BEC \backsim \triangle AEK$

有 $BK = \dfrac{BC \cdot KH}{CE}, KE = \dfrac{KH \cdot AE}{BH}$

则 $\dfrac{DN}{NE} = \dfrac{AD}{AB} \cdot \dfrac{BK}{KE} = \dfrac{AD}{AB} \cdot \dfrac{BC}{CE} \cdot \dfrac{BH}{AE} = \dfrac{AD}{AE} \cdot \dfrac{BH}{AB} \cdot \dfrac{BC}{CE}$

因 $\triangle ACD \backsim \triangle ABE$

则 $\dfrac{AD}{AE} = \dfrac{CD}{BE}$

又 $DF \parallel AH$

则 $\dfrac{BH}{AB} = \dfrac{BF}{BD}$

又由 $BD^2 = BF \cdot BC$

知

$$\frac{DN}{NE} = \frac{CD}{BE} \cdot \frac{BF}{BD} \cdot \frac{BC}{CE} = \frac{CD \cdot BD}{BE \cdot CE} =$$

$$\frac{S_{\triangle DBC}}{S_{\triangle EBC}} = \frac{DF}{EG} = \frac{DM}{MG}$$

即
$$NM \parallel EG$$

因 $EG \perp BC$，则 $NM \perp BC$，由 $NH \perp BC$，知直线 NM 与 NH 重合，则点 M 在 AH 上，故

$$AM \perp BC$$

证法 6 以圆心为原点，如图 17.15 所示，建立坐标系，不妨设 $BC=2$，$\angle EBC=\alpha$，$\angle DCB=\beta$. 则 BD 的直线方程为

$$y = \cot \beta (x+1)$$

CE 的直线方程为

$$y = -\cot \alpha (x-1)$$

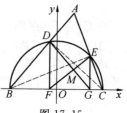

图 17.15

故交点 A 的横坐标为

$$x_A = \frac{\cot \alpha - \cot \beta}{\cot \alpha + \cot \beta} = \frac{\sin(\alpha-\beta)}{\sin(\alpha+\beta)}$$

而 $E(\cos 2\alpha, \sin 2\alpha)$，$D(-\cos 2\beta, \sin 2\beta)$，$G(\cos 2\alpha, 0)$，$F(-\cos 2\beta, 0)$，则 DG 的直线方程为

$$y = \frac{\sin 2\beta}{-(\cos 2\alpha + \cos 2\beta)}(x - \cos 2\alpha)$$

EF 的直线方程为

$$y = \frac{\sin 2\alpha}{\cos 2\alpha + \cos 2\beta}(x + \cos 2\beta)$$

从而点 M 的横坐标为

$$x_M = \frac{\sin 2\alpha \cos 2\beta - \cos 2\alpha \sin 2\beta}{\sin 2\alpha + \sin 2\beta} = \frac{\sin(\alpha-\beta)}{\sin(\alpha+\beta)} = x_A (\text{点 } A \text{ 的横坐标})$$

故
$$AM \perp BC$$

以下证法 7~9 由南开大学杨桂芝给出.

证法 7 记直线 AM 与 BC 交于点 H，联结 BE，CD，有 $\angle BEC = \angle BDC = 90°$. 直线 FME 与 $\triangle AHC$ 相截，直线 GMD 与 $\triangle ABH$ 相截，由梅涅劳斯定理有

$$\frac{AM}{MH} \cdot \frac{HF}{FC} \cdot \frac{CE}{EA} = 1, \frac{AM}{MH} \cdot \frac{HG}{GB} \cdot \frac{BD}{DA} = 1$$

所以
$$\frac{FH}{HG} = \frac{CF \cdot AE \cdot BD}{CE \cdot BG \cdot AD} \quad ①$$

在 Rt$\triangle DBC$ 与 Rt$\triangle EBC$ 中,应用射影定理有
$$CD^2 = BC \cdot FC, BE^2 = BC \cdot BG$$

则
$$\frac{CF}{BG} = \frac{CD^2}{BE^2} \quad ②$$

将 ② 代入 ①,得
$$\frac{FH}{HG} = \frac{CD^2 \cdot AE \cdot BD}{BE^2 \cdot CE \cdot AD} \quad ③$$

由 $\triangle ACD \backsim \triangle ABE$,知
$$\frac{CD}{BE} = \frac{AD}{AE} \quad ④$$

将 ④ 代入 ③,得
$$\frac{FH}{HG} = \frac{CD \cdot BD}{BE \cdot CE} = \frac{S_{\triangle DBC}}{S_{\triangle EBC}} = \frac{DF}{EG} = \frac{DM}{MG}$$

则
$$MH \parallel DF$$
又 $DF \perp BC$,则 $MH \perp BC$,即
$$AM \perp BC$$

证法 8 作高 AH,联结 BE, CD. 于是 $\angle BDC = 90° = \angle BEC$,则
$$DF = BD \sin B = BC \cos B \sin B$$
$$EG = BC \cos C \sin C$$
即
$$\frac{GM}{MD} = \frac{EG}{FD} = \frac{\cos C \sin C}{\cos B \sin B} = \frac{AB}{AC} \cdot \frac{\cos C}{\cos B}$$
因
$$BH = AB \cos B, HG = AE \cos C$$
则
$$\frac{BH}{HG} = \frac{AB \cos B}{AE \cos C} = \frac{AC \cos B}{AD \cos C}$$
即
$$\frac{BH}{HG} \cdot \frac{GM}{MD} = \frac{AB}{AD}$$
从而
$$\frac{BH}{HG} \cdot \frac{GM}{MD} \cdot \frac{DA}{AB} = 1$$

由梅涅劳斯定理的逆定理知 H, M, A 三点共线. 又 $AH \perp BC$,故
$$AM \perp BC$$

证法 9 作高 AH，联结 BE,CD. 则 AH,BE,CD 交于一点，即 $\triangle ABC$ 的垂心. 由塞瓦定理有

$$\frac{AD}{DB} \cdot \frac{BH}{HC} \cdot \frac{CE}{EA} = 1$$

因 $EG \parallel DF$，则 $\triangle MGE \sim \triangle MDF$，即

$$\frac{GM}{MD} = \frac{EG}{DF} = \frac{S_{\triangle EBC}}{S_{\triangle DBC}} = \frac{BE \cdot CE}{BD \cdot CD}$$

由 $AH \parallel EG$

知 $$\frac{HG}{AE} = \frac{CH}{AC}$$

则 $$\frac{AD}{AB} \cdot \frac{BH}{HG} \cdot \frac{GM}{MD} = \frac{AD}{AB} \cdot \frac{BH \cdot AC}{AE \cdot CH} \cdot \frac{BE \cdot CE}{BD \cdot CD}$$

因 $AB \cdot CD = 2S_{\triangle ABC} = AC \cdot BE$

则 $$\frac{AD}{AB} \cdot \frac{BH}{HG} \cdot \frac{GM}{MD} = \frac{AD}{BD} \cdot \frac{BH}{HC} \cdot \frac{CE}{EA} = 1$$

由梅涅劳斯定理的逆定理知 A,M,H 三点共线，故 $AM \perp BC$

证法 10 （由南开大学李成章教授给出）如图 17.16，作 $\triangle ABC$ 的高 AH，联结 BE,CD,DE，则 BE,CD 为 $\triangle ABC$ 的两条高线. 记垂心为 O，DE 与 AH 交于点 K. 于是有

$$DK : KE = S_{\triangle ADO} : S_{\triangle AEO}$$

因 $\triangle AEO \sim \triangle BEC$，$\triangle ADO \sim \triangle CDB$

则 $$\frac{S_{\triangle ADO}}{S_{\triangle CDB}} = \frac{AO^2}{BC^2} = \frac{S_{\triangle ABO}}{S_{\triangle BEC}}$$

故 $$\frac{DK}{KE} = \frac{S_{\triangle ADO}}{S_{\triangle AEO}} = \frac{S_{\triangle CDB}}{S_{\triangle BEC}} = \frac{DF}{EG} = \frac{DM}{MG}$$

则 $KM \parallel EG$

又 $EG \perp BC$，则 $KM \perp BC$，因 $KH \perp BC$，则点 M 在 AH 上，故 $AM \perp BC$

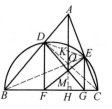

图 17.16

证法 11 （由江苏茹双林给出）如图 17.17，设 $z_C = 1$，则 $z_B = -1$，圆 O：$|z| = 1$，由题设知 $|z_D| = |z_E| = 1$ 及 $z_F = \operatorname{Re} z_D, z_G = \operatorname{Re} z_E$. 过点 M 作 $MN \perp$

BC 于点 N,则 $FD \parallel NM \parallel GE$,有
$$\frac{\operatorname{Re} z_M - \operatorname{Re} z_D}{\operatorname{Im} z_D} = \frac{\operatorname{Re} z_E - \operatorname{Re} z_M}{\operatorname{Im} z_E}$$

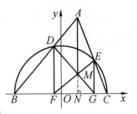

图 17.17

故
$$\operatorname{Re} z_M = \frac{\operatorname{Im} z_D \operatorname{Re} z_E + \operatorname{Im} z_E \operatorname{Re} z_D}{\operatorname{Im} z_D + \operatorname{Im} z_E}$$

同样,过 A 作 $AN' \perp BC$ 于 N',则 $FD \parallel N'A \parallel GE$,有

$$\frac{\operatorname{Im} z_A}{\operatorname{Im} z_D} = \frac{\operatorname{Re} z_A - \operatorname{Re} z_B}{\operatorname{Re} z_D - \operatorname{Re} z_B} = \frac{\operatorname{Re} z_A + 1}{\operatorname{Re} z_D + 1}$$

及
$$\frac{\operatorname{Im} z_A}{\operatorname{Im} z_E} = \frac{\operatorname{Re} z_E - \operatorname{Re} z_A}{\operatorname{Re} z_C - \operatorname{Re} z_E} = \frac{\operatorname{Re} z_A - 1}{\operatorname{Re} z_E - 1}$$

两式相除得
$$\frac{\operatorname{Re} z_A + 1}{\operatorname{Re} z_A - 1} = \frac{\operatorname{Im} z_E (\operatorname{Re} z_D + 1)}{\operatorname{Im} z_D (\operatorname{Re} z_E - 1)}$$

由合分比定理可得
$$\operatorname{Re} z_A = \frac{\operatorname{Im} z_E (\operatorname{Re} z_D + 1) + \operatorname{Im} z_D (\operatorname{Re} z_E - 1)}{\operatorname{Im} z_E (\operatorname{Re} z_D + 1) - \operatorname{Im} z_D (\operatorname{Re} z_E - 1)}$$

因
$$\operatorname{Im}^2 z_D + \operatorname{Re}^2 z_D = \operatorname{Im}^2 z_E + \operatorname{Re}^2 z_E = 1$$

则可用分析法证明 $\operatorname{Re} z_A = \operatorname{Re} z_M$.

事实上,若 $\operatorname{Re} z_M = \operatorname{Re} z_A$ 成立,即
$$\frac{\operatorname{Im} z_D \cdot \operatorname{Re} z_E + \operatorname{Im} z_E \cdot \operatorname{Re} z_D}{\operatorname{Im} z_D + \operatorname{Im} z_E} = \frac{\operatorname{Im} z_E \cdot (\operatorname{Re} z_D + 1) + \operatorname{Im} z_D \cdot (\operatorname{Re} z_E - 1)}{\operatorname{Im} z_E \cdot (\operatorname{Re} z_D + 1) - \operatorname{Im} z_D \cdot (\operatorname{Re} z_E - 1)} \Leftrightarrow$$

$\operatorname{Im} z_D \cdot \operatorname{Re} z_E \cdot \operatorname{Im} z_E \cdot \operatorname{Re} z_D + \operatorname{Im} z_D \cdot \operatorname{Re} z_E \cdot \operatorname{Im} z_E - \operatorname{Im}^2 z_D \cdot \operatorname{Re}^2 z_E +$

$\operatorname{Im}^2 z_D \cdot \operatorname{Re} z_E + \operatorname{Im}^2 z_E \cdot \operatorname{Re}^2 z_D + \operatorname{Im}^2 z_E \cdot \operatorname{Re} z_D -$

$\operatorname{Im} z_E \cdot \operatorname{Re} z_D \cdot \operatorname{Im} z_D \cdot \operatorname{Re} z_E + \operatorname{Im} z_E \cdot \operatorname{Re} z_D \cdot \operatorname{Im} z_D =$

$\operatorname{Im} z_D \cdot \operatorname{Im} z_E \cdot \operatorname{Re} z_D + \operatorname{Im} z_D \cdot \operatorname{Im} z_E + \operatorname{Im}^2 z_D \cdot \operatorname{Re} z_E - \operatorname{Im}^2 z_D +$

$\operatorname{Im}^2 z_E \cdot \operatorname{Re} z_D + \operatorname{Im}^2 z_E \cdot \operatorname{Im} z_E \cdot \operatorname{Im} z_D \cdot \operatorname{Re} z_E - \operatorname{Im} z_E \cdot \operatorname{Im} z_D \Leftrightarrow$

$\operatorname{Im}^2 z_E \cdot \operatorname{Re}^2 z_D - \operatorname{Im}^2 z_D \cdot \operatorname{Re}^2 z_E = \operatorname{Im}^2 z_E - \operatorname{Im}^2 z_D$

而
$$\operatorname{Re}^2 z_D = 1 - \operatorname{Im}^2 z_D$$

及
$$\operatorname{Re}^2 z_E = 1 - \operatorname{Im}^2 z_E$$

故 $\operatorname{Re} z_M = \operatorname{Re} z_A$ 成立. 从而
$$AM \perp BC$$

试题 D1 设 P 是 $\triangle ABC$ 内一点,$\angle APB - \angle ACB = \angle APC - \angle ABC$. 又设 D, E 分别是 $\triangle APB$ 及 $\triangle APC$ 的内心,证明:AP, BD, CE 交于一点.

证明 如图 17.18,设 BD 交 AP 于点 M,而 CE 交 AP 于点 N. 只需证明: M 与 N 重合.

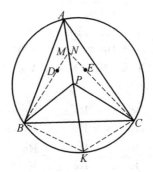

图 17.18

注意到,D,E 分别为 $\triangle ABP$ 与 $\triangle ACP$ 的内心,因此,有
$$\frac{AM}{MP}=\frac{AB}{BP},\frac{CN}{NP}=\frac{AC}{PC}$$
所以,要证 M,N 重合,只要证明
$$\frac{AB}{BP}=\frac{AC}{CP} \qquad ①$$
这样,我们就找到了证明的方向.

延长 AP,交 $\triangle ABC$ 的外接圆于另一点 K,由于
$$\angle APB=\angle PBK+\angle PKB=\angle PBK+\angle ACB$$
$$\angle APC=\angle PCK+\angle PKC=\angle PCK+\angle ABC$$
故由条件知,$\angle PBK=\angle PCK$.

利用正弦定理及上述结论可知
$$\frac{BP}{\sin\angle PKB}=\frac{PK}{\sin\angle PBK}=\frac{PK}{\sin\angle PCK}=\frac{CP}{\sin\angle PKC}$$
所以
$$\frac{BP}{CP}=\frac{\sin\angle PKB}{\sin\angle PKC}=\frac{\sin\angle ACB}{\sin\angle ABC}=\frac{AB}{AC}$$
从而,① 成立,结论获证.

试题 D2 设 $ABCDEF$ 为凸六边形,且 AB 平行于 ED,BC 平行于 FE,CD 平行于 AF. 又设 R_A,R_C,R_E 分别表示 $\triangle FAB,\triangle BCD$ 及 $\triangle DEF$ 的外接圆半径,p 表示六边形的周长,证明:
$$R_A+R_C+R_E\geqslant\frac{p}{2}$$

证法1 过 A 作直线 BC 与 EF 的垂线,垂足分别为 P,Q,则由平行线之间垂线段最短可知 $BF \geqslant PQ$. 类似地,过 D 作 BC, EF 的垂线,垂足为 R,S,则 $BF \geqslant RS$.

现在设 AB,BC,CD,DE,EF,FA 的边长分别为 a,b,c,d,e,f,结合条件,可知 $\angle A = \angle D, \angle B = \angle E, \angle C = \angle F$,我们有
$$2BF \geqslant PQ + RS = (a\sin B + f\sin C) + (c\sin C + d\sin B)$$
而由正弦定理,知 $BF = 2R_A \sin A$,所以
$$4R_A \geqslant \left(a \cdot \frac{\sin B}{\sin A} + f \cdot \frac{\sin C}{\sin A}\right) + \left(c \cdot \frac{\sin C}{\sin A} + d \cdot \frac{\sin B}{\sin A}\right)$$
同理可证
$$4R_C \geqslant \left(c \cdot \frac{\sin A}{\sin C} + b \cdot \frac{\sin B}{\sin C}\right) + \left(e \cdot \frac{\sin B}{\sin C} + f \cdot \frac{\sin A}{\sin C}\right)$$
$$4R_E \geqslant \left(e \cdot \frac{\sin C}{\sin B} + d \cdot \frac{\sin A}{\sin B}\right) + \left(a \cdot \frac{\sin A}{\sin B} + b \cdot \frac{\sin C}{\sin B}\right)$$
上述三式相加,可得
$$4(R_A + R_C + R_E) \geqslant a\left(\frac{\sin B}{\sin A} + \frac{\sin A}{\sin B}\right) + b\left(\frac{\sin B}{\sin C} + \frac{\sin C}{\sin B}\right) + \cdots =$$
$$a + b + \cdots = 2p$$
所以,$R_A + R_C + R_E \geqslant \frac{1}{2}p$. 结论获证.

证法2 如图 17.19,分别过点 B,D,F 作 AF,BC,DE 的平行线,交出一个 $\triangle XYZ$,并且四边形 $ABXF,CBZD,EFYD$ 都是平行四边形. 要证的不等式与艾尔多斯－莫德尔不等式类似.

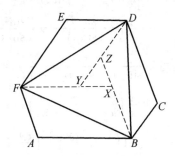

图 17.19

沿用证法 1 中的记号 $a,b,\cdots$ 及结论 $\angle A = \angle D, \angle B = \angle E, \angle C = \angle F$. 注意到

$\angle ZXY = 180° - \angle A, \angle ZYX = 180° - \angle B, \angle XZY = 180° - \angle C$

等结果,可知

$$\angle A + \angle E + \angle C = 360°, \angle B + \angle D + \angle F = 360°$$

由余弦定理,可得

$BF^2 = a^2 + f^2 - 2af\cos A =$
$a^2 + f^2 - 2af\cos(C + E) =$
$a^2 + f^2 - 2af(\cos C\cos E - \sin C\sin E) =$
$(a\sin E + f\sin C)^2 + (a\cos E - f\cos C)^2 \geqslant$
$(a\sin E + f\sin C)^2 =$
$(a\sin B + f\sin C)^2$

即 $BF \geqslant a\sin B + f\sin C$.

同理可证:$BD \geqslant b\sin B + c\sin A; DF \geqslant d\sin A + e\sin C$.

利用有向线段计算,设 $\triangle XYZ$ 的三边长 $XY = z, ZX = y, YZ = x$,就有 $a = d + z, c = f + y, e = b + x$,代入上述三式,得

$$BF \geqslant (d + z)\sin B + f\sin C$$
$$BD \geqslant b\sin B + (f + y)\sin A$$
$$DF \geqslant d\sin A + (b + x)\sin C$$

由正弦定理,知 $BF = 2R_A\sin A, BD = 2R_C\sin C, DF = 2R_E\sin B$,从而,我们有

$$R_A + R_C + R_E \geqslant \frac{1}{2}\left(d\left(\frac{\sin B}{\sin A} + \frac{\sin A}{\sin B}\right) + b\left(\frac{\sin B}{\sin C} + \frac{\sin C}{\sin B}\right)\right) +$$
$$f\left(\frac{\sin C}{\sin A} + \frac{\sin A}{\sin C}\right) + z \cdot \frac{\sin B}{\sin A} + y \cdot \frac{\sin A}{\sin C} + x \cdot \frac{\sin C}{\sin B}\right) \geqslant$$
$$d + b + f + \frac{1}{2}\left(z \cdot \frac{\sin B}{\sin A} + y \cdot \frac{\sin A}{\sin C} + x \cdot \frac{\sin C}{\sin B}\right)$$

在 $\triangle XYZ$ 中,由正弦定理,可知 $\frac{x}{\sin A} = \frac{y}{\sin B} = \frac{z}{\sin C}$,所以

$$R_A + R_C + R_E \geqslant d + b + f + \frac{1}{2}\left(\frac{yz}{x} + \frac{xy}{z} + \frac{zx}{y}\right) =$$
$$d + b + f + \frac{1}{4}\left(\left(\frac{yz}{x} + \frac{xy}{z}\right) + \left(\frac{xy}{z} + \frac{zx}{y}\right) + \left(\frac{zx}{y} + \frac{yz}{x}\right)\right) \geqslant$$
$$d + b + f + \frac{1}{4}(2y + 2x + 2z) =$$
$$d + b + f + \frac{1}{2}(x + y + z) =$$

$$\frac{1}{2}[d+b+f+(d+z)+(f+y)+(b+x)] =$$
$$\frac{1}{2}(a+b+\cdots+f) = \frac{1}{2}p$$

结论获证.

第 1 节 梯形中位线定理的推广及应用

我们知道:梯形中位线之长,等于梯形上下底之和的一半,进一步可推广得到如下的结论.

定理 1 如图 17.20,在梯形 $ABCD$ 中,平行于底的直线与腰 AB,DC 分别相交于点 P,Q. 若 $AP:PB=m:n$,则有

$$PQ = \frac{mBC + nAD}{m+n}$$

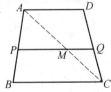

图 17.20

证明 联结 AC,与 PQ 相交于点 M,由于 $PQ \parallel BC \parallel AD$,则可得到

$$\frac{PM}{BC} = \frac{AP}{AB} \Rightarrow PM = \frac{m}{m+n}BC$$

$$\frac{MQ}{AD} = \frac{CQ}{CD} \Rightarrow MQ = \frac{n}{m+n}AD$$

将以上两式相加,即得结论.

显然,当 $m:n=1$ 时,即为梯形中位线定理.

定理 2 若 E,F 分别为四边形 $ABCD$ 的边 AB,CD 上的点,且 $\frac{AE}{EB} = \frac{DF}{FC} = \frac{m}{n}$,$AD=b$,$BC=a$. 设 AD 与 BC 所在直线的夹角为 α,则

$$EF^2 = \frac{(am)^2 + (bn)^2 + 2ambn\cos\alpha}{(m+n)^2}$$

证明 如图 17.21,联结 BD,过 E 作 $EO \parallel AD$ 交 BD 于 O,联结 OF,则 $OF \parallel BC$,且有

$$\angle OFE = \angle FPC, \angle FEO = \angle FQD$$

(其中点 Q 为直线 EF 与直线 AD 的交点)

从而

$$\angle OFE + \angle FEO = \angle FPC + \angle DQF = \alpha$$

(其中点 P 为直线 EF 与直线 BC 的交点)

因 $OE = \dfrac{bn}{m+n}, OF = \dfrac{am}{m+n}$

在 $\triangle EOF$ 中,依余弦定理,有

$$EF^2 = \left(\dfrac{bn}{m+n}\right)^2 + \left(\dfrac{am}{m+n}\right)^2 - 2 \cdot \dfrac{bn}{m+n} \cdot \dfrac{am}{m+n} \cdot \cos(180° - \alpha)$$

即 $$EF^2 = \dfrac{(am)^2 + (bn)^2 + 2ambn\cos\alpha}{(m+n)^2}$$

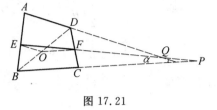

图 17.21

特别地,若令 $EF = l$,且:

(1) $\dfrac{m}{n} = 1$,则 $l = \dfrac{1}{2}\sqrt{a^2 + b^2 + 2ab\cos\alpha}$ 为任何四边形对边中点连线长公式.

(2) $\dfrac{m}{n} = 1, b = 0$,得 $l = \dfrac{a}{2}$ 为三角形中位线定理.

(3) $\dfrac{m}{n} = 1, \alpha = 0°$,得 $l = \dfrac{a+b}{2}$ 为梯形中位线定理.

(4) $\dfrac{m}{n} = 1, \alpha = 180°$,得 $l = \dfrac{a-b}{2}$ 为梯形两对角线中点连线长公式.

(5) $\alpha = 0$,得 $l = \dfrac{am+bn}{m+n}$ 即为(定理1)分梯形两腰长为 $\dfrac{m}{n}$ 的线段长公式.

(6) $\alpha = 180°$,得 $l = \dfrac{am-bn}{m+n}$ 即为分梯形两对角线为 $\dfrac{m}{n}$ 的线段长公式.

……

下面看一些应用例子[①].

例1 在 $\triangle ABC$ 中,BD 和 CE 分别为 $\angle B$ 和 $\angle C$ 的平分线,F 为 DE 上的任意一点,过点 F 分别作 BC, AB, AC 的垂线,垂足为 H, M, N,如图 17.22 所示. 求证:$FH = FM + FN$.

证明 作 $DQ \perp BC$ 于点 $Q, EP \perp BC$ 于点 $P, DR \perp AB$ 于点 $R, ES \perp AC$ 于点 S,由条件即知 $DR = DQ, ES = $

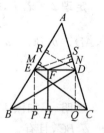

图 17.22

[①] 陈万龙. 梯形中位线定理的推广和应用[J]. 中学数学, 2001(12):32-34.

EP. 设 $DF:FE=m:n$, 从而在梯形 $DQPE$ 中,有

$$FH=\frac{mEP+nDQ}{m+n}$$

又由于 $\triangle DFN\backsim\triangle DES,\triangle EFM\backsim\triangle EDR$

则 $$FN=\frac{DF}{DE}\cdot ES=\frac{m}{m+n}EP$$

$$FM=\frac{EF}{DE}\cdot DR=\frac{n}{m+n}DQ$$

故 $$FN+FM=\frac{mEP+nDQ}{m+n}=FH$$

例 2 在凸四边形 $ABCD$ 的边 AB,CD 上各有一动点 E,F. 如果 $AE:EB=CF:FD$, 求证: $S_{ABCD}=S_{\triangle ECD}+S_{\triangle FAB}$.

证明 作 AA',EE',BB' 与 DC 所在直线垂直, 如图 17.23 所示, 垂足分别为点 A',E',B'. 令 $AE:EB=m:n$, 则在梯形 $AA'B'B$ 中,有

$$EE'=\frac{m\cdot BB'+n\cdot AA'}{m+n}$$

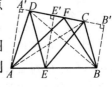

图 17.23

则

$$S_{\triangle DEC}=\frac{1}{2}DC\cdot EE'=\frac{m\cdot\frac{1}{2}DC\cdot BB'+n\cdot\frac{1}{2}DC\cdot AA'}{m+n}=$$

$$\frac{mS_{\triangle BDC}+nS_{\triangle ADC}}{m+n}$$

显然 $CF:FD=m:n$, 类似地必然有

$$S_{\triangle AFB}=\frac{mS_{\triangle ABD}+nS_{\triangle ABC}}{m+n}$$

故

$$S_{\triangle DEC}+S_{\triangle AFB}=\frac{m(S_{\triangle BDC}+S_{\triangle ABD})+n(S_{\triangle ADC}+S_{\triangle ABC})}{m+n}=$$

$$\frac{(m+n)S_{ABCD}}{m+n}=S_{ABCD}$$

例 3 如图 17.24, 梯形 $ABCD$ 的对角线 AC,BD 相交于点 G,EF 平行于底边 BC 且过点 G, 又 EC 和 FB 相交于点 H,MN 平行于底边 BC 且过点 H, 求证: $\frac{1}{AD}+\frac{2}{BC}=\frac{1}{EF}+\frac{2}{MN}$.

证明 由已知条件即知

$$AE:EB=AG:GC=AD:BC$$

从而便知在梯形 $ABCD$ 中,有

$$EF=\frac{AD\cdot BC+BC\cdot AD}{AD+BC}=\frac{2AD\cdot BC}{AD+BC}$$

由此即得

$$\frac{2}{EF}=\frac{1}{AD}+\frac{1}{BC} \qquad ①$$

同理在梯形 $EBCF$ 中,有

$$\frac{1}{EF}+\frac{1}{BC}=\frac{2}{MN} \qquad ②$$

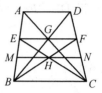

图 17.24

由①②得

$$\frac{1}{AD}+\frac{2}{BC}=\frac{1}{EF}+\frac{2}{MN}$$

例 4 在锐角 $\triangle ABC$ 中,外心 O 到三边距离之和记为 $d_{外}$,重心 G 到三边距离之和记为 $d_{重}$,垂心 H 到三边距离之和记为 $d_{垂}$,求证:$d_{垂}+2d_{外}=3d_{重}$.

证明 如图 17.25,我们知道,三角形外心、重心和垂心是共线的,即 O,G,H 三点共线,并且有

$$\frac{OG}{GH}=\frac{O_1G}{GA}=\frac{1}{2}$$

其中
$$d_{垂}=HH_1+HH_2+HH_3$$
$$d_{重}=GG_1+GG_2+GG_3$$
$$d_{外}=OO_1+OO_2+OO_3$$

在梯形 O_1OHH_1 中,则有

$$GG_1=\frac{1\cdot HH_1+2\cdot OO_1}{1+2}=\frac{HH_1+2OO_1}{3}$$

则
$$HH_1+2OO_1=3GG_1$$

同理,在梯形 OO_2H_2H 和梯形 OO_3H_3H 中,分别有

$$HH_2+2OO_2=3GG_2$$
$$HH_3+2OO_3=3GG_3$$

故
$$d_{垂}+2d_{外}=3d_{重}$$

例 5 在 $\triangle ABC$ 中,h_a,h_b,h_c,r_a,r_b,r_c 分别表示三条高和三个旁切圆半径的长.求证:$h_a+h_b+h_c\leqslant r_a+r_b+r_c$.

证明 如图 17.26,设 O_1,O_2,O_3 是 $\triangle ABC$ 的三个旁心,易知 O_1,C,O_2;O_2,A,O_3;O_3,B,O_1 分别共线. 从 O_1,O_2,O_3 分别作垂线,E,F,M,N 皆为垂

足,显然有
$$O_2N = O_2F = r_b, O_3M = O_3E = r_c$$
又易证
$$\text{Rt}\triangle AO_3M \sim \text{Rt}\triangle AO_2N$$
则有
$$\frac{AO_3}{AO_2} = \frac{O_3M}{O_2N} = \frac{r_c}{r_b}$$

在梯形 O_3EFO_2 中,则有
$$AD = \frac{r_c \cdot O_2F + r_b \cdot O_3E}{r_c + r_b}$$

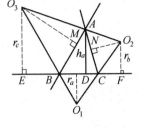

图 17.26

即
$$h_a = \frac{r_c r_b + r_b r_c}{r_c + r_b} = \frac{2r_b r_c}{r_b + r_c} \leqslant \frac{1}{2}(r_b + r_c)$$

同理
$$h_b \leqslant \frac{1}{2}(r_c + r_a)$$
$$h_c \leqslant \frac{1}{2}(r_a + r_b)$$

三式相加,则有
$$h_a + h_b + h_c \leqslant r_a + r_b + r_c$$

例 6 设 P_1, P_2, P_3 分别为正 $\triangle ABC$ 三边 AB, BC, CA 上的点,且 $AP_1 = BP_2 = CP_3$,直线 l 为过正 $\triangle ABC$ 外接圆上任一点 P 的切线,试证:P_1, P_2, P_3 三点到直线 l 距离之和为定值.

证明 如图 17.27,设正 $\triangle ABC$ 的边长为 a,其外接圆半径为 R,过 A, B, C 分别作切线 l 的垂线 AD, BE, CF,联结 AP, BP, CP. 令 $\angle ABP = \alpha$,则

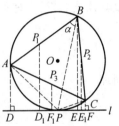

图 17.27

$$\angle APD = \alpha$$
$$\angle PBC = \angle CPF = 60° - \alpha$$
$$\angle BAP = \angle BPF = 120° - \alpha$$

于是由正弦定理可得
$$AP = 2R\sin\alpha$$
$$BP = 2R\sin(120° - \alpha)$$
$$CP = 2R\sin(60° - \alpha)$$

又分别在 $\text{Rt}\triangle APD, \text{Rt}\triangle BPE, \text{Rt}\triangle CPF$ 中
$$AD = AP\sin\alpha, BE = BP\sin(120° - \alpha), CF = CP\sin(60° - \alpha)$$
则
$$AD = 2R\sin^2\alpha, BE = 2R\sin^2(120° - \alpha), CF = 2R\sin^2(60° - \alpha)$$
即
$$AD + BE + CF = 2R[\sin^2\alpha + \sin^2(120° - \alpha) + \sin^2(60° - \alpha)] =$$

$$2R\{\frac{3}{2}-\frac{1}{2}[\cos 2\alpha+\cos(240°-2\alpha)+\cos(120°-\alpha)]\}=$$

$$2R\{\frac{3}{2}-\frac{1}{2}[\cos 2\alpha+2\cos(180°-2\alpha)\cos 60°]\}=3R$$

又 $R=\frac{\sqrt{3}}{3}a$,则

$$AD+BE+CF=\sqrt{3}a$$

又过 P_1,P_2,P_3 分别作切线 l 的垂线 P_1D_1,P_2E_1,P_3F_1,由于 $AP_1=BP_2=CP_3$,且

$$AB=BC=CA$$

则

$$\frac{AP_1}{AB}=\frac{BP_2}{BC}=\frac{CP_3}{CA}$$

从而

$$\frac{AP_1}{P_1B}=\frac{BP_2}{P_2C}=\frac{CP_3}{P_3A}$$

设其比值为 $\frac{m}{n}$,在梯形 $ADEB$ 中,则有

$$P_1D_1=\frac{nAD+mBE}{n+m}$$

同理

$$P_2E_1=\frac{nBE+mCF}{n+m}$$

$$P_3F_1=\frac{nCF+mAD}{m+n}$$

故

$$P_1D_1+P_2E_1+P_3F_1=\frac{(m+n)AD+(m+n)BE+(m+n)CF}{m+n}=$$

$$AD+BE+CF=\sqrt{3}a(\text{定值})$$

第 2 节　从平面解析几何问题到平面几何竞赛题[①]

这里介绍的是罗增儒教授根据一道平面解析几何题改造的 1996 年中国数学奥林匹克竞赛的一道平面几何题.

例 1　如图 17.28,设 H 是锐角 $\triangle ABC$ 的垂心,由 A 向以 BC 为直径的圆

---

① 罗增儒.成题改编——移植转换[J].中等数学,2005(10):14-17.

作切线 AP, AQ, 切点分别为 P, Q. 求证: P, H, Q 三点共线.

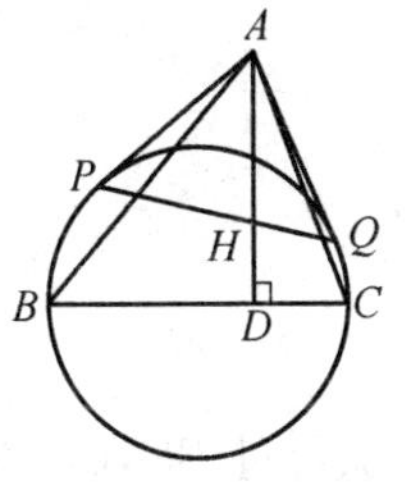

编拟这道题首先源于解析几何中的一个熟知结论.

例 2 设点 $A(a,b)$ 是圆 $x^2+y^2=R^2$ 外一点, 过 A 作圆的切线 AP, AQ, 则直线 PQ 的方程为
$$ax+by=R^2$$

证法 1 如图 17.28, 设 $P(x_1,y_1)$, $Q(x_2,y_2)$, 则过点 P, Q 的切线 AP, AQ 的方程分别为
$$x_1x+y_1y=R^2$$
$$x_2x+y_2y=R^2$$

因为点 A 在两直线上, 则有
$$x_1a+y_1b=R^2$$
$$x_2a+y_2b=R^2$$

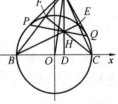

图 17.28

这表明 P, Q 均在直线 $ax+by=R^2$ 上. 但两点决定唯一的直线, 故这就是直线 PQ 的方程(切点弦方程).

证法 2 如图 17.29, 则有 $B(-R,0)$, $C(R,0)$.

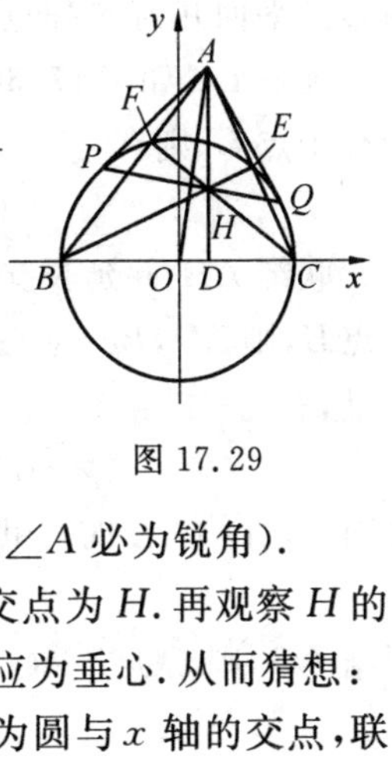

一方面, 点 P, Q 在圆 $x^2+y^2=R^2$ 上;

另一方面, 点 P, Q 又在以 OA 为直径的圆 $x^2-ax+y^2-by=0$ 上.

两圆方程相减(曲线系的思想), 便得过两圆交点 P, Q 的曲线方程为
$$ax+by=R^2$$

这是一个直线方程, 即直线 PQ 的方程.

图 17.29

在这个结论的基础上, 可进一步看到有一个 $\triangle ABC$ ($\angle A$ 必为锐角).

如图 17.29, 当作高线 AD 时, 必与直线 PQ 相交, 记交点为 H. 再观察 H 的位置特征时发现, $BH \perp AC$, $CH \perp AB$, 这就得到了 H 应为垂心. 从而猜想:

例 3 设点 $A(a,b)$ 是圆 $x^2+y^2=R^2$ 外一点, B, C 为圆与 x 轴的交点, 联结 AB, AC 顺次交圆于点 F, E. 过 A 作圆的切线 AP, AQ, 则 PQ, BE, CF 三线共点.

这一猜想是成立的, 下面给出证明.

证明 如图 17.29, 由例 2 知直线 PQ 的方程为
$$ax+by=R^2$$

又由于 $BE \perp AC$, $CF \perp AB$, 于是, 直线 BE, CF 的方程分别为

$$(a-R)(x+R)+by=0$$
$$(a+R)(x-R)+by=0$$

即

$$(a-R)x+by=R^2-aR$$
$$(a+R)x+by=R^2+aR$$

相加得过 BE,CF 交点（垂心 H）的直线方程为

$$ax+by=R^2$$

这正是直线 PQ 的方程. 故直线 PQ,BE,CF 三线共点（垂心 H）.

这就得到一道解析几何题，并且把圆改为椭圆也成立. 但作为数学竞赛题挑战性情境稍显不足，因而转换呈现方式，移植为综合几何题（例1）. 问题是能找到纯几何解法吗？学生能找到吗？为此，作者找了几个学生试做，反馈的信息是乐观的.

为了保证点 A 在圆外，$\angle A$ 应为锐角. 而 $\angle B,\angle C$ 中有直角时，结论显然；$\angle B,\angle C$ 中有锐角时，证法类似. 为了阅卷方便，此题只证锐角三角形.

1995 年 12 月，罗教授将题目寄给裘宗沪老师，附有几个证法，并注明考查内容是平面几何的"四点共圆"或解析几何的"曲线系"，挺有趣的.

证法 1 如图 17.30，设 BC 的中点为 O，联结 AO，与 PQ 相交于点 G，则有

$$PQ \perp AO \quad ①$$

联结 AH 并延长交 BC 于点 D，联结 BH 并延长交 AC 于点 E，则 AD,BE 为 $\triangle ABC$ 的两条高线，点 E 必在半圆上. 于是，有

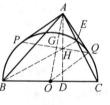

图 17.30

$$\angle HEC=90°=\angle HDC$$

从而，H,D,C,E 四点共圆. 据圆的切割线定理得

$$AQ^2=AE \cdot AC=AH \cdot AD \quad ②$$

联结 OQ，则 $OQ \perp AQ$. 在 $Rt\triangle AOQ$ 中，由射影定理有

$$AQ^2=AG \cdot AO \quad ③$$

由式②③得

$$AG \cdot AO=AH \cdot AD$$

于是，G,O,D,H 四点共圆.

联结 HG，由 $\angle HDO=90°$，得 $\angle HGO=90°$，故

$$HG \perp AO \quad ④$$

由于过 AO 上一点 G 的垂线是唯一的，由式①④知 GH 与 PQ 重合. 因此，

P,H,Q 三点共线.

证法 2 如图 17.31,记 BC 的中点为 O,联结 PH,QH,AO,OP,OQ,并联结 AH,BH 分别交 BC,AC 于 D,E. 则 AD,BE 是 △ABC 的两条高线. 从而,点 E 在圆 O 上.

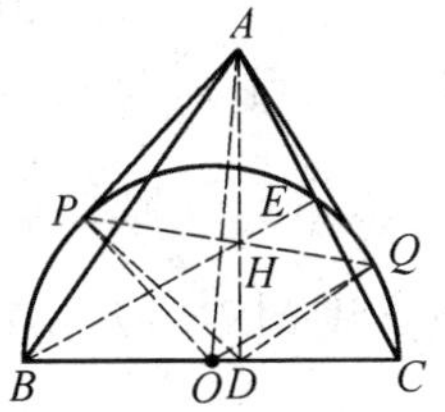

联结 PD,QD,有
$$OP \perp AP, OQ \perp AQ, OD \perp AD$$
故 A,P,O,D,Q 五点共圆. 从而
$$\angle APD + \angle AQD = 180°$$
又由 $HE \perp EC, HD \perp DC$,知 D,C,E,H 四点共圆. 从而
$$AP^2 = AQ^2 = AE \cdot AC = AH \cdot AD$$

于是,过点 H,D,Q 的圆与 AQ 切于点 Q,过点 H,D,P 的圆与 AP 切于点 P. 所以
$$\angle AHP = \angle APD, \angle AHQ = \angle AQD$$
故
$$\angle AHP + \angle AHQ = \angle APD + \angle AQD = 180°$$
因此,P,H,Q 三点共线.

图 17.31

本例可以认为是 1997 年中国数学奥林匹克竞赛第 4 题的特例,并能找出射影几何背景以及完全四边形的一种特殊情形(参见第 18 章第 1 节中的性质 7).

第 3 节 凸四边形中的一组点共线问题

凸四边形中有如下一组点共线问题[①]:

命题 1 在四边形 $ABCD$ 中,P 是对角线 AC,BD 的交点,过 P 作一条直线分别交 AB,CD 于 E,F,BF 交 AC 于 T,DE 交 AC 于 R,BR 交 AD 于 M,DT 交 BC 于 N,则 M,P,N 三点共线.

证明 如图 17.32,因直线 FPE 截 △CDR,由梅涅劳斯定理得
$$\frac{CF}{FD} \cdot \frac{DE}{ER} \cdot \frac{RP}{PC} = 1 \qquad ①$$
由直线 FTB 截 △CDP 得
$$\frac{DF}{FC} \cdot \frac{CT}{TP} \cdot \frac{PB}{BD} = 1 \qquad ②$$

---

① 万喜人. 四边形中一束优美的命题[J]. 中学教研(数学),2006(12):39-42.

由直线 BEA 截 $\triangle DPR$ 得
$$\frac{DB}{BP}\cdot\frac{PA}{AR}\cdot\frac{RE}{ED}=1 \quad ③$$

式 ① × ② × ③ 得
$$\frac{RP}{TP}\cdot\frac{CT}{AR}\cdot\frac{PA}{PC}=1 \quad ④$$

由直线 MRB 截 $\triangle ADP$ 得
$$\frac{AM}{MD}\cdot\frac{DB}{BP}\cdot\frac{PR}{RA}=1 \quad ⑤$$

由直线 BNC 截 $\triangle DTP$ 得
$$\frac{DN}{NT}\cdot\frac{TC}{CP}\cdot\frac{PB}{BD}=1 \quad ⑥$$

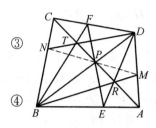

图 17.32

式 ⑤ × ⑥ ÷ ④ 得
$$\frac{AM}{MD}\cdot\frac{DN}{NT}\cdot\frac{TP}{PA}=1$$

对 $\triangle ADT$ 用梅涅劳斯定理的逆定理知 M,P,N 三点共线.

命题 2　在四边形 $ABCD$ 中,P 是对角线 AC,BD 的交点,过 P 作一条直线分别交 AB,CD 于 E,F,BF 交 AC 于 T,DE 交 AC 于 R,再过 P 作一条直线分别交 AB,CD 于 G,H,GT 交 CD 于 N,HR 交 AB 于 M,则 M,P,N 三点共线.

证明　如图 17.33,由命题 1 的证明知
$$\frac{RP}{TP}\cdot\frac{CT}{AR}\cdot\frac{PA}{PC}=1 \quad ①$$

由直线 NTG 截 $\triangle CHP$ 得
$$\frac{CN}{NH}\cdot\frac{HG}{GP}\cdot\frac{PT}{TC}=1 \quad ②$$

由直线 AMG 截 $\triangle HRP$ 得
$$\frac{HM}{MR}\cdot\frac{RA}{AP}\cdot\frac{PG}{GH}=1 \quad ③$$

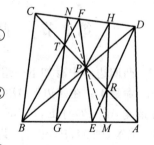

图 17.33

式 ① × ② × ③ 得
$$\frac{RP}{PC}\cdot\frac{CN}{NH}\cdot\frac{HM}{MR}=1$$

对 $\triangle CHR$ 用梅涅劳斯定理的逆定理知,M,P,N 三点共线.

命题 3　在四边形 $ABCD$ 中,P 是对角线 AC,BD 的交点,过 P 作一条直线分别交 AB,CD 于 E,F,BF,DE 分别交 AC 于 T,R,再过 P 作一条直线分别交 BF,DE 于 H,G,AH 与 BR 相交于 M,CG 与 DT 相交于 N,则 M,P,N 三点共线.

证明 如图17.34,设 $\angle BPH = \alpha$, $\angle HPT = \beta$, $\angle TPF = \gamma$,由直线 HMA 截 $\triangle BTR$ 得

$$\frac{BM}{MR} \cdot \frac{RA}{AT} \cdot \frac{TH}{HB} = 1 \qquad ①$$

由直线 AEB 截 $\triangle FTP$ 得

$$\frac{TA}{AP} \cdot \frac{PE}{EF} \cdot \frac{FB}{BT} = 1 \qquad ②$$

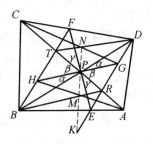

图 17.34

又

$$\frac{TH}{HB} = \frac{S_{\triangle PTH}}{S_{\triangle PHB}} = \frac{PT \sin \beta}{PB \sin \alpha} \qquad ③$$

$$\frac{FB}{BT} = \frac{PF \sin(\alpha+\beta+\gamma)}{PT \sin(\alpha+\beta)} \qquad ④$$

式①×② 并把式③ 和式④ 代入其中得

$$\frac{BM}{MR} \cdot \frac{RA}{AP} \cdot \frac{PE \cdot PF}{PB \cdot EF} \cdot \frac{\sin \beta \cdot \sin(\alpha+\beta+\gamma)}{\sin \alpha \cdot \sin(\alpha+\beta)} = 1 \qquad ⑤$$

同理

$$\frac{DN}{NT} \cdot \frac{TC}{CP} \cdot \frac{PF \cdot PE}{PD \cdot EF} \cdot \frac{\sin \beta \cdot \sin(\alpha+\beta+\gamma)}{\sin \alpha \cdot \sin(\alpha+\beta)} = 1 \qquad ⑥$$

由式⑤⑥得

$$\frac{BM}{MR} \cdot \frac{NT}{DN} = \frac{PB}{PD} \cdot \frac{AP \cdot TC}{CP \cdot RA} \qquad ⑦$$

由命题1的证明知

$$\frac{RP}{TP} \cdot \frac{CT}{AR} \cdot \frac{PA}{PC} = 1 \qquad ⑧$$

由式⑦⑧得

$$\frac{BM}{MR} \cdot \frac{NT}{DN} = \frac{PB}{PD} \cdot \frac{TP}{RP} \qquad ⑨$$

若 $PM \parallel DR$,则 $\frac{BM}{MR} = \frac{PB}{PD}$,于是 $\frac{NT}{DN} = \frac{TP}{RP}$,$PN \parallel DR$,故 M, P, N 三点共线.

若直线 PM 与 DR 相交,设其交点为 K,由直线 PMK 截 $\triangle BDR$ 得

$$\frac{RM}{MB} \cdot \frac{BP}{PD} \cdot \frac{DK}{KR} = 1 \qquad ⑩$$

式⑨×⑩得

$$\frac{NT}{DN} \cdot \frac{DK}{KR} \cdot \frac{RP}{PT} = 1$$

对 $\triangle TDR$ 用梅涅劳斯定理的逆定理知,K, P, N 三点共线,故 M, P, N 三

点共线.

命题 4 在四边形 $ABCD$ 中,P 是对角线 AC,BD 的交点,过 P 作一条直线分别交 AB,CD 于 E,F,BF,DE 分别交 AC 于 T,R,再过 P 作一条直线分别交 BF,DE 于 H,G,AH,CG 分别交 BD 于 K,Q,TK 交 AB 于 M,RQ 交 CD 于 N,则 M,P,N 三点共线.

证明 如图 17.35,设 $\angle BPH=\alpha,\angle HPT=\beta$,
对 $\triangle ABT$ 用塞瓦定理得

$$\frac{AM}{MB}\cdot\frac{BH}{HT}\cdot\frac{TP}{PA}=1 \qquad ①$$

对 $\triangle CDR$ 用塞瓦定理得

$$\frac{DN}{NC}\cdot\frac{CP}{PR}\cdot\frac{RG}{GD}=1 \qquad ②$$

又

$$\frac{BH}{HT}=\frac{PB\sin\alpha}{PT\sin\beta} \qquad ③$$

$$\frac{RG}{GD}=\frac{PR\sin\beta}{PD\sin\alpha} \qquad ④$$

图 17.35

式 ①×② 并把式 ③④ 代入其中得

$$\frac{AM}{MB}\cdot\frac{DN}{NC}=\frac{PA}{PC}\cdot\frac{PD}{PB} \qquad ⑤$$

若 $PM \parallel BC$,则 $\frac{AM}{MB}=\frac{PA}{PC}$,于是 $\frac{DN}{NC}=\frac{PD}{PB}$,$PN \parallel BC$,故 M,P,N 三点共线.

若直线 PM 与 BC 相交,设其交点为 I,由直线 PMI 截 $\triangle ABC$ 得

$$\frac{AP}{PC}\cdot\frac{CI}{IB}\cdot\frac{BM}{MA}=1 \qquad ⑥$$

式 ⑤×⑥ 得

$$\frac{DN}{NC}\cdot\frac{CI}{IB}\cdot\frac{BP}{PD}=1$$

对 $\triangle BCD$ 用梅涅劳斯定理的逆定理知,N,P,I 三点共线,故 N,P,M 三点共线.

命题 5 在四边形 $ABCD$ 中,P 是对角线 AC,BD 的交点,过 P 作一条直线分别交 AB,CD 于 E,F,再过 P 作一条直线分别交 BF,DE 于 H,G,AH,CG 分别交 BD 于 K,Q,CK 交 AB 于 M,AQ 交 CD 于 N,则 M,P,N 三点共线.

证明 如图 17.36,设 BF,DE 分别交 AC 于 T,R,$\angle BPH=\alpha$,$\angle HPT=$

β,$\angle TPF = \gamma$. 由直线 NQA 截 $\triangle CDP$ 得

$$\frac{CN}{ND} \cdot \frac{DQ}{QP} \cdot \frac{PA}{AC} = 1 \qquad ①$$

由直线 GQC 截 $\triangle DPR$ 得

$$\frac{PQ}{QD} \cdot \frac{DG}{GR} \cdot \frac{RC}{CP} = 1 \qquad ②$$

由直线 HKA 截 $\triangle BPT$ 得

$$\frac{BK}{KP} \cdot \frac{PA}{AT} \cdot \frac{TH}{HB} = 1 \qquad ③$$

由直线 AMB 截 $\triangle CPK$ 得

$$\frac{KM}{MC} \cdot \frac{CA}{AP} \cdot \frac{PB}{BK} = 1 \qquad ④$$

又

$$\frac{DG}{GR} = \frac{PD\sin\alpha}{PR\sin\beta} \qquad ⑤$$

$$\frac{TH}{HB} = \frac{PT\sin\beta}{PB\sin\alpha} \qquad ⑥$$

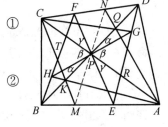

图 17.36

式 ①×②×③×④ 并把式 ⑤ 和式 ⑥ 代入其中得

$$\frac{CN}{ND} \cdot \frac{DP}{PK} \cdot \frac{KM}{MC} \cdot \frac{RC}{CP} \cdot \frac{PA}{AT} \cdot \frac{PT}{PR} = 1 \qquad ⑦$$

由直线 AEB 截 $\triangle FTP$ 得

$$\frac{TA}{AP} \cdot \frac{PE}{EF} \cdot \frac{FB}{BT} = 1 \qquad ⑧$$

由直线 CFD 截 $\triangle EPR$ 得

$$\frac{PC}{CR} \cdot \frac{RD}{DE} \cdot \frac{EF}{FP} = 1 \qquad ⑨$$

又

$$\frac{FB}{BT} = \frac{PF\sin(\alpha+\beta+\gamma)}{PT\sin(\alpha+\beta)} \qquad ⑩$$

$$\frac{RD}{DE} = \frac{PR\sin(\alpha+\beta)}{PE\sin(\alpha+\beta+\gamma)} \qquad ⑪$$

式 ⑧×⑨ 并把式 ⑩ 和式 ⑪ 代入其中得

$$\frac{TA \cdot CP \cdot PR}{AP \cdot CR \cdot PT} = 1 \qquad ⑫$$

式 ⑦×⑫ 得

$$\frac{CN}{ND} \cdot \frac{DP}{PK} \cdot \frac{KM}{MC} = 1$$

对 $\triangle CDK$ 用梅涅劳斯定理的逆定理知, M,P,N 三点共线.

命题6 在四边形 $ABCD$ 中, P 是对角线 AC,BD 的交点, 过 P 作一条直线分别交 AB,CD 于 E,F, 再过 P 作一条直线分别交 BF,DE 于 H,G, DH,BG 分别交 AC 于 K,Q, DQ 交 AB 于 M, BK 交 CD 于 N, 则 M,P,N 三点共线.

证明 如图 17.37, 设 BF,DE 分别交 AC 于 T, R, $\angle BPH = \alpha, \angle HPT = \beta, \angle TPF = \gamma$. 由直线 NKB 截 $\triangle DFH$ 得

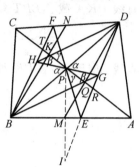

图 17.37

$$\frac{DN}{NF} \cdot \frac{FB}{BH} \cdot \frac{HK}{KD} = 1 \quad ①$$

由直线 PKT 截 $\triangle DHB$ 得

$$\frac{DK}{KH} \cdot \frac{HT}{TB} \cdot \frac{BP}{PD} = 1 \quad ②$$

又

$$\frac{FB}{BH} = \frac{PF \sin(\alpha+\beta+\gamma)}{PH \sin \alpha} \quad ③$$

$$\frac{HT}{TB} = \frac{PH \sin \beta}{PB \sin(\alpha+\beta)} \quad ④$$

式 ①×② 并把式 ③④ 代入其中得

$$\frac{DN}{NF} \cdot \frac{PF}{PD} \cdot \frac{\sin(\alpha+\beta+\gamma) \cdot \sin \beta}{\sin \alpha \cdot \sin(\alpha+\beta)} = 1 \quad ⑤$$

同理

$$\frac{BM}{ME} \cdot \frac{PE}{PB} \cdot \frac{\sin(\alpha+\beta+\gamma) \cdot \sin \beta}{\sin \alpha \cdot \sin(\alpha+\beta)} = 1 \quad ⑥$$

由式 ⑤⑥ 得

$$\frac{DN}{NF} \cdot \frac{ME}{BM} = \frac{PE}{PF} \cdot \frac{DP}{PB} \quad ⑦$$

若 $PM \parallel DE$, 则 $\frac{ME}{BM} = \frac{DP}{PB}$, 于是 $\frac{DN}{NF} = \frac{PE}{PF}$, $PN \parallel DE$, 故 M,P,N 三点共线.

若直线 PM 与 DE 相交, 设其交点为 I.

由直线 PMI 截 $\triangle BDE$ 得

$$\frac{BM}{ME} \cdot \frac{EI}{ID} \cdot \frac{DP}{PB} = 1 \quad ⑧$$

式⑦×⑧得
$$\frac{DN}{NF} \cdot \frac{FP}{PE} \cdot \frac{EI}{ID} = 1$$

对 $\triangle DFE$ 用梅涅劳斯定理的逆定理知,N,P,I 三点共线,故 N,P,M 三点共线.

命题7 在四边形 $ABCD$ 中,P 是对角线 AC,BD 的交点,过 P 作一条直线分别交 AB,CD 于 E,F,再过 P 作一条直线分别交 BF,DE 于 H,G,DH,BG 分别交 AC 于 K,Q,BK,DQ 分别交 HG 于 W,V,CW 交 AB 于 M,AV 交 CD 于 N,则 M,P,N 三点共线.

证明 如图 17.38,设 BF,DE 分别交 AC 于 $T,R,\angle BPH=\alpha,\angle HPT=\beta,\angle TPF=\gamma$.由直线 NVA 截 $\triangle DCQ$ 得

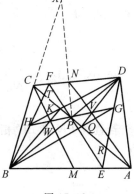

图 17.38

$$\frac{DN}{NC} \cdot \frac{CA}{AQ} \cdot \frac{QV}{VD} = 1 \qquad ①$$

由直线 GVP 截 $\triangle DQR$ 得

$$\frac{DV}{VQ} \cdot \frac{QP}{PR} \cdot \frac{RG}{GD} = 1 \qquad ②$$

由直线 BPD 截 $\triangle RQG$ 得

$$\frac{RP}{PQ} \cdot \frac{QB}{BG} \cdot \frac{GD}{DR} = 1 \qquad ③$$

由直线 AEB 截 $\triangle GQR$ 得

$$\frac{GB}{BQ} \cdot \frac{QA}{AR} \cdot \frac{RE}{EG} = 1 \qquad ④$$

又

$$\frac{RG}{DR} = \frac{PG\sin\beta}{PD\sin(\alpha+\beta)} \qquad ⑤$$

$$\frac{RE}{EG} = \frac{PR\sin\gamma}{RG\sin(\beta+\gamma)} \qquad ⑥$$

式①×②×③×④并把式⑤和式⑥代入其中得

$$\frac{DN}{NC} \cdot \frac{CA}{AR} \cdot \frac{PR}{PD} \cdot \frac{\sin\beta \cdot \sin\gamma}{\sin(\alpha+\beta) \cdot \sin(\beta+\gamma)} = 1 \qquad ⑦$$

同理

$$\frac{BM}{MA} \cdot \frac{AC}{CT} \cdot \frac{PT}{PB} \cdot \frac{\sin\beta \cdot \sin\gamma}{\sin(\alpha+\beta) \cdot \sin(\beta+\gamma)} = 1 \qquad ⑧$$

由式⑦⑧得

$$\frac{DN}{NC} \cdot \frac{MA}{BM} = \frac{PD}{PB} \cdot \frac{PT \cdot AR}{PR \cdot CT} \qquad ⑨$$

由命题1的证明知

$$\frac{RP}{TP} \cdot \frac{CT}{AR} \cdot \frac{PA}{PC} = 1 \qquad ⑩$$

由式⑨⑩得

$$\frac{DN}{NC} \cdot \frac{MA}{BM} = \frac{PD}{PB} \cdot \frac{PA}{PC} \qquad ⑪$$

若 $PN \parallel BC$,则 $\frac{DN}{NC} = \frac{PD}{PB}$,于是 $\frac{MA}{BM} = \frac{PA}{PC}$,$PM \parallel BC$,故 M,P,N 三点共线.

若直线 PN 和 BC 相交,设其交点为 X. 由直线 XNP 截 $\triangle BDC$ 得

$$\frac{CN}{ND} \cdot \frac{DP}{PB} \cdot \frac{BX}{XC} = 1 \qquad ⑫$$

式 ⑪ × ⑫ 得

$$\frac{AM}{MB} \cdot \frac{BX}{XC} \cdot \frac{CP}{PA} = 1$$

对 $\triangle ABC$ 用梅涅劳斯定理的逆定理知,M,P,X 三点共线,故 M,P,N 三点共线.

第4节　圆的外切四边形的几条性质

试题 A 涉及了圆的外切四边形问题.

凸四边形有内切圆或折(凹)四边形有旁切圆,这样的凸、凹、折四边形称为圆外切四边形.

若平面四边形(凸或凹)其一双对边的和等于另一双对边的和,则必有内切圆;若平面四边形(凸、凹、折)其一双对边的差等于另一双对边的差,则必有旁切圆.显然,菱形有一个内切圆.反之,若凸或凹四边形有内切圆,则一双对边的和等于另一双对边的和;若凸或凹或折四边形有旁切圆,则一双对边的差等于另一双对边的差(见性质1).

四边形若一对角线是另一对角线的中垂线,则叫作等形.等形有凸的和凹的两种.非菱形的等形有一个内切圆和一个旁切圆.

由等腰梯形的两腰与两条对角线构成的图形(一个折四边形),叫作逆平行

四边形.逆平行四边形有两个旁切圆.

性质1 平面四边形(凸、凹、折)有内(或旁)切圆时,则其对边的和(或差)相等.

证明 分类讨论.对于凸四边形 $ABCD$,如图 17.39(a),设四边形 $ABCD$ 的内切圆分别切 CD,DA,AB,BC 于点 E,F,G,H,则由切线长定理知
$$AF = AG, BG = BH, CH = CE, DE = DF$$
从而
$$AB + CD = AG + BG + CE + ED =$$
$$AF + BH + CH + DF =$$
$$AF + FD + BH + HC =$$
$$AD + BC$$

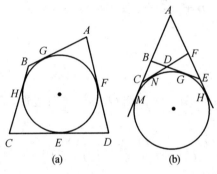

图 17.39

对于凹四边形 $ACDE$,如图 17.39(b),设其旁切圆分别与边或其延长线切于点 M,N,G,H,则由切线长定理知
$$AM = AH, CM = CN, DN = DG, EG = EH$$
从而
$$AC - DE = AM - CM - (DG + GE) =$$
$$AH - CN - DN - EH =$$
$$AH - EH - (CN + ND) =$$
$$AE - CD$$

对于折四边形 $BCFE$,如图 17.39(b),设其旁切圆分别与边或其延长线切于点 M,N,G,H,则由切线长定理知
$$CM = CN, BM = BG, FN = FH, EG = EH$$
从而

$$BC - FE = BM - CM - (FH - EH) =$$
$$BG - CN - (FN - EG) =$$
$$BG + GE - (CN + NF) =$$
$$BE - CF$$

性质 2　凸四边形有内切圆,则圆心对对边的张角之和为 $180°$.

证明　如图 17.40,设 I 为凸四边形 $ABCD$ 的内切圆圆心,则 IA,IB,IC,ID 分别平分 $\angle A,\angle B,\angle C,\angle D$,从而

$$\angle AIB + \angle CID =$$
$$180° - \frac{1}{2}\angle A - \frac{1}{2}\angle B + 180° - \frac{1}{2}\angle C - \frac{1}{2}\angle D =$$
$$360° - \frac{1}{2}(\angle A + \angle B + \angle C + \angle D) =$$
$$180°$$

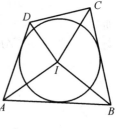

图 17.40

于是
$$\angle AID + \angle BIC = 360° - 180° = 180°$$

性质 3　已知四边形 $ABCD$ 是圆 O 的外切四边形,则有以下恒等式成立:[①]

(1) $\dfrac{AO^2}{DA \cdot AB} = \dfrac{CO^2}{BC \cdot CD}, \dfrac{BO^2}{AB \cdot BC} = \dfrac{DO^2}{CD \cdot DA}$;

(2) $\dfrac{AO^2}{DA \cdot AB} + \dfrac{BO^2}{AB \cdot BC} = 1, \dfrac{BO^2}{AB \cdot BC} + \dfrac{CO^2}{BC \cdot CD} = 1$,

$\dfrac{CO^2}{BC \cdot CD} + \dfrac{DO^2}{CD \cdot DA} = 1, \dfrac{DO^2}{CD \cdot DA} + \dfrac{AO^2}{DA \cdot AB} = 1$.

证明　如图 17.41,设 $\angle OAB = \angle OAD = \alpha$,$\angle OBA = \angle OBC = \beta$,$\angle OCB = \angle OCD = \gamma$,$\angle ODC = \angle ODA = \theta$.

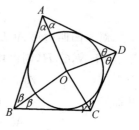

图 17.41

因为四边形 $ABCD$ 的内角和为 $360°$,所以 $2\alpha + 2\beta + 2\gamma + 2\theta = 360°$,故 $\alpha + \beta + \gamma + \theta = 180°$.

在 $\triangle AOB$ 和 $\triangle AOD$ 中,由正弦定理得

---

① 陈辉,苗相军.与圆外切(旁切)的四边形的几个基本恒等式及推广[J].数学通讯,2016(3):42-44.

$$\frac{AO}{AB} = \frac{\sin\angle OBA}{\sin\angle AOB} = \frac{\sin\beta}{\sin(\alpha+\beta)}$$

$$\frac{AO}{AD} = \frac{\sin\angle ODA}{\sin\angle AOD} = \frac{\sin\theta}{\sin(\alpha+\theta)}$$

所以

$$\frac{AO^2}{DA \cdot AB} = \frac{AO}{AB} \cdot \frac{AO}{AD} = \frac{\sin\beta\sin\theta}{\sin(\alpha+\beta)\sin(\alpha+\theta)}$$

同理可得

$$\frac{BO^2}{AB \cdot BC} = \frac{\sin\alpha\sin\gamma}{\sin(\beta+\alpha)\sin(\beta+\gamma)}$$

$$\frac{CO^2}{BC \cdot CD} = \frac{\sin\beta\sin\theta}{\sin(\gamma+\beta)\sin(\gamma+\theta)}$$

$$\frac{DO^2}{CD \cdot DA} = \frac{\sin\alpha\sin\gamma}{\sin(\theta+\gamma)\sin(\theta+\alpha)}$$

(1) 因为 $\alpha+\beta+\gamma+\theta=180°$，所以

$$\sin(\alpha+\beta)\sin(\alpha+\theta) - \sin(\gamma+\beta)\sin(\gamma+\theta) =$$

$$-\frac{1}{2}[\cos(2\alpha+\beta+\theta) - \cos(\beta-\theta)] +$$

$$\frac{1}{2}[\cos(2\gamma+\beta+\theta) - \cos(\beta-\theta)] =$$

$$\frac{1}{2}[\cos(180°-\alpha+\gamma) - \cos(180°-\gamma+\alpha)] =$$

$$\frac{1}{2}[-\cos(\alpha-\gamma) + \cos(\alpha-\gamma)] = 0$$

所以

$$\sin(\alpha+\beta)\sin(\alpha+\theta) = \sin(\gamma+\beta)\sin(\gamma+\theta)$$

所以

$$\frac{AO^2}{DA \cdot AB} = \frac{CO^2}{BC \cdot CD}$$

同理可得

$$\frac{BO^2}{AB \cdot BC} = \frac{DO^2}{CD \cdot DA}$$

(2) 因为 $\alpha+\beta+\gamma+\theta=180°$，所以

$$\frac{AO^2}{DA \cdot AB} + \frac{BO^2}{AB \cdot BC} = \frac{\sin\beta\sin\theta}{\sin(\alpha+\beta)\sin(\alpha+\theta)} + \frac{\sin\alpha\sin\gamma}{\sin(\beta+\alpha)\sin(\beta+\gamma)} =$$

$$\frac{\sin\beta\sin\theta}{\sin(\alpha+\beta)\sin(\beta+\gamma)} + \frac{\sin\alpha\sin\gamma}{\sin(\alpha+\beta)\sin(\beta+\gamma)} =$$

$$\frac{\sin\beta\sin\theta + \sin\alpha\sin\gamma}{\sin(\alpha+\beta)\sin(\beta+\gamma)}$$

又

$\sin\beta\sin\theta + \sin\alpha\sin\gamma =$

$\frac{1}{2}[\cos(\beta-\theta) - \cos(\beta+\theta)] + \frac{1}{2}[\cos(\alpha-\gamma) - \cos(\alpha+\gamma)] =$

$\frac{1}{2}[\cos(\beta-\theta) + \cos(\alpha-\gamma)] =$

$\cos\left(\frac{\beta-\theta+\alpha-\gamma}{2}\right)\cos\left(\frac{\beta-\theta-\alpha+\gamma}{2}\right) =$

$\cos[(\alpha+\beta) - 90°]\cos[(\beta+\gamma) - 90°] =$

$\sin(\alpha+\beta)\sin(\alpha+\theta)$

所以

$$\frac{AO^2}{DA\cdot AB} + \frac{BO^2}{AB\cdot BC} = 1$$

结合(1)的结论可知

$$\frac{BO^2}{AB\cdot BC} + \frac{CO^2}{BC\cdot CD} = 1$$

$$\frac{CO^2}{BC\cdot CD} + \frac{DO^2}{CD\cdot DA} = 1$$

$$\frac{DO^2}{CD\cdot DA} + \frac{AO^2}{DA\cdot AB} = 1$$

注 为书写方便,记 $\frac{AO^2}{AD\cdot AB} = T_A$,$\frac{BO^2}{BA\cdot BC} = T_B$,$\frac{CO^2}{CB\cdot CD} = T_C$,$\frac{DO^2}{DC\cdot DA} = T_D$. 则性质 3 记为:

(1) $T_A = T_C$,$T_B = T_D$;

(2) $T_A + T_B = 1$,$T_B + T_C = 1$,$T_C + T_D = 1$,$T_D + T_A = 1$.

性质 4 如图 17.42,已知四边形 $ABCD$ 是圆 O 的旁切四边形,并且内角 $\angle BCD > 180°$,则[①](记号同上):

(1) $T_A = T_C$,$T_B = T_D$;

(2) $T_A - T_B = 1$,$T_B - T_C = -1$,$T_C - T_D = 1$,$T_D - T_A = -1$.

---

① 陈辉,苗相军.与圆外切(旁切)的四边形的几个基本恒等式及推广[J].数学通讯,2016(3):42-44.

证明 (1) 设 $\angle OAB=\alpha, \angle OBC=\beta, \angle OCB=\gamma,$
$\angle ODC=\theta.$

在 $\triangle AOB$ 中,根据正弦定理得

$$\frac{AO}{\sin\angle ABO}=\frac{AB}{\sin\angle AOB}$$

从而

$$\frac{AO}{AB}=\frac{\sin\angle ABO}{\sin\angle AOB}=\frac{\sin\beta}{\sin(\beta-\alpha)}$$

类似地,$\dfrac{AO}{AD}=\dfrac{\sin\theta}{\sin(\theta-\alpha)}$,于是

$$T_A=\frac{AO^2}{AD\cdot AB}=\frac{\sin\beta\sin\theta}{\sin(\beta-\alpha)\sin(\theta-\alpha)}$$

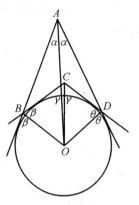

图 17.42

在 $\triangle BOC$ 中,根据正弦定理得

$$\frac{CO}{\sin\angle CBO}=\frac{CB}{\sin\angle BOC}$$

从而

$$\frac{CO}{CB}=\frac{\sin\angle CBO}{\sin\angle BOC}=\frac{\sin\beta}{\sin(\beta+\gamma)}$$

类似地,$\dfrac{CO}{CD}=\dfrac{\sin\theta}{\sin(\theta+\gamma)}$,于是

$$T_C=\frac{CO^2}{CB\cdot CD}=\frac{\sin\beta\sin\theta}{\sin(\beta+\gamma)\sin(\theta+\gamma)}$$

因为

$$\sin(\beta+\gamma)\sin(\theta+\gamma)-\sin(\beta-\alpha)\sin(\theta-\alpha)=$$
$$-\frac{1}{2}[\cos(\beta+\theta+2\gamma)-\cos(\beta-\theta)]+\frac{1}{2}[\cos(\beta+\theta-2\alpha)-\cos(\beta-\theta)]=$$
$$\frac{1}{2}[\cos(\beta+\theta-2\alpha)-\cos(\beta+\theta+2\gamma)]$$

由四边形 $OBCD$ 的内角和为 $360°$ 得

$$\beta+2\gamma+\theta+(\theta-\alpha)+(\beta-\alpha)=360°$$

所以

$$(\beta+\theta-2\alpha)+(\beta+\theta+2\gamma)=360°$$

故

$$\cos(\beta+\theta-2\alpha)=\cos(\beta+\theta+2\gamma)$$

于是

$$\sin(\beta+\gamma)\sin(\theta+\gamma) - \sin(\beta-\alpha)\sin(\theta-\alpha) = 0$$

所以
$$\sin(\beta+\gamma)\sin(\theta+\gamma) = \sin(\beta-\alpha)\sin(\theta-\alpha)$$

所以 $T_A = T_C$.

同理可证 $T_B = T_D$.

(2) 在 $\triangle AOB$ 中，根据正弦定理得
$$\frac{BO}{\sin\angle BAO} = \frac{AB}{\sin\angle BOA}$$

从而
$$\frac{BO}{BA} = \frac{\sin\angle BAO}{\sin\angle BOA} = \frac{\sin\alpha}{\sin(\beta-\alpha)}$$

类似地，$\dfrac{BO}{BC} = \dfrac{\sin\gamma}{\sin(\beta+\gamma)}$，于是
$$T_B = \frac{BO^2}{BA \cdot BC} = \frac{\sin\alpha\sin\gamma}{\sin(\beta-\alpha)\sin(\beta+\gamma)}$$

又由 $\beta + 2\gamma + \theta + (\theta-\alpha) + (\beta-\alpha) = 360°$ 得 $(\beta+\gamma) + (\theta-\alpha) = 180°$，所以
$$T_A - T_B = \frac{\sin\beta\sin\theta}{\sin(\beta-\alpha)\sin(\theta-\alpha)} - \frac{\sin\alpha\sin\gamma}{\sin(\beta-\alpha)\sin(\beta+\gamma)} = \frac{\sin\beta\sin\theta - \sin\alpha\sin\gamma}{\sin(\beta-\alpha)\sin(\theta-\alpha)}$$

又
$$\sin\beta\sin\theta - \sin\alpha\sin\gamma =$$
$$\frac{1}{2}[\cos(\beta-\theta) - \cos(\beta+\theta)] - \frac{1}{2}[\cos(\alpha-\gamma) - \cos(\alpha+\gamma)] =$$
$$\frac{1}{2}[\cos(\beta-\theta) + \cos(\alpha+\gamma)] =$$
$$\cos\left(\frac{\beta-\theta+\alpha+\gamma}{2}\right)\cos\left(\frac{\beta-\theta-\alpha-\gamma}{2}\right) =$$
$$\cos[90° - (\theta-\alpha)]\cos[(\beta-\alpha) - 90°] =$$
$$\sin(\theta-\alpha)\sin(\beta-\alpha)$$

所以 $T_A - T_B = 1$.

进而可得
$$T_B - T_C = -1, T_C - T_D = 1, T_D - T_A = -1$$

下面，我们介绍性质 3，4 可以推广到椭圆、双曲线.

推广 1 如图 17.43，设四边形 $ABCD$ 是以 F_1，F_2 为焦点的椭圆的外切四边形，记

$$M_A = \frac{AF_1 \cdot AF_2}{AB \cdot AD}, M_B = \frac{BF_1 \cdot BF_2}{BC \cdot BA}$$

$$M_C = \frac{CF_1 \cdot CF_2}{CD \cdot CB}, M_D = \frac{DF_1 \cdot DF_2}{DA \cdot DC}$$

则：

(1) $M_A = M_C, M_B = M_D$；

(2) $M_A + M_B = 1, M_B + M_C = 1, M_C + M_D = 1, M_D + M_A = 1$.

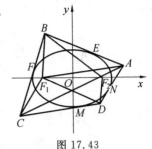

图 17.43

证明 用解析方法证明. 设四边形 $ABCD$ 是椭圆 $\frac{x^2}{a^2} + \frac{y^2}{b^2} = 1 (a > b > 0)$ 的外切四边形，AB, BC, CD, DA 分别与椭圆相切于 E, F, M, N.

设 $E(a\cos\theta_1, b\sin\theta_1), F(a\cos\theta_2, b\sin\theta_2), M(a\cos\theta_3, b\sin\theta_3), N(a\cos\theta_4, b\sin\theta_4)$，不妨设 $0 \leqslant \theta_1 < \theta_2 < \theta_3 < \theta_4 < 2\pi$.

直线 AB 的方程为 $\frac{\cos\theta_1}{a}x + \frac{\sin\theta_1}{b}y = 1$，即

$$(b\cos\theta_1)x + (a\sin\theta_1)y = ab \qquad ①$$

同理，直线 BC 的方程为

$$(b\cos\theta_2)x + (a\sin\theta_2)y = ab \qquad ②$$

联立①②，求得点 B 的坐标为

$$B\left(\frac{a\cos\frac{\theta_2+\theta_1}{2}}{\cos\frac{\theta_2-\theta_1}{2}}, \frac{b\sin\frac{\theta_2+\theta_1}{2}}{\cos\frac{\theta_2-\theta_1}{2}}\right)$$

类似可求得

$$C\left(\frac{a\cos\frac{\theta_3+\theta_2}{2}}{\cos\frac{\theta_3-\theta_2}{2}}, \frac{b\sin\frac{\theta_3+\theta_2}{2}}{\cos\frac{\theta_3-\theta_2}{2}}\right)$$

$$D\left(\frac{a\cos\frac{\theta_4+\theta_3}{2}}{\cos\frac{\theta_4-\theta_3}{2}}, \frac{b\sin\frac{\theta_4+\theta_3}{2}}{\cos\frac{\theta_4-\theta_3}{2}}\right)$$

$$A\left(\frac{a\cos\frac{\theta_4+\theta_1}{2}}{\cos\frac{\theta_4-\theta_1}{2}}, \frac{b\sin\frac{\theta_4+\theta_1}{2}}{\cos\frac{\theta_4-\theta_1}{2}}\right)$$

计算得

$$AB = \left| \frac{\sin \frac{\theta_2 - \theta_4}{2}}{\cos \frac{\theta_2 - \theta_1}{2} \cos \frac{\theta_4 - \theta_1}{2}} \right| \cdot \sqrt{a^2 \sin^2 \theta_1 + b^2 \cos^2 \theta_1}$$

$$AD = \left| \frac{\sin \frac{\theta_1 - \theta_3}{2}}{\cos \frac{\theta_1 - \theta_4}{2} \cos \frac{\theta_3 - \theta_4}{2}} \right| \cdot \sqrt{a^2 \sin^2 \theta_4 + b^2 \cos^2 \theta_4}$$

$$AF_1 \cdot AF_2 = \left| \frac{1}{\cos^2 \frac{\theta_1 - \theta_4}{2}} \right| \cdot \sqrt{(a^2 \sin^2 \theta_1 + b^2 \cos^2 \theta_1)(a^2 \sin^2 \theta_4 + b^2 \cos^2 \theta_4)}$$

所以

$$M_A = \frac{AF_1 \cdot AF_2}{AB \cdot AD} = \left| \frac{\cos \frac{\theta_2 - \theta_1}{2} \cos \frac{\theta_3 - \theta_4}{2}}{\sin \frac{\theta_2 - \theta_4}{2} \sin \frac{\theta_1 - \theta_3}{2}} \right| =$$

$$\frac{\cos \frac{\theta_2 - \theta_1}{2} \cos \frac{\theta_3 - \theta_4}{2}}{\sin \frac{\theta_4 - \theta_2}{2} \sin \frac{\theta_3 - \theta_1}{2}}$$

同理可得

$$M_B = \frac{BF_1 \cdot BF_2}{BC \cdot BA} = \left| \frac{\cos \frac{\theta_3 - \theta_2}{2} \cos \frac{\theta_4 - \theta_1}{2}}{\sin \frac{\theta_3 - \theta_1}{2} \sin \frac{\theta_2 - \theta_4}{2}} \right| =$$

$$-\frac{\cos \frac{\theta_3 - \theta_2}{2} \cos \frac{\theta_4 - \theta_1}{2}}{\sin \frac{\theta_3 - \theta_1}{2} \sin \frac{\theta_4 - \theta_2}{2}}$$

$$M_C = \frac{CF_1 \cdot CF_2}{CD \cdot CB} = \left| \frac{\cos \frac{\theta_4 - \theta_3}{2} \cos \frac{\theta_1 - \theta_2}{2}}{\sin \frac{\theta_4 - \theta_2}{2} \sin \frac{\theta_3 - \theta_1}{2}} \right| =$$

$$\frac{\cos \frac{\theta_4 - \theta_3}{2} \cos \frac{\theta_1 - \theta_2}{2}}{\sin \frac{\theta_4 - \theta_2}{2} \sin \frac{\theta_3 - \theta_1}{2}}$$

$$M_D = \frac{DF_1 \cdot DF_2}{DA \cdot DC} = \left| \frac{\cos\dfrac{\theta_1-\theta_4}{2}\cos\dfrac{\theta_2-\theta_3}{2}}{\sin\dfrac{\theta_1-\theta_3}{2}\sin\dfrac{\theta_4-\theta_2}{2}} \right| =$$

$$-\frac{\cos\dfrac{\theta_1-\theta_4}{2}\cos\dfrac{\theta_2-\theta_3}{2}}{\sin\dfrac{\theta_3-\theta_1}{2}\sin\dfrac{\theta_4-\theta_2}{2}}$$

所以 $M_A = M_C, M_B = M_D$.

又

$$M_A + M_B = \frac{\cos\dfrac{\theta_2-\theta_1}{2}\cos\dfrac{\theta_3-\theta_4}{2}}{\sin\dfrac{\theta_4-\theta_2}{2}\sin\dfrac{\theta_3-\theta_1}{2}} - \frac{\cos\dfrac{\theta_3-\theta_2}{2}\cos\dfrac{\theta_4-\theta_1}{2}}{\sin\dfrac{\theta_3-\theta_1}{2}\sin\dfrac{\theta_4-\theta_2}{2}} =$$

$$\frac{1}{\sin\dfrac{\theta_4-\theta_2}{2}\sin\dfrac{\theta_3-\theta_1}{2}} \cdot$$

$$\left[\frac{1}{2}\left(\cos\dfrac{\theta_2+\theta_3-\theta_1-\theta_4}{2} + \cos\dfrac{\theta_2+\theta_4-\theta_1-\theta_3}{2}\right) - \right.$$

$$\left. \frac{1}{2}\left(\cos\dfrac{\theta_3+\theta_4-\theta_1-\theta_2}{2} + \cos\dfrac{\theta_3+\theta_1-\theta_2-\theta_4}{2}\right) \right] =$$

$$\frac{1}{2\sin\dfrac{\theta_4-\theta_2}{2}\sin\dfrac{\theta_3-\theta_1}{2}} \cdot \left(\cos\dfrac{\theta_2+\theta_3-\theta_1-\theta_4}{2} - \cos\dfrac{\theta_3+\theta_4-\theta_1-\theta_2}{2}\right) =$$

$$\frac{-\sin\dfrac{\theta_3-\theta_1}{2}\sin\dfrac{\theta_2-\theta_4}{2}}{\sin\dfrac{\theta_4-\theta_2}{2}\sin\dfrac{\theta_3-\theta_1}{2}} = 1$$

所以 $M_A + M_B = 1$.

同理可证

$$M_B + M_C = 1, M_C + M_D = 1, M_D + M_A = 1.$$

推广 2 如图 17.44,已知四边形 $ABCD$ 是椭圆的旁切四边形,并且内角 $\angle BCD > 180°$,记

$$M_A = \frac{AF_1 \cdot AF_2}{AB \cdot AD}$$

$$M_B = \frac{BF_1 \cdot BF_2}{BC \cdot BA}$$

$$M_C = \frac{CF_1 \cdot CF_2}{CD \cdot CB}$$

$$M_D = \frac{DF_1 \cdot DF_2}{DA \cdot DC}$$

则：

(1) $M_A = M_C, M_B = M_D$.

(2) $M_A - M_B = 1, M_B - M_C = -1, M_C - M_D = 1,$
$M_D - M_A = -1$.

推广 3 已知四边形 $ABCD$ 是与双曲线旁切的四边形，并且直线 AB, AD 相切于双曲线的同一支（如右支），记

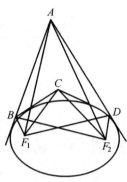

图 17.44

$$M_A = \frac{AF_1 \cdot AF_2}{AB \cdot AD}, M_B = \frac{BF_1 \cdot BF_2}{BC \cdot BA}, M_C = \frac{CF_1 \cdot CF_2}{CD \cdot CB}, M_D = \frac{DF_1 \cdot DF_2}{DA \cdot DC}$$

如图 17.45(a)(b)(c)，则：

(1) $M_A = M_C, M_B = M_D$.

(2) 在图 17.45(a)（直线 CB, CD 相切于双曲线的右支）和图 17.45(b)（直线 CB, CD 相切于双曲线的左支）的情形下，有

$$M_A - M_B = -1, M_B - M_C = 1, M_C - M_D = -1, M_D - M_A = 1$$

(3) 如图 17.45(c)（直线 CB, CD 相切于双曲线的两支）的情形下，有

$$M_A - M_B = 1, M_B - M_C = -1, M_C - M_D = 1, M_D - M_A = -1$$

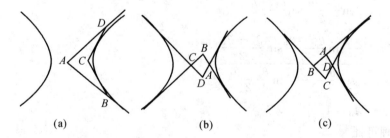

图 17.45

以上推广 2、推广 3 的证明留给读者.

第18章 1996～1997年度试题的诠释

试题 A 如图 18.1,圆 O_1 和圆 O_2 与 $\triangle ABC$ 的三边所在的三条直线都相切,E,F,G,H 为切点,并且 EG,FH 的延长线交于点 P. 求证:直线 PA 与 BC 垂直.

证法1 设 PA 交 BC 于点 D,联结 O_1A,O_1E,O_1G,O_2A,O_2F,O_2H,如图 18.1 所示,则

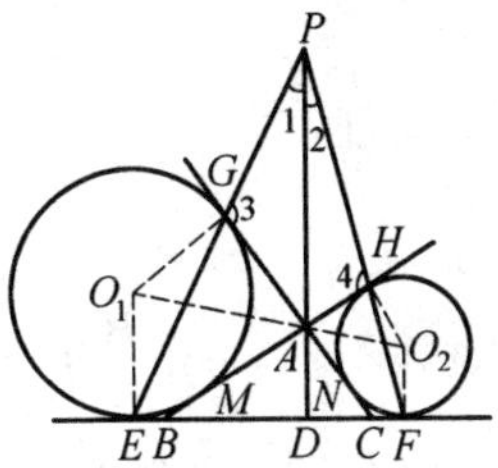

$$\frac{ED}{DF}=\frac{S_{\triangle PED}}{S_{\triangle PDF}}=\frac{\frac{1}{2}PE\cdot PD\sin\angle 1}{\frac{1}{2}PF\cdot PD\sin\angle 2}=\frac{PE}{PF}\cdot\frac{\sin\angle 1}{\sin\angle 2}$$

在 $\triangle PEF$ 中,由正弦定理得

$$\frac{PE}{PF}=\frac{\sin\angle PFE}{\sin\angle PEF}$$

图 18.1

因 FE,CG 是圆 O_1 的切线,则

$$\angle PEF=\angle CGE=180°-\angle 3$$
$$\sin\angle PEF=\sin\angle 3$$

同理

$$\sin\angle PFE=\sin\angle 4$$

故

$$\frac{ED}{DF}=\frac{\sin\angle 4}{\sin\angle 3}\cdot\frac{\sin\angle 1}{\sin\angle 2}=\frac{\sin\angle 4}{\sin\angle 2}\cdot\frac{\sin\angle 1}{\sin\angle 3}$$

在 $\triangle PHA$ 及 $\triangle PGA$ 中,由正弦定理得

$$\frac{\sin\angle 4}{\sin\angle 2}=\frac{PA}{AH},\frac{\sin\angle 1}{\sin\angle 3}=\frac{AG}{PA}$$

有

$$\frac{ED}{DF}=\frac{PA}{AH}\cdot\frac{AG}{PA}=\frac{AG}{AH}$$

易知

$$\text{Rt}\triangle AGO_1\backsim\text{Rt}\triangle AHO_2$$

于是

$$\frac{ED}{DF}=\frac{AG}{AH}=\frac{AO_1}{AO_2}$$

易知 O_1EFO_2 是直角梯形,由 $\dfrac{ED}{DF}=\dfrac{AO_1}{AO_2}$,有 $AD\parallel O_1E$,故

$$AD\perp BC$$

即
$$PA \perp BC$$

注 在上述证法中,我们可得到结论:过外离两圆两内公切线交点引外公切线的垂线,则垂足内分外公切线所得两线之比等于两圆半径之比.

证法 2 (由四川方廷刚给出)记 $\angle ABC = \angle B, \angle ACB = \angle C, \angle BAC = \angle A$,作 $AD \perp BC$ 于点 D,反向延长 AD 分别交直线 EG, FH 于点 P_1, P_2.需要证 P_1 与 P_2 重合,即要证 $P_1D = P_2D$.这只需证
$$DE \tan \angle GEC = DF \tan \angle HFB$$
又只需证
$$DE \cot \frac{C}{2} = DF \cot \frac{B}{2}$$
即只需证
$$DE : DF = \cot \frac{B}{2} : \cot \frac{C}{2}$$
但
$$EC = GC = BH = BF$$
故
$$\cot \frac{B}{2} : \cot \frac{C}{2} = \frac{BF}{O_2F} : \frac{CE}{O_1E} = O_1E : O_2F = r_1 : r_2$$

(r_1, r_2 分别为两圆半径).

而由证法 1 后的注中结论,知
$$DE : DF = r_1 : r_2$$
故结论获证.

证法 3 (由安徽对外经贸学校杨付珍给出)如图 18.1,设 PA 交 BC 于点 D,联结 O_1E, O_2F, O_1O_2,则 O_1O_2 过点 A,注意到 $O_1E \perp BC, O_2F \perp BC$,要证 $PA \perp BC$,只要证 $PA // O_1E // O_2F$,即只要证 $\dfrac{ED}{DF} = \dfrac{O_1A}{AO_2}$.

由中直线束截直线分线段比定理,知
$$\frac{ED}{DF} = \frac{PE \sin \angle 1}{PF \sin \angle 2}$$
在 $\triangle PEF$ 中,由正弦定理得
$$\frac{PE}{PF} = \frac{\sin \angle PFE}{\sin \angle PEF}$$
则
$$\frac{ED}{DF} = \frac{\sin \angle PFE \sin \angle 1}{\sin \angle PEF \sin \angle 2}$$
又显然
$$\triangle O_1GA \sim \triangle O_2HA$$

则
$$\frac{O_1A}{AO_2}=\frac{AG}{AH}=\frac{\dfrac{PA}{\sin\angle 3}\sin\angle 1}{\dfrac{PA}{\sin\angle 4}\sin\angle 2}=\frac{\sin\angle 4\sin\angle 1}{\sin\angle 3\sin\angle 2}$$

再注意到
$$\angle 3+\angle PEF=\angle 3+\angle CGE=180°$$
$$\angle PFE+\angle 4=\angle BHF+\angle 4=180°$$

即
$$\frac{O_1A}{AO_2}=\frac{\sin\angle PFE\sin\angle 1}{\sin\angle PEF\sin\angle 2}$$

则
$$\frac{ED}{DF}=\frac{O_1A}{AO_2}$$

故结论得证.

证法 4 （由四川熊福州,江苏嵇国平等人给出）如图 18.2,由已知可有 $\triangle ABC$ 的周长等于 $2BF=2CE$,则 $BF=CE$,即 $EB=CF$.

联结 O_1B 交 PE 于点 M,联结 O_2C 交 PF 于点 N,联结 MN, O_1G, AM, O_2H, AN, O_1O_2.

由已知有 O_1B 是等腰 $\triangle BHF$ 的顶角的外角平分线,则

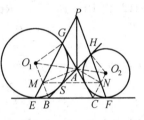

图 18.2

$$O_1B \parallel HF$$

同理
$$O_2C \parallel GE$$

则
$$\triangle MEB \cong \triangle NCF(\text{ASA})$$

即
$$ME=NC$$

从而四边形 $MECN$ 为平行四边形,故
$$MN \parallel EF$$

又由已知,若设圆 O_1 切 AB 于 S,则
$$\angle AO_1B=\angle AO_1S+\angle BO_1S=\frac{1}{2}\angle EO_1G=90°-\frac{1}{2}\angle GCE=\angle EGC$$

则 O_1, M, A, G 四点共圆,即
$$\angle O_1MA+\angle O_1GA=180°$$

又 $\angle O_1GA=90°$,于是 $\angle O_1MA=90°$,则
$$AM\perp O_1B$$

即
$$AM\perp PN$$

同理可证
$$AN \perp PM$$
从而 A 为 $\triangle PMN$ 的垂心,则
$$PA \perp MN$$
即
$$PA \perp BC$$

下面的证法 5,6 由安徽省数学会普委会给出.

证法 5　用同一法证明本题:如图 18.3,作 $PP_1 \perp BC$ 于 P_1,作 $AA_1 \perp BC$,我们证明 P_1 与 A_1 重合,易知 $\angle PEP_1 = \angle EO_1C$,则
$$\text{Rt}\triangle P_1EP \backsim \text{Rt}\triangle EO_1C$$
即
$$\frac{EP_1}{O_1E} = \frac{PP_1}{CE}$$

同理,由 $\text{Rt}\triangle P_1FP \backsim \text{Rt}\triangle FO_2B$,得
$$\frac{FP_1}{O_2F} = \frac{PP_1}{BF}$$

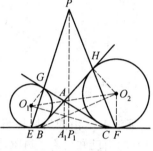

图 18.3

注意到证法 4 中的结论,有 $CE = BF$,于是
$$\frac{EP_1}{FP_1} = \frac{O_1E}{O_2F} = \frac{O_1G}{O_2H} = \frac{O_1A}{O_2A} = \frac{EA_1}{FA_1}$$

(因 $\triangle AGO_1 \backsim \triangle AHO_2$).

由此可知 P_1 与 A_1 重合,故
$$PA \perp BC$$

证法 6　仍用同一法(参看图 18.3).为方便起见,用 $\angle A, \angle B, \angle C$ 表示 $\triangle ABC$ 的三个内角.由 $\text{Rt}\triangle PP_1E$ 及 $\text{Rt}\triangle PP_1F$,并注意到 $\angle PEP_1 + \dfrac{\angle C}{2} = 90°$,$EP_1 = PP_1 \cot \angle PEP_1 = PP_1 \tan \dfrac{C}{2}$,同理 $FP_1 = PP_1 \tan \dfrac{B}{2}$.

再由 $\text{Rt}\triangle CO_1E$ 及 $\text{Rt}\triangle BO_2F$,有
$$O_1E = CE \tan \frac{C}{2}, O_2F = BF \tan \frac{B}{2}$$

由上面 4 个式子,即得
$$\frac{EP_1}{FP_1} = \frac{O_1E}{O_2F}$$

以下与证法 5 相同.

证法 7 （由湖南湘潭杨晓辉给出）如图 18.1，记 $BC=a, CA=b, AB=c, s$ 是 $\triangle ABC$ 的半周长．由题设，易知 $BE=CF=s-a$，$\angle PEF=90°-\dfrac{\angle C}{2}$，$\angle PFE=90°-\dfrac{\angle B}{2}$．

联结 PB, PC，在 $\triangle PBE$ 与 $\triangle PCF$ 中

$$PB^2 = PE^2 + BE^2 - 2PE \cdot BE \cos(90° - \dfrac{C}{2})$$

$$PC^2 = PF^2 + CF^2 - 2PF \cdot CF \cos(90° - \dfrac{B}{2})$$

又在 $\triangle PEF$ 中，由正弦定理知

$$\dfrac{PE}{\sin(90°-\dfrac{B}{2})} = \dfrac{EF}{\sin \angle EPF} = \dfrac{b+c}{\sin\dfrac{B+C}{2}} = \dfrac{PF}{\sin(90°-\dfrac{C}{2})}$$

故

$$PE^2 - PF^2 = \dfrac{(b+c)^2}{\sin^2 \dfrac{B+C}{2}}(\cos^2 \dfrac{B}{2} - \cos^2 \dfrac{C}{2}) =$$

$$\dfrac{(b+c)^2}{\sin \dfrac{B+C}{2}} \sin \dfrac{C-B}{2}$$

（因 $\cos^2 \dfrac{B}{2} - \cos^2 \dfrac{C}{2} = \sin \dfrac{B+C}{2} \sin \dfrac{C-B}{2}$）

故

$$PB^2 - PC^2 = \dfrac{(b+c)^2}{\sin \dfrac{B+C}{2}} \sin \dfrac{C-B}{2} -$$

$$\dfrac{2(b+c)(s-a)}{\sin \dfrac{B+C}{2}}(\cos \dfrac{B}{2} \sin \dfrac{C}{2} - \sin \dfrac{B}{2} \cos \dfrac{C}{2}) =$$

$$\dfrac{(b+c)\sin \dfrac{C-B}{2}}{\sin \dfrac{B+C}{2}}[(b+c) - 2(s-a)] =$$

$$\dfrac{a(b+c)\sin \dfrac{C-B}{2}}{\sin \dfrac{B+C}{2}} = c^2 - b^2$$

$$\left(因 \frac{c-b}{a} = \frac{\sin C - \sin B}{\sin A} = \frac{\sin\frac{C-B}{2}}{\sin\frac{B+C}{2}}\right)$$

故 $$PA \perp BC$$

证法 8 （由南开大学李成章教授给出）设 PA 交 BC 于点 D，直线 PHF 与 $\triangle ABD$ 的三边延长线都相交，直线 PGE 与 $\triangle ADC$ 的三边延长线都相交，由梅涅劳斯定理有

$$\frac{AH}{BH} \cdot \frac{BF}{DF} \cdot \frac{DP}{AP} = 1 = \frac{DP}{AP} \cdot \frac{AG}{CG} \cdot \frac{CE}{DE}$$

则 $$\frac{AH}{BH} \cdot \frac{BF}{DF} = \frac{AG}{CG} \cdot \frac{CE}{DE}$$

因 CG, CE 为圆 O_1 的两条切线，BF, BH 为圆 O_2 的两条切线，则
$$CG = CE, BF = BH$$

即 $$\frac{AH}{DF} = \frac{AG}{DE}$$

联结 $O_1G, O_1E, O_1A, O_2A, O_2F, O_2H$，于是 O_1AO_2 为一条直线，且
$$O_1G \perp GC, O_2H \perp BH$$

由 $$\triangle O_1AG \sim \triangle O_2AH$$

知 $$\frac{O_1A}{O_2A} = \frac{AG}{AH} = \frac{DE}{DF}$$

因 $$O_1E \perp EF, O_2F \perp EF$$

则 $$O_1E \parallel O_2F$$

从而 $$O_1E \parallel AD \parallel O_2F$$

则 $$AD \perp EF$$

故 $$PA \perp BC$$

证法 9 过 A 作 $AD \perp BC$，延长 DA 交直线 HF 于点 P'，直线 $P'HF$ 与 $\triangle ABD$ 的三边延长线都相交．由梅涅劳斯定理有

$$\frac{AH}{BH} \cdot \frac{BF}{DF} \cdot \frac{DP'}{AP'} = 1$$

因 $BH = BF$，则

$$\frac{AH}{DF} \cdot \frac{DP'}{AP'} = 1 \qquad ①$$

联结 $O_1A, O_1E, O_1G, O_2A, O_2F, O_2H$，于是 O_1AO_2 为一条直线，且
$$O_1E \perp EF, O_1G \perp CG, O_2F \perp EF, O_2H \perp BH$$
则
$$O_1E \parallel AD \parallel O_2F$$
又由
$$\triangle AGO_1 \backsim \triangle AHO_2$$
有
$$\frac{DE}{DF} = \frac{AO_1}{AO_2} = \frac{AG}{AH}$$
则
$$\frac{AH}{DF} = \frac{AG}{DE} \qquad ②$$

由①和②得
$$1 = \frac{AH}{DF} \cdot \frac{DP'}{AP'} = \frac{AG}{DE} \cdot \frac{DP'}{AP'} = \frac{DP'}{AP'} \cdot \frac{AG}{CG} \cdot \frac{CE}{DE}$$

由梅涅劳斯定理的逆定理知 P', G, E 三点共线，即 P' 为 EG 与 FH 的交点. 从而点 P' 与 P 重合. 故
$$AP \perp BC$$

证法 10 （由天津一中安金鹏给出）如图 18.4，因为圆 O_1 和圆 O_2 是 $\triangle ABC$ 的两个旁切圆，故连心线 O_1O_2 必过点 A. 记 O_1O_2 与 EG 的交点为 D，联结 O_1E, O_1B, BD, DH, O_2H, O_2F，于是 $O_1E \perp EF, O_2F \perp EF, O_2H \perp BH$.

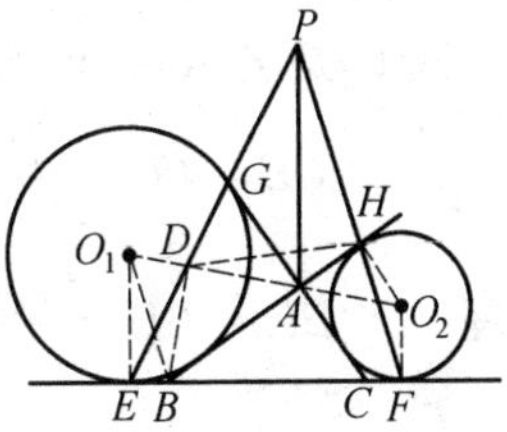

因圆 O_1 和圆 O_2 都是 $\triangle ABC$ 的旁切圆，则
$$CG = CE, BF = BH$$
即
$$\angle CEG = \angle CGE = 90° - \frac{1}{2}\angle ACB$$
$$\angle BFH = \angle BHF = 90° - \frac{1}{2}\angle ABC$$

从而
$$\angle O_1DE = 180° - \angle ADE = 180° - (360° - \angle DAB - \angle ABE - \angle BED) =$$
$$-180° + (90° - \frac{1}{2}\angle BAC) + (180° - \angle ABC) + (90° - \frac{1}{2}\angle ACB) =$$
$$90° - \frac{1}{2}\angle ABC = \angle O_1BE$$

则 O_1, E, B, D 四点共圆，即

图 18.4

$$\angle O_1DB = 180° - \angle O_1EB = 90°$$

于是 $\angle PDA = \angle O_1DE = 90° - \dfrac{1}{2}\angle ABC = \angle BHF$

则 D,A,H,P 四点共圆,即

$$\angle APH = \angle ADH$$

因 $\angle O_2HB = 90° = \angle O_2DB = \angle O_2FB$

则 B,F,O_2,H,D 五点共圆,即

$$\angle O_2FH = \angle O_2DH = \angle ADH = \angle APH$$

于是 $AP \parallel FO_2$

因 $O_2F \perp BC$

故 $AP \perp BC$

证法 11 (由天津师大李宝毅、李直给出) 如图 18.5,作 $PM \perp BC, AN \perp BC, M, N$ 分别为垂足,则原命题等价于 M,N 两点重合,记 $\triangle ABC$ 的三个内角分别为 $\angle A, \angle B, \angle C$,三边长分别为 a,b,c.

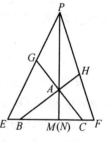

图 18.5

圆 O 是 $\triangle ABC$ 的旁切圆,故

$$CE = CG = \dfrac{a+b+c}{2}, \angle E = 90° - \dfrac{\angle C}{2}$$

同理 $BF = BH = \dfrac{a+b+c}{2}, \angle F = 90° - \dfrac{\angle B}{2}$

在 $\triangle PEF$ 中,$\angle EPF = 180° - \angle E - \angle F = 90° - \dfrac{\angle A}{2}$,且

$$EF = EC + BF - BC = b + c$$

由正弦定理得

$$\dfrac{PE}{\sin F} = \dfrac{EF}{\sin \angle EPF}$$

故 $EM = PE\cos E = (b+c)\dfrac{\cos \dfrac{B}{2}\sin \dfrac{C}{2}}{\cos \dfrac{A}{2}}$

设 R 为 $\triangle ABC$ 的外接圆半径,则

$$BM = EM - EB = EM - (EC - BC) =$$

$$2R(\sin B+\sin C)\frac{\sin\frac{C+B}{2}+\sin\frac{C-B}{2}}{2\cos\frac{A}{2}}-\frac{b+c-a}{2}=$$

$$2R\cdot 2\sin\frac{B+C}{2}\cos\frac{B-C}{2}\cdot\frac{\sin\frac{C+B}{2}+\sin\frac{C-B}{2}}{2\sin\frac{B+C}{2}}-\frac{b+c-a}{2}=$$

$$R[\sin B+\sin C+\sin(C-B)]-\frac{b+c-a}{2}=$$

$$R[\sin(C-B)-\sin(C+B)]=2R\sin C\cos B=c\cos B=BN$$

故 M,N 两点重合,$PA \perp BC$.

证法 12 （由安徽省数学会普委会给出）如图 18.1,圆 O_1 和圆 O_2 与 $\triangle ABC$ 的三边所在的三条直线都相切,E,F,G,H,M,N 为切点.作 $AD \perp BC$ 于 D,延长 EG,FH 分别交 DA 的延长线于点 P,P'.记 $\triangle ABC$ 的三个内角为 $\angle A,\angle B,\angle C$,它们所对的边分别为 a,b,c.

因 CG,CE 为切线,$CG=CE$,则

$$\angle CGE=\angle CEG=90°-\frac{\angle C}{2}$$

$$\angle PGA=180°-\angle CGE=180°-(90°-\frac{\angle C}{2})=90°+\frac{\angle C}{2}$$

$$\angle GPA=90°-\angle CEG=90°-(90°-\frac{\angle C}{2})=\frac{\angle C}{2}$$

$$AG=CG-CA=CE-b=EB+a-b=BM+a-b=c-AM+a-b$$

又 $$AG=AM$$

则 $$AG=\frac{a-b+c}{2}$$

在 $\triangle ABC$ 中,由正弦定理知

$$PA=\frac{AG\sin\angle PGA}{\sin\angle GPA}=$$

$$\frac{AG\sin(90°+\frac{C}{2})}{\sin\frac{C}{2}}=$$

$$AG\cot\frac{C}{2}=\frac{a-b+c}{2}\cdot\frac{a+b-c}{2r}$$

(其中 r 为 $\triangle ABC$ 的内切圆半径). 同理
$$P'A = AH\cot\frac{B}{2} = \frac{a+b-c}{2} \cdot \frac{a-b+c}{2r}$$
则 $PA = P'A$, 即 $P = P'$, 亦即 EG, FH 的延长线交于点 P, 所以 $PA \perp BC$.

证法 13 (由天津实验中学曾钢、张骅给出) 如图 18.6, 作 $AD \perp BC$, 设直线 DA 分别与 EG, FH 交于点 P_1, P_2, 联结 O_1C, O_1C 与 EG 交于点 M, 则我们只要证明 P_1, P_2 两点重合, 即 $DP_1 = DP_2$.

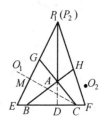

图 18.6

CE, CG 是圆 O_1 的两条切线, $\angle CMG = 90° = \angle CDP_1$, 故 C, D, M, P_1 四点共圆, 则
$$\angle DP_1E = \angle DCO_1 = \frac{1}{2}\angle ACB$$

另一方面, 设 $\triangle ABC$ 的三边长为 a, b, c, 圆 O_1 是 $\triangle ABC$ 的旁切圆, 故
$$CE = \frac{a+b+c}{2} = s$$
$$DE = CE - CD = s - b\cos C = s - b \cdot \frac{a^2+b^2-c^2}{2ab} = \frac{(s-b)(b+c)}{a}$$

因此
$$DP_1 = \frac{DE}{\tan \angle DP_1E} = \frac{\frac{(s-b)(b+c)}{a}}{\tan\frac{\angle ACB}{2}} = \frac{b+c}{a}\sqrt{\frac{s(s-b)(s-c)}{s-a}}$$

同理
$$DP_2 = \frac{DE}{\tan \angle DP_2E} = \frac{\frac{(s-c)(b+c)}{a}}{\tan\frac{\angle ABC}{2}} = \frac{b+c}{a}\sqrt{\frac{s(s-b)(s-c)}{a}}$$

故 $DP_1 = DP_2$, P_1, P_2 两点重合, 有 $PA \perp BC$.

证法 14 (由黑龙江教育学院张杰民给出) 如图 18.7, 作 $AD \perp EF$, AD 交直线 EP 于 Q, 交直线 FP 于 R.

在 $\text{Rt}\triangle ABD$ 中, $BD = c\cos\angle ABC = c \cdot \frac{a^2+c^2-b^2}{2ac} = \frac{a^2+c^2-b^2}{2a}$ (其中 a, b, c 分别是 $\triangle ABC$ 的 $\angle A, \angle B, \angle C$ 所对的边).

同样,求得 $CD = \dfrac{a^2+b^2-c^2}{2a}$,易知

$$BE = CF = \dfrac{b+c-a}{2}$$

$$GA = \dfrac{a-b+c}{2}$$

$$HA = \dfrac{a+b-c}{2}$$

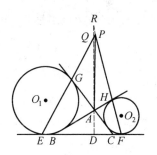

图 18.7

从而 $ED = BD + BE = \dfrac{(b+c)(a+c-b)}{2a}$

$$DF = CF + CD = \dfrac{(b+c)(a+b-c)}{2a}$$

因直线 EGQ 截 $\triangle ADC$,直线 FHR 截 $\triangle ABD$,由梅涅劳斯定理得

$$\dfrac{DE}{EC} \cdot \dfrac{CG}{GA} \cdot \dfrac{AQ}{QD} = 1$$

$$\dfrac{DF}{FB} \cdot \dfrac{BH}{HA} \cdot \dfrac{AR}{RD} = 1$$

则 $\dfrac{AQ}{QD} = \dfrac{GA}{DE} = \dfrac{a}{b+c}, \dfrac{AR}{RD} = \dfrac{HA}{DF} = \dfrac{a}{b+c}$

有 $\dfrac{QD}{AQ} = \dfrac{RD}{AR}, \dfrac{QD-AQ}{AQ} = \dfrac{RD-AR}{AR}$

即 $\dfrac{AD}{AQ} = \dfrac{AD}{AR}$

于是 $AQ = AR$

因此,Q,R 重合. 从而,R,Q,P 重合,故

$$PA \perp BC$$

证法 15 (由江苏茹双林给出)如图 18.1,设 $\angle B = 2\alpha, \angle C = 2\beta$,过 A 作 $AD \perp EF$,设 D 为原点,AD 所在直线为 y 轴,EF 所在直线为 x 轴,则 $x_B = -b, x_C = c$. 因 A 在 y 轴上,故有

$$b\tan 2\alpha = c\tan 2\beta \qquad (*)$$

而 BO_2 的方程为

$$y = \tan \alpha (x+b)$$

CO_2 的方程为

$$y = \cot \beta (x-c)$$

于是，它们的交点坐标为
$$O_2(\frac{b\tan\alpha+c\cot\beta}{\cot\beta-\tan\alpha},\frac{b+c}{\cot\beta-\tan\alpha}\cdot\frac{\tan\alpha}{\tan\beta})$$

则
$$F(\frac{b\tan\alpha+c\cot\beta}{\cot\beta-\tan\alpha},0)$$

又
$$k_{HF}=-\frac{1}{k_{BO_2}}=-\cot\alpha$$

因此，HF 的方程为
$$y=-\cot\alpha(x-\frac{b\tan\alpha+c\cot\beta}{\cot\beta-\tan\alpha})$$

同理，EG 的方程为
$$y=\cot\beta(x-\frac{b\cot\alpha+c\tan\beta}{\tan\beta-\cot\alpha})$$

解 HF 和 EG 的方程得
$$x_P=\frac{b\tan\alpha\tan^2\beta+c\tan\beta-b\tan\alpha-c\tan^2\alpha\tan\beta}{(1+\tan\alpha\tan\beta)(\tan\alpha+\tan\beta)}$$

分子 $=2b\tan\alpha\tan\beta\cdot\frac{\tan^2\beta-1}{2\tan\beta}+2c\tan\alpha\tan\beta\cdot\frac{1-\tan^2\alpha}{2\tan\alpha}=$

$-2b\tan\alpha\tan\beta\cot2\beta+2c\tan\alpha\tan\beta\cot2\alpha=0$（条件（$*$））

则 $x_P=0$，即点 P 在 y 轴上，因此 $PA\perp BC$。

证法 16 （由天津师大李建泉给出）这里用解析法证明，注意到下面事实：

(1) 设 $\triangle ABC$ 的三边长分别为 a,b,c，且顶点坐标分别为 $(x_A,y_A),(x_B,y_B),(x_C,y_C)$，则 $\angle A$ 内旁切圆的圆心坐标为
$$(\frac{-ax_A+bx_B+cx_C}{-a+b+c},\frac{-ay_A+by_B+cy_C}{-a+b+c})$$

(2) 设圆 O 的方程为 $(x-x_0)^2+(y-y_0)^2=R^2$，则过圆外一点 $P(x_1,y_1)$ 向圆所引两切线之切点的连线方程为
$$(x_1-x_0)(x-x_0)+(y_1-y_0)(y-y_0)=R^2$$

取 BC 为 x 轴，BC 上的高 DA 为 y 轴，建立平面直角坐标系。设 $A(0,y_A)$，$B(x_B,0),C(x_C,0)$，且 $\triangle ABC$ 的三边长为 a,b,c，面积为 S，$p=\frac{a+b+c}{2}$，则
$$x_C-x_B=a,y_A^2=c^2-x_B^2=b^2-x_C^2$$

由
$$\begin{cases}x_C-x_B=a\\x_C^2-x_B^2=b^2-c^2\end{cases}$$

可得
$$x_B = \frac{b^2-c^2-a^2}{2a}, x_C = \frac{a^2+b^2-c^2}{2a}$$

对于圆 O_1,其圆心坐标为 $(\frac{bx_B-cx_C}{a+b-c}, \frac{ay_A}{a+b-c})$,半径为 $\frac{S}{p-c}$,故 EG 的直线方程为
$$\frac{ax_C+bx_C-bx_B}{a+b-c}(x-\frac{bx_B-cx_C}{a+b-c})-\frac{ay_A}{a+b-c}(y-\frac{ay_A}{a+b-c})=\frac{S^2}{(p-c)^2}$$

即
$$(ax_C+bx_C-bx_B)(x-\frac{bx_B-cx_C}{a+b-c})-ay_A(y-\frac{ay_A}{a+b-c})=2p(p-a)(p-b)$$

对于圆 O_2,其圆心坐标为 $(\frac{-bx_B+cx_C}{a-b+c}, \frac{ay_A}{a-b+c})$,半径为 $\frac{S}{p-b}$,故 FH 的直线方程为
$$\frac{ax_B+cx_B-cx_C}{a-b+c}(x-\frac{-bx_B+cx_C}{a-b+c})-\frac{ay_A}{a-b+c}(y-\frac{ay_A}{a-b+c})=\frac{S^2}{(p-b)^2}$$

即
$$(ax_B+cx_B-cx_C)(x-\frac{-bx_B+cx_C}{a-b+c})-ay_A(y-\frac{ay_A}{a-b+c})=2p(p-a)(p-c)$$

EG, FH 的两直线方程相减得
$$(a+b+c)(x_C-x_B)x-(bx_B-cx_C)(\frac{ax_C+ab}{a+b-c}+\frac{ax_B-ac}{a-b+c})+$$
$$a^2y_A^2(\frac{1}{a+b-c}-\frac{1}{a-b+c})=2p(p-a)(c-b) \qquad (*)$$

注意到
$$\frac{x_C+b}{a+b-c}+\frac{x_B-c}{a-b+c}=\frac{a(x_B+x_C)-b(x_C-x_B)+c(x_C-x_B)+ab-b^2-ac+c^2}{(a+b-c)(a-b+c)}=$$
$$\frac{b^2-c^2-ab+ac+ab-b^2-ac+c^2}{(a+b-c)(a-b+c)}=0$$

$$a^2y_A^2(\frac{1}{a+b-c}-\frac{1}{a-b+c})=4S^2[\frac{1}{2(p-c)}-\frac{1}{2(p-b)}]=$$
$$2p(p-a)[(p-b)-(p-c)]=$$
$$2p(p-a)(c-b)$$

故由 $(*)$ 可得 $x=0$,即点 P 的横坐标为 0,$PA \perp BC$.

证法 17 (由吉林油田高中朱雅春给出)以 E 为原点,EF 所在直线为 x

轴,建立直角坐标系,如图 18.8 所示. 由题意可得
$$BC + CF = BS + SH$$
$$BC + EB = CK + KG$$
因 $SH = KG$,则两式相减得
$$EB - CF = CK - BS$$
又由
$$BE = BS, CK = CF$$
有
$$EB = CF$$

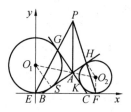

图 18.8

设圆 O_1 的半径为 r_1,圆 O_2 的半径为 r_2,设点 B 的坐标为 $(b,0)$,点 C 的坐标为 $(c,0)$,则点 F 的坐标为 $(b+c,0)$,O_1 的坐标为 $(0,r_1)$,O_2 的坐标为 $(b+c,r_2)$. 于是,圆 O_1 的方程为
$$x^2 + (y - r_1)^2 = r_1^2$$
即
$$x^2 + y^2 - 2r_1 y = 0 \quad ①$$

圆 O_2 的方程为
$$[x - (b+c)]^2 + (y - r_2)^2 = r_2^2$$
即
$$x^2 + y^2 - 2(b+c)x - 2r_2 y + (b+c)^2 = 0 \quad ②$$

EG 是圆 O_1 关于点 C 的切点弦,其方程为
$$cx + 0 \cdot y - 2r_1 \cdot \frac{y+0}{2} = 0$$
即
$$cx - r_1 y = 0 \quad ③$$

FH 是圆 O_2 关于点 B 的切点弦,其方程为
$$bx + 0 \cdot y - 2(b+c) \cdot \frac{x+b}{2} - 2r_2 \cdot \frac{y+0}{2} + (b+c)^2 = 0$$
即
$$cx + r_2 y - c(b+c) = 0 \quad ④$$

由③④得交点 P 的横坐标为
$$x_P = \frac{r_1(b+c)}{r_1 + r_2}$$

联结 $O_1 O_2$ 必过点 A,联结 $O_1 S, O_2 H$,则有
$$\triangle AO_1 S \backsim \triangle AO_2 H$$
故
$$\frac{O_1 A}{AO_2} = \frac{O_1 S}{O_2 H} = \frac{r_1}{r_2}$$

由定比分点坐标公式得点 A 的横坐标为

$$x_A = \frac{0 + \frac{r_1}{r_2}(b+c)}{1 + \frac{r_1}{r_2}} = \frac{r_1(b+c)}{r_1 + r_2}$$

由 $x_P = x_A$ 知 PA 垂直于 x 轴,即 PA 与 BC 垂直.

试题 B1 设 $A_1B_1C_1D_1$ 是任意凸四边形,P 是四边形内一点,且 P 到各顶点的连线与四边形过该顶点的两条边的夹角均为锐角. 递推定义 A_k,B_k,C_k 和 D_k 分别为 P 关于直线 $A_{k-1}B_{k-1}$,$B_{k-1}C_{k-1}$,$C_{k-1}D_{k-1}$ 和 $D_{k-1}A_{k-1}$ 的对称点($k=2,3,\cdots$). 考察四边形序列 $A_jB_jC_jD_j(j=1,2,\cdots)$,试问:

(1) 前 12 个四边形中,哪些必定与第 1 997 个相似,哪些未必?

(2) 假设第 1 997 个是圆内接四边形,那么在前 12 个四边形中,哪些必定是圆内接四边形,哪些未必?

对以上问题的回答,肯定的要给出证明,未必的要举例说明.

解 首先记

$$A'_1 = A_1, B'_1 = B_1, C'_1 = C_1, D'_1 = D_1$$

约定将 P 到直线 $A'_{k-1}B'_{k-1}$,$B'_{k-1}C'_{k-1}$,$C'_{k-1}D'_{k-1}$ 和 $D'_{k-1}A'_{k-1}$ 的垂线足记为 A'_k,B'_k,C'_k,$D'_k(k=2,3,\cdots)$. 显然有

$$A'_kB'_kC'_kD'_k \backsim A_kB_kC_kD_k$$

只需对四边形序列 $A'_jB'_jC'_jD'_j(j=1,2,\cdots)$ 讨论相应的问题.

分别将 $\angle D'_jA'_jP$,$\angle A'_jB'_jP$,$\angle B'_jC'_jP$,$\angle C'_jD'_jP$ 记为 $\alpha_j,\beta_j,\gamma_j,\delta_j$;将 $\angle PA'_jB'_j$,$\angle PB'_jC'_j$,$\angle PC'_jD'_j$,$\angle PD'_jA'_j$ 记为 $\bar{\alpha}_j,\bar{\beta}_j,\bar{\gamma}_j,\bar{\delta}_j$.

由于 $A'_{j+1},B'_{j+1},C'_{j+1},D'_{j+1}$ 是垂线足,利用由此产生的四点共圆关系可知

$$(\alpha_{j+1},\beta_{j+1},\gamma_{j+1},\delta_{j+1}) = (\alpha_j,\beta_j,\gamma_j,\delta_j)$$
$$(\bar{\alpha}_{j+1},\bar{\beta}_{j+1},\bar{\gamma}_{j+1},\bar{\delta}_{j+1}) = (\bar{\alpha}_j,\bar{\beta}_j,\bar{\gamma}_j,\bar{\delta}_j)$$

据此得到

$$(\alpha_{j+4},\beta_{j+4},\gamma_{j+4},\delta_{j+4}) = (\alpha_j,\beta_j,\gamma_j,\delta_j)$$
$$(\bar{\alpha}_{j+4},\bar{\beta}_{j+4},\bar{\gamma}_{j+4},\bar{\delta}_{j+4}) = (\bar{\alpha}_j,\bar{\beta}_j,\bar{\gamma}_j,\bar{\delta}_j)$$

因而 $A'_{j+4}B'_{j+4}C'_{j+4}D'_{j+4} \backsim A'_jB'_jC'_jD'_j$(这是以 P 为中心的旋转位似).

又因为

$$(\alpha_{j+2} + \bar{\alpha}_{j+2}) + (\gamma_{j+2} + \bar{\gamma}_{j+2}) = \alpha_j + \bar{\gamma}_j + \gamma_j + \bar{\alpha}_j = (\alpha_j + \bar{\alpha}_j) + (\gamma_j + \bar{\gamma}_j)$$

所以四边形 $A'_{j+2}B'_{j+2}C'_{j+2}D'_{j+2}$ 与 $A'_jB'_jC'_jD'_j$ 的相应对角和相同.

根据以上讨论,我们断定:

(1) 在序列的前 12 个四边形之中,第 1、第 5 和第 9 个四边形与序列的第 1 997 个四边形相似,其余的未必(反例见后).

(2) 若第 1 997 个四边形为圆内接四边形,则在序列的前 12 个四边形中,第 1,3,5,7,9,11 这六个四边形必定是圆内接四边形,其余未必(反例见后).

下面举例说明(1)和(2)中关于"未必"的论断.

若四边形有一条且仅有一条对角线(称中分线)能够垂直平分另一条对角线(称被分线),则称该四边形为非平凡筝形,以下简称为筝形(相等的对角为锐角的筝形被称为"胖筝形",相等的对角为钝角的筝形被称为"瘦筝形").以一个胖筝形作为 $A_1B_1C_1D_1$,则第 2、第 3、第 4 个四边形分别为梯形、瘦筝形、梯形,第 5 个才又成为胖筝形,因此所产生的四边形序列以 4 为最小相似周期,前 12 个四边形中除了第 1,5,9 个,其余的都不与第 1 997 个四边形相似.

考察刚才所举例子中的序列,将该序列中的第 2 个、第 3 个 …… 第 1 998 个重新编号为第 1 个、第 2 个 …… 第 1 997 个,作为我们的新的四边形序列,因为胖筝形不能内接于圆,所以在新四边形序列的前 12 项中,只有第 1,3,5,7,9,11 个四边形才是圆内接四边形,其余均不是.

试题 B2 如图 18.9,四边形 $ABCD$ 内接于圆 O,其边 AB 与 DC 的延长线交于点 P,AD 与 BC 的延长线交于点 Q,过 Q 作圆 O 的两条切线,切点分别为 E,F,求证:P,E,F 三点共线.

证法 1 联结 OP,OQ,OE,PQ,联结 EF 交 OQ 于点 H,于是 $EF \perp OQ$. 因为 $\angle PCQ = 180° - \angle A = \angle APQ + \angle AQP$,所以可在 $\angle PCQ$ 内作 CG 交 PQ 于点 G,使得
$$\angle QCG = \angle BPG$$
则 B,P,G,C 和 C,G,Q,D 都四点共圆,即
$$PQ^2 = PG \cdot PQ + GQ \cdot PQ =$$
$$PC \cdot PD + QC \cdot QB =$$
$$PO^2 - r^2 + QE^2$$

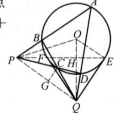

图 18.9

其中 r 为圆 O 的半径. 从而
$$PQ^2 - QE^2 = PO^2 - OE^2$$
则
$$PQ^2 - QH^2 = PO^2 - OH^2$$
即
$$PQ^2 - PO^2 = QH^2 - OH^2 = OQ(QH - OH) \qquad ①$$

另一方面,过点 P 作 $PH' \perp OQ$ 于点 H',由勾股定理有
$$PQ^2 - PO^2 = QH'^2 - OH'^2 = OQ(QH' - OH') \qquad ②$$

将①与②比较即得
$$QH - OH = QH' - OH'$$
从而点 H' 与 H 重合. 故 P, E, F 三点共线.

证法 2 如图 18.10(a), 联结 AC, BD 交于点 R, 联结 PR 并延长, 分别交 AD, BC 于点 M, N. 由塞瓦定理有

$$\frac{AB}{BP} \cdot \frac{PC}{CD} \cdot \frac{DM}{AM} = 1 \qquad ①$$

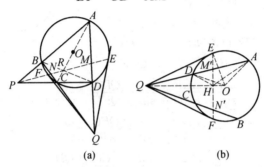

图 18.10

直线 QCB 与 $\triangle APD$ 相截, 由梅涅劳斯定理有

$$\frac{AB}{BP} \cdot \frac{PC}{CD} \cdot \frac{DQ}{AQ} = 1 \qquad ②$$

比较 ① 和 ②, 得到

$$\frac{DM}{AM} = \frac{DQ}{AQ} \qquad ③$$

另一方面, 如图 18.10(b) 所示, 联结 QO, EF 交于点 H, EF 交 AD 于点 M', 交 BC 于点 N', 联结 DH, AH, OA, OD, OE. 由切割线定理和射影定理有

$$QD \cdot QA = QE^2 = QH \cdot QO$$

则 D, H, O, A 四点共圆, 即

$$\angle QHD = \angle DAO = \angle ODA = \angle OHA$$

于是 OQ 平分 $\triangle HAD$ 的顶角 $\angle AHD$ 的外角.

因 $EH \perp QO$, 则 HM' 平分 $\angle AHD$, 即

$$\frac{AM'}{DM'} = \frac{AH}{DH} = \frac{QA}{QD} \qquad ④$$

比较 ③ 和 ④, 得到

$$\frac{DM}{AM} = \frac{DM'}{AM'}$$

则点 M' 与 M 重合,即点 M 在 EF 上.

同理点 N 在 EF 上,故直线 PNM 与 EF 重合.故 P,E,F 三点共线.

证法 3 (由南开大学李成章教授给出)联结 AE,CE,DE,DF,如图 18.11 所示.

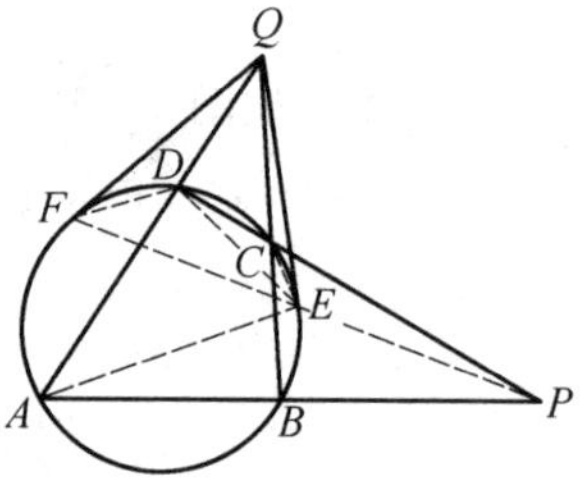

因为 QE,QF 都是圆 O 的切线,所以
$$\angle AEF = \angle ADF = 180° - \angle QDF$$
$$\angle FED = \angle QFD$$
又
$$\angle PDA = 180° - \angle PDQ$$
$$\angle DAP = \angle DCQ, \angle EDP = \angle QEC$$
$$\angle PAE = \angle ECB = 180° - \angle QCE$$
则
$$\frac{\sin \angle AEF}{\sin \angle FED} = \frac{\sin \angle QDF}{\sin \angle QFD} = \frac{QF}{QD}$$
$$\frac{\sin \angle EDP}{\sin \angle PAE} = \frac{\sin \angle QEC}{\sin \angle QCE} = \frac{QC}{QE}$$
$$\frac{\sin \angle DAP}{\sin \angle PDA} = \frac{\sin \angle DCQ}{\sin \angle QDC} = \frac{QD}{QC}$$
故
$$\frac{\sin \angle AEF}{\sin \angle FED} \cdot \frac{\sin \angle EDP}{\sin \angle PDA} \cdot \frac{\sin \angle DAP}{\sin \angle PAE} =$$
$$\frac{\sin \angle AEF}{\sin \angle FED} \cdot \frac{\sin \angle EDP}{\sin \angle PAE} \cdot \frac{\sin \angle DAP}{\sin \angle PDA} =$$
$$\frac{QF}{QD} \cdot \frac{QC}{QE} \cdot \frac{QD}{QC} = 1$$

对 $\triangle EDA$ 和点 P 应用角元塞瓦定理的逆定理知 AB,CD,EF 三线共点.从而 P,E,F 三点共线.

证法 4 (由长春第 11 中学邢志峰给出)如图 18.12,设四边形 $ABCD$ 内接圆圆心为 O,半径为 r,联结 PQ,过 D,Q,C 作圆交 PQ 于 M,则 $\angle CMQ = \angle CDA = \angle PBC$,故 C,B,P,M 共圆,从而
$$QO^2 - r^2 = (QO+r)(QO-r) =$$
$$QC \cdot QB = QM \cdot PQ \qquad ①$$

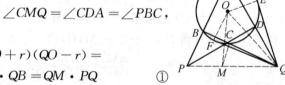

图 18.11

图 18.12

同理
$$PO^2 - r^2 = PQ \cdot PM \qquad ②$$

②-① 得
$$PO^2 - QO^2 = PQ(PM-QM) = (PM+MQ)(PM-QM) = PM^2 - QM^2$$
从而 $OM \perp PQ$，故 O,E,Q,M,F 共圆，该圆以 OQ 为直径，OQ 中点 O_1 为圆心，EF 是圆 O 与圆 O_1 的公共弦，联结 PE，交圆 O 于 F_1，交圆 O_1 于 F_2，则
$$PE \cdot PF_1 = PO^2 - r^2 = PQ \cdot PM = PE \cdot PF_2$$
即 $\qquad PF_1 = PF_2$
推得 $\qquad F_1 = F_2 = F$
故 P,E,F 共线．

注 此题(1996~1997年度试题B2,简称命题2)与1995~1996年度试题B1(简称命题1)都属于证三点共线问题．事实上，命题1与命题2是可以统一的，更确切地说命题1是命题2的特殊情况，并且它们还可以引申到高等几何的问题中．①②

首先，命题1中若条件 $\triangle ABC$ 为任意的三角形，半圆变为圆，结论仍成立，即变为：

命题3 设 H 是 $\triangle ABC$ 的垂心，由 A 向以 BC 为直径的圆 O 作切线 AP,AQ，切点分别为 P,Q，求证：P,H,Q 三点共线．

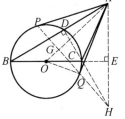

图 18.13

证明 (1) 当 $\triangle ABC$ 为锐角三角形时证明即为命题1前面的证明．

(2) 当 $\triangle ABC$ 为直角三角形时，垂心 H 与直角三角形的直角顶点重合，结论显然成立．

(3) 当 $\triangle ABC$ 为钝角三角形时，如图 18.13 所示，设 $\triangle ABC$ 的 AB,BC 边上的高线 CD 与 AE 交于点 H，则 H 为 $\triangle ABC$ 的垂心，联结 OQ,PQ,OA,PQ 与 OA 交于点 G．因 AQ 为圆 O 的切线，则
$$AQ^2 = AD \cdot AB$$
又由射影定理知 $\qquad AQ^2 = AG \cdot AO$
及 $\qquad AD \cdot AB = AE \cdot AH$
则 $\qquad AG \cdot AO = AE \cdot AH$
即 G,O,H,E 四点共圆．联结 GH，则

---

① 冯德雄．两道竞赛题的联系及引申[J]．中学数学，1998(5)：45-46．
② 邢志峰．由一道赛题想到的[J]．中学数学，2003(2)：45．

但
$$\angle HGO = \angle OEH = 90°$$
$$\angle QGO = 90°$$
即
$$\angle HGO = \angle QGO$$
则 G,Q,H 三点共线,故 P,Q,H 三点共线.

其次,命题3可推广为:

命题4 A 是圆 O 外一点,过 A 作直线 AB, AC 分别交圆 O 于 F,B,E,C,由 A 向圆 O 作切线 AP,AQ,切点分别为 P,Q, BE 与 CF 交于点 H,则 P,H,Q 三点共线.

当 BC 是圆 O 的直径时,H 正好是 $\triangle ABC$ 的垂心,即命题3.

到此命题4正好是1997年中国数学奥林匹克竞赛第4题即命题2的变式.换言之,如果命题2中联结 AC, BD 交于点 H,则 H,E,F,P 共线.下面给出命题4的证明.

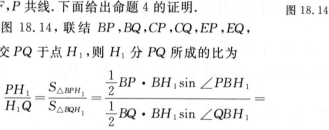

图 18.14

证明 如图 18.14,联结 BP,BQ,CP,CQ,EP,EQ, FP,FQ.设 BE 交 PQ 于点 H_1,则 H_1 分 PQ 所成的比为

$$\frac{PH_1}{H_1Q} = \frac{S_{\triangle BPH_1}}{S_{\triangle BQH_1}} = \frac{\frac{1}{2}BP \cdot BH_1 \sin \angle PBH_1}{\frac{1}{2}BQ \cdot BH_1 \sin \angle QBH_1} =$$

$$\frac{BP}{BQ} \cdot \frac{\sin \angle PBH_1}{\sin \angle QBH_1}$$

因
$$\frac{PE}{\sin \angle PBH_1} = 2R$$

$$\frac{QE}{\sin \angle QBH_1} = 2R (R 为圆 O 的半径)$$

则
$$\frac{PH_1}{H_1Q} = \frac{BP}{BQ} \cdot \frac{PE}{QE}$$

设 CF 交 PQ 于点 H_2,同理,H_2 分 PQ 所成的比为

$$\frac{PH_2}{H_2Q} = \frac{CP}{CQ} \cdot \frac{PF}{QF}$$

由 $\triangle APB \sim \triangle AFP$ 得

$$\frac{BP}{PF} = \frac{AP}{AF}$$ ①

由 $\triangle AQB \sim \triangle AFQ$ 得

$$\frac{BQ}{QF}=\frac{AQ}{AF} \qquad ②$$

由 ①② 及 $AP=AQ$ 得

$$\frac{BP}{BQ}=\frac{PF}{QF} \qquad ③$$

同理

$$\frac{CP}{CQ}=\frac{PE}{QE} \qquad ④$$

由 ③④ 可得

$$\frac{PH_1}{H_1Q}=\frac{PH_2}{H_2Q}$$

故 H_1,H_2 分 PQ 所成的比相等,从而 H_1 与 H_2 重合. 故 PQ,BE,CF 交于一点 H,即 P,H,Q 三点共线.

命题 4 还可引申为下面更一般的命题.

命题 5 点 A 是二次曲线 Γ 外一点,过 A 作直线 AB,AC 分别交 Γ 于点 D,B,E,C,由 A 向 Γ 作切线 AP,AQ,切点分别为 P,Q,BE 与 CD 交于点 H,DE,BC 交于点 F,则 P,H,Q,F 共线.

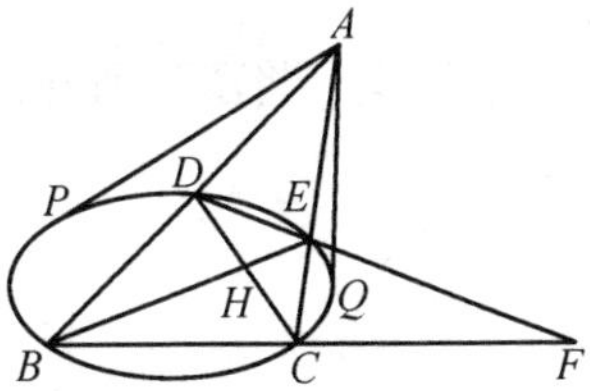

证明 如图 18.15,因 AP,AQ 是 Γ 的切线,切点分别为 P,Q,则由高等几何知识知 PQ 是极点 A 关于 Γ 的极线,又 D,B,C,E 是内接于 Γ 的完全四点形,从而 A,H 关于 Γ 成调和共轭,A,F 关于 Γ 成调和共轭. 于是 H,F 在 A 关于 Γ 的极线 PQ 上,故 P,Q,H,F 共线.

图 18.15

此证明也适合原来两赛题,命题 5 也是已知极点作极线的方法.

试题 C 如图 18.16,给定 $\lambda>1$,设 P 是 $\triangle ABC$ 的外接圆的 $\overparen{BAC}$ 上的一个动点. 在射线 BP 和 CP 上分别取点 U 和 V,使得 $BU=\lambda BA$,$CV=\lambda CA$,在射线 UV 上取点 Q,使得 $UQ=\lambda UV$,求点 Q 的轨迹.

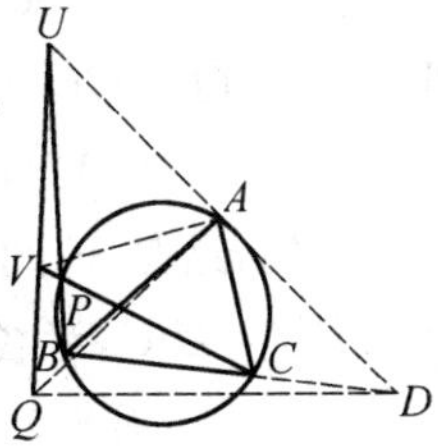

解法 1 在 BC 的延长线上取点 D,使 $BD=\lambda BC$,联结 AD,AU,AV,AQ.

因 $BU=\lambda BA$,$CV=\lambda CA$,$\angle ACV=\angle ABU$,则

$$\triangle AUB \backsim \triangle AVC$$

即

$$\frac{AU}{AV}=\frac{AB}{AC}, \angle VAC=\angle UAB$$

从而

$$\angle UAV=\angle BAC$$

图 18.16

即
$$\triangle AUV \backsim \triangle ABC$$
因
$$UQ = \lambda UV, BD = \lambda BC$$
则
$$\triangle AUQ \backsim \triangle ABD, \triangle AVQ \backsim \triangle ACD$$
即
$$\triangle AQD \backsim \triangle AVC$$
有
$$\frac{QD}{VC} = \frac{AD}{AC}$$
即
$$QD = \frac{VC \cdot AD}{AC} = \lambda AD$$

故点 Q 位于以 D 为中心, λAD 为半径的圆上.

当点 P 运动到点 B 时, BP 化为过点 B 的切线, CP 化为 CB. 与此对应地可得到点 Q'. 类似地, 当点 P 运动到点 C 时又可得到点 Q''. 易知, 点 Q 的轨迹即为上述圆的以 Q' 和 Q'' 为端点的圆弧.

解法 2 将图形所在的平面视为复平面, 仍用表示点的字母来表示相应的复数. 因
$$\angle ACV = \angle ABU$$
则
$$\frac{U-B}{A-B} = \frac{V-C}{A-C} = W, |W| = \lambda$$
即
$$U = (A-B)W + B, V = (A-C)W + C$$
又
$$Q - U = \lambda(V - U)$$
则
$$Q = \lambda(V-U) + U = \lambda V + (1-\lambda)U =$$
$$\lambda[(A-C)W + C] + (1-\lambda)[(A-B)W + B] =$$
$$\lambda C + (1-\lambda)B + W[\lambda(A-C) + (1-\lambda)(A-B)]$$
即
$$Q - [\lambda C + (1-\lambda)B] = W[\lambda(A-C) + (1-\lambda)(A-B)]$$
故
$$|Q - [\lambda C + (1-\lambda)B]| = \lambda|A - B + \lambda(B-C)|$$

易见, 这是一个圆的方程, 圆心为 $\lambda C + (1-\lambda)B$, 即为 BC 延长线上的点 D, 使得 $BD = \lambda BC$, 半径为
$$\lambda|A - B + \lambda(B-C)| = \lambda|A - [B + \lambda(C-B)]| = \lambda|A - D|$$
即为 λAD. 这表明点 Q 的轨迹是以点 D 为中心, λAD 为半径的圆上的一段弧, 端点的确定同解法 1.

解法 3 (由山东青岛二中邹明给出) 设 BA, CA 分别对应复数 a, b, $\angle ABU = \angle ACV = \alpha$, 则

因为
$$BU = \lambda a(\cos\alpha + i\sin\alpha), CV = \lambda b(\cos\alpha + i\sin\alpha)$$
$$BQ = UQ - UB = \lambda UV - UB =$$
$$\lambda(UB + BC + CV) - UB =$$
$$(\lambda - 1)UB + \lambda BC + \lambda CV$$

所以
$$QB + \lambda BC = (1-\lambda)UB - \lambda CV =$$
$$\lambda(\lambda-1)a(\cos\alpha + i\sin\alpha) - \lambda^2 b(\cos\alpha + i\sin\alpha)$$
$$|QB + \lambda BC| = \lambda|\lambda(a-b) - a| = \lambda|\lambda BC + AB|$$

令 $$\lambda BC = BD$$
从而 $$|QD| = \lambda|AD|$$

故点 Q 的轨迹是以 D 为圆心, $\lambda|AD|$ 为半径的圆弧.

当点 P 与点 B,C 重合时,割线 BP,CP 变为过 B,C 的切线,此时的点 Q_1, Q_2 即为轨迹弧的端点.

试题 D1 在坐标平面上,具有整数坐标的点构成单位边长的正方格的顶点.这些正方格被涂上黑白相间的两种颜色(像国际象棋棋盘那样).

对于任意一对正整数 m 和 n,考虑一个直角三角形,它的顶点具有整数坐标,两条直角边的长度分别为 m 和 n,且两条直角边都在这些正方格的边上.

令 S_1 为这个三角形区域中所有黑色部分的总面积, S_2 则为所有白色部分的总面积.

令 $f(m,n) = |S_1 - S_2|$.

(1) 当 m 和 n 同为正偶数或同为正奇数时,计算 $f(m,n)$ 的值;

(2) 证明: $f(m,n) \leq \frac{1}{2}\max\{m,n\}$ 对所有的 m 和 n 都成立;

(3) 证明:不存在常数 c,使得对所有的 m 和 n,不等式 $f(m,n) < c$ 都成立.

解 (1) 设 $\text{Rt}\triangle ABC$ 的顶点都是整点,且两条直角边都在正方格的边上,其中 $\angle A = 90°, AB = m, AC = n$. 将其补成如图 18.17 的矩形 $ABDC$.

由于矩形 $ABDC$ 关于直线 BC 对称,所以,我们有
$$S_1(ABC) = S_1(BCD)$$
$$S_2(ABC) = S_2(BCD)$$

这里 $S_1(P)$ 与 $S_2(P)$ 分别表示凸多边形 P 内黑色与白色部分的总面积,后同.

于是
$$f(m,n) = |S_1(ABC) - S_2(ABC)| = \frac{1}{2}|S_1(ABDC) - S_2(ABDC)|$$

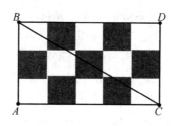

图 18.17

因此,当 m,n 同为偶数时,$f(m,n)=0$;而 m,n 同为奇数时,$f(m,n)=\dfrac{1}{2}$.

(2) 利用(1)的结论可知 m,n 同奇偶时命题成立.下面考虑 m,n 不同奇偶的情形,不妨设 m 为奇数,n 为偶数.

现在 AB 上取一点 L,使得 $AL=m-1$,如图 18.18 所示.则由(1)的结论,可知

$$f(m-1,n)=0$$

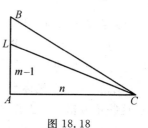

图 18.18

所以

$$f(m,n)=|S_1(ABC)-S_2(ABC)|=$$
$$|S_1(BLC)-S_2(BLC)|\leqslant$$
$$S_{\triangle BLC}=\frac{n}{2}$$

综上,可知 $f(m,n)\leqslant \max\left\{\dfrac{m}{2},\dfrac{n}{2}\right\}$.

(3) 只需证明:不存在常数 c,使得对任意 $k\in \mathbf{N}^*$,都有 $f(2k+1,2k)<c$,即证:数列 $\{f(2k+1,2k)\mid k=1,2,\cdots\}$ 是一个无界数列.

与(2)的处理类似,在 AB 上取点 L,使 $AL=2k$,则

$$f(2k+1,2k)=|S_1(BLC)-S_2(BLC)|$$

不妨设对角线 LC 全部落在黑格中,并依图 18.19 标注 CL 和 BC 与方格线的交点.

注意到,$\triangle BLC$ 中白色部分由下面的三角形拼成:

$$\triangle BLN_{2k},\triangle M_{2k-1}L_{2k-1}N_{2k-1},\cdots,\triangle M_1L_1N_1$$

其中每个三角形都与 $\triangle BAC$ 相似,分别计算每个相似比,可知

$$S_2(BLC)=\frac{1}{2}\cdot\frac{2k}{2k+1}\cdot\left(\left(\frac{2k}{2k}\right)^2+\left(\frac{2k-1}{2k}\right)^2+\cdots+\left(\frac{1}{2k}\right)^2\right)=$$

$$\frac{1}{4k \cdot (2k+1)}(1^2 + 2^2 + \cdots + (2k)^2) =$$
$$\frac{1}{4k \cdot (2k+1)} \cdot \frac{2k(2k+1)(4k+1)}{6} =$$
$$\frac{4k+1}{12}$$

所以
$$f(2k+1, 2k) = |S_1(BLC) - S_2(BLC)| =$$
$$|S_{\triangle BLC} - 2S_2(BLC)| =$$
$$\left|k - \frac{4k+1}{6}\right| = \frac{2k-1}{6}$$

因此,$f(2k+1, 2k)$ 是一个无界数列,结论获证.

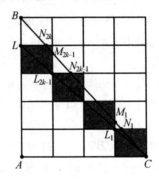

图 18.19

试题 D2 设 $\angle A$ 是 $\triangle ABC$ 中最小的内角,点 B 和 C 将这个三角形的外接圆分成两段弧.设 U 是落在不含 A 的那段弧上且不等于 B 与 C 的一个点.

线段 AB 和 AC 的垂直平分线分别交线段 AU 于 V 和 W,直线 BV 和 CW 相交于 T.

证明:$AU = TB + TC$.

证法 1 一个自然的想法是将 BT 和 TC 拼接起来,为此需延长 BT 使所得延长线段 $TX = CT$,然后去证明 $AU = BX$.这里首先需要去探求点 X 的位置.

如图 18.20,延长 BT 交 $\triangle ABC$ 的外接圆于点 X,延长 CT 交 $\triangle ABC$ 的外接圆于点 Y(作这样的两条辅助线是"拼接"与"对称"的想法达成的).

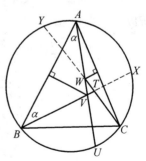

图 18.20

记 AB 的中垂线为 l_1,而 AC 的中垂线为 l_2.由点 V 的定义可知 AU 与 BX 关于 l_1 对称,由点 W 的定义知 AU 与 CY 关于 l_2 对称.所以 $\overset{\frown}{BX} = \overset{\frown}{AU}$,从而 $\overset{\frown}{AX} =$

$\overset{\frown}{BU}$. 同理可知 $\overset{\frown}{CU}=\overset{\frown}{AY}$, 故 $\overset{\frown}{BC}=\overset{\frown}{XY}$. 这表明 BX 与 CY 关于过点 T 的 $\triangle ABC$ 的外接圆的直径对称, 所以 $CT=TX$, $BT=TY$. 这样, 结合 AU 与 BX 关于 l_1 对称, 可得
$$AU=BX=BT+TX=BT+TC$$
结论获证.

证法 2 这个几何题也可以考虑用代数方法来处理.

首先, 由于 $\angle A$ 是 $\triangle ABC$ 的最小内角, 而 $\angle VAB = \angle VBA$, 且 $\angle VAB = \angle UAB < \angle CAB$, 可得
$$\angle VBA = \angle VAB = \angle UAB < \angle CAB \leqslant \angle CBA$$
从而, V 在 $\triangle ABC$ 内部. 同理可证: W 在 $\triangle ABC$ 内部.

现在记 $\angle UAB = \alpha$, 则 $\angle VBA = \alpha$. 用 $\angle A, \angle B, \angle C$ 分别表示 $\angle CAB$, $\angle ABC, \angle BCA$ 的大小, 可得
$$\angle CAU = \angle A - \alpha, \angle CBT = \angle B - \alpha$$
注意到, W 为 AC 中垂线上的点, 可知 $\angle WAC = \angle WCA = \angle A - \alpha$, 故 $\angle TCB = \angle C - (\angle A - \alpha) = \angle C - \angle A + \alpha$. 进而
$$\angle BTC = 180° - \angle CBT - \angle TCB =$$
$$180° - (\angle B - \alpha) - (\angle C - \angle A + \alpha) =$$
$$2\angle A$$
这样, 我们用正弦定理可知
$$\frac{BC}{\sin\angle BTC} = \frac{BT}{\sin\angle TCB} = \frac{TC}{\sin\angle TBC}$$
所以
$$BT+TC = \frac{BC}{\sin 2A}(\sin(C-A+\alpha)+\sin(B-\alpha)) =$$
$$\frac{BC}{\sin 2A}(\sin(C-A+\alpha)+\sin(180°-B+\alpha)) =$$
$$\frac{BC}{\sin 2A}(\sin(C-A+\alpha)+\sin(C+A+\alpha)) =$$
$$\frac{BC}{\sin 2A} \cdot 2\sin(C+\alpha)\cos A =$$
$$\frac{BC}{\sin A} \cdot \sin(C+\alpha) =$$
$$2R\sin(C+\alpha)$$

另一方面,在 $\triangle ACU$ 中,注意到,$\angle ACU = \angle ACB + \angle BCU = \angle C + \alpha$,故由正弦定理知
$$AU = 2R\sin(C+\alpha)$$
综上可知,结论成立.

第 1 节 完全四边形的优美性质(二)

对于 1996 年全国高中联赛题:

如图 18.21,圆 O_1 和圆 O_2 与 $\triangle ABC$ 的三边所在直线均相切,E,F,G,H 为切点,并且 EG,FH 的延长线交于点 P. 求证:直线 PA 与 BC 垂直.

由这道试题,如果设直线 PE 与 HB 交于点 C_1,直线 GC 与 PF 交于点 B_1,则可得到如下完全四边形的一条性质.

性质 6   在完全四边形 PGC_1AB_1H 中,若与边 HC_1 相切且与边 GB_1 切于点 G 的圆为圆 O_1,与边 GB_1 相切且与边 HC_1 切于点 H 的圆为圆 O_2,则对角线 PA 垂直于离点 P 较远的这两圆的外公切线.

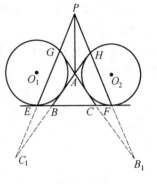

图 18.21

运用这条性质,我们可推证如下问题[①].

例 1   设 $\triangle ABC$ 为不等边三角形,$\angle A$ 内的旁切圆分别与边 AB 和 AC 切于 A_3 和 A_4,直线 A_3A_4 与直线 BC 交于点 A_1,相仿地可定义 B_3,B_4,B_1 和 C_3,C_4,C_1. 又设直线 A_3A_4 与 B_3B_4 交于点 C_2,B_3B_4 与 C_3C_4 交于点 A_2,C_3C_4 与 A_3A_4 交于点 B_2,如图 18.22 所示,求证:

(1) 点 A_1,B_1,C_1 共线.

(2) $\triangle A_2B_2C_2$ 的外心是 $\triangle ABC$ 的垂心.

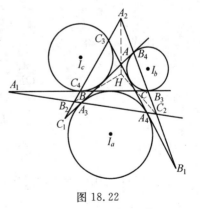

图 18.22

证明   (1) 由完全四边形性质可知,$A_2A \perp BC$,$B_2B \perp CA$,$C_2C \perp AB$,即 A_2A,B_2B,C_2C 为 $\triangle ABC$ 的三高所在直线. 故 A_2A,B_2B,C_2C 共点于垂心 H,亦即

---

① 方廷刚.由一道竞赛题引出的两个新结论[J].中等数学,2002(6):15.

△ABC 与 △$A_2B_2C_2$ 的三组对应点的连线共点. 故由笛沙格三角形定理知 A_1, B_1, C_1 三点共线.

(2)需要证 $HA_2 = HB_2 = HC_2$. 为证 $HB_2 = HC_2$, 需要证 $\angle HB_2C_2 = \angle HC_2B_2$. 但由 H 为 △ABC 的垂心知 $\angle HBA = \angle HCA$, 即 $\angle B_2BA_3 = \angle C_2CA_4$. 再由 $\angle AA_3A_4 = \angle AA_4A_3$(切线长定理)便得 $\angle HB_2C_2 = \angle HC_2B_2$, 故结论成立.

性质 7 如图 18.23, 在完全四边形 ABCDEF 中, 过 B, F 作与对角线 AD 平行的线分别交对角线 CE 于 G, H, 联结 BH, FG 相交于点 P, 则点 P 在直线 AD 上.

证法 1 延长 AD 交 CE 于 Q, 对 △ACE 及点 D 应用塞瓦定理, 有

$$\frac{CQ}{QE} \cdot \frac{EF}{FA} \cdot \frac{AB}{BC} = 1 \qquad ①$$

由 $BG // AD // FH$ 得

$$CQ = \frac{AQ}{BG} \cdot CG \qquad ②$$

$$EF = \frac{FH}{AQ} \cdot EA \qquad ③$$

$$\frac{AB}{BC} = \frac{GQ}{CG} \qquad ④$$

将②③④代入①得

$$\frac{GQ}{QE} \cdot \frac{EA}{AF} \cdot \frac{FH}{BG} = 1$$

又

$$\frac{FH}{BG} = \frac{FP}{PG}$$

则上式变为

$$\frac{GQ}{QE} \cdot \frac{EA}{AF} \cdot \frac{FP}{PG} = 1$$

对 △EFG 应用梅涅劳斯定理, 知 A, P, Q 共线, 即点 P 在直线 AD 上.

证法 2 由证法 1 知, 要证 A, P, Q 共线, 即证对 △BCH, 有

$$\frac{CQ}{QH} \cdot \frac{HP}{PB} \cdot \frac{BA}{AC} = 1 \qquad ①$$

因 $BG // AD // FH$

有
$$\frac{EF}{FA} = \frac{EH}{QH}$$
$$QE = \frac{AQ}{FH} \cdot HE$$
$$BC = \frac{BG}{AQ} \cdot AC$$

由上述三式得
$$\frac{CQ}{QH} \cdot \frac{FH}{BG} \cdot \frac{AB}{AC} = 1$$

又
$$\frac{FH}{BG} = \frac{HP}{PB}$$

则式 ① 成立.

例 2 以 △ABC 的边 BC 为直径作半圆,与 AB,AC 分别交于点 D,E,过 D,E 作 BC 的垂线,垂足分别是 F,G,线段 DG,EF 交于点 M. 求证:AM ⊥ BC.

(1996 年第 37 届 IMO 中国国家队选拔赛试题)

证明① 如图 18.24,联结 BE 与 CD,设它们相交于点 O. 因
$$BE \perp AC, CD \perp AB$$
则 O 为 △ABC 的垂心,于是 AO ⊥ BC,又 DF ⊥ BC,EG ⊥ BC,则
$$DF \parallel AO \parallel EG$$
由性质 7,得点 M 在 AO 上. 于是
$$AM \perp BC$$

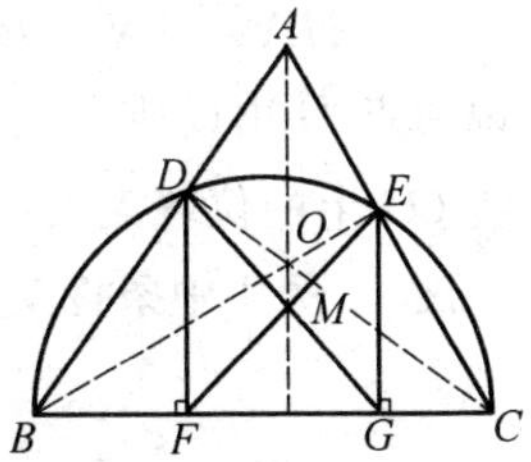

图 18.24

例 3 在锐角 △ABC 中,在 BC 边的高 AH 上取界于 A,H 之间的点 D,联结 BD,CD 并延长各交 AC 于点 E,交 AB 于点 F,联结 EH,FH. 证明:∠AHE = ∠AHF.

(1993 年第 3 届澳门数学奥林匹克竞赛第三轮试题,第 18 届美国普特南数学竞赛试题)

证明 如图 18.25,作 EM ⊥ BC 于点 M,FN ⊥ BC 于点 N. 则
$$EM \parallel AH \parallel FN$$
由性质 7,知 EN 与 FM 的交点 P 在 AH 上. 又
$$\frac{EM}{FN} = \frac{EP}{NP} = \frac{MH}{NH}$$
则
$$\text{Rt}\triangle EMH \sim \text{Rt}\triangle FNH$$

---

① 万喜人. 三角形的一条性质及其应用[J]. 中学数学月刊,1997(9):42-43.

即 $\angle EHM = \angle FHN$

从而 $\angle AHE = \angle AHF$

例4 如图 18.26,在 $\triangle ABC$ 中,$\angle BAC = 90°$,G 为 AB 上给定的一点(G 不是线段 AB 的中点),设 D 为直线 CG 上与 C,G 都不相同的任意一点,并且直线 AD,BC 交于 E,直线 BD,AC 交于 F,直线 EF,AB 交于 H. 试证明交点 H 与 D 在直线 CG 上的位置无关.

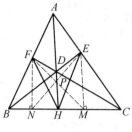

图 18.25

(1990年苏州市高中数学竞赛试题)

证明 作 $BM \parallel CG \parallel AN$,点 M,N 均在直线 EF 上,联结 AM,BN. 对 $\triangle CEF$,由性质 7,知 AM 与 BN 的交点 P 在 CG 上.则

$$\frac{HB}{HA} = \frac{BM}{AN} = \frac{PB}{PN} = \frac{GB}{GA}$$

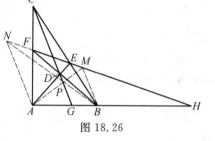

图 18.26

这说明点 H 由 G 唯一确定,即点 H 与 D 在直线 CG 上的位置无关.

注 例 4 中条件 $\angle BAC = 90°$ 是多余的.

第 2 节 一道擂台题与高中联赛题[①]

《中学数学教学》数学竞赛专栏中的第 28 号擂台题为:

如图 18.27(a),$\triangle ABC$ 在 $\triangle A'B'C'$ 内部,AB 的延长线分别交 $A'C'$,$B'C'$ 于 P_5,P_1,AC 的延长线分别交 $B'A'$,$B'C'$ 于 P_3,P_4,BC 的延长线分别交 $A'B'$,$A'C'$ 于 P_6,P_2,且 $AP_1 = AP_4 = BP_2 = BP_5 = CP_3 = CP_6 = BP_1 + CP_2 + AP_3$,求证:三线段 AA',BB',CC' 所在直线相交于一点.

运用 1996 年全国高中联赛题结论可推证如上擂台题. 该联赛题为:

如图 18.27(b),圆 O_1、圆 O_2 与 $\triangle ABC$ 的三边所在直线都相切,E,F,G,H 为切点,且 EH,FG 的延长线交于 P,求证:PA 和 BC 垂直.

下面进行推证.

[①] 丁一鸣,洪喜德. 擂台题(28) 的评注及其它[J]. 中学数学教学,1998(4):37-39.

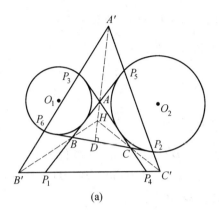
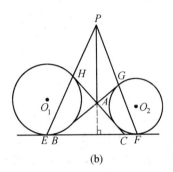

图 18.27

由题设
$$AP_1 = AP_4, BC = BP_1 + CP_4 \qquad ①$$
(事实上 $BC + CP_2 = AP_3 + BP_1 + CP_2$). 则 P_1P_4 是 △ABC 的顶点 A 所对的旁切圆切点弦(事实上不妨设切点弦为 PQ),则
$$AP = AQ, BC = BP + CQ \qquad ②$$
即有
$$BP + CQ = BP_1 + CP_4 (= BC)$$
$$BP_1 - CP_4 = BP - CQ (= b - c)$$
于是
$$BP = BP_1, CQ = CP_4$$

同理 P_3P_6 是 △ABC 的顶点 C 所对的旁切圆切点弦,由赛题知 P_3P_6, P_1P_4 的交点 B' 和 B 的连线垂直于 AC,即 $B'B \perp AC$,同理 $A'A \perp BC, C'C \perp AB$,故 $A'A, B'B, C'C$ 交于一点.

从如上证法可知,这道联赛题与擂台题关系密切.

下面,我们再介绍擂台题的其他证法[①].

(1) 比例线段法

证明 (由山东泰安教育学院岳荣给出)
如图 18.28,设 $BP_1 = m, CP_2 = n, AP_3 = r$, △ABC 的内角为 $\angle A, \angle B, \angle C$,由 $AP_1 = AP_4 = BP_2 = BP_5 = CP_3 = CP_6 = BP_1 + CP_2 + AP_3$ 得

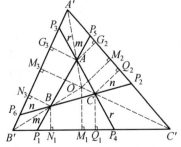

图 18.28

---

① 丁一鸣,洪喜德. 擂台题(28) 的评注及其它[J]. 中学数学教学,1998(4):37-39.

$$AP_5 = m, BP_6 = n, CP_4 = r$$

$$\angle P_4P_1A = \angle P_1P_4A = \frac{\pi}{2} - \frac{\angle A}{2}$$

$$\angle P_2P_5B = \angle P_5P_2B = \frac{\pi}{2} - \frac{\angle B}{2}$$

$$\angle P_3P_6C = \angle P_6P_3C = \frac{\pi}{2} - \frac{\angle C}{2}$$

延长 $A'A, B'B$ 交于 O,过 O 作 $A'B', B'C', C'A'$ 的垂线段 OM_3, OM_1, OM_2;过 A 作 $A'B', A'C'$ 的垂线段 AG_3, AG_2;过 B 作 $A'B', B'C'$ 的垂线段 BN_3, BN_1;过 C 作 $B'C', A'C'$ 的垂线段 CQ_1, CQ_2.

在 $\text{Rt}\triangle P_1N_1B$ 中,有

$$BN_1 = BP_1 \sin \angle BP_1N_1 = m\sin\left(\frac{\pi}{2} - \frac{A}{2}\right) = m\cos\frac{A}{2}$$

同理 $$BN_3 = n\cos\frac{C}{2}, AG_2 = m\cos\frac{B}{2}$$

$$AG_3 = r\cos\frac{C}{2}, CQ_1 = r\cos\frac{A}{2}, CQ_2 = n\cos\frac{B}{2}$$

由 $BN_3 \parallel OM_3$,有

$$\frac{BN_3}{OM_3} = \frac{B'B}{B'O}$$

由 $BN_1 \parallel OM_1$,有

$$\frac{BN_1}{OM_1} = \frac{B'B}{B'O}$$

即 $$\frac{BN_3}{OM_3} = \frac{BN_1}{OM_1}$$

从而

$$\frac{OM_1}{OM_3} = \frac{BN_1}{BN_3} = \frac{m\cos\frac{A}{2}}{n\cos\frac{C}{2}} \qquad ①$$

同理

$$\frac{OM_2}{OM_3} = \frac{AG_2}{AG_3} = \frac{m\cos\frac{B}{2}}{r\cos\frac{C}{2}} \qquad ②$$

式①②相除,得

又由

$$\frac{OM_1}{OM_2} = \frac{r\cos\dfrac{A}{2}}{n\cos\dfrac{B}{2}}$$

$$\frac{CQ_1}{CQ_2} = \frac{r\cos\dfrac{A}{2}}{n\cos\dfrac{B}{2}}$$

则有

$$\frac{OM_1}{OM_2} = \frac{CQ_1}{CQ_2}$$

易证 O, C, C' 三点共线,故三线段 AA', BB', CC' 所在直线相交于一点.(本解法中也未用到 $AP_1 = \cdots = BP_1 + CP_2 + AP_3$ 的最后一等式.)

（2）用笛沙格定理

证明 （山东淄博市教研室朱恒杰给出）如图18.29,分别延长 AB 和 $A'B'$, CB 和 $C'B'$, AC 和 $A'C'$ 得交点 M, N, G（交点可在无穷远处).

因 $AP_1 = BP_5$,则 $BP_1 = AP_5$,同理 $AP_3 = CP_4, BP_6 = CP_2$,因直线 $MB'A'$ 是 $\triangle ABC$ 的割线,由梅涅劳斯定理得

$$\frac{BM}{MA} \cdot \frac{AP_3}{P_3C} \cdot \frac{CP_6}{P_6B} = -1 \qquad ①$$

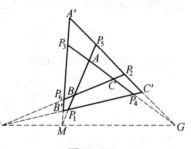

图 18.29

同理

$$\frac{AG}{GC} \cdot \frac{CP_2}{P_2B} \cdot \frac{BP_5}{P_5A} = -1 \qquad ②$$

$$\frac{CN}{NB} \cdot \frac{BP_1}{P_1A} \cdot \frac{AP_4}{P_4C} = -1 \qquad ③$$

式 ①×②×③ 结合已知及 $BP_1 = AP_5, AP_3 = CP_4, BP_6 = CP_2$,得

$$\frac{BM}{MA} \cdot \frac{AG}{GC} \cdot \frac{CN}{NB} = -1$$

因为点 M, N, G 分别是 $\triangle ABC$ 三边延长线 AB, CB, AC 上的点,由梅涅劳斯逆定理知点 M, N, G 在一条直线上.

又点 M, N, G 分别是 $\triangle A'B'C'$ 和 $\triangle ABC$ 对应边的交点,利用笛沙格逆定理可得 $\triangle A'B'C'$ 和 $\triangle ABC$ 的对应顶点的连线即 $A'A, B'B, C'C$ 所在直线交于一点.

(3) 用塞瓦定理

证明 (湖南师大附中高中199班黄其兴给出) 先给出下列两条引理.

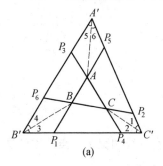
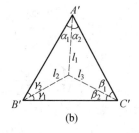
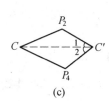

(a)　　　　　　　　(b)　　　　　　　(c)

图 18.30

引理 1:如图 18.30(b),塞瓦定理的正弦形式为

$$l_1, l_2, l_3 \text{ 共点} \Leftrightarrow \frac{\sin \alpha_1}{\sin \alpha_2} \cdot \frac{\sin \beta_1}{\sin \beta_2} \cdot \frac{\sin \gamma_1}{\sin \gamma_2} = 1.$$

引理 2:如图 18.30(c),有

$$\frac{\sin \angle 1}{\sin \angle 2} = \frac{CP_2 \sin \angle CP_2 C'}{CP_4 \sin \angle CP_4 C'} \text{(由正弦定理易证)}.$$

下证原题,如图 18.30(a)

$$AA', BB', CC' \text{ 共点} \underset{\text{引理1}}{\Longleftrightarrow} \frac{\sin \angle 1}{\sin \angle 2} \cdot \frac{\sin \angle 3}{\sin \angle 4} \cdot \frac{\sin \angle 5}{\sin \angle 6} = 1 \underset{\text{引理2}}{\Longleftrightarrow}$$

$$\frac{CP_2 \sin \angle CP_2 C'}{CP_4 \sin \angle CP_4 C'} \cdot \frac{BP_1 \sin \angle BP_1 B'}{BP_6 \sin \angle BP_6 B'} \cdot \frac{AP_3 \sin \angle AP_3 A'}{AP_5 \sin \angle AP_5 A'} = 1 \quad ①$$

由 $AP_1 = AP_4 = BP_2 = BP_5 = CP_3 = CP_6$

有 $\angle CP_2 C' = \angle AP_5 A', \angle AP_3 A' = \angle BP_6 B', \angle CP_4 C' = \angle BP_1 B'$

则 $① \Leftrightarrow \dfrac{CP_2}{CP_4} \cdot \dfrac{BP_1}{BP_6} \cdot \dfrac{AP_3}{AP_5} = 1 \quad ②$

由条件易知

$$BP_1 = AP_5, CP_2 = BP_6, AP_3 = CP_4$$

故式 ② 成立.

(4) 利用直线所在的特殊位置

证明 (由深圳育才中学杨占衡给出) 如图 18.31,记 $AB=c, BC=a, CA=b, \angle ABC = \angle B, \angle BCA = \angle C, \angle CAB = \angle A$,由题设

$$c = AP_3 + CP_2, b = BP_1 + CP_2, a = BP_1 + AP_3$$

易得
$$AP_5 = \frac{a+b-c}{2}, AP_3 = \frac{a+c-b}{2}$$

$$\angle AP_3 A' = 90° + \frac{\angle C}{2}, \angle AP_5 A' = 90° + \frac{\angle B}{2}$$

故
$$\angle P_3 A' P_5 = 360° - (90° + \frac{\angle C}{2} + 90° + \frac{\angle B}{2} + \angle A) = \frac{\angle B + \angle C}{2}$$

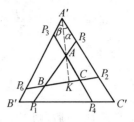

图 18.31

联结 AA'，设 $\angle AA'P_5 = \alpha, \angle AA'P_3 = \beta$（易知它们均为锐角），则

$$\alpha + \beta = \frac{\angle B + \angle C}{2}$$

在 $\triangle AA'P_5$ 与 $\triangle AA'P_3$ 中，分别利用正弦定理有

$$\sin \alpha = \frac{(a+b-c)\sin(90° + \frac{B}{2})}{2AA'}$$

$$\sin \beta = \frac{(a+c-b)\sin(90° + \frac{C}{2})}{2AA'}$$

故

$$\frac{\sin \alpha}{\sin \beta} = \frac{(a+b-c)\cos \frac{B}{2}}{(a+c-b)\cos \frac{C}{2}} = \frac{4\cos \frac{C}{2} \sin \frac{A}{2} \sin \frac{B}{2} \cos \frac{B}{2}}{4\cos \frac{B}{2} \sin \frac{A}{2} \sin \frac{C}{2} \cos \frac{C}{2}} = \frac{\sin \frac{B}{2}}{\sin \frac{C}{2}} \quad ①$$

如果 $\alpha > \frac{\angle B}{2}$，则由 $\alpha - \frac{\angle B}{2} = \frac{\angle C}{2} - \beta$ 知 $\frac{\angle C}{2} > \beta$，由正弦函数的性质易知
$\sin \alpha > \sin \frac{B}{2} > 0, \sin \frac{C}{2} > \sin \beta > 0$，故有

$$\frac{\sin \alpha}{\sin \beta} > \frac{\sin \frac{B}{2}}{\sin \frac{C}{2}}$$

与式 ① 矛盾.

同样,当 $\alpha < \dfrac{\angle B}{2}$ 时,有

$$\frac{\sin \alpha}{\sin \beta} < \frac{\sin \dfrac{B}{2}}{\sin \dfrac{C}{2}}$$

也与式 ① 矛盾,则

$$\alpha = \frac{\angle B}{2}$$

延长 $A'A$ 交 BC 于 K,有

$$\angle A'KP_2 = \angle BP_2C' - \alpha = (90° + \frac{\angle B}{2}) - \frac{\angle B}{2} = 90°$$

则 $AK \perp BC$

同理 $B'B \perp AC, CC' \perp AB$

由三角形三条高线交于一点(垂心),本题得证.

第3节 关于三角形旁切圆的几个命题与问题

命题 1 三角形三个旁切圆的半径的倒数之和等于这个三角形三条高的倒数之和.

证明 $\triangle ABC$ 的三条高可分别记为 h_a, h_b, h_c;还有三个旁切圆,它们的半径分别记为 r_a, r_b, r_c.

如图18.32,圆 O 分别与 AB, AC 的延长线切于点 F, E,与 BC 切于点 D,则圆 O 为 $\triangle ABC$ 的一个旁切圆,半径为 r_a.

联结 OF, OB, OA, OD, OC, OE,很明显

$$S_{\triangle ABC} = S_{\triangle ABO} + S_{\triangle ACO} - S_{\triangle BCO}$$

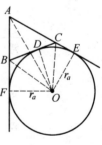

图 18.32

而 $S_{\triangle ABO} = \dfrac{1}{2}cr_a$

$$S_{\triangle ACO} = \frac{1}{2}br_a$$

$$S_{\triangle BCO} = \frac{1}{2}ar_a$$

于是 $S_{\triangle ABC} = \dfrac{1}{2}(b+c-a)r_a$

因此
$$\frac{1}{r_a} = \frac{b+c-a}{2S_{\triangle ABC}}$$

同理
$$\frac{1}{r_b} = \frac{a+c-b}{2S_{\triangle ABC}}, \frac{1}{r_c} = \frac{a+b-c}{2S_{\triangle ABC}}$$

所以
$$\frac{1}{r_a} + \frac{1}{r_b} + \frac{1}{r_c} = \frac{a+b+c}{2S_{\triangle ABC}} \qquad ①$$

又
$$S_{\triangle ABC} = \frac{1}{2}ah_a$$

故
$$\frac{1}{h_a} = \frac{a}{2S_{\triangle ABC}}$$

同理
$$\frac{1}{h_b} = \frac{b}{2S_{\triangle ABC}}, \frac{1}{h_c} = \frac{c}{2S_{\triangle ABC}}$$

故
$$\frac{1}{h_a} + \frac{1}{h_b} + \frac{1}{h_c} = \frac{a+b+c}{2S_{\triangle ABC}} \qquad ②$$

比较 ① 与 ②,得
$$\frac{1}{r_a} + \frac{1}{r_b} + \frac{1}{r_c} = \frac{1}{h_a} + \frac{1}{h_b} + \frac{1}{h_c}$$

为了介绍下面的命题 2,先看一条引理.

引理 1 若三角形的外接圆和内切圆的半径分别是 R 和 r,圆心距为 d,则有 $R^2 - d^2 = 2Rr$,或 $\frac{1}{R+d} + \frac{1}{R-d} = \frac{1}{r}$.

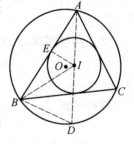

图 18.33

这个引理也叫作察柏尔定理或欧拉定理.

证明 如图 18.33,$\triangle ABC$ 的内心为 I,内切圆半径为 r,外心为 O,外接圆半径为 R,圆心距 $OI = d$.联结 AI,并延长交圆 O 于 D,联结 DB, BI,易证
$$\angle DBI = \angle DIB$$
则
$$DI = DB = 2R\sin\angle BAD$$
又 AB 切圆 I 于 E,联结 IE,则
$$IE \perp AB$$
则
$$\sin\angle BAD = \frac{IE}{AI} = \frac{r}{AI}$$

即
$$AI \cdot DI = 2Rr$$
又由圆幂定理,点 I 对圆 O 的幂为 $R^2 - d^2$,故
$$R^2 - d^2 = 2Rr$$
即
$$\frac{1}{R+d} + \frac{1}{R-d} = \frac{1}{r}$$

显然,由这个引理的公式可导出 $R \geqslant 2r$,这就是欧拉不等式. 有了欧拉公式,便可计算出一确定三角形外心和内心的关系. 同理,亦可导出外心与旁心的关系.

命题 2 若三角形的外接圆和旁切圆的半径分别是 R 和 $r_i (i=1,2,3)$,圆心距为 d_i,则有 $d_i^2 = R^2 + 2Rr_i$.

证明 如图 18.34,$\triangle ABC$ 的内心为 I,外心为 O,半径为 R,$\angle A$ 所对的旁心为 I_1,旁切圆半径为 r_1,则有 A, I 及 I_1 三点共线. AI_1 交圆 O 于 E,联结 BI, BE, BI_1,易知,$\angle IBI_1 = 90°$,$IE = BE$,得 E 为 II_1 的中点,即 $I_1 E = BE$. 又 AB 切 I_1 于 D,联结 $I_1 D$,$I_1 D \perp AD$,则
$$r_1 = I_1 D = AI_1 \sin \angle DAI_1$$
$$2R = \frac{BE}{\sin \angle DAI_1}$$

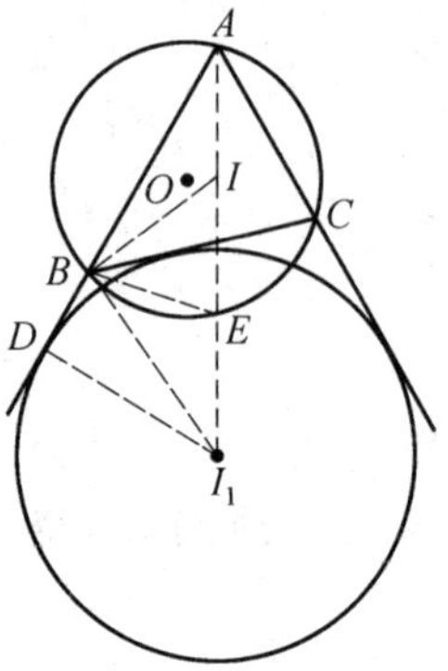

图 18.34

上两式相乘得
$$2Rr_1 = AI_1 \cdot BE$$
即
$$2Rr_1 = AI_1 \cdot I_1 E$$
又由圆幂定理,点 I_1 对圆 O 的幂为 $d_1^2 - R^2$,故
$$d_1^2 - R^2 = 2Rr_1$$
即
$$d_1^2 = R^2 + 2Rr_1$$
同理可证
$$d_2^2 = R^2 + 2Rr_2$$
$$d_3^2 = R^2 + 2Rr_3$$

下面讨论内心与旁心的关系.

命题 3 在 $\triangle ABC$ 中,$\angle A$,$\angle B$,$\angle C$ 所对的边的边长分别为 a,b,c,所对的旁心分别为 I_1,I_2,I_3,旁切圆的半径分别为 r_1,r_2,r_3,其内心为 I,内切圆半径为 r,内心 I 与各旁心 $I_i (i=1,2,3)$ 的距离分别为 d_i,则有
$$d_1^2 = a^2 + (r_1 - r)^2$$
$$d_2^2 = b^2 + (r_2 - r)^2$$
$$d_3^2 = c^2 + (r_3 - r)^2$$

证明 如图 18.35,AB 切圆 I 于 D,切圆 I_1 于 E,联结 ID,$I_1 E$,则 $ID \perp$

AB, $I_1E \perp AB$, 点 I 在 I_1E 上的射影为 F, 则四边形 $DEFI$ 为矩形. 所以

$$IF = DE = AE - AD = \frac{a+b+c}{2} - \frac{b+c-a}{2} = a$$

$$I_1F = r_1 - r$$

由勾股定理得

$$d_1^2 = a^2 + (r_1 - r)^2$$

同理可证

$$d_2^2 = b^2 + (r_2 - r)^2$$

$$d_3^2 = c^2 + (r_3 - r)^2$$

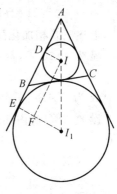

图 18.35

有了上述几个结论,很容易使人想到在四边形中是否存在与之类似的结论.

结论 双心四边形的外接圆和内切圆的半径分别是 R 和 r,圆心距为 d,则有

$$\frac{1}{(R+d)^2} + \frac{1}{(R-d)^2} = \frac{1}{r^2}.$$

此结论与欧拉公式十分相似. 有趣的是,也有一个与欧拉不等式十分相似的不等式,即 $R \geqslant \sqrt{2} r$.

为了介绍下面的命题 4,再看如下 3 条引理.

引理 2 (斯特瓦尔特(Stewart)定理的变形) 设点 P 在 $\triangle ABC$ 的 BC 边所在直线上. 令 $AP = l$, $\frac{BP}{PC} = \frac{m}{n}$, $m > 0$, $n > 0$; $BC = a$, $CA = b$, $AB = c$.

若 P 在 BC 边上,$m + n = 1$,则

$$l^2 = mb^2 + nc^2 - mna^2 \qquad ①$$

若 P 在 BC 边的延长线上,$m - n = 1$,则

$$l^2 = mb^2 - nc^2 + mna^2 \qquad ②$$

若 P 在 BC 边的反向延长线上,$n - m = 1$,则

$$l^2 = -mb^2 + nc^2 + mna^2 \qquad ③$$

引理 3 设 G 为 $\triangle ABC$ 的重心,P 为 $\triangle ABC$ 所在平面上任一点,则

$$3(PA^2 + PB^2 + PC^2) = 9PG^2 + a^2 + b^2 + c^2 \qquad ④$$

事实上,联结 AG 交 BC 于 M,由三角形中线长公式,有

$$6(PB^2 + PC^2) = 12PM^2 + 3a^2$$

及

$$9GA^2 = 4AM^2 = 2b^2 + 2c^2 - a^2$$

在 ① 中令 $m = \frac{2}{3}$, $n = \frac{1}{3}$ 得

$$6(2PM^2+PA^2)=6(3PG^2+2MG^2+GA^2)$$

上述三式相加化简即得证.

显然,由式 ④,若点 P 换为三角形外心 O,则有
$$9OG^2+a^2+b^2+c^2=9R^2 \quad ⑤$$

其中 R 为 $\triangle ABC$ 的外接圆半径.

设 $\triangle ABC$ 的内切圆半径为 r,三角形半周长为 s,由式 ④,将 P 换为内心 I,则有
$$9GI^2=3(IA^2+IB^2+IC^2)-(a^2+b^2+c^2)=$$
$$3[3r^2+(s-a)^2+(s-b)^2+(s-c)^2]-(a^2+b^2+c^2)$$

化简即得
$$9GI^2=9r^2-3s^2+2(a^2+b^2+c^2) \quad ⑥$$

同理,对于 $\angle A$ 内的旁切圆圆心 I_a,半径 r_a,有
$$9GI_a^2=9r_a^2-3(s-a)^2+2(a^2+b^2+c^2) \quad ⑦$$

引理 4 设 R,r 分别为 $\triangle ABC$ 的外接圆半径、内切圆半径,s 为其半周长,r_a,r_b,r_c 是分别位于 $\angle A,\angle B,\angle C$ 内的旁切圆半径,令 $\sqrt{\dfrac{1}{2}(a^2+b^2+c^2)}=u$,则

$$r_a+r_b+r_c-r=4R \quad ⑧$$
$$r_br_c+r_cr_a+r_ar_b=s^2 \quad ⑨$$
$$r_a^2+r_b^2+r_c^2+r=16R^2-2u^2 \quad ⑩$$
$$s^2+(s-a)^2+(s-b)^2+(s-c)^2=2u^2 \quad ⑪$$
$$u^2=s^2-r^2-4Rr=(s-a)^2-r_a^2+4r_aR \quad ⑫$$

事实上,由 $rs=r_a(s-a)=r_b(s-b)=r_c(s-c)=S_{\triangle ABC}$ 和 $4RS_{\triangle ABC}=abc$ 代入化简易证得上述各式.

命题 4[①] 设 O,I,G,H,V 分别为 $\triangle ABC$ 的外心、内心、重心、垂心和九点圆圆心,I_a,I_b,I_c 分别为 $\angle A,\angle B,\angle C$ 内的三个旁切圆的圆心,令 $BC=a$,$CA=b$,$AB=c$,$\sqrt{\dfrac{1}{2}(a^2+b^2+c^2)}=u$. 对于 $\triangle ABC$ 所在平面内任一点 P,令 $f(P)=PI^2+PI_a^2+PI_b^2+PI_c^2$,则:

---

① 吴康,龙开奋. 三角形内心和旁心的一种"对称性"[J]. 中学数学研究,2006(5):22-23.

(1) $f(O) = 12R^2$；

(2) $f(A) = f(B) = f(C) = 16R^2$；

(3) $f(G) = 16R^2 - \dfrac{8}{9}u^2$；

(4) $f(H) = 48R^2 - 8u^2$；

(5) $f(V) = 21R^2 - 2u^2$.

证明 （1）由前面的命题 2 及上述引理 4 得
$$f(O) = (R^2 - 2rR) + \sum(R^2 + 2r_a R) = 4R^2 + 2R \cdot 4R = 12R^2$$

其中 $\sum$ 表示对 a,b,c 轮换求和，下同.

（2）易知 $\triangle ABC$ 是其旁心 $\triangle I_a I_b I_c$ 的垂足三角形，A, I, C, I_b 四点共圆，且 II_b 为直径；A, I_c, I_a, C 四点共圆，$I_c I_a$ 为直径，等等. 从而

$$\angle AI_a C = \dfrac{1}{2}\angle B, \angle AI_b C = 90° - \angle AI_a C = 90° - \dfrac{1}{2}\angle B$$

由勾股定理、正弦定理易得

$$f(A) = (AI^2 + AI_b^2) + (AI_c^2 + AI_a^2) = II_b^2 + I_c I_a^2 =$$
$$\left(\dfrac{AC}{\sin \angle AI_b C}\right)^2 + \left(\dfrac{AC}{\sin \angle AI_c C}\right)^2 = \dfrac{4b^2}{\sin^2 B} = 16R^2$$

（3）由引理 3 中的式 ⑥⑦ 及引理 4，得

$$9f(G) = (9r^2 - 3s^2 + 4u^2) + \sum[9r_a^2 - 3(s-a)^2 + 4u^2] =$$
$$9(16R^2 - 2u^2) - 6u^2 + 16u^2 = 144R^2 - 8u^2$$

由此即证.

（4）由欧拉定理知 $OG : VH = 2 : 1$ 及引理 2 中式 ①，令 $m = \dfrac{2}{3}, n = \dfrac{1}{3}$，得

$$2IO^2 + IH^2 = 3IG^2 + 2OG^2 + GH^2$$

又由引理 3 中的式 ⑥⑦⑤ 及命题 2、引理 4，得

$$HI^2 = 3IG^2 + 6OG^2 - 2IO^2 =$$
$$\dfrac{1}{3}(9r^2 - 3s^2 + 4u^2) + \dfrac{2}{3}(9R^2 - 2u^2) - 2(R^2 - 2Rr) =$$
$$3r^2 - s^2 + 4R^2 + 4Rr = 2r^2 + 4R^2 - u^2$$

同理，$HI_a^2 = 2r_a^2 + 4R^2 - u^2$，等等. 从而，由引理 4 中式 ⑧⑨，得

$$f(H) = (2r^2 + 4R^2 - u^2) + \sum(2r_a^2 + 4R^2 - u^2) =$$
$$2(16R^2 - 2u^2) + 16R^2 - 4u^2 = 48R^2 - 8u^2$$

注 易证得 $f(H) = 4(HA^2 + HB^2 + HC^2)$.

(5) 类似于(4)的证明,由欧拉定理、三角形中线长公式(引理2特例)、引理3中式⑥⑦⑤及命题2,有
$$4VI^2 = 2OI^2 + 2HI^2 - OH^2 =$$
$$2(R^2 - 2Rr) + 2(2r^2 + 4R^2 - u^2) - (9R^2 - 2u^2) =$$
$$R^2 - 4Rr + 4r^2 = (R - 2r)^2$$

由欧拉不等式知 $R \geqslant 2r$,故 $2VI = R - 2r$.

同理,可得 $2VI_a = R + 2r_a$,等等.

从而,由引理4中式⑧⑨,得
$$4f(V) = (R - 2r)^2 + \sum(R + 2r_a)^2 =$$
$$4R^2 + 4R \cdot 4R + 4(16R^2 - 2u^2)$$

即证得结论.

注 显然, $VI + VI_a + VI_b + VI_c = 6R$. 利用 $VI = \frac{R}{2} - r, VI_a = \frac{R}{2} + r_a$,易推得著名的费尔巴哈(Feuerbach)定理:

三角形的九点圆与内切圆相内切,且与三旁切圆相外切.

最后,也顺便指出:

(1) 设 M_1, M_2, M_3 为 $\triangle ABC$ 三边的中点,则 $f(M_1) = 16R^2 - a^2$,且 $f(M_1) + f(M_2) + f(M_3) = 48R^2 - 2u^2$.

(2) $II_a = 4R\sin\frac{A}{2}, I_bI_c = 4R\cos\frac{A}{2}, f(I) = 8R(2R - r), f(I_a) = 8R(2R + r_a)$,且 $f(I) + f(I_a) + f(I_b) + f(I_c) = 96R^2$.

命题5[①] 设 $\triangle ABC$ 的内角 $\angle A, \angle B, \angle C$ 所对的旁切圆与三边所在直线相切的切点构成的三角形的面积依次为 $\Delta_A, \Delta_B, \Delta_C$,且记 $BC = a, CA = b, AB = c, p = \frac{1}{2}(a + b + c)$,$\triangle ABC$ 的面积、外接圆、内切圆半径分别为 Δ, R, r,则有

$$\sum \Delta_A = \frac{\Delta}{2R}(4R + r)$$

(其中 $\sum$ 表示循环和,如 $\sum \Delta_A$ 表示 $\Delta_A + \Delta_B + \Delta_C$,其余类推).

证明 如图18.36,设 $\triangle ABC$ 的内角 $\angle A$ 所对的旁切圆与三边所在直线

[①] 李显权.三角形的旁切圆切点三角形的一个性质[J].中学数学月刊,2006(3):26.

分别相切于点 D,E,F. 易知 $BD=BF=p-c, CD=CE=p-b$.

在 $\triangle BDF$ 中利用正弦定理,有
$$\frac{DF}{\sin\angle DBF}=\frac{BF}{\sin\angle BDF}$$

故
$$\frac{DF}{\sin(\pi-B)}=\frac{BF}{\sin\dfrac{B}{2}}$$

所以
$$DF=\frac{BF\sin B}{\sin\dfrac{B}{2}}=2(p-c)\cos\frac{B}{2}$$

同理
$$DE=2(p-b)\cos\frac{C}{2}$$

所以
$$\Delta_A=\frac{1}{2}DF\cdot DE\sin\angle FDE=$$
$$\frac{1}{2}\cdot 4(p-b)(p-c)\cos\frac{B}{2}\cos\frac{C}{2}\sin(\pi-\frac{B+C}{2})=$$
$$2(p-b)(p-c)\cos\frac{A}{2}\cos\frac{B}{2}\cos\frac{C}{2}$$

注意到 $\cos\dfrac{A}{2}\cos\dfrac{B}{2}\cos\dfrac{C}{2}=\dfrac{p}{4R}$,因而有
$$\Delta_A=\frac{p}{2R}(p-b)(p-c)$$

同理
$$\Delta_B=\frac{p}{2R}(p-c)(p-a)$$
$$\Delta_C=\frac{p}{2R}(p-a)(p-b)$$

将以上三式相加,再利用熟知的恒等式
$$\sum(p-b)(p-c)=r(4R+r), pr=\Delta$$

可得
$$\sum\Delta_A=\frac{\Delta}{2R}(4R+r)$$

注 以上涉及三角形的旁切圆切点三角形面积的恒等式,形式简洁优美,还有妙用——给出著名的外森比克(Weitzenberk)不等式的一个新隔离.

由于 $4R+r\geqslant\sqrt{3}p$,利用以上定理立得
$$\sum\Delta_A\geqslant\frac{\Delta}{2R}\cdot\sqrt{3}p=\sqrt{3}\frac{p}{2R}\Delta \qquad ①$$

又因
$$4\sum(p-b)(p-c) = 4\sum ab - 4p^2 = 4\sum ab - \left(\sum a\right)^2 =$$
$$2\sum ab - \sum a^2 \leqslant 2\sum ab - \sum ab =$$
$$\sum ab \leqslant \sum a^2$$

于是由定理的证明过程可知
$$\sum \Delta_A = \frac{p}{2R}\sum(p-b)(p-c) = \frac{p}{8R}\cdot 4\sum(p-b)(p-c) \leqslant$$
$$\frac{p}{8R}\sum ab \leqslant \frac{p}{8R}\sum a^2 \qquad ②$$

综合 ①② 即有
$$\sum a^2 \geqslant \sum ab \geqslant \frac{8R}{p}\sum \Delta_A \geqslant 4\sqrt{3}\Delta$$

命题 6 M 是 $\triangle ABC$ 边 AB 上的任意一点,r_1,r_2,r 分别是 $\triangle AMC$,$\triangle BMC$,$\triangle ABC$ 内切圆的半径,q_1,q_2,q 分别是上述三角形在 $\angle ACB$ 内部的旁切圆半径,证明:$\dfrac{r_1}{q_1}\cdot\dfrac{r_2}{q_2}=\dfrac{r}{q}$.

(1970 年第 12 届 IMO 试题)

证明 如图 18.37,对任意 $\triangle A'B'C'$,由正弦定理可知

$$OD = OA'\sin\frac{A'}{2} = A'B'\cdot\frac{\sin\frac{B'}{2}}{\sin\angle A'OB'}\cdot\sin\frac{A'}{2} =$$
$$A'B'\cdot\frac{\sin\frac{A'}{2}\sin\frac{B'}{2}}{\sin\frac{A'+B'}{2}}$$

$$O'E = A'B'\cdot\frac{\cos\frac{A'}{2}\cos\frac{B'}{2}}{\sin\frac{A'+B'}{2}}$$

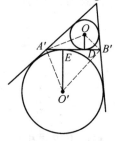

图 18.37

则
$$\frac{OD}{O'E} = \tan\frac{A'}{2}\tan\frac{B'}{2}$$

亦即有
$$\frac{r_1}{q_1}\cdot\frac{r_2}{q_2} = \tan\frac{A}{2}\tan\frac{\angle CMA}{2}\tan\frac{\angle CNB}{2}\tan\frac{B}{2} = \tan\frac{A}{2}\tan\frac{B}{2} = \frac{r}{q}$$

命题 7[①] 在 $\triangle ABC$ 中,内切圆 I 切 AC 于 D,直线 AC 同侧两旁切圆圆 O_1、圆 O_2 分别切 CB 延长线于 E,切 AB 延长线于 F,则 AE,BD,CF 交于一点 P. 若第三个旁切圆为圆 O_3,三角形重心为 G,则 G 分 $\overrightarrow{PO_3}$ 之比为 $2:1$,如图 18.38 所示.

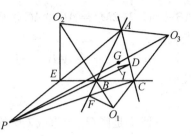

图 18.38

证明 (同一法)延长 O_3G 到 P_1,使 $GP_1 = 2O_3G$,只要证明 P_1,E,A;P_1,F,C;P_1,B,D 三组三点共线即可.

设 AG 交 BC 于 M,AO_3 交直线 BC 于 N,AP_1 交直线 CB 于 J,先证 J 为圆 O_1 与 CB 的切点 E,如图 18.39 所示.

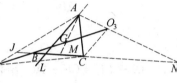

图 18.39

由 BO_3 平分 $\angle ABC$ 及 CO_3 平分 $\angle ACB$ 的外角有

$$\frac{BN}{BA} = \frac{NO_3}{AO_3} = \frac{NC}{AC}$$

由

$$\frac{AG}{GM} = \frac{P_1G}{GO_3} = 2$$

有

$$MO_3 \parallel AP_1$$

故

$$\frac{NO_3}{AO_3} = \frac{NM}{MJ}$$

于是有

$$\frac{NO_3}{AO_3} = \frac{BN}{BA} = \frac{NM}{MJ} = \frac{NC}{AC}$$

依等比性质

$$\frac{BN - NM}{BA - MJ} = \frac{MN - NC}{MJ - AC}$$

即

$$\frac{BM}{AB - MJ} = \frac{MC}{MJ - AC}$$

由 $BM = MC$,有

$$AB - MJ = MJ - AC \qquad ①$$

显然 J 在 CB 的延长线上,否则,J 在 BC 边上,则有 $2MJ < 2BM = BC <$

---

① 黄华松.三角形的另三条新欧拉线[J].中学数学,2005(10):38-39.

$AB+AC$, 与 $2MJ=AB+AC$ 矛盾. 依条件 $MJ=BJ+BM=CJ-CM$. 故式 ①变成
$$AB-BJ-BM=CJ-CM-AC$$
从而
$$AB-BJ=CJ-AC \qquad ②$$

下证 J 是圆 O_1 与直线 CB 的切点 E.

设圆 O_1 切 AB 于 Q, 切直线 CA 于 R, 如图 18.40 所示, 由切线长定理得
$$AB-BE=AQ$$
$$CE-AC=CR-AC=AR$$
$$AQ=AR$$

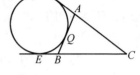

图 18.40

故 $AB-BE=CE-AC$, 结合 ② 知 E 与 J 重合. 故 P_1A 与 BC 的交点 J 恰为圆 O_1 与 BC 的切点 E.

若 P_1C 与直线 AB 交于点 L, 如图 18.39 所示. 同理可证 $AL-AC=BC-BL$, 进一步可证 P_1C 与 AB 之交点 L 恰为圆 O_2 与 AB 延长线的切点.

再证 P_1B 与 AC 的交点 K 就是内切圆 I 在 AC 上的切点 D, 如图 18.41 所示.

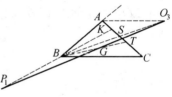

图 18.41

设 $BC>AB$, BO_3 交 AC 于 S, BG 交 AC 于 T, 由 $\dfrac{AB}{BC}=\dfrac{AS}{SC}<1$, 知 S 一定在线段 AT 上. 由
$$\frac{TG}{BG}=\frac{O_3G}{GP_1}=\frac{1}{2}$$
有
$$TO_3 \parallel P_1B$$
即
$$TO_3 \parallel BK$$

由 BO_3 平分 $\angle ABC$, 有
$$\frac{SC}{BC}=\frac{AS}{AB}$$

由 AO_3 平分 $\angle BAC$ 的外角, 有
$$\frac{AS}{AB}=\frac{SO_3}{BO_3}$$
由
$$TO_3 \parallel BK$$

有
$$\frac{SO_3}{BO_3}=\frac{ST}{KT}$$

故
$$\frac{SC}{BC}=\frac{AS}{AB}=\frac{ST}{KT}$$

由等比性质有
$$\frac{SC-ST}{BC-KT}=\frac{AS+ST}{AB+KT}$$

即
$$\frac{CT}{BC-KT}=\frac{AT}{AB+KT}$$

由 $CT=AT$,有
$$BC-KT=AB+KT \qquad ③$$

显然 K 是 AC 的内分点,否则 K 在 CA(或 AC)的延长线上,$2KT>AC>BC-AB$ 与式 ③ 即 $2KT=BC-AB$ 矛盾.

由于 $KT=AT-AK=CK-CT$,代入式 ③ 有
$$BC-(AT-AK)=AB+CK-CT$$

即
$$BC+AK=AB+CK$$

也就是
$$BC-CK=AB-AK$$

易知,边 AC 上满足 $BC-CK=AB-AK$ 的点 K,恰为内切圆 I 与边 AC 的切点 D. 故 P_1B 与 AC 的交点恰为内切圆与 AC 的切点 D. 如果 $BC<AB$,式 ③ 便变为 $BC+KT=AB-KT$,上述结论依然成立.

综上所述,$P_1,E,A;P_1,F,C;P_1,D,B$ 均三点共线,即 A 与旁切圆圆 O_1 在 CB 上的切点 E 的连线 AE,C 与旁切圆圆 O_2 在 AB 上的切点 F 的连线 CF,B 与内切圆圆 I 在 AC 上的切点 D 的连线 BD,三线交于一点 P_1(即命题 7 中的点 P),且 G 分 $\overrightarrow{PO_3}$ 之比为 $2:1$,命题 7 得证.

类似地,还可得到如下结论.

命题 8 在 $\triangle ABC$ 中,内切圆圆 I 切 AB 于 F_1,旁切圆圆 O_3 切 BC 的延长线于 E_1,旁切圆圆 O_2 切 AC 的延长线于 D_1,则直线 CF_1,AE_1,BD_1 交于一点 P_2,设另一旁切圆为圆 O_1,三角形重心为 G,则 G 分 $\overrightarrow{P_2O_1}$ 之比为 $2:1$.

命题 9 在 $\triangle ABC$ 中,内切圆圆 I 切 BC 于 E_2,旁切圆圆 O_3 切 BA 的延长线于 F_2,旁切圆圆 O_1 切 CA 的延长线于 D_2,则直线 CF_2,BD_2,AE_2 交于一点 P_3,设另一旁切圆为圆 O_2,三角形重心为 G,则 G 分 $\overrightarrow{P_3O_2}$ 之比为 $2:1$.

注 与"界心"的定义相似,依命题 7 的证明过程知:位于三角形外的点 P 与各顶点连线外分(或内分)对边成的两段与三角形另两边对应差的绝对值相

等,故 P 可称为三角形的外差界心.同样,命题8,9中 P_2,P_3 亦可称为三角形的外差界心.

这样,就得到了三角形的类似于"内心、重心、界心"线的另三条新欧拉线.由于界心其实是三角形三个旁切圆在三边上的切点与相对顶点连线的交点,故这四条新欧拉线其实就是三角形的三个旁切圆与一个内切圆共四个圆中任选一个圆的圆心为第一点,三角形的重心 G 为第二点,其余三个圆在三边所在直线上的切点与相对顶点连线的交点为第三点,这三点共线而得的四条直线,且重心 G 分每条直线上三角形的外差界心(或界心)与另一旁切圆的圆心(或内心)所连线段之比为2:1.它们十分和谐而有序地分布在同一个三角形中,再次让我们领略到了数学的无穷魅力.

三角形的内切圆与旁切圆有许多统一的性质,下面以一些问题为例说明.

问题1 如图18.42,圆 O 为 $\triangle ABC$ 的内切圆,D 为 BC 边上的切点,DF 为圆 O 的一条直径,联结 AF 并延长交 BC 于 E.求证:$CD = BE$.

(第8届美国邀请赛(AIME)试题)

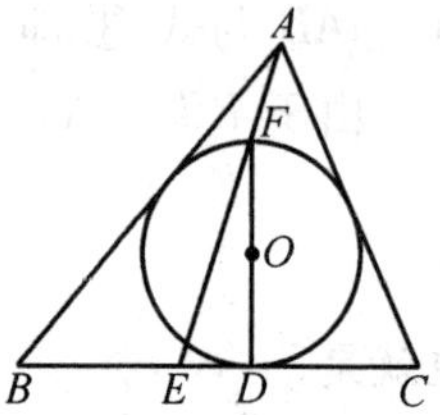

事实上,将条件"内切圆"改为"旁切圆",我们猜想结论仍然成立,证明如下.

证明 如图18.43,过 F 作圆 O 的切线分别交 AB,AC 的延长线于 M,N,联结 OB,OM,设圆 O 的半径为 r,则
$$MN \parallel BC$$
则
$$\frac{MF}{BE} = \frac{AF}{AE} = \frac{FN}{EC} \Rightarrow \frac{MF}{FN} = \frac{BE}{EC}$$

由 OB,OM 分别为同旁内角 $\angle DBM$,$\angle BMN$ 的平分线知 $\angle BOM = 90°$,从而 $\triangle BOD \sim \triangle OMF$.故
$$\frac{MF}{r} = \frac{r}{BD} \qquad ①$$

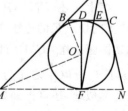

图18.42

图18.43

同理
$$\frac{FN}{r} = \frac{r}{CD} \qquad ②$$

(其中 r 为圆 O 的半径).

①÷② 得
$$\frac{MF}{FN} = \frac{CD}{BD} \Rightarrow \frac{BE}{EC} = \frac{CD}{BD}$$

从而 $$\frac{BE}{BE+EC}=\frac{CD}{CD+BD}$$

故 $$CD=BE$$

问题 2 如图 18.44，圆 O 是 $\triangle ABC$ 的边 BC 外的旁切圆，D,E,F 分别是圆 O 与 BC,CA,AB 的切点.

(1) 若 OD 与 EF 相交于 K，求证：AK 平分 BC；

(2) 如果 $BC=a,CA=b,AB=c$，且 $b>c$，求 $S_{\triangle ABC}:S_{\triangle BKC}$.

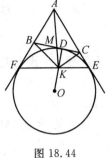

图 18.44

(1991 年四川省数学竞赛题)

与上题相反，若将"旁切圆"改为"内切圆"，结论是否仍然成立？回答是肯定的，证明如下.

证明 如图 18.45，记 $\angle ABC=\angle B,\angle ACB=\angle C$，$\angle BAC=\angle A$，设 AK 的延长线与 BC 相交于 M，联结 OE,OF.

(1) $\angle B=\pi-\angle DOF,\angle C=\pi-\angle DOE,OE=OF$，

因 $$\frac{FK}{\sin\angle KOF}=\frac{OK}{\sin\angle KFO},\frac{EK}{\sin\angle KOE}=\frac{OK}{\sin\angle KEO},$$

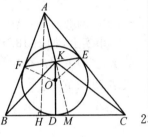

图 18.45

则 $$\frac{FK}{EK}=\frac{\sin B}{\sin C}$$

又 $$\frac{FK}{\sin\angle FAK}=\frac{AF}{\sin\angle AKF}=\frac{AE}{\sin\angle AKE}=\frac{EK}{\sin\angle KAE}$$

则 $$\frac{\sin B}{\sin\angle FAK}=\frac{\sin C}{\sin\angle EAK}$$

从而 $$\frac{BM}{CM}=\frac{\frac{BM}{AM}}{\frac{CM}{AM}}=\frac{\frac{\sin\angle FAK}{\sin B}}{\frac{\sin\angle EAK}{\sin C}}=1$$

故 $$BM=CM$$

(2) 作 $AH\perp BC$ 于 H，则

$$\frac{S_{\triangle ABC}}{S_{\triangle BKC}}=\frac{AH}{KD}=\frac{HM}{DM}$$

由 $b>c$，知

$$HM=\frac{a}{2}-c\cos B=\frac{a}{2}-\frac{a^2+c^2-b^2}{2a}=\frac{b^2-c^2}{2a}$$

$$DM = CD - CM = \frac{a+b-c}{2} - \frac{a}{2} = \frac{b-c}{2}$$

故 $S_{\triangle ABC} : S_{\triangle BKC} = (b+c) : a$

问题 3 设 P 是 $\triangle ABC$ 内一点，$\angle APB - \angle ACB = \angle APC - \angle ABC$. 又 D,E 分别是 $\triangle APB$ 及 $\triangle APC$ 的内心，证明：AP,BD,CE 相交于一点，如图 18.46 所示.

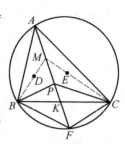

图 18.46

这是第 37 届 IMO 试题的第 2 题. 事实上，若 D,E 分别是 $\triangle APB$ 及 $\triangle APC$ 的旁心，仍可得到相同的结论.

证明 设 P 是 $\triangle ABC$ 内一点，$\angle APB - \angle ACB = \angle APC - \angle ABC$. 又 $D_i, E_i (i=1,2,3)$ 分别是 $\triangle APB$ 及 $\triangle APC$ 的旁心，则 AP, BD_i, CE_i 相交于一点.

事实上，如图 18.47，D_1, E_1 分别是 $\triangle APB, \triangle APC$ 的旁心，延长 AP 交 BC 于点 K，交 $\triangle ABC$ 的外接圆于 F，联结 BF,CF，则

$$\angle APC - \angle ABC = \angle AKC + \angle PCK - \angle ABC =$$
$$\angle PCK + \angle KAB =$$
$$\angle PCK + \angle KCF = \angle PCF$$

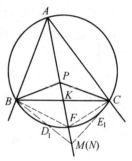

图 18.47

同理 $\angle APB - \angle ACB = \angle PBF$
又 $\angle APC - \angle ABC = \angle APB - \angle ACB$
则 $\angle PCF = \angle PBF$

由正弦定理有

$$\frac{PB}{\sin \angle PFB} = \frac{PF}{\sin \angle PBF} = \frac{PF}{\sin \angle PCF} = \frac{PC}{\sin \angle PFC}$$

从而 $\dfrac{PB}{PC} = \dfrac{\sin \angle PFB}{\sin \angle PFC} = \dfrac{\sin \angle ACB}{\sin \angle ABC} = \dfrac{AB}{AC}$

于是 $\dfrac{PB}{AB} = \dfrac{PC}{AC}$

设 BD_1 和 AP 相交于 M，CE_1 与 AP 相交于 N，则

$$\frac{PM}{MA} = \frac{PB}{AB}, \frac{PN}{NA} = \frac{PC}{AC}$$

所以有 $\dfrac{PM}{MA} = \dfrac{PN}{NA}$

因此知 M,N 两点重合. 故 AP, BD_1, CE_1 相交于一点.

由于一个三角形有三个旁心，因此还可选取 $\triangle APB$ 和 $\triangle APC$ 的旁心 D_2,

E_2 及 D_3,E_3,结论均成立,这里只证明了一种情形,其他情形读者可仿证.

第 4 节　试题 D2 的拓广

首先,我们给出试题 D2 及另证①.

试题　设 $\angle A$ 是 $\triangle ABC$ 中最小的内角,点 B 和 C 将这个三角形的外接圆分成两段弧,U 是落在不含 A 的那段弧上且不等于 B 与 C 的一个点,线段 AB 和 AC 的垂直平分线分别交线段 AU 于 V 和 W,直线 BV 和 CW 相交于 T,证明:$AU = TB + TC$.

另证　如图 18.48,设直线 BT,CT 分别交圆 O 于 X 和 Y,联结 CX,由条件有

$$BV = AV, CW = AW$$

由相交弦定理可得

$$VU = VX, WY = WU$$

于是

$$BX = CY = AU$$

又易知

$$\angle ABX = \angle BAU, \angle ACY = \angle CAU$$

故

$$\angle X = \angle BAC = \angle BAU + \angle CAU =$$
$$\angle ABX + \angle ACY =$$
$$\angle ACX + \angle ACY =$$
$$\angle TCX$$

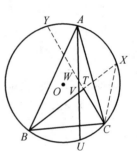

图 18.48

所以,$TC = TX$.

从而,$TB + TC = TB + TX = BX = AU$.

由证明易见,起关键作用的是 $BX = CY = AU$,而此时圆心到此三弦之距必相等,从而 O 必为 $\triangle VWT$ 的内心或旁心.反之,无论 O 为 $\triangle VWT$ 的内心或旁心,以 O 为圆心的圆在 $\triangle VWT$ 的三边所在直线上所截得的线段总相等,且后一结论与 $\triangle VWT$ 的形状无关.故可考虑将原题中的限制条件"$\angle A$ 为最小内角"及"U 落在不含 A 的那段弧上"取消而对原题进行一些拓广.

---

① 方廷刚.对一道 IMO 试题的探索[J].中等数学,1998(3):14—16.

命题 1 设 $\triangle ABC$ 内接于圆 O, U 为圆 O 上异于 A,B,C 的一点, 且 AU 不与 AB,AC 垂直, 设线段 AB,AC 的垂直平分线分别交直线 AU 于 V 和 W, 则:

(1) V 与 W 重合的充要条件是 AU 为圆 O 的直径;

(2) BV 与 CW 平行或共线的充要条件是 $\angle A = 90°$.

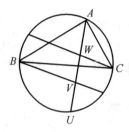 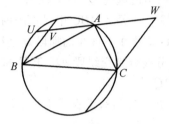

图 18.49

证明 (1) 略. 只证 (2).

如图 18.49, 当 $\angle A = 90°$ 时

$$\angle BAV + \angle CAW = 90°$$

且

$$\angle ABV = \angle BAV, \angle ACW = \angle CAW$$

从而

$$\angle AVB + \angle AWC = 180°$$

故 $BV \parallel CW$.

反之, 当 $BV \parallel CW$ 时

$$\angle AVB + \angle AWC = 180°$$

再由 $\angle VAB = \angle VBA$ 及 $\angle WAC = \angle WCA$, 得 $\angle VAB + \angle WAC = 90°$, 即 $\angle A = 90°$.

命题 2 设 $\triangle ABC$ 内接于圆 O, $\angle A \neq 90°$, U 为圆 O 上异于 A,B,C 的点, AU 不过圆心且不垂直于 AB 和 AC, 线段 AB 和 AC 的垂直平分线分别交直线 AU 于 V 和 W, 直线 BV 和 CW 交于点 T, 则:

(1) 直线 BV, CW 被圆 O 所截得的线段长相等, 且都等于弦 AU 的长;

(2) O 为 $\triangle VWT$ 的内心或旁心;

(3) 当 T 在圆 O 内时, $TB + TC = AU$; 当 T 在圆 O 外时, $|TB - TC| = AU$; 当 T 在圆 O 上时, 必重合于 B 或 C, 从而两式均成立;

(4) T 在 $\triangle OBC$ 的外接圆上.

证明 (1) 分别记 BV, CW 与圆 O 的另一交点为 X 和 Y,由条件有 $VB = VA$. 当 V 在圆 O 内时,如原题已有 $BX = AU$;当 V 在圆 O 上时,U, V, X 三点重合,亦有 $BX = AU$;当 V 在圆 O 外时,由切割线定理及 $VB = VA$ 可得 $VX = VU$. 从而,$BX = AU$. 总之,必有 $BX = AU$. 同理可证 $CY = AU$.

(2) 是(1)的直接推论.

(3) 若 T 在圆 O 上且不重合于 B 和 C,则由(1)证明中所设知必有 T, X, Y 重合,故 $TB = TC$. 从而 OT 垂直平分 BC. 又 V 为 AB 的垂直平分线与 BT 的交点,而 W 为 AC 的垂直平分线与 CT 的交点,联结 OV, OW, VW.

(i) T, A 在 BC 同侧时,如图 18.50,由 $OV \perp AB$, $OW \perp AC$ 得

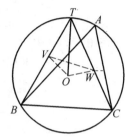

$$\angle VOW = 180° - \angle A$$

又 $\angle VTW = \angle A$,所以,T, V, O, W 共圆.

故 $\angle BVO + \angle CWO = 180°$.

但由(2)知

$$\angle BVO = \angle OVW, \angle CWO = \angle OWV$$

于是,$\angle BVW + \angle CWV = 360°$,矛盾.

图 18.50

(ii) T, A 在 BC 的两侧时,如图 18.51,类似地可证 O, T, V, W 共圆并利用(2)而导致矛盾.

综上所述,当 T 在圆 O 上时,必与 B, C 之一重合. (3) 中的其他论断是(1)的直接推论.

(4) 由命题 1 及本题题设知 O, T 均不在直线 BC 上(唯一的例外是 T 可能重合于 B 或 C,但此时结论显然成立).

(i) T, O 位于 BC 同侧时,如图 18.48 和图 18.52,由 $TC = TX$,得 $\angle BTC = 2\angle X$. 由 $\angle X$ 和 $\angle A$ 的关系及 $\angle BOC$ 和 $\angle A$ 的关系推得 $\angle BTC = \angle BOC$. 故 T 在 $\triangle OBC$ 的外接圆上.

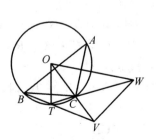

图 18.51

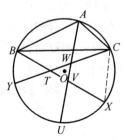

图 18.52

(ii) T, O 在 BC 两侧时,如图 18.53 和图 18.54.

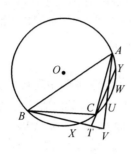

图 18.53   图 18.54

在图 18.53 中
$$\angle WTV = 180° - \angle TVW - \angle TWV =$$
$$180° - (180° - 2\angle BAV) - 2\angle CAV =$$
$$2(\angle BAV - \angle CAV) =$$
$$2\angle A = \angle BOC$$

在图 18.54 中
$$\angle VTW = 180° - \angle TVW - \angle TWV =$$
$$180° - 2\angle VAB - 2\angle WAC =$$
$$180° - 2(180° - \angle A) =$$
$$2\angle A - 180°$$

而
$$\angle BOC = 2(180° - \angle A)$$

故
$$\angle VTW + \angle BOC = 180°$$

从而都有点 T 在 $\triangle OBC$ 的外接圆上.

命题 3 如命题 2 所设,记圆 O 的半径为 R.
(1) 当 O, T 位于 BC 同侧时,$OT^2 = R^2 - TB \cdot TC$,$OT \cdot BC = R|TB - TC|$;
(2) 当 O, T 在 BC 两侧时,$OT^2 = R^2 + TB \cdot TC$,$OT \cdot BC = R(TB + TC)$;
(3) 当 T 重合于 B 或 C 时,上述结论仍成立.

证明 (1) 作出 $\triangle OBC$ 的外接圆如图 18.55,当 $TB > TC$ 时,延长 OT,BC 交于 E,则
$$\angle CTE = \angle OBC = \angle OCB$$
故

从而
$$\angle OTC = \angle OCE$$
$$\triangle OTC \sim \triangle OCE$$
$$OC^2 = OT \cdot OE$$

又易得
$$\triangle OBT \sim \triangle CET, OT \cdot TE = TB \cdot TC$$

故
$$OT^2 = OT \cdot OE - OT \cdot TE =$$
$$OC^2 - TB \cdot TC =$$
$$R^2 - TB \cdot TC$$

另一方面,由托勒密定理有
$$OT \cdot BC + OB \cdot TC = OC \cdot TB$$

故
$$OT \cdot BC = R(TB - TC)$$

当 $TB < TC$ 时,类似地可证
$$OT \cdot BC = R(TC - TB)$$

从而
$$OT \cdot BC = R \mid TB - TC \mid$$

类似地可证(2),而(3)则是显然的.

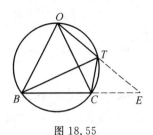

图 18.55

推论 如命题 2 和命题 3 所设,有
$$OT < \frac{2R^2}{\sqrt{4R^2 - BC^2}}$$

证明 当 T 重合于 B 或 C 时,$OT = R$,结论显然成立;当 O, T 位于 BC 同侧时,由 $OT \cdot BC = R \mid TB - TC \mid < R \cdot BC$ 得 $OT < R$,结论亦成立;当 O, T 在 BC 两侧时,由 O, B, T, C 共圆知 $TB \neq TC$(否则 TB, TC 将成为圆 O 的切线(图 18.54)而与命题 2 矛盾).

故
$$OT^2 = R^2 + TB \cdot TC <$$
$$R^2 + \frac{1}{4}(TB + TC)^2 =$$
$$R^2 + \frac{BC^2}{4R^2} \cdot OT^2$$

从而

$$(4R^2 - BC^2) \cdot OT^2 < 4R^4$$

因此

$$OT < \frac{2R^2}{\sqrt{4R^2 - BC^2}}$$

另外,在图 18.48,18.51～18.54 中,若以 $\triangle VWT$ 为出发点,O 为其旁心或内心,则点 A,B,C,U,X,Y 皆在以 O 为圆心的同一圆上,再利用这些点的性质可以逆推出以下结论(为叙述方便,只限于 O 为旁心的情形).

命题 4 设 O 为 $\triangle VWT$ 在边 VW 外侧的旁心.

(1) 若 A 为 VW 的内分点,B,C 分别在 TV 和 TW 的延长线上,$VB = VA$,$WC = WA$,则 O 必为 $\triangle ABC$ 的外心;

(2) 若 A 为 VW 的外分点且靠 W 一端,B,C 分别在 TV 的延长线和射线 WT 上,$VB = VA$,$WC = WA$,则 O 必为 $\triangle ABC$ 的外心;

(3) 当 A 为靠 V 一端的外分点时,仍有类似的结论.

其证明很容易,故略.

第 19 章　1997～1998 年度试题的诠释

试题 A　如图 19.1,已知两个半径不相等的圆 O_1 与圆 O_2 相交于 M,N 两点,且圆 O_1、圆 O_2 分别与圆 O 内切于点 S,T.求证:$OM \perp MN$ 的充分必要条件是 S,N,T 三点共线.

证明　如图 19.1,设圆 O_1、圆 O_2、圆 O 的半径分别为 r_1,r_2,r.由条件知 O,O_1,S 三点共线,O,O_2,T 三点共线,且 $OS=OT=r$.联结 $OS,OT,SN,NT,O_1M,O_1N,O_2M,O_2N,O_1O_2$.

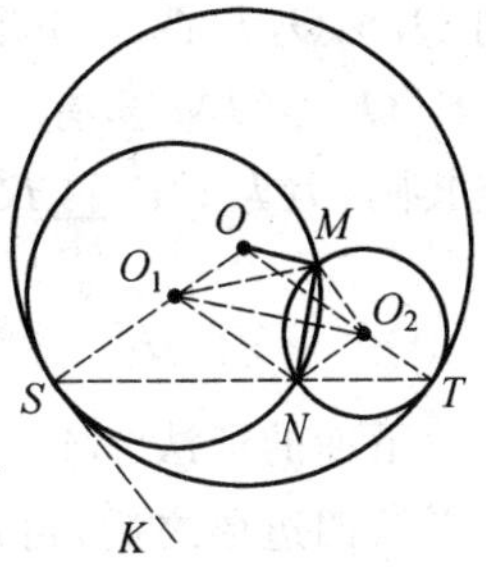

首先证充分性.

证法 1　设 S,N,T 三点共线,则 $\angle S = \angle T$.又 $\triangle O_1SN$ 与 $\triangle O_2NT$ 均为等腰三角形,故

$$\angle S = \angle O_1NS, \angle T = \angle O_2NT$$

图 19.1

于是　　　　　$\angle S = \angle O_2NT, \angle T = \angle O_1NS$

从而　　　　　$O_2N \parallel OS, O_1N \parallel OT$

故四边形 OO_1NO_2 为平行四边形.因此

$$OO_1 = O_2N = r_2 = MO_2, OO_2 = O_1N = r_1 = MO_1$$

故　　　　　　$\triangle O_1MO \cong \triangle O_2OM$

从而　　　　　$S_{\triangle O_1MO} = S_{\triangle O_2OM}$

由此得　　　　$O_1O_2 \parallel OM$

又由于　　　　$O_1O_2 \perp MN$

故　　　　　　$OM \perp MN$

注　若设 SK 是圆 O_1 与圆 O 的公切线,则有

$$\frac{1}{2}\angle SO_1N = \angle NSK = \angle TSK = \frac{1}{2}\angle SOT$$

则　　　　　　$O_1N \parallel OO_2$

同理　　　　　$O_2N \parallel OO_1$

故 OO_1NO_2 是平行四边形.

证法 2 (由天津实验中学姜薇给出)如图 19.2,由已知条件知 O,O_1,S 三点共线,O,O_2,T 三点共线,延长 MN 交圆 O 于点 K,P,过 S 作圆 O_1 的切线 SQ,过 T 作圆 O_2 的切线 TQ,由根轴定理知三条根轴交于一点 Q,即 M,N,Q 三点共线。

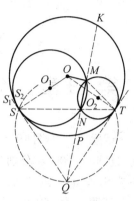

图 19.2

现在由 S,N,T 三点共线,证 $OM \perp MN$.

因 QS,QT 为切线,则
$$\angle TSQ = \angle STQ$$
又 $\qquad OS \perp SQ, OT \perp TQ$

则 O,S,Q,T 四点共圆,即 $\angle TSQ = \angle TOQ$,又由 $\angle STQ = \angle TMQ$,有 $\angle TOQ = \angle TMQ$,即 O,M,T,Q 四点共圆,因为 $OT \perp TQ$,所以
$$\angle OMN = 90°$$

下面的证法 3,4 由贵州李长明教授给出。这两种证法均是在已证 OO_1NO_2 是平行四边形之后,再证明 $OM \perp MN$ 的。

证法 3 利用三角形中位线。联结 O_1O_2, ON,设它们相交于点 P,如图 19.3 所示,则 P 是 ON 的中点。设 O_1O_2 交 MN 于点 H,则 O_1O_2 是 MN 的中垂线,即 H 是 NM 的中点,从而 PH 是 $\triangle NOM$ 的中位线,即
$$PH \parallel OM, OM \perp MN$$

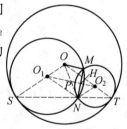

图 19.3

证法 4 利用直角三角形斜边中点的特性。

同前设 P 是 O_1O_2 与 ON 的交点,并联结 PM.

因 P 是 ON 的中点($\square OO_1NO_2$),且 $PN = PM$(连心线 O_1O_2 是公共弦 MN 的中垂线),则 P 到三顶 O,N,M 等距离,即
$$\angle OMN = 90°$$

下面再给出必要性的证明。

证法 1 (由贵州李长明教授给出)为不致受图形的误导,联结 ST 时,有意绕过点 N,如图 19.4 所示,联结 PM, ON. 因
$$OO_1 + O_1N = OO_1 + O_1S = OS = r$$
$$OO_2 + O_2N = OO_2 + O_2T = OT = r$$

则四边形 OO_1NO_2 的周长被对角线 ON 所平分. 又
$$OM \perp MN$$
则斜边中点 P 到三顶点等距离.

由 $PM = PN$ 可知,P 在连心线 O_1O_2 上. 于是,依上述判定定理知 OO_1NO_2 是平行四边形. 由 $O_1N /\!/ OO_2$ 又知 $\angle SO_1N = \angle SOT$. 从而等腰 $\triangle O_1SN \backsim$ 等腰 $\triangle OST$(因顶角相等). 则 $\angle O_1SN = \angle OST$(即底角也相等),即射线 SN 与 ST 重合,即 S, N, T 共线.

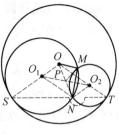

图 19.4

证法 2 若 $OM \perp MN$,$O_1O_2 \perp MN$,有 $O_1O_2 /\!/ OM$,从而
$$S_{\triangle O_1MO} = S_{\triangle O_2OM}$$
设 $OM = a$,由 $O_1M = r_1, O_1O = r - r_1, O_2O = r - r_2, O_2M = r_2$,知 $\triangle O_1MO$ 与 $\triangle O_2OM$ 的周长都等于 $a + r$,记 $p = \dfrac{a+r}{2}$.

由三角形面积的海伦公式,有
$$S_{\triangle O_1MO} = \sqrt{p(p-r_1)(p-r+r_1)(p-a)} =$$
$$\sqrt{p(p-r_2)(p-r+r_2)(p-a)} = S_{\triangle O_2OM}$$

化简得
$$(r_1 - r_2)(r - r_1 - r_2) = 0$$
又已知
$$r_1 \neq r_2$$
有
$$r = r_1 + r_2$$
故
$$O_1O = r - r_1 = r_2 = O_2N$$
且
$$O_2O = r - r_2 = r_1 = O_1N$$
则 OO_1NO_2 为平行四边形. 从而
$$\angle O_1NT + \angle T = 180°, \angle O_2NS + \angle S = 180°$$
又 $\triangle O_1SN$ 与 $\triangle O_2NT$ 均为等腰三角形,有
$$\angle T = \angle O_2NT, \angle S = \angle O_1NS$$
从而
$$\angle O_1NO_2 + 2\angle S = \angle O_2NS + \angle S = \angle O_1NT + \angle T = \angle O_1NO_2 + 2\angle T$$
即
$$\angle S = \angle T$$
于是
$$\angle O_1NS = \angle O_2NT$$
故
$$\angle O_1NS + \angle O_1NO_2 + \angle O_2NT = \angle SNO_2 + \angle S = 180°$$
故 S, N, T 三点共线.

证法 3 （由江西吉安一中罗涛、邓珺给出）作辅助线如图 19.5 所示，若
$$\angle OMN = 90°$$
因 $$OS \perp SQ, OT \perp TQ$$
则 $$\angle OSQ = \angle OTQ = \angle OMQ = 90°$$
故 O, M, T, Q, S 五点共圆. 故
$$\angle OSM = \angle OTM$$
又由 $O_1S = O_1M, O_2T = O_2M$
知 $$\angle OSM = \angle O_1MS, \angle OTM = \angle O_2MT$$
则 $$\angle O_1MS = \angle O_2MT$$
故
$$\angle O_1OO_2 = \angle SMT = \angle SMT + \angle O_1MS - \angle O_2MT = \angle O_1MO_2$$
则 O, O_1, O_2, M 四点共圆.

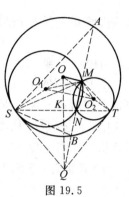

图 19.5

又因 $OM \perp MN, O_1O_2 \perp MN$，则
$$OM \parallel O_1O_2, OO_1 = MO_2$$
设圆 O、圆 O_1、圆 O_2 的半径分别为 R, r_1, r_2，则
$$OO_1 = r_2$$
则 $$R = OS = OO_1 + O_1S = r_1 + r_2$$
过 O_1 作 $O_1N' \parallel OT$ 交 ST 于 N'，过 N' 作 $N'O_2' \parallel OS$ 交 OT 于 O_2'，如图 19.6 所示.

由于 $\triangle OST$ 为等腰三角形，故
$$N'O_2' = OO_1 = r_2$$
于是 $$OO_2' = O_1N' = O_1S = r_1, O_2'T = OT - OO_2' = r - r_1 = r_2$$
故 O_2' 与 O_2 重合.

对于 N'，N' 到 O_2' 的距离为 $O_2'N' = r_2$，N' 到 O_1 的距离为 $O_1N' = r_1$，则 N' 为圆 O_1 与圆 O_2 的交点. 因此，N' 与 N 重合，故 N 在 S, T 所在直线上.

证法 4 （由天津实验中学姜薇给出）作辅助线如图 19.2 所示，若
$$\angle OMN = 90°$$
因 $$OS \perp SQ, OT \perp TQ$$
则 $$\angle OSQ = \angle OTQ = \angle OMQ = 90°$$
即 O, M, T, Q, S 五点共圆.

延长 TN 交圆 O 于 S_1，交 $OMTQS$ 所确定的圆于 S_2，则
$$S_1N \cdot NT = PN \cdot KN, S_2N \cdot NT = MN \cdot QN$$
因 $\angle OMN = 90°$，则 $OM \perp KP$，从而有
$$MK = MP$$
由于
$$QP \cdot QK = QS^2 = QN \cdot QM$$
则
$$QP(QM + MP) = (PQ + PN)QM$$
即
$$QP \cdot MP = PN \cdot QM$$
从而
$$(QN - PN)(MN + PN) = PN(QN + MN)$$
于是
$$QN \cdot MN = PN \cdot MN + PN \cdot MN + PN^2 =$$
$$PN(MN + NP) + PN \cdot MN =$$
$$PN(MK + MN) = PN \cdot KN$$
有
$$S_1N \cdot NT = S_2N \cdot NT$$
则
$$S_1N = S_2N$$
即 S_1, S_2 重合.

而 S 是五点圆与圆 O 的交点，故
$$S_1 = S_2 = S$$
即 S, N, T 三点共线.

证法 5（由安徽普委会给出）如图 19.5，设 $OM \perp MN$，由图知
$$OO_2 - OO_1 = (OT - O_2T) - (OS - O_1S) = O_1S - O_2T (定值) = MO_1 - MO_2$$
所以，O, M 分别在以 O_1, O_2 为焦点的双曲线的（左、右）两支上，由 $OM \perp MN$，$O_1O_2 \perp MN$，知 $OM \parallel O_1O_2$，再由双曲线的对称性，知 O_1O_2MO 是等腰梯形.
则
$$OO_2 = O_1M = O_1N, OO_1 = MO_2 = O_2N$$
于是 OO_1NO_2 是平行四边形. 则
$$\angle O_1NT + \angle T = 180°, \angle O_2NS + \angle S = 180°$$
又 $\triangle O_1SN$ 与 $\triangle O_2NT$ 均为等腰三角形，有
$$\angle T = \angle O_2NT, \angle S = \angle O_1NS$$
即
$$\angle O_1NO_2 + 2\angle S = \angle O_2NS + \angle S = \angle O_1NT + \angle T =$$
$$\angle O_1NO_2 + 2\angle T$$
即
$$\angle S = \angle T$$
从而
$$\angle O_1NS = \angle O_2NT$$

故 $\angle O_1NS + \angle O_1NO_2 + \angle O_2NT = \angle SNO_2 + \angle S = 180°$
故 S, N, T 三点共线.

下面我们又给出几种充要性统一证明的几种方法:
证法1 如图19.5,联结 OS, OT, ST,作公切线 SQ, TQ 且相交于点 Q,则 $QS = QT$,且点 Q 在圆 O_1 和圆 O_2 的根轴上,有 $QS^2 = QN \cdot QM$.
联结 OQ 交 ST 于点 K,则 $OQ \perp ST$ 于点 K,且
$$QK \cdot QO = QS^2 = QN \cdot QM$$
故 O, K, N, M 四点共圆.于是,有
$$OM \perp MN \Leftrightarrow OK \perp KN \Leftrightarrow N \text{ 在直线 } ST \text{ 上}$$
$$\Leftrightarrow S, N, T \text{ 三点共线}$$

证法2 如图19.5,设过点 S 的切线与直线 MN 交于点 Q,则知 Q 为根心.从而
$$\angle NSQ = \angle SMN = \angle SMQ$$
联结 OQ,则 $OQ \perp ST$,有 $\angle TSQ = \angle SOQ$.于是,$OM \perp MN$,注意 $\angle OSQ = 90° \Leftrightarrow O, S, Q, M$ 四点共圆 $\Leftrightarrow \angle SMQ = \angle SOQ \Leftrightarrow \angle NSQ = \angle TSQ \Leftrightarrow$ 点 N 在 ST 上 $\Leftrightarrow S, N, T$ 三点共线.

证法3 如图19.5,设过 S, T 的切线交于点 Q,则知 Q 为根心,从而点 Q 在直线 MN 上,于是 $OM \perp MN \Leftrightarrow M$ 为圆 O 的弦(MN 所在直线交圆 O 的弦 AB)的中点 $\Leftrightarrow Q, T, M, S$ 四点共圆(即 Q, T, M, O, S 五点共圆)$\Leftrightarrow \angle QTN = \angle TMN = \angle TMQ = \angle TSQ = \angle QTS \Leftrightarrow T, N, S$ 三点共线.

证法4 如图19.5,注意到圆 O 与圆 O_1 内切于点 S,令直线 NM 交圆 O 于 A, B,则 $\angle ASM = \angle BSN$,于是,$OM \perp MN \Leftrightarrow OM \perp AB \Leftrightarrow M$ 为 AB 的中点 $\Leftrightarrow \angle ASM = \angle BST$ 且 $\angle ASM = \angle BSN$(两圆内切性质)$\Leftrightarrow ST$ 与 SN 重合 $\Leftrightarrow S, N, T$ 三点共线.

证法5 如图19.5,设过点 S, T 的圆的切线交于点 Q,则由切线长定理知 $QS = QT$,即有 $QS^2 = QT^2$,从而知点 Q 对圆 O_1、圆 O_2 的幂相等,即知点 Q 在圆 O_1 与圆 O_2 的根轴 MN 上,且 O, S, Q, T 四点共圆,该圆直径为 OQ.
充分性:已知 S, N, T 三点共线,$QS = QT$.

在等腰 $\triangle QST$ 中应用斯特瓦尔特定理,有
$$QT^2 = QN^2 + NT \cdot NS$$
在圆 O_2 中,由切割线定理,知 $QT^2 = QN \cdot QM$,从而有
$$QN \cdot QM = QN^2 + NT \cdot NS$$
即
$$NT \cdot NS = QN \cdot QM - QN^2 = QN(QM - QN) = QN \cdot NM$$
由相交弦定理的逆定理,知 T, Q, S, M 四点共圆. 于是, O, T, Q, S, M 五点共圆, 且以 OQ 为直径. 因此, $\angle OMQ = 90°$, 即 $OM \perp MQ$.

必要性: 将上述过程递推过去, 即证得 S, N, T 三点共线.

试题 B1 在一个非钝角 $\triangle ABC$ 中, $AB > AC$, $\angle B = 45°$, O 和 I 分别是 $\triangle ABC$ 的外心和内心, 且 $\sqrt{2} OI = AB - AC$, 求 $\sin A$.

解法 1 由已知条件及欧拉公式得
$$(\frac{c-b}{\sqrt{2}})^2 = OI^2 = R^2 - 2Rr \qquad ①$$

再由熟知的几何关系得
$$r = \frac{c+a-b}{2} \tan \frac{B}{2} = \frac{c+a-b}{2} \tan \frac{\pi}{8} = \frac{\sqrt{2}-1}{2}(c+a-b) \qquad ②$$

由①和②及正弦定理 $\frac{a}{\sin A} = \frac{b}{\sin B} = \frac{c}{\sin C} = 2R$, 得
$$1 - 2(\sin C - \sin B)^2 = 2(\sin A + \sin C - \sin B)(\sqrt{2}-1)$$

因 $\angle B = \frac{\pi}{4}, \sin B = \frac{\sqrt{2}}{2}$
$$\sin C = \sin(\frac{3\pi}{4} - A) = \frac{\sqrt{2}}{2}(\sin A + \cos A)$$

则
$$2\sin A \cos A - (2-\sqrt{2})\sin A - \sqrt{2} \cos A + \sqrt{2} - 1 = 0$$
$$(\sqrt{2} \sin A - 1)(\sqrt{2} \cos A - \sqrt{2} + 1) = 0$$

于是 $\sin A = \frac{\sqrt{2}}{2}$ 或 $\cos A = 1 - \frac{\sqrt{2}}{2}$. 对于后者, 这时
$$\sin A = \sqrt{1 - \cos^2 A} = \sqrt{1 - (1 - \frac{\sqrt{2}}{2})^2} = \sqrt{\sqrt{2} - \frac{1}{2}}$$

总之, 或 $\sin A = \frac{\sqrt{2}}{2}$ 或 $\sin A = \sqrt{\sqrt{2} - \frac{1}{2}}$.

(严格地说, 还应验证这两个值都满足条件.)

解法 2 过点 I 作 $II_C \perp AB, II_B \perp AC, II_A \perp BC, OD \perp BC$，其中 I_C, I_B, I_C, D 均为垂足，D 为 BC 中点．则由题设得

$$\sqrt{2}\,OI = AB - AC = (AI_C + I_C B) - (AI_B + I_B C) = I_C B - I_B C = I_A B - I_A C$$

（由 $AB > AC$ 知 $I_A B > I_A C$，且点 D 在线段 $I_A B$ 上），又由

$$I_A B = \frac{1}{2} BC + I_A D, \quad I_A C = \frac{1}{2} BC - I_A D$$

有 $\sqrt{2}\,OI = 2I_A D$，即

$$OI = \sqrt{2}\,I_A D \qquad\qquad\qquad ①$$

由 ① 知，OI 与 BC 的夹角必为 $\dfrac{\pi}{4}$，又因为 $\angle B = \dfrac{\pi}{4}$，所以，或 $OI \perp AB$，或 $OI \parallel AB$．

下面来分别讨论之．

(1) 当 $OI \perp AB$ 时，点 I_C 恰为 AB 边的中点，这时 $AI_C = BI_C$，即

$$\frac{1}{2}(AB + AC - BC) = \frac{1}{2}(AB + BC - AC)$$

于是 $\qquad\qquad AC = BC$

从而 $\qquad\qquad \angle A = \angle B = \dfrac{\pi}{4}, \angle C = \dfrac{\pi}{2}$

点 O 与 I_C 重合，如图 19.7 所示．

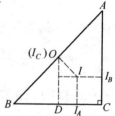

图 19.7

(2) 如图 19.8，当 $OI \parallel AB$ 时，点 O 到 AB 的距离恰好等于 $\triangle ABC$ 的内切圆的半径 r，即

$$R\cos C = r = 4R\sin\frac{A}{2}\sin\frac{B}{2}\sin\frac{C}{2}$$

所以

$$\cos C = 4\sin\frac{A}{2}\sin\frac{B}{2}\sin\frac{C}{2} = 2\sin\frac{\pi}{8}(2\sin\frac{A}{2}\sin\frac{C}{2}) =$$

$$2\sin\frac{\pi}{8}(-\cos\frac{A+C}{2} + \cos\frac{A-C}{2}) =$$

$$2\sin\frac{\pi}{8}[-\sin\frac{\pi}{8} + \cos(\frac{3\pi}{8} - C)] =$$

$$\cos\frac{\pi}{4} - 1 + 2\sin\frac{\pi}{8}\cos(\frac{3\pi}{8} - C) =$$

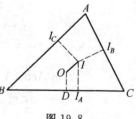

图 19.8

$$\cos\frac{\pi}{4} - 1 + \sin(\frac{\pi}{2} - C) + \sin(C - \frac{\pi}{4})$$

两边消去 $\cos C$ 得

$$\sin(C - \frac{\pi}{4}) = 1 - \frac{\sqrt{2}}{2}$$

因

$$0 < \angle C - \frac{\pi}{4} < \frac{\pi}{2} \quad (因为 \angle B = \frac{\pi}{4})$$

则

$$\angle C - \frac{\pi}{4} = \arcsin(1 - \frac{\sqrt{2}}{2})$$

即

$$\angle C = \frac{\pi}{4} + \arcsin(1 - \frac{\sqrt{2}}{2})$$

又

$$\angle A = \frac{\pi}{2} - \arcsin(1 - \frac{\sqrt{2}}{2})$$

于是 $\sin A = \cos[\arcsin(1 - \frac{\sqrt{2}}{2})] = \sqrt{1 - (1 - \frac{\sqrt{2}}{2})^2} = \sqrt{\sqrt{2} - \frac{1}{2}}$

总之,或 $\sin A = \frac{\sqrt{2}}{2}$ 或 $\sin A = \sqrt{\sqrt{2} - \frac{1}{2}}$.

下面两种解法由湖南师大张垚教授给出.

解法 3 如图 19.9,设 $\triangle ABC$ 的外接圆和内切圆的半径分别为 R 和 r,面积为 Δ,$\angle BAC = \angle A$,$\angle ABC = \angle B$,$\angle ACB = \angle C$,$BC = a$,$CA = b$,$AB = c$,$s = \frac{1}{2}(a+b+c)$.作 $OE \perp BC$ 于点 E,$IF \perp BC$ 于点 F,$OH \perp IF$ 于点 H.因为 O,I 分别是 $\triangle ABC$ 的外心和内心,所以

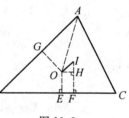

图 19.9

$$BE = \frac{1}{2}a, BF = s - b = \frac{1}{2}(c + a - b)$$

又已知 $AB > AC$,所以

$$OH = EF = BF - BE = \frac{1}{2}(c - b) = \frac{1}{2}(AB - AC) = \frac{\sqrt{2}}{2}OI$$

可见 $\angle IOH = 45°$,而 $OH \parallel BC$,故直线 IO 与 BC 的夹角为 $45°$,又 $\angle B = 45°$,所以 $OI \parallel AB$ 或者 $OI \perp AB$.

(1) 若 $OI \parallel AB$,则 O 与 I 到 AB 的距离都等于 r,作 $OG \perp AB$ 于点 G,联结 OA,则 $\angle AOG = \angle C$,于是

$$\cos C = \cos \angle AOG = \frac{OG}{OA} = \frac{r}{R} = \frac{r(a+b+c)}{R(a+b+c)} =$$

$$\frac{2\Delta}{2R^2(\sin A + \sin B + \sin C)} = \frac{bc\sin A}{2R^2(\sin A + \sin B + \sin C)} =$$

$$\frac{4R^2\sin A\sin B\sin C}{4R^2(\sin\frac{A+B}{2}\cos\frac{A-B}{2} + \sin\frac{C}{2}\cos\frac{C}{2})} =$$

$$\frac{\sin A\sin B\sin C}{\cos\frac{C}{2}(\cos\frac{A-B}{2} + \cos\frac{A+B}{2})} =$$

$$\frac{\sin A\sin B\sin C}{2\cos\frac{A}{2}\cos\frac{B}{2}\cos\frac{C}{2}} = 4\sin\frac{A}{2}\sin\frac{B}{2}\sin\frac{C}{2}$$

而

$$\cos A + \cos B + \cos C = 2\cos\frac{A+B}{2}\cos\frac{A-B}{2} + 1 - 2\sin^2\frac{C}{2} =$$

$$1 - 2\sin\frac{C}{2}(\cos\frac{A+B}{2} - \cos\frac{A-B}{2}) =$$

$$1 + 4\sin\frac{A}{2}\sin\frac{B}{2}\sin\frac{C}{2}$$

从而

$$\cos A + \cos B + \cos C = 1 + \cos C$$

故得

$$\cos A = 1 - \cos B = 1 - \frac{\sqrt{2}}{2}$$

$$\sin A = \sqrt{1 - \cos^2 A} = \sqrt{1 - (\frac{2-\sqrt{2}}{2})^2} = \sqrt{\sqrt{2} - \frac{1}{2}}$$

(2) 若 $OI \perp AB$,则直线 OI 与 AB 的交点 G 是 AB 的中点,如图 19.10 所示.联结 IA,IB,则 $IB = IA$,从而 $\frac{\angle A}{2} = \frac{\angle B}{2}$,所以 $\angle A = \angle B = 45°$,从而 $\sin A = \frac{\sqrt{2}}{2}$.

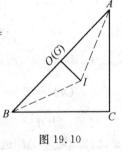

图 19.10

解法 4 记号与解法 3 相同.由欧拉公式知

$$OI^2 = R^2 - 2Rr$$

及已知条件

得
$$\sqrt{2}\,OI = AB - AC = 2R(\sin C - \sin B)$$
$$2R^2(\sin C - \sin B)^2 = R^2 - 2Rr$$
即
$$2(\sin C - \sin B)^2 = 1 - \frac{2r}{R}$$

而由解法 3 可证
$$\frac{r}{R} = \cos A + \cos B + \cos C - 1$$

所以
$$2(\sin C - \sin B)^2 = 1 - 2(\cos A + \cos B + \cos C - 1) \quad ①$$

因
$$\sin C = \sin(180° - B - A) = \sin(135° - A) = \frac{1}{\sqrt{2}}(\cos A + \sin A)$$
$$\cos C = \cos(135° - A) = \frac{1}{\sqrt{2}}(-\cos A + \sin A)$$
$$\sin B = \cos B = \frac{1}{\sqrt{2}}$$

代入式 ① 得
$$(\cos A + \sin A - 1)^2 = 3 - 2\left[\cos A + \frac{1}{\sqrt{2}} + \frac{1}{\sqrt{2}}(-\cos A + \sin A)\right]$$

去括号整理,并利用 $\cos^2 A + \sin^2 A = 1$,得
$$(\sqrt{2}\sin A - 1)[\sqrt{2}\cos A - (\sqrt{2} - 1)] = 0$$

从而
$$\sin A = \frac{1}{\sqrt{2}} = \frac{\sqrt{2}}{2}$$

或
$$\cos A = \frac{\sqrt{2} - 1}{\sqrt{2}} = \frac{2 - \sqrt{2}}{2}$$

从而
$$\sin A = \sqrt{1 - \left(\frac{2-\sqrt{2}}{2}\right)^2} = \sqrt{\sqrt{2} - \frac{1}{2}}$$

试题 B2 设 D 为锐角 $\triangle ABC$ 内一点,且满足条件
$$DA \cdot DB \cdot AB + DB \cdot DC \cdot BC + DC \cdot DA \cdot CA = AB \cdot BC \cdot CA \quad (*)$$
试确定 D 的几何位置,并证明你的结论.

解法 1 我们改证比其更强的命题如下.

设 D 为锐角 $\triangle ABC$ 内部一点,求证:

$$DA \cdot DB \cdot AB + DB \cdot DC \cdot BC + DC \cdot DA \cdot CA \geqslant AB \cdot BC \cdot CA$$
$$(**)$$

并且等号当且仅当 D 为 $\triangle ABC$ 的垂心时才成立.

如图 19.11,作 $ED \underline{\underline{\parallel}} BC$,$FA \underline{\underline{\parallel}} ED$,联结 EB,EF,则 $BCDE$ 和 $ADEF$ 均是平行四边形,联结 BF 和 AE,显然 $BCAF$ 也是平行四边形.于是
$$AF = ED = BC$$
$$EF = AD, EB = CD, BF = AC$$

在四边形 $ABEF$ 和 $AEBD$ 中,由托勒密不等式得
$$AB \cdot EF + AF \cdot BE \geqslant AE \cdot BF$$
$$BD \cdot AE + AD \cdot BE \geqslant AB \cdot ED$$

即
$$AB \cdot AD + BC \cdot CD \geqslant AE \cdot AC \quad \text{①}$$
$$BD \cdot AE + AD \cdot CD \geqslant AB \cdot BC \quad \text{②}$$

于是,由 ① 和 ② 可得
$$DA \cdot DB \cdot AB + DB \cdot DC \cdot BC + DC \cdot DA \cdot CA =$$
$$DB(AB \cdot AD + BC \cdot CD) + DC \cdot DA \cdot CA \geqslant$$
$$DB \cdot AE \cdot AC + DC \cdot DA \cdot AC =$$
$$AC(DB \cdot AE + DC \cdot AD) \geqslant$$
$$AC \cdot BC \cdot AB$$

故式(**)得证,且等号成立的充分必要条件是 ① 和 ② 的等号同时都成立,即等号当且仅当 $ABEF$ 及 $AEBD$ 都是圆内接四边形时成立,亦即 $AFEBD$ 恰是圆内接五边形时等号成立.

因为 $AFED$ 为平行四边形,所以条件等价于 $AFED$ 为矩形(即 $AD \perp BC$)且 $\angle ABE = \angle ADE = 90°$,亦等价于 $AD \perp BC$ 且 $CD \perp AB$,所以式(*)等号成立的充分必要条件是 D 为 $\triangle ABC$ 的垂心.

解法 2 如图 19.12,取 D 为原点,建立复平面,记 A,B,C 三顶点所对应的复数分别为 z_1, z_2, z_3,则式(*)等价于不等式
$$|z_1 z_2 (z_1 - z_2)| + |z_2 z_3 (z_2 - z_3)| + |z_3 z_1 (z_3 - z_1)| \geqslant$$
$$|(z_1 - z_2)(z_2 - z_3)(z_3 - z_1)|$$
①

即
$$\left|\frac{z_1 z_2}{(z_1-z_3)(z_2-z_3)}\right| + \left|\frac{z_2 z_3}{(z_2-z_1)(z_3-z_1)}\right| + \left|\frac{z_3 z_1}{(z_3-z_2)(z_1-z_2)}\right| \geq 1 \qquad ②$$

由②，我们容易想到并验证下列的恒等式，即
$$\frac{z_1 z_2}{(z_1-z_3)(z_2-z_3)} + \frac{z_2 z_3}{(z_2-z_1)(z_3-z_1)} + \frac{z_3 z_1}{(z_3-z_2)(z_1-z_2)} = 1 \qquad ③$$

记
$$\alpha_1 = \frac{z_2 z_3}{(z_2-z_1)(z_3-z_1)}$$
$$\alpha_2 = \frac{z_3 z_1}{(z_3-z_2)(z_1-z_2)}$$
$$\alpha_3 = \frac{z_1 z_2}{(z_1-z_3)(z_2-z_3)}$$

显然 $\alpha_i \neq 0 (i=1,2,3)$，由 $\alpha_1+\alpha_2+\alpha_3=1$，两边取模得
$$1 = |\alpha_1+\alpha_2+\alpha_3| \leq |\alpha_1|+|\alpha_2|+|\alpha_3|$$

这正是式(∗)的等价形式，故式(∗)得证，并且式(∗)的等号成立的充分必要条件是"$\alpha_1,\alpha_2,\alpha_3$ 的辐角相同"．又因为 $\alpha_1+\alpha_2+\alpha_3=1$，所以这等价于"$\alpha_1,\alpha_2,\alpha_3$ 均为正数"．

另外，容易验证下列等式，即
$$-\frac{\alpha_1 \alpha_2}{\alpha_3} = \left(\frac{z_3}{z_1-z_2}\right)^2,\ -\frac{\alpha_2 \alpha_3}{\alpha_1} = \left(\frac{z_1}{z_2-z_3}\right)^2,\ -\frac{\alpha_3 \alpha_1}{\alpha_2} = \left(\frac{z_2}{z_3-z_1}\right)^2 \qquad ④$$

(1) 若 $\alpha_1,\alpha_2,\alpha_3$ 均为正数，则由④知 $\frac{z_3}{z_1-z_2}$ 和 $\frac{z_1}{z_2-z_3}$ 均为纯虚数．故 $CD \perp AB$，且 $AD \perp BC$，即 D 为 $\triangle ABC$ 的垂心．

(2) 若 D 为 $\triangle ABC$ 的垂心，则 $\frac{z_3}{z_1-z_2},\frac{z_1}{z_2-z_3},\frac{z_2}{z_3-z_1}$ 均为纯虚数．由④知 $\frac{\alpha_1 \alpha_2}{\alpha_3},\frac{\alpha_2 \alpha_3}{\alpha_1},\frac{\alpha_3 \alpha_1}{\alpha_2}$ 均为正数，由此可知 $\alpha_1,\alpha_2,\alpha_3$ 至少有一个是正数，不妨设 $\alpha_1 > 0$，则 $\frac{\alpha_2}{\alpha_3} > 0, \alpha_2 \alpha_3 > 0$，即 $\alpha_2 > 0, \alpha_3 > 0$，亦即 $\alpha_1,\alpha_2,\alpha_3$ 均为正数．

综合(1)和(2)，即知式(∗)中等号成立的充分必要条件是 D 为 $\triangle ABC$ 的垂心．

解法 3 （由湖南师大张垚教授给出）设 A,B,C,D 对应的复数为 z_1,z_2,z_3,z_4．作二次函数

$$f(z) = \frac{(z-z_1)(z-z_2)}{(z_3-z_1)(z_3-z_2)} + \frac{(z-z_2)(z-z_3)}{(z_1-z_2)(z_1-z_3)} + \frac{(z-z_3)(z-z_1)}{(z_2-z_3)(z_2-z_1)}$$

直接计算得 $f(z_1)=f(z_2)=f(z_3)=1$,故对一切复数 z,有 $f(z) \equiv 1$,于是

$$1 = |f(z_4)| = \left| \frac{(z_4-z_1)(z_4-z_2)}{(z_3-z_1)(z_3-z_2)} + \frac{(z_4-z_2)(z_4-z_3)}{(z_1-z_2)(z_1-z_3)} + \frac{(z_4-z_3)(z_4-z_1)}{(z_2-z_3)(z_2-z_1)} \right| \leqslant$$

$$\left| \frac{(z_4-z_1)(z_4-z_2)}{(z_3-z_1)(z_3-z_2)} \right| + \left| \frac{(z_4-z_2)(z_4-z_3)}{(z_1-z_2)(z_1-z_3)} \right| + \left| \frac{(z_4-z_3)(z_4-z_1)}{(z_2-z_3)(z_2-z_1)} \right| =$$

$$\frac{DA \cdot DB}{CA \cdot CB} + \frac{DB \cdot DC}{AB \cdot AC} + \frac{DC \cdot DA}{BC \cdot BA} \qquad ①$$

而由已知条件(*)知 ① 中等号成立,故

$$\arg \frac{(z_4-z_1)(z_4-z_2)}{(z_3-z_1)(z_3-z_2)} = \arg \frac{(z_4-z_2)(z_4-z_3)}{(z_1-z_2)(z_1-z_3)} = \arg \frac{(z_4-z_3)(z_4-z_1)}{(z_2-z_3)(z_2-z_1)} = \theta \qquad ②$$

($\theta \in [0, 2\pi)$).因 $f(z_4)=1$,故 $\theta=0$,于是

$$\arg \frac{(z_4-z_1)(z_4-z_2)}{(z_3-z_1)(z_3-z_2)} = \arg \frac{\overrightarrow{AD} \cdot \overrightarrow{BD}}{\overrightarrow{AC} \cdot \overrightarrow{BC}} = 0$$

即 $\arg \overrightarrow{AC} - \arg \overrightarrow{AD} = \arg \overrightarrow{BD} - \arg \overrightarrow{BC}$

也就是 $\angle CAD = \angle DBC = \alpha$

同理可证

$\angle ABD = \angle DCA = \beta, \angle BCD = \angle DAB = \gamma$

如图 19.13,延长 AD 交 BC 于点 E,则

$$\angle ABE + \angle EAB = \alpha + \beta + \gamma = \frac{\pi}{2}$$

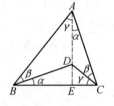

图 19.13

所以 $\angle AEB = \frac{\pi}{2}$,即 $AD \perp BC$.同理 $BD \perp CA, CD \perp AB$,所以 D 为 $\triangle ABC$ 的垂心.

反之,当 D 为 $\triangle ABC$ 的垂心时,将上述推理反推回去,知 ② 成立,且 $\theta=0$,于是 ① 中等号成立,即题中条件(*)满足,故使(*)成立的 D 有且只有一个,即 D 为 $\triangle ABC$ 的垂心.

试题 C 如图 19.14,在锐角 $\triangle ABC$ 中,H 是垂心,O 是外心,I 是内心,已知 $\angle C > \angle B > \angle A$,求证:$I$ 在 $\triangle BOH$ 的内部.

证法 1 设 $\angle B$ 的角分线交 OH 于点 P,则 BP 也是 $\angle OBH$ 的角分线.所以

$$\frac{BH}{BO} = \frac{HP}{OP} \qquad ①$$

设 $\angle A$ 的角分线交 OH 于点 Q，则 AQ 也是 $\angle OAH$ 的角分线，所以
$$\frac{AH}{AO} = \frac{HQ}{OQ} \qquad ②$$
作 $CHE \perp AB$，由 $\angle B > \angle A$，得 $AC > BC$，$AE > BE$，故
$$AH > HB \qquad ③$$
又
$$AO = BO \qquad ④$$
由①②③④得
$$\frac{HQ}{OQ} > \frac{HP}{OP}$$
从而，Q 在 O，P 之间，AQ 与 BP 的交点 I 必在 $\triangle BOH$ 内.

证法 2（由湖南师大张垚教授给出）如图 19.15，延长 AH，BH 分别交 BC，AC 于点 D，E. 作 $\angle ABC$ 的平分线交 OH 于点 F，联结 AO，BO，AF.

因 O，H 分别是 ABC 的外心和垂心，则
$$\angle 1 = \angle 2 = \angle 3 = \angle 4 = 90° - \angle C$$
又 $\angle 1 = \angle 2$，则 BF 是 $\angle OBH$ 的平分线，即
$$\frac{OB}{BH} = \frac{OF}{FH} \qquad ①$$

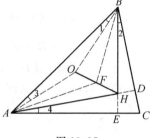

图 19.15

在 $\triangle AOF$ 与 $\triangle AFH$ 中，有
$$\frac{OF}{FH} = \frac{S_{\triangle AOF}}{S_{\triangle AFH}} = \frac{AO \cdot AF \sin \angle OAF}{AH \cdot AF \sin \angle HAF} \qquad ②$$

由①及②，并注意到 $AO = BO$，则
$$\frac{AH}{BH} = \frac{\sin \angle OAF}{\sin \angle HAF}$$

因
$$\triangle AHE \backsim \triangle BHD$$
则 $\dfrac{AH}{BH} = \dfrac{AE}{BD} = \dfrac{AB \cos \angle BAC}{AB \cos \angle ABC} > 1$（因为 $\angle BAC < \angle ABC < 90°$）

即
$$\sin \angle OAF > \sin \angle HAF$$
又由
$$\angle OAF, \angle HAF < \angle BAC < 90°$$
有
$$\angle OAF > \angle HAF$$
又因为
$$\angle 3 = \angle 4$$

即 $\angle BAC$ 的平分线在 $\angle BAF$ 内部,所以其必与线段 BF 相交,而交点恰为点 I,故 I 在 BF 上,亦在 $\triangle BOH$ 内,故原命题成立.

试题 D1　在凸四边形 $ABCD$ 中,两对角线 AC 与 BD 互相垂直,两对边 AB 与 DC 不平行. 点 P 为线段 AB 及 CD 的垂直平分线的交点,且 P 在四边形 $ABCD$ 的内部. 证明: $ABCD$ 为圆内接四边形的充分必要条件是 $\triangle ABP$ 与 $\triangle CDP$ 的面积相等.

证明　先证必要性:即当 A,B,C,D 四点共圆时,有 $S_{\triangle ABP}=S_{\triangle CDP}$.

设两条垂直的对角线 AC 与 BD 交于一点 K,如图 19.16,从而

$$90°=\angle AKB=\angle DBC+\angle ACB=$$
$$\frac{1}{2}(\overparen{AB}\text{ 的度数}+\overparen{CD}\text{ 的度数})=$$
$$\frac{1}{2}(\angle APB+\angle CPD)\Rightarrow$$
$$\angle APB+\angle CPD=180°\Rightarrow$$
$$\sin\angle APB=\sin\angle CPD$$

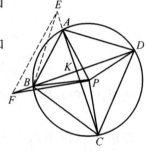

图 19.16

又由于 A,B,C,D 共圆,且 AB 与 CD 不平行,故 P 为四边形 $ABCD$ 外接圆的圆心.

从而
$$PA=PB=PC=PD$$

故
$$S_{\triangle ABP}=\frac{1}{2}\cdot PA\cdot PB\cdot\sin\angle APB=$$
$$\frac{1}{2}\cdot PC\cdot PD\cdot\sin\angle CPD=$$
$$S_{\triangle CDP}$$

下证充分性:即当 $S_{\triangle ABP}=S_{\triangle CDP}$ 时,有 A,B,C,D 四点共圆.

如果 $PA=PD$,那么,由 P 的定义可知 A,B,C,D 都在一个以 P 为圆心的圆周上.

否则,不失一般性,假设 $PA<PD$,于是可在 KA 的延长线上取一点 E,使 $PE=PD$;在 KB 的延长线上取一点 F,使 $PF=PC$. 则凸四边形 $EDCF$ 满足 E,D,C,F 共圆,且对角线 $EC\perp FD$. 对其应用前述必要性的证明可知 $S_{\triangle PEF}=S_{\triangle PCD}$.

另一方面,无论 P 位置如何,总有直线 BP 与线段 AC 相交,可知 E 到直线 BP 的距离一定大于 A 到直线 BP 的距离 $\Rightarrow S_{\triangle ABP} < S_{\triangle EBP}$. 类似地,直线 EP 必与线段 BD 相交. 从而 F 到直线 PE 的距离一定大于 B 到直线 PE 的距离 $\Rightarrow S_{\triangle EFP} > S_{\triangle EBP}$. 从而, $S_{\triangle EFP} > S_{\triangle ABP} = S_{\triangle CDP}$. 与前述矛盾,故假设不成立. 故必有 $PA = PD$, 即 A, B, C, D 共圆.

综合以上两方面知, A, B, C, D 四点共圆的充分必要条件为 $\triangle ABP$ 与 $\triangle CDP$ 面积相等.

试题 D2 设 I 是 $\triangle ABC$ 的内心,并设 $\triangle ABC$ 的内切圆与三边 BC, CA, AB 分别相切于点 K, L, M, 过点 B 平行于 MK 的直线分别交直线 LM 及 LK 于点 R 和 S, 证明: $\angle RIS$ 是锐角.

证法 1 由 $RS // MK$, 如图 19.17,有

$$\angle MBR = \angle KMB$$
$$\angle KBS = \angle MKB$$

而 BM 与 BK 是两条切线,则

$$BM = BK, \angle KMB = \angle MKB$$

则

$$\angle MBR = \angle KBS$$

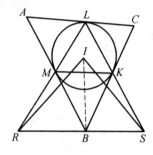

图 19.17

联结 IB, 则 $IB \perp RS$.

熟知

$$\angle LMK = 90° - \frac{\angle C}{2} = \angle CKL = \angle BKS$$

则

$$\angle BRM = \angle LMK = \angle BKS$$

从而

$$\triangle BMR \backsim \triangle BSK \Rightarrow \frac{BR}{BM} = \frac{BK}{BS}$$

故

$$BM \cdot BK = BR \cdot BS$$

即

$$BR \cdot BS = BM^2 = IB^2 - r^2 (r \text{ 为内切圆半径}) < IB^2 \Rightarrow \angle RIS \text{ 是锐角}$$

证法 2 建立如图 19.18 所示的直角坐标系,设 $\triangle ABC$ 的内切圆半径为 1, 则 $I\left(\csc\frac{B}{2}, 0\right)$.

易见
$$\angle BSK = 90° - \angle \frac{A}{2}$$

在 $\triangle BSK$ 中，由正弦定理得
$$\frac{BK}{\sin(90°-\frac{A}{2})} = \frac{BS}{\sin(90°-\frac{C}{2})}$$

并注意 $BK = \cot\frac{B}{2}$，可求得

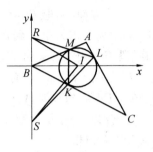

图 19.18

$$BS = \frac{\cos\frac{B}{2}\cos\frac{C}{2}}{\sin\frac{B}{2}\cos\frac{A}{2}}$$

则
$$S\left(0, -\frac{\cos\frac{B}{2}\cos\frac{C}{2}}{\sin\frac{B}{2}\cos\frac{A}{2}}\right)$$

同理
$$R\left(0, \frac{\cos\frac{B}{2}\cos\frac{A}{2}}{\sin\frac{B}{2}\cos\frac{C}{2}}\right)$$

直线 IR 的斜率为
$$k_1 = -\frac{\cos\frac{A}{2}\cos\frac{B}{2}}{\cos\frac{C}{2}}$$

直线 IS 的斜率为
$$k_2 = \frac{\cos\frac{B}{2}\cos\frac{C}{2}}{\cos\frac{A}{2}}$$

将由直线 IR 逆时针旋转到直线 IS 所成的角记为 θ，有
$$\tan\theta = \frac{k_2-k_1}{1+k_1k_2} = \frac{\left(\cos^2\frac{A}{2}+\cos^2\frac{C}{2}\right)\cos\frac{B}{2}}{\cos\frac{A}{2}\cos\frac{C}{2}\sin^2\frac{B}{2}} > 0$$

故 $\theta = \angle RIS < 90°$.

注 此试题可以推广为如下命题：

设 O 是 $\triangle ABC$ 的外心，$\angle B \neq 90°$，过 O 作三边 BC, CA, AB 的垂线，垂足分别为 K, L, M，过 B 作平行于 MK 的直线分别交直线 LM, LK 于点 R, S，则 $\angle ROS$ 是锐角.

（证明略.）

第1节 根轴的性质及应用[1][2][3]

试题 A 的几种充要性的统一证法中涉及了根轴问题.

定义 从一点 A 作一圆周的任一割线，从点 A 起到和圆周相交为止的两线段之积，称为点 A 对于这个圆周的幂.

由相交弦定理及切割线定理，知点 A 的幂是定值. 若点 A 在圆内，则点 A 的幂等于以该点为中点的弦的半弦长的平方；若点 A 在圆外，则点 A 的幂等于从该点所引圆周的切线长的平方；若点 A 在圆周上，则点 A 的幂等于 0.

由定义，关于圆周的幂有下列结论.

结论 1 点 A 对于以 O 为圆心的圆周的幂，等于 OA 及其半径的平方差.

结论 2 对于两已知圆有等幂的点的轨迹，是一条垂直于连心线的直线.

事实上，设点 A 到圆 O_1 和圆 O_2 的幂相等，圆 O_1、圆 O_2 的半径分别为 R_1，$R_2 (R_1 > R_2)$，则 $AO_1^2 - R_1^2 = AO_2^2 - R_2^2$，即

$$AO_1^2 - AO_2^2 = R_1^2 - R_2^2 = 常数$$

如图 19.19，设 O_1O_2 的中点为 D，$AM \perp O_1O_2$ 于点 M，则

$$AO_1^2 = AD^2 + O_1D^2 + 2O_1D \cdot DM$$
$$AO_2^2 = AD^2 + DO_2^2 - 2DO_2 \cdot DM$$

易得 $$DM = \frac{R_1^2 - R_2^2}{2O_1O_2} = 常数$$

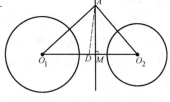

图 19.19

所以，过定点 M 的垂线即是两圆等幂点的轨

---

[1] 沈文选. 根轴的性质及应用[J]. 中等数学，2004(1)：6-10.
[2] 李成章. 巧用根轴与根心定理证明两线垂直[J]. 中等数学，2005(9)：13-14.
[3] 方廷刚. 圆系·根轴·幂·几何赛题[J]. 中学数学月刊，1999(5)：45-46.

迹.

这条直线称为两圆的根轴或等幂轴.

特别地,若两圆同心,则 $O_1O_2=0$. 从而,同心圆的根轴不存在;若 $R_2=0$,圆 O_2 变成一点 O_2,则点 A 对于圆 O_2 的幂是 AO_2^2. 此时,直线(轨迹)称为一圆与一定点的根轴.

根轴有下面的性质:

性质 1　若两圆相交,其根轴就是公共弦所在的直线.

性质 2　若两圆相切,其根轴就是过两圆切点的公切线.

性质 3　三个圆,其两两的根轴或相交于一点,或互相平行.

事实上,若三条根轴中有两条相交,则这一交点对于三个圆的幂均相等,所以必在第三条根轴上. 这一点,称为三个圆的根心.

显然,当三个圆的圆心在一条直线上时,三条根轴互相平行.当三个圆的圆心不共线时,根心存在.

性质 4　若两圆相离,则两圆的四条公切线的中点在根轴上.

例 1　如图 19.20,从半圆上的一点 C 向直径 AB 引垂线,设垂足为 D,作圆 O_1 分别切 $\overparen{BC}$,CD,DB 于点 E,F,G,求证:$AC=AG$.

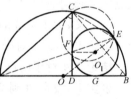

图 19.20

证明　设半圆的圆心为 O,则 O,O_1,E 三点共线. 联结 O_1F,知 $O_1F \perp CD$,$O_1F // AB$. 联结 EF,AE. 由 $\angle FEO_1 = \dfrac{1}{2}\angle FO_1O = \dfrac{1}{2}\angle EOB = \angle OEA$,知 E,F,A 三点共线.

因为 $\angle ACB = 90°$,$CD \perp AB$,有 $\angle ACF = \angle ABC = \angle AEC$. 从而,$AC$ 是 $\triangle CEF$ 外接圆的切线. 故点 A 对 $\triangle CEF$ 外接圆的幂 AC^2 等于点 A 对圆 O_1 的幂 AG^2. 因此,$AC=AG$.

例 2　如图 19.21,设 I 是 $\triangle ABC$ 的内心,过 I 作 AI 的垂线分别交边 AB,AC 于点 P,Q. 求证:分别与 AB,AC 相切于 P,Q 的圆 L 必与 $\triangle ABC$ 的外接圆圆 O 相切.

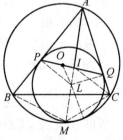

图 19.21

(1992 年中国台北数学奥林匹克竞赛试题)

证明　延长 AI 交圆 O 于点 M,设圆 O 的半径为 R,则点 L 对圆 O 的幂为
$$R^2 - LO^2 = LA \cdot LM$$
于是

$$LO^2 = R^2 - LA \cdot LM = R^2 - LA(IM - LI) =$$
$$R^2 - LA \cdot IM + LA \cdot LI = R^2 - LA \cdot IM + LP^2$$

因为
$$\angle MIC = \frac{1}{2}(\angle A + \angle C) = \angle BCM + \frac{1}{2}\angle C = \angle MCI$$

所以
$$IM = MC = 2R\sin\frac{A}{2} = 2R \cdot \frac{LP}{LA}$$

从而
$$LO^2 = R^2 - LA \cdot 2R \cdot \frac{LP}{LA} + LP^2 = (R - LP)^2$$

因此,圆 L 与圆 O 相切.

例3 凸四边形 $ABCD$ 的两条对角线交于点 O,$\triangle AOB$ 和 $\triangle COD$ 的垂心分别为 M_1 和 M_2,$\triangle BOC$ 和 $\triangle AOD$ 的重心分别为 H_1 和 H_2,证明:$M_1M_2 \perp H_1H_2$.

(1972 年全苏数学奥林匹克竞赛试题)

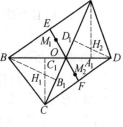

图 19.22

证明 如图 19.22,作 $\triangle AOD$ 的两条高 AA_1 和 DD_1,作 $\triangle BOC$ 的两条高 BB_1 和 CC_1.

因为 $\angle AA_1B = 90° = \angle BB_1A$,所以,$A, B, B_1, A_1$ 四点共圆且圆心为 AB 的中点 E.

同理,C_1, C, D, D_1 四点共圆且圆心为 CD 的中点 F.

因此,EF 为圆 E 和圆 F 的连心线.

又 A, D_1, A_1, D 四点共圆,则有
$$H_2A \cdot H_2A_1 = H_2D_1 \cdot H_2D$$

由于 $H_2A \cdot H_2A_1$ 和 $H_2D_1 \cdot H_2D$ 恰分别为点 H_2 关于圆 E 和圆 F 的幂,所以,点 H_2 在圆 E 和圆 F 的根轴上.

同理,点 H_1 也在这条根轴上.

故直线 H_1H_2 就是圆 E 和圆 F 的根轴.

从而,$H_1H_2 \perp EF$.

又 $M_1M_2 \parallel EF$,所以,$M_1M_2 \perp H_1H_2$.

例4 在凸五边形 $ABCDE$ 中,$AB=BC$,$\angle BCD = \angle EAB = 90°$,$P$ 为五边形内一点,使得 $AP \perp BE$,$CP \perp BD$,证明:$BP \perp DE$.

证法1 如图 19.23,过点 P 作 $PH \perp DE$ 于点 H.因为
$$\angle PFD = \angle PGE = 90° = \angle PHD = \angle PHE$$

所以,F, D, H, P 和 P, H, E, G 分别四点共圆,记两圆为圆 M_1 和圆 M_2. 又
$$BF \cdot BD = BC^2 = BA^2 = BG \cdot BE$$

所以 F,D,E,G 四点共圆,记此圆为圆 M_3.

易见,圆 M_1、圆 M_2、圆 M_3 两两之间的公共弦恰为 PH,EG,FD.由根心定理知,这三条根轴交于一点.

又已知直线 DF 和 EG 交于点 B,因此,直线 PH 过点 B.由 $PH \perp DE$,知 $BP \perp DE$.

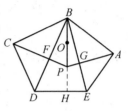

图 19.23

证法 2 如图 19.23,记 BP 的中点为 O.

因为 $\angle BFP = 90° = \angle BGP$,所以,$B,F,P,G$ 四点共圆且圆心为点 O.

又因为 $BA = BC$,$\angle BCD = 90° = \angle BAE$,所以,以点 B 为圆心,BC 为半径的圆 B 过点 A,且直线 DC 和 EA 都是圆 B 的切线,切点分别为 C 和 A.所以

$$DC^2 = DF \cdot DB$$

故点 D 在圆 O 与圆 B 的根轴上.

同理,点 E 在圆 O 与圆 B 的根轴上.

因此,直线 DE 为圆 O 与圆 B 的根轴.则 $BO \perp DE$,即 $BP \perp DE$.

例 5 在 $\angle AOB$ 内部取一点 C,过点 C 作 $CD \perp OA$ 于点 D,作 $CE \perp OB$ 于点 E,再过点 D 作 $DN \perp OB$ 于点 N,过点 E 作 $EM \perp OA$ 于点 M,证明:$OC \perp MN$.

(1958 年莫斯科数学奥林匹克竞赛试题)

证明 如图 19.24,过点 C 作 $CH \perp MN$ 于点 H.因为

$$\angle CDM = \angle CEN = 90°$$

所以,C,D,M,H 和 C,H,N,E 分别四点共圆,记两圆为圆 O_1 和圆 O_2.由

$$\angle DME = 90° = \angle DNE$$

知 D,M,N,E 四点共圆,记之为圆 O_3.

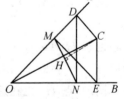

图 19.24

易见,直线 CH,EN,DM 恰为圆 O_1、圆 O_2、圆 O_3 两两之间的三条根轴.又因前两条直线交于点 O,故由根心定理知直线 CH 过点 O,即 C,H,O 三点共线.又 $CH \perp MN$,所以 $OC \perp MN$.

例 6 设锐角 $\triangle ABC$ 的外心为 O,$\triangle BOC$ 的外心为 T,点 M 为边 BC 的中点,在边 AB,AC 上分别取点 D,E,使得 $\angle ADM = \angle AEM = \angle BAC$,证明:$AT \perp DE$.

(第 30 届俄罗斯数学奥林匹克竞赛试题)

证明 如图 19.25,由 O 是 $\triangle ABC$ 的外心,T 是 $\triangle BOC$ 的外心知,$O,M,$

T 三点共线,且 $OT \perp BC$.

延长 DM, AC 交于点 G,延长 EM, AB 交于点 F,联结 FT, BT, GT. 于是,有
$$\angle BTO = 2\angle BCO = 180° - \angle BOC =$$
$$180° - 2\angle BAC = \angle AFE$$
故 B, F, T, M 四点共圆. 则
$$\angle BFT = 180° - \angle BMT = 90°$$
同理
$$\angle CGT = 90°$$

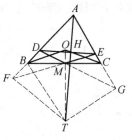

图 19.25

过点 T 作 $TH \perp DE$ 于点 H,于是 D, F, T, H 和 H, T, G, E 分别四点共圆. 记这两圆为圆 S_1 和圆 S_2. 又
$$\angle FDG = 180° - \angle ADG = 180° - \angle AEF = \angle FEG$$
所以,D, F, G, E 四点共圆,记之为圆 S_3.

由于直线 TH, GE, DF 恰为圆 S_1、圆 S_2、圆 S_3 两两之间的三条根轴,且 GE 与 DF 交于点 A,故由根心定理,知 TH 过点 A.

因为 $TH \perp DE$,所以 $AT \perp DE$.

例7 设 A, B, C, D 是一条直线上依次排列的四个不同的点,分别以 AC,BD 为直径的圆交于 X 和 Y,直线 XY 交 BC 于 Z. 若 P 为直线 XY 上异于 Z 的一点,直线 CP 与以 AC 为直径的圆交于 C 及 M,直线 BP 与以 BD 为直径的圆交于 B 及 N. 试证:AM, DN 和 XY 共点.

(1995年第36届IMO试题)

证明 如图 19.26,记直线 AM 与 DN 的交点为 Q,需要证点 Q 在直线 XY 上,联结 MN,由 P 在两圆的根轴 XY 上知
$$PC \cdot PM = PB \cdot PN$$
由此可得 $\triangle PBC \backsim \triangle PMN$,故 $\angle PMN = \angle PBC$,再由 AC 和 BD 分别为两圆的直径,有 $\angle AMP = 90°$ 且 $\angle PBC + \angle D = 90°$,由此可得

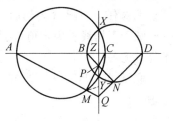

图 19.26

$$\angle AMN + \angle D = \angle AMP + \angle PMN + \angle D = 180°$$
故 A, M, N, D 四点共圆,于是
$$QA \cdot QM = QD \cdot QN$$
即点 Q 对两圆的幂相等,从而 Q 在两圆的根轴 XY 上.

例8 已知一圆 O 切于两条平行线 l_1 和 l_2;第二个圆 O_1 切 l_1 于 A,外切圆 O 于 C;第三个圆 O_2 切 l_2 于 B,外切圆 O 于 D,外切圆 O_1 于 E,AD 交 BC 于 Q,

求证:Q 是 $\triangle CDE$ 的外心.

(1998 年第 35 届 IMO 预选题)

证明　如图 19.27,联结 AE, BE, AO_1, O_1O_2, O_2B,并记圆 O 与 l_1 的切点为 H,$\angle EAO_1 = \theta$,圆 O 的半径为 r,圆 O_1 的半径为 r_1,则两圆外公切线长 $AH = 2\sqrt{rr_1}$,再由 $O_1A \parallel O_2B$ 可得

$$\triangle O_1AE \backsim \triangle O_2BE$$

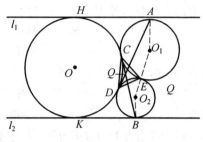

图 19.27

于是 A, E, B 共线,且 $AE = 2r_1\cos\theta$,$AB = 2r\sec\theta$,于是有 $AE \cdot AB = 4rr_1 = AH^2$,即点 A 对圆 O 和圆 O_2 的幂相等,故 A 在两圆的根轴(过切点 D 的公切线)上,即 AD 为两圆的公切线;同理可知 BC 为圆 O 和圆 O_1 的公切线,故 $QC = QD$,即 $QO_1^2 - r_1^2 = QO_2^2 - r_2^2$,由此即知 $QE \perp O_1O_2$,即 QE 为圆 O_1 和圆 O_2 的公切线,于是 $QE = QC = QD$,即 Q 为 $\triangle CDE$ 的外心.

例 9　如图 19.28,两个大圆圆 A、圆 B 相交且相等,两个小圆圆 C、圆 D 不等亦相交,且交点为 P 和 Q,若圆 C、圆 D 既同时与圆 A 内切,又同时与圆 B 外切,求证:直线 PQ 平分线段 AB.

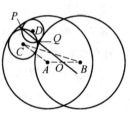

图 19.28

证明　记 AB 的中点为 O,为证 O 在圆 C 和圆 D 的根轴上,只需证自 O 向圆 C 和圆 D 引的切线长相等,只需证明对任一与圆 A 内切而与圆 B 外切的圆心而言,自 O 向圆所引切线长为定值(仅与圆 A 的半径 R 及 $AB = 2a$ 有关而与圆的位置和半径 r 无关).

联结 AC, BC, OC,则 $AC = R - r$,$BC = R + r$,$AB = 2a$,故由三角形中线长定理,有

$$OC^2 = \frac{1}{2}(AC^2 + BC^2 - \frac{1}{2}AB^2) =$$
$$\frac{1}{2}[(R-r)^2 + (R+r)^2 - \frac{1}{2}(2a)^2] =$$
$$R^2 + r^2 - a^2$$

于是自 O 向圆 C 所作切线长为 $\sqrt{OC^2 - r^2} = \sqrt{R - a^2}$,即为定值(与圆 C 的位置及半径无关),从而自 O 向圆 C 和圆 D 引的切线长相等,从而 O 在两圆的根轴上,于是 PQ 平分线段 AB.

第 2 节 与三角形垂心有关的几个命题

试题 B2 涉及了三角形垂心问题. 下面介绍与三角形垂心有关的几个命题.

命题 1 对于任意 $\triangle ABC$，三条高线 AD, BE, CF（D, E, F 分别为垂足）交于一点 H，则：

(1) 四点 A, B, C, H 构成一垂心组，即 A, B, C, H 四点中，任意一点都是其余三点连线所成三角形的垂心.

(2) 涉及垂心 H 的线段等积式，有

$$HA \cdot HD = HB \cdot HE = HC \cdot HF \qquad ①$$
$$HA \cdot AD = AF \cdot AB = AE \cdot AC \qquad ②$$
$$HB \cdot BE = BD \cdot BC = BF \cdot BA \qquad ③$$
$$HC \cdot HF = CE \cdot CA = CD \cdot CB \qquad ④$$

(3) 垂心 H 关于 $\triangle ABC$ 三边的对称点必落在 $\triangle ABC$ 的外接圆上.

(4) $\triangle HAB, \triangle HBC, \triangle HCA$ 与 $\triangle ABC$ 的外接圆半径都相等.

证明 (1) 由垂心的定义可直接得出.

(2) 由 $\angle ADB = \angle AEB = 90°$ 知，A, B, D, E 四点共圆，据圆的相交弦定理可得

$$HA \cdot HD = HB \cdot HE$$

同理，由 B, C, E, F 四点共圆可得

$$HB \cdot HE = HC \cdot HF$$

故

$$HA \cdot HD = HB \cdot HE = HC \cdot HF$$

即式 ① 成立.

②③④ 三式可由 A, F, H, E 共圆，B, D, H, F 共圆，C, E, H, D 共圆推得，或由 $\triangle ABE \backsim \triangle ACF, \triangle BCF \backsim \triangle BAD, \triangle CAD \backsim \triangle CBE$ 来推得（详细过程请读者自行给出）.

(3) 不妨延长 AD 交 $\triangle ABC$ 的外接圆于点 K，于是转化为求证 $HD = DK$ 是否成立.

联结 BK，由于 $\angle HBC = \angle DAC = \angle KBC$，故 $\triangle BKH$ 为等腰三角形，由 $BD \perp HK$，即知 $HD = DK$ 成立. 这表明，H 关于 BC 的对称点在 $\triangle ABC$ 的外接圆上.

同理可证，H 关于 CA, AB 的对称点也在 $\triangle ABC$ 的外接圆上.

(4) 由(3) 知 $BH = BK, CH = CK$. 故 $\triangle BHC \cong \triangle BKC$，即 $\triangle BHC$ 的外

接圆与 $\triangle BKC$ 的外接圆相等,而 $\triangle ABC$ 的外接圆与 $\triangle KBC$ 的外接圆为同圆,故 $\triangle BHC$ 的外接圆与 $\triangle ABC$ 的外接圆相等.同理可知,$\triangle AHB$ 与 $\triangle CHA$ 的外接圆也都与 $\triangle ABC$ 的外接圆相等.

命题 2[①] 若给定锐角 $\triangle ABC$ 的垂心为 H,且 D,E,F 分别为 H 在 BC,CA,AB 边所在直线上的射影,H_1,H_2,H_3 分别为 $\triangle AEF,\triangle BDF,\triangle CDE$ 的垂心,则 $\triangle DEF \cong \triangle H_1H_2H_3$.

证明 如图 19.29,联结 $DH,DH_2,DH_3,EH,EH_1,EH_3,FH,FH_1,FH_2$,依题设则有

$$HD \perp BC \text{ 且 } FH_2 \perp BC \Rightarrow HD \parallel FH_2$$
$$HF \perp AB \text{ 且 } DH_2 \perp AB \Rightarrow HF \parallel DH_2$$

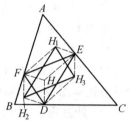

图 19.29

故 HDH_2F 为平行四边形,有 $HD \underline{\underline{\parallel}} FH_2$.同理,$HDH_3E$ 为平行四边形,有 $HD \underline{\underline{\parallel}} EH_3$.则 $FH_2 \underline{\underline{\parallel}} EH_3$,故 EFH_2H_3 为平行四边形,有 $EF = H_2H_3$.

同理,有 $FD = H_3H_1, DE = H_1H_2$,则

$$\triangle DEF \cong \triangle H_1H_2H_3$$

由上述我们还不难推证:

推论 1 沿用命题 2 的记号,若直线 H_1E, H_2F, H_3D 可构成一个 $\triangle A_1B_1C_1$,直线 H_1F, H_2D, H_3E 可构成另一个 $\triangle A_2B_2C_2$,如图 19.30 所示,则有

$$\triangle A_1B_1C_1 \cong \triangle A_2B_2C_2 \backsim \triangle ABC$$

注 若命题 2 及推论中的 $\triangle ABC$ 为钝角三角形,其结论仍然成立.

此命题还有如下推论:[②]

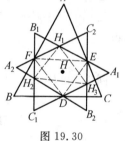

图 19.30

推论 2
$$\triangle H_1EF \cong \triangle DH_2H_3$$
$$\triangle H_2DF \cong \triangle EH_1H_3$$
$$\triangle H_3DE \cong \triangle FH_1H_2$$

证明 如图 19.29,由命题 2 知,$EF = H_2H_3$,联结 $FH_2, H_2D, DH, HF, H_1F, H_1E, EH, EH_3, H_3D$,由三角形垂心的定义,可知四边形 FH_2DH、四边形 FH_1EH 均为平行四边形,则

---

① 李耀文.三角形垂心的一个性质[J].中学数学,2003(2):6.
② 黄长清.三角形垂心的一个性质的三个推论[J].中学数学,2003(7):45.

第 19 章 1997～1998 年度试题的诠释

$$H_2D = H_1E$$

同理 $\quad FH_1 = DH_3$

则 $\quad \triangle H_1EF \cong \triangle DH_2H_3$

同理可证 $\quad \triangle H_2DF \cong \triangle EH_1H_3$

$\quad \triangle H_3DE \cong \triangle FH_1H_2$

推论 3 设 D, E, F 是 $\triangle ABC$ 的垂心 H 在 BC, AC, AB 边所在直线上的射影,H_1, H_2, H_3 分别是 $\triangle AEF$,$\triangle FDB$,$\triangle ECD$ 的垂心,则 $S_{六边形 H_1FH_2DH_3E} = 2S_{\triangle H_1H_2H_3}$.

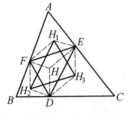

图 19.31

证明 如图 19.31,由推论 2 的证明知,四边形 $FH_1EH, EH_3DH, DHFH_2$ 均为平行四边形,且 FE, ED, DF 分别为它们的对角线,易知

$$S_{六边形 H_1FH_2DH_3E} = 2S_{\triangle H_1H_2H_3}$$

由以上的三个平行四边形,又易得:

推论 4 图 19.31 中的 HH_1 与 EF,HH_2 与 FD,HH_3 与 DE 相互平分.

命题 3[①] 三角形的垂心在各角的内、外角平分线上的射影的连线共点,该点恰是三角形的九点圆圆心.

已知:$\triangle ABC$ 的垂心 H 在 $\angle A$ 及其外角平分线 AT, AT' 上的射影分别为 A_1, A_2,过 A_1, A_2 作直线 l_A,并类似作出直线 l_B 和 l_C. 求证:l_A, l_B, l_C 三线共点,且该点是 $\triangle ABC$ 的九点圆圆心 X.

证明 如图 19.32,设 $\triangle ABC$ 的外心为 O,边 BC, CA, AB 的中点分别为 A_0, B_0, C_0,联结 OA, OB, OC,并延长 $\angle A$ 的平分线 AT 交 $\triangle ABC$ 的外接圆于 M.

由 $\overset{\frown}{BM} = \overset{\frown}{CM}$,知 O, A_0, M 三点共线,则 $OA_0 \perp BC$.

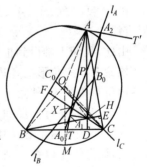

图 19.32

又 AT, AT' 分别是 $\triangle ABC$ 的 $\angle A$ 及其外角平分线,所以 $AT \perp AT'$.

又因为 $HA_1 \perp A_1A$,$HA_2 \perp A_2A$,所以四边形 AA_1HA_2 为矩形. 因此,AH 与 A_1A_2 相等,并在交点

---

① 李耀文. 三角形垂心的一个性质[J]. 中学数学,2006(1):43.

P 互相平分. 于是, 有
$$AP = \frac{1}{2}AH = \frac{1}{2}A_1A_2 = A_1P$$
故 $\quad\angle PAA_1 = \angle PA_1A$
由 $\quad OA = OM$
知 $\quad\angle OAM = \angle OMA$
又 $\quad OA_0 \perp BC, AD \perp BC$
知 $\quad OA_0 \parallel AD$
则 $\quad\angle OAM = \angle OMA = \angle PAA_1 = \angle PA_1A$
所以 $\quad PA_1 \parallel OA$
$\quad l_A \parallel OA$ ①

再联结 OH, 在 $\triangle AOH$ 中, 易知 P 为 AH 的中点, 所以 PA_1 平分 OH, 即 A_1A_2 平分 OH. 也就是说, 直线 l_A 必过 OH 的中点 (记为 X).

同理可证, 直线 l_B 和 l_C 也必过 OH 的中点 X.

据三角形的九点圆的定义知: OH 的中点 X 就是 $\triangle ABC$ 的九点圆圆心.

所以说直线 l_A, l_B, l_C 三线共点, 且该点恰是 $\triangle ABC$ 的九点圆圆心.

又因为 $\triangle ABC$ 的垂心、外心分别为 H, O, 且 $OA_0 \perp BC$, 所以
$$OA_0 = \frac{1}{2}AH = AP$$

再联结 A_0P, 则易知四边形 AOA_0P 为平行四边形, 于是, 有
$$A_0P \parallel OA \quad ②$$

由 ① 和 ② 知, A_0, A_1, P, A_2 四点共线, 从而可知 A_0, A_1, X, P, A_2 五点共线 (即直线 l_A).

由此, 我们不难得到推论:

推论 5 三角形的各边中点, 九点圆圆心, 垂心与各顶点连线的中点, 垂心在各边所对角的内、外角平分线上的射影, 此五点共线 (共三组).

同时, 我们还可推证如下:

推论 6 三角形各边中点与其垂心到各边所对角顶点连线的中点所成三线共点, 该点恰是以垂心到各顶点连线的中点为顶点的三角形的外心.

推论 7 三角形的垂心, 九点圆圆心是以垂心到各顶点连线的中点为顶点的三角形的等角共轭点.

第3节 运用复数法解题

试题 B1 的证法 2、证法 3 都是采用复数法证明的. 下面我们介绍运用复数

法解题.[1][2]

由于复数与平面上的点存在着一一对应关系,所以许多平面几何问题,特别是涉及规则图形(如正多边形、等腰直角三角形、矩形、圆等)的几何问题,都可以通过建立坐标系,利用复数方法求解.

(1) 复数的三种表示法:代数式 $z=a+bi$;三角式 $z=r(\cos\theta+i\sin\theta)$;指数式 $z=re^{i\theta}$.

(2) $\operatorname{Re} z$ 表示复数 z 的实部;$\operatorname{Im} z$ 表示复数 z 的虚部.

(3) 复数的基本运算及其几何意义,参见数学教材或《平面几何证明方法思路》[1].

(4) 复数模的性质:$|z|^2=|\bar{z}|^2=z\cdot\bar{z}$;$||z_1|-|z_2||\leqslant|z_1\pm z_2|\leqslant|z_1|+|z_2|$.

(5) 向量:$\overrightarrow{AB}=z_B-z_A$.

(6) 复平面上三点 z_1,z_2,z_3 共线的充分必要条件是:$\bar{z}_1 z_2+\bar{z}_2 z_3+\bar{z}_3 z_1\in\mathbf{R}$ 或 $\dfrac{z_3-z_1}{z_2-z_1}\in\mathbf{R}$.

事实上,因 z_1,z_2,z_3 共线,故 $\overrightarrow{z_1 z_2}$ 与 $\overrightarrow{z_1 z_3}$ 共线.则 $\dfrac{z_3-z_1}{z_2-z_1}\in\mathbf{R}$ 或 $\operatorname{Im}\dfrac{z_3-z_1}{z_2-z_1}=0$,即

$$\operatorname{Im}(z_3-z_1)(\bar{z}_2-\bar{z}_1)=0$$

故

$$\operatorname{Im}(\bar{z}_2\cdot z_3-z_1\cdot\bar{z}_2-z_3\cdot\bar{z}_1+z_1\cdot\bar{z}_1)=0$$

而

$$\operatorname{Im}(\bar{z}_1\cdot z_2)=-\operatorname{Im}(z_1\cdot\bar{z}_2)$$
$$\operatorname{Im}(\bar{z}_3\cdot z_1)=-\operatorname{Im}(z_3\cdot\bar{z}_1)$$
$$\operatorname{Im}(z_1\cdot\bar{z}_1)=0$$

故

$$\operatorname{Im}(\bar{z}_1\cdot z_2+\bar{z}_2\cdot z_3+\bar{z}_3\cdot z_1)=0$$

即

$$\bar{z}_1 z_2+\bar{z}_2 z_3+\bar{z}_3 z_1\in\mathbf{R}$$

---

[1] 沈文选. 平面几何证明方法思路[M]. 哈尔滨:哈尔滨工业大学出版社,2018:148-149.

[2] 茹双林. 复数法证明平面几何问题[J]. 中学数学,1997(4):6-11.

下面,我们从八个方面介绍复数法的运用:

1. 利用三角形不等式 $||z_1|-|z_2||\leqslant|z_1\pm z_2|\leqslant|z_1|+|z_2|$ 证题

例1 证明:设点 O 在 $\triangle ABC$ 的边 AB 上,且不与顶点重合,则 $OC\cdot AB < OA\cdot BC + OB\cdot AC$.

(1983年捷克数学奥林匹克竞赛试题)

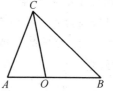

图 19.33

证明 设 $\overrightarrow{AO}=x\cdot\overrightarrow{AB}$,则 $\overrightarrow{OB}=(1-x)\cdot\overrightarrow{AB}$,其中 $0<x<1$,有

$$OC = |\overrightarrow{CA}+\overrightarrow{AO}| =$$
$$|\overrightarrow{CA}+x\cdot(\overrightarrow{CB}-\overrightarrow{CA})| =$$
$$|(1-x)\cdot\overrightarrow{CA}+x\cdot\overrightarrow{CB}| <$$
$$(1-x)\cdot CA + x\cdot CB$$

(因为向量 $\overrightarrow{CA}$ 与 $\overrightarrow{CB}$ 不平行),由此得到

$$OC\cdot AB < CA\cdot(1-x)\cdot AB + CB\cdot x\cdot AB =$$
$$CA\cdot OB + CB\cdot OA$$

注 上述问题可看作特殊的四边形 $AOBC$,对于一般凸四边形仍有下述结论:

例2 已知凸四边形 $ABCD$,求证:$AB\cdot CD + BC\cdot AD \geqslant AC\cdot BD$.

证法1 取 B 为原点,BC 所在直线为实轴建立复平面,设 C,D,A 对应的复数分别为 C,D,A,则

$$AB\cdot CD + AD\cdot BC = |A|\cdot|C-D|+|D-A|\cdot|C| =$$
$$|A\cdot C - A\cdot D| + |D\cdot C - A\cdot C| \geqslant$$
$$|A\cdot C - A\cdot D + D\cdot C - A\cdot C| =$$
$$|D|\cdot|C-A| = BD\cdot AC$$

证法2 将凸四边形 $ABCD$ 放置于平面中,A,B,C,D 对应的复数用 A,B,C,D 表示,构造复数恒等式:

$$(A-B)(C-D)+(B-C)(A-D)=(A-C)(B-D)$$

上式两边取模得

$$|(A-B)(C-D)+(B-C)(A-D)|=|(A-C)(B-D)|$$

而

$$|(A-B)(C-D)+(B-C)(A-D)|\leqslant$$
$$|(A-B)(C-D)|+|(B-C)(A-D)|$$

所以

$$|(A-B)(C-D)|+|(B-C)(A-D)| \geqslant |(A-C)(B-D)|$$

故
$$AB \cdot CD + AD \cdot BC \geqslant BD \cdot AC$$

注 上述结论常称为托勒密不等式.

2. 利用 $\dfrac{\overrightarrow{AB}}{\overrightarrow{CD}}=a\in \mathbf{R}$, 证明 $AB \parallel CD$; 利用 $\dfrac{\overrightarrow{AB}}{\overrightarrow{CD}}=a\mathrm{i}(a\in \mathbf{R})$, 证明 $AB \perp CD$.

例3 设 O 是 $\triangle ABC$ 的外接圆圆心, D 是边 AB 的中点, E 是 $\triangle ACD$ 的中线交点, 证明: 如果 $AB=AC$, 则 $OE \perp CD$. (1983年英国数学奥林匹克竞赛试题)

证明 如图 19.34, 设圆半径为1, $\angle BOx = \theta$.

因 $AB=AC$, 则 $z_A = \mathrm{i}, z_B = \cos\theta - \mathrm{i}\sin\theta, z_C = -\cos\theta - \mathrm{i}\sin\theta$. 则

$$\overrightarrow{OE} = z_E = \frac{1}{3}(z_A + z_C + z_D) = -\frac{1}{6}\cos\theta + \frac{1}{2}(1-\sin\theta)\mathrm{i}$$

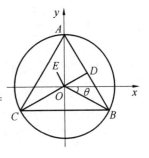

图 19.34

而
$$\overrightarrow{CD} = z_D - z_C = \frac{3}{2}\cos\theta + \frac{1}{2}(1+\sin\theta)\mathrm{i}$$

则 $\dfrac{\overrightarrow{CD}}{\overrightarrow{OE}} = \dfrac{1+\sin\theta}{3\cos\theta} \cdot \mathrm{i}$ 是纯虚数.

故 $OE \perp CD$.

例4 如图 19.35, 菱形 $ABCD$ 的内切圆 O 与各边分别切于 E,F,G,H, 在 $\overparen{EF}$ 与 $\overparen{GH}$ 上分别作圆 O 的切线交 AB 于 M, 交 BC 于 N, 交 CD 于 P, 交 DA 于 Q. 求证: $MQ \parallel NP$. (1995年全国高中联赛题)

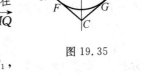

图 19.35

分析 设内切圆半径为1, 建立坐标系, 则可在引进适当角后, 用复数表示各点, 从而用复数表示 $\overrightarrow{MQ}$ 与 $\overrightarrow{NP}$.

证明 设 $\angle DOH = \theta$(定值), $\angle DOQ = \theta_1$, $\angle DOM = \pi - \theta_2$, 而 $\angle POQ = \theta$, 则 $\angle DOP = \theta - \theta_1$. 同理, $\angle BON = \theta - \theta_2$, 则

$$z_Q = \frac{1}{\cos(\theta-\theta_1)}(\cos\theta_1 + i\sin\theta_1)$$

$$z_M = \frac{1}{\cos(\theta-\theta_2)}[\cos(\pi-\theta_2) + i\sin(\pi-\theta_2)] =$$

$$\frac{1}{\cos(\theta-\theta_2)}(-\cos\theta_2 + i\sin\theta_2)$$

$$z_P = \frac{1}{\cos\theta_1}[\cos(\theta-\theta_1) - i\sin(\theta-\theta_1)]$$

$$z_N = \frac{1}{\cos\theta_2}[-\cos(\theta-\theta_2) + i\sin(\theta-\theta_2)]$$

故

$$z_{MQ} = \frac{1}{\cos(\theta-\theta_1)\cos(\theta-\theta_2)}\{[\cos\theta_1 \cdot \cos(\theta-\theta_2) + \cos\theta_2\cos(\theta-\theta_1)] + i[\sin\theta_1\cos(\theta-\theta_2) - \sin\theta_2\cos(\theta-\theta_1)]\} = \cdots$$

上式虚部 $= \sin\theta_1\cos\theta\cos\theta_2 + \sin\theta_1\sin\theta\sin\theta_2 - \sin\theta_2\cos\theta\cos\theta_1 - \sin\theta_2\sin\theta\sin\theta_1 = \cos\theta\sin(\theta_1-\theta_2)$

同理

$$z_{NP} = \frac{1}{\cos\theta_1\cos\theta_2}\{[\cos\theta_1\cos(\theta-\theta_2) + \cos\theta_2\cos(\theta-\theta_1) + i\cos\theta\sin(\theta_1-\theta_2)]\}$$

则

$$\frac{z_{MQ}}{z_{NP}} = \frac{\cos\theta_1\cos\theta_2}{\cos(\theta-\theta_1)\cos(\theta-\theta_2)} \in \mathbf{R}$$

故 $MQ \parallel NP$.

3. 利用复数辐角证明角的关系:其中 $\arg(z_1 \cdot z_2) = \arg z_1 + \arg z_2$ 或 $\arg(z_1 \cdot z_2) = \arg z_1 + \arg z_2 - 2\pi$ 等

例5 在 $\triangle ABC$ 中,已知 $\angle A = 60°$,过该三角形的内心 I 作直线平行于 AC 交 AB 于 F,在 BC 边上取点 P 使得 $3BP = BC$,求证:$\angle BFP = \frac{1}{2}\angle B$.

(第 32 届 IMO 预选题)

分析 如图 19.36,只需证 $\arg(\overrightarrow{PF}) = \arg\overrightarrow{P'F} = \frac{\angle B}{2}$.

证明 设 $|BI| = a$,则内切圆半径

$$r = a\sin\frac{B}{2}, z_F = a(\cos\frac{B}{2} + \frac{\sqrt{3}}{3}\sin\frac{B}{2})$$

$$|BC| = a\cos\frac{B}{2} + r\cot\frac{C}{2} =$$

$$\frac{a}{\sin\frac{C}{2}}\sin\frac{B+C}{2} = \frac{\sqrt{3}a}{2\sin\frac{C}{2}}$$

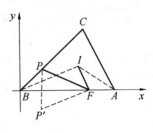

图 19.36

则

$$z_P = \frac{1}{3}z_C = \frac{\sqrt{3}a}{6\sin\frac{C}{2}}(\cos B + i\sin B)$$

从而

$$\overrightarrow{(PF)} = \bar{z}_F - \bar{z}_P = z_F - \frac{\sqrt{3}a}{6\sin\frac{C}{2}}(\cos B - i\sin B)$$

则

$$\tan[\arg\overrightarrow{(PF)}] = \frac{\mathrm{Im}}{\mathrm{Re}} = \frac{\sin B}{4\sin\frac{C}{2}\left(\frac{\sqrt{3}}{2}\cos\frac{B}{2} + \frac{1}{2}\sin\frac{B}{2}\right) - \cos B} =$$

$$\frac{\sin B}{1+\cos B} = \tan\frac{B}{2}$$

从而

$$\arg(\overrightarrow{PF}) = \frac{\angle B}{2}$$

故 $\angle BFP = \frac{1}{2}\angle B.$

4. 利用复数乘法的几何意义证题

例 6 如图 19.37,在 $\triangle ABC$ 的三边上向外作 $\triangle BPC, \triangle CQA, \triangle ARB$,使 $\angle PBC = \angle CAQ = 45°$, $\angle BCP = \angle QCA = 30°$, $\angle ABR = \angle RAB = 15°$,求证: $\angle PRQ = 90°, QR = PR.$ (第 17 届 IMO 试题)

分析 如图 19.37,只需证明 $z_Q = i \cdot z_P.$

证明 设 $z_A = -1$,则

$$z_B = \cos 30° + i\sin 30°$$

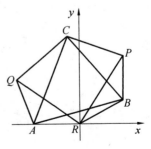

图 19.37

因

$$\frac{BP}{BC} = \frac{AQ}{AC} = \frac{\sin 30°}{\sin 105°} = \frac{\sqrt{2}}{1+\sqrt{3}}$$

则
$$z_P = z_B + \overrightarrow{BP} = z_B + \frac{\sqrt{2}}{1+\sqrt{3}}(z_C - z_B) \cdot e^{-\frac{\pi}{4}i}$$

$$z_Q = z_A + \overrightarrow{AQ} = z_A + \frac{\sqrt{2}}{1+\sqrt{3}}(z_C - z_A) \cdot e^{\frac{\pi}{4}i}$$

容易验证 $z_Q = i \cdot z_P$.

故 $\angle PRQ = 90°, QR = PR$.

例 7 在 $\triangle ABC$ 中，$\angle C = 30°$，O 是外心，I 是内心，边 AC 上的点 D 与边 BC 上的点 E 使得 $AD = BE = AB$. 求证：$OI \perp DE$ 且 $OI = DE$.

(1988 年第 5 届数学奥林匹克国家集训队选拔试题)

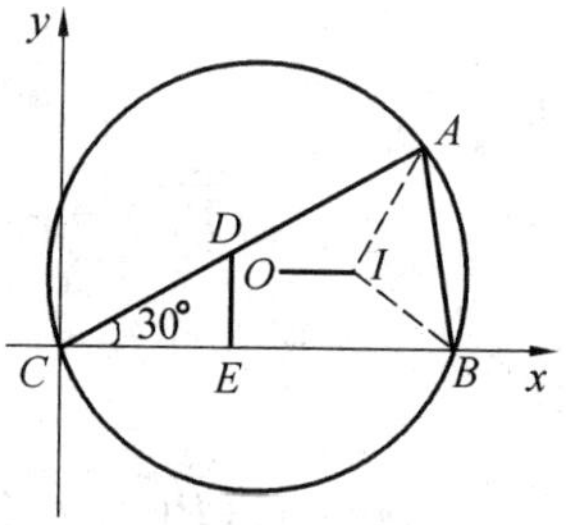

分析 如图 19.38，设外接圆半径为 1，则 $AB = 1$，用旋转法 z_D 可用 $\angle A, \angle B$ 表示，证 $\overrightarrow{ED} = i \cdot \overrightarrow{OI}$.

证明 设 $z_B = 2\sin A$，则 $z_E = 2\sin A - 1$.

$$z_A = 2\sin B(\cos C + i\sin C), \overrightarrow{BE} = -1$$

从而 $\overrightarrow{BA} = \overrightarrow{BE} \cdot e^{-iB} = -e^{-iB}$，有 $\overrightarrow{AB} = e^{-iB}$，则
$$\overrightarrow{AD} = \overrightarrow{AB} \cdot e^{-iA} = e^{-150°i}$$

故
$$z_D = \overrightarrow{AD} + z_A = e^{-150°i} + 2\sin B e^{30°i}$$

即
$$\overrightarrow{ED} = e^{-150°i} + 2\sin B e^{30°i} - (2\sin A - 1) =$$
$$(\sqrt{3}\sin B - 2\sin A + 1 - \frac{\sqrt{3}}{2}) + i(\sin B - \frac{1}{2})$$

而
$$z_O = e^{i(90°-A)}, z_I = 4\sin\frac{A}{2}\sin\frac{B}{2}e^{15°i}$$

则
$$\overrightarrow{OI} = (4\sin\frac{A}{2}\sin\frac{B}{2}\cos 15° - \sin A) +$$
$$i(4\sin\frac{A}{2}\sin\frac{B}{2}\sin 15° - \cos A)$$

即
$$i \cdot \overrightarrow{OI} = (\cos A - 4\sin\frac{A}{2}\sin\frac{B}{2}\sin 15°) +$$
$$i(4\sin\frac{A}{2}\sin\frac{B}{2}\cos 15° - \sin A)$$

图 19.38

又 $\angle A + \angle B = 150°$,于是可用分析法证明:

$$\cos A - 4\sin\frac{A}{2}\sin\frac{B}{2}\sin 15° =$$

$$\sqrt{3}\sin B - 2\sin A + 1 - \frac{\sqrt{3}}{2}$$

及

$$4\sin\frac{A}{2}\sin\frac{B}{2}\cos 15° - \sin A = \sin B - \frac{1}{2}$$

事实上

$$\cos A - 4\sin\frac{A}{2}\sin\frac{B}{2}\sin 15° =$$

$$\sqrt{3}\sin B - 2\sin A + 1 - \frac{\sqrt{3}}{2} \Leftrightarrow$$

$$\cos A - 4\sin\frac{A}{2}\sin(75° - \frac{A}{2})\sin 15° =$$

$$\sqrt{3}\sin(150° - A) - 2\sin A + 1 - \frac{\sqrt{3}}{2} \Leftrightarrow$$

$$\cos A - \sin A\sin 30° + (1 - \cos A)(1 - \cos 30°) =$$

$$\frac{\sqrt{3}}{2}\cos A + \frac{3}{2}\sin A - 2\sin A + 1 - \frac{\sqrt{3}}{2}$$

$$4\sin\frac{A}{2}\sin\frac{B}{2}\cos 15° - \sin A = \sin B - \frac{1}{2} \Leftrightarrow$$

$$4\sin\frac{A}{2}\sin\frac{B}{2}\cos 15° - 2\sin\frac{A+B}{2}\cos\frac{A-B}{2} = -\frac{1}{2} \Leftrightarrow$$

$$2\cos 15°(2\sin\frac{A}{2}\sin\frac{B}{2} - \cos\frac{A}{2}\cos\frac{B}{2} - \sin\frac{A}{2}\cdot\sin\frac{B}{2}) = -\frac{1}{2} \Leftrightarrow$$

$$-2\cos 15°\sin 15° = -\frac{1}{2}$$

从而 $\overrightarrow{ED} = i \cdot \overrightarrow{OI}$.

故 $OI \perp DE$ 且 $OI = DE$.

5. 利用 $|z|^2 = |\bar{z}|^2 = z \cdot \bar{z}$ 证明一类定值问题或等式关系

例 8 设 $\triangle ABC$ 的三条中线交于点 O,证明:$AB^2 + BC^2 + CA^2 = 3(OA^2 + OB^2 + OC^2)$.

证明 置三角形于复平面,并设 $\overrightarrow{AB} = z_1, \overrightarrow{BC} = z_2, \overrightarrow{CA} = z_3$,则 $z_1 + z_2 + z_3 = 0$.

而

$$\overrightarrow{AO} = \frac{1}{3}(\overrightarrow{AB} + \overrightarrow{AC}) = \frac{1}{3}(z_1 - z_3)$$

同理

$$\overrightarrow{BO} = \frac{1}{3}(z_2 - z_1)$$

$$\overrightarrow{CO} = \frac{1}{3}(z_3 - z_2)$$

故

$$AB^2 + BC^2 + CA^2 - 3(OA^2 + OB^2 + OC^2) =$$
$$z_1 \cdot \bar{z}_1 + z_2 \cdot \bar{z}_2 + z_3 \cdot \bar{z}_3 - \frac{1}{3}[(z_1 - z_3)(\bar{z}_1 - \bar{z}_3) +$$
$$(z_2 - z_1)(\bar{z}_2 - \bar{z}_1) + (z_3 - z_2)(\bar{z}_3 - \bar{z}_2)] =$$
$$\frac{1}{3}(z_1 \cdot \bar{z}_1 + z_2 \cdot \bar{z}_2 + z_3 \cdot \bar{z}_3 + z_1 \cdot \bar{z}_2 + z_1 \cdot \bar{z}_3 +$$
$$\bar{z}_1 \cdot z_2 + \bar{z}_1 \cdot z_3 + z_2 \cdot \bar{z}_3 + \bar{z}_2 \cdot z_3) =$$
$$\frac{1}{3}(z_1 + z_2 + z_3)(\bar{z}_1 + \bar{z}_2 + \bar{z}_3) = 0$$

则

$$AB^2 + BC^2 + CA^2 = 3(OA^2 + OB^2 + OC^2)$$

6. 与圆内接或外切正 n 边形有关问题可运用 1 的 n 次方根证题

1 的 n 个 n 次方根为 $1, w, w^2, \cdots, w^{n-1}$,其中 $w = e^{\frac{2\pi}{n}i}$. 易证 $1 + w + \cdots + w^{n-1} = 0$. 进一步可得 $1 + w^k + w^{2k} + \cdots + w^{(n-1)k} = 0$,其中 $k \in \mathbf{N}, k < n$.

例 9 若 P 是圆内接正 $2n+1$ 边形 $A_1 A_2 \cdots A_{2n+1}$ 的外接圆弧 $\overparen{A_1 A_{2n+1}}$ 上一点,求证:$PA_1 + PA_3 + \cdots + PA_{2n+1} = PA_2 + PA_4 + \cdots + PA_{2n}$.

证明 设 O 为圆心,直径 $PQ = 1$,$\angle POA_1 = 2\alpha$,联结 QA_k,则 $\triangle PQA_k$ 为直角三角形,有

$$PA_k = \sin\left[\frac{(k-1)\pi}{2n+1} + \alpha\right] \quad (1 \leqslant k \leqslant 2n+1, k \in \mathbf{N})$$

$$(PA_1 + PA_3 + \cdots + PA_{2n+1}) - (PA_2 + PA_4 + \cdots + PA_{2n}) =$$
$$\left[\sin\alpha + \sin\left(\frac{2\pi}{2n+1} + \alpha\right) + \cdots + \sin\left(\frac{2n\pi}{2n+1} + \alpha\right)\right] -$$
$$\left[\sin\left(\frac{\pi}{2n+1} + \alpha\right) + \sin\left(\frac{3\pi}{2n+1} + \alpha\right) + \cdots + \sin\left(\frac{2n-1}{2n+1}\pi + \alpha\right)\right] =$$
$$\sin\alpha + \sin\left(\frac{2\pi}{2n+1} + \alpha\right) + \cdots + \sin\left(\frac{2n\pi}{2n+1} + \alpha\right) +$$

$$\sin\left(\pi + \frac{\pi}{2n+1} + \alpha\right) + \cdots + \sin\left(\pi + \frac{2n-1}{2n+1}\pi + \alpha\right) =$$

$$\sin\alpha + \sin\left(\frac{2\pi}{2n+1} + \alpha\right) + \cdots + \sin\left(\frac{2n\pi}{2n+1} + \alpha\right) +$$

$$\sin\left(\frac{2n+2}{2n+1}\pi + \alpha\right) + \cdots + \sin\left(\frac{4n}{2n+1}\pi + \alpha\right)$$

设 $w = e^{i \cdot \frac{2\pi}{2n+1}}$,则

$$1 + w + w^2 + \cdots + w^{2n} = 0$$

故原式为

$$\mathrm{Im}[e^{i\alpha}(1 + w + w^2 + \cdots + w^{2n})] = 0$$

故 $PA_1 + PA_3 + \cdots + PA_{2n+1} = PA_2 + PA_4 + \cdots + PA_{2n}$.

7. 利用复数求与定比分点或旋转有关的轨迹问题

例 10 考虑在同一平面上半径为 R 与 $r(R > r)$ 的两个同心圆. 设 P 是小圆周上的一个定点, B 是大圆周上的一个动点. 直线 BP 与大圆周相交于另外一点 C, 过点 P 且与 BP 垂直的直线 l 与小圆周相交于另一点 A (如果 l 与小圆相切于 P, 则 $A = P$).

(1) 求表达式 $BC^2 + CA^2 + AB^2$ 所取值的集合;

(2) 求线段 AB 的中点的轨迹.

(第 29 届 IMO 试题)

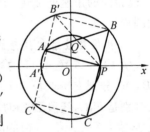

图 19.39

解 (1) 如图 19.39, 作矩形 $BCC'B'$, 显然 $B'C'$ 过点 A. 设 $B'C'$ 与小圆的另一交点为 A', 由于 O 到 BC 的距离等于 O 到 AA' 的距离, 所以 $z_B + z_C + z_A + z_{A'} = 0$, 则 $z_A + z_B + z_C = -z_{A'}$, 有

$BC^2 + CA^2 + AB^2 =$
$(z_C - z_B)(\bar{z}_C - \bar{z}_B) + (z_A - z_C)(\bar{z}_A - \bar{z}_C) + (z_B - z_A)(\bar{z}_B - \bar{z}_A) =$
$4R^2 + 2r^2 - (z_B \cdot \bar{z}_A + z_A \cdot \bar{z}_B + z_C \cdot \bar{z}_B +$
$z_B \cdot \bar{z}_C + z_A \cdot \bar{z}_C + z_C \cdot \bar{z}_A) =$
$6R^2 + 3r^2 - (z_A + z_B + z_C)(\bar{z}_A + \bar{z}_B + \bar{z}_C) =$
$6R^2 + 2r^2 (定值)$

当 A 与 P 重合时, 容易验证 $BC^2 + CA^2 + AB^2$ 也等于 $6R^2 + 2r^2$.

故表达式的取值集合为 $\{6R^2 + 2r^2\}$.

(2) 显然 $PBB'A$ 也为矩形, 故 AB 的中点 Q 也是 PB' 的中点, 所以, $z_{B'} + z_P = 2z_Q$, 则 $z_{B'} = 2z_Q - z_P$.

又 B' 在大圆上,有 $|z_{B'}|=R$,则
$$|2z_Q-z_P|=R$$
即
$$\left|z_Q-\frac{z_P}{2}\right|=\frac{R}{2}$$

这表明,轨迹是以线段 OP 的中点为圆心,以 $\frac{R}{2}$ 为半径的一个圆周.

例 11 正 $\triangle ABC$ 的两个顶点 A,B 分别沿着圆 O_1、圆 O_2 同时以相同的角速度按顺时针方向运动.证明:点 C 沿着某一圆周做等速运动.

(1961年全俄数学奥林匹克竞赛试题)

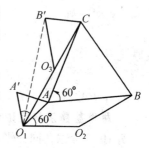

图 19.40

证明 设 $\overrightarrow{O_1O_3}$ 是向量 $\overrightarrow{O_1O_2}$ 旋转 $60°$ 得到的向量,A',B' 是 A,B 当这圆 O_1 做一旋转时的象点.

当 $\overrightarrow{O_1A}$,$\overrightarrow{O_2B}$ 以相同的角速度做匀速转动时,$\triangle O_1AA'$ 将绕着 O_1,从而 $\overrightarrow{O_3B'}$ 和 $\overrightarrow{B'C}(=\overrightarrow{A'A})$ 将绕着 O_3 以相同的角速度旋转.于是,它们的和向量 $\overrightarrow{O_3C}$ 也绕着 O_3 以相同的角速度做圆周运动.

8. 利用复数结合其他知识解决一些问题

例 12 以 $\triangle ABC$ 的边 BC 为直径作半圆,与 AB,AC 分别交于点 D 和 E.过 D,E 作 BC 的垂线,垂足分别是 F,G,线段 DG 和 EF 交于点 M,求证:$AM \perp BC$.

(1996年中国国家队选拔赛题)

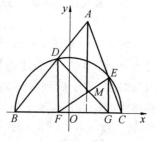

图 19.41

分析 如图 19.41,只需证明 $\operatorname{Re} z_M = \operatorname{Re} z_A$.通过相似三角形用代数法分别求得 $\operatorname{Re} z_M$ 和 $\operatorname{Re} z_A$,用 z_D 和 z_E 来表示,再用分析法证明它们相等.

证明 设 $z_C=1$,则 $z_B=-1$,圆 $O:|z|=1$.由题设知 $|z_D|=|z_E|=1$ 及 $z_F=\operatorname{Re} z_D$,$z_G=\operatorname{Re} z_E$.过 M 作 $MN \perp BC$ 于 N,则 $FD \parallel NM \parallel GE$,有
$$\frac{\operatorname{Re} z_M - \operatorname{Re} z_D}{\operatorname{Im} z_D} = \frac{\operatorname{Re} z_E - \operatorname{Re} z_M}{\operatorname{Im} z_E}$$
故
$$\operatorname{Re} z_M = \frac{\operatorname{Im} z_D \operatorname{Re} z_E + \operatorname{Im} z_E \operatorname{Re} z_D}{\operatorname{Im} z_D + \operatorname{Im} z_E}$$

同样,过 A 作 $AN' \perp BC$ 于 N',则 $FD \parallel N'A \parallel GE$,有

$$\frac{\operatorname{Im} z_A}{\operatorname{Im} z_D} = \frac{\operatorname{Re} z_A - \operatorname{Re} z_B}{\operatorname{Re} z_D - \operatorname{Re} z_B} = \frac{\operatorname{Re} z_A + 1}{\operatorname{Re} z_D + 1}$$

及

$$\frac{\operatorname{Im} z_A}{\operatorname{Im} z_E} = \frac{\operatorname{Re} z_E - \operatorname{Re} z_A}{\operatorname{Re} z_C - \operatorname{Re} z_E} = \frac{\operatorname{Re} z_A - 1}{\operatorname{Re} z_E - 1}$$

两式相除得

$$\frac{\operatorname{Re} z_A + 1}{\operatorname{Re} z_A - 1} = \frac{\operatorname{Im} z_E (\operatorname{Re} z_D + 1)}{\operatorname{Im} z_D (\operatorname{Re} z_E - 1)}$$

由合分比定理可得

$$\operatorname{Re} z_A = \frac{\operatorname{Im} z_E (\operatorname{Re} z_D + 1) + \operatorname{Im} z_D (\operatorname{Re} z_E - 1)}{\operatorname{Im} z_E (\operatorname{Re} z_D + 1) - \operatorname{Im} z_D (\operatorname{Re} z_E - 1)}$$

因 $\operatorname{Im}^2 z_D + \operatorname{Re}^2 z_D = \operatorname{Im}^2 z_E + \operatorname{Re}^2 z_E = 1$,于是可用分析法证明 $\operatorname{Re} z_A = \operatorname{Re} z_M$.

事实上,若 $\operatorname{Re} z_M = \operatorname{Re} z_A$ 成立,即

$$\frac{\operatorname{Im} z_D \cdot \operatorname{Re} z_E + \operatorname{Im} z_E \cdot \operatorname{Re} z_D}{\operatorname{Im} z_D \cdot \operatorname{Im} z_E} =$$

$$\frac{\operatorname{Im} z_E \cdot (\operatorname{Re} z_D + 1) + \operatorname{Im} z_D \cdot (\operatorname{Re} z_E - 1)}{\operatorname{Im} z_E \cdot (\operatorname{Re} z_D + 1) - \operatorname{Im} z_D \cdot (\operatorname{Re} z_E - 1)} \Leftrightarrow$$

$\operatorname{Im} z_D \cdot \operatorname{Re} z_E \cdot \operatorname{Im} z_E \cdot \operatorname{Re} z_D + \operatorname{Im} z_D \cdot \operatorname{Re} z_E \cdot \operatorname{Im} z_E -$
$\operatorname{Im}^2 z_D \cdot \operatorname{Re}^2 z_E + \operatorname{Im}^2 z_D \cdot \operatorname{Re} z_E + \operatorname{Im}^2 z_E \cdot \operatorname{Re}^2 z_D +$
$\operatorname{Im}^2 z_E \cdot \operatorname{Re} z_D - \operatorname{Im} z_E \cdot \operatorname{Re} z_D \cdot \operatorname{Im} z_D \cdot \operatorname{Re} z_E +$
$\operatorname{Im} z_E \cdot \operatorname{Re} z_D \cdot \operatorname{Im} z_D =$
$\operatorname{Im} z_D \cdot \operatorname{Im} z_E \cdot \operatorname{Re} z_D + \operatorname{Im} z_D \cdot \operatorname{Re} z_E + \operatorname{Im}^2 z_D \cdot \operatorname{Re} z_E -$
$\operatorname{Im}^2 z_D + \operatorname{Im}^2 z_E \cdot \operatorname{Re} z_D + \operatorname{Im} z_E \cdot \operatorname{Im} z_D \cdot$
$\operatorname{Re} z_E - \operatorname{Im} z_E \cdot \operatorname{Im} z_D \Leftrightarrow$
$\operatorname{Im}^2 z_E \cdot \operatorname{Re}^2 z_D - \operatorname{Im}^2 z_D \cdot \operatorname{Re}^2 z_E = \operatorname{Im}^2 z_E - \operatorname{Im}^2 z_D$

而 $\operatorname{Re}^2 z_D = 1 - \operatorname{Im}^2 z_D$ 及 $\operatorname{Re}^2 z_E = 1 - \operatorname{Im}^2 z_E$.

故 $\operatorname{Re} z_M = \operatorname{Re} z_A$ 成立.

从而 $AM \perp BC$.

练习题及提示

1. 如图 19.42,以四边形 $ABCD$ 的各边为斜边向四边形外作等腰 $\operatorname{Rt}\triangle ABP, \operatorname{Rt}\triangle BCQ, \operatorname{Rt}\triangle CDR, \operatorname{Rt}\triangle DAS$,求证:$PR \perp QS$ 且 $PR = QS$.

(提示:只需证 $QS = PR \cdot i$.)

2. 设 $\triangle ABC$ 是锐角三角形,在 $\triangle ABC$ 外分别作 $\operatorname{Rt}\triangle BCD, \operatorname{Rt}\triangle ABE$,

Rt△CAF,在这三个三角形中,∠BDC,∠BAE,∠CFA 是直角.又在四边形 BCFE 外作等腰 Rt△EFG,∠EFG 是直角.求证:

(1) $GA = \sqrt{2} AD$;

(2) $\angle GAD = 135°$.

(提示:以点 A 为原点建立坐标系,只需证 $z_G = (-1+i) \cdot z_D$.)

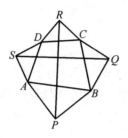

图 19.42

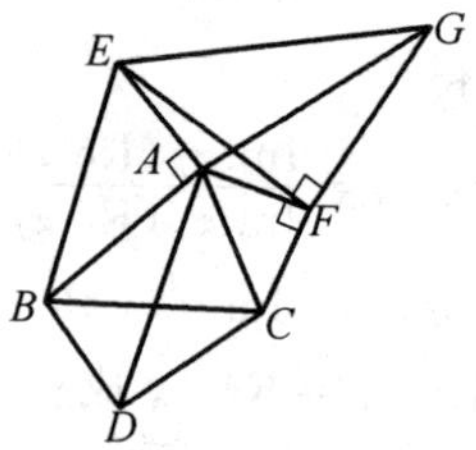

图 19.43

3. 设 M 在给定等边 △ABC 的外接圆周上,证明:$MA^4 + MB^4 + MC^4$ 与点 M 的选择无关.

(提示:如图 19.44,设 $z_A = 1$,则 $z_B = e^{120°i}$,$z_C = e^{240°i}$,$z_M = e^{i\theta}$,利用复数运算可得和为 18.)

4. 在矩形 $ABCD$ 外接圆的弧 AB 上取一个不同于顶点 A, B 的点 M. 点 P, Q, R, S 是 M 分别在直线 AD, AB, BC 与 CD 上的投影. 证明:直线 PQ 与 RS 互相垂直.

(提示:如图 19.45,设 $AB = 2t$,$AD = 2$,则圆 $O: |z| = \sqrt{1+t^2}$,用 z_M 表示 z_P, z_Q, z_R, z_S,从而表示 $\vec{PQ}$, $\vec{RS}$. 注意到 $\mathrm{Re}^2 z_M + \mathrm{Im}^2 z_M = 1 + z^2$,易得 $\vec{RS} = \vec{PQ} \cdot \mathrm{i}$.)

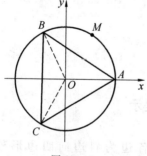

图 19.44

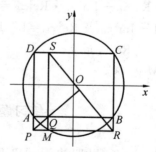

图 19.45

第 20 章 1998~1999 年度试题的诠释

试题 A 如图 20.1，O,I 分别为 $\triangle ABC$ 的外心和内心，AD 是边 BC 上的高，I 在线段 OD 上. 求证：$\triangle ABC$ 的外接圆半径等于 BC 边上的旁切圆半径.

注 $\triangle ABC$ 的 BC 边上的旁切圆是与边 AB,AC 的延长线以及边 BC 都相切的圆.

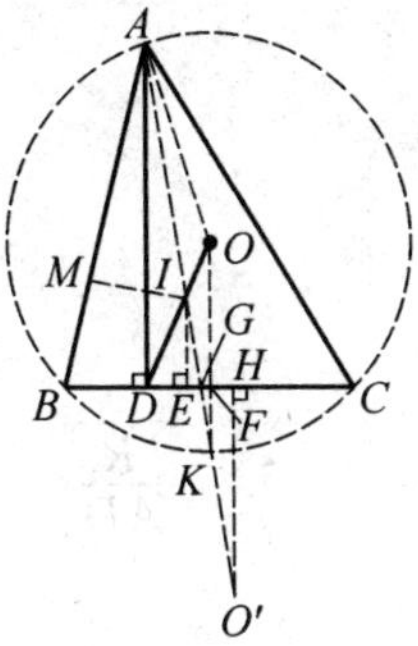

证法 1 设 AI 的延长线交圆 ABC 于点 K，联结 OK，半径 OK 记为 R，$\triangle ABC$ 的内角记为 $\angle A,\angle B,\angle C$，各边记为 a,b,c. 因为 $OK \perp BC$，所以 $OK \parallel AD$，从而

$$\frac{AI}{IK} = \frac{AD}{OK} = \frac{c\sin B}{R} = 2\sin B\sin C \qquad ①$$

$$\frac{AI}{IK} = \frac{S_{\triangle ABI}}{S_{\triangle KBI}} = \frac{\frac{1}{2}AB \cdot BI\sin\frac{B}{2}}{\frac{1}{2}BK \cdot BI\sin\frac{A+B}{2}} =$$

$$\frac{AB}{BK} \cdot \frac{\sin\frac{B}{2}}{\cos\frac{C}{2}} = \frac{2\sin\frac{B}{2}\sin\frac{C}{2}}{\sin\frac{A}{2}} \qquad ②$$

由①②得

$$4\sin\frac{A}{2}\cos\frac{B}{2}\cos\frac{C}{2} = 1 \qquad ③$$

设 $\triangle ABC$ 的 BC 边上的旁切圆半径为 r_a，则

$$\frac{1}{2}bc\sin A = S_{\triangle ABC} = \frac{1}{2}r_a(b+c-a)$$

所以

$$r_a = \frac{bc\sin A}{b+c-a} = 2R \cdot \frac{\sin A\sin B\sin C}{\sin B + \sin C - \sin A} =$$

$$R \cdot \frac{\sin A\sin B\sin C}{\sin\frac{B+C}{2} \cdot 2\sin\frac{B}{2}\sin\frac{C}{2}} =$$

图 20.1

$$4R\sin\frac{A}{2}\cos\frac{B}{2}\cos\frac{C}{2}=R$$

证法 2 如图 20.1,联结 AO,作 $IE\perp BC$ 于点 E,作 $OF\perp BC$ 于点 F. 设 $BC=a, AC=b, AB=c$. 由 $\angle OAC=\angle BAD$ 知 AI 平分 $\angle DAO$.

注意到 $AO=R$ 及 $2S_{\triangle ABC}=r_a(b+c-a)$,其中 R, r_a 分别为 $\triangle ABC$ 的外接圆半径和 BC 边上的旁切圆半径. 由

$$\frac{R}{AD}=\frac{AO}{AD}=\frac{OI}{ID}=\frac{EF}{DE}=\frac{BF-BE}{BE-BD}$$

及

$$BF=\frac{a}{2}, BE=\frac{1}{2}(a+c-b)$$

$$BD=c\cos B=\frac{a^2+c^2-b^2}{2a}$$

知

$$\frac{R}{AD}=\frac{\frac{a}{2}-\frac{1}{2}(a+c-b)}{\frac{1}{2}(a+c-b)-\frac{1}{2a}(a^2+c^2-b^2)}=\frac{a}{b+c-a}$$

从而

$$R=\frac{a\cdot AD}{b+c-a}=\frac{2S_{\triangle ABC}}{b+c-a}=r_a$$

证法 3 如图 20.1,联结 AI 并延长交 BC 于点 G,交圆 O 于点 K,且与 $\angle B$ 的外角平分线交于点 O',则 O' 为 BC 边上的旁切圆圆心,过 O' 作 $O'H\perp BC$ 于 H,则 $O'H$ 为此旁切圆的半径,设 $O'H=r_a$. 此时,OK 的长即为 $\triangle ABC$ 的外接圆半径,即 $OK=R$.

由 $Rt\triangle ADG\backsim Rt\triangle O'HG$,有

$$\frac{AD+O'H}{O'H}=\frac{AO'}{O'G} \qquad ①$$

由外角平分线性质,有

$$\frac{AO'}{O'G}=\frac{AB}{BG} \qquad ②$$

由 $\triangle ABG\backsim\triangle AKC$,有

$$\frac{AB}{BG}=\frac{AK}{KC} \qquad ③$$

由 $\triangle ABC$ 内心性质,知

$$KC=IK \qquad ④$$

由 $\triangle ADI \backsim \triangle KOI$,有
$$\frac{AI}{IK} = \frac{AD}{OK}$$
即
$$\frac{AK}{IK} = \frac{AD+OK}{OK} \qquad \text{⑤}$$
由 ① ~ ⑤ 各式,知
$$\frac{AD+O'H}{O'H} = \frac{AD+OK}{OK}$$
故
$$O'H = OK$$
即
$$R = r_a$$

证法 4 如图 20.1,联结 AI 并延长交圆 O 于点 K,则 K 为 $\overset{\frown}{BC}$ 的中点,联结 OK,从而知 $OK \perp BC$.

由 $OK \parallel AD$,有
$$OK = AD \cdot \frac{IK}{AI}$$
又由三角形的内心性质,有
$$IK = KC = \frac{\frac{1}{2}a}{\cos\frac{A}{2}}$$

作 $IM \perp AB$ 于点 M,在 $\mathrm{Rt}\triangle AMI$ 中,知
$$AI = \frac{\frac{1}{2}(b+c-a)}{\cos\frac{A}{2}}$$
从而
$$R = OK = AD \cdot \frac{a}{b+c-a} = \frac{ac\sin B}{b+c-a}$$
而 BC 边上的旁切圆半径
$$r_a = \frac{a+b-c}{2} \cdot \cot\frac{B}{2}$$
因此,要证
$$R = r_a \Leftrightarrow \frac{ac\sin B}{b+c-a} = \frac{a+b-c}{2}\cot\frac{B}{2} \Leftrightarrow$$

$$2ac = (b+c-a)(a+b-c)\frac{1}{2\sin^2\frac{B}{2}} \Leftrightarrow$$

$$(1-\cos B)2ac = (b+c-a)(a+b-c) \Leftrightarrow$$

$$2ac - (a^2+c^2-b^2) = (b+c-a)(a+b-c) \Leftrightarrow$$

$$(b+c-a)(b+a-c) = (b+c-a)(a+b-c)$$

证法 5 由旁切圆半径公式,有

$$r_a = \frac{2S_{\triangle ABC}}{b+c-a} = \frac{a \cdot AD}{b+c-a}$$

为证 $R = r_a$,只需要证

$$\frac{R}{AD} = \frac{a}{b+c-a}$$

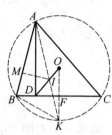

图 20.2

如图 20.2,延长 AI 交圆 O 于 K,联结 OK 交 BC 于 F,则 K,F 分别为 $\overset{\frown}{BC}$ 和弦 BC 的中点,且 $OK \perp BC$. 故

$$OK \parallel AD$$

有

$$\frac{R}{AD} = \frac{IK}{AI}$$

由三角形的内心性质,知 $BK = IK$,故只需要证明

$$\frac{BK}{AI} = \frac{a}{b+c-a} = \frac{BF}{\frac{1}{2}(b+c-a)}$$

作 $IM \perp AB$,垂足为 M,则

$$AM = \frac{1}{2}(b+c-a)$$

于是,只需要证明

$$\frac{BK}{AI} = \frac{BF}{AM}$$

即

$$\frac{BK}{BF} = \frac{AI}{AM}$$

这可由 $Rt\triangle BKF \backsim Rt\triangle AIM$ 即得. 而在这两个直角三角形中,有

$$\angle KBF = \angle KBC = \angle KAC = \angle KAB = \angle IAM$$

以下证法 6,7 由武汉二中余水能给出.

证法 6 边和半径的记法同证法 2. 则

$$r_a = \frac{2S_{\triangle ABC}}{b+c-a} = \frac{2R\sin A\sin B\sin C}{\sin B + \sin C - \sin A} =$$
$$4R\cos\frac{B}{2}\cos\frac{C}{2}\sin\frac{A}{2} \qquad ①$$

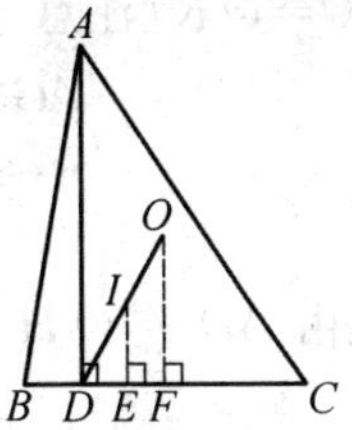

如图 20.3,过 I 作 $IE \perp BC$ 于 E,过 O 作 $OF \perp BC$ 于 F,

则
$$\frac{IE}{OF} = \frac{DE}{DF}$$

图 20.3

因
$$IE = r = 4R\sin\frac{A}{2}\sin\frac{B}{2}\sin\frac{C}{2}$$
$$OF = R\cos A$$
$$DE = \frac{a+c-b}{2} - BD = \frac{a+c-b}{2} - \frac{a^2+c^2-b^2}{2a} =$$
$$\frac{(b-c)(b+c-a)}{2a}$$
$$DF = \frac{a}{2} - BD = \frac{a}{2} - \frac{a^2+c^2-b^2}{2a} = \frac{(b-c)(b+c)}{2a}$$

则
$$\frac{4\sin\dfrac{A}{2}\sin\dfrac{B}{2}\sin\dfrac{C}{2}}{\cos A} = \frac{b+c-a}{b+c} = \frac{4\sin\dfrac{B}{2}\sin\dfrac{C}{2}\cos\dfrac{A}{2}}{2\cos\dfrac{A}{2}\cos\dfrac{B-C}{2}}$$

即
$$\cos A = 2\cos\frac{B-C}{2}\sin\frac{A}{2}$$

从而
$$1 - 2\sin^2\frac{A}{2} = 2\cos\frac{B-C}{2}\sin\frac{A}{2}$$
$$2\sin\frac{A}{2}(\cos\frac{B+C}{2} + \cos\frac{B-C}{2}) = 1$$

故
$$4\sin\frac{A}{2}\cos\frac{B}{2}\cos\frac{C}{2} = 1 \qquad ②$$

由 ①② 可得 $r_a = R$.

证法 7 如图 20.4,联结 AI 并延长交 BC 于 G,交圆 O 于 K,设 O' 为旁切圆圆心,则 O' 在 AK 的延长线上,联结 OK.过 O' 作 $O'H \perp BC$ 于 H,联结 OH,HK,BI,CI,$O'B$,$O'C$,则 OK,$O'H$ 分别为外接圆半径及旁切圆半径.

易知 B,I,C,O' 共圆.又 $BK = IK = CK$,故 K 为 $BICO'$ 的外接圆圆心,即

$IK = O'K$(注意$\angle IBO' = 90°$). 又

$$AG \cdot GK = BG \cdot GC = IG \cdot O'G$$

则
$$\frac{GK}{IG} = \frac{O'G}{AG}$$

又由 $AD \parallel O'H$,知
$$\frac{GK}{IG} = \frac{O'G}{AG} = \frac{HG}{DG}$$

则 $HK \parallel ID, \angle GHK = \angle IDG$

而 D, I, O 共线,$OK \perp BC, O'H \perp BC$,从而
$$OK \parallel O'H$$

故 $\angle IOK = \angle KHO'$
$$\angle OKI = \angle HO'K, IK = O'K$$

则 $\triangle OIK \cong \triangle HKO'$

故 $OK = O'H$(即结论成立).

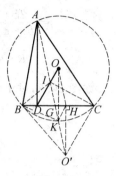

图 20.4

以下证法 8,9 由首都师大周春荔教授给出.

证法 8 如图 20.4,作 $\triangle ABC$ 的外接圆圆 O,延长 AI 交 BC 于 G,交 $\overset{\frown}{BC}$ 于 K,则 K 为 $\overset{\frown}{BC}$ 的中点,显然 $OK \perp BC$.

设 O' 是与 BC 边相切的 $\triangle ABC$ 的旁切圆圆心,则 O' 在 AI 的延长线上,即 A, I, G, K, O' 共线.

作 $O'H \perp BC$ 于 H,则 $O'H$ 是旁切圆圆 O' 的半径(记为 r_a).

又因 $AD, OK, O'H$ 都垂直于 BC,则 $AD \parallel OK \parallel O'H$,因此 $\triangle AID \backsim \triangle KIO$,得 $\frac{AD}{OK} = \frac{AI}{IK}$,即

$$\frac{AD}{R} = \frac{AI}{IK} \qquad \qquad ①$$

又由 $\triangle ADG \backsim \triangle O'HG$,得 $\frac{AD}{O'H} = \frac{AG}{GO'}$,即

$$\frac{AD}{r_a} = \frac{AG}{GO'} \qquad \qquad ②$$

于是,要证 $R = r_a$,只需要证 $\frac{AI}{IK} = \frac{AG}{GO'}$ 即可.

联结 $BI, IC, CO', O'B$,易知
$$\angle IBO' = \angle ICO' = 90°$$

则 B, I, C, O' 四点共圆. 因此
$$\angle AO'C = \angle IBC = \frac{\angle B}{2} = \angle ABI$$

又 $\angle BAI = \angle O'AC$, 则 $\triangle ABI \backsim \triangle AO'C$, 从而 $\frac{AB}{AI} = \frac{AO'}{AC}$, 即

$$AI \cdot AO' = AB \cdot AC \qquad ③$$

联结 BK, 在 $\triangle ABK$ 与 $\triangle AGC$ 中, 因
$$\angle BAK = \angle GAC, \angle BKA = \angle GCA$$

则有 $\triangle ABK \backsim \triangle AGC$

即
$$\frac{AB}{AK} = \frac{AG}{AC}$$

$$AK \cdot AG = AB \cdot AC \qquad ④$$

由 ③④ 可得

即
$$AI \cdot AO' = AK \cdot AG$$

$$\frac{AK}{AI} = \frac{AO'}{AG}$$

由有
$$\frac{AI + IK}{AI} = \frac{AG + GO'}{AG}$$

$$\frac{IK}{AI} = \frac{GO'}{AG} \qquad ⑤$$

将 ⑤ 结合 ①② 可得

$$\frac{R}{AD} = \frac{r_a}{AD}$$

故
$$R = r_a$$

证法 9 如图 20.5, 作 $IE \perp CD$ 于 E, 作 $OF \perp CD$ 于 F, 则 E 为 $\triangle ABC$ 内切圆与 BC 边的切点, F 为 BC 的中点, AO 与圆交于 T.

设 $BC = a, AC = b, AB = c$, 及 $p = \frac{1}{2}(a+b+c)$, 则有

$$BE = \frac{a+c-b}{2}, BF = \frac{a}{2}$$

$$BD = c\cos B, \frac{DE}{EF} = \frac{a+c-b-2c\cos B}{b-c}$$

由 $\angle B=\angle ATC$,得 $\angle BAD=\angle TAC$,则 $\angle DAI=\angle OAI$.
在 $\triangle ADO$ 中,AI 平分 $\angle DAO$,则
$$\frac{AD}{AO}=\frac{DI}{IO}=\frac{DE}{EF}$$

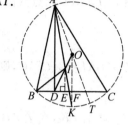

图 20.5

设 $\triangle ABC$ 的面积为 S,则 $AD=\dfrac{2S}{a}$,代入上式得

$$\frac{\dfrac{2S}{a}}{R}=\frac{a+c-b-2c\cos B}{b-c} \quad ①$$

因
$$\begin{aligned}a^2-2ac\cos B &=a^2-(a^2+c^2-b^2)=\\&=(b-c)(b+c)=\\&=(b-c)(2p-a)\end{aligned}$$

则
$$\frac{2p-a}{a}=\frac{a-2c\cos B}{b-c}$$

故由 ① 可有
$$\frac{2p-2a}{a}=\frac{a+c-b-2c\cos B}{b-c}=\frac{2S}{aR}$$

即
$$(p-a)R=S=rp$$ ②

如图 20.6,又可证 $\triangle AIT_1 \sim \triangle AO'T_2$,则
$$\frac{r}{r_a}=\frac{AT_1}{AT_2}$$

但 $AT_1=p-a, AT_2=p$

即
$$\frac{r}{r_a}=\frac{p-a}{p}$$

亦即
$$(p-a)r_a=rp$$ ③

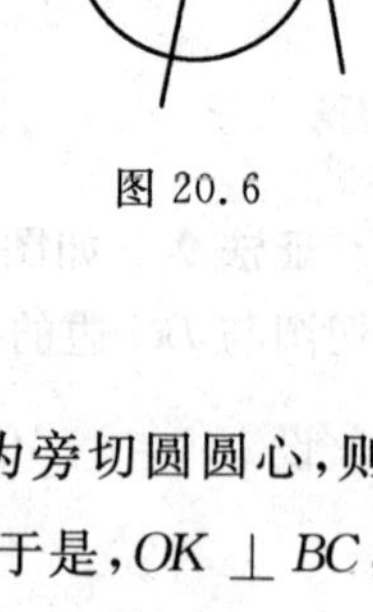

图 20.6

比较 ②③ 即可得
$$R=r_a$$

证法 10 (由天津实验中学姜薇给出)如图 20.7,设 I_A 为旁切圆圆心,则 A,I,I_A 共线,交圆 O 于 K,交 BC 于 P. 显然,K 为 $\overset{\frown}{BC}$ 的中点. 于是, $OK \perp BC$, $OK=R$. 因
$$\angle IBI_A=90°, \angle IBK=\frac{\angle A+\angle B}{2}=\angle BIK$$

则 $BK = IK$,即 BK 为 $\triangle BII_A$ 斜边中线,又 $BK = KC$,则
$$BK = IK = KI_A = KC$$
设旁切圆半径为 R_A,有
$$I_A M = R_A$$

由 $AD \perp BC, I_A M \perp BC$

有 $\dfrac{R_A}{AD} = \dfrac{I_A P}{AP}, \dfrac{R}{AD} = \dfrac{IK}{IA}$

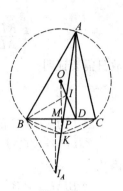

图 20.7

因此,要证 $R_A = R$,只需要证
$$\dfrac{I_A P}{AP} = \dfrac{IK}{IA}$$

因 $I_A P = 2IK - IP, AP = IA + IP$

只需要证
$$\dfrac{2IK - IP}{IA + IP} = \dfrac{IK}{IA}$$

即 $IK \cdot IA - IA \cdot IP = IP \cdot IK$

或 $IK \cdot IA = IP(IA + IK) = IP \cdot AK$

或
$$\dfrac{IA}{IP} = \dfrac{AK}{IK} \qquad ①$$

又 BI 为角平分线,则 $\dfrac{IA}{IP} = \dfrac{AB}{BP}$,由 $IK = KC$,有 $\dfrac{AK}{IK} = \dfrac{AK}{KC}$,故

$$① \Leftrightarrow \dfrac{AB}{BP} = \dfrac{AK}{KC} \qquad ②$$

因 AI 为角平分线,则 $\angle BAP = \angle KAC$,又 $\angle ABP = \angle AKC$,则 $\triangle ABP \backsim \triangle AKC$. 故式 ② 成立.

证法 11 (由天津实验中学乔琦给出) 如图 20.8,联结 IB, IC,作 $I_A B \perp IB, I_A C \perp IC$ 交于 I_A,则 I_A 即为 $\triangle ABC$ 的 BC 边上的旁切圆圆心. 显然,A, I, I_A 三点共线. 联结 AI, II_A,并设 II_A 交 BC 于 N,交 $\triangle ABC$ 外接圆于 M,联结 OM, BM,过 I_A 作 $I_A K \perp BC$ 于 K. 则 OM 的长即为 $\triangle ABC$ 外接圆的半径,$I_A K$ 的长即为 $\triangle ABC$ 的 BC 边上旁切圆的半径. 所以,只需要证明 $OM = I_A K$.

因 I 为 $\triangle ABC$ 的内心,则 M 平分 $\overparen{BC}$. 又 AD 是 BC 边上的高,M 为 $\overparen{BC}$ 的中点,则
$$AD \perp BC, OM \perp BC$$

于是 $AD \parallel OM \parallel I_A K$

$$\frac{KI_A}{AD}=\frac{NI_A}{AN},\frac{OM}{AD}=\frac{IM}{AI}$$

故只需要证明
$$\frac{NI_A}{AN}=\frac{IM}{AI}$$

因 I 为 $\triangle ABC$ 的内心, 则
$$\angle BAI=\angle CAI,\angle ABI=\angle CBI,\angle BCI=\angle ACI$$

因此
$$\angle BIM=\angle BAI+\angle ABI=\angle MAC+\angle CBI=$$
$$\angle CBM+\angle CBI=\angle IBM$$

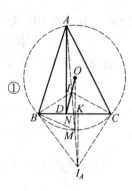

图 20.8

从而 $\qquad BM=IM$

又由 $IB \perp I_A B$, 知 M 为 $\triangle BII_A$ 斜边 II_A 的中点, 即
$$IM=BM=MI_A$$

于是 $\qquad NI_A=NM+MI_A=NM+IM$

又 $\qquad AN=AM-MN, AI=AM-IM$

从而要证 ① 成立, 只需要证明
$$\frac{NM+IM}{AM-MN}=\frac{IM}{AM-IM}$$

即 $\qquad (NM+IM)(AM-IM)=IM(AM-MN)$
$$NM \cdot AM-NM \cdot IM+AM \cdot IM-IM^2=IM \cdot AM-IM \cdot MN$$
$$IM^2=NM \cdot AM$$

即
$$BM^2=NM \cdot AM$$

又 $\qquad \angle MBN=\angle MAC=\angle MAB,\angle BMN=\angle AMB$

则 $\qquad \triangle MBN \backsim \triangle MAB$

于是 $\qquad \dfrac{MB}{MN}=\dfrac{MA}{MB}$

即 $\qquad MB^2=NM \cdot AM$

故式 ② 成立, 从而式 ① 成立, 所以 $OM=KI_A$, 即 $\triangle ABC$ 的外接圆半径与 BC 边上的旁切圆半径相等.

证法 12 (由上海控江中学薛明喆给出) 如图 20.9, 设 $\triangle ABC$ 中边 BC 上的旁切圆圆心为 I'.

于是 A,I,I' 三点共线, 作 $I'F \perp BC$ 于 F, 设直线 AI' 与圆 O 交于 K, 与 BC

交于 E,联结 OK,CK,BI,CI,BI',CI',有
$$\angle KIC = \angle IAC + \angle ICA = \frac{1}{2}(\angle BAC + \angle BCA) =$$
$$\angle BCK + \angle ICB = \angle ICK$$

则 $\quad IK = CK$

因 $\quad \angle IBC = \frac{1}{2}\angle ABC$

$$\angle CBI' = \frac{1}{2}(180° - \angle ABC)$$

则 $\quad \angle IBI' = 90°$

同理 $\quad \angle ICI' = 90°$

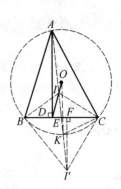

图 20.9

则 I,B,I',C 四点共圆,即
$$IE \cdot I'E = BE \cdot CE$$

所以 $\quad EI' = \dfrac{BE \cdot CE}{IE}$

又 $\quad AD \perp BC, OK \perp BC, I'F \perp BC$

则 $\quad \dfrac{AD}{I'F} = \dfrac{AE}{EI'}, \dfrac{AD}{OK} = \dfrac{AI}{IK}$

即 $\quad \dfrac{I'F}{OK} = \dfrac{AI \cdot EI'}{IK \cdot AE} = \dfrac{AI \cdot BE \cdot CE}{IK \cdot AE \cdot IE}$

因为 IB 平分 $\angle ABC$,所以
$$\dfrac{AB}{BE} = \dfrac{AI}{IE}$$

则 $\quad \dfrac{I'F}{OK} = \dfrac{BE \cdot CE}{IK \cdot AE} \cdot \dfrac{AB}{BE} = \dfrac{CE \cdot AB}{IK \cdot AE}$

又 $\quad \triangle ABE \sim \triangle CKE$

有 $\quad \dfrac{AB}{AE} = \dfrac{CK}{CE}$

故 $\quad \dfrac{AB}{AE} = \dfrac{IK}{CE}$

则 $\quad AB \cdot CE = IK \cdot AE$

所以 $\quad \dfrac{I'F}{OK} = 1$

即 $\quad I'F = OK$

又 OK 为圆 O 半径,$I'F$ 为旁切圆半径,则 $\triangle ABC$ 的外接圆半径等于 BC 边

上的旁切圆半径.证毕.

证法 13 （由天津耀华中学罗杨给出）如图 20.10,设 BC 边上的旁切圆半径为 R_A,圆心为 I_A. K 为 AI 与外接圆的交点,显然,A, I, K, I_A 共线,且 K 为点 B, I, C, I_A 外接圆的圆心.因

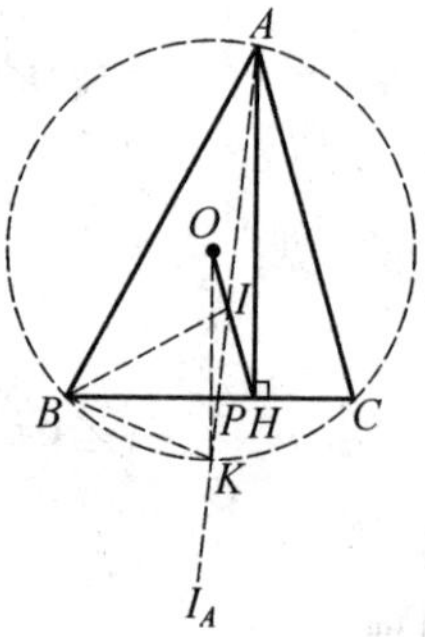

$$R = OK$$

则

$$\frac{R}{AH} = \frac{KI}{IA}, \frac{R_A}{AH} = \frac{I_A P}{PA}$$

即要证

$$R = R_A \Leftrightarrow \frac{KI}{IA} = \frac{I_A P}{PA}$$

又 $I_A P = I_A K + KP = IK + KP, PA = PI + IA$

故

$$\frac{KI}{IA} = \frac{IK + KP}{PI + IA} \Leftrightarrow KI \cdot PI = IA \cdot KP \Leftrightarrow \frac{PI}{PK} = \frac{AI}{IK}$$

图 20.10

又

$$\frac{PI}{PK} = \frac{BI \sin \frac{B}{2}}{BK \sin \frac{A}{2}}, \frac{AI}{IK} = \frac{S_{\triangle ABI}}{S_{\triangle KBI}} = \frac{AB \sin \frac{B}{2}}{BK \sin \frac{A+B}{2}}$$

故有

$$\frac{BI}{\sin \frac{A}{2}} = \frac{AB}{\sin \frac{A+B}{2}}$$

这在 $\triangle ABI$ 中应用正弦定理即可得证.

证法 14 如图 20.1,联结 AI, AO, CI, CO,则

$$\alpha = \angle IAD = \frac{1}{2}\angle A - \beta = \frac{1}{2}\angle A - (\frac{\pi}{2} - \angle B) = \frac{1}{2}(\angle B - \angle C)$$

$$\angle IAO = \frac{1}{2}\angle A - \angle OAC = \frac{1}{2}\angle A - (\frac{\pi}{2} - \angle B) = \alpha$$

（延长 AO 交圆 O 于 T,则 $\angle ATC = \angle B, \angle OAC = \frac{\pi}{2} - \angle B$）

$$\angle DCI = \frac{1}{2}\angle C, \angle OCI = \frac{1}{2}\angle C - (\frac{\pi}{2} - \angle B) = \frac{1}{2}\angle C + \angle B - \frac{\pi}{2}$$

由直角三角形相似,可推得

$$\frac{DI}{OI} = \frac{AD \sin \frac{B-C}{2}}{AO \sin \frac{B-C}{2}}$$

第 20 章 1998~1999 年度试题的诠释

及
$$\frac{DI}{OI} = \frac{CD\sin\frac{C}{2}}{OC\sin(\frac{C}{2}+B-\frac{\pi}{2})}$$

而
$$OC = OA$$

则
$$\frac{\sin\frac{C}{2}}{-\cos(\frac{C}{2}+B)} = \frac{AD}{CD} = \frac{\sin C}{\cos C}$$

即
$$-2\cos\frac{C}{2}\cos(\frac{C}{2}+B) = \cos C$$

故
$$\cos A = \cos B + \cos C$$

从而
$$(1+\cos B)(1+\cos C) - \sin B\sin C = 1$$

于是
$$4\sin\frac{A}{2}\cos\frac{B}{2}\cos\frac{C}{2} = 1$$

即
$$\frac{\cos\frac{B}{2}\cos\frac{C}{2}}{\cos\frac{A}{2}} = \frac{1}{2\sin A}$$

设 O' 为 BC 边上的旁切圆圆心,联结 BO', CO',作 $O'H \perp BC$ 于 H,则 $O'H = r_a$. 由正弦定理,有

$$\frac{BC}{\sin\angle BO'C} = \frac{BO'}{\sin\angle BCO'}$$

即
$$BO' = BC \cdot \frac{\sin\frac{\pi-C}{2}}{\sin(\pi - \frac{\pi-B}{2} - \frac{\pi-C}{2})} = BC \cdot \frac{\cos\frac{C}{2}}{\cos\frac{A}{2}}$$

则
$$O'H = BO'\sin\angle CBO' = BC \cdot \frac{\cos\frac{B}{2}\cos\frac{C}{2}}{\cos\frac{A}{2}} = BC \cdot \frac{1}{2\sin A} = R$$

证法 15 如图 20.1,设 R 为 $\triangle ABC$ 的外接圆半径,令 $AB = c, AC = b$,则

由
$$\frac{R}{c\sin B} = \frac{AO}{AD} = \frac{OI}{ID} = \frac{S_{\triangle OIC}}{S_{\triangle IDC}} = \frac{\frac{1}{2}OC \cdot CI\sin(\frac{C}{2}+B-\frac{\pi}{2})}{\frac{1}{2}CD \cdot CI\sin\frac{C}{2}} =$$

$$\frac{-R\cos\left(B+\frac{C}{2}\right)}{b\cos C\sin\frac{C}{2}}$$

有
$$\frac{R}{2R\sin B\sin C}=\frac{-R\cos\left(B+\frac{C}{2}\right)}{2R\sin B\cos C\sin\frac{C}{2}}$$

即
$$-\cos C=2\cos\frac{C}{2}\cos\left(B+\frac{C}{2}\right)=\cos(B+C)+\cos B$$

亦即
$$\cos A=\cos B+\cos C\Leftrightarrow 4\sin\frac{A}{2}\cos\frac{B}{2}\cos\frac{C}{2}=1$$

设 O' 为 BC 边上的旁切圆圆心,r_a 为其半径,AO' 交 BC 于 G,令 $\angle IAD=\alpha$,$\angle BAD=\beta$,则 $\angle CAO=\frac{\pi}{2}-\angle B=\angle BAD=\beta$,从而 $\angle IAO=\alpha$. 此时

$$AC=2R\cos\beta$$
$$AD=AC\cos(2\alpha+\beta)=2R\cos\beta\cos(2\alpha+\beta)$$
$$AB=\frac{AD}{\cos\beta}=2R\cos(2\alpha+\beta)$$
$$AO'=\frac{r_a}{\sin(\alpha+\beta)}$$

在 $\triangle ABC$ 中,由张角公式,有
$$\frac{\sin 2(\alpha+\beta)}{AG}=\frac{\sin(\alpha+\beta)}{AC}+\frac{\sin(\alpha+\beta)}{AB}$$

即
$$\frac{2\cos(\alpha+\beta)}{AG}=\frac{1}{AC}+\frac{1}{AB}$$

从而
$$AG=\frac{2\cos(\alpha+\beta)2R\cos(2\alpha+\beta)2R\cos\beta}{2R\cos(2\alpha+\beta)+2R\cos\beta}=$$
$$\frac{2R\cos(2\alpha+\beta)\cos\beta}{\cos\alpha}$$

又 $Rt\triangle O'HG \backsim Rt\triangle ADG$,有
$$\frac{O'H}{AD}=\frac{GO'}{AG}=\frac{AO'-AG}{AG}$$

即
$$\frac{r_a}{2R\cos\beta\cos(2\alpha+\beta)}=\frac{\frac{r_a}{\sin(\alpha+\beta)}}{\frac{2R\cos(2\alpha+\beta)\cos\beta}{\cos\alpha}}-1$$

亦即 $r_a\sin(\alpha+\beta)=r_a\cos\alpha-2R\cos(2\alpha+\beta)\cos\beta\sin(\alpha+\beta)$

由于 $\beta=90°-\angle B, \alpha=\dfrac{1}{2}\angle A+\angle B-90°$

$2\alpha+\beta=\angle A+\angle B-90°$

则 $r_a[\sin(\alpha+\beta)-\cos\alpha]=-2R\cos(2\alpha+\beta)\cos\beta\sin(\alpha+\beta)$

即 $r_a[\sin\dfrac{A}{2}-\sin(\dfrac{A}{2}+B)]=-2R\sin(A+B)\sin\dfrac{A}{2}\sin B$

从而 $r_a=4R\sin\dfrac{A}{2}\cos\dfrac{B}{2}\cos\dfrac{C}{2}$

故 $r_a=R$

证法 16 （由湖南茶陵一中贺功保给出）如图 20.11，设 $\triangle ABC$ 的边 BC 上的旁切圆半径为 r_a，则

$$\dfrac{1}{2}bc\sin A=\dfrac{1}{2}r_a(b+c-a)$$

所以

$$r_a=\dfrac{bc\sin A}{b+c-a}=2R\cdot\dfrac{\sin A\sin B\sin C}{\sin B+\sin C-\sin A}=$$

$$2R\cdot\dfrac{\sin A\sin B\sin C}{4\cos\dfrac{A}{2}\sin\dfrac{B}{2}\sin\dfrac{C}{2}}=$$

$$4R\sin\dfrac{A}{2}\cos\dfrac{B}{2}\cos\dfrac{C}{2}$$

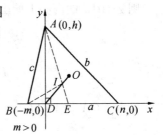

图 20.11

因此，要证 $r_a=R$，只需要证

$$\sin\dfrac{A}{2}\cos\dfrac{B}{2}\cos\dfrac{C}{2}=\dfrac{1}{4}\Leftrightarrow\cos A=\cos B+\cos C$$

这个关系式揭示了该题的本质，因此，本题实质上是一道三角试题.

下面用解析法证明.

如图 20.11 建立直角坐标系及设定点的坐标. 联结 AI 并延长交 BC 于点 E，联结 BI. 设点 I 的坐标为 (x,y). 因

$$\dfrac{BE}{EC}=\dfrac{|AB|}{|AC|}=\dfrac{c}{b}$$

由定比分点坐标公式有

$$x_E = \frac{-m + \frac{c}{b}n}{1 + \frac{c}{b}} = \frac{-bm + cn}{b+c}, y_E = 0$$

由
$$\frac{|BE|}{|EC|} = \frac{c}{b}$$

有
$$\frac{|BE|}{|BC|} = \frac{c}{b+c}$$

即
$$|BE| = \frac{ac}{b+c}$$

而
$$\frac{EI}{EA} = \frac{|BE|}{|AB|} = \frac{ac}{(b+c)c} = \frac{a}{b+c}$$

则 $\triangle ABC$ 的内心 I 的坐标为

$$x = \frac{cn - bm}{a+b+c}, y = \frac{ah}{a+b+c}$$

即
$$I\left(\frac{cn - bm}{a+b+c}, \frac{ah}{a+b+c}\right)$$

又由 $|OA| = |OB| = |OC|$ 可得 $\triangle ABC$ 的外心 O 的坐标为 $\left(\frac{n-m}{2}, \frac{h^2 - mn}{2h}\right)$，则直线 ID 的斜率为

$$k_{DI} = \frac{ah}{cn - bm} = \frac{ab\sin C}{bc(\cos C - \cos B)} = \frac{\sin A}{\cos C - \cos B}$$

直线 OD 的斜率为

$$k_{OD} = \frac{h^2 - mn}{h(n-m)} = \frac{(c\sin B)^2 - (c\cos B)(b\cos C)}{c\sin B(b\cos C - c\cos B)} =$$

$$\frac{c\sin^2 B - b\cos B\cos C}{\sin B(b\cos C - c\cos B)} = \frac{\sin B\sin C - \cos B\cos C}{\sin(B-C)} =$$

$$-\frac{\cos(B+C)}{\sin(B-C)} = \frac{\cos A}{\sin(B-C)}$$

因为点 I 在线段 OD 上，所以

$$k_{DI} = k_{DO}$$

即
$$\frac{\sin A}{\cos C - \cos B} = \frac{\cos A}{\sin(B-C)}$$

所以
$$\sin A \cos \frac{B-C}{2} = \cos A \cos \frac{A}{2}$$

即
$$2\sin \frac{A}{2} \cos \frac{B-C}{2} = \cos A$$

故
$$\cos A = \cos B + \cos C$$

证法 17 （由天津耀华中学李龙给出）如图 20.12，记 $\triangle ABC$ 的边 BC 上的旁切圆圆心为 O'.

以 D 为原点，BC 所在直线为 x 轴建立平面直角坐标系.

设点 A 的坐标为 $(0,a)$，点 B 的坐标为 $(-b,0)$，点 C 的坐标为 $(c,0)(a,b,c>0)$，则 AB 的中点坐标为 $(-\dfrac{b}{2},\dfrac{a}{2})$.

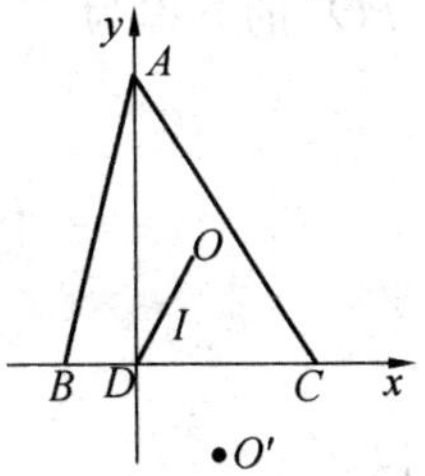

又 $k_{AB}=\dfrac{a}{b}$，所以，AB 中垂线方程为

$$y-\dfrac{a}{2}=-\dfrac{b}{a}(x+\dfrac{b}{2})$$

又 BC 中垂线方程为

$$x=\dfrac{-b+c}{2}$$

所以，解得点 O 的坐标为 $(\dfrac{-b+c}{2},\dfrac{a^2-bc}{2a})$.

又 $\triangle ABC$ 的三边长分别为

$$|AB|=\sqrt{a^2+b^2},\ |AC|=\sqrt{c^2+a^2},\ |BC|=c+b$$

由三角形内心的坐标公式，可得点 I 的坐标为（记 $T=c+b+\sqrt{a^2+b^2}+\sqrt{b^2+c^2}$）

$$(\dfrac{c\sqrt{a^2+b^2}-b\sqrt{c^2+a^2}}{T},\dfrac{a(c+b)}{T})$$

则

$$k_{DI}=\dfrac{a(c+b)}{c\sqrt{a^2+b^2}-b\sqrt{c^2+a^2}}$$

又

$$k_{DO}=\dfrac{a^2-bc}{a(c-b)}$$

由 D,I,O 共线得

$$k_{DI}=k_{DO}$$

即

$$a^2(c^2-b^2)=(a^2-bc)(c\sqrt{a^2+b^2}-b\sqrt{c^2+a^2}) \qquad ①$$

下面来求点 O' 的坐标. 因 $BO'\perp BI$，$CO'\perp CI$，又

$$k_{BI}=\dfrac{a}{b+\sqrt{a^2+b^2}}$$

图 20.12

则
$$k_{BO'} = -\frac{b+\sqrt{a^2+b^2}}{a}$$

故 BO' 的方程为
$$y = -\frac{b+\sqrt{a^2+b^2}}{a}(x+b) \qquad ②$$

又
$$k_{CI} = -\frac{a}{c+\sqrt{a^2+c^2}}$$

所以
$$k_{CO'} = \frac{c+\sqrt{a^2+c^2}}{a}$$

故 CO' 的方程为
$$y = \frac{c+\sqrt{a^2+c^2}}{a}(x-c) \qquad ③$$

②③ 两式联立解得 O' 的坐标为
$$\left(\frac{c^2-b^2+c\sqrt{a^2+c^2}-b\sqrt{a^2+b^2}}{c+b+\sqrt{a^2+c^2}+\sqrt{a^2+b^2}}, -\frac{(b+c)(c+\sqrt{a^2+c^2})(b+\sqrt{a^2+b^2})}{a(c+b+\sqrt{a^2+b^2}+\sqrt{a^2+c^2})} \right)$$

所以,旁切圆半径就是点 O' 纵坐标的相反数,即
$$r_A = \frac{(c+b)(c+\sqrt{a^2+c^2})(b+\sqrt{a^2+b^2})}{a(c+b+\sqrt{a^2+b^2}+\sqrt{a^2+c^2})}$$

而外接圆半径
$$R = |OA| = \sqrt{\left(\frac{c-b}{2}\right)^2 + \left(\frac{a^2-bc}{2a}-a\right)^2} = \frac{1}{2a}\sqrt{(a^2+b^2)(a^2+c^2)}$$

只需要证
$$\frac{1}{2a}\sqrt{(a^2+b^2)(a^2+c^2)} = \frac{(c+b)(c+\sqrt{a^2+c^2})(b+\sqrt{a^2+b^2})}{a(c+b+\sqrt{a^2+b^2}+\sqrt{a^2+c^2})} \qquad ④$$

而式 ④ 等价于
$$(a^2-bc)(\sqrt{a^2+b^2}+\sqrt{a^2+c^2}) =$$
$$(c+b)(c\sqrt{a^2+b^2}+b\sqrt{a^2+c^2}+\sqrt{a^2+c^2}\cdot\sqrt{a^2+b^2}+2bc)$$

由式 ① 有
$$a^2-bc = \frac{a^2(c^2-b^2)}{c\sqrt{a^2+b^2}-b\sqrt{a^2+c^2}}$$

所以,式 ④ 又等价于
$$\frac{a^2(c^2-b^2)}{c\sqrt{a^2+b^2}-b\sqrt{a^2+c^2}}(\sqrt{a^2+b^2}+\sqrt{a^2+c^2}) =$$

$$(c+b)(c\sqrt{a^2+b^2}+b\sqrt{a^2+c^2}+\sqrt{a^2+c^2}\sqrt{a^2+b^2}+2bc)$$

即
$$a^2(c-b)(\sqrt{a^2+b^2}+\sqrt{a^2+c^2})=$$
$$(c^2-b^2)a^2-b(a^2-c^2)\sqrt{a^2+b^2}+c(a^2-b^2)\sqrt{a^2+c^2}$$

或
$$c(a^2-bc)\sqrt{a^2+b^2}-b(a^2-bc)\sqrt{a^2+c^2}=(c^2-b^2)a^2$$

这由式 ① 立得.

注 (1) 三角形内心坐标公式:设 $\triangle ABC$ 三边为 $AB=c, BC=a, CA=b$, 在平面直角坐标系下, A, B, C 的坐标分别为 $(x_A, y_A), (x_B, y_B), (x_C, y_C)$, 则它的内心坐标为 $(\dfrac{ax_A+bx_B+cx_C}{a+b+c}, \dfrac{ay_A+by_B+cy_C}{a+b+c})$.

(2) 周春荔教授指出[①]:本试题结论可以推广,因此问题可一般叙述为:

命题 1 O, I 分别为 $\triangle ABC$ 的外心和内心, AD 是 BC 边上的高, I 在线段 OD 上. 如果 $AB \neq AC$, 则 $\triangle ABC$ 的外接圆半径等于 BC 边上的旁切圆半径.

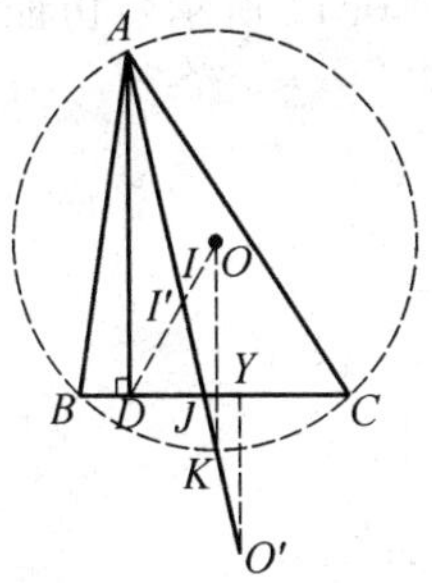

其逆命题:在 $\triangle ABC$ 中, $AB \neq AC$, O 是外心, I 是内心, AD 是 BC 边上的高. 如果 $\triangle ABC$ 的外接圆半径等于 BC 边上的旁切圆半径, 则 I 在线段 OD 上.

其证明思路如下(图 20.13).

因为 $AB \neq AC$, 所以外心 O 不在高 AD 上.

联结 OD 交 AO' 于 I', 则由
$$\triangle ADI' \backsim \triangle KOI', \triangle ADJ \backsim \triangle O'YJ$$

图 20.13

得
$$\dfrac{AI'}{I'K}=\dfrac{AD}{R}=\dfrac{AD}{r_a}=\dfrac{AJ}{JO'}$$

则
$$\dfrac{AI'}{AI'+I'K}=\dfrac{AJ}{AJ+JO'}$$

即
$$\dfrac{AI'}{AK}=\dfrac{AJ}{AO'} \qquad ①$$

若 I 是 $\triangle ABC$ 的内心,则 A, I, J, K, O' 共线,根据 $\triangle ABC$ 的一般性质,有
$$\dfrac{AI}{AK}=\dfrac{AJ}{AO'} \qquad ②$$

---

① 周春荔. '98 年全国高中数学联赛加试第一题几何证法探究[J]. 中等数学, 1999(1):12—14.

对照①与②得
$$AI' = AI$$
所以 I 与 I' 重合,即 D,I,O 共线.

(3) 本题揭示了三角形的外心与内心的一个性质,即若三角形的外心 O、内心 I 与垂足 D 三点共线,则 $\sin\frac{A}{2}\cos\frac{B}{2}\cos\frac{C}{2}=\frac{1}{4}\Leftrightarrow\cos A=\cos B+\cos C$. 试问对三角形中其他的"心"是否也有类似的性质呢?湖南茶陵一中的贺功保经过探讨获得如下结论①.

设 H,G 分别为 $\triangle ABC$ 的垂心与重心,I_1,I_2,I_3 分别为 $\triangle ABC$ 的 $\angle A$, $\angle B$, $\angle C$ 内的旁切圆的圆心,则 G 的坐标为 $(\frac{n-m}{3},\frac{h}{3})$($m,n,h$ 同证法 16,如图 20.11 所示),仿证法 16 可求得

$$I_1(\frac{cn-bm}{-a+b+c}, -\frac{ah}{-a+b+c})$$

$$I_2(\frac{bm+cn}{a-b+c}, \frac{ah}{a-b+c})$$

$$I_3(\frac{-bm-cn}{a+b-c}, \frac{ah}{a+b-c})$$

从而
$$k_{DG} = \frac{h}{n-m} = \frac{\sin B\sin C}{\sin(B-C)}$$

$$k_{DI_1} = -\frac{ah}{cn-bm} = \frac{\sin A}{\cos B - \cos C}$$

$$k_{DI_2} = \frac{ah}{bm+cn} = \frac{\sin A}{\cos B + \cos C}$$

$$k_{DI_3} = -\frac{ah}{bm+cn} = -\frac{\sin A}{\cos B + \cos C}$$

因此,(i) 若 D,O,G 三点共线,则
$$\cos A = \sin B\sin C$$

(ii) 若 D,I,G 三点共线,则
$$\cos A\cos\frac{B-C}{2} = \cos\frac{A}{2}\sin B\sin C$$

(iii) 若 D,O,I_2 三点共线,则

---

① 贺功保.1998 年全国高中数学联赛加试第一题探究[J].湖南数学通讯,1998(6):13-14.

$$\cos C = \cos A + \cos B$$

(iv) 若 D, O, I_3 三点共线,则

$$\cos B = \cos A + \cos C$$

以上结论均可仿照证法 16,利用斜率相等推得,并且这些结论和赛题很类似.

(v) 若 D, I, H 或 D, O, H 三点共线,即点 I 或点 O 在 $\triangle ABC$ 的高线 AD 上,显然 $\triangle ABC$ 必为等腰三角形. 但 D, O, I_1;D, I, I_1;D, I, I_2;D, I, I_3 均不可能共线. 下面说明 D, O, I_1 三点不可能共线,其他类似.

若 D, O, I_1 三点共线,则 $k_{DO} = k_{DI_1}$,即

$$\frac{\cos A}{\sin(B-C)} = \frac{\sin A}{\cos B - \cos C}$$

仿照证法 16 中的推导得

$$\cos A + \cos B + \cos C = 0$$

而

$$\cos A + \cos B + \cos C = 1 + 4\sin\frac{A}{2}\sin\frac{B}{2}\sin\frac{C}{2}$$

故

$$\sin\frac{A}{2}\sin\frac{B}{2}\sin\frac{C}{2} = -\frac{1}{4}$$

这不可能,因此 D, O, I_1 三点不可能共线.

(4) 孙哲先生撰文指出本章试题 A 与第 38 届 IMO 预选题中题 16 是等价的. 他首先运用外心与内心的有关性质,给出了试题 A 的新证,再探讨这两道题的等价性.[①]

外心性质定理 过 $\triangle ABC$ 的外心 O 任作一条直线与边 AB, AC(或延长线)相交于 P, Q 两点,则

$$\frac{AB}{AP}\sin 2B + \frac{AC}{AQ}\sin 2C = \sin 2A + \sin 2B + \sin 2C$$

内心性质定理 过 $\triangle ABC$ 的内心 I 任作一条直线与边 AB, AC 相交于 P, Q 两点,则

$$\frac{AB}{AP}\sin B + \frac{AC}{AQ}\sin C = \sin A + \sin B + \sin C$$

下面证明试题 A.

设 DO 的延长线与边 AC 相交于点 E,则由内心、外心的性质定理立得

---

① 孙哲. 两道几何名题的等价性[J]. 中学数学,2000(4):48-49.

$$\frac{CB}{CD}\sin B + \frac{CA}{CE}\sin A = \sin C + \sin B + \sin A \qquad ①$$

$$\frac{CB}{CD}\sin 2B + \frac{CA}{CE}\sin 2A = \sin 2C + \sin 2B + \sin 2A \qquad ②$$

把式①②变为

$$\frac{BD}{CD}\sin B + \frac{AE}{CE}\sin A = \sin C \qquad ③$$

$$\frac{BD}{CD}\sin 2B + \frac{AE}{CE}\sin 2A = \sin 2C \qquad ④$$

把式③④变为

$$\frac{BD}{DC}\cdot\frac{\sin B}{\sin A} + \frac{AE}{CE} = \frac{\sin C}{\sin A} \qquad ⑤$$

$$\frac{BD}{CD}\cdot\frac{\sin 2B}{\sin 2A} + \frac{AE}{CE} = \frac{\sin 2C}{\sin 2A} \qquad ⑥$$

式⑤－⑥得

$$\frac{BD}{DC}\left(\frac{\sin B}{\sin A} - \frac{\sin 2B}{\sin 2A}\right) = \frac{\sin C}{\sin A} - \frac{\sin 2C}{\sin 2A} \qquad ⑦$$

因 $AD \perp BC$,则

$$\frac{BD}{DC} = \frac{\cos B \cdot AB}{\cos C \cdot AC} = \frac{\cos B \sin C}{\cos C \sin B} \qquad ⑧$$

把式⑧代入式⑦得

$$\frac{\cos B \sin C}{\cos C \sin B}\left(\frac{\sin B}{\sin A} - \frac{\sin 2B}{\sin 2A}\right) = \frac{\sin C}{\sin A} - \frac{\sin 2C}{\sin 2A}$$

整理得

$$\cos A = \cos B + \cos C \qquad ⑨$$

把式⑨变为

$$1 - 2\sin^2\frac{A}{2} = 2\cos\frac{B+C}{2}\cos\frac{B-C}{2}$$

则

$$1 = 2\sin\frac{A}{2}\left(\cos\frac{B}{2}\cos\frac{C}{2} + \sin\frac{B}{2}\sin\frac{C}{2}\right) + 2\sin^2\frac{A}{2} =$$

$$2\sin\frac{A}{2}\cos\frac{B}{2}\cos\frac{C}{2} + 2\sin\frac{A}{2}\left(\sin\frac{A}{2} + \sin\frac{B}{2}\sin\frac{C}{2}\right) =$$

$$2\sin\frac{A}{2}\cos\frac{B}{2}\cos\frac{C}{2} + 2\sin\frac{A}{2}\left(\cos\frac{B}{2}\cos\frac{C}{2}\right)$$

故

$$4\sin\frac{A}{2}\cos\frac{B}{2}\cos\frac{C}{2}=1 \qquad ⑩$$

设 $BC=a, AC=b, AB=c$,$\triangle ABC$ 的外接圆半径为 R,与 BC 边相切的旁切圆半径为 r_a,$\triangle ABC$ 的面积为 $S_{\triangle ABC}$,则

$$\frac{1}{2}bc\sin A=\frac{1}{2}r_a(b+c-a)=S_{\triangle ABC}$$

从而

$$r_a=\frac{bc\sin A}{b+c-a}=2R\cdot\frac{\sin A\sin B\sin C}{\sin B+\sin C-\sin A}=$$

$$\frac{16R\sin\frac{A}{2}\cos\frac{A}{2}\sin\frac{B}{2}\cos\frac{B}{2}\sin\frac{C}{2}\cos\frac{C}{2}}{4\sin\frac{B}{2}\sin\frac{C}{2}\cos\frac{A}{2}}=$$

$$4R\sin\frac{A}{2}\cos\frac{B}{2}\cos\frac{C}{2}=R \quad (由式 ⑩)$$

故

$$r_a=R$$

在注(2)已证得试题 A 的逆命题成立,即有:

逆命题 1 在 $\triangle ABC$ 中,$AB\neq AC$,O, I 是它的外心和内心,AD 是 BC 边上的高. 如果 $\triangle ABC$ 的外接圆半径等于 BC 边上的旁切圆半径,则 I 在线段 OD 上.

通过上面的新证法,易得试题 A 的又一逆命题,即有:

逆命题 2 在 $\triangle ABC$ 中,$AB\neq AC$,O, I 是它的外心和内心. 如果 $\triangle ABC$ 的外接圆半径等于 BC 边上的旁切圆半径,直线 OI 交边 BC 于 D,则 AD 是 BC 边上的高.

证明 设直线 OI 交 AC 于 E,易得式 ⑦,由式 ⑦ 得

$$\frac{BD}{DC}=\frac{\sin C(\cos A-\cos C)}{\sin B(\cos A-\cos B)} \qquad ⑪$$

由 $r_a=R$ 得式 ⑩.

由式 ⑩ 得式 ⑨.

由式 ⑨ 得

$$\cos A-\cos C=\cos B \qquad ⑫$$
$$\cos A-\cos B=\cos C \qquad ⑬$$

把式 ⑫⑬ 代入式 ⑪ 得

$$\frac{BD}{DC}=\frac{\sin C\cos B}{\sin B\cos C} \qquad ⑭$$

作 $AD' \perp BC$,则得
$$\frac{BD'}{D'C} = \frac{\sin C \cos B}{\sin B \cos C} \qquad \text{⑮}$$

则
$$\frac{BD}{DC} = \frac{BD'}{D'C}$$

即
$$\frac{BC}{DC} = \frac{BC}{D'C}, DC = D'C$$

即 D', D 重合,故 AD 是 BC 边上的高.

第 38 届 IMO 预选题中题 16 是:在锐角 $\triangle ABC$ 中,AD,BE 是它的两个高,AP,BQ 是两个内角平分线,I,O 分别是它的内心和外心.证明:点 D,E,I 共线当且仅当点 P,Q,O 共线.

为了方便下文论述,在不改变 IMO 预选题实质的原则下,可以把 IMO 预选题改写如下,记作命题 2.

命题 2 在锐角 $\triangle ABC$ 中,BM,CN 是它的两个高,BP,CQ 是两个内角平分线,I,O 分别是它的内心和外心.证明:点 M,N,I 共线当且仅当点 P,Q,O 共线.

在张角定理及应用中已证当且仅当
$$\cos A = \cos B + \cos C \qquad \text{⑯}$$
时,命题 2 结论成立.

式 ⑯ 正是试题 A 新证法中的式 ⑨.

由此立得试题 A 的引申题,即有:

引申题 1 在锐角 $\triangle ABC$ 中,AD 是 BC 边上的高,O,I 分别是外心和内心,I 在线段 OD 上,BM,CN 是它的两个高,BP,CQ 是两个内角平分线.证明:点 M,N,I 共线当且仅当点 P,Q,O 共线,即命题 1 ⇒ 命题 2.

又可得命题 2 的引申题,即有:

引申题 2 在锐角 $\triangle ABC$ 中,BM,CN 是它的两个高,BP,CQ 是它的两个内角平分线,O,I 是外心和内心.若 M,N,I(或 P,Q,O)共线,则 $\triangle ABC$ 的外接圆半径等于 BC 边上的旁切圆半径,即命题 2 ⇒ 命题 1.

由此得结论,命题 1 ⇔ 命题 2.

因此,1998 年全国高中联赛加试试题 A 与第 38 届 IMO 预选题中题 16 是等价的.

试题 B 在锐角 $\triangle ABC$ 中,$\angle C > \angle B$,点 D 是边 BC 上一点,使 $\angle ADB$ 是钝角,H 是 $\triangle ABD$ 的垂心,点 F 在 $\triangle ABC$ 内部且在 $\triangle ABD$ 的外接圆周上.

求证:点 F 是 $\triangle ABC$ 的垂心的充要条件是 $HD \parallel CF$ 且 H 在 $\triangle ABC$ 的外接圆周上.

证法 1 必要性:设 F 是 $\triangle ABC$ 的垂心,如图 20.14 所示,记 AH 交 BC 于点 P,且 BH 交 AD 的延长线于点 Q,联结 PQ,BF.

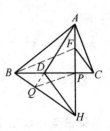

图 20.14

一方面,由于 F 是 $\triangle ABC$ 的垂心,易知
$$\angle AFB = 180° - \angle ACB$$
又因为 F 在 $\triangle ABD$ 的外接圆上,知
$$\angle AFB = \angle ADB$$
再由 H 为 $\triangle ABD$ 的垂心,知
$$\angle ADB = 180° - \angle AHB$$
则
$$\angle AHB = \angle ACB$$
故 H 在 $\triangle ABC$ 的外接圆上.

另一方面,由 H,P,D,Q 四点共圆,有
$$\angle HDP = \angle HQP$$
又由 A,B,Q,P 四点共圆,有
$$\angle HQP = \angle PAB$$
又
$$\angle PAB = 90° - \angle ABC = \angle FCB$$
则
$$\angle HDP = \angle FCB$$
故
$$HD \parallel CF$$

充分性:由 $HD \parallel CF$,有
$$\angle HDP = \angle FCB$$
仿上有
$$\angle PDH = \angle PQH = \angle BAP$$
故
$$\angle BAP = \angle BCF$$
则 $CF \perp AB$,知 F 在边 AB 上的高 CN 上.

因 H 在 $\triangle ABC$ 的外接圆上,则
$$\angle ACB = \angle AHB$$
又 H 为 $\triangle ABD$ 的垂心,知
$$\angle ADB = 180° - \angle AHB$$
故
$$\angle AFB + \angle ACB = 180°$$
设 $\triangle ABC$ 的垂心为 F',如图 20.15 所示,则
$$\angle AF'B = 180° - \angle ACB$$
若点 F 在线段 $F'N$ 内,则

$$\angle AFB > \angle AF'B$$

若点 F 在线段 $F'C$ 内,则
$$\angle AFB < \angle AF'B$$
均矛盾,则 F 与 F' 重合,即 F 为 $\triangle ABC$ 的垂心.

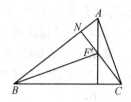

图 20.15

证法 2 首先注意到下面的事实.

设 $\triangle UVW$ 中,$\angle UVW$ 和 $\angle VWU$ 均为锐角,则点 P 是 $\triangle UVW$ 的垂心的充要条件是:$UP \perp VW$,且 $\angle VPW = 180° - \angle VUW$.

(i) 若 $HD \parallel CF$,且 H 在 $\triangle ABC$ 的外接圆上,则 $CF \perp AB$,且
$$\angle AFB = \angle ADB = 180° - \angle AHB = 180° - \angle ACB$$
故点 F 是 $\triangle ABC$ 的垂心.

(ii) 若点 F 是 $\triangle ABC$ 的垂心,有 $HD \parallel CF$,且
$$\angle ACB = 180° - \angle AFB = 180° - \angle ADB = \angle AHB$$
故 A,B,C,H 四点共圆.

试题 C 如图 20.16,某圆分别与凸四边形 $ABCD$ 的 AB,BC 两边相切于 G,H 两点,与对角线 AC 相交于 E,F 两点.问 $ABCD$ 应满足怎样的充要条件,使得存在另一圆过 E,F 两点,且分别与 DA,DC 的延长线相切?证明你的结论.

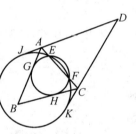

解 所求的充分必要条件是
$$AB + AD = CB + CD$$

图 20.16

(1) 必要性:设过 E,F 两点的另一圆分别与 DA 的延长线和 DC 的延长线相切于 J 和 K 两点,则有
$$AB + AD = BG + GA + AD = BG + JA + AD =$$
$$BG + JD = BH + KD = BH + KC + CD =$$
$$BH + HC + CD = CB + CD$$

(2) 充分性:设凸四边形 $ABCD$ 满足条件
$$AB + AD = CB + CD$$
在 DA 的延长线和 DC 的延长线上分别取点 J 和点 K,使得 $AJ = AG, CK = CH$,于是
$$DJ = JA + AD = AG + AD = AB + AD - BG =$$
$$CB + CD - BH = CH + CD = DK$$

过点 J 和点 K 分别作 DJ 和 DK 的垂线,以两垂线交点为圆心作通过点 J

和点 K 的圆. 因为 $AJ=AG$, $CK=CH$, 所以点 A 和点 C 关于原有圆的幂分别等于这两点关于所作圆的幂.

因为直线 AC 与原有圆相交于 E 和 F 两点, 所以 EF 是两圆的公共弦(直线 AC 是两圆的根轴).

至此, 我们证明了所作的与 DA 的延长线和 DC 的延长线相切的圆通过 E, F 两点.

试题 D1 确定平面上所有至少包含三个点的有限点集 S, 它们满足下述条件:

对于 S 中任意两个互不相同的点 A 和 B, 线段 AB 的垂直平分线是 S 的一个对称轴.

解 设 G 为 S 的重心. 对 S 中任意两点 A, B, 记 r_{AB} 为 S 关于线段 AB 的垂直平分线的对称映射. 因为 $r_{AB}(S)=S$, 所以 $r_{AB}(G)=G$, 这说明 S 中每个点到 G 的距离都相等, 因而 S 中的点全在一个圆周上, 它们构成一个凸多边形 $A_1A_2\cdots A_n (n\geqslant 3)$.

因为 S 的对称映射 $r_{A_1A_3}$ 把以 A_1A_3 为边界的两个半平面分别映成它们自己, 所以有 $r_{A_1A_3}(A_2)=A_2$, 即得 $A_1A_2=A_2A_3$.

同理可证
$$A_2A_3=A_3A_4=A_4A_5=\cdots=A_nA_1$$

这说明 $A_1A_2\cdots A_n$ 是一个正 n 边形.

反之易验证, 正 n 边形 $(n\geqslant 3)$ 的顶点集合满足题目要求. 因此, S 为正多边形的顶点集合.

试题 D2 两个圆 Γ_1 和 Γ_2 被包含在圆 Γ 内, 且分别与圆 Γ 相切于两个不同的点 M 和 N. Γ_1 经过 Γ_2 的圆心. 经过 Γ_1 和 Γ_2 的两个交点的直线与 Γ 相交于点 A 和 B. 直线 MA 和 MB 分别与 Γ_1 相交于点 C 和 D.

证明: CD 与圆 Γ_2 相切.

证法 1 先证明一个引理.

引理 已知圆 Γ_1 被包含在圆 Γ 内且与 Γ 相切于点 U. Γ 的一条弦 PQ 与 Γ_1 相切于点 V. 设 W 为 Γ 上不包含点 U 的 $\overset{\frown}{PQ}$ 的中点, 则 U,V,W 三点共线, 且有 $WU\cdot WV=WP^2$.

事实上, 如图 20.17 所示, 以点 U 为位似中心, 将圆 Γ_1 变为圆 Γ 的位似变换把 PQ 变成 Γ 的一条平行于 PQ 的切线, 就是经过点 W 的切线. 因此, U,V,W 三点共线.

又因 $\angle QPW = \angle WUP$,故 $\triangle UWP \backsim \triangle PWV$.于是 $WU \cdot WV = WP^2$.

回到原问题,如图 20.18 所示,设 O_1, O_2 分别为圆 Γ_1, Γ_2 的圆心,t_1 和 t_2 为它们的两条公切线.设 α, β 分别为圆 Γ 上如同引理那样被 t_1, t_2 截出的弧.

根据引理,弧 α, β 的中点关于圆 Γ_1, Γ_2 的幂相等,所以它们落在 Γ_1, Γ_2 的根轴上.这说明点 A 和 B 分别是弧 α 和 β 的中点.又由引理可知 C, D 分别为 t_1 和 t_2 在 Γ 上的切点.

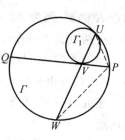

图 20.17

令 H 是以 M 为位似中心,将 Γ_1 变成 Γ 的位似变换,则 H 把 CD 变成 AB.于是 $AB \parallel CD$.这说明 $CD \perp O_1O_2$ 且 O_2 是 Γ_1 上某一段 $\overset{\frown}{CD}$ 的中点.

记 X 为 t_1 在 Γ_2 上的切点,则 $\angle XCO_2 = \dfrac{1}{2}\angle CO_1O_2 = \angle DCO_2$.因此 O_2 在 $\angle XCD$ 的角平分线上,进而证得 CD 与 Γ_2 相切.

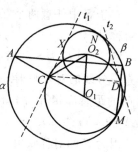

图 20.18

证法 2(由山东孔令恩给出) 对于该题,下面一并用解析法证明其推广形式:

圆 Γ_1 和 Γ_2 分别与圆 Γ 相切于两个不同的点 M 和 N,经过 Γ_1 和 Γ_2 的两个交点的直线与 Γ 相交于点 A 和 B,直线 MA 和 MB 分别与 Γ_1 相交于点 C 和 D,则有:

(1) Γ_2 圆心在 Γ_1 外 $\Leftrightarrow CD$ 与 Γ_2 相离;

(2) Γ_2 圆心在 Γ_1 上 $\Leftrightarrow CD$ 与 Γ_2 相切;

(3) Γ_2 圆心在 Γ_1 内 $\Leftrightarrow CD$ 与 Γ_2 相交.

事实上,下面仅就 Γ_1, Γ_2 都与 Γ 内切的情形证明.

建立如图 20.19 所示的直角坐标系,并设 $\Gamma, \Gamma_1, \Gamma_2$ 的圆心分别为 F, F_1, F_2,半径分别为 r, r_1, r_2.

设 $F_1(a, 0), F_2(b, 0)$(其中 $b > a$).若记 Γ_1, Γ_2 的一个交点为 E,则由勾股定理有

$$r_1^2 - a^2 = OE^2 = r_2^2 - b^2$$

则
$$a^2 - b^2 = r_1^2 - r_2^2 \qquad ①$$

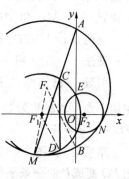

图 20.19

另设 $F(x_F, y_F)$,则有

$$\begin{cases} (x_F - a)^2 + y_F^2 = (r - r_1)^2 \\ (x_F - b)^2 + y_F^2 = (r - r_2)^2 \end{cases}$$

解得

$$x_F = \frac{r(r_1 - r_2)}{a - b} \qquad ②$$

在等腰 $\triangle F_1MD$ 和等腰 $\triangle FMB$ 中,易见 $\angle MF_1D = \angle MFB$. 所以 $MD:MB = r_1:r$.

则 $\angle MCD = \angle MAB$.

可知 $CD \parallel AB$,且 $DF_1 \parallel BF$.

设点 M,D 的横坐标分别为 x_M,x_D,则在直线 MF 和直线 MB 上,由定比分点公式,可得

$$a = \frac{x_M + \frac{r_1}{r - r_1} \cdot x_F}{1 + \frac{r_1}{r - r_1}}, \quad x_D = \frac{x_M + \frac{r_1}{r - r_1} \cdot 0}{1 + \frac{r_1}{r - r_1}}$$

由此求得

$$x_D = a - \frac{r_1}{r} \cdot x_F = a - \frac{r_1(r_1 - r_2)}{a - b} \qquad ③$$

设点 F_2 到直线 CD 的距离为 t,则 $t = b - x_D$. 所以

$$t - r_2 = b - a + \frac{r_1(r_1 - r_2)}{a - b} - r_2 =$$

$$\frac{1}{b - a}(b - a - r_1)(b - a - r_2 + r_1) \qquad ④$$

由于 $F_2F_1 = b - a$,则

$$t - r_2 = \frac{F_2F_1 + r_1 - r_2}{F_2F_1} \cdot (F_2F_1 - r_1) \qquad ⑤$$

显然 $(F_2F_1 + r_1) - r_2 > 0$.

由 ⑤ 知 $t - r_2$ 与 $F_2F_1 - r_1$ 的符号相同,则有:

Γ_2 圆心在 Γ_1 外 $\Leftrightarrow F_2F_1 - r_1 > 0 \Leftrightarrow t - r_2 > 0 \Leftrightarrow CD$ 与 Γ_2 相离.

Γ_2 圆心在 Γ_1 上 $\Leftrightarrow F_2F_1 - r_1 = 0 \Leftrightarrow t - r_2 = 0 \Leftrightarrow CD$ 与 Γ_2 相切.

Γ_2 圆心在 Γ_1 内 $\Leftrightarrow F_2F_1 - r_1 < 0 \Leftrightarrow t - r_2 < 0 \Leftrightarrow CD$ 与 Γ_2 相交.

第1节 过三角形巧合点的直线

命题1 设直线 l 是过 $\triangle ABC$ 的巧合点 M 的一条直线,交 AB 于 P,交 AC

于 Q, 则:

(1) 当 M 为内心 I 时, 有
$$\frac{AB}{AP} \cdot AC + \frac{AC}{AQ} \cdot AB = AB + AC + BC$$

(2) 当 M 为重心 G 时, 有
$$\frac{AB}{AP} + \frac{AC}{AQ} = 3$$

(3) 当 M 为垂心 H 时, 有
$$\frac{AB}{AP} \cdot \tan B + \frac{AC}{AQ} \cdot \tan C = \tan A + \tan B + \tan C$$

(4) 当 M 为旁心 I_A 时, 有
$$\frac{AB}{AP} \cdot \sin B + \frac{AC}{AQ} \cdot \sin C = -\sin A + \sin B + \sin C$$

(5) 当 M 为外心 O 时, 有
$$\frac{AB}{AP} \cdot \sin 2B + \frac{AC}{AQ} \cdot \sin 2C = -\sin 2A + \sin 2B + \sin 2C$$

证明 如图 20.20, 先看一般性的一个命题: 设 N 为 $\triangle ABC$ 的边 BC 上任意一点, 直线 PQ 分别交 AB, AN, AC 于 P, M, Q, 则

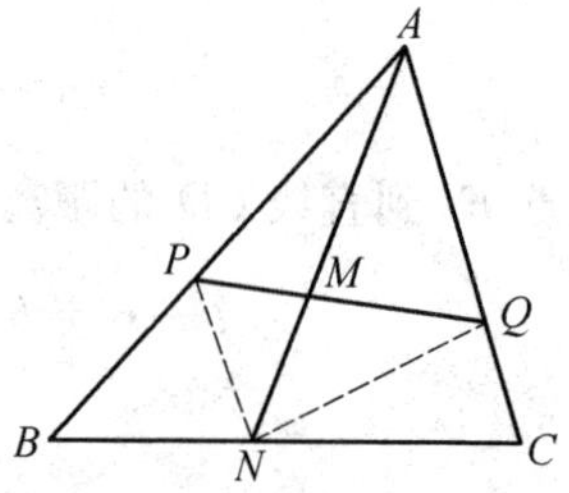

$$\frac{AN}{AM} = \frac{AM+MN}{AM} = \frac{S_{\triangle APQ} + S_{\triangle NPQ}}{S_{\triangle APQ}} =$$

$$\frac{S_{\triangle APN} + S_{\triangle AQN}}{\frac{AP \cdot AQ}{AB \cdot AC} \cdot S_{\triangle ABC}} =$$

$$\frac{\frac{AP}{AB} \cdot S_{\triangle ABN} + \frac{AQ}{AC} \cdot S_{\triangle ACN}}{\frac{AP}{AB} \cdot \frac{AQ}{AC} \cdot S_{\triangle ABC}} =$$

$$\frac{AC}{AQ} \cdot \frac{BN}{BC} + \frac{AB}{AP} \cdot \frac{CN}{BC} \qquad (*)$$

图 20.20

(1) 当 M 为 $\triangle ABC$ 的内心时, 有
$$\frac{BN}{BC} = \frac{AB}{AB+AC}, \frac{NC}{BC} = \frac{AC}{AB+AC}, \frac{AN}{AM} = \frac{AB+AC+BC}{AB+AC}$$

将上述三式代入式 $(*)$, 即可证得 (1).

(2) 当 M 为 $\triangle ABC$ 的重心 G 时, 有

$$BN = CN, \frac{BN}{BC} = \frac{CN}{BC} = \frac{1}{2}$$

且
$$\frac{AM}{AN} = \frac{2}{3}$$

由此即证得(2).

(3) 当 M 为 $\triangle ABC$ 的垂心 H 时,有
$$\frac{AM}{BC} = \frac{1}{\tan A}$$

(延长 BM 交 AC 于 E,有 $\frac{AM}{BC} = \frac{AE}{BE}$),即
$$\frac{AN}{AM} = \frac{AN \tan A}{BC}$$

又
$$\frac{BN}{BC} = \frac{AN}{BC \tan B}, \frac{NC}{BC} = \frac{AN}{BC \tan C}$$

将上述三式代入式(*)即证得(3).

(4) 类似(1)而证.

(5) 由 $\frac{BN}{NC} = \frac{S_{\triangle ABN}}{S_{\triangle ACN}} = \frac{\sin 2C}{\sin 2B}$,及对 $\triangle ABN$ 及截线 CMF(直线 CM 交 AB 于 F)应用梅涅劳斯定理,有
$$\frac{AF}{FB} \cdot \frac{BC}{CN} \cdot \frac{NM}{MA} = 1$$

可求得
$$\frac{AM}{AN} = \frac{\sin 2B + \sin 2C}{\sin 2A + \sin 2B + \sin 2C}$$

将上述三式代入式(*)即证得(5).

命题 2 设直线 l 将 $\triangle ABC$ 的周长分成比为 $m_1 : m_2$ 的两部分,将 $\triangle ABC$ 的面积对应地分成比为 $S_1 : S_2$ 的两部分,如果 $S_1 : S_2 = m_1 : m_2$,证明:直线 l 通过 $\triangle ABC$ 的内切圆圆心.

证明 如图 20.21, l 与 AB, AC 分别交于点 M, N,作 $\angle BAC$ 的平分线交 l 于 I,过 I 分别作 AB, AC, BC 的垂线段 r_1, r_2, r_3,则 $r_1 = r_2$.

直线 l 将 $\triangle ABC$ 的周长分成比为 $m_1 : m_2$ 的两部分,则
$$\frac{AM + AN}{MB + BC + CN} = \frac{m_1}{m_2}$$

因

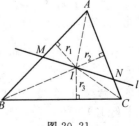

图 20.21

$$\frac{S_1}{S_2} = \frac{S_{\triangle AIM} + S_{\triangle AIN}}{S_{\triangle BIM} + S_{\triangle BIC} + S_{\triangle CIN}} =$$

$$\frac{\frac{1}{2}AM \cdot r_1 + \frac{1}{2}AN \cdot r_2}{\frac{1}{2}BM \cdot r_1 + \frac{1}{2}BC \cdot r_3 + \frac{1}{2}NC \cdot r_2} =$$

$$\frac{\frac{1}{2}(AM+AN)r_1}{\frac{1}{2}(BM+BC+NC)r_1 + \frac{1}{2}BC(r_3-r_1)} =$$

$$\frac{(AM+AN)r_1}{(BM+BC+NC)r_1 + BC(r_3-r_1)}$$

又 $S_1 : S_2 = m_1 : m_2$

则 $\dfrac{(AM+AN)r_1}{(BM+BC+NC)r_1 + BC(r_3-r_1)} = \dfrac{AM+AN}{BM+BC+NC}$

从而 $BC(r_3 - r_1) = 0$

即 $r_3 - r_1 = 0$

故 $r_1 = r_3$

于是有 $r_1 = r_2 = r_3$. 由此说明点 I 是 $\triangle ABC$ 内切圆的圆心, 即直线 l 通过 $\triangle ABC$ 的内切圆圆心.

命题 3 过 $\triangle ABC$ 的重心 G 任作一直线 l 把 $\triangle ABC$ 分成两部分, 求证: 这两部分的面积之差不大于 $\dfrac{1}{9}S_{\triangle ABC}$.

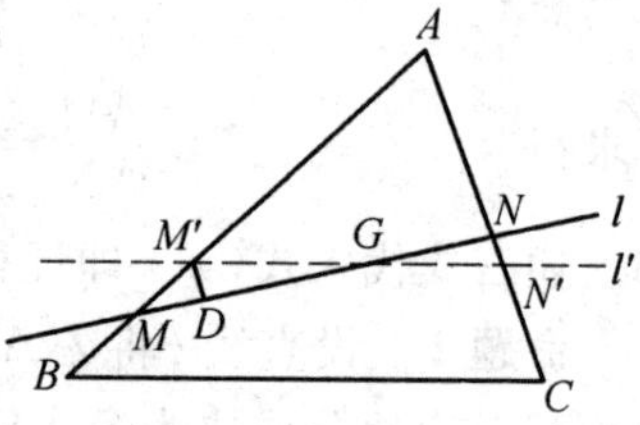

分析 由于直线 l 是过点 G 的任意直线, 不妨退到与 BC 平行的特殊位置, 如图 20.22 所示, 则

$$S_{\triangle AM'N'} = \frac{4}{9}S_{\triangle ABC}$$

图 20.22

因此 $S_{BCN'M'} - S_{\triangle AM'N'} = \dfrac{1}{9}S_{\triangle ABC}$

所以只要证 $S_{BCNM} - S_{\triangle AMN} \leqslant S_{BCN'M'} - S_{\triangle AM'N'}$

即证 $S_{\triangle NGN'} \leqslant S_{\triangle MGM'}$

而这只需要过 M' 作 AC 的平行线 $M'D$ 就不难完成了. (证明可参见第 6 章第 2 节中例 1.)

命题 4 任意三角形的垂心 H、重心 G 和外心 O 三点共线, 且 $HG = 2GO$. 此命题称为欧拉线定理, 此线称为欧拉线.

证明 如图 20.23,设 M 为 AB 的中点,联结 CM,则 G 在 CM 上,且 $CG = 2GM$.

联结 OM,则 OM 垂直平分 AB,延长 CG 到 H',使 $H'G = 2GO$,联结 CH'. 因 $\angle CGH' = \angle MGO$,则 $\triangle CH'G \backsim \triangle MOG$,从而 $CH' \parallel OM$,即 $CH' \perp AB$,同理 $AH' \perp BC$,即 H' 为垂心 H.

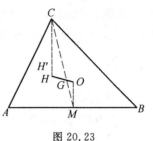

图 20.23

命题获证.

下面介绍欧拉线性质的应用.[①]

例1 如图 20.24,AD,BE,CF 为 $\triangle ABC$ 的三条高. 若 EF 平分 AD,则 $\triangle ABC$ 的欧拉线平行于边 BC.

证明 如图 20.24,设 $\triangle ABC$ 的垂心为点 H,取重心 G,则直线 GH 为 $\triangle ABC$ 的欧拉线.

设 $EF \cap AD = S$,联结 DE,联结并延长 AG 交边 BC 于点 K. 易知 B,C,E,F 与 H,D,C,E 分别四点共圆. 于是

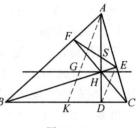

图 20.24

$$\angle BEF = \angle BCF = \angle DCH = \angle DEH$$

EH 是 $\triangle DES$ 的内角平分线.

此时,EA 是 $\triangle DES$ 的外角平分线. 故

$$\frac{SH}{DH} = \frac{ES}{ED} = \frac{AS}{AD} = \frac{1}{2}$$

令 $SH = 1$,则

$$DH = 2, AS = SD = 3, AH = AS + SH = 4$$

因为 $\dfrac{AH}{HD} = \dfrac{4}{2} = 2$,由三角形重心性质知 $\dfrac{AG}{GK} = 2$,所以

$$\frac{AH}{HD} = \frac{AG}{GK}$$

所以,$GH \parallel BC$,即 $\triangle ABC$ 的欧拉线平行于 BC.

请思考:不取 $\triangle ABC$ 的重心 G,而取 $\triangle ABC$ 的外心 O,你能证明 $\triangle ABC$ 的欧拉线 $OH \parallel BC$ 吗?

例2 如图 20.25,$\triangle ABC$ 各边中点分别为 A',B',C',证明:$\triangle A'B'C'$ 与 $\triangle ABC$ 的欧拉线重合.

[①] 黄全福.三角形的欧拉线[J].中等数学,2005(8):2-5.

证明 如图 20.25，取 △ABC 的外心 O，联结 AA′，BB′，其交点为重心 G，所以，直线 OG 是 △ABC 的欧拉线．易证

$$OA' \perp BC, OB' \perp CA, OC' \perp AB$$

又由题设有

$$B'C' \parallel BC, C'A' \parallel CA, A'B' \parallel AB$$

所以

$$A'O \perp B'C', C'O \perp A'B'$$

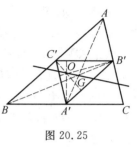

图 20.25

从而，点 O 是 △A′B′C′ 的垂心．

又易证 △ABC 的重心 G 也是 △A′B′C′ 的重心．所以，直线 OG 也是 △A′B′C′ 的欧拉线．

顺便指出，△A′B′C′ 与 △ABC 位似，利用位似形的性质，也可证得例 2．

例3 如图 20.26，l 为定直线．求作 △ABC，使得直线 l 是它的欧拉线．问：以直线 l 为欧拉线的三角形能作出多少个？为什么？

解 分以下几个步骤．

(1) 在直线 l 上任取 O, G 两点．

(2) 再取点 H，使得 $GH = 2OG$．

(3) 过点 H 任作直线 l_1，过点 O 作直线 $l_2 \parallel l_1$．

(4) 过点 G 任作直线 l_3 交直线 l_1, l_2 于点 A, D．

(5) 过点 D 作直线 $l_4 \perp l_2$．

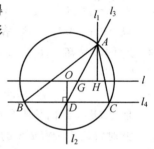

图 20.26

(6) 以 O 为圆心，OA 长为半径作圆 O 交直线 l_4 于 B, C 两点．

则 △ABC 即为所求作之三角形，它的欧拉线是已知直线 l．

观察步骤(1)(3)(4)，O, G 两点是任意取的，l_1, l_3 两直线是任意作的，这就意味着以定直线 l 为欧拉线的三角形能作出无数个．

例4 如图 20.27，在锐角 △ABC 中，边 BC 为最小边，点 O, G, I, H 分别是它的外心、重心、内心、垂心．当 $OG = GI = IH$ 时，求 $AB : AC : BC = ?$

解 由欧拉线的定义知外心 O、重心 G、垂心 H 三点共线．由欧拉线的性质知

$$OG : GH = 1 : 2$$

由 $OG = GI = IH$，可知 I 是 GH 的中点，即点 I 在欧拉线 OH 上．

如图 20.27，联结 OB, OC，作 $OM \perp AB$，垂足为 M．

易证 $\angle BOM = \angle ACB$，则有 $\angle OBM = \angle CBH$．但 BI 平分 $\angle ABC$，故 BI 平分 $\angle OBH$．

同理，CI 平分 $\angle OCH$. 因为
$$\frac{OB}{HB}=\frac{OI}{IH}=\frac{OC}{HC}$$
所以 $\qquad HB=HC$
于是 $\qquad \angle HCB=\angle HBC$
进而 $\qquad 90°-\angle ABC=90°-\angle ACB$
即 $\qquad \angle ABC=\angle ACB$
所以 $\qquad AC=AB$
故 $\triangle ABC$ 是等腰三角形，BC 为底边.

由于 $\triangle OBH \cong \triangle OCH$，所以，$OH$ 平分 $\angle BOC$. 从而，$OH \perp BC$ 于 D. 易证
$$\mathrm{Rt}\triangle BOM \backsim \mathrm{Rt}\triangle BHD$$
则 $\qquad \dfrac{BM}{BD}=\dfrac{OB}{HB}=\dfrac{OI}{IH}=2$
所以 $\qquad \dfrac{AB}{BC}=\dfrac{BM}{BD}=2$
故 $\qquad AB:AC:BC=2:2:1$

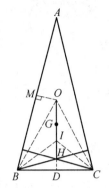

图 20.27

例 5 如图 20.28，圆 O 是 $\triangle ABC$ 的外接圆，点 H 是 $\triangle ABC$ 的垂心. 记 $BC=a,CA=b,AB=c$，圆 O 的半径为 R. 试用 a,b,c,R 表示 OH 的长.

解 如图 20.28，取 $\triangle ABC$ 的重心 G，则点 G 必在 OH 上（欧拉线的定义），且 $OH=3OG$.

射线 AG 交圆 O 于点 A'，交边 BC 于点 D，D 为 BC 的中点. 直线 OH 交圆 O 于点 M,N. 易知

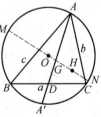

图 20.28

$$DA'=\frac{BD \cdot DC}{AD}=\frac{a^2}{4AD}$$
$$GA'=GD+DA'=\frac{1}{3}AD+\frac{a^2}{4AD}$$
$$AG=\frac{2}{3}AD$$

注意到 $AD^2=\dfrac{1}{2}(b^2+c^2-\dfrac{1}{2}a^2)$，则有

$$R^2-OG^2=MG \cdot GN=AG \cdot GA'=\frac{2}{3}AD(\frac{1}{3}AD+\frac{a^2}{4AD})=$$

$$\frac{2}{9}AD^2 + \frac{1}{6}a^2 = \frac{2}{9} \times \frac{1}{2}(b^2 + c^2 - \frac{1}{2}a^2) + \frac{1}{6}a^2 = $$
$$\frac{1}{9}(a^2 + b^2 + c^2)$$

故
$$OG^2 = R^2 - \frac{1}{9}(a^2 + b^2 + c^2)$$
$$OH^2 = 9OG^2 = 9R^2 - (a^2 + b^2 + c^2)$$

因此
$$OH = \sqrt{9R^2 - (a^2 + b^2 + c^2)}$$

例 6 如图 20.29,圆 O 是 Rt$\triangle ABC$ 的内切圆,A',B',C' 分别是三边上的切点. 证明: $\triangle A'B'C'$ 的欧拉线平分斜边 AB.

证明 如图 20.29,联结 OA',OB',OC',射线 CO 交 AB,$A'B'$ 于 N,S. 易知四边形 $A'CB'O$ 为正方形,则 $CS = SO$,$SA' = SB'$,$\triangle A'B'C'$ 的重心 G 在中线 $C'S$ 上.

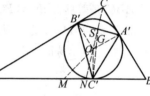

图 20.29

设 $\triangle A'B'C'$ 的欧拉线 GO 交斜边 AB 于点 M. 观察 $\triangle SNC'$ 及直线 MOG,利用梅涅劳斯定理得

$$\frac{SO}{ON} \cdot \frac{NM}{MC'} \cdot \frac{C'G}{GS} = 1 \qquad \text{①}$$

令 $BC = a$,$CA = b(b > a)$,$AB = c$,由三角形内心的性质有

$$\frac{CO}{ON} = \frac{a+b}{c}$$

但 $SO = \frac{1}{2}CO$,所以

$$\frac{SO}{ON} = \frac{\frac{1}{2}CO}{ON} = \frac{a+b}{2c}$$

$$NC' = AC' - AN = \frac{b+c-a}{2} - \frac{bc}{a+b} = \frac{(b-a)(a+b-c)}{2(a+b)}$$

令 $NM = x$,代入式①有

$$\frac{a+b}{2c} \cdot \frac{x}{x + \frac{(b-a)(a+b-c)}{2(a+b)}} \cdot \frac{2}{1} = 1$$

即
$$(a+b)x = cx + \frac{c(b-a)(a+b-c)}{2(a+b)}$$

或

$$(a+b-c)x = \frac{c(b-a)(a+b-c)}{2(a+b)}$$

所以

$$x = \frac{bc-ac}{2(a+b)}$$

故

$$AM = AN - x = \frac{bc}{a+b} - \frac{bc-ac}{2(a+b)} = \frac{2bc-(bc-ac)}{2(a+b)} = \frac{c(a+b)}{2(a+b)} = \frac{1}{2}c = \frac{1}{2}AB$$

众所周知,等腰三角形的欧拉线是它底边的中垂线;直角三角形的欧拉线是斜边上中线所在的直线.这就是说,无论是等腰三角形,还是直角三角形,它们的欧拉线都通过一个内角的顶点和该内角对边的中点.

问题:三边两两不等的锐角三角形或钝角三角形,它们的欧拉线又是怎样的情形呢?

黄全福老师经过一番探讨,发现了如下情形:

(1) 锐角三角形(三边两两不等)的欧拉线和它的大、小两边真正相交;

(2) 钝角三角形(三边两两不等)的欧拉线和它的大、中两边真正相交.

这里所谓的"真正相交",是指交点在边的两个端点之间.

第 2 节 完全四边形的优美性质(三)

性质 8 完全四边形 $ABCDEF$ 的四个三角形 $\triangle ACF$, $\triangle BCD$, $\triangle DEF$, $\triangle ABE$ 的外接圆共点 M,点 M 称为它的密格尔点.

证明 如图 20.30,设 $\triangle BCD$ 与 $\triangle DEF$ 的外接圆除交于点 D 外,还交于点 M.

设点 M 在直线 CB,CD,BD 上的射影分别为 P,Q,R,则对 $\triangle BCD$ 应用西姆松定理,知 P,Q,R 共线.

又设点 M 在 AE 上的射影为 S,则对 $\triangle DEF$ 应用西姆松定理,知 Q,R,S 共线,故 P,Q,R,S 四点共线.

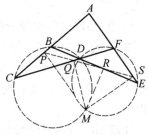

图 20.30

在 $\triangle ACF$ 中,点 P 在直线 AC 上,点 Q 在直线 CF 上,点 S 在直线 AF 上,且 P,Q,S 共线,则对 $\triangle ACF$ 应用西姆松定理的逆定理,知点 M 在 $\triangle ACF$ 的外接圆上.

同理,点 M 在 $\triangle ABE$ 的外接圆上.

故 $\triangle ACF$, $\triangle BCD$, $\triangle DEF$, $\triangle ABE$ 的四个外接圆共点.

由性质8,利用四点共圆中的角相等,对于完全四边形 $ABCDEF$ 中的三类四边形:凸四边形 $ABDF$,凹四边形 $ACDE$,折四边形 $BCFE$,有结论:

推论 完全四边形的密格尔点与每类四边形的一组对边构成相似三角形.

即在图 20.30 中,有 6 对相似三角形,即
$$\triangle MBA \backsim \triangle MDF, \triangle MBD \backsim \triangle MAF$$
$$\triangle MAC \backsim \triangle MDE, \triangle MCD \backsim \triangle MAE$$
$$\triangle MCB \backsim \triangle MFE, \triangle MCF \backsim \triangle MBE$$

性质 9 在完全四边形 $ABCDEF$ 中,点 G,H 分别是过点 E 的直线在 $\triangle DEF$ 内,在 $\triangle ABE$ 外的两点,设直线 GF 与 HA 交于点 M,直线 GD 与 HB 交于点 N,则 C,N,M 三点共线.

证明 如图 20.31,分别对 $\triangle DEF$ 及截线 ABC,对 $\triangle GEF$ 及截线 HAM,对 $\triangle DEG$ 及截线 HBN 应用梅涅劳斯定理,有

$$\frac{DB}{BE} \cdot \frac{EA}{AF} \cdot \frac{FC}{CD} = 1$$

$$\frac{GM}{MF} \cdot \frac{FA}{AE} \cdot \frac{EH}{HG} = 1$$

$$\frac{EB}{BD} \cdot \frac{DN}{NG} \cdot \frac{GH}{HE} = 1$$

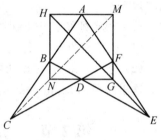

图 20.31

以上三式相乘得
$$\frac{DN}{NG} \cdot \frac{GM}{MF} \cdot \frac{FC}{CD} = 1$$

对 $\triangle DGF$ 应用梅涅劳斯定理的逆定理,知 C,N,M 三点共线.

注 若注意到 $\triangle ABH$ 和 $\triangle FDG$ 的对应顶点的连线 AF,HG,BD 所在直线交于一点 E,则我们证明了 $\triangle ABH$ 和 $\triangle FDG$ 的三双对应边 AB 与 FD,HB 与 GD,HA 与 GF 所在直线的交点 C,N,M 共线. 这实际上就是著名的笛沙格定理.

性质 10 在完全四边形 $ABCDEF$ 中,若点 G,H 分别是 CF,BE 的中点,则 $S_{BCEF} = 4 S_{\triangle AGH}$.

证法 1 如图 20.32,联结 CH,HF,得
$$S_{\triangle AGH} = S_{\triangle ACH} - S_{\triangle CGH} - S_{\triangle ACG} =$$

$$S_{\triangle ABH} + S_{\triangle BCH} - \frac{1}{2}S_{\triangle CHF} - \frac{1}{2}S_{\triangle ACF} =$$

$$\frac{1}{2}S_{\triangle ABE} + \frac{1}{2}S_{\triangle BCE} - \frac{1}{2}S_{ACHF} =$$

$$\frac{1}{2}S_{HCEF} = \frac{1}{4}(S_{\triangle BEF} + S_{\triangle BCE}) = \frac{1}{4}S_{BCEF}$$

即证.

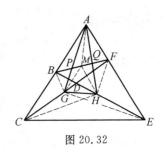

图 20.32

证法 2 如图 20.32,联结 BG, GE,则

$$S_{BGHF} = \frac{1}{2}S_{BGEF} = \frac{1}{4}S_{BCEF}$$

故只需要证

$$S_{\triangle AGH} = S_{BGHF}$$

取 BF 的中点 M,联结 AM, MG, MH,设 BF 与 AG, AH 分别交于点 P, Q. 由 $MG \parallel AC, MH \parallel AE$,知

$$S_{\triangle BGP} = S_{\triangle APM}, S_{\triangle AQM} = S_{\triangle FQH}$$

则

$$S_{\triangle BGP} + S_{\triangle FQH} = S_{\triangle APM} + S_{\triangle AQM} = S_{\triangle APQ}$$

故

$$S_{\triangle AGH} = S_{BGHF} = \frac{1}{4}S_{BCEF}$$

性质 11 以完全四边形的三条对角线为直径的圆共轴,且完全四边形的四个三角形的垂心在这条根轴上.

证明 如图 20.33,在完全四边形 $ABCDEF$ 中,以对角线 AD, BF, CE 为直径作圆.这三个圆的圆心就是三条对角线的中点 M, N, P.

设 H_1, H_2, H_3, H_4 分别为 $\triangle FDE, \triangle ACF, \triangle ABE$, $\triangle BCD$ 的垂心,注意到三角形垂心的性质:三角形的垂心是所有过任一条高的两个端点的圆的根心.

在完全四边形 $ABCDEF$ 中,显然 $\triangle FDE, \triangle ACF$, $\triangle ABE, \triangle BCD$ 的垂心不重合.由于 $\triangle DEF$ 的垂心 H_1

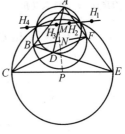

图 20.33

是三个圆的根心,而对于 $\triangle DEF$,在它的边所在直线上的点 C, B, A,$\triangle DEF$ 的垂心 H_1 关于以 CE, BF, AD 为直径的圆的幂相等,即 H_1 在这三个圆两两的根轴上.

同样,对于 $\triangle ACF$,在它的边所在直线上的点 B, D, E,其垂心 H_2 关于以 CE, BF, AD 为直径的圆的幂相等.以及 H_3, H_4 均关于以 CE, BF, AD 为直径的圆的幂相等.

故 H_1, H_2, H_3, H_4 均在这三个圆两两的根轴上,即这三个圆两两的根轴重合,亦即共轴,且四个三角形的垂心在这条根轴上.

第 3 节　运用解析法解题

在证明有关平面几何问题时,运用解析法处理也不失为一种好方法. 从理论上讲,任何平面几何问题都可以运用解析法处理,但运用解析法却带来了大量的运算,所以运用解析法处理要关注如下几个方面的问题.

1. 正确选择坐标系

解析法的基本技能是正确选取直角坐标系或极坐标系,及正确安置几何图形在坐标系中的位置. 这样往往可以使点的坐标、曲(直)线方程的形式显得简洁、明了,从而解题明快.

例 1　在 $\triangle ABC$ 中,已知 $\angle A = 60°$. 过该三角形的内心 I 作直线平行于 AC 交 AB 于 F. 在 BC 边上取点 P 使得 $3BP = BC$. 求证: $\angle BFP = \dfrac{1}{2}\angle B$.

(第 32 届 IMO 预选题)

分析　如图 20.34,因 $\tan \angle BFP = k_{PF}$,故只需用 $\angle B$ 表示点 P 与 F 的坐标即可.

证明　如图 20.34,建立平面直角坐标系,则可设 $B(2R\sin C, 0)$, $C(R\sin B, \sqrt{3} R\sin B)$,而 $3BP = BC$,于是

$$P\left(\dfrac{R}{3}(4\sin C + \sin B), \dfrac{\sqrt{3}}{3} R\sin B\right)$$

又

$$r = 4R\sin\dfrac{A}{2}\sin\dfrac{B}{2}\sin\dfrac{C}{2} = 2R\sin B \sin C$$

则

$$x_F = x_I - y_I \cot 60° = \dfrac{4\sqrt{3}}{3} R \sin\dfrac{B}{2} \sin\dfrac{C}{2}$$

又 $\dfrac{\angle B}{2} = 60° - \dfrac{\angle C}{2}$,故

$$k_{PF} = \dfrac{\sqrt{3}\sin B}{4\sin(120° - B) + \sin B - 4\sqrt{3}\sin\dfrac{B}{2}\sin(60° - \dfrac{B}{2})} =$$

$$\frac{\sin B}{1+\cos B} = \tan\frac{B}{2}$$

因此,$\angle BFP = \frac{1}{2}\angle B$.

例 2 在 $\triangle ABC$ 中,$\angle A$ 的内角平分线为 AT,$|BD|=|CE|$,D,E 分别在 AB,AC 上,B,C 在 $\angle A$ 外角平分线上的射影分别为 P,Q,DE,BC 的中点分别是 M,N,求证:

(1) $MN \parallel AT$;

(2) BQ,CP,AT 交于一点.

证明 (1) 如图 20.35,设 $\angle A = 2\alpha$,$|AC|=b$,$|AB|=c$,$|BD|=|CE|=t$,建立如图所示的坐标系.

由 B,C,D,E 的坐标及中点坐标公式易得

$$M_y = \frac{D_y + E_y}{2} = \frac{1}{2}(c-b)\sin\alpha$$

$$N_y = \frac{B_y + C_y}{2} = \frac{1}{2}(c-b)\sin\alpha$$

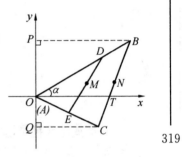

图 20.35

故 $MN \parallel AT$.

(2) 由题知 $P(0, c\sin\alpha)$,$Q(0, -b\sin\alpha)$,则 BQ 的方程为

$$y + b\sin\alpha = \frac{(c+b)\sin\alpha}{c\cos\alpha} \cdot x \qquad ①$$

CP 的方程为

$$y - c\sin\alpha = \frac{-(b+c)\sin\alpha}{b\cos\alpha} \cdot x \qquad ②$$

解 ①② 易得 $y=0$,即 BQ 与 CP 的交点在 AT 上.

因此,BQ,CP,AT 交于一点.

例 3 已知 F 为 $\angle P$ 平分线上任意一点,过 F 任作两条直线 AD,BC 交 $\angle P$ 的两边于 A,D,B,C.

求证:$\dfrac{1}{PA} + \dfrac{1}{PD} = \dfrac{1}{PB} + \dfrac{1}{PC}$.

证明 如图 20.36,以 F 为极点,FP 所在射线为极轴建立极坐标系. 设 $\angle APF = \angle CPF = \alpha$,$\angle AFx = \theta_1$,$\angle BFx = \theta_2$,$PF = \rho_0$,则在 $\triangle AFP$ 中

$$\frac{AP}{\sin \angle AFP} = \frac{PF}{\sin A}$$

则
$$PA = \frac{\rho_0 \sin\theta_1}{\sin(\theta_1 + \alpha)}$$

同理
$$PD = \frac{\rho_0 \sin\theta_1}{\sin(\theta_1 - \alpha)}$$

从而
$$\frac{1}{PA} + \frac{1}{PD} = \frac{\sin(\theta_1+\alpha)}{\rho_0 \sin\theta_1} + \frac{\sin(\theta_1-\alpha)}{\rho_0 \sin\theta_1} = \frac{2\cos\alpha}{\rho_0}$$

同理
$$\frac{1}{PB} + \frac{1}{PC} = \frac{2\cos\alpha}{\rho_0}$$

故
$$\frac{1}{PA} + \frac{1}{PD} = \frac{1}{PB} + \frac{1}{PC}$$

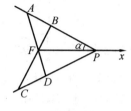

图 20.36

2. 合理选择点和曲(直)线方程的形式

平面几何主要研究直线与圆,而在解析几何中直线与圆的有关知识简单而丰富,故解题时点和曲(直)线方程形式的合理选择是减少运算量的重要措施. 事实证明,角参数往往是最有效的.

例 4 在矩形 $ABCD$ 外接圆的 $\overparen{AB}$ 上取一个不同于顶点 A,B 的点 M,点 P,Q,R,S 是 M 分别在直线 AD,AB,BC 与 CD 上的投影.

证明:直线 PQ 与 RS 互相垂直.

(1983 年南斯拉夫数学奥林匹克竞赛试题)

证明 如图 20.37,设单位圆 $O: x^2 + y^2 = 1$,$A(\cos\theta, \sin\theta)$,$M(\cos\alpha, \sin\alpha)$($\theta < \alpha < \pi - \theta$). 由对称性知

$$Q(\cos\alpha, \sin\theta), S(\cos\alpha, -\sin\theta)$$
$$P(\cos\theta, \sin\alpha), R(-\cos\theta, \sin\alpha)$$

则
$$k_{PQ} \cdot k_{RS} = \frac{\sin\alpha - \sin\theta}{\cos\theta - \cos\alpha} \cdot \frac{\sin\alpha + \sin\theta}{-\cos\theta - \cos\alpha} =$$
$$\frac{\sin^2\alpha - \sin^2\theta}{\cos^2\alpha - \cos^2\theta} = -1$$

因此,$PQ \perp RS$.

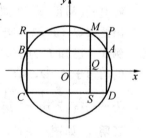

图 20.37

例5 设正 $\triangle ABC$ 的内切圆分别切三边 AB, BC, CA 于 D, E, F. 内切圆的 $\overset{\frown}{DF}$ 上任意一点 P 到三边的距离分别是 d_1, d_2, d_3. 求证：$\sqrt{d_1} + \sqrt{d_2} = \sqrt{d_3}$.

证明 如图 20.38，以内切圆圆心 O 为坐标原点建立如图所示的直角坐标系. 不妨设半径 $r=1$, $P(\cos\theta, \sin\theta)$ ($30° \leqslant \theta \leqslant 150°$)，则 AC 的方程为

$$x\cos 30° + y\sin 30° - 1 = 0$$

AB 的方程为

$$x\cos 150° + y\sin 150° - 1 = 0$$

BC 的方程为

$$x\cos 270° + y\sin 270° - 1 = 0$$

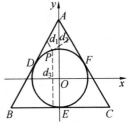

图 20.38

由点到直线的距离公式知

$$\sqrt{d_1} + \sqrt{d_2} = \sqrt{\cos\frac{\pi}{6}\cos\theta + \sin\frac{\pi}{6}\sin\theta - 1} + \sqrt{\cos\frac{5\pi}{6}\cos\theta + \sin\frac{5\pi}{6}\sin\theta - 1} =$$

$$\sqrt{2\sin^2\left(\frac{\theta}{2} - \frac{\pi}{12}\right)} + \sqrt{2\sin^2\left(\frac{5\pi}{12} - \frac{\theta}{2}\right)} =$$

$$\sqrt{2}\left[\sin\left(\frac{\theta}{2} - \frac{\pi}{12}\right) + \sin\left(\frac{5\pi}{12} - \frac{\theta}{2}\right)\right] =$$

$$\sqrt{2}\sin\left(\frac{3\pi}{4} - \frac{\theta}{2}\right) = \sqrt{d_3}$$

3. 合理、充分、巧妙地应用有关知识点

例6 在 $\triangle ABC$ 中，AA_1 为中线，AA_2 为角平分线，K 为 AA_1 上一点，使 $KA_2 \parallel AC$，证明：$AA_2 \perp KC$. （第58届莫斯科数学奥林匹克竞赛试题）

证明 如图 20.39，设

$BC: y = k_1 x \quad (k_1 > 0)$ ①

$A_2 K: y = -k_2 x \quad (k_2 > 0)$ ②

$AA_2 = a$ ③

则 AC 的方程为

$$y = -k_2 x + a$$ ④

AB 的方程为

$$y = k_2 x + a$$ ⑤

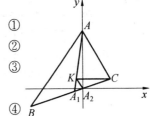

图 20.39

解方程 ①④ 得

$$C\left(\frac{a}{k_1 + k_2}, \frac{ak_1}{k_1 + k_2}\right)$$

解方程①⑤ 得
$$B\left(\frac{a}{k_1-k_2}, \frac{ak_1}{k_1-k_2}\right)$$

则 BC 的中点为
$$A_1\left(\frac{ak_1}{k_1^2-k_2^2}, \frac{ak_1^2}{k_1^2-k_2^2}\right)$$

于是 AA_1 的方程为
$$y = \frac{k_2^2}{k_1}x + a \qquad ⑥$$

解方程⑥② 得
$$y_K = \frac{ak_1}{k_1+k_2} = y$$

故 CK 与 x 轴平行. 从而, $AA_2 \perp CK$.

例7 一条直线 l 与圆心为 O 的圆 ω 不相交, E 是 l 上一点, $OE \perp l$, M 是 l 上任意异于 E 的点, 从 M 作圆 ω 的两条切线分别切圆 ω 于点 A 和 B, C 是 MA 上的点, 使得 $EC \perp MA$, D 是 MB 上的点, 使得 $ED \perp MB$, 直线 CD 交 OE 于 F. 求证: F 的位置不依赖于 M 的位置.

(第 35 届 IMO 预选题)

分析 如图 20.40, 设圆的半径为 r, $OE = a$, $\angle OME = \alpha$, $\angle OMA = \theta$, 显然 $\dfrac{\sin\theta}{\sin\alpha} = \dfrac{r}{a}$. 用 α, θ 表示 CD 的方程, 令 $x = 0$, 化简 y_F 即可.

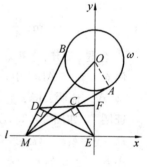

图 20.40

证明 如图 20.40, 建立平面直角坐标系, 则可设
$$y_C = MC \cdot \sin(\alpha-\theta) =$$
$$ME \cdot \sin(\alpha-\theta)\cos(\alpha-\theta) =$$
$$a\cot\alpha\sin(\alpha-\theta)\cos(\alpha-\theta)$$
$$x_C = -y_C\tan(\alpha-\theta) = -a\cot\alpha\sin^2(\alpha-\theta)$$

同理
$$y_D = a\cot\alpha\sin(\alpha+\theta)\cos(\alpha+\theta)$$
$$x_D = -a\cot\alpha\sin^2(\alpha+\theta)$$

则
$$k_{CD} = \frac{\sin 2(\alpha+\theta) - \sin 2(\alpha-\theta)}{2[\sin^2(\alpha-\theta) - \sin^2(\alpha+\theta)]} = -\cot 2\alpha$$

从而 CD 的方程为

$$y - a\cot\alpha\sin(\alpha+\theta)\cos(\alpha+\theta) = $$
$$-\cot 2\alpha[x + a\cot\alpha\sin^2(\alpha+\theta)]$$

令 $x=0$,得
$$y_F = a\cot\alpha\sin(\alpha+\theta)[\cos(\alpha+\theta) - \cot 2\alpha\sin(\alpha+\theta)] =$$
$$\frac{a\cot\alpha\sin(\alpha+\theta)\sin(\alpha-\theta)}{\sin 2\alpha} =$$
$$a\frac{-\cos 2\alpha + \cos 2\theta}{4\sin^2\theta} =$$
$$\frac{a}{2}\left(1 - \frac{\sin^2\theta}{\sin^2\alpha}\right) =$$
$$\frac{a^2 - r^2}{2a}$$

为定值,即 F 的位置不依赖于点 M 的位置.

4. 巧妙利用解析几何中几种常用技巧

设而不求、韦达定理、曲线系方程的巧妙利用,既可摆脱求相关直线的斜率和两直线交点坐标等烦琐运算,又能较简单地得到所需的结论.

例 8 过两相交直线间线段 AB 的中点 M,引两直线间的任意两条线段 CD 和 EF(C,E 在同一直线上),又 CF,ED 分别交 AB 于 P,Q,求证:$PM = MQ$.

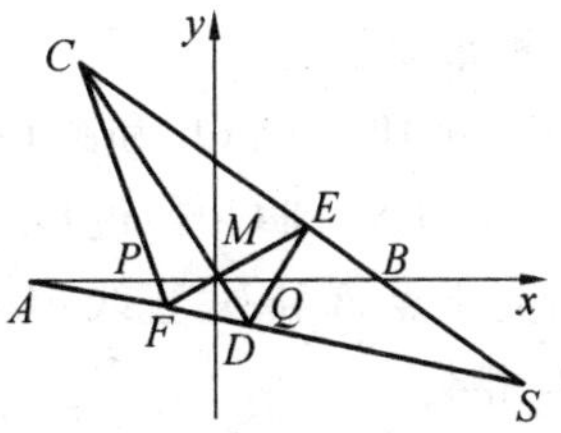

证明 如图 20.41,建立平面直角坐标系,设 $AB = 2a$,则 CD, EF 的方程为
$$(y - k_{CD}x)(y - k_{EF}x) = 0$$
AD, BC 的方程为
$$[y - k_{AD}(x+a)][y - k_{BC}(x-a)] = 0$$
则过 C, E, D, F 的曲线系方程为
$$[y - k_{AD}(x+a)][y - k_{BC}(x-a)] + \lambda(y - k_{CD}x)(y - k_{EF}x) = 0$$
令 $y = 0$ 得
$$(k_{AD} \cdot k_{BC} + \lambda k_{CD} \cdot k_{EF})x^2 - k_{AD} \cdot k_{BC}a^2 = 0$$
故 $x_P + x_Q = 0$.

从而,$PM = MQ$.

图 20.41

例 9 设 A, B, C, D 是一条直线上依次排列的四个不同的点,分别以 AC, BD 为直径的两圆相交于 X 和 Y,直线 XY 交 BC 于 Z.若 P 为直线 XY 上异于 Z 的一点,直线 CP 与以 AC 为直径的圆相交于 C 及 M,直线 BP 与以 BD 为直径的圆相交于 B 及 N.试证:AM, DN 和 XY 三条直线共点. (第 36 届 IMO 试题)

分析 如图 20.42,以 XY 为弦的任意圆 O,只需证明当 P 确定时,S 也确定.

证明 如图 20.42,建立平面直角坐标系,则可设 $X(0,m)$,$P(0,y_0)$,$\angle PCA = \alpha$,m,y_0 是定值,则 $x_C = y_0 \cot \alpha$,但 $-x_A \cdot x_C = y_X^2$,则 $x_A = -\dfrac{m^2}{y_0} \tan \alpha$.

因此,AM 的方程为
$$y = \cot \alpha \left(x + \dfrac{m^2}{y_0} \cdot \tan \alpha \right)$$

令 $x = 0$,得 $y_S = \dfrac{m^2}{y_0}$,即点 S 的位置取决于点 P 的位置,与圆 O 无关. 所以 AM,DN 和 XY 三条直线共点.

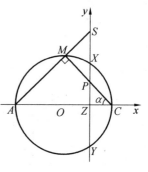

图 20.42

5. 充分运用曲线的几何性质

用解析法证几何题时,由于所讨论的曲线所组成的几何图形在平面几何中的许多性质是熟知的,因此,在证题过程中充分运用这些性质是减少运算量的一种重要技能.

例 10 圆 O_1 和圆 O_2 被包含在圆 O 内,且分别与圆 O 相切于两个不同的点 M 和 N. 圆 O_1 经过 O_2 的圆心,经过圆 O_1 和圆 O_2 的两个交点的直线与圆 O 相交于点 A 和 B. 直线 MA 和 MB 分别与圆 O_1 相交于点 C 和 D. 证明: CD 与圆 O_2 相切.

(第 40 届 IMO 试题)

证明 如图 20.43,设圆 O、圆 O_1、圆 O_2 的半径分别为 r,r_1,r_2,$\angle O_2 O_1 O = \alpha$. 建立如图所示的平面直角坐标系,则圆 O_1 的方程为
$$x^2 + y^2 = r_1^2$$

圆 O_2 的方程为
$$(x - r_1 \cos \alpha)^2 + (y - r_1 \sin \alpha)^2 = r_2^2$$

所以,圆 O_1 与圆 O_2 的根轴 AB 的方程为
$$x^2 + y^2 - r_1^2 = (x - r_1 \cos \alpha)^2 + (y - r_1 \sin \alpha)^2 - r_2^2$$

即
$$2r_1(\cos \alpha \cdot x + \sin \alpha \cdot y) + r_2^2 - 2r_1^2 = 0$$

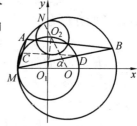

图 20.43

又圆 O 与圆 O_1 关于点 M 成位似图形(位似比为 $\dfrac{r}{r_1}$),且 $M(-r_1, 0)$,所以

CD 的方程可由 AB 的方程中的 $x+r_1,y$ 分别换成 $\dfrac{r(x+r_1)}{r_1},\dfrac{ry}{r_1}$ 得到,即
$$2r[\cos\alpha\cdot(x+r_1)+\sin\alpha\cdot y]+r_2^2-2r_1^2-2r_1^2\cos\alpha=0$$
亦即
$$2r(\cos\alpha\cdot x+\sin\alpha\cdot y)+r_2^2-2r_1^2+2rr_1\cos\alpha-2r_1^2\cos\alpha=0 \qquad ①$$
由 $\triangle OO_1O_2$ 中,由余弦定理得
$$2r_1(r-r_1)\cos\alpha=r_1^2+(r-r_1)^2-(r-r_2)^2=$$
$$2r_1^2-r_2^2+2rr_2-2rr_1$$
代入 ① 化简得 CD 的方程为
$$\cos\alpha\cdot x+\sin\alpha\cdot y+r_2-r_1=0$$
因此,O_2 到 CD 的距离为 $d=r_2$,即 CD 与圆 O_2 相切.

例 11 如图 20.44,设 $\triangle ABC$ 的外接圆 O 的半径为 R,内心为 I,$\angle B=60°$,$\angle A<\angle C$,$\angle A$ 的外角平分线交圆 O 于 E,证明:

(1) $IO=AE$;

(2) $2R<IO+IA+IC<(1+\sqrt{3})R$.

(1994 年全国高中数学联赛试题)

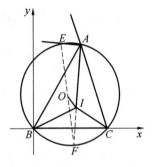

图 20.44

分析 如图 20.44,延长 AI 交圆 O 于 F,则 EF 是直径,于是
$$\angle E=\angle B+\dfrac{1}{2}\angle A=60°+\dfrac{1}{2}\angle A$$
因此,可用 R 和 $\angle A$ 表示各边长.

证明 (1) 建立如图 20.44 所示的平面直角坐标系,则可设 $O(R\sin A,R\cos A)$,而 $\angle E=60°+\dfrac{1}{2}\angle A$,则
$$AE=2R\cos(60°+\dfrac{A}{2})$$
又
$$r=4R\sin\dfrac{A}{2}\sin\dfrac{B}{2}\sin\dfrac{C}{2}$$
从而
$$IA=2R\sin\dfrac{C}{2},IB=4R\sin\dfrac{A}{2}\sin\dfrac{C}{2},IC=2R\sin\dfrac{A}{2}$$
于是

$$I\left(2\sqrt{3}R\sin\frac{A}{2}\sin\frac{C}{2}, 2R\sin\frac{A}{2}\sin\frac{C}{2}\right)$$

又 $\frac{\angle C}{2} = 60° - \frac{\angle A}{2}$,因此

$$IO = R\sqrt{\left[\sin A - 2\sqrt{3}\sin\frac{A}{2}\sin(60° - \frac{A}{2})\right]^2 + \left[\cos A - 2\sin\frac{A}{2}\sin(60° - \frac{A}{2})\right]^2} =$$

$$R\sqrt{\left(-\frac{1}{2}\sin A + \frac{\sqrt{3}}{2} - \frac{\sqrt{3}}{2}\cos A\right)^2 + \left(\frac{1}{2} + \frac{1}{2}\cos A - \frac{\sqrt{3}}{2}\sin A\right)^2} =$$

$$R\sqrt{\left[\frac{\sqrt{3}}{2} - \sin(A + 60°)\right]^2 + \left[\frac{1}{2} + \cos(A + 60°)\right]^2} =$$

$$R\sqrt{2 + 2\cos(A + 120°)} =$$

$$2R\cos(60° + \frac{A}{2}) = AE$$

(2) 因 $\angle A < \angle C$,则 $0° < \frac{\angle A}{2} < 30°$,则

$$IO + IA + IC = 2R\left[\cos(60° + \frac{A}{2}) + \cos(60° - \frac{A}{2}) + \sin\frac{A}{2}\right] =$$

$$2\sqrt{2}R\sin(105° + \frac{A}{2}) =$$

$$2\sqrt{2}R\sin(75° - \frac{A}{2})$$

因此,有 $\quad 2\sqrt{2}R\sin 45° < IO + IA + IC < 2\sqrt{2}R\sin 75°$

即 $\quad 2R < IO + IA + IC < (1 + \sqrt{3})R$

第 4 节 运用特殊的解析法解题

试题 D2 也可以运用特殊的解析法来证明(见例 1).
运用特殊的解析法指的是运用解析三角法和直线系方程法.

1. 运用解析三角法证题[①]

例 1 圆 O_1 和圆 O_2 被包含在圆 O 内,且分别与圆 O 相切于两个不同的点 M 和 N.圆 O_1 经过点 O_2,经过圆 O_1 和圆 O_2 的两个交点的直线与圆 O 相交于

[①] 茹双林.解析三角法证明平面几何中的多圆问题[J].中等数学,2004(2):3-8.

点 A 和 B. MA 和 MB 分别与圆 O_1 相交于 C 和 D. 证明: CD 与圆 O_2 相切.

(第 40 届 IMO 试题)

证明 如图 20.45,设圆 O、圆 O_1、圆 O_2 的半径分别为 r, r_1, r_2,$\angle O_2MO = \alpha$,则圆 O_1 的方程为
$$(x-r_1)^2 + y^2 = r_1^2$$

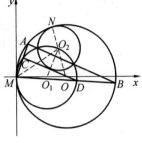

图 20.45

圆 O_2 的方程为
$$(x-r_1-r_1\cos 2\alpha)^2 + (y-r_1\sin 2\alpha)^2 = r_2^2$$

所以,AB 的方程为
$$(x-r_1)^2 + y^2 - r_1^2 = (x-r_1-r_1\cos 2\alpha)^2 + (y-r_1\sin 2\alpha)^2 - r_2^2$$

即
$$2r_1[\cos 2\alpha \cdot (x-r_1) + \sin 2\alpha \cdot y] + r_2^2 - 2r_1^2 = 0$$

又圆 O 与圆 O_1 关于原点 M 成位似图形(位似比为 $\dfrac{r}{r_1}$),所以,CD 的方程为
$$2r_1\left[\cos 2\alpha \cdot \left(\dfrac{r}{r_1}x - r_1\right) + \sin 2\alpha \cdot \dfrac{r}{r_1}y\right] + r_2^2 - 2r_1^2 = 0$$

即
$$2r\cos 2\alpha \cdot x + 2r\sin 2\alpha \cdot y + r_2^2 - 2r_1^2(1+\cos\alpha) = 0 \qquad ①$$

又
$$OO_2^2 = (r-r_1-r_1\cos 2\alpha)^2 + (r_1\sin 2\alpha)^2 = (r-r_2)^2$$

所以
$$r_2^2 - 2r_1^2(1+\cos 2\alpha) = 2rr_2 - 2rr_1(1+\cos 2\alpha)$$

将上式代入 ① 得 CD 的方程
$$\cos 2\alpha \cdot x + \sin 2\alpha \cdot y + r_2 - r_1(1+\cos 2\alpha) = 0$$

从而,O_2 到 CD 的距离为
$$d = \cos 2\alpha \cdot (r_1 + r_1\cos 2\alpha) + \sin 2\alpha \cdot r_1\sin 2\alpha + r_2 - r_1(1+\cos 2\alpha) = r_2$$

因此,CD 与圆 O_2 相切.

例 2 一个圆 O 切于两条平行直线 l_1 和 l_2,第二个圆 O_1 切 l_1 于点 A,外切圆 O 于点 C;第三个圆 O_2 切 l_2 于点 B,外切圆 O 于点 D,外切圆 O_1 于点 E,AD 交 BC 于点 Q. 求证:Q 是 $\triangle CDE$ 的外心.

(第 35 届 IMO 预选题)

证明 如图 20.46,设 $\angle O_1Ox = \alpha$,$\angle O_2Ox = \beta$,三个圆的半径分别为 R,r_1, r_2,则

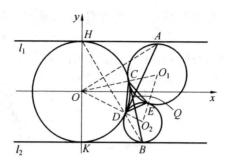

图 20.46

$$O_1((R+r_1)\cos\alpha, (R+r_1)\sin\alpha)$$
$$A((R+r_1)\cos\alpha, R), C(R\cos\alpha, R\sin\alpha)$$
$$O_2((R+r_2)\cos\beta, -(R+r_2)\sin\beta)$$
$$B((R+r_2)\cos\beta, -R), D(R\cos\beta, -R\sin\beta)$$

且

$$\sin\alpha = \frac{R-r_1}{R+r_1}, \cos\alpha = \frac{2\sqrt{Rr_1}}{R+r_1}$$

$$\sin\beta = \frac{R-r_2}{R+r_2}, \cos\beta = \frac{2\sqrt{Rr_2}}{R+r_2}$$

$$|O_1O_2|^2 = (r_1+r_2)^2 =$$
$$(R+r_1)^2 + (R+r_2)^2 - 2(R+r_1) \cdot$$
$$(R+r_2)(\cos\alpha \cdot \cos\beta - \sin\alpha \cdot \sin\beta)$$

所以,$R^2 = 4r_1r_2$.

又

$$k_{DH} = \frac{-R\sin\beta - R}{R\cos\beta} = \frac{-\sin\beta - 1}{\cos\beta} = -\sqrt{\frac{R}{r_2}}$$

$$k_{OA} = \frac{R}{(R+r_1)\cos\alpha} = \frac{1}{2}\sqrt{\frac{R}{r_1}}$$

所以,$k_{DH} \cdot k_{OA} = -1$,故 $OA \perp DH$.

由 AH 是圆 O 的切线,知 AD 也是切线.同理,BC 也是切线.故 $QC = QD$.

如果 QE 既不是圆 O_1 的切线,也不是圆 O_2 的切线,则如图 20.47 有 $QX \ne QY$.而 $QX \cdot QE = QC^2 = QD^2 = QY \cdot QE$,故 $QX = QY$,矛盾.因此,Q 是 $\triangle CDE$ 的外心.

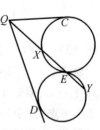

图 20.47

第 20 章 1998~1999 年度试题的诠释

例 3 在平面上已知两相交圆圆 O_1 和圆 O_2，点 A 为交点之一. 有两动点 M_1, M_2 从点 A 同时出发,分别以常速沿圆 O_1 和圆 O_2 同向运动,各绕行一周后恰好同时回到点 A. 证明:在平面上存在不动点 P,使得点 P 到点 M_1, M_2 的距离在整个运动过程中每一时刻都相等. （第 21 届 IMO 试题）

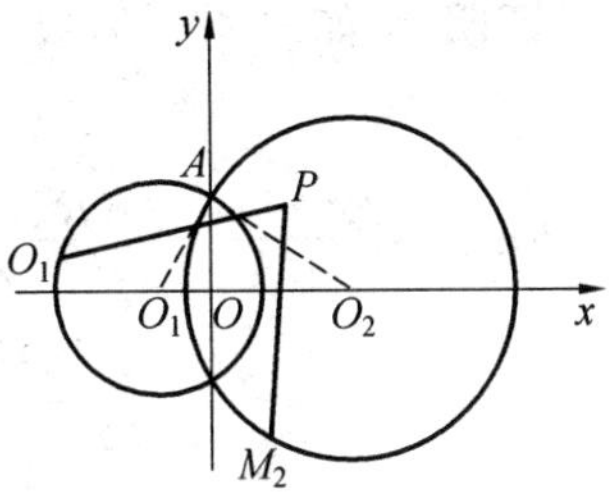

证明 如图 20.48,设 $OA=1, \angle AO_1O_2 = \alpha$,
$\angle AO_2O_1 = \beta$,角速度为 $\omega, P(x_0, y_0)$,则

$$r_1 = \csc \alpha, r_2 = \csc \beta$$

图 20.48

所以,经过时间 t 后,M_1, M_2 的坐标是

$$M_1(\csc \alpha \cdot \cos(\omega t + \alpha) - \cot \alpha, \csc \alpha \cdot \sin(\omega t + \alpha))$$
$$M_2(\csc \beta \cdot \cos(\omega t - \beta + \pi) + \cot \beta, \csc \beta \cdot \sin(\omega t - \beta + \pi))$$

由 $|PM_1| = |PM_2|$,得

$$\csc^2\alpha[\cos(\omega t + \alpha) - \cos \alpha]^2 - 2x_0 \csc \alpha[\cos(\omega t + \alpha) - \cos \alpha] +$$
$$\csc^2\alpha \cdot \sin^2(\omega t + \alpha) - 2y_0 \csc \alpha \cdot \sin(\omega t + \alpha) =$$
$$\csc^2\beta[\cos(\omega t - \beta + \pi) + \cos \beta]^2 - 2x_0 \csc \beta[\cos(\omega t - \beta + \pi) + \cos \beta] +$$
$$\csc^2\beta \cdot \sin^2(\omega t - \beta + \pi) - 2y_0 \csc \beta \cdot \sin(\omega t - \beta + \pi)$$

令 $\omega t = \pi$,得

$$4\csc^2\alpha \cdot \cos^2\alpha + 4\csc \alpha \cdot \cos \alpha \cdot x_0 + 1 + 2y_0 =$$
$$4\csc^2\beta \cdot \cos^2\beta - 4\csc \beta \cdot \cos \beta \cdot x_0 + 1 + 2y_0$$

所以,$x_0 = \cot \beta - \cot \alpha$.

令 $\omega t = \dfrac{\pi}{2}$,当 $x_0 = \cot \beta - \cot \alpha$ 时,得

$$\csc^2\alpha(\sin \alpha + \cos \alpha)^2 + 2x_0 \csc \alpha(\cos \alpha + \sin \alpha) +$$
$$\csc^2\alpha \cdot \cos^2\alpha - 2y_0 \cot \alpha =$$
$$\csc^2\beta(\cos \beta - \sin \beta)^2 - 2x_0 \csc \beta(\cos \beta - \sin \beta) +$$
$$\csc^2\beta \cdot \cos^2\beta + 2y_0 \cot \beta$$

所以,$y_0 = 1$. 当 $x_0 = \cot \beta - \cot \alpha, y_0 = 1$ 时,容易验证恒满足条件.

例 4 两个圆圆 O_1、圆 O_2 的半径分别为 $R, r, O_1O_2 = \sqrt{R^2 + r^2 - r\sqrt{4R^2 + r^2}}$,$R \geqslant \sqrt{2} r$. A 是大圆圆 O_1 上一点,直线 AB, AC 分别切小圆圆 O_2 于点 B, C,分别交圆 O_1 于点 D, E,求证:$BD \cdot CE = r^2$.

（1994 年保加利亚数学奥林匹克竞赛试题）

证明 如图 20.49,设 $\angle O_2Ax = \alpha, \angle O_2AD = \beta$, $AO_2 = m$,则

$$\cos\alpha = \frac{R^2 + m^2 - (R^2 + r^2 - r\sqrt{4R^2 + r^2})}{2Rm} =$$

$$\frac{m^2 - r^2 + r\sqrt{4R^2 + r^2}}{2Rm}$$

$$\sin\beta = \frac{r}{m}$$

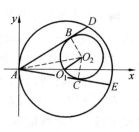

图 20.49

因为

$$(R-r)^2 - (O_1O_2)^2 = r\sqrt{4R^2 + r^2} - 2Rr =$$

$$r(\sqrt{4R^2 + r^2} - 2R) > 0$$

所以,整个小圆圆 O_2 在大圆圆 O_1 内部. 因此 $BD \cdot CE = (AD - AB)(AE - AC) =$

$$[2R\cos(\alpha+\beta) - m\cos\beta][2R\cos(\beta-\alpha) - m\cos\beta] =$$

$$4R^2(\cos^2\alpha - 1) + \cos^2\beta(4R^2 - 4Rm\cos\alpha + m^2) =$$

$$4R^2\left[\left(\frac{m^2 - r^2 + r\sqrt{4R^2 + r^2}}{2Rm}\right)^2 - 1\right] + \frac{m^2 - r^2}{m^2} \cdot$$

$$\left(4R^2 - 4Rm \cdot \frac{m^2 - r^2 + r\sqrt{4R^2 + r^2}}{2Rm} + m^2\right) = r^2$$

注 $R \geqslant \sqrt{2}r$ 保证了 O_1O_2 的长有意义.

例 5 考虑在同一平面上半径为 R 与 $r(R > r)$ 的两个同心圆. 设 P 是小圆周上的一个定点,B 是大圆周上的一个动点,直线 BP 与大圆周相交于另外一点 C,过点 P 且与 BP 垂直的直线 l 与小圆周相交于另一点 A(如果 l 与小圆相切于点 P,则 $A = P$).

(1) 求表达式 $BC^2 + CA^2 + AB^2$ 所取值的集合;
(2) 求线段 AB 中点的轨迹.

(第 29 届 IMO 试题)

解 (1) 如图 20.50,建立平面直角坐标系,设 $\angle BPx = \alpha, A(x_1, y_1), B(x_2, y_2), C(x_3, y_3)$. PB 交小圆于另一点 A',有 $A'(-x_1, -y_1)$,则

$$x_1 = -r\cos 2\alpha, y_1 = -r\sin 2\alpha$$

$$x_2 + x_3 = 2x_D = -2r\sin^2\alpha$$

$$y_2 + y_3 = 2y_D = 2r\cos\alpha \cdot \sin\alpha$$

将 BC 的方程 $y = \tan\alpha \cdot (x + r)$ 代入大圆的方程 $x^2 + y^2 = R^2$,得
$$(1 + \tan^2\alpha)x^2 + 2r\tan^2\alpha \cdot x + \tan^2\alpha \cdot r^2 - R^2 = 0$$

则
$$x_2 x_3 = \frac{\tan^2\alpha \cdot r^2 - R^2}{1 + \tan^2\alpha} = r^2\sin^2\alpha - R^2\cos^2\alpha$$

$$y_2 y_3 = \tan^2\alpha \cdot (x_2 + r)(x_3 + r) = (r^2 - R^2)\sin^2\alpha$$

故
$$\begin{aligned}
BC^2 + CA^2 + AB^2 &= (x_2 - x_3)^2 + (y_2 - y_3)^2 + (x_3 - x_1)^2 + \\
&\quad (y_3 - y_1)^2 + (x_1 - x_2)^2 + (y_1 - y_2)^2 = \\
&\quad 4R^2 + 2r^2 - 2(x_1 x_2 + x_2 x_3 + x_3 x_1 + \\
&\quad y_1 y_2 + y_2 y_3 + y_3 y_1) = \\
&\quad 4R^2 + 2r^2 - 4r^2\cos 2\alpha \cdot \sin^2\alpha - 2(r^2\sin^2\alpha - \\
&\quad R^2\cos^2\alpha) - 2(r^2 - R^2)\sin^2\alpha + \\
&\quad 4r^2\sin 2\alpha \cdot \sin\alpha \cdot \cos\alpha = \\
&\quad 6R^2 + 2r^2
\end{aligned}$$

(2) 设 AB 的中点为 $Q(x, y)$,如图 20.50,因为 $APBB'$ 是矩形,所以 $x_{B'} = 2x - r, y_{B'} = 2y$.

因为 B' 在圆 $x^2 + y^2 = R^2$ 上,所以
$$\left(x - \frac{r}{2}\right)^2 + y^2 = \frac{R^2}{4}$$

因此,这是一个以点 $\left(\dfrac{r}{2}, 0\right)$ 为圆心,$\dfrac{R}{2}$ 为半径的圆.

2. 运用直线系方程解题[①]

若直线 $a_1 x + b_1 y + c_1 = 0$ 与 $a_2 x + b_2 y + c_2 = 0$ 相交于点 P,则通过点 P 的直线系方程可写成
$$\lambda(a_1 x + b_1 y + c_1) + \mu(a_2 x + b_2 y + c_2) = 0 \quad (\lambda, \mu \in \mathbf{R})$$

例 6 如图 20.51,圆 O_1 与 $\triangle ABC$ 的边 BC, CA, AB 分别交于点 A_1 和 A_2,点 B_1 和 B_2,点 C_1 和 C_2. 已知由点 A_1, B_1, C_1 分别引 BC, CA, AB 的垂线相交于点 P. 求证: 过点 A_2, B_2, C_2 分别引 BC, CA, AB 的垂线也相交于一点.

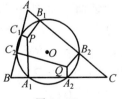

图 20.51

[①] 茹双林,孙朝仁. 利用直线系方程证明平面几何问题[J]. 中学数学,2005(12):5-9.

证明 以点 O 为原点,C_2B_2 为 x 轴建立直角坐标系. 设过点 A_2 垂直于 BC 的直线与过点 B_2 垂直于 AC 的直线交于点 Q. 显然,过点 A_1,A_2 垂直于 BC 的两直线关于 y 轴对称;同样,过点 B_1,B_2 垂直于 AC 的两直线关于过点 O 垂直于 AC 的直线对称;对于点 C_1,C_2 也一样.

设直线 l_{PA_1}: $$x = -m$$
直线 l_{PB_1}: $$y = kx + b$$
则直线 l_{QA_2}: $$x = m$$
直线 l_{QB_2}: $$y = kx - b$$

所以,过点 P 的直线系方程为
$$\lambda(kx - y + b) + \mu(x + m) = 0$$
且 PC_1 是其中的一条.

设直线 PC_1 的方程为
$$(\lambda_0 k + \mu_0)x - \lambda_0 y + \lambda_0 b + \mu_0 m = 0$$

故过点 C_2 且垂直于 AB 的直线方程为
$$(\lambda_0 k + \mu_0)x - \lambda_0 y - \lambda_0 b - \mu_0 m = 0$$

而过点 Q 的直线系方程为
$$\lambda'(kx - y - b) + \mu'(x - m) = 0$$

当取 $\lambda' = \lambda_0, \mu' = \mu_0$ 时,就是上面的方程,即过点 C_2 且垂直于 AB 的直线也经过点 Q.

因此,过点 A_2, B_2, C_2 分别引 BC, CA, AB 的垂线也相交于一点 Q.

例 7 已知 $\triangle ABC$ 为锐角三角形,以 AB 为直径的圆 M 分别交 AC, BC 于点 P, Q. 分别过点 A, Q 作圆 M 的两条切线交于点 R,分别过点 B, P 作圆 M 的两条切线交于点 S. 证明:点 C 在线段 RS 上.

(2002 年澳大利亚国家数学竞赛试题)

证明 如图 20.52,设圆 M 的方程为 $x^2 + y^2 = 1$,$\angle QMx = 2\alpha, \angle PMx = 2\beta$. 联结 RM, SM,则 $\angle SMB = \beta, \angle RMA = 90° - \alpha$. 于是,有 $S(1, \tan\beta)$,$R(-1, \cot\alpha)$,故:

直线 l_{RS}:
$$(\cot\alpha - \tan\beta)x + 2y - (\cot\alpha + \tan\beta) = 0$$

又直线 l_{BC}:

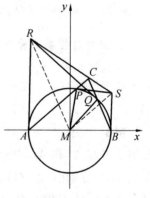

图 20.52

即
$$y = -\cot\alpha \cdot (x-1)$$
$$\cot\alpha \cdot x + y - \cot\alpha = 0$$

同理,直线 l_{AC}:
$$\tan\beta \cdot x - y + \tan\beta = 0$$

因此,过点 C 的直线系方程为
$$\lambda(\cot\alpha \cdot x + y - \cot\alpha) + \mu(\tan\beta \cdot x - y + \tan\beta) = 0$$

当取 $\lambda=1, \mu=-1$ 时,即为直线 RS 的方程.

所以,点 C 在线段 RS 上.

例 8 设 D 是 $\triangle ABC$ 的边 BC 上的一点,点 P 在线段 AD 上,过点 D 作一直线分别与线段 AB, PB 交于点 M, E,与线段 AC, PC 的延长线交于点 F, N. 如果 $DE=DF$,求证:$DM=DN$.   (首届中国东南地区数学奥林匹克竞赛试题)

证明 如图 20.53,设 $A(0,a), P(0,p)$,且设

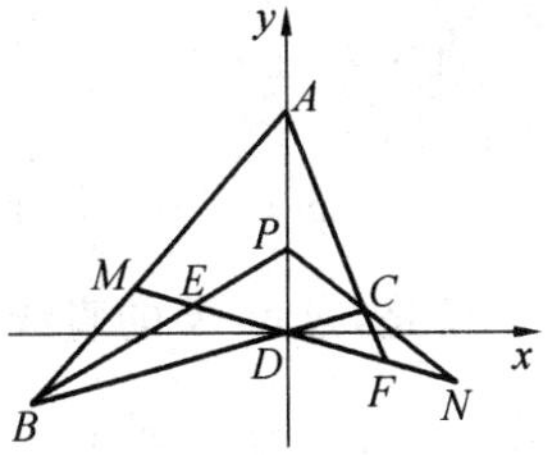

直线 l_{AB}: $\quad y = k_1 x + a$

直线 l_{AC}: $\quad y = k_2 x + a$

直线 l_{PB}: $\quad y = k_3 x + p$

直线 l_{PC}: $\quad y = k_4 x + p$

其中 $k_1, k_3 > 0, k_2, k_4 < 0$.

又设直线 $l_{MN}: y=kx$,于是,过点 B 的直线系方程为

图 20.53

$$\lambda_1(k_1 x - y + a) + \mu_1(k_3 x - y + p) = 0$$

当 $\lambda_1 = p, \mu_1 = -a$(过原点)时,得直线 l_{BD}:
$$(k_1 p - k_3 a)x + (a-p)y = 0$$

同理,直线 l_{CD}:
$$(k_2 p - k_4 a)x + (a-p)y = 0$$

由上述两方程为同一方程得
$$k_1 p - k_3 a = k_2 p - k_4 a \qquad ①$$

而由两直线 AC 与 PB 的方程可写成
$$(k_2 x - y + a)(k_3 x - y + p) = 0$$

把直线 MN 的方程代入,并由 $DE=DF$(即 $x_E + x_F = 0$)得
$$p(k_2 - k) + a(k_3 - k) = 0 \qquad ②$$

由①②得
$$p(k_1 - k) + a(k_4 - k) = 0$$

再把直线 MN 的方程代入由两直线 AB 与 PC 组成的方程可得
$$x_M + x_N = 0$$
因此,$DM = DN$.

例 9 设 H 是锐角 $\triangle ABC$ 的高 CP 上的任一点,AH, BH 分别交 BC, AC 于点 M, N.

(1) 证明:$\angle NPC = \angle MPC$;

(2) 设 O 是 MN 与 CP 的交点,一条通过点 O 的任意的直线交四边形 $CNHM$ 的边于 D, E 两点.证明:$\angle EPC = \angle DPC$.

(2003 年保加利亚国家数学奥林匹克竞赛试题)

证明 (1) 如图 20.54,建立直角坐标系,设 $A(a,0), B(b,0), C(0,c), D(0,h)$,且 $b, c, h > 0, a < 0$,则:

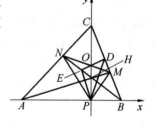

图 20.54

直线 l_{AC}: $\quad \dfrac{x}{a} + \dfrac{y}{c} = 1$

直线 l_{BH}: $\quad \dfrac{x}{b} + \dfrac{y}{h} = 1$

于是,过点 N 的直线系方程为
$$\lambda\left(\frac{x}{a} + \frac{y}{c} - 1\right) + \mu\left(\frac{x}{b} + \frac{y}{h} - 1\right) = 0$$

取 $\lambda = 1, \mu = -1$,得直线 l_{PN}:
$$x\left(\frac{1}{a} - \frac{1}{b}\right) + y\left(\frac{1}{c} - \frac{1}{h}\right) = 0$$

同理,过点 M 的直线系方程为
$$\lambda_1\left(\frac{x}{b} + \frac{y}{c} - 1\right) + \mu_1\left(\frac{x}{a} + \frac{y}{h} - 1\right) = 0$$

取 $\lambda_1 = 1, \mu_1 = -1$,得直线 l_{PM}:
$$x\left(\frac{1}{b} - \frac{1}{a}\right) + y\left(\frac{1}{c} - \frac{1}{h}\right) = 0$$

所以,$k_{PM} = -k_{PN}$.

故 $\angle NPC = \angle MPC$.

(2) 在过点 N 的直线系方程和在过点 M 的直线系方程中,分别取 $\lambda = \mu = 1$,$\lambda_1 = \mu_1 = 1$,得直线 l_{MN}:
$$\left(\frac{1}{a} + \frac{1}{b}\right)x + \left(\frac{1}{c} + \frac{1}{h}\right)y - 2 = 0$$

令 $x=0$,得 $y_O = \dfrac{2ch}{c+h}$.

故可设直线 l_{DE}:

$$y = kx + \dfrac{2ch}{c+h}$$

于是,过点 D 的直线系方程为

$$\lambda_2\left(\dfrac{x}{b} + \dfrac{y}{c} - 1\right) + \mu_2\left(y - kx - \dfrac{2ch}{c+h}\right) = 0$$

取 $\lambda_2 = \dfrac{2ch}{c+h}$,$\mu_2 = -1$(过原点),得

$$k_{PD} = \dfrac{2ch + kbc + kbh}{b(c-h)}$$

同样,过点 E 的直线系方程为

$$\lambda_3\left(\dfrac{x}{b} + \dfrac{y}{h} - 1\right) + \mu_3\left(y - kx - \dfrac{2ch}{c+h}\right) = 0$$

取 $\lambda_3 = \dfrac{2ch}{c+h}$,$\mu_3 = -1$(过原点),得

$$k_{PE} = \dfrac{2ch + kbc + kbh}{b(h-c)} = -k_{PD}$$

所以,$\angle EPC = \angle DPC$.

例 10 一条直线 l 与圆 O 不相交,E 是直线 l 上一点,$OE \perp l$,M 是直线 l 上任意异于 E 的点,从点 M 作圆 O 的两条切线分别切圆 O 于点 A,B,C 是 MA 上的点,使得 $EC \perp MA$,D 是 MB 上的点,使得 $ED \perp MB$,直线 CD 交 OE 于点 F.求证:点 F 的位置不依赖于点 M 的位置. (第 35 届 IMO 预选题)

证明 如图 20.55,设圆 O 的方程为 $x^2 + (y-a)^2 = r^2$,又设 $M(s,0)$,MA,MB 的斜率分别为 k_1,k_2,则过点 C 的直线系方程为

$$\lambda_1(k_1 x - y - k_1 s) + \mu_1(x + k_1 y) = 0$$

同理,过点 D 的直线系方程为

$$\lambda_2(k_2 x - y - k_2 s) + \mu_2(x + k_2 y) = 0$$

要使上面两方程一致,只需取

$$\lambda_1 = k_2, \mu_1 = -1; \lambda_2 = k_1, \mu_2 = -1$$

此时,直线 l_{CD}:

$$(k_1 k_2 - 1)x - (k_1 + k_2)y - k_1 k_2 s = 0$$

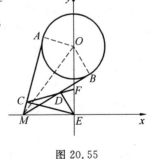

图 20.55

由于 MA,MB 分别与圆 O 相切,点 O 到 MA,MB 的距离等于 r,即

$$\frac{|-a-ks|}{\sqrt{k^2+1}} = r$$

故 $(s^2-r^2)k^2 + 2ask + a^2 - r^2 = 0$.

于是

$$k_1 + k_2 = \frac{2as}{r^2-s^2}, k_1 k_2 = \frac{a^2-r^2}{s^2-r^2}$$

代入直线 CD 的方程得

$$(a^2-s^2)x + 2asy - (a^2-r^2)s = 0$$

显然, CD 恒过点 $(0, \frac{a^2-r^2}{2a})$.

例 11 设 AM, AN 分别是 $\triangle ABC$ 的中线和内角平分线,过点 N 作 AN 的垂线,分别交 AM, AB 于点 Q, P,过点 P 作 AB 的垂线交 AN 于点 O. 求证: $OQ \perp BC$. 　　　　　　　　(2000 年亚太地区数学奥林匹克竞赛试题)

证明 如图 20.56,设 $A(0,a)$,又设

直线 l_{AB}: $\quad y = k_1 x + a$

直线 l_{BC}: $\quad y = k_2 x$

则直线 l_{AC}: $\quad y = -k_1 x + a$

由 $OP \perp AB$,易得直线 l_{OP}:

$$k_1 x + k_1^2 y + a = 0$$

令 $x=0$,得 $y_O = -\frac{a}{k_1^2}$.

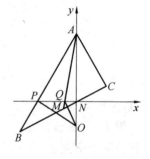

图 20.56

再把直线 BC 的方程代入直线 AB, AC 的方程组成的二次方程,得

$$[(k_2-k_1)x - a][(k_2+k_1)x - a] = 0$$

故

$$x_M = \frac{x_B + x_C}{2} = \frac{ak_2}{k_2^2 - k_1^2}, y_M = \frac{ak_2^2}{k_2^2 - k_1^2}$$

于是,直线 l_{AM}:

$$k_1^2 x - k_2 y + k_2 a = 0$$

所以,过点 Q 的直线系方程为

$$\lambda(k_1^2 x - k_2 y + k_2 a) + \mu y = 0$$

当直线过点 $O(0, -\frac{a}{k_1^2})$ 时,可取 $\lambda = 1, \mu = k_1^2 k_2 + k_2$. 此时,直线 l_{OQ}:

$$k_1^2 x + k_1^2 k_2 y + k_2 a = 0$$

显然与直线 BC 垂直.

例12 在等腰 $\triangle ABC(AB=BC)$ 中,点 O 是它的外心,点 I 是它的内心,点 D 在边 BC 上,且 $OD \perp CI$.证明:$DI \parallel AB$.

(第 22 届俄罗斯数学奥林匹克竞赛试题)

证明 如图 20.57,不妨设 $AC=4$,$\angle A=2\alpha(0°<\alpha<45°)$,则 BC 的垂直平分线方程为

$$y-\tan 2\alpha = \cot 2\alpha \cdot (x-1)$$

令 $x=0$,得外心 $O(0,\tan 2\alpha - \cot 2\alpha)$,于是,直线 l_{OD}:

$$y-(\tan 2\alpha - \cot 2\alpha) = \cot \alpha \cdot x$$

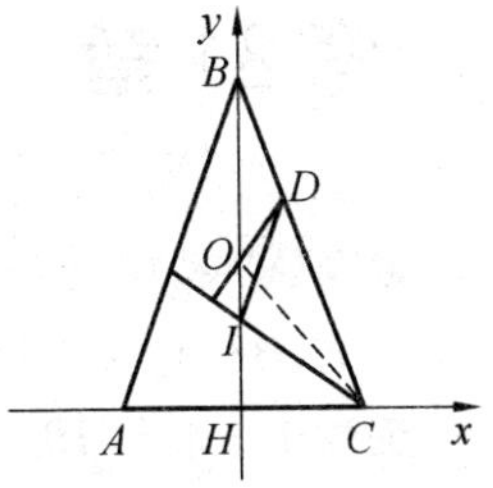

又直线 l_{BC}:

$$y = -\tan 2\alpha \cdot (x-2)$$

于是,过点 D 的直线系方程为

$$\lambda(\cot \alpha \cdot x - y + \tan 2\alpha - \cot 2\alpha) + \mu(\tan 2\alpha \cdot x + y - 2\tan 2\alpha) = 0$$

而 DI 过内心 $I(0, 2\tan \alpha)$,所以

$$\frac{\mu}{\lambda} = \frac{2\tan \alpha - \tan 2\alpha + \cot 2\alpha}{2\tan \alpha - 2\tan 2\alpha} = \frac{\tan \alpha + \cot 4\alpha}{\tan \alpha - \tan 2\alpha}$$

故

$$k_{DI} = \frac{\lambda \cot \alpha + \mu \tan 2\alpha}{\lambda - \mu} =$$

$$\frac{\cot \alpha(\tan \alpha - \tan 2\alpha) + \tan 2\alpha(\tan \alpha + \cot 4\alpha)}{\tan \alpha - \tan 2\alpha - (\tan \alpha + \cot 4\alpha)} =$$

$$\frac{-1 + \tan 2\alpha \cdot \cot 4\alpha}{-\tan 2\alpha - \cot 4\alpha} = \frac{\tan 4\alpha - \tan 2\alpha}{1 + \tan 2\alpha \cdot \tan 4\alpha} =$$

$$\tan 2\alpha = k_{AB}$$

因此,$DI \parallel AB$.

图 20.57

第21章 1999～2000年度试题的诠释

试题A 如图21.1,在四边形 $ABCD$ 中,对角线 AC 平分 $\angle BAD$,在 CD 上取一点 E,BE 与 AC 相交于 F,延长 DF 交 BC 于 G. 求证:$\angle GAC = \angle EAC$.

证法1 联结 BD 交 AC 于 H. 对 $\triangle BCD$ 应用塞瓦定理,可得

$$\frac{CG}{GB} \cdot \frac{BH}{HD} \cdot \frac{DE}{EC} = 1$$

因为 AH 是 $\angle BAD$ 的平分线,由角平分线定理,可得

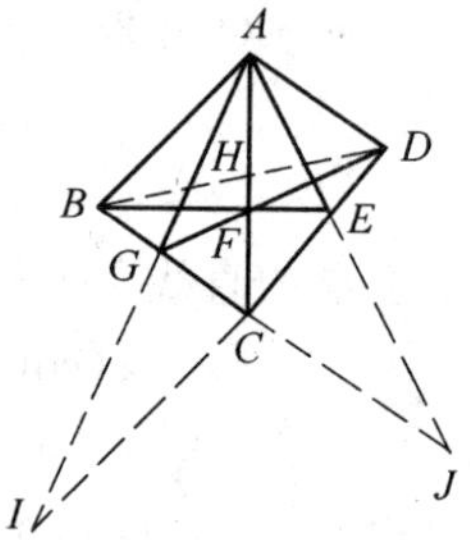

$$\frac{BH}{HD} = \frac{AB}{AD}$$

故

$$\frac{CG}{GB} \cdot \frac{AB}{AD} \cdot \frac{DE}{EC} = 1$$

过点 C 作 AB 的平行线交 AG 的延长线于 I,过点 C 作 AD 的平行线交 AE 的延长线于 J. 则

$$\frac{CG}{GB} = \frac{CI}{AB}, \frac{DE}{EC} = \frac{AD}{CJ}$$

所以

$$\frac{CI}{AB} \cdot \frac{AB}{AD} \cdot \frac{AD}{CJ} = 1$$

从而 $CI = CJ$

又因为 $CI \parallel AB, CJ \parallel AD$

所以 $\angle ACI = \pi - \angle BAC = \pi - \angle DAC = \angle ACJ$

因此 $\triangle ACI \cong \triangle ACJ$

故 $\angle GAC = \angle EAC$

图21.1

证法2 (由南开大学李成章教授给出) 如图21.1,记 $\angle BAC = \angle CAD = \theta$,$\angle GAC = \alpha$,$\angle EAC = \beta$. 直线 GFD 与 $\triangle BCE$ 相截,由梅涅劳斯定理,有

$$1 = \frac{BG}{GC} \cdot \frac{CD}{DE} \cdot \frac{EF}{FB} = \frac{S_{\triangle ABG}}{S_{\triangle AGC}} \cdot \frac{S_{\triangle ACD}}{S_{\triangle ADE}} \cdot \frac{S_{\triangle AEF}}{S_{\triangle AFB}} =$$

$$\frac{AB\sin(\theta-\alpha)}{AC\sin\alpha}\cdot\frac{AC\sin\theta}{AE\sin(\theta-\beta)}\cdot\frac{AE\sin\beta}{AB\sin\theta}=$$
$$\frac{\sin(\theta-\alpha)\sin\beta}{\sin\alpha\sin(\theta-\beta)}$$

所以 $\sin(\theta-\alpha)\sin\beta=\sin(\theta-\beta)\sin\alpha$

$\sin\theta\cos\alpha\sin\beta-\cos\theta\sin\alpha\sin\beta=\sin\theta\cos\beta\sin\alpha-\cos\theta\sin\beta\sin\alpha$

$$\cos\alpha\sin\beta=\cos\beta\sin\alpha$$

即有 $\tan\alpha=\tan\beta$

从而 $\alpha=\beta$

故 $\angle GAC=\angle EAC$

证法 3 （由广东佛山一中张家良给出）设 B，G 关于 AC 的对称点分别为 B'，G'，易知 A,D,B' 三点共线. 联结 FB'，FG'，如图 21.2 所示，只需要证明 A,E,G' 三点共线.

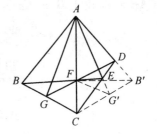

图 21.2

设 $\angle EFB'=\alpha$，$\angle DFE=\angle BFG=\angle B'FG'=\beta$，$\angle AFD=\angle GFC=\angle G'FC=\gamma$，则

$$\frac{DA}{AB'}\cdot\frac{B'G'}{G'C}\cdot\frac{CE}{ED}=\frac{S_{\triangle FDA}}{S_{\triangle FAB'}}\cdot\frac{S_{\triangle FB'G'}}{S_{\triangle FG'C}}\cdot\frac{S_{\triangle FCE}}{S_{\triangle FED}}=$$
$$\frac{FD\sin\gamma}{FB'\sin(\alpha+\beta+\gamma)}\cdot\frac{FB'\sin\beta}{FC\sin\gamma}\cdot\frac{FC\sin(\alpha+\beta+\gamma)}{FD\sin\beta}=1$$

由梅涅劳斯定理的逆定理，知 A,E,G' 三点共线.

证法 4 （由福建师大肖石给出）如图 21.3，联结 BD 交 AC 于 H. 设 $\angle DAE=\alpha$，$\angle CAE=\beta$，作 $\angle CAG'=\beta$，交 BC 于 G'，联结 DG'，则
$$\angle BAG'=\alpha$$

因 AC 平分 $\angle BAD$，则
$$\frac{DH}{HB}=\frac{AD}{AB}$$

另一方面，易知
$$\frac{BG'}{G'C}=\frac{AB\sin\alpha}{AC\sin\beta}$$

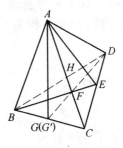

图 21.3

$$\frac{CE}{ED} = \frac{AC\sin\beta}{AD\sin\alpha}$$

从而
$$\frac{BG'}{G'C} \cdot \frac{CE}{ED} \cdot \frac{DH}{HB} = 1$$

在 $\triangle BCD$ 中,由塞瓦定理的逆定理知 BE, CH, DG' 共点.

又 BE, CH 交于点 F,故 D, F, G' 共线,即 G' 是 DF 与 BC 的交点,所以 G 与 G' 重合,从而 $\angle GAC = \angle EAC$.

证法 5 (由大庆市一中张立民给出) 如图 21.3,作 $\angle CAG' = \angle CAE$,交 BC 于 G'. 只需要证 G', F, D 三点共线. 设 $\angle BAC = \angle CAD = \theta, \angle CAG' = \angle CAE = \alpha$,由于 $B, F, E; B, G, C; C, E, D$ 均三点共线,由张角公式,有

$$\frac{\sin(\theta+\alpha)}{AF} = \frac{\sin\alpha}{AB} + \frac{\sin\theta}{AE}$$

$$\frac{\sin\theta}{AG'} = \frac{\sin\alpha}{AB} + \frac{\sin(\theta-\alpha)}{AC}$$

$$\frac{\sin\theta}{AE} = \frac{\sin\alpha}{AD} + \frac{\sin(\theta-\alpha)}{AC}$$

从而有
$$\frac{\sin(\theta+\alpha)}{AF} = \frac{\sin\alpha}{AB} + \frac{\sin\theta}{AE} = \frac{\sin\alpha}{AD} + \frac{\sin\theta}{AG'}$$

故 G', F, D 三点共线.

证法 6 (由天津市一中徐佳给出) 如图 21.4,建立平面直角坐标系,设 $A(0,0), C(c,0), B(b,-kb), D(d,kd)$,其中 k 为直线 AD 的斜率. 再设 $F(f,0)$,则直线 CD 的方程为

$$y = \frac{kd}{d-c}(x-c)$$

直线 BF 的方程为

$$y = -\frac{kb}{b-f}(x-f)$$

从而,点 E 的坐标为

$$E\left(\frac{bd(c+f) - cf(b+d)}{2bd - df - bc}, \frac{kbd(f-c)}{2bd - df - bc}\right)$$

故
$$k_{AE} = \frac{kbd(f-c)}{bd(c+f) - cf(b+d)}$$

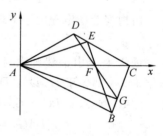

图 21.4

同理,将 b,d 互换,k 变为 $-k$,可得

$$k_{AG} = \frac{-kdb(f-c)}{db(c+f)-cf(d+b)} = -k_{AE}$$

所以 $\angle GAC = \angle EAC$

证法 7 （由福建师大肖石给出）如图 21.5,建立平面直角坐标系. 设 $|AD|=a$, $|AB|=d$, $|AC|=e$, $\angle DAC = \angle BAC = \theta$, 则 $A(0,0)$, $C(e,0)$, $D(a\cos\theta, a\sin\theta)$, $B(d\cos\theta, -d\sin\theta)$.

设 E 分 $\overrightarrow{DC}$ 所成比为 λ, 则

$$x_E = \frac{a\cos\theta + \lambda e}{1+\lambda}, y_E = \frac{a\sin\theta}{1+\lambda}$$

$$k_{AE} = \frac{a\sin\theta}{a\cos\theta + e\lambda} \qquad ①$$

设 F 分 $\overrightarrow{EB}$ 所成比为 δ, 由 F 在 x 轴上,则

$$y_F = \frac{\frac{a\sin\theta}{1+\lambda} + \delta(-d\sin\theta)}{1+\delta} = 0$$

则

$$\delta = \frac{a}{(1+\lambda)d}$$

$$x_F = \frac{\frac{a\cos\theta + \lambda e}{1+\lambda} + \frac{a}{(1+\lambda)d}d\cos\theta}{1 + \frac{a}{(1+\lambda)d}} = \frac{(2a\cos\theta + \lambda e)d}{a+(1+\lambda)d}$$

设 G 分 $\overrightarrow{BC}$ 所成比为 β, 则

$$x_G = \frac{d\cos\theta + \beta e}{1+\beta}, y_G = \frac{-d\sin\theta}{1+\beta}$$

由 D,F,G 三点共线有

$$\frac{x_F - x_D}{y_F - y_D} = \frac{x_G - x_D}{y_G - y_D}$$

即

$$\frac{\frac{(2a\cos\theta + \lambda e)d}{(1+\lambda)d + a} - a\cos\theta}{-a\sin\theta} = \frac{\frac{d\cos\theta + \beta e}{1+\beta} - a\cos\theta}{\frac{-d\sin\theta}{1+\beta} - a\sin\theta}$$

从而

$$\frac{(2a\cos\theta + \lambda e)d}{(1+\lambda)ad + a^2} - \cos\theta = \frac{2d\cos\theta + \beta e}{d + a(1+\beta)} - \cos\theta$$

$$\frac{(2a\cos\theta+e\lambda)d}{a^2+ad+ad\lambda}=\frac{2d\cos\theta+e\beta}{a+d+a\beta}$$

故
$$d(2a\cos\theta+e\lambda)(a+d+a\beta)=(a^2+ad+ad\lambda)(2d\cos\theta+e\beta)$$
$$2a^2d\cos\theta+2ad^2\cos\theta+ade\lambda+d^2e\lambda+(2a^2d\cos\theta+ade\lambda)\beta=$$
$$2a^2d\cos\theta+2ad^2\cos\theta+2ad^2\lambda\cos\theta+(a^2e+ade+ade\lambda)\beta$$
$$a(2ad\cos\theta-ae-de)\beta=d\lambda(2ad\cos\theta-ae-de)$$

即
$$\beta=\frac{d\lambda}{a}$$

从而
$$x_G=\frac{d\cos\theta+\dfrac{ed\lambda}{a}}{1+\dfrac{d\lambda}{a}}=\frac{ad\cos\theta+de\lambda}{a+d\lambda}$$

$$y_G=\frac{-d\sin\theta}{1+\dfrac{d\lambda}{a}}=\frac{-ad\sin\theta}{a+d\lambda}$$

则
$$k_{AG}=\frac{-ad\sin\theta}{ad\cos\theta+de\lambda}=-\frac{a\sin\theta}{a\cos\theta+e\lambda} \qquad ②$$

由①② 知
$$k_{AE}=-k_{AG}$$

故
$$\angle EAC=\angle GAC$$

证法 8 （由天津师大李建泉给出）我们先来看全国第五届中学生数学冬令营选拔考试第三题.

在"筝形"$MCNP$ 中，$MC=MP$，$CN=PN$，经 MN,CP 的交点 A 任作两条直线，分别交 MP 于 S，交 CN 于 D，交 MC 于 G，交 PN 于 T，GD,ST 分别交 CP 于 F,Q. 求证：$FA=AQ$.

如图 21.6，由于 MN 垂直且平分 CP，故作 $\triangle ABE$，使其关于直线 MN 与 $\triangle AST$ 对称，则 B 在 MC 上，E 在 CN 上，且

$$\angle BAC=\angle SAP=\angle CAD$$
$$\angle GAC=\angle PAT=\angle EAC$$

所以，只要证明 AC,DG,BE 三线交于一点即可.

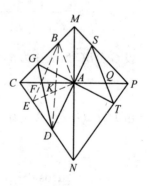

图 21.6

联结 BD 交 AC 于 K，设 $\angle GAC = \angle EAC = \alpha$，$\angle BAG = \angle DAE = \beta$. 则
$$\frac{BG}{GC} \cdot \frac{CE}{ED} \cdot \frac{DK}{KB} = \frac{AB\sin\beta}{AC\sin\alpha} \cdot \frac{AC\sin\alpha}{AD\sin\beta} \cdot \frac{AD\sin(\alpha+\beta)}{AB\sin(\alpha+\beta)} = 1$$
由塞瓦定理的逆定理，知 AC, DG, BE 三线交于一点.

再来看 1999 年全国高中数学联赛加试第一题. 由同一法，作 $\angle G'AC = \angle EAC$，交 BC 于 G'，只需要证 G', F, D 三点共线，或 AC, DG', BE 三线交于一点. 由全国第五届中学生数学冬令营选拔考试第三题的证明过程，知结论成立. 由此，1999 年全国高中数学联赛加试第一题可加强为：在四边形 $ABCD$ 中，对角线 AC 平分 $\angle BAD$，在 CD 上取一点 E，在 CB 上取一点 G，则 AC, DG, BE 三线交于一点的充分必要条件为 $\angle GAC = \angle EAC$.

试题 B 设 a, b, c 为 $\triangle ABC$ 的三条边，$a \leqslant b \leqslant c$，$R$ 和 r 分别为 $\triangle ABC$ 的外接圆半径和内切圆半径. 令 $f = a + b - 2R - 2r$，试用 $\angle C$ 的大小来判定 f 的等号.

解法 1 用 $\angle A, \angle B, \angle C$ 分别表示 $\triangle ABC$ 的三个内角，熟知
$$a = 2R\sin A, b = 2R\sin B$$
$$r = 4R\sin\frac{A}{2}\sin\frac{B}{2}\sin\frac{C}{2}$$
于是
$$f = 2R(\sin A + \sin B - 1 - 4\sin\frac{A}{2}\sin\frac{B}{2}\sin\frac{C}{2}) =$$
$$2R[2\sin\frac{B+A}{2}\cos\frac{B-A}{2} - 1 + 2(\cos\frac{B+A}{2} - \cos\frac{B-A}{2})\sin\frac{C}{2}] =$$
$$4R\cos\frac{B-A}{2}(\sin\frac{B+A}{2} - \sin\frac{C}{2}) - 2R + 4R\cos\frac{\pi-C}{2}\sin\frac{C}{2} =$$
$$4R\cos\frac{B-A}{2}(\sin\frac{\pi-C}{2} - \sin\frac{C}{2}) - 2R + 4R\sin^2\frac{C}{2} =$$
$$4R\cos\frac{B-A}{2}(\cos\frac{C}{2} - \sin\frac{C}{2}) - 2R(\cos^2\frac{C}{2} - \sin^2\frac{C}{2}) =$$
$$2R(\cos\frac{C}{2} - \sin\frac{C}{2})(2\cos\frac{B-A}{2} - \cos\frac{C}{2} - \sin\frac{C}{2})$$
令 $\angle A \leqslant \angle B \leqslant \angle C$，所以
$$0 \leqslant \angle B - \angle A < \angle B \leqslant \angle C$$
又 $0 \leqslant \angle B - \angle A < \angle B + \angle A$，因此
$$\cos\frac{B-A}{2} > \cos\frac{C}{2}$$

$$\cos\frac{B-A}{2} > \cos\frac{B+A}{2} = \cos\frac{\pi-C}{2} = \sin\frac{C}{2}$$

则
$$2\cos\frac{B-A}{2} > \cos\frac{C}{2} + \sin\frac{C}{2}$$

则
$$f > 0 \Leftrightarrow \cos\frac{C}{2} > \sin\frac{C}{2} \Leftrightarrow \angle C < \frac{\pi}{2}$$

$$f = 0 \Leftrightarrow \cos\frac{C}{2} = \sin\frac{C}{2} \Leftrightarrow \angle C = \frac{\pi}{2}$$

$$f < 0 \Leftrightarrow \cos\frac{C}{2} < \sin\frac{C}{2} \Leftrightarrow \angle C > \frac{\pi}{2}$$

解法 2 由正弦定理和三角恒等式

$$\cos A + \cos B + \cos C = \frac{R+r}{R}$$

可得

$$f = 2R(\sin A + \sin B - \cos A - \cos B - \cos C) =$$
$$2R(2\cos\frac{C}{2}\cos\frac{A-B}{2} - 2\sin\frac{C}{2}\cos\frac{A-B}{2} - \cos C) =$$
$$2R\left[2\cos\frac{A-B}{2}\left(\cos\frac{C}{2} - \sin\frac{C}{2}\right) - \left(\cos^2\frac{C}{2} - \sin^2\frac{C}{2}\right)\right] =$$
$$2R\left(\cos\frac{C}{2} - \sin\frac{C}{2}\right)\left(2\cos\frac{A-B}{2} - \cos\frac{C}{2} - \sin\frac{C}{2}\right)$$

而

$$2\cos\frac{A-B}{2} - \cos\frac{C}{2} - \sin\frac{C}{2} =$$
$$\cos\frac{A-B}{2} - \cos\frac{\pi-A-B}{2} + \cos\frac{A-B}{2} - \cos\frac{A+B}{2} =$$
$$2\sin\frac{\pi-2A}{4}\sin\frac{\pi-2B}{4} + 2\sin\frac{A}{2}\sin\frac{B}{2} > 0$$

故
$$f > 0 \Leftrightarrow \cos\frac{C}{2} > \sin\frac{C}{2} \Leftrightarrow \angle C < \frac{\pi}{2}$$

$$f = 0 \Leftrightarrow \cos\frac{C}{2} = \sin\frac{C}{2} \Leftrightarrow \angle C = \frac{\pi}{2}$$

$$f < 0 \Leftrightarrow \cos\frac{C}{2} < \sin\frac{C}{2} \Leftrightarrow \angle C > \frac{\pi}{2}$$

注 查阅《不等式通讯》资料(2000,1),此题可能是以《美国数学月

刊》1999 年 2 月号问题 10713 为背景编制的:

设 a,b,c,R,r 分别为满足 $\angle A \geqslant \angle B \geqslant \angle C$ 的 $\triangle ABC$ 的三边长、外接圆及内切圆的半径,则 $\triangle ABC$ 为锐角三角形的充要条件是 $R+r \leqslant \dfrac{b+c}{2}$.

试题 C 如图 21.7,在 $\triangle ABC$ 中,$AB=AC$. 线段 AB 上有一点 D,线段 AC 的延长线上有一点 E,使得 $DE=AC$. 线段 DE 与 $\triangle ABC$ 的外接圆交于点 T,P 是线段 AT 的延长线上的一点. 证明:点 P 满足 $PD+PE=AT$ 的充分必要条件是点 P 在 $\triangle ADE$ 的外接圆上.

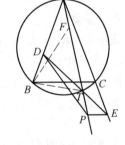

图 21.7

先证充分性.

证法 1 如图 21.7,在线段 AT 上取一点 F,使得 $\angle ABF = \angle EDP$.

因为 P 在 $\triangle ADE$ 的外接圆上,所以有 $\angle BAF = \angle DAP = \angle DEP$. 又 $AB=AC=DE$,故 $\triangle ABF \cong \triangle EDP$. 于是
$$BF=PD, AF=PE$$
联结 BT,由 A,B,C,T 四点共圆和 A,D,E,P 四点共圆得
$$\angle CBT = \angle CAT = \angle EDP = \angle ABF$$
在 $\triangle BFT$ 中,有
$$\angle FBT = \angle FBC + \angle CBT = \angle FBC + \angle ABF = \angle ABC$$
而
$$\angle FTB = \angle ACB$$
又据 $AB=AC$ 可得
$$\angle ABC = \angle ACB$$
故
$$\angle FBT = \angle FTB$$
即 $\triangle BFT$ 是等腰三角形,则
$$BF=FT$$
从而
$$AT = AF+FT = PE+BF = PE+PD$$

证法 2 联结 BT,CT. 在 $\triangle BTC$ 和 $\triangle DPE$ 中,由 A,B,C,T 四点共圆和 A,D,E,P 四点共圆可得 $\angle CBT = \angle CAT = \angle EDP$,$\angle BCT = \angle BAT = \angle DEP$. 于是,$\triangle BTC \backsim \triangle DPE$. 从而,可设
$$\dfrac{DP}{BT} = \dfrac{PE}{CT} = \dfrac{DE}{BC} = k$$
对四边形 $ABTC$ 应用托勒密定理,有

$$AC \cdot BT + AB \cdot CT = BC \cdot AT$$

将上式两端同乘以 k,并将前一比例式代入可得

$$AC \cdot DP + AB \cdot PE = DE \cdot AT$$

注意到 $AB = AC = DE$,此式即

$$PD + PE = AT$$

再证必要性.

证法 1 以 D,E 为两个焦点,长轴长等于 AT 的椭圆与直线 AT 至多有两个交点,而其中在 DE 的一侧,即线段 AT 延长线上的交点至多有一个. 由前面充分性的证明知,AT 的延长线与 $\triangle ADE$ 外接圆的交点 Q 在这个椭圆上;而依题设点 P 同时在 AT 的延长线和椭圆上,故点 P 与点 Q 重合,结论得证.

证法 2 如图 21.8,在线段 AT 的延长线上任取两点 P_1, P_2,易见当 $P_1T < P_2T$ 时有 $P_1D + P_1E < P_2D + P_2E$ 成立. 于是,在线段 AT 的延长线上满足 $PD + PE = AT$ 的点 P 至多有一个. 而由充分性的证明知 $\triangle ADE$ 的外接圆与 AT 的延长线的交点即满足上述等式. 故点 P 就在 $\triangle ADE$ 的外接圆上.

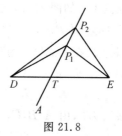

图 21.8

试题 D1 圆 Γ_1 和圆 Γ_2 相交于点 M 和 N. 设 l 是圆 Γ_1 和圆 Γ_2 的两条公切线中距离 M 较近的那条公切线. l 与圆 Γ_1 相切于点 A,与圆 Γ_2 相切于点 B. 设经过点 M 且与 l 平行的直线与圆 Γ_1 还相交于点 C,与圆 Γ_2 还相交于点 D. 直线 CA 和 DB 相交于点 E,直线 AN 和 CD 相交于点 P,直线 BN 和 CD 相交于点 Q. 证明:$EP = EQ$.

证明 令 K 为 MN 和 AB 的交点. 根据圆幂定理,$AK^2 = KN \cdot KM = BK^2$. 换言之,$K$ 是 AB 的中点. 因为 $PQ \parallel AB$,所以 M 是 PQ 的中点. 故只需证明 $EM \perp PQ$,如图 21.9 所示.

因为 $CD \parallel AB$,所以点 A 是 Γ_1 的 $\overset{\frown}{CM}$ 的中点,点 B 是 Γ_2 的 $\overset{\frown}{DM}$ 的中点. 于是,$\triangle ACM$ 与 $\triangle BDM$ 都是等腰三角形. 从而

$$\angle BAM = \angle AMC = \angle ACM = \angle EAB$$
$$\angle ABM = \angle BMD = \angle BDM = \angle EBA$$

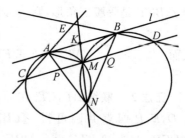

图 21.9

这意味着 $EM \perp AB$.

再由 $PQ \parallel AB$,即证 $EM \perp PQ$.

试题 D2 设 AH_1, BH_2, CH_3 是锐角 $\triangle ABC$ 的三条高线, $\triangle ABC$ 的内切圆与边 BC, CA, AB 分别相切于点 T_1, T_2, T_3. 设直线 l_1, l_2, l_3 分别是直线 H_2H_3, H_3H_1, H_1H_2 关于直线 T_2T_3, T_3T_1, T_1T_2 的对称直线. 证明: l_1, l_2, l_3 所确定的三角形, 其顶点都是在 $\triangle ABC$ 的内切圆上.

证法 1 令 M_1 为 T_1 关于 $\angle A$ 的角平分线的对称点, M_2 和 M_3 分别为 T_2 和 T_3 关于 $\angle B$ 和 $\angle C$ 的角平分线的对称点. 显然 M_1, M_2, M_3 在 $\triangle ABC$ 的内切圆周上. 只需证明它们恰好是题目中所求证的三角形的三个顶点.

由对称性, 只需证明 H_2H_3 关于直线 T_2T_3 的对称直线 l_1 经过 M_2 即可.

设 I 为 $\triangle ABC$ 的内心. 注意 T_2 和 H_2 总在 BI 的同一侧, 且 T_2 比 H_2 距离 BI 更近. 我们只考虑点 C 也在 BI 同一侧的情形(如果点 C 和 T_2, H_2 分别位于 BI 的两侧, 证明需要稍加改动).

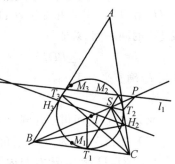

图 21.10

设 $\angle A = 2\alpha, \angle B = 2\beta, \angle C = 2\gamma$.

引理 H_2 关于 T_2T_3 的镜像位于直线 BI 上.

引理的证明 事实上, 过 H_2 作直线 l 与 T_2T_3 垂直, 记 P 为 l 与 BI 的交点, S 为 BI 与 T_2T_3 的交点. 则 S 既在线段 BP 上, 也在线段 T_2T_3 上, 只需证明
$$\angle PSH_2 = 2\angle PST_2$$

首先, 我们有
$$\angle PST_2 = \angle BST_3$$

又由外角定理知
$$\angle PST_2 = \angle AT_3S - \angle T_3BS = (90° - \alpha) - \beta = \gamma$$

再由关于 BI 的对称性知
$$\angle BST_1 = \angle BST_3 = \gamma$$

因为 $\angle BT_1S = 90° + \alpha > 90°$, 所以, 点 C 和点 S 在 IT_1 的同一侧.

由 $\angle IST_1 = \angle ICT_1 = \gamma$, 可得 S, I, T_1, C 四点共圆, 于是
$$\angle ISC = \angle IT_1C = 90°$$

因为 $\angle BH_2C = 90°$, 所以 B, C, H_2, S 四点共圆.

这意味着

$$\angle PSH_2 = \angle C = 2\gamma = 2\angle PST_2$$

引理得证.

注意到在引理的证明中,因为 B, C, H_2, S 四点共圆以及关于 T_2T_3 的对称性,可以得到
$$\angle BPT_2 = \angle SH_2T_2 = \beta$$

又由于 M_2 是 T_2 关于 BI 的对称像,有
$$\angle BPM_2 = \angle BPT_2 = \beta = \angle CBP$$

因此, PM_2 平行于 BC.

要证明 M_2 位于 l_1 上,只需证 l_1 也平行于 BC. 假设 $\beta \neq \gamma$. 设直线 BC 与 H_2H_3 和 T_2T_3 分别相交于点 D 和点 E. 注意到点 D 和点 E 位于直线 BC 上线段 BC 的同一侧,易证
$$\angle BDH_3 = 2|\beta-\gamma|, \angle BET_3 = |\beta-\gamma|$$

故得 l_1 确实平行于 BC.

证法 2 (由四川方廷刚给出)

(1) 当 $\triangle ABC$ 为等腰三角形时,不妨设 $AB = AC$,如图 21.11 所示. 记 l_3 与内切圆 I 的交点为 D_2, l_2 与圆 I 的交点为 D_3,则只需证明直线 D_2D_3 与直线 H_2H_3 关于 T_2T_3 对称. 又易知 $D_2D_3 \parallel T_2T_3 \parallel H_2H_3$ 及 $l_3 \parallel AB$, $l_2 \parallel AC$,故只需证明点 T_1 到 D_2D_3, T_2T_3, H_2H_3 的距离 d_1, d_2, d_3 依次成等差数列. 记 $BC = a$,则圆 I 的半径 $r = \dfrac{a}{2}\tan\dfrac{B}{2}$.

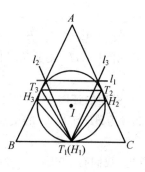

图 21.11

由 $\angle D_2T_1D_3 = \angle A$,可得 $d_1 = r(1+\cos A)$;由
$$\angle T_2T_1T_3 = 90° - \dfrac{\angle A}{2}$$

可得
$$d_2 = r\left(1 + \sin\dfrac{A}{2}\right)$$

又易得
$$d_3 = a\sin B\cos B = \dfrac{1}{2}a\sin 2B = \dfrac{1}{2}a\sin A$$

故为证 $d_1 + d_3 = 2d_2$,只需证

$$\tan\frac{B}{2}(1+\cos A)+\sin A=2\tan\frac{B}{2}(1+\sin\frac{A}{2})$$

即

$$(1-\cos B)(1+\cos A)+\sin A\sin B=2(1-\cos B)(1+\sin\frac{A}{2})$$

即

$$(1-\sin\frac{A}{2})(1+\cos A)+\sin A\cos\frac{A}{2}=2(1-\sin\frac{A}{2})(1+\sin\frac{A}{2})$$

易知此时结论成立.

(2) 当 $\triangle ABC$ 为不等边三角形时,不妨设 $a>b>c$,如图 21.12. 取 D_1,D_2,D_3 分别为 T_1 关于直线 AI,T_2 关于直线 BI,T_3 关于直线 CI 的对称点,则易知 D_1,D_2,D_3 均在内切圆 I 上, $\angle T_1 I D_1=\angle B-\angle C$,$\angle T_2 I D_2=\angle A-\angle C$. 故 $D_1 D_2$ 与 $T_1 T_2$ 的夹角

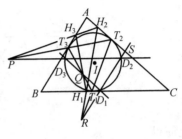

图 21.12

$$\angle T_1 R D_1=\frac{1}{2}[(\angle A-\angle C)-(\angle B-\angle C)]=\frac{1}{2}(\angle A-\angle B)$$

恰等于 $H_1 H_2$ 与 $T_1 T_2$ 的夹角,且 $D_1 D_2$ 与 AC 的夹角

$$\angle RSC=\angle T_2 R D_2+\angle RT_2 S=\frac{1}{2}(\angle A-\angle B)+(90°-\frac{\angle C}{2})=\angle A$$

故 $D_1 D_2 \parallel AB$.

同理可证,$D_2 D_3 \parallel BC$ 及 $D_3 D_1 \parallel AC$.

下面证明 $H_1 H_2$,$T_1 T_2$,$D_1 D_2$ 共点.

记 $T_1 T_2$ 与 $D_1 D_2$ 的交点为 R,联结 $H_1 R$. 为证三直线共点,只需证明

$$\frac{T_2 H_2}{H_2 C}\cdot\frac{CH_1}{H_1 T_1}\cdot\frac{T_1 R}{RT_2}=1$$

即

$$\frac{T_2 H_2}{H_2 C}\cdot\frac{CH_1}{H_1 T_1}=\frac{RT_2}{T_1 R}$$

联结 $T_1 D_2$,$T_2 D_2$,易知

$$\angle RD_2 T_1=\frac{1}{2}(\angle B-\angle C)$$

$$\angle D_2 T_1 T_2=\frac{1}{2}(\angle A-\angle C)$$

$$\angle RT_2D_2 = 90° - \frac{\angle C}{2} - \angle D_2T_2S =$$
$$90° - \frac{\angle C}{2} - \frac{1}{2}(\angle A - \angle C) =$$
$$90° - \frac{\angle A}{2}$$
$$\angle T_2D_2R = 90° + \frac{\angle B}{2}$$

则
$$\frac{RT_2}{T_1R} = \frac{RT_2}{RD_2} \cdot \frac{RD_2}{RT_1} = \frac{\sin\angle T_2D_2R}{\sin\angle D_2T_2R} \cdot \frac{\sin\angle D_2T_1R}{\sin\angle RD_2T_1} =$$
$$\frac{\sin(90° + \frac{B}{2})\sin\frac{A-C}{2}}{\sin(90° - \frac{A}{2})\sin\frac{B-C}{2}}$$

化简得
$$\frac{RT_2}{T_1R} = \frac{\cos A - \cos C}{\cos B - \cos C}$$

用 p 表 $\triangle ABC$ 的半周长，易知
$$\frac{T_2H_2}{H_2C} \cdot \frac{CH_1}{H_1T_1} = \frac{a\cos C - (p-c)}{a\cos C} \cdot \frac{b\cos C}{b\cos C - (p-c)} =$$
$$\frac{ab\cos C - b(p-c)}{ab\cos C - a(p-c)}$$

化简得
$$\frac{T_2H_2}{H_2C} \cdot \frac{CH_1}{H_1T_1} = \frac{(a-c)(a+c-b)}{(b-c)(b+c-a)}$$

故只需证明
$$\frac{(a-c)(a+c-b)}{(b-c)(b+c-a)} = \frac{\cos A - \cos C}{\cos B - \cos C}$$

又易知
$$\frac{\cos A - \cos C}{\cos B - \cos C} = \frac{2abc\cos A - 2abc\cos C}{2abc\cos B - 2abc\cos C} =$$
$$\frac{a(b^2 + c^2 - a^2) - c(a^2 + b^2 - c^2)}{b(c^2 + a^2 - b^2) - c(a^2 + b^2 - c^2)} =$$
$$\frac{(a-c)(a+c-b)}{(b-c)(b+c-a)}$$

由此可知 H_1H_2, T_1T_2, D_1D_2 共点．

同理可证 H_2H_3, T_2T_3, D_2D_3 共点, H_3H_1, T_3T_1, D_3D_1 共点.

再由前面的论述知 D_1D_2, H_1H_2 关于 T_1T_2 对称, D_2D_3, H_2H_3 关于 T_2T_3 对称, D_3D_1, H_3H_1 关于 T_3T_1 对称.

故此时结论成立.

注 由上述证明过程易看出如下相关结论:

(1) $T_1D_1 /\!/ T_2T_3, T_2D_2 /\!/ T_3T_1, T_3D_3 /\!/ T_1T_2$;

(2) $T_1D_2 = T_1D_3, T_2D_3 = T_2D_1, T_3D_1 = T_3D_2$;

(3) 三直线 T_1D_1, T_2D_2, T_3D_3 分别平分 $\triangle D_1D_2D_3$ 的三组外角;

(4) 记直线 T_2D_2, T_3D_3 的交点为 E_1,直线 T_3D_3, T_1D_1 的交点为 E_2,直线 T_1D_1, T_2D_2 的交点为 E_3,则 T_1, T_2, T_3 恰为 $\triangle E_1E_2E_3$ 的三边中点, D_1, D_2, D_3 恰为 $\triangle E_1E_2E_3$ 的三条高线的垂足.

事实上,如图 21.13,联结 T_1D_2, T_1D_3,有
$$\angle D_2T_1D_1 = \angle D_2D_3D_1 = \angle C$$
$$\angle T_1D_2E_3 = \angle T_1T_3T_2 = 90° - \frac{\angle C}{2}$$

于是
$$\angle T_1E_3D_2 = 90° - \frac{\angle C}{2} = \angle T_1D_2E_3$$

故 $T_1E_3 = T_1D_2$.

同理可得 $T_1E_2 = T_1D_3$.

再由 $T_1D_2 = T_1D_3$ 知 $T_1E_2 = T_1E_3$,同理可证其余结论.

(上述证明中得到的 $T_1E_3 = T_1D_2 = T_1D_3 = T_1E_2$ 对于下面的证明是有用的.)

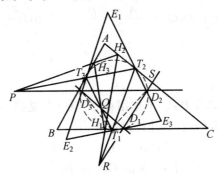

图 21.13

(5) 记 H_2D_2, H_3D_3 的交点为 F_1, H_3D_3, H_1D_1 的交点为 F_2, H_1D_1, H_2D_2

的交点为 F_3,则 A,Q,R,E_1,F_1 五点共线,B,R,P,E_2,F_2 五点共线,C,P,Q,E_3,F_3 五点共线.

事实上,只需证明 A,Q,R,E_1,F_1 五点共线即可.

首先考虑 $\triangle T_2D_2H_2$ 和 $\triangle T_3D_3H_3$,其三组对应顶点的连线 T_2T_3, D_2D_3, H_2H_3 共点 P,故由笛沙格定理知其三组对应边的交点 E_1, F_1, A 共线.

其次,由于 $T_3D_3 \parallel T_1T_2$,为证 E_1, Q, R 共线,需证 $\angle E_1QT_3 = \angle RQT_1$,需证 $\triangle E_1QT_3 \backsim \triangle RQT_1$,需证 $\dfrac{E_1T_3}{T_3Q} = \dfrac{RT_1}{T_1Q}$,再由 $T_3E_1 = T_3D_2 = T_3D_1$ 知,只需证得

$$\dfrac{T_3D_1}{T_3Q} = \dfrac{T_1R}{T_1Q}$$

注意到已有 $\angle T_1D_1R = \angle T_1D_1Q$,故

$$\dfrac{T_1R}{T_1Q} = \dfrac{\dfrac{T_1D\sin\angle T_1D_1R}{\sin\angle T_1RD_1}}{\dfrac{T_1D\sin\angle T_1D_1Q}{\sin\angle T_1QD_1}}$$

即

$$\dfrac{T_1R}{T_1Q} = \dfrac{\sin\angle T_1QD_1}{\sin\angle T_1RD_1}$$

又

$$\dfrac{T_3D_1}{T_3Q} = \dfrac{\sin\angle T_3QD_1}{\sin\angle T_3D_1Q}$$

$$\angle T_3QD_1 = 180° - \angle T_1QD_1$$

$$\angle T_3D_1Q = \dfrac{\angle A - \angle B}{2} = \angle T_1RD_1$$

故 $\dfrac{T_1R}{T_1Q} = \dfrac{T_3D_1}{T_3Q}$ 成立.

于是,E_1, Q, R 共线.

最后还需证明 A,Q,R 共线,考虑用重心坐标(参见第36章第5节):$A(1,0,0), B(0,1,0), C(0,0,1)$,容易计算出

$$T_1(0, (p-c), (p-b))$$
$$H_1(0, b\cos C, c\cos B)$$
$$T_2((p-c), 0, (p-c))$$
$$H_2(a\cos C, 0, c\cos A)$$
$$T_3((p-b), (p-a), 0)$$

$$H_3(a\cos B, b\cos A, 0)$$

进一步可得直线 T_1T_2 和 H_1H_2 的(齐次坐标)方程(由直线方程的行列式表示展开后)分别为

$$\begin{cases}(p-a)x+(p-b)y-(p-c)z=0\\ bc\cos A \cdot x + ca\cos B \cdot y - ab\cos C \cdot z = 0\end{cases}$$

记 R 的坐标为 (x_3, y_3, z_3),则可计算出

$$x_3 = a[c(p-c)\cos B - b(p-b)\cos C]$$
$$y_3 = b[a(p-a)\cos C - c(p-c)\cos A]$$
$$z_3 = -c[b(p-b)\cos A - a(p-a)\cos B]$$

同理,记 Q 的坐标为 (x_2, y_2, z_2),有

$$x_2 = a[c(p-c)\cos B - b(p-b)\cos C]$$
$$y_2 = -b[a(p-a)\cos C - c(p-c)\cos A]$$
$$z_2 = c[b(p-b)\cos A - a(p-a)\cos B]$$

容易验证行列式 $\begin{vmatrix} 1 & 0 & 0 \\ x_2 & y_2 & z_2 \\ x_3 & y_3 & z_3 \end{vmatrix} = 0.$

故 A, Q, R 共线.

第 1 节 三角形高上一点的性质及推广

命题 1 在 $\triangle ABC$ 中,$AP \perp BC$,O 为 AP 上任意一点,CO, BO 分别与 AB, AC 交于 D, E,求证: $\angle DPA = \angle EPA$.

(2001 年第 14 届爱尔兰数学奥林匹克竞赛试题)

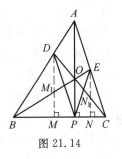

图 21.14

本题曾多次被选作竞赛试题,如 1987 年首届"友谊杯"国际数学竞赛试题,第 26 届(1994 年)加拿大数学奥林匹克竞赛试题,2003 年保加利亚奥林匹克竞赛试题.

证法 1 如图 21.14,过 D, E 作 $DM \perp BC$,$EN \perp BC$,垂足分别为 M, N,DM 交 BE 于 M_1,EN 交 CD 于 N_1,则 $DM \parallel AP \parallel EN$. 所以

$$\frac{MP}{NP} = \frac{DO}{N_1 O} = \frac{DM_1}{EN_1} = \frac{DM_1}{AO} \cdot \frac{AO}{EN_1} = \frac{DM}{AP} \cdot \frac{AP}{EN} = \frac{DM}{EN}$$

所以 $\mathrm{Rt}\triangle DPM \backsim \mathrm{Rt}\triangle EPN$

所以 $\angle DPM = \angle EPN$

所以 $\angle DPA = \angle EPA$

证法 2 如图 21.15, 过 D,E 作 $DM \perp BC, EN \perp BC$, 垂足分别为 M,N, 联结 DE 交 AP 于 G, 则 $DM \parallel AP \parallel EN$. 所以

$$\frac{MP}{PN} = \frac{DG}{GE} \qquad ①$$

$$\frac{DM}{EN} = \frac{DM}{AP} \cdot \frac{AP}{EN} = \frac{DB}{AB} \cdot \frac{AC}{EC} \qquad ②$$

对 $\triangle ADE$ 及共点 O 的直线 AP, BE, CD, 由塞瓦定理得

$$\frac{DB}{AB} \cdot \frac{AC}{EC} \cdot \frac{EG}{DG} = 1 \qquad ③$$

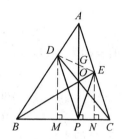

图 21.15

把 ①② 代入 ③ 整理得

$$\frac{MP}{PN} = \frac{DM}{EN}$$

所以 $\text{Rt}\triangle DPM \sim \text{Rt}\triangle EPN$

所以 $\angle DPM = \angle EPN$

故 $\angle DPA = \angle EPA$

命题 1 是一个有着丰富内涵的几何问题, 我们不妨称之为三角形高上一点的性质.

对于这条性质, 我们可以从如下几个方面进行推广.

1. 将高变为高所在的直线进行推广

推广 1[①] 在锐角 $\triangle ABC$ 中, AD 是 BC 边上的高, P 为 AD 所在直线上任意一点, BP, CP 分别交 AC 和 AB 所在直线于 E,F, 则 AD 平分 $\angle EDF$ 或其邻补角.

证明 为了讨论问题的方便, 先作辅助图, 过 C 作 $CP_1 \parallel AB$ 交直线 AD 于 P_1, 过 B 作 $BP_2 \parallel AC$ 交 AD 于 P_2, 若 $AB \neq AC$, 则 P_1, P_2 不重合, 如图 21.16 所示.

---

① 杜少平, 徐更生, 秦大志, 等. 完善一道几何题的推广[J]. 中学数学教学, 1992(5): 39-40.

(1) 若点 P 取在除去线段 P_1P_2 外的任一点,则 AD 平分 $\angle EDF$,如图 21.17(a)(b)(c)(d) 所示.

下面仅就图 21.17(a) 的情形给出证明.

过 P 作平行于 BC 的直线,分别交 DF,DE 的延长线于 M,N. 由塞瓦定理得

$$\frac{PF}{FB} \cdot \frac{BD}{DC} \cdot \frac{CE}{EP} = 1 \qquad ①$$

由 $\triangle PMF \backsim \triangle BDF$,得

$$\frac{PM}{BD} = \frac{PF}{BF} \qquad ②$$

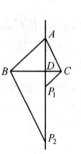

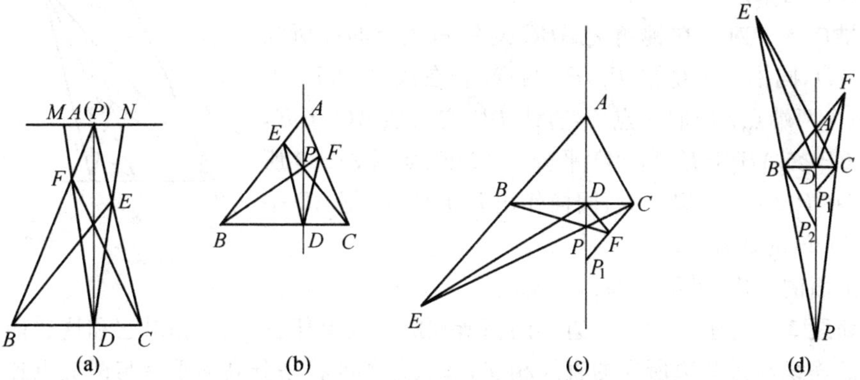

图 21.16

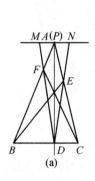 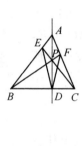 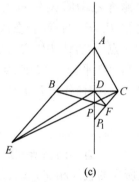 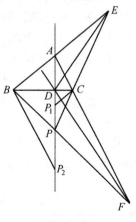

(a)　　　　(b)　　　　(c)　　　　(d)

图 21.17

由 $\triangle CDE \backsim \triangle PNE$,得

$$\frac{CD}{PN} = \frac{CE}{PE} \qquad ③$$

②③ 两式代入 ①,得

$$\frac{PM}{BD} \cdot \frac{BD}{DC} \cdot \frac{CD}{PN} = 1$$

则 $\qquad\qquad PM = PN$

又 $\qquad\qquad MN \parallel BC, AD \perp BC$

则 DP 垂直平分 MN,故 AD 平分 $\angle EDF$.

(2) 若点 P 取在线段 P_1P_2 上,则 AD 平分 $\angle EDF$ 的邻补角,如图 21.18 所示.

(3) 若点 P 取为垂足 D,则 E 与 C 重合,F 与 B 重合,$\angle EDF$ 为平角;若点 P 取为顶点 A,则 E,F 皆与 A

图 21.18

重合,∠EDF 可看成零度. 结论 AD 平分 ∠EDF 都成立.

(4) 若 P 取在 P_1,BP 与 AC 相交于 E,过 D 作 AB 的平行线 DF(注意方向),仍有 AD 平分 ∠EDF,如图 21.19 所示. 如取 DF 反方向 DF',则 AD 平分 $∠EDF'$ 的邻补角;P 取在 P_2 的情形类似.

(5) 若 AB=AC,则 P_1 与 P_2 重合,不存在 AD 平分 ∠EDF 的邻补角的情况.

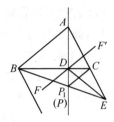

图 21.19

推广 2 对于钝角三角形(或直角三角形),在钝角边(或直角边)上的高所在直线上任取一点 P,与推广 1 有同样的结果.

推广 3 对于在钝角 △ABC 对锐角边上的高所在直线 AD,同推广 1 得出 P_1,P_2 两点. 若在线段 P_1P_2 上(不包括两端点)任取一点 P,直线 BP 交直线 AC 于 E,直线 CP 交 AB 于 F,则 AD 平分 ∠EDF,如图 21.20 所示. 若在 P_1P_2 外任取一点,同样作出 E,F 两点,则 AD 平分 ∠EDF 的邻补角.

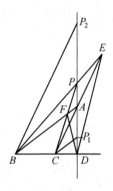

图 21.20

上面的推广,可综合为:

命题 2 对于三角形一边上的高所在的直线上任意一点,如果它和这边两端点的连线与另两边所在的直线相交,那么这条高将平分高的垂足与两交点连线的夹角或其邻补角.

2. 将高线对应的边所在直线变成折线,且满足高线平分此折线角进行推广①

推广 4 在凸四边形 ABCD 中,对角线 AC 平分 ∠BAD,E 是 CD 边上的一点,BE 交 AC 于 G,DG 交 BC 于 F. 求证:∠FAC=∠EAC.

(1999 年全国高中数学联赛加试题)

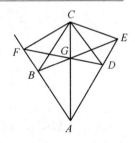

图 21.21

在推广 4 的基础上,若 E,F 分别变为在 AD,AB 的延长线上,则又成了一个推广.

推广 5 如图 21.21,在凸四边形 ABCD 中,对角线 AC 平分 ∠BAD,F 是 AB 延长线上任一点,DF 交

---

① 赖百奇. 一类数学奥林匹克几何问题的解法[J]. 中学教研(数学),2006(3):41-42.

AC 于 G，BG 交 AD 的延长线于 E，求证：$\angle ECA = \angle FCA$.

(《数学教学》问题 526)

证明方法同命题 1 的证法 2.(这里略)

把折线 BAD 的下凸部分变成上凸折线 BAD，则又变成了一个推广.

推广 6 如图 21.22，A 为 $\triangle DBC$ 内一点，满足 $\angle DAC = \angle BAC$，F 是线段 AC 内任一点，直线 DF，BF 分别交边 BC，CD 于 G，E，求证：$\angle GAC = \angle EAC$.

(《数学教学》问题 561)

证明 联结 EG 交 AC 于 O，过点 A 作 $a \perp AC$，过 E 作 $EM \perp a$，垂足为 M，交 DA 于 M_1，过 G 作 $GN \perp a$，垂足为 N，交 BA 于 N_1，则 $EM_1 \parallel CA \parallel GN_1$，则

$$\frac{EM_1}{GN_1} = \frac{EM_1}{AC} \cdot \frac{AC}{GN_1} = \frac{ED}{CD} \cdot \frac{CB}{GB} \qquad ①$$

$$\frac{OE}{OG} = \frac{AM}{AN} \qquad ②$$

因 $\angle DAC = \angle BAC$，$a \perp AC$，则 $\angle MAM_1 = \angle NAN_1$，即 $\mathrm{Rt}\triangle MAM_1 \backsim \mathrm{Rt}\triangle NAN_1$，从而

$$\frac{AM}{AN} = \frac{MM_1}{NN_1} \qquad ③$$

对 $\triangle CEG$ 及共点 F 的直线 CF，DG，BE，由塞瓦定理得

$$\frac{ED}{CD} \cdot \frac{CB}{GB} \cdot \frac{GO}{OE} = 1 \qquad ④$$

由 ①②③④ 得

$$\frac{EM_1}{GN_1} = \frac{MM_1}{NN_1} = \frac{MA}{NA}$$

由比例的性质得

$$\frac{EM}{GN} = \frac{MA}{NA}$$

从而 $\mathrm{Rt}\triangle EAM \backsim \mathrm{Rt}\triangle GAN$

则 $\angle EAM = \angle GAN$

即 $\angle EAC = \angle GAC$

3. 将高线对应的边变成与三角形另两边所在直线相交的直线 l，高线变成过某点且与 l 垂直的直线进行推广

推广 7 已知圆 O 是 $\triangle ABC$ 的内切圆，切点依次为 D，E，F，$DP \perp EF$ 于 P，求证：$\angle FPB = \angle EPC$.

证明 如图21.23,过 B,C 作 $BM \perp EF$, $CN \perp EF$,垂足分别为 M,N,则 $BM \parallel DP \parallel CN$,即有

$$\frac{MP}{NP} = \frac{BD}{DC}$$

(《数学教学》问题481)

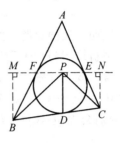

图 21.23

由已知得 $AE = AF, BF = BD, CD = CE$,则 $\angle AFE = \angle AEF$,即

$$\angle BFM = \angle CEN$$

从而 $Rt\triangle BFM \backsim Rt\triangle CEN$

即 $$\frac{BM}{CN} = \frac{BF}{CE} = \frac{BD}{DC} = \frac{MP}{NP}$$

于是 $Rt\triangle MPB \backsim Rt\triangle NPC$

故 $\angle FPB = \angle EPC$

推广8 $\triangle ABC$ 的边 BC 外的旁切圆 O 分别切 BC,AB,AC 或其延长线于 D,E,F, $DP \perp EF$ 于 P,求证:$\angle BPD = \angle CPD$.

(《数学教学》问题402)

如图21.24,仿推广7的证明即可证得.

推广9 凸四边形 $ABCD$ 中,边 AB,DC 的延长线交于点 E,边 BC,AD 的延长线交于点 F,若 $AC \perp BD$,求证:$\angle EGC = \angle FGC$.

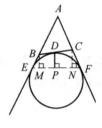

图 21.24

(《数学教学》问题651)

证明 如图21.25,过点 B 作 $BM \perp BD$ 交 EG 于 M,过点 D 作 $DN \perp BD$ 交 GF 于 N,则 $BM \parallel AC \parallel DN$,即

$$\frac{BM}{DN} = \frac{BM}{AG} \cdot \frac{AG}{DN} = \frac{BE}{AE} \cdot \frac{AF}{DF} \quad ①$$

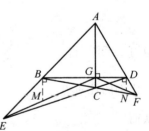

图 21.25

对 $\triangle ABD$ 及共点 C 的直线 AC,BF,DE,由塞瓦定理得

$$\frac{GB}{GD} \cdot \frac{DF}{AF} \cdot \frac{AE}{BE} = 1 \quad ②$$

把①代入②整理得

$$\frac{BM}{DN} = \frac{GB}{GD}$$

第 21 章 1999~2000 年度试题的诠释

所以 $\qquad Rt\triangle BGM \backsim Rt\triangle DGN$

即 $\qquad \angle BGM = \angle DGN$

故 $\qquad \angle EGC = \angle FGC$

4. 将 $\triangle ABC$ 的两条边 AB,AC 变成两条平行线进行推广①

推广 10 在梯形 $BCEF$ 中,$BF \parallel CE$,$BF \perp BC$,BE 和 CF 交于 P,点 D 在 BC 上,且 $PD \perp BC$,求证:$\angle FDP = \angle EDP$.

此推广的证明,可参见图 21.25,在此图中,分别过 E,F 作与直线 BD 垂直的直线即可得直角梯形(证略).

推广 11 已知 $\angle FDP = \angle EDP$,其他条件同推广 10,求证:$PD \perp BC$.

证法 1 (反证法)如图 21.26,假设 PD 不垂直于 BC,不妨设 $\angle PDB$ 为锐角,过 P 作 $PD' \perp BC$.由已知有

$$BF \parallel PD' \parallel CE$$

于是 $\qquad \dfrac{BD'}{D'C} = \dfrac{FP}{PC} = \dfrac{BF}{CE}$

从而 $\qquad Rt\triangle BFD' \backsim Rt\triangle CED'$

则 $\qquad \angle FD'B = \angle ED'C$

故 $\qquad \angle FD'P = \angle ED'P$

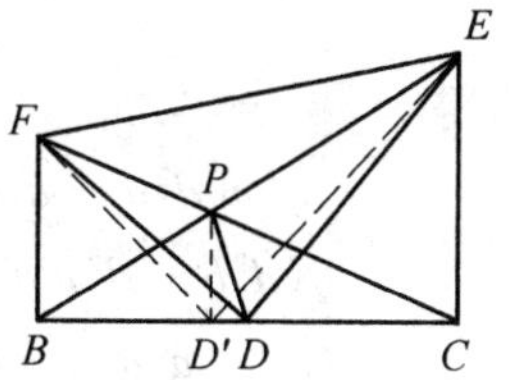

图 21.26

作 $\triangle FPD'$ 的外接圆,由 $\angle FPD' + \angle FBD' > 180°$,得点 B 在圆 FPD' 内,于是点 D 在圆 FPD' 外,则

$$\angle FD'P > \angle FDP$$

作 $\triangle EPD'$ 的外接圆,由 $\angle EPD' + \angle ECD' > 180°$,得点 C 在圆 EPD' 内,于是点 D 在圆 EPD' 内,则

$$\angle EDP > \angle ED'P$$

因为 $\angle FD'P = \angle ED'P$,所以 $\angle EDP > \angle FDP$,这与已知 $\angle FDP = \angle EDP$ 矛盾.从而 $PD \perp BC$.

证法 2 如图 21.27,建立坐标系,设 $B(0,b)$,$F(a,b)$,$E(d,0)(d > a)$,$D(0,n)$,则 OF 的方程为

---

① 李康海. 由一道平面几何题产生的联想[J]. 中学教研(数学),2006(2):37-39.

$$y = \frac{b}{a}x$$

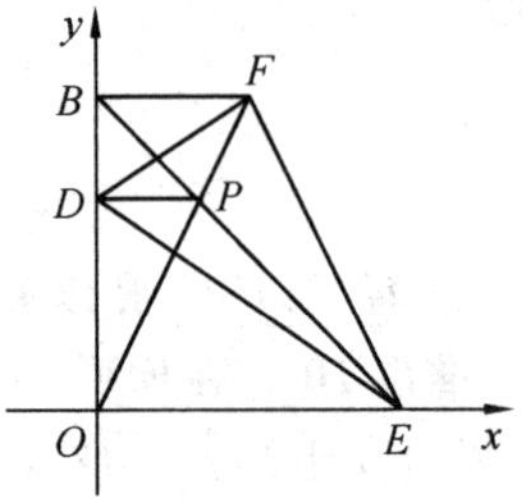

BE 的方程为 $\quad \dfrac{x}{d} + \dfrac{y}{b} = 1$

解得 $\quad P\left(\dfrac{da}{d+a}, \dfrac{db}{d+a}\right)$

又 $\quad k_{FD} = \dfrac{b-n}{a}, k_{DE} = -\dfrac{n}{d}, k_{DP} = \dfrac{db-(d+a)n}{da}$

图 21.27

于是由 $\angle FDP = \angle EDP$ 得

$$\dfrac{\dfrac{b-n}{a} - \dfrac{db-(d+a)n}{da}}{1 + \dfrac{b-n}{a} \cdot \dfrac{db-(d+a)n}{da}} = \dfrac{\dfrac{db-(d+a)n}{da} + \dfrac{n}{d}}{1 - \dfrac{n}{d} \cdot \dfrac{db-(d+a)n}{da}}$$

化简得

$$a^2 n [d^2 a - dbn + (d+a)n^2] =$$
$$(d^2 b - d^2 n)[da^2 + db^2 - (2bd + ba)n + (d+a)n^2]$$

则 $\quad (a^3 + a^2 d + ad^2 + d^3)n^3 - (a^2 bd + 2abd^2 + 3bd^3)n^2 +$
$\quad (a^3 d^2 + a^2 d^3 + ab^2 d^2 + 3b^2 d^3)n - bd^3(a^2 + b^2) = 0$

即 $\quad [(d+a)n - db][(a^2 + d^2)n^2 - 2bd^2 n + (a^2 + b^2)d^2] = 0$

则 $\quad [(d+a)n - db][(dn - db)^2 + a^2 n^2 + a^2 d^2] = 0$

故 $\quad n = \dfrac{db}{d+a}$

因此 $k_{DP} = 0$, 即 $PD \perp BC$.

5. 将高线 AD 推广为过点 A 的其他线段[①]

推广 12 如图 21.28, 在 $\triangle ABC$ 中, D 为边 BC 上任意一点, 从 D 在三角形内作一条射线 DP, 使 $\angle BDP = \angle ADC$. H 是 DP 上任意一点, $BH \cap AC = E, CH \cap AB = F$. 求证: $\angle FDP = \angle EDA$.

证明 如图 21.28, 设 $CF \cap AD = G, CF \cap DE = K$, 过 H 作 BC 的平行线交 DF, AD, DE 分别于 M, N, Q. 则

$$\dfrac{MH}{DC} = \dfrac{FH}{FC}, \dfrac{HN}{DC} = \dfrac{HG}{GC}$$

从而

---

① 万喜人. 再谈一道竞赛题的推广[J]. 现代中学数学, 2006(1): 27-28.

$$MH = \frac{NH}{HG} \cdot \frac{FH \cdot GC}{FC} \qquad ①$$

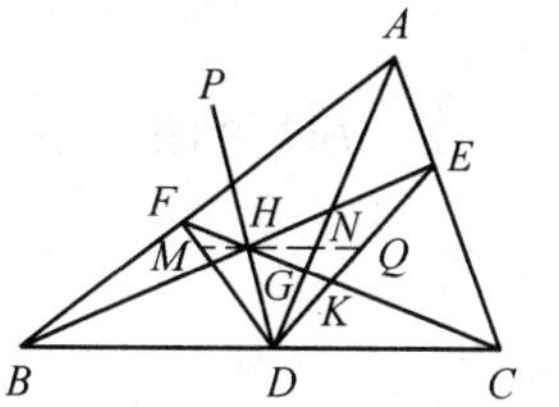

因直线 NGD 截 $\triangle HKQ$，由梅涅劳斯定理得

$$\frac{QN}{NH} \cdot \frac{HG}{GK} \cdot \frac{KD}{DQ} = 1$$

又 $\dfrac{KD}{DQ} = \dfrac{KC}{CH}$，则

$$QN = \frac{NH}{HG} \cdot \frac{GK \cdot CH}{KC} \qquad ②$$

图 21.28

由直线 AFB 截 $\triangle CEH$ 得

$$\frac{HF}{FC} \cdot \frac{CA}{AE} \cdot \frac{EB}{BH} = 1 \qquad ③$$

由直线 BDC 截 $\triangle EHK$ 得

$$\frac{KC}{CH} \cdot \frac{HB}{BE} \cdot \frac{ED}{DK} = 1 \qquad ④$$

由直线 AGD 截 $\triangle CEK$ 得

$$\frac{CG}{GK} \cdot \frac{KD}{DE} \cdot \frac{EA}{AC} = 1 \qquad ⑤$$

③×④×⑤ 得

$$\frac{HF}{FC} \cdot \frac{KC}{CH} \cdot \frac{CG}{GK} = 1$$

即

$$\frac{HF \cdot CG}{FC} = \frac{GK \cdot CH}{KC} \qquad ⑥$$

由 ①②⑥ 得 $MH = QN$，又

$$\angle HND = \angle NDC = \angle BDH = \angle NHD$$

则 $DH = DN, \angle DHM = \angle DNQ$

所以 $\triangle DHM \cong \triangle DNQ$

故 $\angle FDP = \angle EDA$

用前面的方法，推广 12 还可以有进一步的推广.

推广 13 如图 21.29，任意四边形 $ABCD$ 中，从顶点 A 在四边形内作射线 AP，使 $\angle BAP = \angle DAC$，在 CD 上取一点 E，$BE \cap AP = F$，$DF \cap BC = G$. 求证：$\angle GAP = \angle EAC$.

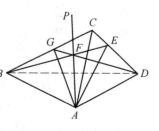

图 21.29

证明 如图 21.29, 联结 BD, 设 $\angle BAG = x$, $\angle DAE = y$, 将 $\angle BAD$ 简记为 $\angle A$.

在 $\triangle ABG$ 中,由正弦定理得
$$\sin x = \frac{BG}{AG} \cdot \sin \angle ABG$$

同理
$$\sin y = \frac{DE}{AE} \cdot \sin \angle ADE$$

于是
$$\frac{\sin x}{\sin y} = \frac{BG}{DE} \cdot \frac{AE}{AG} \cdot \frac{\sin \angle ABG}{\sin \angle ADE} \qquad ①$$

因
$$\frac{BG}{\sin \angle BDF} = \frac{DG}{\sin \angle GBD}, \frac{DE}{\sin \angle DBF} = \frac{BE}{\sin \angle EDB}$$

则
$$\frac{BG}{DE} \cdot \frac{\sin \angle DBF}{\sin \angle BDF} = \frac{DG}{BE} \cdot \frac{\sin \angle EDB}{\sin \angle GBD}$$

又
$$\frac{\sin \angle DBF}{\sin \angle BDF} = \frac{DF}{BF}, \frac{\sin \angle EDB}{\sin \angle BGD} = \frac{BC}{DC}$$

从而
$$\frac{BG}{DE} = \frac{BF}{DF} \cdot \frac{DG}{BE} \cdot \frac{BC}{DC} \qquad ②$$

因
$$\frac{BF}{\sin \angle BAF} = \frac{AF}{\sin \angle ABF}, \frac{DF}{\sin \angle DAF} = \frac{AF}{\sin \angle ADF}$$

则
$$\frac{BF}{DF} = \frac{\sin \angle BAF}{\sin \angle DAF} \cdot \frac{\sin \angle ADF}{\sin \angle ABF} \qquad ③$$

又
$$\frac{DG}{\sin (A-x)} = \frac{AG}{\sin \angle ADF}, \frac{BE}{\sin (A-y)} = \frac{AE}{\sin \angle ABF}$$

则
$$\frac{DG}{BE} = \frac{\sin (A-x)}{\sin (A-y)} \cdot \frac{AG}{AE} \cdot \frac{\sin \angle ABF}{\sin \angle ADF} \qquad ④$$

把③和④代入②得
$$\frac{BG}{DE} = \frac{\sin \angle BAF}{\sin \angle DAF} \cdot \frac{\sin (A-x)}{\sin (A-y)} \cdot \frac{AG}{AE} \cdot \frac{BC}{DC} \qquad ⑤$$

因
$$\frac{BC}{\sin \angle BAC} = \frac{AC}{\sin \angle ABG}, \frac{DC}{\sin \angle DAC} = \frac{AC}{\sin \angle ADE}$$

则
$$\frac{BC}{DC} = \frac{\sin \angle BAC}{\sin \angle DAC} \cdot \frac{\sin \angle ADE}{\sin \angle ABG} \qquad ⑥$$

又 $\angle BAF = \angle DAC, \angle BAC = \angle DAF$

把⑥代入⑤得

$$\frac{BG}{DE} = \frac{\sin(A-x)}{\sin(A-y)} \cdot \frac{AG}{AE} \cdot \frac{\sin \angle ADE}{\sin \angle ABG} \quad ⑦$$

把⑦代入①得

$$\frac{\sin x}{\sin y} = \frac{\sin(A-x)}{\sin(A-y)}$$

即 $\sin x \sin(A-y) = \sin y \sin(A-x)$

亦即 $\sin x(\sin A\cos y - \cos A\sin y) = \sin y(\sin A\cos x - \cos A\sin x)$

故 $\tan x = \tan y, x = y$

从而 $\angle GAP = \angle EAC$

推广 13 对于四边形 $ABCD$ 是凹四边形的情形,同样的结论仍然成立. 推广 13 中,令 $\angle BCD > 180°$,这样我们又可得到下列三角形中的有趣命题.

命题 3 如图 21.30,在 $\triangle ABD$ 中,C,F 为三角形内两点,满足 $\angle BAF = \angle DAC$,设 $BF \cap DC = E, BC \cap DF = G$. 求证:$\angle GAF = \angle EAC$.

注意三条直线相互平行可视其共点于无穷远点处,即三条直线相互平行可视为三条直线共点的特殊情形. 图 21.30 中,令 $FG \parallel EC \parallel AD$,又可得如下命题.

命题 4 如图 21.31,已知 $\angle BAF = \angle DAC, FG \parallel EC \parallel AD$. 求证:$\angle GAF = \angle EAC$.

这实际上是第 44 届 IMO 中国国家集训队培训题,仅是字母标记不同(参见第 22 章第 1 节中例 4).

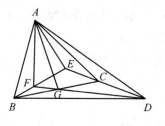

图 21.30

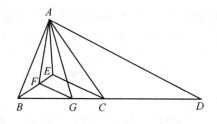

图 21.31

第2节 完全四边形的优美性质(四)

上一节中的有关推广可以归结到完全四边形中来.

性质12 如图21.32,在完全四边形 $ABCDEF$ 中,点 G 是对角线 AD 所在直线上的一点,联结 BG, CG, EG, FG. 若 $\angle AGC = \angle AGE$,则 $\angle AGB = \angle AGF$.

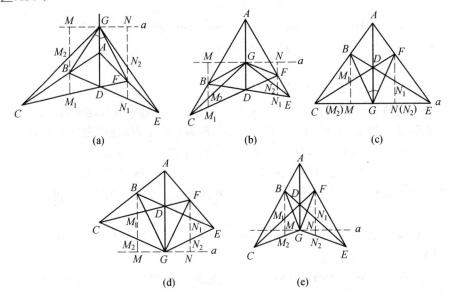

图 21.32

证明 如图21.32所示的各种情形,过点 G 作直线 $a \perp AD$,过 B, F 分别作直线 $BM \perp a$ 于 M,交 CD 于 M_1,交 CG 于 M_2,作直线 $FN \perp a$ 于 N,交 DE 于 N_1,交 GE 于 N_2,则 $BM \parallel AG \parallel FN$.于是由
$$\angle AGC = \angle AGE$$
知
$$\mathrm{Rt}\triangle GMM_2 \backsim \mathrm{Rt}\triangle GNN_2$$
从而
$$\frac{MM_2}{NN_2} = \frac{MG}{NG} = \frac{BD}{DN_1} = \frac{M_1B}{N_1F} = \frac{M_1B}{DA} \cdot \frac{DA}{N_1F} = \frac{M_2B}{GA} \cdot \frac{GA}{N_2F} = \frac{M_2B}{N_2F} \quad (*)$$
由等比性质,得
$$\frac{MG}{NG} = \frac{M_2B \pm MM_2}{N_2F \pm NN_2} = \frac{BM}{FN}$$

所以 $\qquad\text{Rt}\triangle MBG \backsim \text{Rt}\triangle NFG$

即有 $\qquad\angle BGM = \angle FGN$

故 $\qquad\angle AGB = \angle AGF$

注 当 M_2 与 M 重合，N_2 与 N 重合时，式($*$)变为
$$\frac{MG}{NG} = \frac{BD}{DN_1} = \frac{M_1B}{N_1F} = \frac{M_1B}{DA} \cdot \frac{DA}{N_1F} = \frac{MB}{GA} \cdot \frac{GA}{NF} = \frac{MB}{NF}$$

由此，即知 $\text{Rt}\triangle MBG \backsim \text{Rt}\triangle NFG$.

性质 13 在完全四边形 $ABCDEF$ 中，对角线 AD 所在直线交对角线 CE 于 G，则 $\angle BGA = \angle AGF$ 的充要条件是 $AD \perp CE$.

证法 1 必要性：过 B 作 $BM \parallel AG$ 交 CE 于 M，过 F 作 $FN \parallel AD$ 交 CE 于 N，作 $BP \perp AD$ 于 P，$FQ \perp AD$ 于 Q，$CD_1 \perp$ 直线 AG 于 D_1，$ED_2 \perp$ 直线 AG 于 D_2，则由 $\angle BGA = \angle AGF$，知 $\text{Rt}\triangle BGP \backsim \text{Rt}\triangle FGQ$，有

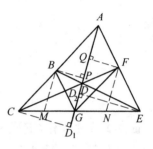

图 21.33

$$\frac{BP}{QF} = \frac{BG}{FG} \qquad ①$$

由 $BM \parallel AG \parallel FN$，有
$$\frac{BM}{FN} = \frac{BM}{AG} \cdot \frac{AG}{FN} = \frac{CB}{CA} \cdot \frac{AE}{FE} \qquad ②$$

由 $BP \parallel CD_1$，$QF \parallel D_2E$，有
$$\frac{BP}{QF} = \frac{\dfrac{AB}{AC} \cdot CD_1}{\dfrac{AF}{AE} \cdot D_2E} = \frac{AB}{AC} \cdot \frac{AE}{AF} \cdot \frac{CD_1}{D_2E} \qquad ③$$

又对 $\triangle ACE$ 及点 D，由塞瓦定理，有
$$\frac{AB}{BC} \cdot \frac{CG}{GE} \cdot \frac{EF}{FA} = 1 \qquad ④$$

由 $CD_1 \parallel D_2E$，知
$$\frac{CG}{GE} = \frac{CD_1}{D_2E} \qquad ⑤$$

由 ③ ÷ ② 并注意 ④⑤，得
$$\frac{FN}{BM} \cdot \frac{BP}{QF} = \frac{AC}{BC} \cdot \frac{EF}{AE} \cdot \frac{AB}{AC} \cdot \frac{AE}{AF} \cdot \frac{CD_1}{D_2E} =$$

$$\frac{AB}{BC}\cdot\frac{CD_1}{D_2E}\cdot\frac{EF}{FA}=\frac{AB}{BC}\cdot\frac{CG}{GE}\cdot\frac{EF}{FA}=1$$

即

$$\frac{FN}{BM}=\frac{QF}{BP}=\frac{FG}{BG} \qquad ⑥$$

又由 $BM \parallel FN$,有

$$\frac{GN}{MG}=\frac{QF}{BP}=\frac{FN}{BM}$$

从而 $\triangle MGB \backsim \triangle NGF$

即 $\angle MGB = \angle NGF$

故 $\angle MGA = \angle NGA$

即 $AD \perp CE$

证法 2 过 A 作 CE 的平行线,与 GB 的延长线交于点 I,与 GF 的延长线交于点 J. 由 $IJ \parallel CE$,知

$$\frac{AI}{CG}=\frac{AB}{BC},\frac{GE}{AJ}=\frac{EF}{FA}$$

上述两式相乘得

$$\frac{AI}{AJ}=\frac{AB}{BC}\cdot\frac{CG}{GE}\cdot\frac{EF}{FA}$$

而对 $\triangle ACE$ 及点 D,应用塞瓦定理,有

$$\frac{AB}{BC}\cdot\frac{CG}{GE}\cdot\frac{EF}{FA}=1$$

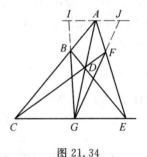

图 21.34

从而 $AI=AJ$,又 $\angle BGA=\angle AGF$,则 $AG \perp IJ$,故 $AG \perp CE$,即 $AD \perp CE$.

充分性:此即为上一节中的命题 1(证略).

推论 在锐角 $\triangle ABC$ 中,D,E,F 分别是边 BC,CA,AB 上的点,AD,BE,CF 交于点 H,则 H 为 $\triangle ABC$ 的垂心的充要条件是 I 为 $\triangle DEF$ 的内心.

性质 14 在完全四边形 $ABCDEF$ 中,$AC \neq AE$,对角线 AD 与 CE 相互垂直,则 $\angle CDE$ 与 $\angle CAE$ 互补的充要条件是 B,C,E,F 四点共圆.

证明 如图 21.35,设直线 AD 交 CE 于点 G,先证 $\angle CDE$ 与 $\angle CAE$ 互补的充要条件是 D 为 $\triangle ACE$ 的垂心.

设 D' 是 D 关于 CE 的对称点,联结 $CD',D'E$. 则 $\angle CD'E + \angle CAE = \angle CDE + \angle CAE = 180° \Leftrightarrow A,C,D',E$ 四点共圆 $\Leftrightarrow \angle CED = \angle CED' =$

$\angle CAD' \Leftrightarrow \angle EBC = \angle AGC = 90° \Leftrightarrow D$ 为 $\triangle ACE$ 的垂心.

再证 B,C,E,F 四点共圆的充要条件是 D 为 $\triangle ACE$ 的垂心.

因 $AC \neq AE$,设 $AC < AE$,在 GE 上取点 E',使 $GE' = GC$,联结 DE',AE',则 B,C,E,F 四点共圆 $\Leftrightarrow \angle DE'A = \angle DCA = \angle FCA = \angle DEA \Leftrightarrow A,D,E',E$ 四点共圆 $\Leftrightarrow \angle GAE = \angle GE'D = \angle GCD = \angle ECF \Leftrightarrow \angle CFE = \angle AGE = 90° \Leftrightarrow D$ 为 $\triangle ACE$ 的垂心.

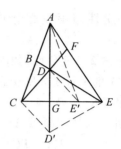

图 21.35

故在题设条件下,$\angle CDE + \angle CAE = 180° \Leftrightarrow B,C,E,F$ 四点共圆.

性质 15 如图 21.36,在完全四边形 $ABCDEF$ 中,P 为凸四边形 $ABDF$ 内一点,则 $\angle APB$ 与 $\angle DPF$ 互补的充要条件是 $\angle BPC = \angle EPF$.

证法 1 必要性:在 PE 上取一点 Q,使得 P,D,Q,F 四点共圆.设直线 FQ 与 AP 交于点 L,直线 QD 与 PB 交于点 M.

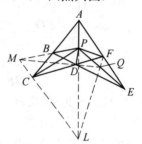

图 21.36

对 $\triangle ABE$ 及截线 FDC,对 $\triangle EPB$ 及截线 QDM,对 $\triangle EAP$ 及截线 FQL 分别应用梅涅劳斯定理,有

$$\frac{EF}{FA} \cdot \frac{AC}{CB} \cdot \frac{BD}{DE} = 1 \qquad ①$$

$$\frac{EQ}{QP} \cdot \frac{PM}{MB} \cdot \frac{BD}{DE} = 1 \qquad ②$$

$$\frac{EF}{FA} \cdot \frac{AL}{LP} \cdot \frac{PQ}{QE} = 1 \qquad ③$$

由 ① ÷ ② ÷ ③ 得

$$\frac{AC}{CB} \cdot \frac{BM}{MP} \cdot \frac{PL}{LA} = 1$$

对 $\triangle ABP$ 应用梅涅劳斯定理的逆定理,知 M,C,L 共线.于是

$$\angle MPL = 180° - \angle APM = \angle DPF = \angle LQM$$

从而 M,P,Q,L 共圆.则有

$$\angle PML = \angle PQF = \angle PDF$$

由此即知 P,M,C,D 共圆.故

$$\angle BPC = \angle MPC = \angle MDC = \angle FDQ = \angle QPF = \angle EPF$$

充分性:上述反之稍作整理即证(略).

证法 2 充分性:如图 21.37,过点 E 分别作 PB,PA 的平行线分别交直线 PD,PF 于 R,S. 过点 F 作 $FK \parallel PC$ 交 PR 于点 K.

对 $\triangle DEF$ 及截线 ABC 应用梅涅劳斯定理,有
$$\frac{EA}{AF} \cdot \frac{FC}{CD} \cdot \frac{DB}{BE} = 1$$

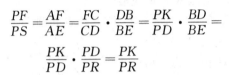

图 21.37

从而
$$\frac{PF}{PS} = \frac{AF}{AE} = \frac{FC}{CD} \cdot \frac{DB}{BE} = \frac{PK}{PD} \cdot \frac{BD}{BE} =$$
$$\frac{PK}{PD} \cdot \frac{PD}{PR} = \frac{PK}{PR}$$

故 $KF \parallel RS$

即 $\angle SRE = \angle BPC = \angle EPF = \angle EPS$

于是 P,R,E,S 共圆,从而
$$\angle APB + \angle DPF = \angle RES + \angle RPS = 180°$$

必要性:上述反之稍作整理即证(略).

注 (1) 由 $\angle APB + \angle DPE = 180°$,可得 $\angle APD$ 与 $\angle BPF$ 的角平分线互相垂直. 令 $\angle APB = \alpha$, $\angle APF = \beta$, $\angle APD$ 与 $\angle BPF$ 的角平分线所成的角为 θ,则 $\theta = \beta + 180° - \beta + 180° - \alpha - \frac{1}{2}(180° - \beta + 180° - \alpha) - \frac{1}{2}(\beta + 180° - \alpha) = 90°$.

(2) 此题证法 2 的充分性参见了黄军华文《数学奥林匹克高中训练题(3)》. 中等数学,2006(6):14-19.

性质 16 在完全四边形 $ABCDEF$ 中,对角线 AD 与 BF 交于点 P,过 P 的直线交 BD 于点 G,交 AF 于点 H,联结 AG 并延长交对角线 CE 于点 Q,则 H,D,Q 三点共线.

证明 如图 21.38,要证 H,D,Q 三点共线,只需证直线 AD,GE,QH 共点. 延长 AD 交 CE 于 M,则又只需证有

$$\frac{QM}{ME} \cdot \frac{EH}{HA} \cdot \frac{AG}{GQ} = 1 \qquad ①$$

延长 EA 与直线 MG 交于点 N,对 $\triangle AQE$ 及截线 MGN,应用梅涅劳斯定理,有

$$\frac{QM}{ME} \cdot \frac{EN}{NA} \cdot \frac{AG}{GQ} = 1 \qquad ②$$

由①②知,只需证明有

$$\frac{EH}{HA} = \frac{EN}{NA} \qquad ③$$

设 QH 与 GE 交于点 D',则对完全四边形 $QMED'AG$,应用对角线调和分割的性质,即完全四边形性质4(第1章第3节)知式③成立.故结论获证.

性质17 在完全四边形 $ABCDEF$ 中,作 $BG \perp CE$ 于 G,作 $FH \perp CE$ 于 H,设 BH 与 FG 交于点 P,则直线 DP 恒过一定点.

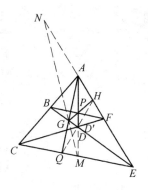

图 21.38

证明 如图21.39,由 $\triangle ACF$ 及截线 BDE,应用梅涅劳斯定理,有

$$\frac{FD}{DC} \cdot \frac{CB}{BA} \cdot \frac{AE}{EF} = 1$$

即

$$\frac{FD}{DC} = \frac{BA}{CB} \cdot \frac{EF}{AE}$$

作 $AQ \perp CE$ 于 Q,则 $BG \parallel AQ \parallel FH$. 于是
$\triangle PBG \backsim \triangle PHF$,$\triangle BCG \backsim \triangle ACQ$,
$\triangle EFH \backsim \triangle EAQ$.

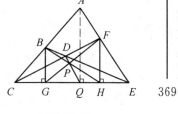

图 21.39

注意 $\triangle CFG$,有

$$\frac{FD}{DC} \cdot \frac{CQ}{QG} \cdot \frac{GP}{PF} = \left(\frac{BA}{CB} \cdot \frac{EF}{AE}\right) \cdot \frac{AC}{AB} \cdot \frac{BG}{FH} = \frac{AC}{AE} \cdot \frac{BG}{CB} \cdot \frac{EF}{FH} = \frac{AC}{AE} \cdot \frac{AQ}{AC} \cdot \frac{AE}{AQ} = 1$$

根据梅涅劳斯定理的逆定理,知 D,P,Q 三点共线,即直线 DP 通过定点 Q.

注 当点 D 在 AQ 上时,有点 P 在 AQ 上,即为第18章第1节中的性质7.

性质18 在完全四边形 $ABCDEF$ 中,过 B,F 作与对角线 AD 平行的线分别交对角线 CE 于 G,H,交 CD 于 M,交 DE 于 N. 设 ME 与 CN 交于点 R,则点 R 在直线 AD 上.

证明 如图21.40,延长 AD 交 CE 于点 Q,延长 EM 交 AC 于 X,延长 CN 交 AE 于 Y.

对 $\triangle ABE$ 及截线 YNC 应用梅涅劳斯定理,有

$$\frac{EY}{YA} \cdot \frac{AC}{CB} \cdot \frac{BN}{NE} = 1$$

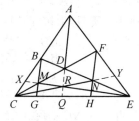

图 21.40

则
$$\frac{EY}{YA}=\frac{CB}{AC}\cdot\frac{NE}{BN}=\frac{CG}{CQ}\cdot\frac{HE}{HG}$$ ①

对 $\triangle ACF$ 及截线 XME 应用梅涅劳斯定理,有
$$\frac{AX}{XC}\cdot\frac{CM}{MF}\cdot\frac{FE}{EA}=1$$

则
$$\frac{AX}{XC}=\frac{MF}{CM}\cdot\frac{EA}{FE}=\frac{HG}{CG}\cdot\frac{QE}{HE}$$ ②

由①②得
$$\frac{EY}{YA}\cdot\frac{AX}{XC}=\frac{QE}{CQ}$$

即
$$\frac{EY}{YA}\cdot\frac{AX}{XC}\cdot\frac{CQ}{QE}=1$$

对 $\triangle EAC$ 应用塞瓦定理的逆定理,知 CY, EX, AQ 共点于 R,故 R 在直线 AD 上.

如图 21.41,完全类似地可证得如下结论:

性质 19 在完全四边形 $ABCDEF$ 中,作 $BH \perp CE$ 于点 H,且交 CD 于 M,作 $FG \perp CE$ 于点 G,且交 BE 于 N.设 CN 与 EM 交于点 R,则 $AR \perp CE$.

图 21.41

性质 20 过完全四边形 $ABCDEF$ 的顶点 A 的直线交 BF 于 M,交 CE 于 N,交 BD 于 G,交 CD 于 H,则
$$\frac{1}{AM}+\frac{1}{AN}=\frac{1}{AG}+\frac{1}{AH}$$

证明 如图 21.42,设 CE 与 BF 的延长线交于点 O(当 $CE \not\parallel BF$ 时). $\triangle ACN$ 和 $\triangle AEN$ 均被直线 BO 所截,由梅涅劳斯定理,有

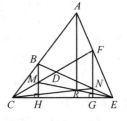

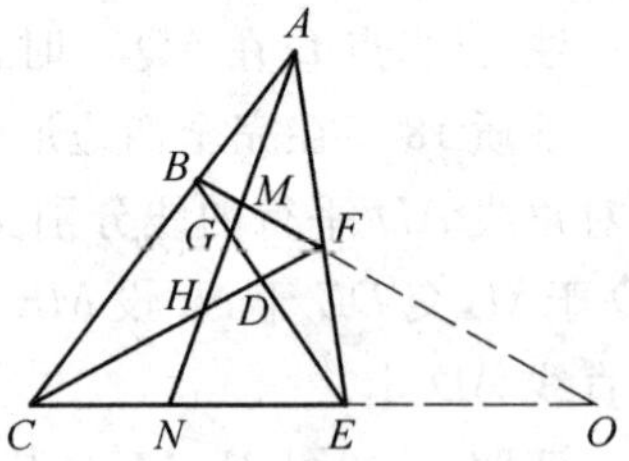

图 21.42

$$\frac{CB}{BA}=\frac{MN}{AM}\cdot\frac{OC}{NO}$$ ①

$$\frac{EF}{FA}=\frac{MN}{AM}\cdot\frac{OE}{NO}$$ ②

由 ①·NE + ②·CN,得
$$NE\cdot\frac{CB}{BA}+CN\cdot\frac{EF}{FA}=\frac{MN}{AM}\cdot\frac{OC\cdot NE+OE\cdot CN}{NO}$$ ③

注意到直线上的托勒密定理,有

$$OC \cdot NE + OE \cdot CN = CE \cdot NO$$

则式 ③ 变为

$$NE \cdot \frac{CB}{BA} + CN \cdot \frac{EF}{FA} = CE \cdot \frac{MN}{AM} \qquad ④$$

又由直线 CF 截 $\triangle EAN$ 和直线 BE 截 $\triangle ACN$,应用梅涅劳斯定理,有

$$CE \cdot \frac{NH}{HA} = CN \cdot \frac{FE}{AF}$$

$$CE \cdot \frac{NG}{GA} = NE \cdot \frac{BC}{AB}$$

将上述两式代入 ④ 得

$$\frac{NH}{HA} + \frac{NG}{GA} = \frac{MN}{AM}$$

即有

$$\frac{AN - AH}{AH} + \frac{AN - AG}{AG} = \frac{AN - AM}{AM}$$

故有

$$\frac{1}{AG} + \frac{1}{AH} = \frac{1}{AM} + \frac{1}{AN}$$

当 CE 与 BF 平行时,结论仍成立(证略).

注 特别地,当 G,H 均与点 D 重合时,有

$$\frac{1}{AM} + \frac{1}{AN} = \frac{2}{AD}$$

即 M,N 调和分割 AD,此即为第 1 章第 3 节的性质 4.

性质 21 在完全四边形 $ABCDEF$ 中,对角线 AD 所在直线交 BF 于 M,交 CE 于 N,则

$$MD \leqslant (3 - 2\sqrt{2}) AN$$

证明 如图 21.43,令 $\frac{CN}{NE} = m, \frac{EF}{FA} = n, \frac{AB}{BC} = p$,对 $\triangle ACE$ 及点 D 应用塞瓦定理,有

$$\frac{CN}{NE} \cdot \frac{EF}{FA} \cdot \frac{AB}{BC} = m \cdot n \cdot p = 1$$

对 $\triangle ANE$ 及截线 CDF 应用梅涅劳斯定理,有

$$\frac{EF}{FA} \cdot \frac{AD}{DN} \cdot \frac{NC}{CE} = 1$$

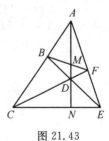

图 21.43

注意到 $\frac{NC}{CE} = \frac{m}{m+1}$,则

$$n \cdot \frac{AD}{DN} \cdot \frac{m}{m+1} = 1$$

即
$$\frac{AD}{DN} = \frac{m+1}{mn}$$

故
$$\frac{AD}{AN} = \frac{m+1}{mn+m+1}$$

又对 $\triangle CEF$ 及截线 ADN 应用梅涅劳斯定理,有
$$\frac{CN}{NE} \cdot \frac{EA}{AF} \cdot \frac{FD}{DC} = 1$$

而
$$\frac{EA}{AF} = n+1$$

则
$$\frac{CD}{DF} = mn+m$$

故
$$\frac{CF}{FD} = mn+m+1$$

再对 $\triangle ACD$ 及截线 BMF 应用梅涅劳斯定理,有
$$\frac{AB}{BC} \cdot \frac{CF}{FD} \cdot \frac{DM}{MA} = 1$$

即有
$$\frac{DM}{MA} = \frac{1}{p(mn+m+1)} = \frac{1}{mp+p+1}$$

故
$$\frac{DM}{AD} = \frac{1}{mp+p+2}$$

于是
$$\frac{MD}{AN} = \frac{MD}{AD} \cdot \frac{AD}{AN} = \frac{1}{mp+p+2} \cdot \frac{m+1}{mn+m+1} =$$
$$\frac{1}{p(m+1)+2} \cdot \frac{1}{\frac{mn}{m+1}+1} =$$
$$\frac{1}{1+\frac{2mn}{m+1}+p(m+1)+2} \leqslant$$
$$\frac{1}{3+2\sqrt{2}} = 3-2\sqrt{2}$$

故
$$MD \leqslant (3-2\sqrt{2})AN$$

其中等号当且仅当 $\frac{2mn}{m+1} = p(m+1)$ 即 $p(m+1) = \sqrt{2}$ 时取得.

性质 22 在完全四边形 $ABCDEF$ 中,H,G 是对角线 AD 所在直线上的点.设直线 HB 与直线 CG 交于点 I,直线 HF 与直线 GE 交于点 J.则 BJ 与 FI

的交点 P 在直线 AD 上,直线 CJ 与直线 EI 的交点 Q 在直线 AD 上.

证明 如图 21.44,设 BF 交 AD 于 G_1,对 △ABF 及点 D 应用塞瓦定理,有

$$\frac{BC}{CA} \cdot \frac{AE}{EF} \cdot \frac{FG_1}{G_1B} = 1 \qquad ①$$

对 △AHF 及截线 GEJ 应用梅涅劳斯定理,有

$$\frac{HJ}{JF} \cdot \frac{FE}{EA} \cdot \frac{AG}{GH} = 1 \qquad ②$$

对 △ABH 及截线 GCI 应用梅涅劳斯定理,有

$$\frac{BI}{IH} \cdot \frac{HG}{GA} \cdot \frac{AC}{CB} = 1 \qquad ③$$

由 ①②③ 三式相乘得

$$\frac{BI}{IH} \cdot \frac{HJ}{JF} \cdot \frac{FG_1}{G_1B} = 1$$

对 △BHF 应用塞瓦定理的逆定理,知 BJ,FI,AD 三直线共点 P,即证 P 在 AD 上.

设 IJ 交直线 AD 于 G_2,对 △HIJ 及点 P 应用塞瓦定理,有

$$\frac{HB}{BI} \cdot \frac{IG_2}{G_2J} \cdot \frac{JF}{FH} = 1 \qquad ④$$

对 △HIG 及截线 CBA 应用梅涅劳斯定理,有

$$\frac{GC}{CI} \cdot \frac{IB}{BH} \cdot \frac{HA}{AG} = 1 \qquad ⑤$$

对 △HJG 及截线 EFA 应用梅涅劳斯定理,有

$$\frac{JE}{EG} \cdot \frac{GA}{AH} \cdot \frac{HF}{FJ} = 1 \qquad ⑥$$

由 ④⑤⑥ 三式相乘得

$$\frac{GC}{CI} \cdot \frac{IG_2}{G_2J} \cdot \frac{JE}{EG} = 1$$

对 △GJI 应用塞瓦定理的逆定理,知 CJ,EI,AD 三直线共点 Q,即证 Q 在 AD 上.

性质 23 在完全四边形 $ABCDEF$ 中,P,P_1,P_2 分别为线段 AD,CD,DE 上的点(异于端点),BP_1,BD 分别与 PC 交于点 P_3,P_5,FP_2,FD 分别与 PE 交于点 P_4,P_6.设 BP_6 与 FP_3 交于点 A_1,BP_4 与 FP_5 交于点 A_2,CP_4 与 EP_5 交于点 A_3,CP_2 与 EP_1 交于点 A_4,BP_5 与 FP_2 的延长线交于点 G.则:

(1)A_1 在直线 AD 上；

(2)$A_2 \in AD \Leftrightarrow A_3 \in AD \Leftrightarrow A_4 \in AD \Leftrightarrow G \in AD$.

证明 如图 21.45，设直线 AD 分别交 BF,CE 于 T_1,T_2.

(1) 对 $\triangle ABF$ 及点 D 应用塞瓦定理，有

$$\frac{BC}{CA} \cdot \frac{AE}{EF} \cdot \frac{FT_1}{T_1B} = 1 \qquad ①$$

对 $\triangle ABD$ 及截线 CP 应用梅涅劳斯定理，有

$$\frac{BP_3}{P_3D} \cdot \frac{DP}{PA} \cdot \frac{AC}{CB} = 1 \qquad ②$$

对 $\triangle ADF$ 及截线 PE 应用梅涅劳斯定理，有

$$\frac{DP_6}{P_6F} \cdot \frac{FE}{EA} \cdot \frac{AP}{PD} = 1 \qquad ③$$

由①②③相乘得

$$\frac{BP_3}{P_3D} \cdot \frac{DP_6}{P_6F} \cdot \frac{FT_1}{T_1B} = 1 \qquad ④$$

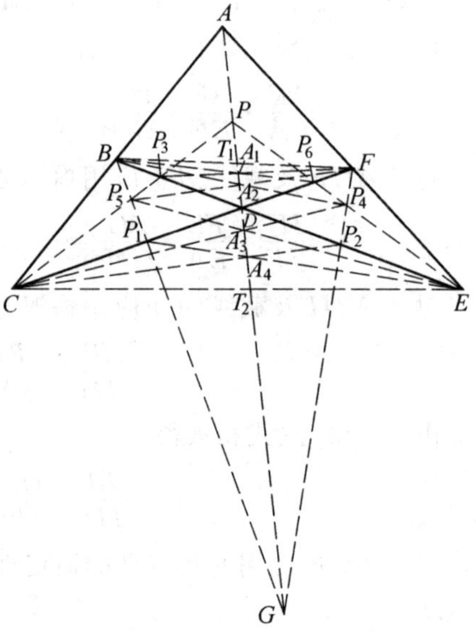

从而对 $\triangle BDF$ 应用塞瓦定理的逆定理，知 BP_6, FP_3, AD 三线共点，故 $A_1 \in AD$.

图 21.45

(2)(i) 若 $G \in AD$，对 $\triangle ACD$ 及截线 BP_1，对 $\triangle ADE$ 及截线 FP_2 分别应用梅涅劳斯定理，有

$$\frac{AB}{BC} \cdot \frac{CP_1}{P_1D} \cdot \frac{DG}{GA} = 1$$

$$\frac{EF}{FA} \cdot \frac{AG}{GD} \cdot \frac{DP_2}{P_2E} = 1$$

故

$$\frac{AB}{BC} \cdot \frac{EF}{FA} = \frac{EP_2}{P_2D} \cdot \frac{DP_1}{P_1C} \qquad ⑤$$

同理，对 $\triangle ACP$ 及截线 BP_5，对 $\triangle APE$ 及截线 FP_4 有

$$\frac{AB}{BC} \cdot \frac{EF}{FA} = \frac{EP_4}{P_4P} \cdot \frac{PP_5}{P_5C} \qquad ⑥$$

对 $\triangle ACE$ 及点 D 应用塞瓦定理，有

$$\frac{AB}{BC} \cdot \frac{CT_2}{T_2E} \cdot \frac{EF}{FA} = 1 \qquad \text{⑦}$$

联立⑤⑥⑦,得

$$\frac{CT_2}{T_2E} \cdot \frac{EP_2}{P_2D} \cdot \frac{DP_1}{P_1C} = \frac{CT_2}{T_2E} \cdot \frac{EP_4}{P_4P} \cdot \frac{PP_5}{P_5C} = 1$$

对 $\triangle CED$, $\triangle CEP$ 分别应用塞瓦定理的逆定理,知 CP_4, EP_5, PT_2 三线共点,CP_2, EP_1, DT_2 三线共点. 故 $A_3 \in AD$, $A_4 \in AD$.

对 $\triangle BDG$ 及截线 P_3P_5,对 $\triangle DFG$ 及截线 P_4P_6 分别应用梅涅劳斯定理,有

$$\frac{BP_3}{P_3D} \cdot \frac{DP}{PG} \cdot \frac{GP_5}{P_5B} = 1, \frac{DP_6}{P_6F} \cdot \frac{FP_4}{P_4G} \cdot \frac{GP}{PD} = 1$$

即

$$\frac{BP_3}{P_3D} \cdot \frac{DP_6}{P_6F} = \frac{BP_5}{P_5G} \cdot \frac{GP_4}{P_4F} \qquad \text{⑧}$$

由④可得

$$\frac{BP_5}{P_5G} \cdot \frac{GP_4}{P_4F} \cdot \frac{FT_1}{T_1B} = 1$$

对 $\triangle BGF$ 应用塞瓦定理的逆定理,知 BP_4, FP_5, T_1G 三线共点. 故 $A_2 \in AD$.

(ii) 若 $A_2 \in AD$,设直线 GA_2 交 BF 于 T_1',则由 BP_4, FP_5, $T_1'G$ 三线共点,从而有

$$\frac{BP_5}{P_5G} \cdot \frac{GP_4}{P_4F} \cdot \frac{FT_1'}{T_1'B} = 1 \qquad \text{⑨}$$

对 $\triangle BDG$ 及截线 P_3P_5,对 $\triangle DFG$ 及截线 P_4P_6 分别应用梅涅劳斯定理,有式⑧.

考虑到⑧⑨及 $A_1 \in AD$,有式④,有

$$\frac{FT_1'}{T_1'B} = \frac{FT_1}{T_1B}$$

从而 T_1' 与 T_1 重合.

于是,直线 T_1A_2G 与直线 AT_1A_2 重合,故 $G \in AD$.

若 $A_3 \in AD$,由 CP_4, EP_5, AD 三线共点,有

$$\frac{CT_2}{T_2E} \cdot \frac{EP_4}{P_4P} \cdot \frac{PP_5}{P_5C} = 1 \qquad \text{⑩}$$

由⑩和⑦有式⑥.

若 $A_4 \in AD$,由 CP_2, EP_1, AD 三线共点,有

$$\frac{CT_2}{T_2E} \cdot \frac{EP_2}{P_2D} \cdot \frac{DP_1}{P_1C} = 1 \qquad ⑪$$

由式 ⑪ 与 ⑦ 有

$$\frac{AB}{BC} \cdot \frac{EF}{FA} = \frac{EP_2}{P_2D} \cdot \frac{DP_1}{P_1C} \qquad ⑫$$

设直线 BP_1 与直线 AD 交于点 G_1，直线 FP_2 与直线 AD 交于点 G_2。

对 $\triangle ACD$ 及截线 BP_1，对 $\triangle ADE$ 及截线 FP_2，对 $\triangle ACP$ 及截线 BP_5，对 $\triangle APE$ 及截线 FP_4 分别应用梅涅劳斯定理，有

$$\frac{AB}{BC} \cdot \frac{CP_1}{P_1D} \cdot \frac{DG_1}{G_1A} = 1, \frac{EF}{FA} \cdot \frac{AG_2}{G_2D} \cdot \frac{DP_2}{P_2E} = 1$$

$$\frac{AB}{BC} \cdot \frac{CP_5}{P_5P} \cdot \frac{PG_1}{G_1A} = 1, \frac{EF}{FA} \cdot \frac{AG_2}{G_2P} \cdot \frac{PP_4}{P_4E} = 1$$

于是由上述前两式及式 ⑫ 有

$$\frac{AG_1}{G_1D} = \frac{AG_2}{G_2D}$$

由上述后两式及式 ⑥ 亦有

$$\frac{AG_1}{G_1P} = \frac{AG_2}{G_2P}$$

从而 G_1 与 G_2 重合，即重合于点 G，故 $G \in AD$。

性质 24 在完全四边形 $ABCDEF$ 中，G 为 AF 上一点，直线 CG 与 AD 交于点 H，直线 HF 与 DG 交于点 P，直线 BP 交 CG 于点 T，交 AF 于点 Q，直线 CQ 交 BE 于点 S，则 A,T,S 三点共线。

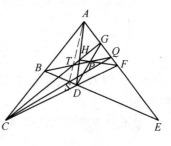

图 21.46

证明 如图 21.46，应用梅涅劳斯定理，对 $\triangle DEF$ 及截线 ABC，有

$$\frac{EB}{BD} \cdot \frac{DC}{CF} \cdot \frac{FA}{AE} = 1$$

对 $\triangle ADG$ 及截线 HPF，有

$$\frac{DP}{PG} \cdot \frac{GF}{FA} \cdot \frac{AH}{HD} = 1$$

对 $\triangle ADF$ 及截线 CHG，有

$$\frac{AG}{GF} \cdot \frac{FC}{CD} \cdot \frac{DH}{HA} = 1$$

对 $\triangle DEG$ 及截线 BPQ，有

$$\frac{GP}{PD} \cdot \frac{DB}{BE} \cdot \frac{EQ}{QG} = 1$$

对 △ACG 及截线 QTB,有

$$\frac{AB}{BC} \cdot \frac{CT}{TG} \cdot \frac{GQ}{QA} = 1$$

对 △ACQ 及截线 BSE,有

$$\frac{QS}{SC} \cdot \frac{CB}{BA} \cdot \frac{AE}{EQ} = 1$$

以上六式相乘,得

$$\frac{QS}{SC} \cdot \frac{CT}{TG} \cdot \frac{GA}{AQ} = 1$$

对 △GCQ 应用梅涅劳斯定理的逆定理,知 A,T,S 三点共线.

注 由如上性质 24 可简洁推证第 23 章试题 C 或其第 2 节中的例 7:

如图 21.47,设 OP 的延长线交 AE 于点 Q,OP 交 BF 于点 T,联结 QF 交 OD 于点 S.

由性质 24,知 E,T,S 三点共线. 从而 $\angle BOP = \angle DOP$,同理 $\angle COP = \angle AOP$,故 $\angle BOC = \angle AOD$.

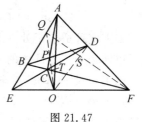

图 21.47

第 3 节 梅涅劳斯定理的第二角元形式[①]

我们在第 1 章第 1 节中介绍了两种角元形式的梅涅劳斯定理. 这里主要介绍第二角元形式的梅涅劳斯定理的应用.

定理 设 D,E,F 分别是 △ABC 三边 BC,CA,AB 所在直线上的点,点 O 不在 △ABC 三边所在的直线上,用 $\angle$ 表有向角(一般规定逆时针方向为正,顺时针方向为负),则 D,E,F 共线的充要条件是

$$\frac{\sin\angle BOD}{\sin\angle DOC} \cdot \frac{\sin\angle COE}{\sin\angle EOA} \cdot \frac{\sin\angle AOF}{\sin\angle FOB} = -1$$

证明 如图 21.48,并注意到

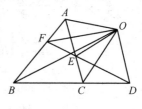

图 21.48

[①] 萧振纲. Menelaus 定理的第二角元形式[J]. 中学数学研究,2006(2):4-6.

$$\frac{\overrightarrow{BD}}{\overrightarrow{DC}} = \frac{\overrightarrow{S_{\triangle BOD}}}{\overrightarrow{S_{\triangle DOC}}} = \frac{\frac{1}{2}OB \cdot OD\sin\angle BOD}{\frac{1}{2}OC \cdot OD\sin\angle DOC} = \frac{OB\sin\angle BOD}{OC\sin\angle DOC}$$

$$\frac{\overrightarrow{CE}}{\overrightarrow{EA}} = \frac{OC\sin\angle COE}{OA\sin\angle EOA}$$

$$\frac{\overrightarrow{AF}}{\overrightarrow{FB}} = \frac{OA\sin\angle AOF}{OB\sin\angle EOA}$$

由梅涅劳斯定理,知

$$\frac{\overrightarrow{BD}}{\overrightarrow{DC}} \cdot \frac{\overrightarrow{CE}}{\overrightarrow{EA}} \cdot \frac{\overrightarrow{AF}}{\overrightarrow{FB}} = -1$$

从而

$$\frac{\sin\angle BOD}{\sin\angle DOC} \cdot \frac{\sin\angle COE}{\sin\angle EOA} \cdot \frac{\sin\angle AOF}{\sin\angle FOB} = -1$$

如上定理适应于处理那些过某定点的直线与其他直线的交点共线的问题,或可以转化为三点共线的问题.

例 1 设 $\triangle ABC$ 是非直角三角形,AD,BE,CF 为三边上的高,D,E,F 为垂足,过 $\triangle ABC$ 的垂心 H 分别作边 BC,CA,AB 的平行线与直线 EF,FD,DE 对应地交于点 P,Q,R. 求证:P,Q,R 共线.

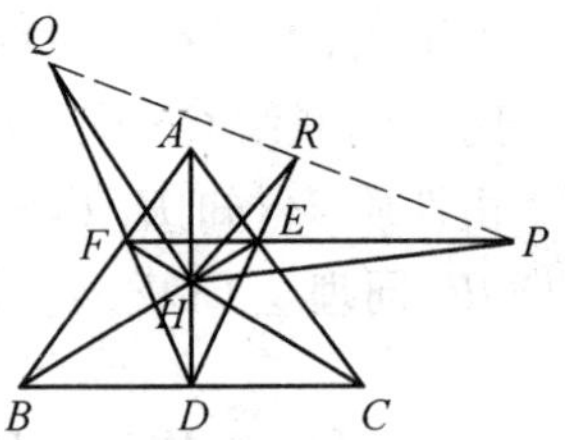

证明 如图 21.49,显然有

$$\angle EHP = \angle HBC, \angle PHF = \angle HCB$$
$$\angle FHQ = \angle HCA, \angle QHD = \angle HAC$$
$$\angle DHR = \angle HAB, \angle RHE = \angle HBA$$

图 21.49

从而

$$\frac{\sin\angle EHP}{\sin\angle PHF} \cdot \frac{\sin\angle FHQ}{\sin\angle QHD} \cdot \frac{\sin\angle DHR}{\sin\angle RHE} =$$

$$\frac{\sin\angle HBC}{\sin\angle HCB} \cdot \frac{\sin\angle HCA}{\sin\angle HAC} \cdot \frac{\sin\angle HAB}{\sin\angle HBA} =$$

$$-\frac{\sin\angle HBC}{\sin\angle BCH} \cdot \frac{\sin\angle HCA}{\sin\angle CAH} \cdot \frac{\sin\angle HAB}{\sin\angle ABH} =$$

$$-\frac{HC}{HB} \cdot \frac{HA}{HC} \cdot \frac{HB}{HA} = -1$$

因 $\triangle ABC$ 是非直角三角形,垂心 H 不在 $\triangle ABC$ 三边所在直线上,故由上述定理知 P,Q,R 共线.

例 2 设 E,F 分别为四边形 $ABCD$ 的边 BC,CD 上的点,BF 与 DE 交于

点 P. 求证：若 $\angle BAE = \angle FAD$，则 $\angle BAP = \angle CAD$.

证明 如图 21.50，只需证明：当 AF 关于 $\triangle BAD$ 的等角线交 DE 于点 P 时，B,P,F 共线即可.

事实上，B,P,F 分别为 $\triangle CDE$ 三边所在直线上的三点，点 A 不在其三边所在直线上，而 $\angle FAD = -\angle EAB, \angle DAP = -\angle BAC, \angle PAE = -\angle CAF$，故

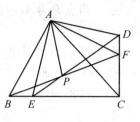

图 21.50

$$\frac{\sin\angle EAB}{\sin\angle BAC} \cdot \frac{\sin\angle CAF}{\sin\angle FAD} \cdot \frac{\sin\angle DAP}{\sin\angle PAE} = -1$$

于是知 B,P,F 共线，即有 $\angle BAP = \angle CAD$.

注 当 AC 平分 $\angle BAD$ 时，即为 1999 年全国高中联赛题.

例 3 在等形 $ABCD$ 中，$AB = AD, BC = CD$. 过 BD 上一点 P 作一条直线分别交 AD, BC 于 E, F，再过点 P 任作一直线分别交 AB, CD 于 G, H，设 GF 与 EH 分别交 BD 于 I, J，求证：$\dfrac{PI}{PB} = \dfrac{PJ}{PD}$.

证明 如图 21.51，过 B 作 AD 的平行线交直线 EF 于 E'，再过 B 作 CD 的平行线交直线 GH 于 H'，则

$$\angle E'BP = \angle EDP = \angle PBG$$
$$\angle H'BP = \angle HDP = \angle PBF$$

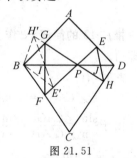

图 21.51

进而 $\angle H'BG = \angle H'BP - \angle GBP = \angle PBF - \angle PBE' = \angle E'BF$

所以

$$\frac{\sin\angle PBH'}{\sin\angle H'BG} \cdot \frac{\sin\angle GBI}{\sin\angle IBF} \cdot \frac{\sin\angle FBE'}{\sin\angle E'BP} =$$

$$\frac{\sin\angle FBP}{\sin\angle E'BF} \cdot \frac{\sin\angle GBP}{\sin\angle PBF} \cdot \frac{\sin\angle FBE'}{\sin\angle PBG} = -1$$

因 H', I, E' 分别为 $\triangle PGF$ 三边所在直线上的点，且点 B 不在 $\triangle PGF$ 三边所在直线上，对 $\triangle PGF$ 及点 B 应用角元形式的梅涅劳斯定理，知 H', I, E' 三点共线.

于是，由 $\triangle PBE' \backsim \triangle PDE, \triangle PH'B \backsim \triangle PHD$，有 $E'H' \parallel EH$. 因此

$$\frac{PI}{PJ} = \frac{PE'}{PE} = \frac{PB}{PD}$$

故

$$\frac{PI}{PB} = \frac{PI}{PD}$$

注 当点 P 为 AC 与 BD 的交点时,本例为第 31 届 IMO 中国代表队选拔赛题.

最后,我们顺便指出:运用梅涅劳斯定理的第二角元形式可以给出本章第 1 节中的推广 12、推广 13 的简证(也类似可证命题 3).

推广 12 的简证 作 $\angle F'DP = \angle EDA$ 交 AB 于 F'. 下证 F', H, C 三点共线即可.

此时,有

$$\angle ADF' = \angle ADP + \angle PDF' = \angle ADP + \angle EDA = \angle PDE = \angle HDE$$

由于 $\dfrac{\sin \angle ADF'}{\sin \angle F'DB} \cdot \dfrac{\sin \angle BDH}{\sin \angle HDE} \cdot \dfrac{\sin \angle EDC}{\sin \angle CDA} = 1$,知 F', H, C 共线,即知 F' 与 F 重合,故

$$\angle FDP = \angle EDA$$

推广 13 的简证 作 $\angle G'AP = \angle EAC$ 交 BC 于 G'. 下证 G', F, D 三点共线即可.

此时,有

$$\angle CAG' = \angle FAE, \angle BAF = \angle DAC, \angle EAD = \angle G'AB$$

由于 $\dfrac{\sin \angle CAG'}{\sin \angle G'AB} \cdot \dfrac{\sin \angle BAF}{\sin \angle FAE} \cdot \dfrac{\sin \angle EAD}{\sin \angle DAC} = 1$,知 G', F, D 三点共线,即知 G' 与 G 重合,故

$$\angle GAP = \angle EAC$$

第 4 节 运用同一法证题

在平面几何证明中,当欲证某图形具有某种唯一性特性而不易直接证明时,可采用同一法,即先作出一个具有所要求特征的图形,然后根据某种"唯一性"证明所作的就是原来题目给出的. 许多数学竞赛中的平面几何试题的证明都要用到同一法,其中最有代表性的是 2000 年 IMO 中国国家集训队选拔考试第一题和第 39 届 IMO 第一题,有"舍此无他"的感觉. 下面是用同一法的另几个例子.[①]

例 1 在非等腰锐角 $\triangle ABC$ 中,高 AD 和 CF 夹成的锐角的平分线分别与边 AB, BC 相交于点 P, Q,$\angle B$ 的平分线同联结 $\triangle ABC$ 的垂心和边 AC 之中点

---

① 方廷刚. 用同一法证平面几何竞赛题[J]. 中等数学,2004(2):9-11.

的线段相交于点 R. 证明:P,B,Q,R 四点共圆.

(第 26 届俄罗斯数学奥林匹克竞赛试题)

证明 如图 21.52,延长 HM 到 K,使得 $MK = HM$,联结 AK,CK,则 $AHCK$ 是平行四边形. 故 $KC \perp BC, KA \perp AB$. 过 R 分别作 AB 和 BC 的垂线,垂足为 P',Q',则 $RP' = RQ'$,且 B,P',R,Q' 四点共圆.

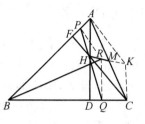

图 21.52

设 $\dfrac{FP'}{P'A} = \dfrac{HR}{RK} = \dfrac{DQ'}{Q'C} = \dfrac{m}{n}$,则

$$RP' = \dfrac{mKA + nHF}{m+n} = \dfrac{mCH + nHF}{m+n}$$

$$RQ' = \dfrac{mKC + nHD}{m+n} = \dfrac{mAH + nHD}{m+n}$$

由 $RP' = RQ'$ 及锐角 $\triangle ABC$ 非等腰可得

$$\dfrac{m}{n} = \dfrac{HF - HD}{AH - CH}$$

另一方面,由 A,F,D,C 共圆知

$$\dfrac{HF}{AH} = \dfrac{HD}{CH} = \dfrac{HF - HD}{AH - CH}$$

于是,$\dfrac{HD}{CH} = \dfrac{m}{n} = \dfrac{DQ'}{Q'C}$.

从而,点 Q' 与点 Q 重合.

同理知 P' 与 P 重合.

于是,结论成立.

例 2 如图 21.53,已知 B_1,C_1 分别是 $\triangle ABC$ 边 AC,AB 上的点,CC_1,BB_1 相交于 D. 证明:当且仅当 $\triangle ABD$ 和 $\triangle ACD$ 的内切圆外切时,四边形 AB_1DC_1 有内切圆. (1999 年保加利亚数学奥林匹克竞赛试题)

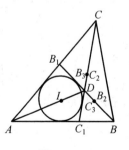

图 21.53

证明 当四边形 AB_1DC_1 有内切圆圆 I 时,设圆 I 分别切 BB_1,CC_1 于点 B_3,C_3,设 $\triangle ABD$ 的内切圆圆 I_1 切 BB_1 于点 B_2,$\triangle ACD$ 的内切圆圆 I_2 切 CC_1 于点 C_2,则

$$B_2B_3 = BB_3 - BB_2 = $$

$$\dfrac{AB + BB_1 - AB_1}{2} - \dfrac{AB + BD - AD}{2} = $$

$$\frac{AD+DB_1-AB_1}{2}$$

同理, $C_2C_3 = \frac{AD+DC_1-AC_1}{2}$.

由 AB_1DC_1 有内切圆知 $DB_1-AB_1=DC_1-AC_1$, 于是, $B_2B_3=C_2C_3$.

再由 $DB_3=DC_3$ 可知 $DB_2=DC_2$. 从而, 圆 I_1 与圆 I_2 外切于 AD 上一点.

反之, 设 $\triangle ABD$ 的内切圆圆 I_1 与 $\triangle ACD$ 的内切圆圆 I_2 外切于 AD 上一点. 作 $\triangle ACC_1$ 的内切圆圆 I, 过 D 作圆 I 的另一切线分别交直线 AC_1, AC 于 B', B'_1, 作 $\triangle AB'D$ 的内切圆圆 I'_1. 则由前面的证明可知圆 I'_1 与 圆 I_2 外切于 AD 上一点. 再由圆 I'_1 与圆 I_1 的圆心同在 $\angle BAD$ 的平分线上知圆 I'_1 与圆 I_1 重合. 从而, B' 与 B 重合, B'_1 与 B_1 重合. 因此, AB_1DC_1 有内切圆.

例3 以 $\triangle ABC$ 的底边 BC 为直径作半圆分别与边 AB, AC 交于点 D, E, 分别过 D, E 作 BC 的垂线, 垂足依次为 F, G, 线段 DG 和 EF 交于点 M. 求证: $AM \perp BC$.　　　　　　　　　　　　(第 37 届 IMO 国家集训队选拔考试题)

证明 如图 21.54, 作 $AP \perp BC$ 于 P, 只需证 A, M, P 三点共线, 即证

$$\frac{FP}{PC} \cdot \frac{CA}{AE} \cdot \frac{EM}{MF} = 1$$

由 $DF \parallel AP$ 知

$$\frac{FP}{BP} = \frac{DA}{AB}$$

对 $\triangle ABC$ 的三条高线 AP, BE, CD 应用塞瓦定理有

$$\frac{PB}{PC} = \frac{BD}{DA} \cdot \frac{AE}{EC}$$

故

$$\frac{FP}{PC} = \frac{FP}{BP} \cdot \frac{BP}{PC} = \frac{DA}{AB} \cdot \frac{BD}{DA} \cdot \frac{AE}{EC}$$

由 $DF \parallel EG$ 知

$$\frac{EM}{MF} = \frac{EG}{DF} = \frac{EG}{AP} \cdot \frac{AP}{DF}$$

再由 $DF \parallel AP \parallel EG$ 有

$$\frac{EG}{AP} \cdot \frac{AP}{DF} = \frac{EC}{AC} \cdot \frac{AB}{BD}$$

于是

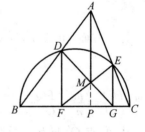

图 21.54

①

$$\frac{EM}{MF} = \frac{EC}{AC} \cdot \frac{AB}{BD} \qquad ②$$

由①②得

$$\frac{FP}{PC} \cdot \frac{CA}{AE} \cdot \frac{EM}{MF} = 1.$$

再由梅涅劳斯定理知 A, M, P 共线.

从而,结论成立.

例 4 在锐角 $\triangle ABC$ 中, AD 是 $\angle A$ 的内角平分线,点 D 在边 BC 上,过点 D 分别作 $DE \perp AC$, $DF \perp AB$,垂足分别为 E, F,联结 BE, CF,它们相交于点 H, $\triangle AFH$ 的外接圆交 BE 于点 G. 求证: BG, GE, BF 组成的三角形是直角三角形.

(2003 年 IMO 中国国家集训队选拔考试题)

证明 如图 21.55,作 $AK \perp BC$ 于 K,则 $\dfrac{BK}{KC} = \dfrac{c\cos B}{b\cos C}$.

下面先证 A, H, K 三点共线.

由 $DF \perp AB$ 及 $DE \perp AC$ 有

$$\frac{BF}{FA} \cdot \frac{AE}{EC} = \frac{DF \cot B}{DF \cot \angle DAF} \cdot \frac{DE \cot \angle DAE}{DE \cot C} =$$

$$\frac{\cot B}{\cot C} = \frac{\sin C \cdot \cos B}{\sin B \cdot \cos C} = \frac{c\cos B}{b\cos C}.$$

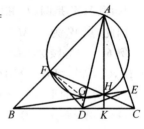

图 21.55

从而, $\dfrac{BF}{FA} \cdot \dfrac{AE}{EC} \cdot \dfrac{CK}{KB} = 1.$

由塞瓦定理知 A, H, K 三点共线.

由 $DF \perp AB$ 可知 D, K, A, F 四点共圆.

又 A, H, G, F 四点共圆,有

$$\angle BGF = \angle BAK = \angle BDF.$$

从而, B, D, G, F 四点共圆, $\angle BGD = \angle BFD = 90°$,故 $DG \perp BE$,于是

$$BG^2 - GE^2 = BD^2 - DE^2 = BD^2 - DF^2 = BF^2.$$

因此,结论成立.

例 5 设圆 O_1 和圆 O_2 外切于 W,且它们都与圆 O 内切,作圆 O_1 和圆 O_2 的一条外公切线交圆 O 于点 A, B,作圆 O_1 和圆 O_2 的内公切线交圆 O 于点 C, D (C 与 W 在 AB 同侧). 求证:点 W 为 $\triangle ABC$ 的内心.

(第 33 届 IMO 预选题)

证明 如图21.56,设AB分别与圆O_1、圆O_2相切于点X,Y,圆O_1、圆O_2分别与圆O相切于点P,Q,延长PX交圆O于点M,过点P作两圆的公切线PT,则

$\overset{\frown}{PAM}$的度数 $= 2\angle TPM = 2\angle AXP =$
$\overset{\frown}{PA}$的度数 $+ \overset{\frown}{MB}$的度数

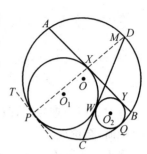

图 21.56

由此可知M为$\overset{\frown}{AB}$的中点,且易知$MX \cdot MP = MA^2$;同理可知Q,Y,M共线且$MY \cdot MQ = MA^2$. 于是
$$MX \cdot MP = MY \cdot MQ$$
故M在圆O_1和圆O_2的根轴上.

从而,MW是圆O_1和圆O_2的内公切线,M重合于D且$MW = MA = MB$. 因此,点W为$\triangle ABC$的内心.

例6 非等腰$\triangle ABC$的内切圆圆心为O,与边BC, CA, AB的切点分别为A_1, B_1, C_1,AA_1, BB_1分别交圆O于A_2和B_2,$\angle C_1 A_1 B_1$的平分线交$B_1 C_1$于A_3,$\angle C_1 B_1 A_1$的平分线交$C_1 A_1$于B_3. 证明:

(1) $A_2 A_3$平分$\angle B_1 A_2 C_1$;

(2) 如果点P, Q分别是$\triangle A_1 A_2 A_3$和$\triangle B_1 B_2 B_3$的两外接圆交点,则点O在直线PQ上. (2001年保加利亚数学奥林匹克竞赛试题)

证明 (1) 如图21.57,由AB_1, AC_1为圆O的切线知

$$\frac{A_2 C_1}{A_1 C_1} = \frac{AC_1}{AA_1} = \frac{AB_1}{AA_1} = \frac{A_2 B_1}{A_1 B_1}$$

故
$$\frac{A_2 C_1}{A_2 B_1} = \frac{A_1 C_1}{A_1 B_1}$$

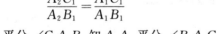

图 21.57

再由$A_1 A_3$平分$\angle C_1 A_1 B_1$知$A_2 A_3$平分$\angle B_1 A_2 C_1$.

(2) 延长$C_1 B_1$交直线BC于点S,交圆O过A_2的切线于点T. 由$A_2 A_3$平分$\angle B_1 A_2 C_1$可得$TA_2 = TA_3$. 同理,$SA_1 = SA_3$,且

$$\frac{C_1 S}{B_1 S} = \frac{A_1 C_1^2}{A_1 B_1^2} = \frac{A_2 C_1^2}{A_2 B_1^2} = \frac{C_1 T}{B_1 T}$$

于是,S, T均重合于$\triangle A_1 A_2 A_3$的外心O_1,且显然OA_1为圆O_1的切线.

同理,知自O向$\triangle B_1 B_2 B_3$的外接圆所引的切线长为OB_1. 于是,点O在两圆的根轴PQ上.

注 前面已证明了直线 C_1B_1，BC 及圆 O 过 A_2 的切线共点，且该点恰为 $\triangle A_1A_2A_3$ 的外接圆圆心，此题尚可进一步研究.

由塞瓦定理有
$$\frac{CA_1}{A_1B} = \frac{CB_1}{B_1A} \cdot \frac{AC_1}{C_1B}$$

由梅涅劳斯定理有
$$\frac{CB_1}{B_1A} \cdot \frac{AC_1}{C_1B} = \frac{CO_1}{O_1B}$$

于是，$\dfrac{CA_1}{A_1B} = \dfrac{CO_1}{O_1B}$，即 A_1 和 O_1 调和分割线段 BC.

由梅涅劳斯定理还可证 $\triangle A_1A_2A_3$，$\triangle B_1B_2B_3$，$\triangle C_1C_2C_3$ 的三个外接圆圆心共线.

第22章 2000～2001年度试题的诠释

试题A 如图22.1,在锐角$\triangle ABC$的边BC上有两点E,F,满足$\angle BAE = \angle CAF$,作$FM \perp AB, FN \perp AC(M,N$是垂足$)$,延长$AE$交$\triangle ABC$的外接圆于点$D$.求证:四边形$AMDN$与$\triangle ABC$的面积相等.

证法1 联结MN, BD.因$FM \perp AB, FN \perp AC$,则A,M,F,N四点共圆.于是
$$\angle AMN = \angle AFN$$
$$\angle AMN + \angle BAE = \angle AFN + \angle CAF = 90°$$
即
$$MN \perp AD$$

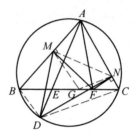

图22.1

故
$$S_{AMDN} = \frac{1}{2} AD \cdot MN$$

因$\angle CAF = \angle DAB, \angle ACF = \angle ADB$,则$\triangle AFC \backsim \triangle ABD$,即$\dfrac{AF}{AB} = \dfrac{AC}{AD}$,从而
$$AB \cdot AC = AD \cdot AF$$

又因AF是过A,M,F,N四点的圆的直径,则
$$\frac{MN}{\sin \angle BAC} = AF$$
即
$$AF \sin \angle BAC = MN$$
故
$$S_{\triangle ABC} = \frac{1}{2} AB \cdot AC \sin \angle BAC = \frac{1}{2} AD \cdot AF \sin \angle BAC =$$
$$\frac{1}{2} AD \cdot MN = S_{AMDN}$$

证法2 (由福建师大肖石给出)如图22.1,联结BD, CD,若$AF \perp BC$,则易知$MF \parallel BD, NF \parallel CD$,从而$S_{\triangle DFM} = S_{\triangle BFM}, S_{\triangle DFN} = S_{\triangle CFN}$,所以$S_{\triangle ABC} = S_{AMDN}$.

若AF不垂直于BC,则过M作$MG \parallel BD$交BC于G,联结NG,则
$$\angle MGB = \angle DBC = \angle DAC = \angle BAF$$

从而 A,M,G,F 四点共圆.

又 A,M,F,N 四点共圆,则 A,M,G,F,N 五点共圆,即
$$\angle NGF = \angle NAF = \angle BAD = \angle BCD$$
从而 $\qquad GN \parallel CD$

(当点 G 位于点 F 右侧时类似可证),于是
$$S_{\triangle DGM} = S_{\triangle BGM},\ S_{\triangle DGN} = S_{\triangle CGN}$$
故 $\qquad S_{\triangle ABC} = S_{AMDN}$

以下 3 种证法由湖北孝感中学叶迎东给出.[①]

证法 3 如图 22.2,设 AG 为圆的直径,联结 BG,CG,MG,NG,FG,DG,MN,则 $BG \perp AB$, $CG \perp AC, DG \perp AD$. 又因 $FM \perp AB, FN \perp AC$,则
$$BG \parallel FM, CG \parallel FN$$
从而 $\qquad S_{\triangle BMF} = S_{\triangle GMF},\ S_{\triangle CFN} = S_{\triangle GFN}$

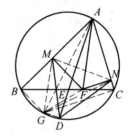

图 22.2

于是
$$S_{\triangle ABC} = S_{AMFN} + S_{\triangle BMF} + S_{\triangle CNF} =$$
$$S_{AMFN} + S_{\triangle GMF} + S_{\triangle GFN} =$$
$$S_{AMGN}$$

而由 $AB \perp FM, AC \perp FN$ 得 A,M,F,N 四点共圆.则
$$\angle FMN = \angle FAN = \angle BAE$$
又因 $FM \perp AB$,则 $MN \perp AD$,而 $DG \perp AD$,即 $DG \parallel MN$,于是
$$S_{\triangle GMN} = S_{\triangle DMN}$$
即 $\qquad S_{AMGN} = S_{AMDN}$

从而 $\qquad S_{\triangle ABC} = S_{AMDN}$

证法 4 如图 22.3,联结 BD,设 $\angle BAC = \alpha, \angle BAE = \angle CAF = \beta$, $\angle EAC = \gamma$,则 $\angle FAB = \gamma$.

在 $Rt\triangle AFM$ 和 $Rt\triangle AFN$ 中,有

[①] 叶迎东.2000 年全国高中数学联赛平面几何题的三种证法[J].数学通讯,2001(2,4):89.

$$AM = AF\cos\gamma, AN = AF\cos\beta$$

因 $\angle C = \angle ADB, \angle BAE = \angle FAC$
则 $\triangle ABD \backsim \triangle AFC$
即 $$\frac{AB}{AF} = \frac{AD}{AC}$$
亦即 $AB \cdot AC = AD \cdot AF$
从而
$$2S_{\triangle ABC} = AB \cdot AC\sin\alpha = AD \cdot AF\sin\alpha = $$
$$AD \cdot AF\sin(\beta+\gamma) = $$
$$AD[(AF\cos\gamma)\sin\beta + (AF\cos\beta)\sin\gamma] = $$
$$AD[AM\sin\beta + AN\sin\gamma] = 2S_{\triangle ADM} + 2S_{\triangle ADN} = $$
$$2S_{AMDN}$$

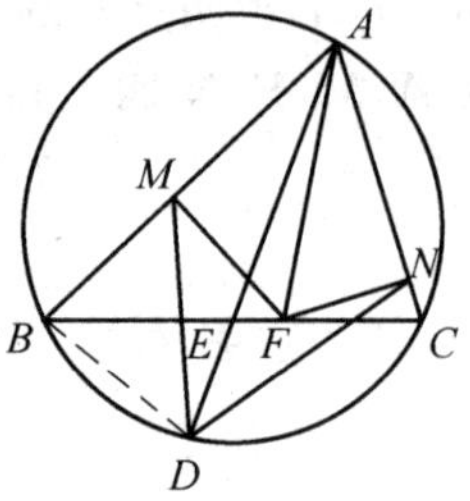

图 22.3

证法 5 如图 22.4, 过 A 作 $AP \perp BC$ 于 P, 联结 BD, CD, MP, NP. 因
$$FM \perp AM, FN \perp AN, FP \perp AP$$
则 A, M, F, P, N 都在以 AF 为直径的圆上. 即
$$\angle MPF = \angle MAF = \angle BAE + \angle EAF = $$
$$\angle CAF + \angle EAF = \angle DAC = $$
$$\angle DBC$$

从而 $MP \parallel BD$
即 $$S_{\triangle BDM} = S_{\triangle BDP}$$
又因 $\angle CPN = \angle FAN = \angle BAD = \angle BCD$
则 $NP \parallel CD$
即 $$S_{\triangle CDN} = S_{\triangle CDP}$$
故 $$S_{\triangle ABC} = S_{ABDC} - S_{\triangle BDP} - S_{\triangle CDP} = $$
$$S_{ABDC} - S_{\triangle BDM} - S_{\triangle CDN} = S_{AMDN}$$

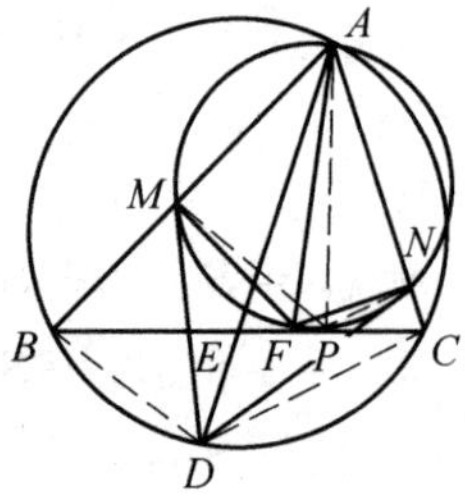

图 22.4

以下 3 种证法由重庆一中邹发明给出.[①]

[①] 邹发明. 2000 年全国高中联赛加试平面几何题的 5 种证法[J]. 数学教学通讯, 2001(11):48-49.

证法 6 如图 22.5，联结 DB,DC，过 D 作 $DP \perp AB, DQ \perp BC, DR \perp AC$，垂足分别是 P, Q, R. 联结 PQ, QR. 又易知 A, M, F, N 四点共圆，设该圆交 BC 的另一交点为 K，联结 KM, KN. 由作图知 D, C, R, Q 四点共圆，D, P, B, Q 四点共圆. 则

$$\angle DRQ = \angle QCD = \angle BCD = \angle BAD = \angle BAE = \angle CAF = \angle NAF = \angle FKN = \angle CKN$$

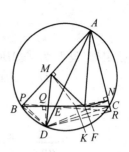

图 22.5

又 $\angle RDQ = \angle QCR = \angle KCN$

所以 $\triangle KCN \backsim \triangle RDQ$

所以 $\dfrac{KC}{CN} = \dfrac{RD}{DQ}$

即 $KC \cdot DQ = CN \cdot RD$ ①

又 $\angle DPQ = \angle DBQ = \angle DBC = \angle DAC = \angle BAF = \angle MAF = \angle MKB$

又 $\angle PDQ + \angle PBQ = 180° = \angle PBQ + \angle KBM$

所以 $\angle PDQ = \angle KBM$

所以 $\triangle KBM \backsim \triangle PDQ$

所以 $\dfrac{KB}{BM} = \dfrac{PD}{DQ}$

所以 $KB \cdot DQ = BM \cdot PD$ ②

①+② 得 $KC \cdot DQ + KB \cdot DQ = CN \cdot RD + BM \cdot PD$

即 $BC \cdot DQ = CN \cdot RD + BM \cdot PD$

所以 $S_{\triangle BCD} = S_{\triangle DCN} + S_{\triangle BMD}$

则 $S_{\triangle ABC} = S_{AMDN}$

证法 7 如图 22.6，联结 MN, BD，易知 A, M, F, N 四点共圆，且由 $\angle AMN = \angle AFN$ 推证 $AD \perp MN$.

设 $\angle BAE = \angle CAF = \alpha, \angle EAF = \beta$，有

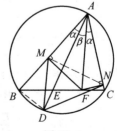

图 22.6

$$S_{AMDN} = \frac{1}{2} AD \cdot MN$$

由正弦定理(设 R 为 $\triangle ABC$ 的外接圆半径)有
$$AD = 2R\sin(B + \angle DBE) = 2R\sin(B + \alpha + \beta)$$
$$MN = AF\sin(2\alpha + \beta) = \frac{AC}{\sin\angle AFC} \cdot \sin C \sin(2\alpha + \beta) =$$
$$\frac{AC}{\sin(B + \alpha + \beta)} \cdot \sin C \sin(2\alpha + \beta)$$

所以
$$S_{AMDN} = \frac{1}{2} AD \cdot MN = R \cdot AC \sin C \sin\angle BAC$$

而由正弦定理 $\frac{AB}{\sin C} = 2R$,得
$$\frac{AB}{2} = R \sin C$$

所以
$$S_{AMDN} = \frac{1}{2} AB \cdot AC \cdot \sin\angle BAC = S_{\triangle ABC}$$

证法 8 如图 22.7,联结 MN, BD, CD.
易知 A, M, F, N 四点共圆. 所以
$$\angle NMA = \angle AFN$$
又 $\angle AFN + \angle FAN = 90°, \angle NAF = \angle MAE$
所以 $\angle NMA + \angle MAE = 90°$
所以 $AD \perp MN$
所以 $S_{AMDN} = \frac{1}{2} AD \cdot MN$

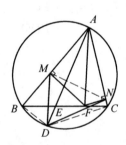

图 22.7

又 $\angle FMN = \angle FAN = \angle BAD = \angle BCD$
$\angle MNF = \angle BAF = \angle CAD = \angle CBD$
所以 $\triangle MFN \backsim \triangle CDB$
所以 $\frac{FM}{CD} = \frac{FN}{BD} = \frac{MN}{BC}$

对四边形 $ABDC$ 应用托勒密定理得
$$AB \cdot CD + AC \cdot BD = AD \cdot BC$$
于是 $AB \cdot CD \cdot \frac{FM}{CD} + AC \cdot BD \cdot \frac{FN}{BD} = AD \cdot BC \cdot \frac{MN}{BC}$
即 $AB \cdot FM + AC \cdot FN = AD \cdot MN$

所以 $\frac{1}{2}AB \cdot FM + \frac{1}{2}AC \cdot FN = \frac{1}{2}AD \cdot MN$

即 $S_{\triangle ABF} + S_{\triangle ACF} = \frac{1}{2}AD \cdot MN = S_{AMDN}$

从而 $S_{\triangle ABC} = S_{AMDN}$

证法 9 （由江西贵溪一中刘飞才，浙江兰溪一中舒林军等给出）设 $\angle BAE = \angle CAF = \alpha, \angle EAF = \beta$，则

$$S_{AMDN} = \frac{1}{2}AM \cdot AD\sin\alpha + \frac{1}{2}AD \cdot AN\sin(\alpha+\beta) =$$

$$\frac{1}{2}AD[AF\cos(\alpha+\beta)\sin\alpha + AF\cos\alpha\sin(\alpha+\beta)] =$$

$$\frac{1}{2}AD \cdot AF\sin(2\alpha+\beta) = \frac{AF}{4R} \cdot AD \cdot BC$$

又

$$S_{\triangle ABC} = \frac{1}{2}AB \cdot AF\sin(\alpha+\beta) + \frac{1}{2}AC \cdot AF\sin\alpha =$$

$$\frac{AF}{4R}(AB \cdot CD + AC \cdot BD)$$

由托勒密定理 $AB \cdot CD + AC \cdot BD = AD \cdot BC$，故结论成立．

证法 10 （由江苏兴化中学姚伟给出）如图 22.8，只要证明 $S_{\triangle BMD} + S_{\triangle CND} = S_{\triangle BCD}$．

设 $\angle BAE = \angle CAF = \alpha, \triangle ABC$ 各内角为 $\angle A, \angle B, \angle C$，则

$$AF = \frac{AB\sin B}{\sin(C+\alpha)} = \frac{2R\sin C\sin B}{\sin(C+\alpha)}$$

$$AM = AF\cos(A-\alpha)$$

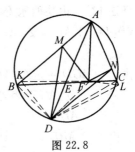

图 22.8

其中 R 为 $\triangle ABC$ 外接圆半径．则

$$BM = AB - AM = 2R\sin C \cdot \frac{\cos B\sin(A-\alpha)}{\sin(C+\alpha)}$$

故

$$S_{\triangle BMD} = \frac{1}{2}BM \cdot BD\sin\angle ABD = 2R^2\sin\alpha\sin(A-\alpha)\cos B\sin C$$

同理 $S_{\triangle CND} = 2R^2\sin\alpha\sin(A-\alpha)\cos C\sin B$

故
$$S_{\triangle BMD} + S_{\triangle CND} = 2R^2 \sin\alpha \sin(A-\alpha)\sin(B+C) =$$
$$\frac{1}{2} \cdot 2R\sin\alpha \cdot 2R\sin(A-\alpha)\sin A =$$
$$\frac{1}{2} BD \cdot DC \sin\angle BDC = S_{\triangle BCD}$$

证法 11 （由江苏兴化张乃贵给出）如图 22.8，作 $DK \perp AB$, $DL \perp AC$，垂足分别为 K,L，则只要证明 $S_{\triangle FBM} + S_{\triangle FCN} = S_{\triangle FDM} + S_{\triangle FDN}$. 利用
$$S_{\triangle FDM} = S_{\triangle FKM}, \quad S_{\triangle FDN} = S_{\triangle FLN}$$
只需要证明
$$S_{\triangle FBM} + S_{\triangle FCN} = S_{\triangle FKM} + S_{\triangle FLN}$$
即
$$FM \cdot BM + FN \cdot CN = FM \cdot MK + FN \cdot NL$$
因此，只需要证明
$$FM \cdot BK = FN \cdot CL$$
由于 $\triangle BKD \backsim \triangle CLD$，所以
$$\frac{BK}{CL} = \frac{DK}{DL} = \frac{\sin\alpha}{\sin(A-\alpha)} = \frac{FN}{FM}$$
故结论成立.

证法 12 （由陕西永寿中学朱冬茂给出）如图 22.9，作 $DG \parallel MN$，交 AC 的延长线于 G，只要证明 $S_{\triangle AMG} = S_{\triangle ABC}$.

由于 $\angle AGD = \angle ANM = \angle AFM$，所以
$$\triangle AGD \backsim \triangle AFM$$
从而 $\quad AD \cdot AF = AM \cdot AG$
又由于 $\triangle ABD \backsim \triangle AFC$，有
$$AD \cdot AF = AB \cdot AC$$
故 $\quad AM \cdot AG = AB \cdot AC$
即 $\quad S_{\triangle AMG} = S_{\triangle ABC}$

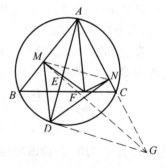

图 22.9

注 关于此试题的背景问题：

第 22 章 2000～2001 年度试题的诠释

不妨称此试题为命题 1,据安徽黄全福老师介绍[①],这道题中当 $\angle BAE = \frac{1}{2}\angle A$ 时,即为第 28 届 IMO 中一道试题.

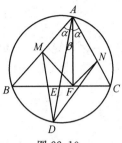

图 22.10

这道试题他是怎样编成的呢? 不妨用动态的观点来看图 22.10,视 AE,AF 为两条叠合的线段,当点 D 在 $\overset{\frown}{BC}$ 上运动(AD 顺时针),点 F 在 BC 边上运动(AF 逆时针)时,只要满足 $\angle BAE = \angle CAF$,如图 22.10 所示,就可达到两个图形面积相等的目的. 当然,这仅仅是个猜想,猜想是不能代替证明的. 经过一番认真的探讨,这道题的结论不但能够成立,还可以给出它的许多形态互异、各具特色的证法,并且还可从中获得重要的推论. 为此,我们来看:

命题 2 如图 22.11,在锐角 $\triangle ABC$ 中,$\angle A$ 的平分线 AF 交外接圆于 D,过 F 作 $FM \perp AB$,$FN \perp AC$,垂足分别为 M,N. 证明:四边形 $AMDN$ 与 $\triangle ABC$ 的面积相等.

(1987 年第 28 届 IMO 试题)

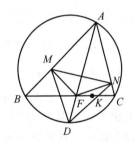

图 22.11

找到了题目的原型,那么就可以类比于原题的解法来证明它. 命题 2 的证法很多,其最简单的方法,莫过于以下两种.

证法 1 因 A,M,F,N 四点共圆,AF 为其直径,作此圆,设交 BC 于另一点 K,则 K 在此圆上. 联结 MK,NK,易证 $MK \parallel BD$,$NK \parallel CD$,于是 $S_{\triangle BMK} = S_{\triangle DMK}$,$S_{\triangle CNK} = S_{\triangle DNK}$. 证明四边形 $AMDN$ 与 $\triangle ABC$ 的面积相等.

证法 2 因 $AMDN$ 是筝形,则 $AD \perp MN$. 从而

$$S_{AMDN} = \frac{1}{2} AD \cdot MN \qquad ①$$

又利用正弦定理,有

$$AD = \frac{AB \sin(B+\alpha)}{\sin C} \qquad ②$$

---

① 黄全福. 编拟平面几何竞赛题的几点思考[J]. 现代中学数学,2004(2):16-18.

$$MN = AF\sin A = \frac{AC\sin C\sin A}{\sin(B+\alpha)} \qquad ③$$

(其中 $\alpha = \angle BAD = \angle DAC$)

将②③代入①,有

$$S_{AMDN} = \frac{1}{2} AD \cdot MN = \frac{1}{2} AB \cdot AC\sin A = S_{\triangle ABC}$$

得证.

对于命题 1,类比于命题 2 的证法 1,可以一字不差地得出证明——不妨也称为"证法 1".但是,因为不知道 MN 是否垂直于 AD,所以不能套用证法 2.然而公式②③照样成立.

现假设 MN 与 AF 的夹角为 θ,那么应该有

$$S_{AMDN} = \frac{1}{2} AD \cdot MN\sin\theta \qquad ④$$

将②③代入④,得

$$S_{AMDN} = \frac{1}{2} AD \cdot MN\sin\theta = \frac{1}{2} AB \cdot AC\sin A\sin\theta = S_{\triangle ABC}\sin\theta$$

但是,由证法 1 可知, $S_{AMDN} = S_{\triangle ABC}$,从而得知 $\sin\theta = 1$,即 $\theta = 90°$.

由此我们有了新的发现,可以把它写成以下推论.

推论 1 如图 22.10 中所设,则有 $AD \perp MN$.

这个推论是从试题 A 证法 1 间接得到的.其实,我们可以直接得到.

由 A,M,F,N 四点共圆,有 $\angle ANM = \angle AFM$, $\angle BAD = \angle CAF = \alpha$, $\angle DAF = \beta$,但 $\angle AFM$ 与 $\angle FAM = \alpha + \beta$ 互余,故 $\angle ANM$ 与 $\angle CAD = \alpha + \beta$ 互余,即 $AD \perp MN$.

推论 2 如图 22.11 所设,不论 α 大小,$AD \cdot MN$ 都等于定值——$\triangle ABC$ 面积的 2 倍.

试题 B 给定 $a, \sqrt{2} < a < 2$.内接于单位圆 Γ 的凸四边形 $ABCD$ 适合以下条件:(1)圆心在这凸四边形内部;(2)最大边长是 a,最小边长是 $\sqrt{4-a^2}$.过点 A,B,C,D 依次作圆 Γ 的四条切线 L_A, L_B, L_C, L_D.已知 L_A 与 L_B, L_B 与 L_C,L_C 与 L_D,L_D 与 L_A 分别交于点 A',B',C',D'.求面积之比 $\dfrac{S_{A'B'C'D'}}{S_{ABCD}}$ 的最大值与最小值.

解 记圆 Γ 的圆心为 O,并记 $\angle AOB = 2\theta_1$, $\angle BOC = 2\theta_2$, $\angle COD = 2\theta_3$, $\angle DOA = 2\theta_4$.于是 $\theta_1, \theta_2, \theta_3, \theta_4$ 都是锐角且 $\theta_1 + \theta_2 + \theta_3 + \theta_4 = \pi$.不难求得

$$S_{A'B'C'D'} = \tan\theta_1 + \tan\theta_2 + \tan\theta_3 + \tan\theta_4$$

$$S_{ABCD} = \frac{1}{2}(\sin 2\theta_1 + \sin 2\theta_2 + \sin 2\theta_3 + \sin 2\theta_4)$$

所以有

$$\frac{S_{A'B'C'D'}}{S_{ABCD}} = \frac{2(\tan \theta_1 + \tan \theta_2 + \tan \theta_3 + \tan \theta_4)}{\sin 2\theta_1 + \sin 2\theta_2 + \sin 2\theta_3 + \sin 2\theta_4} \qquad ①$$

由于式 ① 右端关于 $\theta_1,\theta_2,\theta_3,\theta_4$ 对称,故不妨设 $AD=a, CD=\sqrt{4-a^2}$. 于是

$$\sin \theta_4 = \frac{a}{2}, \sin \theta_3 = \frac{1}{2}\sqrt{4-a^2}$$

又因为

$$\cos(\theta_1+\theta_2) = \cos\theta_3\cos\theta_4 - \sin\theta_3\sin\theta_4 =$$
$$\sqrt{1-(\frac{a}{2})^2}\sqrt{1-\frac{1}{4}(4-a^2)} -$$
$$\frac{a}{2}\cdot\frac{1}{2}\sqrt{4-a^2} = 0$$

所以

$$\theta_3 + \theta_4 = \frac{\pi}{2}$$

从而

$$\theta_1 + \theta_2 = \frac{\pi}{2}$$

由三角公式有

$$\tan\theta_3 + \tan\theta_4 = \frac{\sin(\theta_3+\theta_4)}{\cos\theta_3\cos\theta_4} = \frac{1}{\sin\theta_4\sin\theta_3} = \frac{4}{a\sqrt{4-a^2}} \qquad ②$$

$$\tan\theta_1 + \tan\theta_2 = \frac{\sin(\theta_1+\theta_2)}{\cos\theta_1\cos\theta_2} = \frac{1}{\cos\theta_1\cos\theta_2} = \frac{2}{\sin 2\theta_1} \qquad ③$$

$$\sin 2\theta_3 + \sin 2\theta_4 = 2\sin 2\theta_3 = 4\sin\theta_3\cos\theta_3 = 4\sin\theta_3\sin\theta_4 = a\sqrt{4-a^2} \qquad ④$$

$$\sin 2\theta_1 + \sin 2\theta_2 = 2\sin 2\theta_1 \qquad ⑤$$

简记 $\alpha = \tan\theta_3 + \tan\theta_4, \beta = \sin 2\theta_3 + \sin 2\theta_4, t = \sin 2\theta_1$,于是 α,β 为常数而 t 为变数. 将 ②~⑤ 代入 ①,得

$$\frac{S_{A'B'C'D'}}{S_{ABCD}} = \frac{2\alpha + \dfrac{4}{t}}{\beta + 2t} \qquad ⑥$$

一方面,容易看出,式 ⑥ 右端是 t 的严格递减函数,而 t 的最大值为 1,故得

$$\min \frac{S_{A'B'C'D'}}{S_{ABCD}} = \frac{4}{a\sqrt{4-a^2}}$$

另一方面,由于 $\theta_1,\theta_2,\theta_3,\theta_4$ 都是锐角且 a 是最大边长,$\sqrt{4-a^2}$ 是最小边长,故有 $\theta_3 \leqslant \theta_1, \theta_2 \leqslant \theta_4$.

又因 $\theta_1 + \theta_2 = \dfrac{\pi}{2} = \theta_3 + \theta_4$，故知 t 的最小值为

$$t_0 = 2\sin\theta_3 \sin\theta_4 = \dfrac{1}{2}a\sqrt{4-a^2}$$

于是，由式 ⑥ 右端函数的严格递减性即得

$$\max \dfrac{S_{A'B'C'D'}}{S_{ABCD}} = \dfrac{8}{a^2(4-a^2)}$$

试题 C1　平面上给定凸四边形 $ABCD$ 及其内点 E 和 F，适合 $AE = BE, CE = DE, \angle AEB = \angle CED, AF = DF, BF = CF, \angle AFD = \angle BFC$. 求证：$\angle AFD + \angle AEB = \pi$.

证明　如图 22.12，约定将凸四边形对角线 AC 与 BD 的交点记为 G，并记 $\angle EAB = \angle ABE = \theta, \angle FAD = \angle ADF = \varphi$.

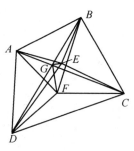

图 22.12

因为 △AEC 可通过绕点 E 的旋转与 △BDE 重合，所以 $\angle GAE = \angle GBE$，有 A, B, E, G 四点共圆. 又因为 △AFC 可通过绕点 F 的旋转与 △BDF 重合，所以 $\angle GAF = \angle GDF$，有 A, D, F, G 四点共圆. 依据圆内接四边形的等角关系可知

$$\angle EGB = \angle EAB = \theta, \angle FGD = \angle FAD = \varphi$$
$$\angle EGC = \angle ABE = \theta, \angle FGC = \angle ADF = \varphi$$

又因　　　$\angle EGB + \angle EGC + \angle FGC + \angle FGD = \pi$

则　　　　$2\theta + 2\varphi = \pi$

于是　　　$(\pi - 2\theta) + (\pi - 2\varphi) = \pi$

即　　　　$\angle AFD + \angle AEB = \pi$

试题 C2　给定正 △ABC，D 是 BC 边上的任意一点，△ABD 的外心、内心分别为 O_1, I_1，△ADC 的外心、内心分别为 O_2, I_2，直线 $O_1 I_1$ 与 $O_2 I_2$ 相交于 P. 试求：当点 D 在 BC 边上运动时，点 P 的轨迹.

解法 1　如图 22.13，作辅助线. 由

$$\angle AO_2 D = 2\angle C = 120°$$
$$\angle AI_2 D = 90° + \dfrac{1}{2}\angle C = 120°$$

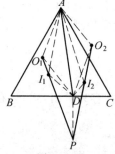

图 22.13

$$\angle B = 60°$$

知 O_2, I_2 均在圆 O_1 上.

同理,O_1, I_1 均在圆 O_2 上.

显然,圆 O_1 与圆 O_2 是等圆,$\angle O_1 D O_2 = 60°$,因

$$\angle AI_2 O_2 = 30° = \angle I_1 AI_2$$

则 $$AI_1 \parallel O_2 P, \angle O_1 P O_2 = \angle O_1 I_1 A = 30°$$

于是,D 是 $\triangle O_1 P O_2$ 的外心.

在 $\triangle O_2 DI_2$ 中,由

$$\angle DI_2 O_2 = 150° \Rightarrow \angle O_2 DI_2 + \angle DO_2 I_2 = 30°$$

因
$$\angle O_2 DC = \angle I_2 DC + \angle O_2 DI_2 = \angle ADI_2 + \angle O_2 DI_2 =$$
$$\angle ADO_2 + \angle O_2 DI_2 + \angle O_2 DI_2 = 30° + 2\angle O_2 DI_2$$

于是,由 $\angle DO_2 P = \angle DPO_2$,有
$$\angle PDC = 180° - \angle CDO_2 - 2\angle DO_2 P =$$
$$150° - 2\angle O_2 DI_2 - 2\angle DO_2 P = 90°$$

有 $$\angle PDC = 90°$$

即 $$PD \perp BC$$

以及 $$AD = \sqrt{3} DO_1 = \sqrt{3} DP$$

现以边 BC 所在的直线为 x 轴,边 BC 的中点 O 为坐标原点建立直角坐标系,且不妨设正 $\triangle ABC$ 的边长为 2,点 P 的坐标为 (x, y),则在 $\text{Rt}\triangle AOD$ 中
$$AD^2 - OD^2 = AO^2$$

即 $$(\sqrt{3} y)^2 - x^2 = (\sqrt{3})^2$$

$$y^2 - \frac{x^2}{3} = 1, -1 < x < 1, y < 0$$

解法 2 如图 22.14,建立坐标系,$BE \perp AC$,$CF \perp AB$. 设点 D 的坐标为 $(a, 0)$,不妨设 $0 \leqslant a < 1$,则 O_2, I_1 在 BE 或其延长线上,O_1, I_2 在 CF 或其延长线上. 由于 O_2 在 DC 的垂直平分线上,故 O_2 的横坐标为 $\frac{a+1}{2}$. 由 $\angle CBO_2 = 30°$ 知,O_2 的纵坐标为 $\frac{3+a}{2} \cdot \frac{\sqrt{3}}{3}$. 因此,点 O_2 的坐标为 $(\frac{a+1}{2},$

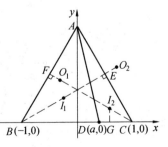

图 22.14

$\frac{3+a}{2} \cdot \frac{\sqrt{3}}{3})$. 点 I_2 的纵坐标为 $\triangle ADC$ 内切圆的半径长 r_2. 由 $AD = \sqrt{a^2+3}$ 及面积关系有

$$(2+1-a+\sqrt{a^2+3})r_2 = (1-a)\sqrt{3}$$

即

$$r_2 = \frac{\sqrt{3}}{6}(3-a-\sqrt{a^2+3})$$

过 I_2 作 $I_2G \perp BC$ 交 BC 于 G, 则由 $\angle GCI_2 = 30°$ 知

$$CG = r_2 \cot 30° = \sqrt{3} r_2$$

点 I_2 的横坐标为

$$1 - CG = 1 - \frac{1}{2}(3-a-\sqrt{a^2+3}) = \frac{1}{2}(a-1+\sqrt{a^2+3})$$

因此, 点 I_2 的坐标为

$$(\frac{1}{2}(a-1+\sqrt{a^2+3}), \frac{\sqrt{3}}{6}(3-a-\sqrt{a^2+3}))$$

同理, 点 I_1 的坐标为

$$(\frac{1}{2}(a+1-\sqrt{a^2+3}), \frac{\sqrt{3}}{6}(3+a-\sqrt{a^2+3}))$$

点 O_1 的坐标为 $(\frac{a-1}{2}, \frac{3-a}{2} \cdot \frac{\sqrt{3}}{3})$.

O_2I_2 的方程为

$$\frac{y - \frac{a+3}{2} \cdot \frac{\sqrt{3}}{3}}{x - \frac{a+1}{2}} = \frac{\sqrt{3}}{3} \cdot \frac{2a + \sqrt{a^2+3}}{2 - \sqrt{a^2+3}}$$

即

$$y - \frac{\sqrt{3}(a+3)}{6} = \frac{\sqrt{3}}{3} \cdot \frac{2a+\sqrt{a^2+3}}{2-\sqrt{a^2+3}}(x - \frac{a+1}{2}) \qquad ①$$

O_1I_1 的方程为

$$\frac{y - \frac{a-3}{2} \cdot \frac{\sqrt{3}}{3}}{x - \frac{a-1}{2}} = \frac{\sqrt{3}}{3} \cdot \frac{2a - \sqrt{a^2+3}}{2 - \sqrt{a^2+3}}$$

即

$$y - \frac{\sqrt{3}(3-a)}{6} = \frac{\sqrt{3}}{3} \cdot \frac{2a-\sqrt{a^2+3}}{2-\sqrt{a^2+3}}(x - \frac{a-1}{2}) \qquad ②$$

由 ① 和 ②,解得 $x=a$,代入 ② 有
$$y=\frac{\sqrt{3}(3-a)}{6}+\frac{\sqrt{3}}{3}\cdot\frac{2a-\sqrt{a^2+3}}{2-\sqrt{a^2+3}}(a-\frac{a-1}{2})=-\frac{\sqrt{3}}{3}\sqrt{a^2+3}$$

因此
$$y=-\frac{\sqrt{3}}{3}\sqrt{x^2+3}$$

即
$$y^2-\frac{x^2}{3}=1,-1<x<1,y<0$$

试题 D1   设锐角 $\triangle ABC$ 的外心为 O,从 A 作 BC 的高,垂足为 P,且 $\angle BCA \geqslant \angle ABC+30°$,证明:$\angle CAB+\angle COP<90°$.

证明   令 $\alpha=\angle CAB,\beta=\angle ABC,\gamma=\angle BCA,\delta=\angle COP$.

设 K,Q 为点 A,P 关于 BC 的垂直平分线的对称点,R 为 $\triangle ABC$ 的外接圆半径,则
$$OA=OB=OC=OK=R$$

由于 $KQPA$ 为矩形,则 $QP=KA$,及
$$\angle AOK=\angle AOB-\angle KOB=\angle AOB-\angle AOC=2\gamma-2\beta\geqslant 60°$$

由此及 $OA=OK=R$,导出
$$KA\geqslant R,QP\geqslant R$$

利用三角形边关系不等式
$$OP+R=OQ+OC>QC=QP+PC\geqslant R+PC$$

因此,$OP>PC$.

在 $\triangle COP$ 中,$\angle PCO>\delta$,由
$$\alpha=\frac{1}{2}\angle BOC=\frac{1}{2}(180°-2\angle PCO)=90°-\angle PCO$$

得 $\alpha+\delta<90°$.

试题 D2   在 $\triangle ABC$ 中,AP 平分 $\angle BAC$,交 BC 于 P,BQ 平分 $\angle ABC$,交 CA 于 Q.已知 $\angle BAC=60°$ 且 $AB+BP=AQ+QB$,问 $\triangle ABC$ 各角的度数的可能值是多少?

解   设 $\angle A=\angle BAC,\angle B=\angle ABC,\angle C=\angle ACB$.

在 AQ 的延长线上取点 E,使 $QB=QE$,联结 BE 交直线 AP 于 F,在 AB 的延长线上取点 D,使得 $BD=BP$,则
$$\angle BDP=\frac{1}{2}\angle ABC=\angle ABQ$$

所以,$BQ \parallel DP$.

于是，$AB+BP=AQ+QB$ 等价于
$$AD=AE \qquad ①$$
下面对 E 是否与点 C 重合分别讨论．

(1) $C=E$．我们有 $BQ=QC$，所以
$$\angle QBC=\angle QCB$$
于是
$$\angle B=2\angle QBC=2\angle QCB=2\angle C$$
又因为
$$\angle B+\angle C=180°-\angle A=120°$$
所以
$$\angle B=80°,\angle C=40°$$
当 $\angle B=80°,\angle C=40°$ 时
$$\angle BDP=\frac{1}{2}\angle ABC=40°=\angle ACP$$
$$\angle DAP=\angle PAC, AP=PA$$
所以
$$\triangle APD\cong\triangle APC$$
故 $AD=AC$．
由 ① 知
$$AB+BP=AQ+QB$$
故 $\angle B=80°,\angle C=40°,\angle A=60°$ 为解．

(2) $C\neq E$．若 $AB+BP=AQ+QB$，则 $AD=AE$．
又 PA 平分 $\angle DAE$，故 D,E 关于直线 AP 对称．从而，有
$$\angle ADF=\angle AEB=\angle QBE \qquad ②$$
而
$$\angle BDP=\angle ABQ=\angle QBC \qquad ③$$
于是，$\angle PDF=\angle PBF$．
所以，B,D,F,P 四点共圆，从而
$$\angle BDF=\angle BPA \qquad ④$$
由式 ②，有
$$\angle BDF=\angle AEF=\frac{1}{2}\angle AQB=\frac{1}{2}\left(\frac{\angle B}{2}+\angle C\right)$$
$$\angle APB=\frac{\angle A}{2}+\angle C=30°+\angle C$$

由式 ④ 得到
$$\frac{1}{2}(\frac{\angle B}{2}+\angle C)=30°+\angle C$$

所以,$\frac{\angle B}{4}=30°+\frac{\angle C}{2}$.

因为 $\angle B+\angle C=120°$,所以 $30°-\frac{1}{4}\angle C=30°+\frac{1}{2}\angle C$,从而 $\angle C=0°$ 矛盾.

于是,所求 $\triangle ABC$ 不存在.

综合(1)(2)知,所求可能值为 $\angle B=80°,\angle C=40°,\angle A=60°$.

第1节　三角形中共顶点的等角问题

命题1　设 AD 是 $\triangle ABC$ 的边 BC 上的高,AE 是 $\triangle ABC$ 的外接圆的直径,则 $\angle BAE=\angle DAC$,且 $AB \cdot AC=AD \cdot AE$(图 22.15).

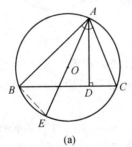
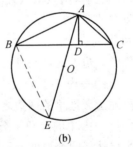

图 22.15

证明　如图 22.15,联结 BE,则在 Rt$\triangle ABE$ 和 Rt$\triangle ADC$ 中,有
$$\angle BEA=\angle DCA$$
从而
$$\text{Rt}\triangle ABE \backsim \text{Rt}\triangle ADC$$
即知
$$\angle BAE=\angle DAC$$
且
$$AB:AD=AE:AC$$
即
$$AB \cdot AC=AD \cdot AE$$

不难看出,若点 D 在线段 BC 上,点 E 在 $\overset{\frown}{BC}$($\angle A$ 所对的弧)上运动,但仍保持 $\angle BAE=\angle DAC$ 时,则在运动过程中,$\triangle ADC$ 与 $\triangle ABE$ 的相似关系依然成立,于是仍有 $AD \cdot AE=AB \cdot AC$.

特别地,当 AD 成为 $\triangle ABC$ 中 $\angle A$ 的平分线时,点 E 必成为 AD 的延长线与外接圆的交点,这时同样有 $AD \cdot AE=AB \cdot AC$,如图 22.16 所示.

若点 D 在 BC 的延长线上,点 E 在 $\overset{\frown}{BA}$ ($\angle C$ 所对的弧)上运动,但同样保持 $\angle BAE=\angle DAC$ 时,则在运动过程中,$\triangle ADC$ 与 $\triangle ABE$ 的相似关系依然成立,即仍有 $AD \cdot AE=AB \cdot AC$.

特别地,当 AD 成为 $\triangle ABC$ 中 $\angle A$ 的外角平分线时,则点 E 必为 $\angle A$ 外角平分线的反向延长线与外接圆的交点,这时同样仍有 $AD \cdot AE=AB \cdot AC$,如图 22.17 所示.

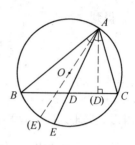

图 22.16

由以上讨论,我们可得:

命题 2[①] 从三角形的一个顶点出发,在三角形的内(外)部引与过此点的两边(一边及另一边的反向延长线)交成等角的直线,若分别交第三边(第三边的延长线)和外接圆于两点,则从顶点到这两点的线段之积等于三角形过这顶点的两边之积.

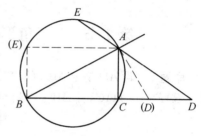

图 22.17

由命题 2,还可得到:

推论 1 三角形一边上的高与外接圆直径的积等于其他两边的积.

推论 2 三角形的一内角平分线上从顶点到对边交点及从顶点到外接圆交点的两线段之积等于夹这角的两边之积.

推论 3 三角形一内角的外角平分线上从顶点到对边延长线交点及从顶点到其反向延长线与外接圆交点的两线段之积等于夹这角的两边之积.

由命题 1 又可得到与其关联的问题:

命题 3[②] 设 $\triangle ABC$ 为锐角三角形,三条直线 L_A, L_B, L_C 分别通过顶点 A, B, C,并以下述方式作出:在 $\triangle ABC$ 的高线 AH 所在直线上任取一点 P,以 AP 为直径作圆,分别交 AB, AC 或其延长线于 M, N,M, N 异于 A,L_A 为过 A 与 MN 垂直的直线,直线 L_B, L_C 可类似作出. 那么 L_A, L_B, L_C 三直线共点.

证明 由于点 P 的任意性,此命题的图形有如下几种情形,如图 22.18 所示.

仅就图 22.18(a) 的情形给出证明. 过 B 作 $BD \perp AB$ 交 L_A 于 D,联结 HN,

---

① 方亚斌. 一道平面几何例题的演变及其应用[J]. 中学数学,1991(7):42-43.
② 郭璋. 一道 IMO 备选题的证明及演变[J]. 中学教研(数学),1994(9):32-34.

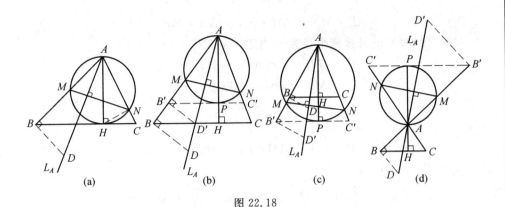

(a)　　　　　(b)　　　　　(c)　　　　　(d)

图 22.18

由 A,M,H,N 四点共圆,有
$$\angle AMN = \angle AHN$$
又注意到 $\angle BDA = \angle AMN, \angle BCA = \angle AHN$
故 $\angle BDA = \angle BCA$
即 A,B,D,C 共圆且 AD 为其直径,从而 L_A 过 $\triangle ABC$ 的外心.

同理,L_B, L_C 过 $\triangle ABC$ 的外心.

故 L_A, L_B, L_C 三直线共点.

对于其他几种情形,只需要过 P 作 $B'C' \parallel BC$ 交直线 AB 于 B',交直线 AC 于 C',再过 B' 作 $B'D' \parallel BD$ 交直线 AD 于 D',则可推证得 A,B,D,C 四点共圆. 从而可证得结论成立.

注　此题中,若联结 MN 交 AH 于 Q,则 $BH \cdot HC = AH^2 \cdot \dfrac{QP}{QA}$.

命题 4　任意给定锐角 $\triangle ABC$,在其边 BC 上有两点 E, F 满足 $\angle BAE = \angle CAF$,在边 AB, AC 上分别取点 M, N,使得 A, M, F, N 四点共圆,延长 AE 交 $\triangle ABC$ 的外接圆于点 D. 证明: $S_{AMDN} = S_{\triangle ABC}$.

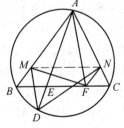

图 22.19

证明　如图 22.19,联结 MN. 记 $\angle BAE = \angle CAF = \alpha, \angle EAF = \beta, \triangle ABC$ 的外接圆半径为 R. 则
$$S_{AMDN} = S_{\triangle AMD} + S_{\triangle ADN} = \dfrac{1}{2}AD[AM\sin\alpha + AN\sin(\alpha+\beta)] \quad ①$$

因为 A, M, F, N 四点共圆,由托勒密定理得

$$AF \cdot MN = AM \cdot FN + AN \cdot MF \qquad ②$$

又设 $\triangle AMN$ 的外接圆半径为 r，由正弦定理得
$$MF = 2r\sin(\alpha+\beta)$$
$$MN = 2r\sin(2\alpha+\beta)$$
$$FN = 2r\sin\alpha$$

将以上三式代入式 ② 并整理得
$$AF\sin(2\alpha+\beta) = AM\sin\alpha + AN\sin(\alpha+\beta) \qquad ③$$

再将式 ③ 代入式 ① 得
$$S_{AMDN} = \frac{1}{2}AD \cdot AF\sin(2\alpha+\beta) = \frac{AF}{4R} \cdot AD \cdot BC$$

又
$$S_{\triangle ABC} = S_{\triangle ABF} + S_{\triangle AFC} = \frac{AF}{2}[AB\sin(\alpha+\beta) + AC\sin\alpha]$$

即
$$S_{\triangle ABC} = \frac{AF}{4R}(AB \cdot CD + AC \cdot BD)$$

再由托勒密定理得
$$S_{\triangle ABC} = \frac{AF}{4R} \cdot AD \cdot BC$$

故
$$S_{AMDN} = S_{\triangle ABC}$$

注 显然，下面两题即为此命题的特例．

题 1 在锐角 $\triangle ABC$ 中，$\angle A$ 的平分线交 BC 于点 L，交 $\triangle ABC$ 的外接圆于点 N，$LK \perp AB$ 于点 K，$LM \perp AC$ 于点 M，则 $S_{\triangle ABC} = S_{AKNM}$．

(1987 年第 28 届 IMO 试题)

题 2 在锐角 $\triangle ABC$ 的边 BC 上有两点 E, F 满足 $\angle BAE = \angle CAF$，作 $FM \perp AB$ 于点 M，$FN \perp AC$ 于点 N，延长 AE 交 $\triangle ABC$ 的外接圆于 D，证明：$S_{AMDN} = S_{\triangle ABC}$．

(2000 年全国高中数学联赛试题)

将上面的题 2 推广，又可得命题 4 的特例：

命题 5 在锐角 $\triangle ABC$ 的 BC 边或其延长线上有两点 E, F，使得 $\angle BAE = \angle CAF$，作 $FM \perp AB$，$FN \perp AC$（垂足为 M, N）；AE 交 $\triangle ABC$ 的外接圆于 D，则 $MN \perp AD$，$MN \cdot AD$ 等于定值——$\triangle ABC$ 面积的 2 倍；四边形（凸的或凹的）的面积等于 $\triangle ABC$ 面积．

证明 如图 22.20，由 $FM \perp AB$，$FN \perp AC$，知 A, M, N, F 四点共圆，即有
$$\angle ANM = \angle AFM$$

而 $\angle AFM$ 与 $\angle MAF = \angle BAC + \angle CAF$ 互余,从而 $\angle ANM$ 与 $\angle BAC + \angle BAE = \angle EAC$ 互余,故 $MN \perp AD$.

又由正弦定理,并令 $\angle BAE = \angle CAF = \alpha$,则有

$$AD = \frac{AB\sin\angle ACD}{\sin\angle ACB} = \frac{AB\sin(A+B+\alpha)}{\sin C}$$

$$AF = \frac{AC\sin\angle ACF}{\sin\angle AFC} = \frac{AC\sin(A+B)}{\sin(A+B+\alpha)}$$

$$MN = AF\sin\angle MAN = \frac{AC\sin(A+B)\sin A}{\sin(A+B+\alpha)}$$

从而

$$S_{AMDN} = \frac{1}{2}AD \cdot MN = \frac{1}{2} \cdot \frac{AB\sin(A+B+\alpha)}{\sin C} \cdot \frac{AC\sin(A+B)\sin A}{\sin(A+B+\alpha)} = \frac{1}{2}AB \cdot AC\sin A = S_{\triangle ABC}$$

命题 6 设 D,E 是 $\triangle ABC$ 的边 BC 上任意两点(不与 B,C 重合),则 $\angle BAD = \angle CAE$ 的充要条件是

$$\frac{AB^2}{BD \cdot BE} = \frac{AC^2}{CD \cdot CE} \quad (*)$$

图 22.21

证明 如图 22.21,由正弦定理有

$$\frac{AB^2}{BD \cdot BE} = \frac{AB}{BD} \cdot \frac{AB}{BE} = \frac{\sin\angle ADB}{\sin\angle BAD} \cdot \frac{\sin\angle AEB}{\sin\angle BAE}$$

$$\frac{AC^2}{CD \cdot CE} = \frac{AC}{CD} \cdot \frac{AC}{CE} = \frac{\sin\angle AEC}{\sin\angle CAE} \cdot \frac{\sin\angle ADC}{\sin\angle CAD}$$

记 $\angle BAD = \alpha, \angle DAE = \beta, \angle CAE = \gamma$.

充分性:当 $\alpha = \gamma$ 时,注意到 B,D,E,C 共线,显然有

$$\frac{AB^2}{BD \cdot BE} = \frac{AC^2}{CD \cdot CE}$$

必要性:当式(*)成立时,易得

$$\sin\alpha\sin(\alpha+\beta) = \sin\gamma\sin(\beta+\gamma)$$

视"$\alpha+\beta+\gamma$"为一个整体,则可得

$$\sin(\alpha-\beta)\sin(\alpha+\beta+\gamma) = 0$$

由于
$$0 < \alpha + \beta + \gamma < 180°, 0 < \alpha, \gamma < 90°$$
所以
$$\alpha = \gamma$$

例1 已知 $ABCD$ 为圆内接四边形，求证：
$$\frac{DA \cdot AB + BC \cdot CD}{AB \cdot BC + CD \cdot DA} = \frac{AC}{BD}$$

(1987年江苏省青少年数学夏令营选拔题)

证明 如图 22.22，作 $AA_1 \perp BD$, $CC_1 \perp BD$, $BB_1 \perp AC$, $DD_1 \perp AC$，垂足分别是 A_1, C_1, B_1, D_1. 设四边形 $ABCD$ 的外接圆直径为 d，由推论1，得

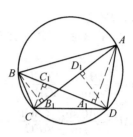

图 22.22

$$DA \cdot AB = AA_1 \cdot d, BC \cdot CD = CC_1 \cdot d$$
$$AB \cdot BC = BB_1 \cdot d, CD \cdot DA = DD_1 \cdot d$$

所以
$$\frac{DA \cdot AB + BC \cdot CD}{AB \cdot BC + CD \cdot DA} = \frac{AA_1 + CC_1}{BB_1 + DD_1} \quad ①$$

又据
$$S_{\triangle ABD} + S_{\triangle CBD} = S_{\triangle BAC} + S_{\triangle DAC} = S_{ABCD}$$

可得
$$\frac{1}{2}(AA_1 + CC_1)BD = \frac{1}{2}(BB_1 + DD_1)AC$$

即
$$\frac{AA_1 + CC_1}{BB_1 + DD_1} = \frac{AC}{BD} \quad ②$$

从①②两式可知
$$\frac{DA \cdot AB + BC \cdot CD}{AB \cdot BC + CD \cdot DA} = \frac{AC}{BD}$$

例2 在等腰 $\triangle ABC$ 中，M 为底边 AB 的中点，在 $\triangle ABC$ 内有一点，使得 $\angle PAB = \angle PBC$. 求证：$\angle APM + \angle BPC = \pi$.

(2000年波兰数学奥林匹克竞赛试题)

证明 如图 22.23，延长 CP 与 AB 交于点 D. 要证 $\angle APM + \angle BPC = \pi$，只需要证 $\angle APM = \angle BPD$，令
$$\angle PAB = \angle PBC = \alpha, \angle CAP = \angle ABP = \beta,$$
$$\angle BCD = \gamma, \angle ACD = \delta$$

由角元形式塞瓦定理，有

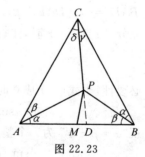

图 22.23

$$\frac{\sin\gamma}{\sin\delta}\cdot\frac{\sin\beta}{\sin\alpha}\cdot\frac{\sin\beta}{\sin\alpha}=1$$

即

$$\frac{\sin\gamma}{\sin\delta}=\frac{\sin^2\alpha}{\sin^2\beta}$$

又在 $\triangle PAB$ 中,由正弦定理,有

$$\frac{AP}{BP}=\frac{\sin\beta}{\sin\alpha}$$

而

$$\frac{AD}{BD}=\frac{S_{\triangle ACD}}{S_{\triangle BCD}}=\frac{\frac{1}{2}AC\cdot DC\sin\delta}{\frac{1}{2}BC\cdot DC\sin\gamma}=\frac{\sin\delta}{\sin\gamma}$$

所以,有

$$\frac{AP^2}{BP^2}=\frac{AD}{BD}=\frac{AD\cdot AM}{BD\cdot BM}$$

再对 $\triangle PAB$ 及点 M,D 应用命题 6,有

$$\angle APM=\angle BPD$$

故结论获证.

例3 H 为锐角 $\triangle ABC$ 的垂心,若 $AH=2$, $BH=CH=1$,求 AB,BC,CA 的长.

解 如图 22.24,延长 AH 交 BC 于 D,易知 $HD\perp BC$,$\triangle HBC$ 为等腰三角形,从而 $\triangle ABC$ 也是等腰三角形.

又 H 是垂心,故

$\angle HBC+\angle HCB=90°-\angle BCA+90°-\angle CBA=$
$\qquad 180°-(\angle BCA+\angle CBA)=$
$\qquad \angle BAC$

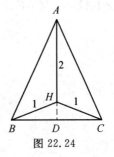

图 22.24

故 $\angle BHC$ 与 $\angle BAC$ 互补,据正弦定理知 $\triangle HBC$ 与 $\triangle ABC$ 有相等的外接圆,令它们的外接圆直径都是 d,且令 $HD=x,AB=AC=y$,由命题 2 的推论 1,得

$$1=x\cdot d, y\cdot y=(2+x)\cdot d$$

消去 d,并整理可得

$$2+x=xy^2 \qquad\qquad ①$$

又由 $AB^2=AD^2+BD^2$ 得

$$y^2=(2+x)^2+(1-x^2)=4x+5 \qquad\qquad ②$$

从 ①② 两式可得

$$x=\frac{\sqrt{3}-1}{2}, y=\sqrt{2\sqrt{3}+3}$$

在 Rt$\triangle BDH$ 中,$BD^2=BH^2-HD^2=1-x^2$,则
$$BD=\sqrt{1-(\frac{\sqrt{3}-1}{2})^2}=\frac{\sqrt[4]{12}}{2}$$
于是 $AB=AC=\sqrt{2\sqrt{3}+3}$,$BC=2BD=\sqrt[4]{12}$

例 4 设 D 为 $\triangle ABC$ 的边 AC 上一点,E 和 F 分别为线段 BD 和 BC 上的点,满足 $\angle BAE=\angle CAF$.再设 P,Q 为线段 BC 和 BD 上的点,使得 $EP \parallel QF \parallel DC$. 求证:$\angle BAP=\angle QAC$.

证明 如图 22.25,作 $\angle CAQ'=\angle BAP$,交 BD 于 Q',联结 QF',则

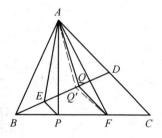

图 22.25

$$\frac{BE}{ED}=\frac{AB}{AD}\cdot\frac{\sin\angle BAE}{\sin\angle DAE}$$
$$\frac{BF}{FC}=\frac{AB}{AC}\cdot\frac{\sin\angle BAF}{\sin\angle CAF}$$

因为 $\angle BAE=\angle CAF$,所以 $\angle DAE=\angle BAF$,两式相乘得
$$\frac{BE}{ED}\cdot\frac{BF}{FC}=\frac{AB^2}{AD\cdot AC}$$

同理
$$\frac{BP}{PC}\cdot\frac{BQ'}{Q'D}=\frac{AB^2}{AD\cdot AC}$$

所以
$$\frac{BE}{ED}\cdot\frac{BF}{FC}=\frac{BP}{PC}\cdot\frac{BQ'}{Q'D}$$

又 $EP \parallel DC$

所以 $\dfrac{BE}{ED}=\dfrac{BP}{PC}$

故 $\dfrac{BF}{FC}=\dfrac{BQ'}{Q'D}$

因此 $FQ' \parallel DC$

所以 $Q'=Q$,$\angle BAP=\angle CAQ$

证毕.

例 5 如图 22.26,G,H 是 $\triangle ABC$ 内两点,且满足 $\angle ACG=\angle BCH$,$\angle CAG=\angle BAH$.过点 G 分别作 $GD\perp BC$,$GE\perp CA$,$GF\perp AB$,垂足分别为 D,E,F.若 $\angle DEF=90°$,求证:H 为 $\triangle BDF$ 的垂心.

证明 联结 DH.因为 $GD\perp BC$,$GE\perp CA$,所以 C,D,G,E 四点共圆.故
$$\angle GDE=\angle ACG=\angle BCH$$

从而 $DE \perp CH$,同理 $EF \perp AH$.

又 $\angle DEF = 90°$,所以 $\angle AHC = 90°$,因为
$$\frac{CD}{CH} = \frac{GC\cos\angle GCD}{AC\cos\angle HCA} = \frac{GC}{AC}$$
$$\angle HCD = \angle ACG$$

所以 $\triangle HCD \backsim \triangle ACG$

则 $\angle CHD = \angle CAG = \angle EFG$

又因为 $CH \parallel EF$,所以 $DH \parallel GF$,于是 $DH \perp AB$,同理 $FH \perp BC$,故 H 是 $\triangle BDF$ 的垂心.

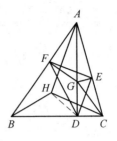

图 22.26

第 2 节　正三角形的分割三角形问题

从正三角形一顶点出发的直线将其分为两个三角形的问题,称为正三角形的分割问题. 对这个问题,闵飞先生进行了深入的探讨,现介绍如下.[①]

命题 1　在正 $\triangle ABC$ 中,D 是边 BC 上任意一点,$\triangle ABD$,$\triangle ACD$ 的内心分别为 I_1,I_2,如图 22.27 所示. 若直线 I_1I_2 与 AB,AC 分别交于 M,N,则 $S_{\triangle AMN} \geqslant \frac{1}{2} S_{\triangle ABC}$.

证明　设 AC 的中点为 H,则 B,I_1,H 共线. 如图 22.27,过 I_1 作 AB 的垂线,垂足为 K.

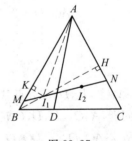

图 22.27

由 $\angle BAD$ 与 $\angle CAD$ 中必有一个角不大于 $30°$,可设 $\angle BAD \leqslant 30°$. 则
$$\angle I_1 AB \leqslant 15°, \angle I_1 AC \geqslant 45°$$

有
$$I_1 H = I_1 A \sin \angle I_1 AC \geqslant I_1 A \sin 45°$$
$$I_1 B = 2 I_1 K = 2 I_1 A \sin \angle I_1 AB \leqslant 2 I_1 A \sin 15°$$

而
$$\sin 45° = \frac{\sqrt{2}}{2} > 2 \sin 15° = \frac{\sqrt{6}-\sqrt{2}}{2}$$

则
$$I_1 H > I_1 B$$

又
$$I_1 N \geqslant I_1 H > I_1 B \geqslant I_1 M$$

---

① 闵飞. 图形变式 —— 命题的一种重要思路[J]. 中等数学,2005(6):13-15;2005(7):12-14.

$$\angle HI_1N = \angle BI_1M$$

从而
$$S_{\triangle HI_1N} = \frac{1}{2}I_1H \cdot I_1N\sin\angle HI_1N \geqslant$$
$$\frac{1}{2}I_1B \cdot I_1M\sin\angle BI_1M = S_{\triangle I_1BM}$$

故
$$S_{\triangle AMN} \geqslant S_{\triangle ABH} = \frac{1}{2}S_{\triangle ABC}$$

命题 2 如图 22.28，给定正 $\triangle ABC$，D 是边 BC 上任意一点，$\triangle ABC$ 的外心、内心分别为 O_1，I_1，$\triangle ACD$ 的外心、内心分别为 O_2，I_2，$\triangle ABC$ 的中心为 O．求证：

(1) $OO_1 + OO_2$ 为定值．
(2) AI_1 平分 $\angle OAO_1$，AI_2 平分 $\angle OAO_2$．

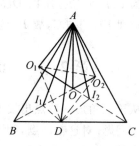

图 22.28

证明 不妨设 $\angle ADB \geqslant 90°$．因为
$$\angle AO_2D = 2\angle C = 120°$$
$$\angle AI_2D = 90° + \frac{1}{2}\angle C = 120°$$
$$\angle B = 60°$$

所以，A，O_2，I_2，D，B 五点共圆且圆心为 O_1，半径为 O_1O_2．

同理，A，O_1，I_1，D，C 五点共圆且圆心为 O_2，半径为 O_1O_2．

故 $\triangle AO_1O_2$，$\triangle DO_1O_2$ 是等边三角形．从而
$$\angle O_1AD = \angle O_2AD = 30°$$

则
$$\angle O_1AI_1 = 30° - \angle DAI_1 = \angle OAB - \angle BAI_1 = \angle OAI_1$$

因此，AI_1 平分 $\angle OAO_1$．

同理，AI_2 平分 $\angle OAO_2$．

又因为 B，O，O_2 三点共线，且 C，O，O_1 三点共线，所以
$$\angle O_1OO_2 = \angle BOC = 120°$$

结合 $\angle O_1AO_2 = 60°$，即得 A，O_1，O，O_2 四点共圆．从而，O 为正 $\triangle AO_1O_2$ 外接圆圆弧 $\overparen{O_1O_2}$ 上一点．故 $OO_1 + OO_2 = OA$（定值）．

命题 3 如图 22.29，给定正 $\triangle ABC$，D 是边 BC 上任意一点，$\triangle ABD$，$\triangle ACD$ 的内心分别为 I_1，I_2，以 I_1I_2 为边作正 $\triangle I_1I_2E$（点 D，E 在 I_1I_2 异侧）．求证：$DE \perp BC$．

证明 取 $\triangle ABD$, $\triangle ACD$ 的外心 O_1, O_2, 辅助线如图 22.29 所示.

由命题 2 可知 A, O_1, I_1, D 和 A, O_2, I_2, D 分别四点共圆, 且两圆半径相等. 所以
$$\angle O_1AI_1 = \angle O_1AD - \angle DAI_1 = 30° - \angle DAI_1 =$$
$$\angle I_1AI_2 - \angle DAI_1 = \angle DAI_2$$
故 $\qquad O_1I_1 = DI_2$

同理, $DI_1 = O_2I_2$, 且
$$\angle O_1I_1D = 180° - \angle O_1AD = 150°$$
因此 $\qquad \angle O_1I_1E + \angle DI_1I_2 = 90°$

结合 $\angle DI_1I_2 + \angle DI_2I_1 = 90°$, 知
$$\angle O_1I_1E = \angle DI_2I_1$$
所以 $\qquad \triangle O_1I_1E \cong \triangle DI_2I_1$
同理 $\qquad \triangle O_2I_2E \cong \triangle DI_1I_2$
故 $\qquad \triangle EO_1O_2 \cong \triangle I_1DO_1 \cong \triangle I_2O_2D$

从而, $\angle O_1EO_2 = \angle DI_1O_1 = 150°$, 且 $\triangle DO_1O_2$ 是正三角形. 于是, 点 E 在以点 D 为圆心, DO_1 长为半径的圆上. 因此
$$DO_2 = DE = DO_1$$
$$\angle CDE = \angle O_2DC + \angle O_2DE =$$
$$(\angle O_2DI_2 + \angle ADI_2) + 180° - 2(60° + \angle O_2DI_2) =$$
$$60° + \angle ADI_2 - \angle O_2DI_2 = 60° + \angle ADO_2 = 90°$$
故 $\qquad DE \perp BC$

命题 4 如图 22.30, 给定正 $\triangle ABC$, D 是边 BC 上任意一点, $\triangle ABD$, $\triangle ACD$ 的内心分别为 I_1, I_2, 在 AD 上取两点 E, F, 使得 $AE = CD$, $AF = BD$. 求证:

(1) $I_1I_2^2 = I_1E^2 + I_2F^2$.

(2) $I_1E \perp I_2F$.

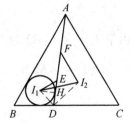

图 22.30

证明 (1) 设 $\triangle ABD$ 的内切圆与 AD 切于点 H, 联结 DI_1, DI_2, I_1H. 因为
$$DE = AD - AE = AD - CD = AD - (AB - BD) = 2DH$$
所以 $\qquad EH = DH$

结合 $I_1H \perp DE$,知
$$I_1E = I_1D$$
同理
$$I_2F = DI_2$$
因此
$$I_1I_2^2 = DI_1^2 + DI_2^2 = I_1E^2 + I_2F^2$$

(2) 又
$$\overrightarrow{DI_1} \cdot \overrightarrow{DF} = (\overrightarrow{DH} + \overrightarrow{HI_1}) \cdot \overrightarrow{DF} = \frac{1}{2}\overrightarrow{DE} \cdot \overrightarrow{DF}$$

同理
$$\overrightarrow{DI_2} \cdot \overrightarrow{DE} = \frac{1}{2}\overrightarrow{DE} \cdot \overrightarrow{DF}$$

所以
$$\overrightarrow{I_1E} \cdot \overrightarrow{I_2F} = (\overrightarrow{I_1D} + \overrightarrow{DE}) \cdot (\overrightarrow{I_2D} + \overrightarrow{DF}) =$$
$$\overrightarrow{I_1D} \cdot \overrightarrow{DF} + \overrightarrow{I_2D} \cdot \overrightarrow{DE} + \overrightarrow{DE} \cdot \overrightarrow{DF} + \overrightarrow{I_1D} \cdot \overrightarrow{I_2D} = 0$$

因此,$I_1E \perp I_2F$.

命题 5 如图 22.31,给定正 $\triangle ABC$,D 是边 BC 上任意一点,$\triangle ABD$、$\triangle ACD$ 的内切圆分别为圆 I_1、圆 I_2,此两圆的异于 BC 的外公切线交 AD,AB,AC 于 F,M,N,以 I_1I_2 为边作等边 $\triangle I_1I_2E$(点 D,E 在 I_1I_2 异侧).求证:$EF \perp MN$.

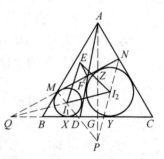

图 22.31

证明 显然,$MN \parallel BC$ 时结论成立.

不妨设 NM 与 CB 交于点 Q,显然 I_2I_1 过点 Q.设 MI_1 与 NI_2 交于点 P,显见 P 是 $\triangle AMN$ 的旁心,故 AP 平分 $\angle BAC$.设 AP 交 BC 于点 G,则有
$$PG \perp BC \qquad \qquad ①$$

由于 I_2 是 $\triangle CNQ$ 的内心且 $\angle C = 60°$,所以 $\angle NI_2Q = 120°$.又
$$\angle MI_1I_2 = \angle MQI_2 + \angle QMI_1 = \frac{1}{2}\angle MQB + (90° + \frac{1}{2}\angle BMQ) =$$
$$90° + \frac{1}{2}\angle ABC = 120°$$

所以,$\triangle PI_1I_2$ 是正三角形.

从而,点 P,E 关于 I_1I_2 对称. ②

记圆 I_1、圆 I_2 分别与 BC 相切于 X,Y,圆 I_2 与 MN 切于点 Z.由圆 I_1、圆 I_2 分别是 $\triangle QDF$ 的内切圆和旁切圆,知

$$DX = \frac{s}{2} - FQ = FZ$$

其中 s 为 $\triangle DQF$ 的周长. 又

$$GY = BD + DY - BG = BD + \frac{AD + CD - AC}{2} - \frac{BC}{2} = \frac{AD - CD}{2}$$

$$DX = \frac{AD + BD - AB}{2} = \frac{AD - CD}{2}$$

则
$$GY = FZ$$

所以, 点 G, F 关于 $l_1 l_2$ 对称.

由①②③, 知 $EF \perp MN$.   ③

命题 6 如图 22.32, 给定正 $\triangle ABC$, D 是边 BC 上任意一点, $\triangle ABD$ 的外心、垂心分别为 O_1, H_1, $\triangle ACD$ 的外心、垂心分别为 O_2, H_2. 求证:

(1) $\angle H_1 O_1 H_2 = \angle H_1 O_2 H_2$.

(2) $O_1 H_1 + O_2 H_2$ 为定值.

(3) $|S_{\triangle ABD} - S_{\triangle ACD}| = 3 S_{O_1 H_1 O_2 H_2}$.

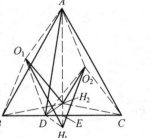

图 22.32

证明 (1) 不妨设 $BD \leqslant CD$. 因为 O_2 是 $\triangle ACD$ 的外心, H_2 是 $\triangle ACD$ 的垂心, 则有

$$\angle AO_2 D = 2\angle C = 120°$$
$$\angle AH_2 D = 180° - \angle C = 120°$$

所以, A, O_2, H_2, D, B 五点共圆, 记半径 $O_1 O_2 = R$.

同理, A, O_1, D, H_1, C 五点共圆, 半径为 $O_1 O_2$.

因为
$$\angle DH_2 H_1 = 180° - \angle AH_2 D = 60°, \angle DH_1 A = \angle C = 60°$$

所以, $\triangle DH_1 H_2$ 为等边三角形. 故 $H_1 D = H_1 H_2$, 又 $O_1 D = O_1 H_2 = R$, 则 $\triangle DO_1 H_1 \cong \triangle H_2 O_1 H_1$, 所以 $\angle DO_1 H_2 = 2\angle H_1 O_1 H_2$.

同理 $\angle DO_2 H_1 = 2\angle H_1 O_2 H_2$, 再由 $O_1 D = O_1 H_2 = R = O_2 D = O_2 H_1$, 且 $DH_2 = DH_1$, 知 $\triangle O_1 DH_2 \cong \triangle O_2 DH_1$, 所以 $\angle DO_1 H_2 = \angle DO_2 H_1$, 从而 $\angle H_1 O_1 H_2 = \angle H_1 O_2 H_2$.

(2) 由(1) 中 A, D, H_2, O_2 四点共圆, 有

$$\angle CO_2 H_2 = \angle AH_2 O_2 + \angle CAH_2 + \angle ACO_2 = 60° + \angle ACO_2$$

又
$$\triangle AO_1 B \cong \triangle AO_2 C$$

则
$$\angle O_1 BA = \angle O_2 CA$$

故 $\angle O_1BD = 60° + \angle O_1BA = 60° + \angle O_2CA = \angle CO_2H_2$

因为 $\overrightarrow{O_2H_2} = \overrightarrow{O_2A} + \overrightarrow{O_2C} + \overrightarrow{O_2D} = \overrightarrow{O_2C} + \overrightarrow{CH_2}$

所以 $|\overrightarrow{CH_2}| = |\overrightarrow{O_2A} + \overrightarrow{O_2D}| = R$

故 $\triangle O_1BD \cong \triangle CO_2H_2$ (腰长均为 R), 所以 $BD = O_2H_2$.

同理, $CD = O_1H_1$, 因此, $O_1H_1 + O_2H_2 = BC$ (定值).

(3) 由(1)(2) 的证明易知

$$\triangle O_1H_1H_2 \cong \triangle CDH_2, \triangle O_2H_1H_2 \cong \triangle BH_2D$$

故 $S_{O_1H_1O_2H_2} = S_{\triangle H_1O_1H_2} + S_{\triangle H_1O_2H_2} = S_{\triangle CH_2D} + S_{\triangle BH_2D} = S_{\triangle BH_2C}$

又 $S_{\triangle BH_2C} = \frac{1}{2}BC \cdot H_2E = \frac{1}{2}BC \cdot \frac{\sqrt{3}}{3}DE = \frac{1}{2} \cdot \frac{\sqrt{3}}{3} \cdot BC \cdot DE =$

$\frac{1}{3}AE \cdot \frac{1}{2}(CD - BD) = \frac{1}{3}(\frac{1}{2}AE \cdot CD - \frac{1}{2}AE \cdot BD) =$

$\frac{1}{3}(S_{\triangle ACD} - S_{\triangle ABD})$

其中 E 是 BC 的中点, 所以

$$|S_{\triangle ABD} - S_{\triangle ACD}| = 3S_{O_1H_1O_2H_2}$$

命题 7 如图 22.33, 设 D 是正 $\triangle ABC$ 的外接圆圆 O 的 $\overset{\frown}{BC}$ 上一点, $\triangle ABD, \triangle ACD$ 的内切圆分别为圆 I_1、圆 I_2, 此两圆的一条外公切线与 AD, AB, AC 交于点 F, M, N. 求证:

(1) $MN = BM + CN$.

(2) F 为 AD 的中点.

(3) $I_1I_2^2 = BI_1^2 + CI_2^2$.

(4) 若以 I_1I_2 为边作正 $\triangle I_1I_2E$ (点 A, E 在 I_1I_2 同侧), 则 $EF \perp MN$.

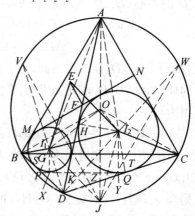

图 22.33

证明 (1) 如图 22.33, 设直线 AI_1 交 BD 于 P, 交 BC 于 G, 直线 AI_2 交 CD 于 Q.

由 AP 平分 $\angle BAD$ 知

$$\frac{AB}{AD} = \frac{BP}{DP}$$

由 AI_2 平分 $\angle CAD$ 知
$$\frac{AC}{AD}=\frac{CQ}{DQ}$$

又 $AB=AC$,则
$$\frac{BP}{DP}=\frac{CQ}{DQ}$$

故 $PQ \parallel BC$. 所以 $\angle BGP = \angle GPQ$.

过 I_1, I_2 分别作 PQ 的垂线,垂足为 X, Y,记圆 I_1 与 BD 切于 S,圆 I_2 与 CD 切于 T. 则
$$\angle BPG = \angle BDA + \angle PAD = \angle ABG + \angle BAG = \angle BGP$$

故 $\qquad\qquad\qquad\angle BPG = \angle GPQ$

所以 $\qquad\qquad\qquad \text{Rt}\triangle I_1SP \cong \text{Rt}\triangle I_1XP$

从而 $\qquad\qquad\qquad I_1S = I_1X$

因此,PQ 与圆 I_1 相切,切点为 X.

同理,PQ 与圆 I_2 相切,切点为 Y.

设 AD 与 PQ 交于 K. 由 $\angle APB = \angle APK$ 知 $\triangle ABP \cong \triangle AKP$. 结合 $PS = PX$ 知 $BS = KX$.

同理 $CT = KY$.

再由切线长关系知
$$MN - (BM + CN) = XY - (BS + CT) = (KX + KY) - (BS + CT) = 0$$

即 $\qquad\qquad\qquad MN = BM + CN$

(2) 由外切四边形边长关系知
$$BD + MF = BM + DF$$
$$CD + NF = CN + DF$$

且有 $\qquad\qquad\qquad AD = BD + CD$

由以上三式及(1)中结论知 $AD = 2DF$,即 F 为 AD 的中点.

(3) 易知 $\angle AI_1B = 120°, \angle AOB = 120°$.

于是,A, O, I_1, B 四点共圆.

同理,A, O, I_2, B 四点共圆.

故
$$\angle BOI_1 = \angle BAI_1 = \angle DAI_1 = 30° - \angle DAI_2 =$$
$$30° - \angle CAI_2 = \angle OAI_2 = \angle OCI_2 \qquad\qquad ①$$

同理 $\angle OBI_1 = \angle COI_2$.

又因为 $OB = OC$,所以
$$\triangle OBI_1 \cong \triangle COI_2$$

故
$$BI_1 = OI_2, OI_1 = CI_2$$
再由式 ① 知
$$\angle BOI_1 + \angle COI_2 = \angle OAI_2 + \angle CAI_2 = 30°$$
结合 $\angle BOC = 120°$，则有
$$\angle I_1 OI_2 = 90°$$
所以
$$I_1 I_2^2 = OI_1^2 + OI_2^2 = BI_1^2 + CI_2^2$$

(4) 设 AO 与圆 O 交于 J，与 PQ 交于 Z，AD 与圆 I_2 切于 H．

因为 A, O, I_2, C 四点共圆，所以
$$\angle I_2 OZ = \angle ACI_2 = \angle DCI_2$$
$$\angle OI_2 H = 90° - \angle OI_2 A - \angle DAI_2 = 90° - \angle OCA - \angle DAI_2 =$$
$$60° - \angle DAI_2 = \angle DCI_2$$

故
$$\angle I_2 OZ = \angle OI_2 H$$

在 (2) 中已证 F 为 AD 的中点，则 $OF \perp AD$，且 $I_2 H \perp AD$．所以
$$FH = OI_2 \sin \angle OI_2 H$$
一方面，由 (1) 中所证 $PQ \parallel BC$，再结合 $OJ \perp PQ$，且 $I_2 Y \perp PQ$，则有
$$ZY = OI_2 \sin \angle I_2 OZ$$

故
$$FH = ZY$$
所以，F 到 MN 与圆 I_2 的切点距离等于 Z 到 PQ 与圆 I_2 的切点距离．

因此，F 与 Z 关于 $I_1 I_2$ 对称．

另一方面，设 DI_1 交 $\overparen{AB}$ 于 V，DI_2 交 $\overparen{AC}$ 于 W．易证
$$\triangle I_1 VJ \cong \triangle I_2 WJ$$

则
$$I_1 J = I_2 J$$

且
$$\angle I_1 J I_2 = \angle VJW = 60°$$

所以，$\triangle I_1 J I_2$ 是等边三角形．因此，E 与 J 关于 $I_1 I_2$ 对称．结合 $JZ \perp PQ$，MN 与 PQ 关于 $I_1 I_2$ 对称，则有 $EF \perp MN$．

第 3 节　爱尔可斯定理[1][2]

爱尔可斯定理 I　如图 22.34，$\triangle ABC$，$\triangle A'B'C'$ 为同一平面内的两个正

---

[1] 汪江松，黄家礼．几何明珠[M]．武汉：中国地质大学出版社，1988：168-174．
[2] 齐世萌．爱尔可斯定理的证明，推广与应用[J]．中学教研（数学），1988(6)：16-19.

三角形, P, Q, R 分别是 AA', BB' 和 CC' 的中点, 试证明 $\triangle PQR$ 也是正三角形.

证法 1　联结 AB', CB', 取其中点 D, E; 联结 PD, QD, RE, QE. 显然有

$$RE \underline{\parallel} \frac{1}{2}C'B', \quad QE \underline{\parallel} \frac{1}{2}BC$$

$$PD \underline{\parallel} \frac{1}{2}A'B', \quad QD \underline{\parallel} \frac{1}{2}AB$$

于是有
$$RE = PD, \quad EQ = DQ$$

又 $\angle REQ$, $\angle PDQ$ 分别等于 $B'C'$ 与 BC 所成之角和 $A'B'$ 与 AB 所成之角, 而后两角显然是相等的, 故 $\angle REQ = \angle PDQ$, 从而 $\triangle REQ \cong \triangle PDQ$, 于是 $QR = PQ$, 同理可证得 $PQ = RP$.

故 $\triangle PQR$ 为正三角形.

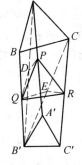

图 22.34

下面再利用复数方法来证明. 为行文方便, 我们将这个题略作改动如下:

如果 $\triangle z_1 z_2 z_3$ 和 $\triangle u_1 u_2 u_3$ 都是正绕向的正三角形, 而 W_1, W_2, W_3 是线段 $z_1 u_1, z_2 u_2, z_3 u_3$ 的中点, 那么 $\triangle W_1 W_2 W_3$ 也是正绕向的正三角形.

利用复数方法证明需用到一个显然的引理:

$\triangle z_1 z_2 z_3$ 是正绕向的正三角形的充要条件是

$$z_3 - z_1 = (z_2 - z_1)(\cos 60° + i\sin 60°)$$

引理的正确性不难从图 22.35 看出, 这里我们略去.

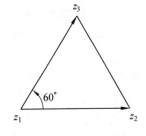

图 22.35

证法 2　因 $\triangle z_1 z_2 z_3$ 和 $\triangle u_1 u_2 u_3$ 都是正绕向的正三角形, 故有

$$z_3 - z_1 = (z_2 - z_1)(\cos 60° + i\sin 60°) \qquad ①$$

$$u_3 - u_1 = (u_2 - u_1)(\cos 60° + i\sin 60°) \qquad ②$$

(① + ②) ÷ 2 得

$$\frac{z_3 + u_3}{2} - \frac{z_1 + u_1}{2} = (\frac{z_2 + u_2}{2} - \frac{z_1 + u_1}{2})(\cos 60° + i\sin 60°) \qquad ③$$

由 W_1, W_2, W_3 分别是 $z_1 u_1, z_2 u_2, z_3 u_3$ 的中点, 故式 ③ 即为

$$W_3 - W_1 = (W_2 - W_1)(\cos 60° + i\sin 60°)$$

所以 $\triangle W_1 W_2 W_3$ 是正绕向的正三角形.

爱尔可斯定理 I (以下简称定理 I) 可以多方面进行推广.

第一, 可将定理 I 中的"中点"换为"定比分点", 这就是:

推广 I_1 如果 $\triangle z_1 z_2 z_3$ 和 $\triangle u_1 u_2 u_3$ 都是正绕向的正三角形,点 W_1,W_2,W_3 都分有向线段 $z_1 u_1$,$z_2 u_2$,$z_3 u_3$ 为 $m:n$,则 $\triangle W_1 W_2 W_3$ 也是正绕向的正三角形.

推广 I_1 的证明与定理 I 的证明几乎是一样的,只需要将证法 2 中的 (①+②)÷2 换成 $(n\times① + m\times②)÷(m+n)$ 就行了.

第二,可将定理 I 中的"正三角形"换为"正方形",这就是:

推广 I_2 如果 $z_1 z_2 z_3 z_4$ 和 $u_1 u_2 u_3 u_4$ 都是正绕向的正方形,W_1,W_2,W_3 和 W_4 是 $z_1 u_1$,$z_2 u_2$,$z_3 u_3$ 和 $z_4 u_4$ 的中点,那么四边形 $W_1 W_2 W_3 W_4$ 也是正绕向的正方形,如图 22.36 所示.

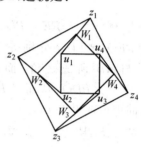

图 22.36

推广 I_2 的证明与定理 I 的证法也基本相同,只需要将证法 2 中的因式 $\cos 60° + i\sin 60°$ 换成 i(即 $\cos 90° + i\sin 90°$)就可以了.当然其中所用的引理也相应地应改为"$\triangle z_1 z_2 z_3$ 是以 z_1 为直角顶点的正绕向的等腰三角形的充要条件是:$z_3 - z_1 = (z_2 - z_1)i$."证明略.

第三,还可进一步将"正方形"推广为"正 n 边形",并将其与推广 I_1 结合起来,就是:

推广 I_3 如果 $z_1 z_2 \cdots z_n$ 和 $u_1 u_2 \cdots u_n$ 都是正绕向的正 n 边形,W_1,W_2,$\cdots$,W_n 都分有向线段 $z_1 u_1$,$z_2 u_2$,$\cdots$,$z_n u_n$ 为 $m:n$,那么 n 边形 $W_1 W_2 \cdots W_n$ 是正绕向的正 n 边形.

(证略.)

第四,将两个"正三角形"换为两个"相似三角形",这就是:

推广 I_4 如果 $\triangle z_1 z_2 z_3$ 和 $\triangle u_1 u_2 u_3$ 是两个正绕向的相似三角形(z_i 和 u_i 对应,$i=1,2,3$),而 W_1,W_2,W_3 是 $z_1 u_1$,$z_2 u_2$,$z_3 u_3$ 的中点,则 $\triangle W_1 W_2 W_3$ 也是一个与它们相似的正绕向的三角形,如图 22.37 所示.

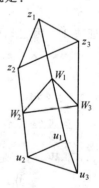

图 22.37

证明推广 I_4 要用到下述引理:

$\triangle z_1 z_2 z_3$ 是一个两夹边 $|z_1 z_3|$,$|z_1 z_2|$ 之比为 ρ,夹角为 α 的正绕向三角形的充要条件是
$$z_3 - z_1 = \rho(z_2 - z_1)(\cos \alpha + i\sin \alpha)$$
其中 $\alpha = \angle z_2 z_1 z_3$.

引理可由复数乘法的几何意义加以证明.

(证略.)

下面证推广 I_4.

证明 由 $\triangle z_1 z_2 z_3 \backsim \triangle u_1 u_2 u_3$, 故 $\angle z_2 z_1 z_3 = \angle u_2 u_1 u_3$, 设它们都等于 α, 又有
$$|z_1 z_3| : |u_1 u_3| = |z_1 z_2| : |u_1 u_2|$$
故有
$$|z_1 z_3| : |z_1 z_2| = |u_1 u_3| : |u_1 u_2|$$
设这两个比都等于 ρ, 则有
$$z_3 - z_1 = \rho(z_2 - z_1)(\cos \alpha + i \sin \alpha) \qquad ①$$
$$u_3 - u_1 = \rho(u_2 - u_1)(\cos \alpha + i \sin \alpha) \qquad ②$$

(① + ②) ÷ 2 得
$$\frac{z_3 + u_3}{2} - \frac{z_1 + u_1}{2} = \rho\left(\frac{z_2 + u_2}{2} - \frac{z_1 + u_1}{2}\right)(\cos \alpha + i \sin \alpha)$$
即
$$W_3 - W_1 = \rho(W_2 - W_1)(\cos \alpha + i \sin \alpha)$$

这就是说: $\triangle W_1 W_2 W_3$ 是一个夹角为 $\angle W_2 W_1 W_3 = \alpha$, 两夹边 $|W_1 W_3|$ 与 $|W_1 W_2|$ 之比为 ρ 的正绕向三角形. 故 $\triangle W_1 W_2 W_3 \backsim \triangle z_1 z_2 z_3$.

我们还可以将推广 I_3 与 I_4 结合起来得到如下:

推广 I_5 如果多边形 $z_1 z_2 \cdots z_n$ 和 $u_1 u_2 \cdots u_n$ 是两个正绕向的相似多边形. (z_i 与 u_i 相对应, $i = 1, 2, \cdots, n$), $W_1, W_2, \cdots, W_n$ 分别分有向线段 $z_i u_i$ ($i = 1, 2, \cdots, n$) 为 $m : n$, 则多边形 $W_1 W_2 \cdots W_n$ 也是一个与它们相似的正绕向 n 边形.

(证略.)

利用爱尔可斯定理及其推广, 可以将某些题目的证题过程简化, 还可以编制出许多新题. 下面我们举例说明其应用, 其中有些题出现了若干个点互相重合以及三角形退化成一个点的情况, 请读者注意.

例 1 已知 P 是正 $\triangle ABC$ 所在平面上一点, A', B', C' 分别是 PA, PB, PC 的中点, 如图 22.38(a) 所示. 求证: $\triangle A'B'C'$ 也是正三角形.

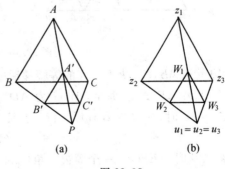

图 22.38

证明 将图 22.38(a) 重新标记如图 22.38(b) 所示, 由定理 I 知 $\triangle W_1 W_2 W_3$ 为正三角形, 即 $\triangle A'B'C'$ 为正三角形.

例 2 已知 $\triangle ABC$ 是正三角形, 在 AC 的延长线 CE 上作同一侧的正 $\triangle CDE$, 记 AD 之中点为 M, BE 之中点为 N, 如图 22.39(a) 所示. 证明:

△CMN 也是正三角形.

(苏联基辅市 1950 年中学数学竞赛题)

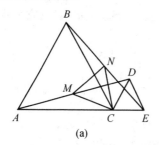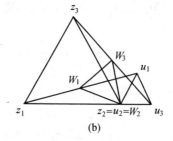

图 22.39

证明 我们将图 22.39(a) 重新标记如图 22.39(b) 所示,由定理 Ⅰ 知 △$W_1W_2W_3$ 即 △CMN 是一个正三角形.

显然这里 E 在 AC 的延长线上是不必要的,也就是说只要 △CED 是一个正绕向的正三角形就行了.

有趣的是,对于图 22.39(a) 这样的图形重新标记为图 22.39(b) 可以"发现"一个新题目:"已知 △ABC 是一个正三角形,在 AC 的延长线上作同一侧的正 △CDE,记 AE 的中点为 X,BC 的中点为 Y,CD 的中点为 Z,则 △XYZ 也是一个正三角形,如图 22.40 所示".

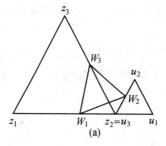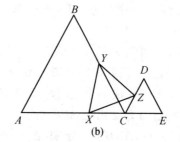

图 22.40

例3 以 AB,CD 为上下底的等腰梯形中,对角线 AC,BD 相交于 O,$AE \perp BD$,$DF \perp AC$,E,F 是垂足,且 G 为 AD 的中点,如图 22.41(a) 所示,当 $\angle BOA = 60°$ 时,△EFG 具有什么特征?证明你的结论.

(1982 年武汉市武昌区数学竞赛题)

解 这时 △EFG 是一个等边三角形.证明如下:△OAB 与 △OCD 都是正三角形,且 E,F 分别是 OB,OC 的中点,将图 22.41(a) 重新标记画线成图 22.41(b),由定理 Ⅰ 知 △$W_1W_2W_3$ 即 △EFG 为一正三角形.

爱尔可斯定理 Ⅱ(简称定理 Ⅱ) 如图 22.42,如果 △$z_1z_2z_3$,△$u_1u_2u_3$,

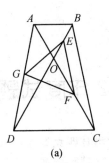
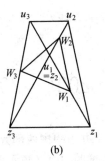

图 22.41

△$v_1v_2v_3$ 都是正绕向的正三角形,而 w_1, w_2, w_3 分别是 △$z_1u_1v_1$,△$z_2u_2v_2$,△$z_3u_3v_3$ 的重心,那么,△$w_1w_2w_3$ 也是正绕向的正三角形.

定理 Ⅱ 本也可以用纯几何法来解,但很烦琐,故我们用复数来证明,而用复数证明定理 Ⅱ 几乎和证明定理 Ⅰ 相同,故证略.

下面我们对爱可尔斯定理 Ⅱ 作若干推广.

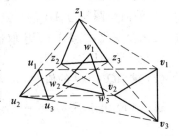

图 22.42

第一,可将"正三角形"换成"正方形",即:

推广 Ⅱ$_1$ 如果 $z_1z_2z_3z_4, u_1u_2u_3u_4, v_1v_2v_3v_4$ 是三个正绕向的正方形,而 w_1, w_2, w_3 和 w_4 分别是 △$z_1u_1v_1$,△$z_2u_2v_2$,△$z_3u_3v_3$ 和 △$z_4u_4v_4$ 的重心,则四边形 $w_1w_2w_3w_4$ 也是一个正绕向的正方形.

(证略.)

第二,可将"正三角形"换成"相似三角形",即:

推广 Ⅱ$_2$ 如果 △$z_1z_2z_3$,△$u_1u_2u_3$,△$v_1v_2v_3$ 都是正绕向的三个相似三角形(z_i, u_i 和 v_i 对应,$i=1,2,3$),而 w_1, w_2, w_3 分别是 △$z_1u_1v_1$,△$z_2u_2v_2$,△$z_3u_3v_3$ 的重心,则 △$w_1w_2w_3$ 是一个与它们相似的正绕向的三角形.

(证略.)

当然,推广 Ⅱ$_1$ 与推广 Ⅱ$_2$ 中的"正方形""三角形"还可改为"正 n 边形""多边形",若将重心的概念拓广,我们可以证明:

推广 Ⅱ$_3$ 如果有 n 个彼此相似的、正绕向的多边形 $z_1z_2\cdots z_m, u_1u_2\cdots u_m, \cdots, v_1v_2\cdots v_m$($z_i, u_i, \cdots$ 和 v_i 对应,$i=1,2,\cdots,m$),而 $w_1, w_2, \cdots, w_m$ 分别是 n 边形 $z_1u_1\cdots v_1, z_2u_2\cdots v_2, \cdots, z_mu_m\cdots v_m$ 的重心,那么多边形 $w_1w_2\cdots w_m$ 也是一个与上述 n 个多边形相似的、正绕向的多边形.

(证略.)

第23章 2001~2002年度试题的诠释

2001年9月首次举办了中国西部数学奥林匹克竞赛,其试题我们简记为西部赛试题.这一届8道试题中有2道平面几何题.

西部赛试题1 设$ABCD$是面积为2的长方形,P为边CD上的一点,Q为$\triangle PAB$的内切圆与边AB的切点.乘积$PA \cdot PB$的值随着长方形$ABCD$及点P的变化而变化,当$PA \cdot PB$取最小值时:

(1) 证明:$AB \geqslant 2BC$;

(2) 求$AQ \cdot BQ$的值.

解 (1) 由于$S_{\triangle APB} = \frac{1}{2} S_{矩形ABCD} = 1$,从而

$$\frac{1}{2} PA \cdot PB \sin \angle APB = 1$$

即

$$PA \cdot PB = \frac{2}{\sin \angle APB} \geqslant 2$$

等号仅当$\angle APB = 90°$时成立.这表明点P在以AB为直径的圆上,该圆应与CD有公共点.

于是$PA \cdot PB$取最小值时,应有$BC \leqslant \frac{AB}{2}$,即$AB \geqslant 2BC$.

(2) 设$\triangle APB$的内切圆半径为r,则

$$PA \cdot PB = (r+AQ)(r+BQ) = r(r+AQ+BQ) + AQ \cdot BQ$$

而

$$PA \cdot PB = 2S_{\triangle APB}, r(r+AQ+BQ) = S_{\triangle APB}$$

于是 $AQ \cdot BQ = S_{\triangle APB} = 1$

西部赛试题2 设P为圆O外一点,过P作圆O的两条切线,切点分别为A, B.设Q为PO与AB的交点,过Q作圆O的任意一条弦CD.证明:$\triangle PAB$与$\triangle PCD$有相同的内心.

证明 如图23.1,记R为线段OP与圆O的交点,E为PD与圆O的交点

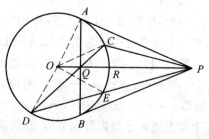

图23.1

(不同于 D). 因为
$$CQ \cdot QD = AQ \cdot QB = AQ^2$$
$$PQ \cdot QO = AQ^2$$
所以
$$CQ \cdot QD = PQ \cdot QO$$
于是,P,C,O,D 四点共圆. 故
$$\angle OPC = \angle ODC = \angle OCD = \angle OPD$$
即 PO 为 $\angle CPD$ 的平分线.

又由 P,C,O,D 四点共圆,得 $\angle COR = \angle CDE$,而 $\angle COE = 2\angle CDE$,故 $\angle COR = \angle ROE$,即有 $\overset{\frown}{CR} = \overset{\frown}{RE}$,从而 $\angle CDR = \angle EDR$,故 R 为 $\triangle PCD$ 的内心.

又显然 R 为 $\triangle PAB$ 的内心,所以结论成立.

试题 A 如图 23.2,$\triangle ABC$ 中,O 为外心,三条高 AD,BE,CF 交于点 H,直线 ED 和 AB 交于点 M,FD 和 AC 交于点 N,求证:

(1) $OB \perp DF$,$OC \perp DE$.

(2) $OH \perp MN$.

证法 1 如图 23.2.

(1) 因 A,C,D,F 四点共圆,则 $\angle BDF = \angle BAC$,又因

$$\angle OBC = \frac{1}{2}(180° - \angle BOC) = 90° - \angle BAC$$

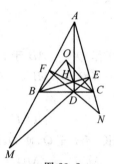

图 23.2

则 $OB \perp DF$,同理 $OC \perp DE$.

(2) 由 $CF \perp MA$,有
$$MC^2 - MH^2 = AC^2 - AH^2 \qquad ①$$
由 $BE \perp NA$,有
$$NB^2 - NH^2 = AB^2 - AH^2 \qquad ②$$
由 $DA \perp BC$,有
$$BD^2 - CD^2 = BA^2 - AC^2 \qquad ③$$
由 $OB \perp DF$,有
$$BN^2 - BD^2 = ON^2 - OD^2 \qquad ④$$
由 $OC \perp DE$,有
$$CM^2 - CD^2 = OM^2 - OD^2 \qquad ⑤$$

① $-$ ② $+$ ③ $+$ ④ $-$ ⑤,得
$$NH^2 - MH^2 = ON^2 - OM^2$$

$$MO^2 - MH^2 = NO^2 - NH^2$$

所以 $OH \perp MN$

证法 2[①] (1) 设 $\triangle ABC$ 的外接圆半径为 R，由相交弦定理，有
$$R^2 - OF^2 = AF \cdot FB, R^2 - OD^2 = BD \cdot DC$$

从而 $OF^2 - OD^2 = BD \cdot DC - AF \cdot FB$

又 A, F, D, C 四点共圆，有
$$BD \cdot BC = BF \cdot BA$$

即 $BD(BD + DC) = BF(BF + AF)$

亦即 $BF^2 - BD^2 = BD \cdot DC - AF \cdot FB = OF^2 - OD^2$

故 $OB \perp DF$

同理 $OC \perp DE$

(2) 作 $OP \perp AB$ 于 P，则 $BP = AP$，于是
$$OM^2 - OB^2 = (MP^2 + OP^2) - (BP^2 + OP^2) = MP^2 - BP^2 = MA \cdot MB$$

同理 $ON^2 - OC^2 = NC \cdot NA$

从而 $OM^2 - ON^2 = MA \cdot MB - NC \cdot NA$

延长 MH 至 Q，使 Q, H, D, E 共圆，则 $MH \cdot MQ = MD \cdot ME$，且
$$\angle MQE = \angle MDH = 180° - \angle ADE = 180° - \angle ABE = \angle MBE$$

从而 M, B, Q, E 共圆，即有 $MH \cdot HQ = BH \cdot HE$，于是
$$MH^2 = MH \cdot (MQ - HQ) = MH \cdot MQ - MH \cdot HQ =$$
$$MD \cdot ME - BH \cdot HE$$

同理 $NH^2 = ND \cdot NF - CH \cdot HF$

注意到 $BH \cdot HE = CH \cdot HF$
$$MA \cdot MB = MD \cdot ME$$
$$ND \cdot NF = NC \cdot NA$$

即有 $OM^2 - ON^2 = MH^2 - NH^2$

故 $OH \perp MN$

证法 3 (1) 过 B 作 $\triangle ABC$ 的外接圆的切线 BT，如图 23.3 所示，则由 A, F, D, C 四点共圆，知 $\angle TBA = \angle ACB = \angle BFD$，有 $DF \parallel BT$. 而 $OB \perp BT$，

---

① 沈文选. 2001 年高中联赛平面几何题的新证法[J]. 中学数学杂志, 2002(2): 33-34.

故 $OB \perp DF$. 同理, $OC \perp DE$.

(2) 取 OH 的中点 V, 下证 V 为 $\triangle DEF$ 的外心. 如图 23.4, 设 A', B', C' 分别为 BC, CA, AB 的中点.

由 A, B, D, E 共圆, 有
$$\angle BED = \angle BAD = 90° - \angle B$$
同理
$$\angle BEF = \angle BCF = 90° - \angle B$$
从而
$$\angle DEF = \angle BED + \angle BEF = 180° - 2\angle B$$

又 A' 为 $\mathrm{Rt}\triangle BFC$ 的斜边 BC 上的中点, 知 $\angle FA'B = 2\angle FCB = 180° - 2\angle B$, 从而, 知 F, A', D, E 四点共圆.

同理, O, F, B', E; C', F, D, E 分别四点共圆, 从而, 知 A', B', C', D, E, F 六点共圆.

又 $OA' \perp BC, DH \perp BC, V$ 为 OH 的中点, 即知 V 在 $A'D$ 的垂直平分线上.

同理, V 在 $B'E, FC'$ 的垂直平分线上.

故 V 是 $\triangle DEF$ 的外心 (注: 若用九点圆定理, 可直接由设 V 是 OH 的中点, 得 V 为 $\triangle DEF$ 的外心).

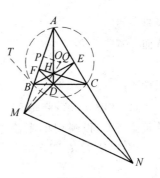

图 23.3

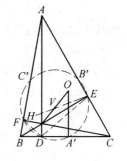

图 23.4

又由 $D, E, A, B; D, F, A, C$ 分别四点共圆, 有 $MD \cdot ME = MB \cdot MA, ND \cdot NF = NC \cdot NA$.

由此, 即知 M, N 对 $\triangle ABC$ 的外接圆与 $\triangle DEF$ 的外接圆的幂相等, 从而 M, N 在这两个外接圆的根轴上, 即有 $MN \perp OV$, 故 $MN \perp OH$.

证法 4 (由天津实验中学冯振国给出) 如图 23.5, 过 B 作圆 O 的切线 MN, 有 $\angle CBN = \angle BAC$.

因 OB 为半径, 则
$$OB \perp MN$$
由
$$AD \perp BC, CF \perp AB$$
知 A, F, D, C 四点共圆. 故
$$\angle BAC = \angle FDB$$

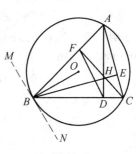

图 23.5

于是 $\angle CBN = \angle FDB$

从而 $FD \parallel MN$

故 $BO \perp FD$

同理 $CO \perp DE$

(2) 如图 23.6, 联结 MH 并延长交 $\triangle ABH$ 的外接圆于 G, 设圆 O 的半径为 R.

因 A, B, H, G 四点共圆, A, B, D, E 四点共圆, 则
$$\angle BAD = \angle BGH, \angle BAD = \angle BED$$
则 $\angle BGH = \angle BED$

因此, B, G, E, M 四点共圆.

$OM^2 - R^2 = MB \cdot MA =$
$MH \cdot GM(A, B, H, G \text{ 共圆}) =$
$MH^2 + GH \cdot HM =$
$MH^2 + BH \cdot HE(G, B, M, E \text{ 共圆}) =$
$MH^2 + AH \cdot HD(A, B, D, E \text{ 共圆})$

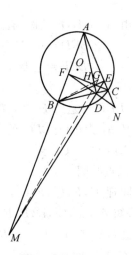

图 23.6

同理 $ON^2 - R^2 = NH^2 + AH \cdot HD$

从而 $OM^2 - MH^2 = ON^2 - NH^2$

故 $OH \perp MN$

证法 5 (由江西抚州一中张国清给出)

(1) 略.

(2) 先证如下引理.

引理 设 H 是 $\triangle ABC$ 的垂心, P 是任一点, $HM \perp PB$ 于点 M, 交 AC 于点 Y, $HN \perp PC$ 于点 N, 交 AB 于点 X, 则 $PH \perp XY$.

证明 令 $\triangle ABC$ 的边 BC, CA, AB 上的高的垂足为 D, E, F. 由于 H 是 $\triangle ABC$ 的垂心, 知
$$HA \cdot HD = HB \cdot HE = HC \cdot HF = m$$

按题设知 C, N, F, X 四点共圆, 因而
$$HN \cdot HX = HC \cdot HF = m$$

同理 $HM \cdot HY = HB \cdot HE = m$

联结 PH, 在它上面取点 Q 使 $HP \cdot HQ = m$. 于是, N, P, X, Q 四点共圆, 因此 $\angle PQX = \angle PNX = 90°$, 知 $PQ \perp XQ$.

仿此可证 $PQ \perp YQ$. 所以 X,Q,Y 三点共线. 故 $PH \perp XY$. 下面来解决本问题.

如图 23.7,过 H 分别作 DF 的平行线交 AC 延长线于点 Y,DE 的平行线交 AB 延长线于点 X,易证 $XY \parallel MN$. 于是,由结论(1)及引理立得 $OH \perp MN$.

证法 6 （由湖北朱达坤、余水能、叶迎东给出）如图 23.8,过 A 作 $AG \parallel MN$,交 NF 的延长线于点 G. 因
$$\angle FDB = \angle BAE = \angle EDC = \angle BDM$$
则 BD 为 $\angle MDF$ 的内角平分线.

由 $AD \perp BD$ 知 AD 是 $\angle MDF$ 的外角平分线. 则

$$\frac{FA}{MA} = \frac{FD}{DM} = \frac{BF}{MB}$$

即 $$\frac{AF}{MA} = \frac{AF - BF}{AB}$$

从而 $$MA = \frac{AB \cdot AF}{AF - BF}$$

$$MF = MA - AF = \frac{2AF \cdot BF}{AF - BF}$$

于是 $\dfrac{MF}{MA} = \dfrac{2BF}{AB} = \dfrac{FN}{NG}$（因 $AG \parallel MN$）

又 $\angle DFC = \angle DAE$

则 $\triangle FNC \sim \triangle AND$

有 $$\frac{AD}{FC} = \frac{AN}{FN}$$

于是 $\dfrac{AN}{NG} = \dfrac{2BF \cdot AD}{AB \cdot FC} = 2\sin B \cot B = 2\cos B$

而 $$\frac{BH}{\sin \angle BCF} = \frac{BC}{\sin \angle BHC} = \frac{BC}{\sin \angle BAC} = 2BO$$

则 $\dfrac{BH}{BO} = 2\sin \angle BCF = 2\cos B$

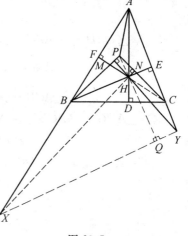

图 23.7

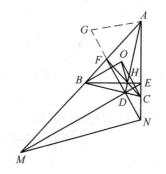

图 23.8

从而
$$\frac{BH}{BO} = \frac{AN}{NG}$$

又
$$\angle OBH = \angle ABC - \angle ABO - \angle CBE =$$
$$\angle ABC - (\frac{\pi}{2} - \angle ACB) - (\frac{\pi}{2} - \angle ACB) =$$
$$\angle ACB - \angle BAC$$

则 $\angle ANG = \angle ACB - \angle NDC = \angle ACB - \angle BAC = \angle OBH$

故 $\triangle BOH \sim \triangle NGA$

由 $OB \perp FN, BH \perp AN$

有 $OH \perp AG$

则 $OH \perp MN$

证法 7 (由南开大学李成章教授给出)

(1) 因为点 O 是 $\triangle ABC$ 的外心,所以
$$\angle BOC = 2\angle BAC$$

故 $\angle OBC = \frac{1}{2}(180° - \angle BOC) = 90° - \angle BAC$

因为 A, F, D, C 四点共圆,所以
$$\angle BDF = \angle BAC$$

记 $OB \cap FD = P$. 于是
$$\angle BPD = 180° - \angle PBD - \angle PDB = 90°$$

因此 $OB \perp DF$

同理 $OC \perp DE$

(2) 过点 O 作 $OG \perp MN$ 于 G. 因为
$$AD \perp BC, BE \perp AC, CF \perp AB$$

所以 $\angle COG = \angle NME, \angle GOB = \angle FNM$

$\angle OBE = \angle ANF, \angle EBC = \angle DAN$

$\angle BCF = \angle MAD, \angle FCO = \angle EMA$

对 $\triangle AMN$ 和点 D 应用角元塞瓦定理有
$$1 = \frac{\sin \angle MAD}{\sin \angle DAN} \cdot \frac{\sin \angle ANF}{\sin \angle FNM} \cdot \frac{\sin \angle NME}{\sin \angle EMA} =$$
$$\frac{\sin \angle BCF}{\sin \angle EBC} \cdot \frac{\sin \angle OBE}{\sin \angle GOB} \cdot \frac{\sin \angle COG}{\sin \angle FCO}$$

$$\frac{\sin \angle COG}{\sin \angle GOB} \cdot \frac{\sin \angle OBE}{\sin \angle EBC} \cdot \frac{\sin \angle BCF}{\sin \angle FCO}$$

由角元塞瓦定理的逆定理知 OG, BE, CF 三线共点,即 OG 过点 H.

又因为 $OG \perp MN$,所以 $OH \perp MN$.

证法 8 (由湖北叶迎东、余水能、朱达坤给出)记 $\triangle ABC$ 的三内角分别为 $\angle A, \angle B, \angle C$.

(1) 略.

(2) 因 $AD \perp BC, CF \perp AB$,则 A, C, D, F 四点共圆,于是

$$\angle BFD = \angle C, \angle FDB = \angle A$$

同理 $\angle EDC = \angle A$

又由 $\angle BDM + \angle BMD = \angle B$

有 $\angle BMD = \angle B - \angle A$

则 $$\frac{DM}{BD} = \frac{\sin B}{\sin (B-A)}$$

同理 $$\frac{DN}{CD} = \frac{\sin C}{\sin (C-A)}$$

则 $$\frac{\sin \angle DMN}{\sin \angle DNM} = \frac{DN}{DM} = \frac{\dfrac{CD \sin C}{\sin (C-A)}}{\dfrac{BD \sin B}{\sin (B-A)}} = \frac{CD \sin C}{BD \sin B} \cdot \frac{\sin (B-A)}{\sin (C-A)}$$

又 $\angle OBH = \angle OBC - \angle HBC = \dfrac{\pi - 2\angle A}{2} - (\dfrac{\pi}{2} - \angle C) = \angle C - \angle A$

则 $$\sin \angle BOH = \frac{\sin (C-A) BH}{OH}$$

同理 $$\sin \angle COH = \frac{\sin (B-A) CH}{OH}$$

则 $$\frac{\sin \angle COH}{\sin \angle BOH} = \frac{\sin (B-A) CH}{\sin (C-A) BH}$$

由 F, B, D, H 四点共圆,且 BH 为直径,有

$$BH \sin \angle BHD = BH \sin C = BD$$

同理 $CH \sin B = CD$

则 $$\frac{\sin \angle DMN}{\sin \angle DNM} = \frac{\sin \angle COH}{\sin \angle BOH}$$

又 $\angle DMN + \angle DNM = \angle BOC = \angle BOH + \angle COH$

则
$$\frac{\sin(\angle BOC - \angle DNM)}{\sin \angle DNM} = \frac{\sin(\angle BOC - \angle BOH)}{\sin \angle BOH}$$

从而
$$\sin \angle BOC \cot \angle DNM - \cos \angle BOC =$$
$$\sin \angle BOC \cot \angle BOH - \cos \angle BOC$$

即
$$\cot \angle DNM = \cot \angle BOH$$

又因 $\angle DNM$ 和 $\angle BOH$ 均为锐角,则 $\angle DNM = \angle BOH$,由 $OB \perp ND$,故 $OH \perp MN$.

证法 9 (由大庆一中张利民给出)

(1) 略.

(2) 如图 23.9,过 M 作 $MK \parallel AC$,交 DF 的延长线于点 K. 下证 $\triangle OBH \backsim \triangle NKM$. 因

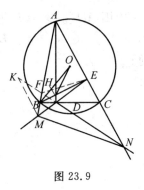

图 23.9

$$\frac{MK}{\sin \angle MFK} = \frac{KF}{\sin \angle KMA}$$

又 $\angle KMA = \angle BAC$

则
$$\frac{MK}{\sin C} = \frac{KF}{\sin A}$$

联结 FE. 由
$$\frac{MF}{\sin \angle FEM} = \frac{FE}{\sin \angle FME}$$

又由共圆知
$$\angle FEM = 180° - 2\angle B, \angle FME = \angle B - \angle A$$

则
$$\frac{MF}{\sin(180° - 2B)} = \frac{FE}{\sin(B - A)}$$

又
$$\frac{MA}{\sin B} = \frac{AE}{\sin(B - A)}$$

则
$$\frac{MF}{MA} = \frac{FE}{AE} \cdot \frac{\sin 2B}{\sin B}$$

又
$$\frac{AE}{\sin C} = \frac{EF}{\sin A}$$

则
$$\frac{MF}{MA} = 2\cos B \cdot \frac{\sin A}{\sin C}$$

因 $MK \parallel AC$,则 $\dfrac{KF}{KN} = \dfrac{MF}{MA}$,从而

$$KF = KN \cdot 2\cos B \cdot \frac{\sin A}{\sin C}$$

则
$$\frac{MK}{\sin C} = \frac{KF}{\sin A} = KN \cdot \frac{2\cos B}{\sin C}$$

于是
$$\frac{MK}{KN} = 2\cos B$$

又
$$\frac{BH}{OB} = \frac{2R\cos B}{R} = 2\cos B$$

则
$$\frac{BH}{OB} = \frac{MK}{KN}$$

又
$$\angle MKN = \angle FNA = \angle C - \angle A$$
$$\angle OBH = (90° - \angle A) - (90° - \angle C) = \angle C - \angle A$$

则 $\angle MKN = \angle OBH$,因此 $\triangle OBH \backsim \triangle NKM$,又 $OB \perp KN$, $BH \perp KM$,故 $OH \perp MN$.

证法 10 (由湖北徐胜林、朱达坤、余水能、叶迎东、冯丽珠等给出)

(1) 略.

(2) 如图 23.10,记 $\triangle ABC$ 的三个角为 $\angle A$, $\angle B$, $\angle C$. 设 $\angle DNM = \alpha$, $\angle DMN = \beta$, $\angle BOH = \alpha'$, $\angle COH = \beta'$.

由 A, F, D, E 四点共圆知 $\angle BDF = \angle CDE = \angle A$,则 $\angle BDM = \angle CDN = \angle A$,从而
$$\angle BMD = \angle B - \angle A, \angle CND = \angle C - \angle A$$

由正弦定理知
$$\frac{MD}{\sin B} = \frac{BD}{\sin(B-A)}$$
$$\frac{DN}{\sin C} = \frac{CD}{\sin(C-A)}, \frac{MD}{\sin \alpha} = \frac{DN}{\sin \beta}$$

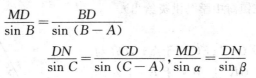

图 23.10

则
$$\frac{MD}{DN} = \frac{\sin B \cdot BD}{\sin C \cdot CD} \cdot \frac{\sin(C-A)}{\sin(B-A)} = \frac{\sin \alpha}{\sin \beta} \qquad ①$$

由 C, D, H, E 四点共圆知 $\angle CHE = \angle CDE = \angle A$,作 $OG \perp AC$,交 AC 于点 G. 由 O 是外心知,$OG \perp AC$ 且 $\angle COG = \angle B$. 又由 $BE \perp AC$,知 $BE \mathbin{/\mkern-5mu/} OG$,

则
$$\angle CPE = \angle COG = \angle B$$

即
$$\angle OCH = \angle CPE - \angle CHE = \angle B - \angle A$$
同理可求得
$$\angle OBH = \angle C - \angle A$$
由正弦定理知
$$\frac{OH}{BH} = \frac{\sin(C-A)}{\sin \alpha'}, \frac{OH}{CH} = \frac{\sin(B-A)}{\sin \beta'}$$
则
$$\frac{\sin \alpha'}{\sin \beta'} = \frac{\sin(C-A)}{\sin(B-A)} \cdot \frac{BH}{CH} \qquad ②$$

在 Rt△BHD 和 Rt△CHD 中
$$BH = \frac{BD}{\sin \angle BHD} = \frac{BD}{\sin C}, CH = \frac{CD}{\sin \angle CHD} = \frac{CD}{\sin B}$$
代入式 ② 得
$$\frac{\sin \alpha'}{\sin \beta'} = \frac{\sin(C-A)}{\sin(B-A)} \cdot \frac{BD \sin B}{CD \sin C} \qquad ③$$
由 ①③ 可得
$$\frac{\sin \alpha'}{\sin \beta'} = \frac{\sin \alpha}{\sin \beta} \qquad ④$$
而
$$\alpha' + \beta' = \angle BOC = 2\angle A = \angle BDM + \angle CDN =$$
$$180° - \angle MDN = \alpha + \beta$$
$$0 < \alpha' + \beta' < \pi, 0 < \alpha + \beta < \pi$$
由式 ④ 可得 $\alpha' = \alpha, \beta' = \beta$,即 $\angle COH = \angle DMN$,而 $OC \perp DE$,故 $OH \perp MN$.

证法 11 （由浙江镇海中学马洪炎给出）

(1) 略.

(2) 如图 23.11,设 OB 与 FC 交于点 L,OB 与 FD 交于点 G,过 G 作 $GK \perp MN$ 于 K. 不妨用 $\angle A, \angle B, \angle C$ 表示 △ABC 的三个内角,设 △ABC 的外接圆半径为 R.

由 A, E, D, B 四点共圆,有
$$\angle AEM = \pi - \angle B$$
有
$$\angle AME = \angle B - \angle A$$
同理
$$\angle ANF = \angle C - \angle A$$
在 △AME 中,由正弦定理得

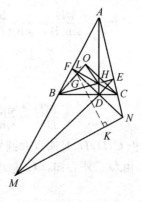

图 23.11

$$AM = \frac{AE\sin B}{\sin(B-A)} = \frac{AB\cos A\sin B}{\sin(B-A)}$$

则
$$AM = \frac{2R\sin C\cos A\sin B}{\sin(B-A)}$$

又
$$AF = AC\cos A = 2R\sin B\cos A$$

则
$$MF = \frac{2R\sin C\cos A\sin B}{\sin(B-A)} - 2R\sin B\cos A$$

在 $\triangle AFN$ 中,由

$$FN = \frac{\sin A\, 2R\sin B\cos A}{\sin(C-A)}$$

有
$$\frac{MF}{FN} = \frac{[\sin C - \sin(B-A)]\sin(C-A)}{\sin A\sin(B-A)}$$

又
$$\sin C = \sin(A+B)$$

则
$$\frac{MF}{FN} = \frac{2\cos B\sin(C-A)}{\sin(B-A)}$$

由 A,F,D,C 四点共圆,有
$$\angle BFG = \angle C$$

因 $\angle BFL = 90°$,由(1)知 $FG \perp BL$,则
$$\angle FLB = \angle BFG = \angle C$$

又
$$BF = BC\cos B$$
$$FL = BF\cot C = BC\cos B\cot C = \frac{2R\sin A\cos B\cos C}{\sin C}$$
$$BL = \frac{BF}{\sin C} = \frac{2R\sin A\cos B}{\sin C}$$

则
$$OL = OB - BL = R - \frac{2R\sin A\cos B}{\sin C} = \frac{R\sin(B-A)}{\sin C}$$

由 F,B,D,H 四点共圆,有
$$\angle AHF = \angle B$$

于是
$$FH = AF\cot B = AC\cos A\cot B = 2R\cos A\cos B$$
$$LH = FH - FL = 2R(\cos A\cos B - \frac{\sin A\cos B\cos C}{\sin C}) =$$
$$\frac{2R\cos B\sin(C-A)}{\sin C}$$

故
$$\frac{LH}{OL} = \frac{2\cos B\sin(C-A)}{\sin(B-A)}, \frac{MF}{FN} = \frac{LH}{OL}$$

又
$$\angle OLH = \angle FLB = \angle BFG = \angle BFN$$

则 $\triangle OLH \backsim \triangle NFM$

有 $\angle LOH = \angle FNM$

又 $\angle BGD = 90°, \angle GKN = 90°$

则 $\angle BGK = \angle FNM = \angle LOH$

即 $OH \parallel GK$

又 $GK \perp MN$

故 $OH \perp MN$

证法 12 （由重庆市一中石世银给出）

(1) 略.

(2) 如图 23.12, 过 O 作 $OG \perp AM$ 于点 G, 延长 BH 交 GO 的延长线于点 I, 延长 OH 交 MN 于点 Q, 设 FD 与 BH 交于点 J. 因

$$\angle BIG + \angle GBI = 90°, \angle BAE + \angle GBI = 90°$$

则
$$\angle BIG = \angle BAE, \angle OIH = \angle MAN \qquad ①$$

要证 $OH \perp MN$, 只要证 G, M, Q, O 四点共圆. 由 ① 知只要证 $\triangle OIH \backsim \triangle MAN$, 即证

$$OI \cdot AN = AM \cdot IH \qquad ②$$

由式 ① 得 $\angle OIB = \angle FAN$

因 $\angle OBI = 90° - \angle BJF = 90° - \angle NJE = \angle FNA$

则 $\triangle OBI \backsim \triangle FNA$

$$OI \cdot AN = AF \cdot BI \qquad ③$$

由式 ②③ 只要证 $AM \cdot IH = AF \cdot BI$, 即

$$\frac{AF}{AM} = \frac{IH}{BI}$$

又 $HF \parallel GI$, 则只要证

$$\frac{AF}{AM} = \frac{GF}{GB} \qquad ④$$

在 $\triangle AME$ 中, 有

$$\frac{AM}{\sin \angle AEM} = \frac{AE}{\sin \angle AME}$$

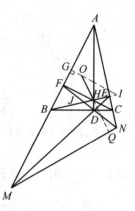

图 23.12

则
$$AM = \frac{AE\sin\angle AEM}{\sin\angle AME} \qquad ⑤$$

由
$$\angle AEM = 180° - \angle B$$

有
$$\sin\angle AEM = \sin B$$

而
$$\angle AME = \angle B - \angle MDB = \angle B - \angle A$$

则
$$\sin\angle AME = \sin(B-A)$$

代入式⑤得
$$AM = \frac{AE\sin B}{\sin(B-A)} \qquad ⑥$$

将 $AE = AB\cos A$, $AF = AC\cos A$, $GF = GB - BF = \frac{1}{2}AB - BC\cos B$ 代入式④,

只要证
$$\frac{AC\cos A\sin(B-A)}{AB\cos A\sin B} = \frac{\frac{1}{2}AB - BC\cos B}{\frac{1}{2}AB}$$

即证
$$\frac{AC\sin(B-A)}{\sin B} = AB - 2BC\cos B$$

在 $\triangle ABC$ 中,由正弦定理,只要证
$$\sin B\sin(B-A) = \sin B(\sin C - 2\sin A\cos B)$$

即证
$$\sin C = \sin(A+B)$$

此式显然成立.

证法 13 (由四川方廷刚给出)

(1) 略.

(2) 如图 23.13,设 $\triangle ABC$ 的外接圆半径为 1,分别记 EB, ED 与 OC 的交点为 P 和 Q,则由(1)有 $PE \perp EC$, $EQ \perp PC$. 故 $\angle OPB = \angle EPC = \angle MEN = \angle B$. 为证 $OH \perp MN$,要证 $\angle COH = \angle DMN$,可先证 $\triangle POH \backsim \triangle EMN$,为此要证
$$\frac{PO}{PH} = \frac{EM}{EN}$$

在 $\triangle POB$ 中
$$PO = \frac{BO\sin\angle OBE}{\sin\angle OPB} = \frac{\sin(C-A)}{\sin B}$$

在 $\triangle HCE$ 中
$$EH = CH\cos\angle EHC = 2\cos C\cos A$$
在 $\triangle PCE$ 中
$$EP = PC\cos\angle EPC = (OC-OP)\cos B =$$
$$\left[1 - \frac{\sin(C-A)}{\sin B}\right]\cos B =$$
$$2\cos C\sin A\cot B$$

由此可得
$$PH = EH - EP = 2\cos C(\cos A - \sin A\cot B) =$$
$$\frac{2\cos C\sin(B-A)}{\sin B}$$

于是
$$\frac{PO}{PH} = \frac{\sin(C-A)}{2\cos C\sin(B-A)}$$

又
$$ED = CH\sin C = 2\cos C\sin C = \sin 2C$$

在 $\triangle EDN$ 中，有
$$EN = \frac{ED\sin\angle EDN}{\sin\angle END} = \frac{\sin 2C\sin 2A}{\sin(C-A)}$$
$$DN = \frac{ED\sin\angle DEN}{\sin\angle END} = \frac{\sin 2C\sin B}{\sin(C-A)}$$

同理
$$DM = \frac{\sin 2B\sin C}{\sin(B-A)}$$

于是
$$EM = ED + DM = \frac{\sin C}{\sin(B-A)}[2\cos C\sin(B-A) + \sin 2B] =$$
$$\frac{\sin C}{\sin(B-A)}\cdot\sin 2A$$

从而
$$\frac{EM}{EN} = \frac{\sin(C-A)}{2\cos C\sin(B-A)}$$

这就证明了 $\frac{PO}{PH} = \frac{EM}{EN}$ 成立. 故
$$\triangle POH \backsim \triangle EMN, \angle COH = \angle DMN$$

所以
$$OH \perp MN$$

证法 14 （同证法 11 人员给出）

(1) 略.

第 23 章 2001～2002 年度试题的诠释

(2) 因 $MF \perp CH, FN \perp OB, MD \perp OC, AN \perp BH, DF \perp OB, FA \perp CH, DA \perp BC$, 则

$$\overrightarrow{MF} \cdot \overrightarrow{CH} = 0, \overrightarrow{FN} \cdot \overrightarrow{OB} = 0$$
$$\overrightarrow{MD} \cdot \overrightarrow{OC} = 0, \overrightarrow{AN} \cdot \overrightarrow{BH} = 0$$
$$\overrightarrow{DF} \cdot \overrightarrow{OB} = 0, \overrightarrow{FA} \cdot \overrightarrow{CH} = 0$$
$$\overrightarrow{DA} \cdot \overrightarrow{BC} = 0$$

即
$$\overrightarrow{MN} \cdot \overrightarrow{OH} = (\overrightarrow{MF} + \overrightarrow{FN}) \cdot \overrightarrow{OH} = \overrightarrow{MF} \cdot \overrightarrow{OH} + \overrightarrow{FN} \cdot \overrightarrow{OH} =$$
$$\overrightarrow{MF} \cdot (\overrightarrow{OC} + \overrightarrow{CH}) + \overrightarrow{FN} \cdot (\overrightarrow{OB} + \overrightarrow{BH}) =$$
$$\overrightarrow{MF} \cdot \overrightarrow{OC} + \overrightarrow{FN} \cdot \overrightarrow{BH} =$$
$$(\overrightarrow{MD} + \overrightarrow{DF}) \cdot \overrightarrow{OC} + (\overrightarrow{FA} + \overrightarrow{AN}) \cdot \overrightarrow{BH} =$$
$$\overrightarrow{DF} \cdot \overrightarrow{OC} + \overrightarrow{FA} \cdot \overrightarrow{BH} =$$
$$\overrightarrow{DF} \cdot (\overrightarrow{OB} + \overrightarrow{BC}) + \overrightarrow{FA} \cdot (\overrightarrow{BC} + \overrightarrow{CH}) = \overrightarrow{DF} \cdot \overrightarrow{BC} + \overrightarrow{FA} \cdot \overrightarrow{BC} =$$
$$\overrightarrow{DA} \cdot \overrightarrow{BC} = 0$$

故
$$MN \perp OH$$

证法 15 (1) 设 $\triangle ABC$ 的外接圆半径为 R, 三边长依次为 a, b, c, 三个内角依次为 $\angle A, \angle B, \angle C$, 则

$$\overrightarrow{OB} \cdot \overrightarrow{DF} = \overrightarrow{OB} \cdot (\overrightarrow{AF} - \overrightarrow{AD}) = \overrightarrow{OB} \cdot \overrightarrow{AF} - \overrightarrow{OB} \cdot \overrightarrow{AD} =$$
$$R \cdot b\cos A\cos \frac{1}{2}(\pi - 2C) - R \cdot c\sin B\cos\left[\frac{\pi}{2} - \frac{1}{2}(\pi - 2A)\right] =$$
$$R \cdot 2R\sin B\cos A\sin C - R \cdot 2R\sin C\sin B\cos A = 0$$

故
$$\overrightarrow{OB} \perp \overrightarrow{DF}$$
同理可证
$$\overrightarrow{OC} \perp \overrightarrow{DE}$$

(2) 设 H' 满足 $\overrightarrow{OH'} = \overrightarrow{OA} + \overrightarrow{OB} + \overrightarrow{OC}$, 由

$$\overrightarrow{AH'} \cdot \overrightarrow{BC} = (\overrightarrow{OH'} - \overrightarrow{OA}) \cdot (\overrightarrow{OC} - \overrightarrow{OB}) =$$
$$(\overrightarrow{OA} + \overrightarrow{OB} + \overrightarrow{OC} - \overrightarrow{OA}) \cdot (\overrightarrow{OC} - \overrightarrow{OB}) =$$
$$(\overrightarrow{OC} + \overrightarrow{OB}) \cdot (\overrightarrow{OC} - \overrightarrow{OB}) =$$
$$|\overrightarrow{OC}|^2 - |\overrightarrow{OB}|^2 = 0$$

有 $\overrightarrow{AH'} \perp \overrightarrow{BC}$, 则 $AH' \perp BC$, 同理 $BH' \perp AC$.

于是 H' 与 H 重合, 故
$$\overrightarrow{OH} = \overrightarrow{OA} + \overrightarrow{OB} + \overrightarrow{OC}$$

又

$$\begin{aligned}
\vec{OH} \cdot \vec{AM} &= (\vec{OA} + \vec{OB}) \cdot \vec{AM} + \vec{OC} \cdot \vec{AM} = \\
&\quad \vec{OC} \cdot \vec{AM}(因为(\vec{OA}+\vec{OB}) \perp \vec{AM}) = \\
&\quad \vec{OC} \cdot (\vec{AE} + \vec{EM}) = \vec{OC} \cdot \vec{AE} + \vec{OC} \cdot \vec{EM} = \\
&\quad \vec{OC} \cdot \vec{AE}(因为 OC \perp DE,所以 \vec{OC} \perp \vec{EM}) = \\
&\quad |\vec{OC}| \cdot |\vec{AE}| \cos(90°-B) = \\
&\quad |\vec{OC}| \cdot |\vec{AE}| \sin B = \\
&\quad |\vec{OC}| \cdot |\vec{AB}| \cos A \sin B = \\
&\quad 2R^2 \cos A \sin B \sin C
\end{aligned}$$

同理 $\vec{OH} \cdot \vec{AN} = 2R^2 \cos A \sin B \sin C$

则 $\vec{OH} \cdot \vec{MN} = \vec{OH} \cdot (\vec{AN} - \vec{AM}) = \vec{OH} \cdot \vec{AN} - \vec{OH} \cdot \vec{AM} = 0$

从而 $\vec{OH} \perp \vec{MN}$

即 $OH \perp MN$

证法 16 以 BC 所在直线为 x 轴, BC 的中垂线为 y 轴建立平面直角坐标系(以 AD 为 y 轴亦可). 设 $B(-a,0), C(a,0), A(b,c), O(0,y), D(b,0)$, 且由 $|AO|=|OB|$ 即 $(c-y)^2+b^2=a^2+y^2$, 知 $y=\dfrac{b^2+c^2-a^2}{2c}$.

(1) 由于 $k_{AB}=\dfrac{c}{a+b}, k_{CF}=-\dfrac{1}{k_{AB}}=-\dfrac{a+b}{c}$, 知 AB, CF 的方程分别为

$$y=\frac{c}{a+b}(x+a), y=-\frac{a+b}{c}(x-a)$$

从而 $x_F=\dfrac{[(a+b)^2-c^2]a}{(a+b)^2+c^2}, y_F=\dfrac{2(a+b)ac}{(a+b)^2+c^2}$

即有 $k_{FD}=\dfrac{2ac}{a^2-b^2-c^2}$

而 $k_{OB}=\dfrac{b^2+c^2-a^2}{2ac}=-\dfrac{1}{k_{FD}}$

故 $OB \perp DF$

同理 $OC \perp DE$

(2) 由于 FD, AC 的方程分别为

$$y=\frac{2ac}{a^2-b^2-c^2}(x-b), y=\frac{c}{b-a}(x-a)$$

则求得 $x_N=\dfrac{a(a^2-b^2-c^2)+2ab(a-b)}{3a^2-b^2-c^2-2ab}$

又由于 DE, AB 的方程分别为

$$y_N = \frac{2ac(a-b)}{3a^2 - b^2 - c^2 - 2ab}$$

又由于 DE, AB 的方程分别为

$$y = \frac{2ac}{b^2 + c^2 - a^2}(x-b), \quad y = \frac{c}{a+b}(x+a)$$

则求得

$$x_M = \frac{a(b^2 + c^2 - a^2) + 2ab(a+b)}{3a^2 - b^2 - c^2 + 2ab}$$

$$y_M = \frac{2ac(a+b)}{3a^2 - b^2 - c^2 + 2ab}$$

于是，得

$$k_{MN} = \frac{2bc}{3a^2 - 3b^2 - c^2}$$

再由于 $x_H = x_A = b$，点 H 在直线 CF 上，求得

$$y_H = -\frac{a+b}{c}(x_H - a) = \frac{a^2 - b^2}{c}$$

从而

$$k_{OH} = \frac{3a^2 - 3b^2 - c^2}{2bc} = -\frac{1}{k_{MN}}$$

故

$$OH \perp MN$$

证法 17 （由安徽师大郭要红给出）如图 23.14，取 D 为坐标原点，BC 所在的直线为 x 轴，设 $B(-b,0)$, $C(c,0)$, $A(0,a)$, $a,b,c>0$，则 AC 的直线方程为

$$\frac{x}{c} + \frac{y}{a} = 1 \qquad ①$$

由 $BE \perp AC$，有 $k_{BE} = \frac{c}{a}$，则 BE 的直线方程为

$$y = \frac{c}{a}(x+b) \qquad ②$$

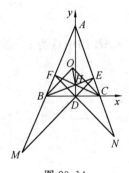

图 23.14

令 $x=0$，得 $y = \frac{bc}{a}$，所以 $H(0, \frac{bc}{a})$.

联立 ①②，解方程组得

$$E\left(\frac{c(a^2 - bc)}{a^2 + c^2}, \frac{ac(b+c)}{a^2 + c^2}\right)$$

因为点 E 不在 AH 上，所以 $a^2 - bc \neq 0$，则 ED 的直线方程为

$$y = \frac{a(b+c)}{a^2 - bc}x \qquad ③$$

AB 的直线方程为
$$\frac{x}{-b}+\frac{y}{a}=1 \qquad ④$$

联立③④,解方程组得
$$M\left(\frac{b(a^2-bc)}{b^2+2bc-a^2},\frac{ab(b+c)}{b^2+2bc-a^2}\right)$$

由 $CF \perp AB$,有 $k_{CF}=-\frac{b}{a}$,则 CF 的直线方程为
$$y=-\frac{b}{a}(x-c) \qquad ⑤$$

联立④⑤,解方程组得
$$F\left(-\frac{b(a^2-bc)}{a^2+b^2},\frac{ab(b+c)}{a^2+b^2}\right)$$

FD 的直线方程为
$$y=-\frac{a(b+c)}{a^2-bc}x \qquad ⑥$$

联立①⑥,解方程组得
$$N\left(\frac{c(a^2-bc)}{a^2-2bc-c^2},\frac{-ac(b+c)}{a^2-2bc-c^2}\right)$$

设 AB 的中点为 P,则 $P\left(-\frac{b}{2},\frac{a}{2}\right)$. 直线 OP 的方程为
$$y-\frac{a}{2}=-\frac{b}{a}\left(x+\frac{b}{2}\right)$$

令 $x=\frac{c-b}{2}$,得 $y=\frac{a^2-bc}{2a}$,所以
$$O\left(\frac{c-b}{2},\frac{a^2-bc}{2a}\right)$$

(1) 因为 $k_{OB}=\frac{a^2-bc}{a(b+c)}$,$k_{DF}=-\frac{a(b+c)}{a^2-bc}$,所以 $k_{OB} \cdot k_{DF}=-1$,即 $OB \perp DF$.

因为 $k_{OC}=-\frac{a^2-bc}{a(b+c)}$,$k_{ED}=\frac{a(b+c)}{a^2-bc}$,所以 $k_{OC} \cdot k_{ED}=-1$,即 $OC \perp DE$.

(2) 因为 $k_{MN}=\frac{a(b-c)}{a^2-3bc}$,$k_{OH}=\frac{a^2-3bc}{a(c-b)}$,所以 $k_{MN} \cdot k_{OH}=-1$,即 $OH \perp MN$.

试题 B1 $\triangle ACB$ 的三边长分别为 $a,b,c,b<c$,AD 是 $\angle A$ 的内角平分线,

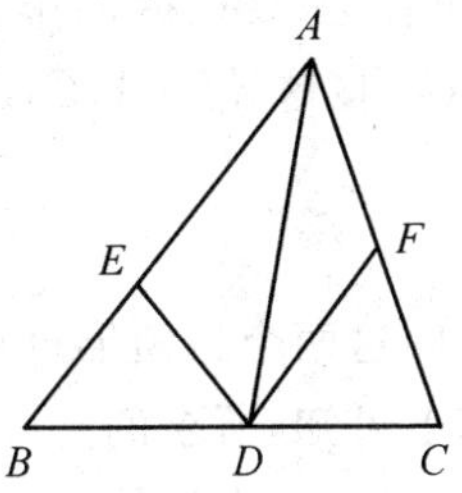

点 D 在 BC 上.

(1) 求在线段 AB, AC 内分别存在点 E, F(不是端点)满足 $BE=CF$ 和 $\angle BDE=\angle CDF$ 的充分必要条件(用 $\angle A$, $\angle B$, $\angle C$ 表示).

(2) 在点 E 和 F 存在的情况下,用 a, b, c 表示 BE 的长.

解 (1) 如图 23.15,若在线段 AB, AC 内存的点 E, F,满足 $BE=CF$ 和 $\angle BDE=\angle CDF$,则因点 D 到 AB 和 AC 的距离相等,所以,有
$$S_{\triangle BDE}=S_{\triangle CDF}$$

图 23.15

从而有
$$BD \cdot DE = DC \cdot DF \qquad ①$$

由余弦定理,有
$$BD^2 + DE^2 - 2BD \cdot DE\cos\angle BDE = BE^2 = CF^2 =$$
$$CD^2 + DF^2 - 2CD \cdot DF\cos\angle CDF \qquad ②$$

因 $\angle BDE = \angle CDF$,故由 ① 和 ② 可得
$$BD^2 + DE^2 = CD^2 + DF^2 \qquad ③$$
$$BD + DE = CD + DF \qquad ④$$

由 ① 和 ④ 可知下列两种情形之一成立,即
$$\begin{cases} BD = CD \\ DE = DF \end{cases} \qquad ⑤$$
$$\begin{cases} BD = DF \\ DE = CD \end{cases} \qquad ⑥$$

因 $b < c$,故式 ⑤ 不可能成立. 所以,式 ⑥ 成立. 从而 $\triangle DEB \cong \triangle DCF$,进而有
$$\angle B = \angle DFC, \angle C = \angle BED$$

所以
$$\angle B = \angle DFC > \angle DAF = \frac{1}{2}\angle A$$

即
$$2\angle B > \angle A$$

这是点 E 和 F 存在的必要条件.

反之,若 $2\angle B > \angle A$,则
$$\angle ADC = \angle B + \frac{1}{2}\angle A > \angle A$$
$$\angle ADB = \angle C + \frac{1}{2}\angle A > \angle A$$

于是,可在 $\triangle ABC$ 内部作 $\angle BDE = \angle A$,$\angle CDF = \angle A$,且使点 E 在 AB 内,点 F 在 AC 内.这导致 A,C,D,E 和 A,B,D,F 都四点共圆.所以
$$\angle B = \angle DFC$$
从而
$$\triangle BDE \backsim \triangle FDC$$
又因这两个三角形过点 D 的高相等,所以 $\triangle BDE \cong \triangle FDC$,故 $BE = CF$.
综上可知,所求的充分必要条件是 $2\angle B > \angle A$.

(2) 由(1)中论述知 A,C,D,E 和 A,B,D,F 都四点共圆,所以
$$BE \cdot BA = BD \cdot BC, CF \cdot CA = CD \cdot CB$$
又因为
$$BE = CF$$
所以
$$BE(AB + AC) = BC(BD + DC) = BC^2$$
即
$$BE = \frac{a^2}{b+c}$$

试题 B2 对于平面上任意 4 个不同的点 P_1, P_2, P_3, P_4,求比值

$$\frac{\sum\limits_{1 \leqslant i < j \leqslant 4} P_i P_j}{\min\limits_{1 \leqslant i < j \leqslant 4} P_i P_j} \qquad ①$$

的最小值.

解 先证如下的引理.

引理 在 $\triangle ABC$ 中,若 $AB \geqslant m, AC \geqslant m, \angle BAC = \alpha$,则 $BC \geqslant 2m\sin\frac{\alpha}{2}$.

引理的证明 如图 23.16,作 $\angle A$ 的平分线 AD,由正弦定理有

$$BC = BD + DC = AB\frac{\sin\angle BAD}{\sin\angle ADB} + AC\frac{\sin\angle CAD}{\sin\angle ADC} =$$

$$\frac{\sin\frac{\alpha}{2}}{\sin\angle ADB}(AB + AC) \geqslant 2m\sin\frac{\alpha}{2}$$

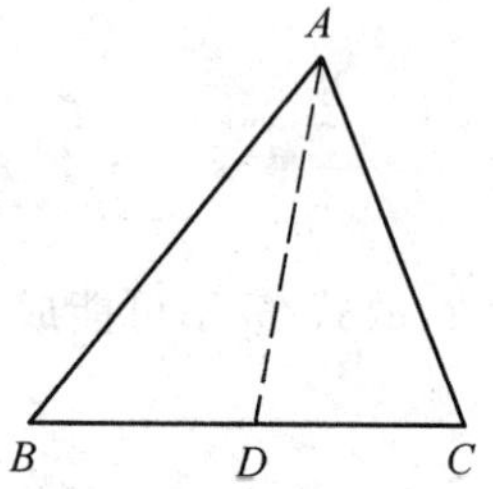

回到原题的解.

记 $m = \min\limits_{1 \leqslant i < j \leqslant 4} P_i P_j$,$k = \sum\limits_{1 \leqslant i < j \leqslant 4} P_i P_j$,分类估计

图 23.16

式 ① 的值.

(1) 若 P_1, P_2, P_3, P_4 中有三点共线,不妨设前三点共线,于是,有
$$P_1P_2 + P_2P_3 + P_1P_3 \geqslant 4m$$
从而 $k \geqslant 7m$,故 $\dfrac{k}{m} \geqslant 7$.

(2) 若四点的凸包是三角形,不妨设点 P_4 在 $\triangle P_1P_2P_3$ 内部,且不妨设 $\angle P_1P_4P_2 \geqslant 120°$. 由引理知

$$P_1P_2 \geqslant 2m\sin\frac{\angle P_1P_4P_2}{2} \geqslant 2m\sin 60° = \sqrt{3}\,m$$

从而

$$\frac{k}{m} \geqslant 5+\sqrt{3} \qquad\qquad ②$$

(3) 凸包是四边形 $P_1P_2P_3P_4$. 若凸四边形 $P_1P_2P_3P_4$ 有一个内角不小于 $120°$,不妨设为 $\angle P_2P_1P_4$,由引理有 $P_2P_4 \geqslant \sqrt{3}\,m$. 从而式 ② 成立.

如图 23.17,设凸四边形 $P_1P_2P_3P_4$ 的四个内角都小于 $120°$. 于是,总有两个相邻内角之和不小于 $180°$. 不妨设 $\alpha+\beta = \angle P_4P_1P_2 + \angle P_1P_2P_3 \geqslant 180°$ 且 $\alpha \geqslant \beta$.

由于 $\alpha < 120°$,故 $\beta > 60°$. 所以

$$\frac{\alpha+\beta}{4} \geqslant 45°,\ 0° \leqslant \frac{\alpha-\beta}{4} < 15°$$

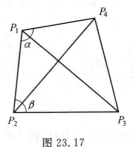

图 23.17

由引理有

$$P_2P_4 \geqslant 2m\sin\frac{\alpha}{2},\ P_1P_3 \geqslant 2m\sin\frac{\beta}{2}$$

则

$$P_1P_3 + P_2P_4 \geqslant 2m(\sin\frac{\alpha}{2} + \sin\frac{\beta}{2}) = 4m\sin\frac{\alpha+\beta}{4}\cos\frac{\alpha-\beta}{4} \geqslant$$

$$4m\sin 45°\cos 15° = 2m(\sin 60° + \sin 30°) = (\sqrt{3}+1)m$$

所以,式 ② 成立.

综上可知,在所有情况下,式 ② 均成立.

另一方面,当 P_1,P_2,P_3,P_4 是有一个内角为 $60°$ 的菱形的四个顶点时,式 ② 中等号成立.

所以,所求的 $\frac{k}{m}$ 的最小值为 $5+\sqrt{3}$.

试题 C 设凸四边形 $ABCD$ 的两组对边所在的直线分别交于 E,F 两点,两对角线的交点为 P,过 P 作 $PO \perp EF$ 于 O. 求证:$\angle BOC = \angle AOD$.

证法 1 如图 23.18,只需要证明 OP 既是 $\angle AOC$ 的平分线,也是 $\angle DOB$ 的平分线即可.

不妨设 AC 交 EF 于 Q. 考虑 $\triangle AEC$ 和点 F. 由塞瓦定理可得

$$\frac{EB}{BA} \cdot \frac{AQ}{QC} \cdot \frac{CD}{DE} = 1 \qquad ①$$

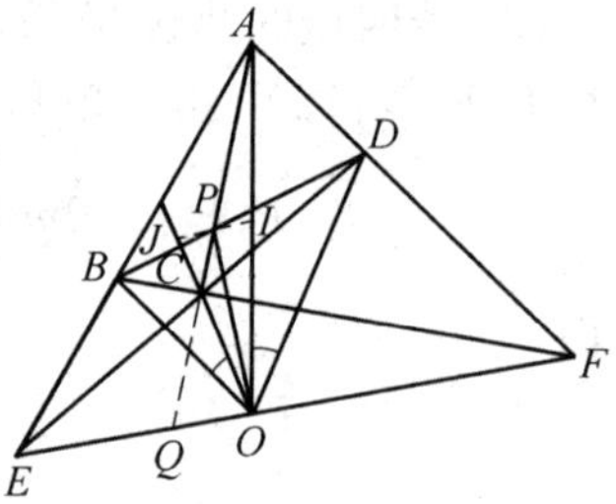

再考虑 $\triangle AEC$ 与截线 BPD,由梅涅劳斯定理有

$$\frac{ED}{DC} \cdot \frac{CP}{PA} \cdot \frac{AB}{BE} = 1 \qquad ②$$

比较①②两式可得

$$\frac{AP}{AQ} = \frac{PC}{QC} \qquad ③$$

过 P 作 EF 的平行线分别交 OA, OC 于 I, J,则有

$$\frac{PI}{QO} = \frac{AP}{AQ}, \frac{JP}{QO} = \frac{PC}{QC} \qquad ④$$

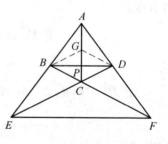

图 23.18

由③④可得

$$\frac{PI}{QO} = \frac{JP}{QO}$$

即

$$PI = PJ$$

又

$$OP \perp IJ$$

则 OP 平分 $\angle IOJ$,即 OP 平分 $\angle AOC$.

同理可证:当 BD 与 EF 相交时,OP 平分 $\angle DOB$;而当 $BD \parallel EF$ 时,过 B 作 ED 的平行线交 AC 于 G,如图 23.19 所示,则

$$\frac{AG}{AC} = \frac{AB}{AE} = \frac{AD}{AF}$$

故 $GD \parallel CF$,从而,$BCDG$ 为平行四边形.

于是,P 为 BD 的中点. 因此,OP 平分 $\angle DOB$.

图 23.19

证法 2 如图 23.20,作 $BM \perp EF, DN \perp EF, AH \perp EF$,垂足分别为 M, N, H,则 $BM \parallel AH \parallel DN$,则

$$\frac{PB}{PD} = \frac{OM}{ON} \qquad ①$$

$$\frac{BM}{DN} = \frac{BM}{AH} \cdot \frac{AH}{DN} = \frac{BE}{AE} \cdot \frac{AF}{DF} \qquad ②$$

对 $\triangle ABD$ 及共点 C 的直线 AP, BF, DE,由塞瓦定理得

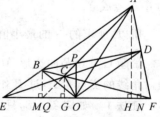

图 23.20

$$\frac{BE}{AE} \cdot \frac{AF}{DF} \cdot \frac{DP}{BP} = 1 \qquad ③$$

把 ①② 代入 ③ 整理得

$$\frac{BM}{DN} = \frac{OM}{ON}$$

则 $\qquad$ Rt$\triangle MOB \backsim$ Rt$\triangle NOD$

即 $\qquad \angle MOB = \angle NOD$

故 $\qquad \angle BOP = \angle DOP$

为证得 $\angle POC = \angle POA$,作 $CG \perp EF$ 于 G,延长 AC 交 EF 于 Q. 只要证 Rt$\triangle CGO \backsim$ Rt$\triangle AHO$. 由 $CG \parallel PO \parallel AH$,又只要证 $\dfrac{PA}{PC} = \dfrac{QA}{QC}$.

对 $\triangle AEC$,一方面及点 F 应用塞瓦定理,另一方面及截线 BPD 应用梅涅劳斯定理,有

$$\frac{EB}{BA} \cdot \frac{AQ}{QC} \cdot \frac{CD}{DE} = 1, \frac{ED}{DC} \cdot \frac{CP}{PA} \cdot \frac{AB}{BE} = 1$$

由此即有 $\qquad \dfrac{PA}{PC} = \dfrac{QA}{QC}$

故 $\qquad \angle BOC = \angle DOA$

试题 D1 BC 为圆 $\varGamma$ 的直径,$\varGamma$ 的圆心为 O,A 为 $\varGamma$ 上的一点,$0° < \angle AOB < 120°$,D 是 $\overset{\frown}{AB}$(不含 C 的弧)的中点,过 O 平行于 DA 的直线交 AC 于 I,OA 的垂直平分线交 $\varGamma$ 于 E,F. 证明:I 是 $\triangle CEF$ 的内心.

证明 如图 23.21,由题设 A 为 $\overset{\frown}{EAF}$ 的中点,于是,CA 为 $\angle ECF$ 的平分线.

又由于 $OA = OC$,且

$$\angle AOD = \frac{1}{2}\angle AOB = \angle OAC$$

则 $OD \parallel IA$.

而 $AD \parallel IO$,因此,$ADOI$ 为平行四边形.

又 $OEAF$ 为菱形,有

$$AI = OD = OE = AF$$

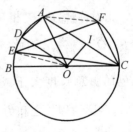

图 23.21

故

$$\angle IFE = \angle IFA - \angle EFA =$$
$$\angle AIF - \angle ECA = \angle AIF - \angle ICF = \angle IFC$$

即 IF 为 $\angle EFC$ 的平分线. 故 I 是 $\triangle CEF$ 的内心.

注 条件 $\angle AOB < 120°$ 保证点 I 在 $\triangle CEF$ 的内部.

试题 D2 设 $n \geqslant 3$ 为整数，$\Gamma_1, \Gamma_2, \Gamma_3, \cdots, \Gamma_n$ 为平面上半径为 1 的圆，圆心分别为 $O_1, O_2, O_3, \cdots, O_n$. 假设任一直线至多和两个圆相交或相切，证明：

$$\sum_{1 \leqslant i < j \leqslant n} \frac{1}{O_i O_j} \leqslant \frac{(n-1)\pi}{4}$$

证明 如图 23.22，对圆 $\Gamma_i, \Gamma_j, 1 \leqslant i < j \leqslant n$，过圆心 O_i 作 Γ_j 的两条切线，将平面分为 4 部分. 将 Γ_i 上与 Γ_j 在同一部分的弧以及这段弧相对的另一段弧染色.

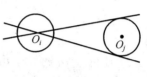

图 23.22

同样地，对 Γ_j 也有相同长度的两段弧被染色.

由于过 O_i 的直线至多过其他的一个圆，因此，Γ_i 上的每个点至多被染色一次（不考虑多个圆的点）.

下面考虑 Γ_i 与 Γ_j 之间染色的弧总长度.

如图 23.23，设 $O_i P$ 为 Γ_j 的一条切线，与 Γ_j 切于 P，射线 $O_i O_j$ 与 Γ_i 交于 Q，射线 $O_i P$ 与 Γ_i 交于 N，$QM \perp O_i P$ 于 M，则

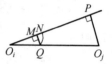

图 23.23

$$\triangle O_i Q M \sim \triangle O_i O_j P$$

又 $O_i Q = O_j P = 1$，所以 $\dfrac{MQ}{O_i Q} = \dfrac{PO_j}{O_i O_j}$，即 $MQ = \dfrac{1}{O_i O_j}$.

则 $\widehat{NQ} \geqslant MQ = \dfrac{1}{O_i O_j}$.

由对称性，Γ_i, Γ_j 相互之间染色的弧总长度为 $8\widehat{NQ} \geqslant \dfrac{8}{O_i O_j}$. 因此，对这 n 个圆，两两之间染色的弧总长度大于或等于 $\displaystyle\sum_{1 \leqslant i < j \leqslant n} \dfrac{8}{O_i O_j}$. 然而，这些圆的周长之和为 $2n\pi$.

如图 23.24，考虑 $O_1, O_2, \cdots, O_n$ 这 n 个点的凸包多边形 $O_{k_1}, O_{k_2}, \cdots, O_{k_r}$ 以及 Γ_{k_i} 在 $\angle O_{k_{i-1}} O_{k_i} O_{k_{i+1}}$ 外角部分的弧. 此多边形外角和为 2π，因此，这些弧的总长为 4π.

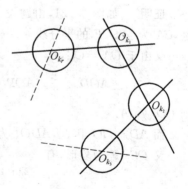

图 23.24

下面证明每一段弧至多有一半被染色.

如图 23.25，任取多边形上相邻的三个顶点，不妨设依次为 O_1, O_2, O_3。联结 O_1O_2 并延长与 Γ_2 交于 A，射线 O_2O_3 与 Γ_2 交于 B。设 l_1 为 Γ_1, Γ_3 距 Γ_2 较近的一条外公切线，并过 O_2 作 $l_2 \parallel l_1$，l_2 与 $\overset{\frown}{AB}$ 交于 C；过 O_2 作 O_2D 与 Γ_3 相切于 D，且 D 与 C 在 O_2O_3 同侧（O_2D 经过 $\overset{\frown}{AB}$）。

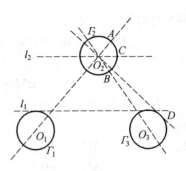

图 23.25

因为 l_1 不与 Γ_2 相交，Γ_2 和 Γ_3 在 l_1 两侧，Γ_2 的半径为 1，所以 l_1 到 l_2 的距离大于或等于 1。所以 D 到 l_2 的距离大于或等于 1。

又因 $DO_3 = 1$，则 D 到 O_2O_3 的距离小于或等于 1。

因为 D 在 $\angle O_3O_2C$ 中，所以

$$\angle DO_2O_3 \leqslant \angle DO_2C.$$

因此，$\overset{\frown}{BC}$ 上被染色的部分长度小于或等于 $\dfrac{1}{2}\overset{\frown}{BC}$。同样，$\overset{\frown}{AC}$ 上被染色的长度小于或等于 $\dfrac{1}{2}\overset{\frown}{AC}$。于是，$\overset{\frown}{AB}$ 上至多有一半被染色。对其他这样的弧也有同样的结论。凸包多边形所有外角部分内至少有长为 2π 的弧未被染色，因此，染色的弧长总和小于或等于 $2n\pi - 2\pi$。从而

$$\sum_{1 \leqslant i < j \leqslant n} \frac{8}{O_iO_j} \leqslant 2n\pi - 2\pi$$

故

$$\sum_{1 \leqslant i < j \leqslant n} \frac{1}{O_iO_j} \leqslant \frac{(n-1)\pi}{4}$$

第 1 节　线段垂直的一个充要条件的应用

定理　如图 23.26，若直线 $l \perp$ 线段 AB 于 H，M_1 与 M 为 l 上两点，则

$$M_1A^2 - MA^2 = M_1B^2 - MB^2 \qquad (*)$$

反之，若式 $(*)$ 成立，则 M_1M 所在的直线 $l \perp AB$。

证明　因 $l \perp$ 线段 AB，则由勾股定理得

$$AM_1^2 - AH^2 = HM_1^2,\ AM^2 - AH^2 = HM^2$$

两式相减得

$$AM_1^2 - AM^2 = HM_1^2 - HM^2 \qquad ①$$

同理可得
$$BM_1^2 - BM^2 = HM_1^2 - HM^2 \quad ②$$
由①②得
$$AM_1^2 - AM^2 = BM_1^2 - BM^2$$
反过来，可设 $\angle AHM_1 = \theta$，则 $\angle BHM_1 = \pi - \theta$，故
$$\begin{aligned}M_1A^2 - AM^2 &= AH^2 + HM_1^2 - 2AH \cdot HM_1\cos\theta - \\&\quad AH^2 - HM^2 + 2AH \cdot MH\cos\theta = \\&\quad HM_1^2 - HM^2 - 2AH \cdot M_1H \cdot \\&\quad \cos\theta + 2AH \cdot MH\cos\theta\end{aligned}$$
$$\begin{aligned}M_1B^2 - MB^2 &= BH^2 + HM_1^2 - 2BH \cdot HM_1\cos(\pi-\theta) - \\&\quad BH^2 - HM^2 + 2BH \cdot HM\cos(\pi-\theta) = \\&\quad HM_1^2 - HM^2 + 2BH \cdot HM_1\cos\theta - \\&\quad 2BH \cdot HM\cos\theta\end{aligned}$$

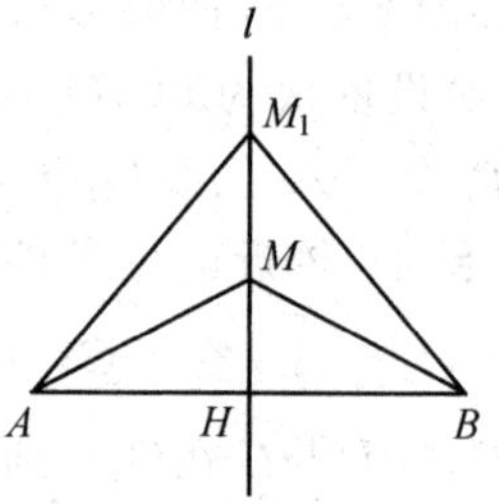

图 23.26

又 $$M_1A^2 - AM^2 = M_1B^2 - MB^2$$
则 $-2AH \cdot M_1H\cos\theta + 2AH \cdot MH\cos\theta = 2BH \cdot HM_1\cos\theta - 2BH \cdot HM\cos\theta$
即 $$MH\cos\theta(AH+HB) = HM_1\cos\theta(AH+HB)$$
从而 $$M_1M\cos\theta = 0$$
得 $\cos\theta = 0$，又 $0 < \theta < \pi$，则 $\theta = \dfrac{\pi}{2}$.

故直线 $l \perp$ 线段 AB.

注 此定理即为第 5 章第 2 节中命题 10 的等价说法.

由定理，我们不难得到如下几个推论：[①]

推论 1 已知两点 A 和 B，则满足 $AM^2 - MB^2 = k^2$（k 为常数）的点 M 的轨迹，是垂直于 AB 的一条直线 l（其中若设 l 交 AB 于 H，则 $AH^2 - BH^2 = k^2$）.

推论 1 所述的轨迹称为定差幂线，是一个常见的轨迹，此处不再叙述其证明.

推论 2 由 $\triangle ABC$ 所在平面上的点 A_1, B_1, C_1 分别向边 BC, CA, AB 引的垂线共点的充分必要条件是
$$A_1B^2 - BC_1^2 + C_1A^2 - AB_1^2 + B_1C^2 - CA_1^2 = 0$$

[①] 周春荔. 联赛加试几何题证明随想[J]. 中等数学, 2002(2):16-18.

证明 必要性:设自点 A_1, B_1, C_1 分别向边 BC, CA, AB 引垂线相交于一点 M,垂足依次为 H_1, H_2, H_3,如图 23.27 所示,由定理得

$$A_1B^2 - BM^2 = A_1C^2 - CM^2$$

即

$$A_1B^2 - A_1C^2 = BM^2 - CM^2 \quad \text{①}$$

同理可得

$$B_1C^2 - B_1A^2 = CM^2 - AM^2 \quad \text{②}$$

$$C_1A^2 - C_1B^2 = AM^2 - BM^2 \quad \text{③}$$

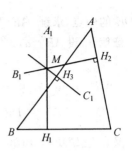

图 23.27

①+②+③ 得

$$A_1B^2 - A_1C^2 + B_1C^2 - B_1A^2 + C_1A^2 - C_1B^2 = 0$$

即

$$A_1B^2 - BC_1^2 + C_1A^2 - AB_1^2 + B_1C^2 - CA_1^2 = 0$$

充分性:设点 M 是 A_1, B_1 分别向 BC, AC 引的垂线之交点,则有

$$MB^2 - MC^2 = A_1B^2 - A_1C^2 \quad \text{④}$$

$$MC^2 - MA^2 = B_1C^2 - B_1A^2 \quad \text{⑤}$$

④+⑤ 可得

$$MB^2 - MA^2 = A_1B^2 - A_1C^2 + B_1C^2 - B_1A^2 \quad \text{⑥}$$

将式 ⑥ 代入已知条件

$$A_1B^2 - BC_1^2 + C_1A^2 - AB_1^2 + B_1C^2 - CA_1^2 = 0$$

可得

$$MB^2 - MA^2 = BC_1^2 - C_1A^2$$

由推论 1 可知,点 M 在过点 C_1 向 AB 引的垂线上,也就是过 A_1, B_1, C_1 分别向 BC, CA, AB 引的三条垂线共点.

推论 3 给定 $\triangle ABC$ 和 $\triangle A_1B_1C_1$,如果从 A_1, B_1, C_1 分别向 BC, CA, AB 所在直线引的三条垂线共点,则从 A, B, C 分别向 B_1C_1, C_1A_1, A_1B_1 所在直线引的三条垂线亦共点.

证明 如图 23.28,设 A_1H_1, B_1H_2, C_1H_3 三条垂线相交于一点 M,则依推论 2,有

$$AB_1^2 - B_1C^2 + CA_1^2 - A_1B^2 + BC_1^2 - C_1A^2 = 0 \quad \text{⑦}$$

式 ⑦ 表明,由 A, B, C 分别向 B_1C_1, C_1A_1, A_1B_1 所在直线引的三条垂线亦共点.

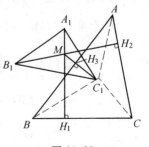

图 23.28

例 1 如图 23.29,在 $\triangle ABC$ 中,$AB = AC$,D 是 BC 的中点,$DE \perp AC$,F

是 DE 的中点,求证:$AF \perp BE$.

证明 设 $AB=a$,$\angle ABC=\alpha$,则 $\angle ADE=\alpha$,即

$$AD = a\sin\alpha, AE = AD\sin\alpha = a\sin^2\alpha$$

$$DF = FE = \frac{1}{2}DE = \frac{1}{2}a\sin\alpha\cos\alpha$$

又在 $\triangle BDF$ 中,有

$$BF^2 = BD^2 + DF^2 - 2BD \cdot DF\cos(90°+\alpha)$$

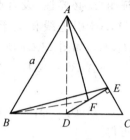

图 23.29

则

$$BF^2 - FE^2 = BD^2 - 2BD \cdot DF\cos(90°+\alpha) =$$
$$a^2\cos^2\alpha - 2a\cos\alpha \cdot \frac{1}{2}a\sin\alpha\cos\alpha(-\sin\alpha) =$$
$$a^2\cos^2\alpha(1+\sin^2\alpha)$$

又

$$AB^2 - AE^2 = a^2 - a^2\sin^4\alpha = a^2(1-\sin^4\alpha) =$$
$$a^2(1-\sin^2\alpha)(1+\sin^2\alpha) = a^2\cos^2\alpha(1+\sin^2\alpha)$$

即

$$AB^2 - AE^2 = BF^2 - FE^2$$

故

$$AF \perp BE$$

例2 在四边形 $ABCD$ 中,AB,CD 的中垂线相交于 P,AD,BC 的中垂线相交于 Q,M,N 分别是 AC,BD 的中点,求证:$PQ \perp MN$.

证明 如图 23.30,联结 PA,PC,PM. 在 $\triangle PAC$ 中,由中线长公式得

$$PM^2 = \frac{1}{2}(PA^2+PC^2) - \frac{1}{4}AC^2$$

同理

$$PN^2 = \frac{1}{2}(PB^2+PD^2) - \frac{1}{4}BD^2$$

$$QM^2 = \frac{1}{2}(QA^2+QC^2) - \frac{1}{4}AC^2$$

$$QN^2 = \frac{1}{2}(QB^2+QD^2) - \frac{1}{4}BD^2$$

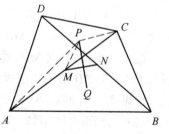

图 23.30

注意到 $PA=PB$,$PC=PD$,$QA=QD$,$QC=QB$,便得

$$PM^2 + QN^2 = PN^2 + QM^2$$

故

$$PQ \perp MN$$

例3 以四边形 $ABCD$ 的边为边长分别向外作四个正方形,如图 23.31 所示,其中心依次为 L,M,N,K,求证:$LN \perp MK$.

证明 联结 KA,LA,在 $\triangle ALK$ 中

$$AK^2 = \frac{1}{2}AD^2, AL^2 = \frac{1}{2}AB^2$$

所以

$$KL^2 = \frac{1}{2}AD^2 + \frac{1}{2}AB^2 - 2 \cdot \frac{\sqrt{2}}{2}AD \cdot \frac{\sqrt{2}}{2}AB\cos(90°+A)$$

或 $$KL^2 = \frac{1}{2}AD^2 + \frac{1}{2}AB^2 - 2 \cdot \frac{\sqrt{2}}{2}AD \cdot \frac{\sqrt{2}}{2}AB\cos[360°-(90°-A)]$$

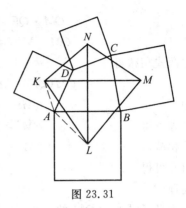

图 23.31

总之有 $$KL^2 = \frac{1}{2}AD^2 + \frac{1}{2}AB^2 + AD \cdot AB\sin A$$

同理 $$LM^2 = \frac{1}{2}AB^2 + \frac{1}{2}BC^2 + AB \cdot BC\sin B$$

$$MN^2 = \frac{1}{2}BC^2 + \frac{1}{2}CD^2 + BC \cdot CD\sin C$$

$$NK^2 = \frac{1}{2}CD^2 + \frac{1}{2}DA^2 + CD \cdot DA\sin D$$

注意到

$$AD \cdot AB\sin A + BC \cdot CD\sin C = AB \cdot BC\sin B + CD \cdot DA\sin D$$

便得 $$KL^2 + MN^2 = LM^2 + NK^2$$

故 $$LN \perp MK$$

例4 已知圆内接四边形 $ABCD$ 中,BA 与 CD 交于 P,AD 与 BC 交于 Q,AC 与 BD 交于 M. 求证:圆心 O 是 $\triangle PQM$ 的垂心.

证明 设圆 O 的半径为 R,如图 23.32 所示,由三角形外角大于其不相邻内角知

$$\angle QMD > \angle CBD = \angle DAM$$

延长 QM 到 F,使

$$\angle FAD = \angle QMD$$

得 A,D,M,F 共圆. 又 $\angle QBD = \angle DAM = \angle DFM$,得 B,F,D,Q 共圆,由圆幂定理,有

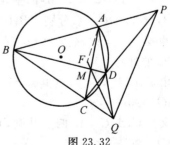

图 23.32

$$QM \cdot QF = QD \cdot QA = QO^2 - R^2$$
$$QM \cdot MF = MB \cdot MD = R^2 - MO^2$$

上两式相减得
$$QM(QF - MF) = QO^2 + MO^2 - 2R^2$$

即 $\qquad QM^2 = QO^2 + MO^2 - 2R^2$

同理可得 $\qquad PM^2 = PO^2 + MO^2 - 2R^2$

再相减得 $\qquad PM^2 - QM^2 = PO^2 - QO^2$

由此可得 $\qquad OM \perp PQ$

同理 $\qquad PM \perp OQ, QM \perp OP$

依定义，O 是 $\triangle PQM$ 的垂心，故得证.

例 5 已知圆 (A, r_A)、圆 (B, r_B)、圆 (C, r_C) 两两相交，证明：这三个圆两两相交所得的三条公共弦共点.

证明 如图 23.33，由两圆连心线与公共弦垂直可知，问题可视为从诸圆的交点 A_1, B_1, C_1 分别向 $\triangle ABC$ 三边 BC, CA, AB 引垂线，证这三条垂线共点. 由于
$$A_1B^2 - BC_1^2 + C_1A^2 - AB_1^2 + B_1C^2 - CA_1^2 =$$
$$r_B^2 - r_B^2 + r_A^2 - r_A^2 + r_C^2 - r_C^2 = 0$$
由推论 2 可得三条公共弦共点.

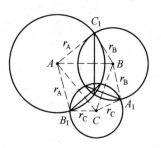

图 23.33

例 6 如图 23.34，$\triangle ABC$ 的三条高线 AA_1，BB_1, CC_1 相交于点 H. 求证：自 A, B, C 分别作 B_1C_1, C_1A_1, A_1B_1 的垂线也必交于一点，该点恰是 $\triangle ABC$ 的外心.

证明 在图 23.34 中有两个三角形 $\triangle ABC$ 和 $\triangle A_1B_1C_1$（垂足三角形），其中，自 A_1, B_1, C_1 分别作 $\triangle ABC$ 三边 BC, CA, AB 的垂线共点于 H，根据推论 3，自 A, B, C 三点分别作 B_1C_1, C_1A_1, A_1B_1 的垂线也必共点，记这点为 O. 现证明点 O 就是 $\triangle ABC$ 的外心.

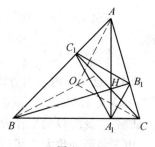

图 23.34

由 B, C, B_1, C_1 四点共圆，可得 $\angle AC_1B_1 = \angle C$. 而 $AO \perp B_1C_1$，所以 $\angle BAO = 90° - \angle C$.

又由 C, A, C_1, A_1 四点共圆，可得 $\angle A_1C_1B = \angle C$. 而 $BO \perp A_1C_1$，所以 $\angle ABO = 90° - \angle C$.

由此可知 $\angle BAO = \angle ABO$,于是 $AO = BO$.

同理可证 $BO = CO$.

故 $AO = BO = CO$,即点 O 为 $\triangle ABC$ 的外心.

例 7 已知 AA_1, BB_1, CC_1 分别为 $\triangle ABC$ 三边 BC, CA, AB 上的高. 设 A_2, B_2, C_2 分别为 B_1C_1, C_1A_1, A_1B_1 的中点,并设 A_2R, B_2S, C_2T 是分别垂直于 BC, CA, AB 的线段. 求证: A_2R, B_2S, C_2T 三线共点.

证明 如图 23.35,自 A_1, B_1, C_1 分别引 BC, CA, AB 的三条垂线共点于 H. 依例 6 可知,自 A, B, C 分别引 B_1C_1, C_1A_1, A_1B_1 的垂线共点于 O,且点 O 是 $\triangle ABC$ 的外心.

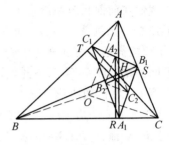

图 23.35

由中位线定理可知 $B_1C_1 \parallel B_2C_2, A_1C_1 \parallel A_2C_2, A_1B_1 \parallel A_2B_2$.

所以,$AO \perp B_2C_2, BO \perp C_2A_2, CO \perp A_2B_2$.

此时,对 $\triangle ABC$ 与 $\triangle A_2B_2C_2$ 来说,自 A, B, C 三点分别引 B_2C_2, C_2A_2, A_2B_2 的垂线共点于 O,依据推论 3,则有由 A_2, B_2, C_2 分别引 BC, CA, AB 的垂线 A_2R, B_2S, C_2T 三线共点.

最后,我们回到 2001 年的全国高中数学联赛加试的平面几何题. 该题利用推论 3 进行解答,非常简洁.

证明 如图 23.36.

(1) 由 D, E, F 三点分别引 BC, CA, AB 的垂线共点于 H,则由 A, B, C 分别引 EF, DF, DE 的垂线共点于 $\triangle ABC$ 的外心 O(见例 6). 故 $OB \perp DF, OC \perp DE$.

(2) 再看 $\triangle AMN$ 与 $\triangle OBC$ 自 A, M, N 三点分别向 $\triangle OBC$ 三边 BC, CO, OB 引的垂线 AD, ME, NF 共点于 D,根据推论 3,则有自 O, B, C 三点分别引 MN, AN, AM 的垂线 OK, BE, CF 亦应共点. 但已知其中 BE, CF 相交于点 H,所以 OK 亦必过点 H. 换言之,$OH \perp MN$ 成立.

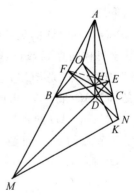

图 23.36

第 2 节　完全四边形的优美性质(五)[①]

我们在前面几节中给出了一般完全四边形的 24 条优美性质,其实,完全四边形还有一系列优美性质(如本节例 5,6,7,8,9 等).熟悉并应用这些优美性质,不仅能简洁地处理某些平面几何问题,还可使我们深刻地认识到一些几何问题间的密切联系.下面举几例说明之.

例 1　在凸四边形 $ABCD$ 中,对角线 AC 平分 $\angle BAD$,E 是 CD 边上一点,BE 交 AC 于 G,DG 交 BC 于 F.求证:$\angle FAC = \angle EAC$.

(1999 年全国高中联赛加试题)

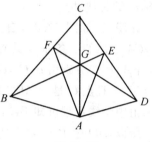

图 23.37

证明　如图 23.37,由于点 A 是完全四边形 $CFBGDE$ 的对角线 CG 所在直线上一点,满足 $\angle BAC = \angle DAC$,于是由完全四边形的性质 12,即知 $\angle FAC = \angle EAC$.

注　我们针对性质 12 的图 21.32 指出如下几点.

(1) 显然,例 1 是性质 12 当 G 在 AD 的延长线上且 $0° < \angle AGC = \angle AGE < 90°$ 时的情形.

(2) 若 G 在 AD 的延长线上,且 $\angle AGC = \angle AGE = 90°$ 时,则为 1994 年加拿大数学奥林匹克竞赛试题或 2003 年保加利亚奥林匹克竞赛试题:在锐角 $\triangle ABC$ 中,设 AD 是 BC 边上的高,P 是线段 AD 上任一点,BP 和 CP 的延长线分别交 AC,AB 于 E,F,求证:$\angle EDP = \angle FDP$.

(3) 若 G 在 AD 的延长线上,且 $90° < \angle AGC = \angle AGE < 180°$ 时,则为《数学教学》杂志的数学问题 561 号:设 A 为 $\triangle DBC$ 内一点,满足 $\angle DAC = \angle BAC$,F 是线段 AC 上任一点,直线 DF,BF 分别交边 BC,CD 于 G,E,求证:$\angle GAC = \angle EAC$.

(4) 若 G 在对角线 AD 上,且 $\angle AGC = \angle AGE = 90°$ 时,则为《数学教学》杂志的数学问题 651 号:在凸四边形 $ABCD$ 中,边 AB,DC 的延长线交于点 E,边 BC,AD 的延长线交于点 F.若 $AC \perp BD$,求证:$\angle EGC = \angle FGC$.

例 2　给出性质 5(即第 1 章第 3 节中的完全四边形的三条对角线的中点共

[①] 沈文选.完全四边形的性质应用举例[J].中等数学,2006(10):16-20.

线)的另一种证法.

证明 如图 23.38,设 M,N,P 分别是完全四边形 $ABCDEF$ 的三条对角线 AD,BF,CE 的中点,AD 与 BF 交于点 K. 由于边 AB,FD 所在直线交于点 C,边 AF,BD 所在直线交于点 E,则对完全四边形 $EFAKBD$ 和完全四边形 $CDFKAB$ 分别应用性质 10,即知

$$S_{ABDF}=4S_{\triangle EMN},\ S_{ABDF}=4S_{\triangle CMN}$$

故 $S_{\triangle EMN}=S_{\triangle CMN}$,即 E,C 到直线 MN 的距离相等.

设直线 MN 交对角线 CE 于点 P',则由 E,C 与直线 MN 等距,知 P' 为 CE 的中点,即 P' 与 P 重合. 故 M,N,P 三点共线.

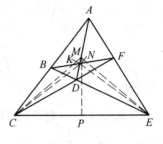

图 23.38

例 3 如图 23.39,四边形 $ABCD$ 的两组对边延长后得交点 E,F,对角线 $BD \parallel EF$,AC 的延长线交 EF 于 G. 求证:$EG=GF$.

(1978 年全国高中竞赛题)

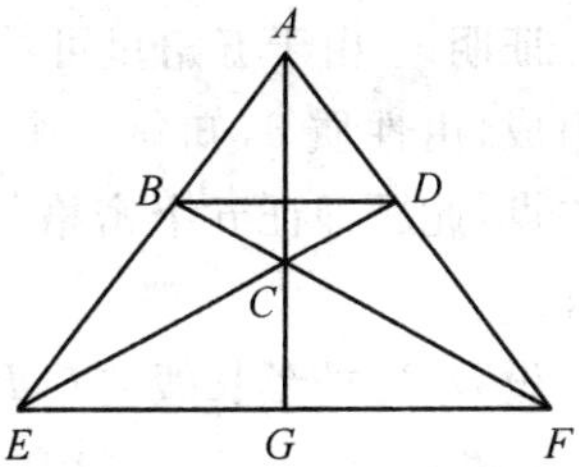

证法 1 由 $BD \parallel EF$,知 $\dfrac{AB}{BE}=\dfrac{AD}{DF}$,即 $\dfrac{AB}{BE} \cdot \dfrac{FD}{DA}=1$.

在完全四边形 $ABECFD$ 中,应用性质 2(或塞瓦定理)有

$$\frac{AB}{BE} \cdot \frac{EG}{GF} \cdot \frac{FD}{DA}=1$$

故 $\dfrac{EG}{GF}=1$,从而 $EG=GF$.

图 23.39

证法 2 令 $\dfrac{AC}{CG}=p_1,\dfrac{EC}{CD}=p_2,\dfrac{FC}{CB}=p_3$,由性质 3 知

$$\frac{AB}{BE}=\lambda_3=\frac{1+p_1}{1+p_2},\ \frac{AD}{DF}=\frac{1}{\lambda_2}=\frac{1+p_1}{1+p_3},\ \frac{EG}{GF}=\lambda_1=\frac{1+p_2}{1+p_3}$$

因为 $BD \parallel EF$,有

$$\frac{AB}{BE}=\frac{AD}{DF}$$

亦即 $$1+p_2=1+p_3$$

而
$$\frac{EG}{GF} = \frac{1+p_2}{1+p_3} = 1$$
故
$$EG = GF$$

证法 3 由于 $BD \parallel EF$,按射影几何观点,可设直线 BD,EF 相交于无穷远点 P,则由性质 4,对角线 EF 所在直线被调和分割,即 $\frac{EG}{EP} = \frac{GF}{PF}$. 而由射影几何知识有 $EP = PF$,故 $EG = GF$.

例 4 如图 23.40,任意五角星形 $A_1A_2A_3A_4A_5C_1C_2C_3C_4C_5$ 的五个小三角形的外接圆分别交于星形外的五个点 B_1,B_2,B_3,B_4,B_5. 求证:B_1,B_2,B_3,B_4,B_5 五点共圆.

证明 由于五角星可看作由五个完全四边形所组成,由性质 8,知每一个完全四边形有一个密格尔点,此题即证五个密格尔点 B_1,B_2,B_3,B_4,B_5 共圆.

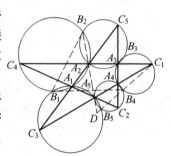

图 23.40

设 B_2A_2 的延长线与 C_1B_4 的延长线交于点 D,令 $\angle B_1B_4D = \angle 1, \angle B_1C_4A_3 = \angle 2, \angle B_1B_2A_5 = \angle 3, \angle D = \angle 4, \angle B_2B_3A_3 = \angle 5, \angle A_3B_3B_4 = \angle 6, \angle A_5A_2A_3 = \angle 7, \angle A_3C_1B_4 = \angle 8$.

注意到对完全四边形 $C_1A_2C_4A_1A_5$ 及完全四边形 $C_4A_5C_2A_4C_1A_3$ 分别应用性质 8,知 $\triangle A_5C_1C_4$ 的外接圆要过 B_1 及 B_4,因此 B_1,B_4,C_1,C_4 四点共圆.

又 A_2,B_2,C_4,B_1 共圆,则 $\angle 1 = \angle 2 = \angle 3$,从而 B_1,B_2,B_4,D 共圆.

再由 A_2,B_2,A_3,B_3 共圆,知 $\angle 5 = \angle 7$. 又由 A_3,B_3,C_1,B_4 共圆,知 $\angle 6 = \angle 8$. 因此
$$\angle D + \angle B_3 = \angle 4 + \angle 5 + \angle 6 = \angle 4 + \angle 7 + \angle 8 = 180°$$
故 B_2,B_3,B_4,D 共圆,即 B_1,B_2,B_3,B_4,D 五点共圆.

同样可证 B_2,B_3,B_4,B_5 共圆. 故五个密格尔点共圆.

例 5 在完全四边形 $ABCDEF$ 中,若 O_1,O_2,O_3,O_4 分别是 $\triangle ACF$,$\triangle ABE$,$\triangle DEF$,$\triangle BCD$ 外接圆的圆心,则 O_1,O_2,O_3,O_4 共圆.

证明 由性质 8,知圆 O_1、圆 O_2、圆 O_3、圆 O_4 共点于 M,如图 23.41 所示. 联结 O_1O_4,CO_4,O_4M,MO_3,O_1O_3,则
$$\angle O_1O_4M = 180° - \frac{1}{2}\angle CO_4M = 180° - \angle CDM$$

同理　　　$\angle O_1O_3M = 180° - \angle FDM$

所以　　$\angle O_1O_4M + \angle O_1O_3M =$
$360° - (\angle CDM + \angle FDM) = 180°$

故 $\triangle ACF$ 的外心 O_1 总在过 O_4, O_3 和 M 的定圆上. 同理, $\triangle ABE$ 的外心 O_2 也总在一个过 O_4, O_3 和 M 的定圆上. 故 O_1, O_2, O_3, O_4 四点共圆.

此例又是完全四边形的一条优美性质, 不妨记为性质 25.

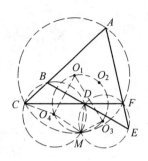

图 23.41

其实, 此例本质上是下述的 2002 年第 43 届 IMO 预选题或 2003 年中国国家队培训测试题.

已知圆 S_1 与圆 S_2 交于 P, Q 两点, A_1, B_1 为圆 S_1 上不同于 P, Q 的两个点, 直线 A_1P, B_1P 分别交圆 S_2 于 A_2, B_2, 直线 A_1B_1 和 A_2B_2 交于点 C. 证明: 当点 A_1 和 B_1 变化时, $\triangle A_1A_2C$ 的外心总在一个定圆周上.

例 6　在完全四边形 $ABCDEF$ 中, 若对角线 CE 与对角线 AD 的延长线交于点 G, 联结 BG, FG, BF. 则 $S_{\triangle GFB} \leqslant \frac{1}{4} S_{\triangle ACE}$.

证明　如图 23.42, 令 $\dfrac{AD}{DG} = p_1, \dfrac{CD}{DF} = p_2$,
$\dfrac{ED}{DB} = p_3, \dfrac{CG}{GE} = \lambda_1, \dfrac{EF}{FA} = \lambda_2, \dfrac{AB}{BC} = \lambda_3$. 则由性质 3, 知

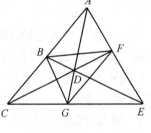

图 23.42

$p_1 p_2 p_3 = p_1 + p_2 + p_3 + 2 =$
$\quad \lambda_1\lambda_3 + \lambda_2\lambda_1 + \lambda_3\lambda_2 + \lambda_3 + \lambda_1 + \lambda_2 + 2 \geqslant$
$\quad 3\sqrt[3]{\lambda_1^2\lambda_2^2\lambda_3^2} + 3\sqrt[3]{\lambda_1\lambda_1\lambda_1} + 2 \geqslant 8$

且

$\dfrac{S_{\triangle ABF}}{S_{\triangle ACE}} = \dfrac{AB}{AC} \cdot \dfrac{AF}{AE} = \dfrac{\lambda_3}{1+\lambda_3} \cdot \dfrac{1}{1+\lambda_2} = \dfrac{p_1p_3 - 1}{p_1p_3 + p_3} \cdot \dfrac{p_2 + 1}{p_2p_3 + p_2} =$
$\dfrac{p_1p_2p_3 + p_1p_3 - p_2 - 1}{p_2p_3(1+p_1)(1+p_3)} = \dfrac{2 + p_1 + p_2 + p_3 + p_1p_3 - p_2 - 1}{p_2p_3(p_1+1)(p_3+1)} =$
$\dfrac{(p_1+1)(p_3+1)}{p_2p_3(p_1+1)(p_3+1)} = \dfrac{1}{p_2p_3}$

同理 $\dfrac{S_{\triangle BCG}}{S_{\triangle ACE}} = \dfrac{1}{p_1p_3}, \dfrac{S_{\triangle GEF}}{S_{\triangle ACE}} = \dfrac{1}{p_1p_2}$

从而
$$S_{\triangle GFB} = S_{\triangle ACE} - S_{\triangle ABF} - S_{\triangle BCG} - S_{\triangle GEF} =$$
$$S_{\triangle ACE}(1 - \frac{1}{p_2 p_3} - \frac{1}{p_1 p_3} - \frac{1}{p_1 p_2}) =$$
$$S_{\triangle ACE} \frac{p_1 p_2 p_3 - p_1 - p_2 - p_3}{p_1 p_2 p_3} =$$
$$\frac{2}{p_1 p_2 p_3} S_{\triangle ACE} \leqslant \frac{1}{4} S_{\triangle ACE}$$

此例也是完全四边形的一条优美性质,不妨记为性质 26.

比例及其特殊情形,即为如下两道竞赛题.

(1) 设 P 是 $\triangle ABC$ 的一个内点,Q,R,S 分别是 A,B,C 与 P 的连线和对边的交点,求证:$S_{\triangle QRS} \leqslant \frac{1}{4} S_{\triangle ABC}$. (1990 年第 31 届 IMO 预选题)

(2) 如果 AD,BE 和 CF 是 $\triangle ABC$ 的角平分线,证明:$\triangle DEF$ 的面积不超过 $\triangle ABC$ 面积的 $\frac{1}{4}$. (1981 年民主德国数学奥林匹克竞赛试题)

例7 在完全四边形 $ABECFD$ 中,对角线 AC 与 BD 交于点 P. 若过点 P 作 PO 垂直于对角线 EF 于 O,联结 BO,DO,则 $\angle BOC = \angle AOD$.

证明 如图 23.43,设对角线 AC 的延长线交 EF 于点 Q. 欲证 $\angle BOC = \angle AOD$,只要证 $\angle POC = \angle POA$ 及 $\angle POB = \angle POD$.

欲证 $\angle POC = \angle POA$,只要证 $\angle COE = \angle AOF$. 为此,作 $CG \perp EF$ 于 G,作 $AH \perp EF$ 于 H. 又只要证

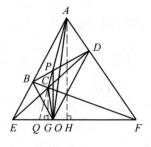

图 23.43

$$\text{Rt}\triangle CGO \backsim \text{Rt}\triangle AHO$$

只需证
$$\frac{CG}{AH} = \frac{GO}{OH}$$

由
$$CG \parallel PO \parallel AH$$

知
$$\frac{GO}{OH} = \frac{PC}{PA}, \frac{CG}{AH} = \frac{QC}{QA}$$

从而又只要证
$$\frac{PC}{PA} = \frac{QC}{QA}$$

即
$$\frac{AP}{AQ} = \frac{PC}{QC}$$

对完全四边形 $ABECFD$ 应用性质 4(第 1 章第 3 节),即有
$$\frac{AP}{AQ} = \frac{PC}{QC}$$

同理,可证 $\angle POB = \angle POD$

故 $\angle BOC = \angle AOD$

此例又是完全四边形的一条优美性质,不妨记为性质 27.

其实,此例即为 2002 年中国国家队选拔赛题当 AC 或 BC 均与 EF 不平行的情形:设凸四边形 $ABCD$ 的两组对边 AB 与 DC,AD 与 BC 所在直线分别交于 E,F 两点,两对角线的交点为 P,过 P 作 $PO \perp EF$ 于 O,求证:$\angle BOC = \angle AOD$.

例 8 在完全四边形 $ABCDEF$ 中,点 H 在对角线 AD 上,点 G 在 AD 的延长线上,直线 HF,GE 相交于点 Q,直线 HB,GC 相交于点 P.

(1) 求证:直线 PF,BQ,AD 三线共点.

(2) 若对角线 FB 与 EC 所在直线交于点 R,则 R,P,Q 三点共线.

证明 如图 25.44.

(1) 设 AD 与 BF 交于点 K.

对完全四边形 $ABCDEF$ 由性质 2 中式 ⑤(或对 $\triangle ABF$ 及点 D 应用塞瓦定理)有
$$\frac{BC}{CA} \cdot \frac{AE}{EF} \cdot \frac{FK}{KB} = 1$$

又分别对完全四边形 $GHABPC$,$GHAFQE$ 应用性质 1(或分别对 $\triangle ABH$ 及截线 PCG,$\triangle AHF$ 及截线 QEG 应用梅涅劳斯定理),有

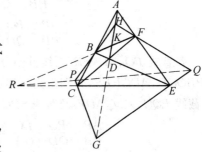

图 23.44

$$\frac{BP}{PH} \cdot \frac{HG}{GA} \cdot \frac{AC}{CB} = 1, \frac{HQ}{QF} \cdot \frac{FE}{EA} \cdot \frac{AG}{GH} = 1$$

以上三式相乘,得
$$\frac{FK}{KB} \cdot \frac{BP}{PH} \cdot \frac{HQ}{QF} = 1$$

对 $\triangle BFH$ 应用塞瓦定理之逆定理,知 PF,BQ,AD 三线共点.

(2) 对完全四边形 $EFABRC$ 应用性质 4,知 R,P,Q 三点共线. 或根据笛沙格定理,注意到 $\triangle BHF$ 和 $\triangle CGE$ 三双对应顶点的连线交于点 A,则它们对应

边所在直线的交点 R,P,Q 三点共线.

此例也可作为完全四边形的优美性质,不妨记为性质 28.

例 9 如图 23.45,在完全四边形 $ABCDEF$ 中,P,Q,R,S 分别是 AB,BD,DF,FA 上的点.试证:直线 PQ,AD,SR 相互平行或共点的充要条件是

$$\frac{AP}{PB}\cdot\frac{BQ}{QD}\cdot\frac{DR}{RF}\cdot\frac{FS}{SA}=1 \qquad (*)$$

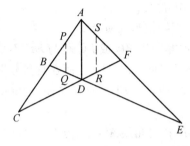 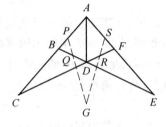

图 23.45

证明 必要性:若直线 PQ,AD,SR 相互平行,则

$$\frac{AP}{PB}=\frac{DQ}{QB},\frac{FS}{SA}=\frac{FR}{RD}$$

从而

$$\frac{AP}{PB}\cdot\frac{BQ}{QD}\cdot\frac{DR}{RF}\cdot\frac{FS}{SA}=1$$

若直线 PQ,AD,SR 三线共点于 G,则图形中可以找到两个完全四边形 $APBQGD,ADGRFS$,分别由完全四边形的性质 1 中的 ②①(或分别对 $\triangle ABD$ 及截线 PQG,对 $\triangle ADF$ 及截线 SRG 应用梅涅劳斯定理)有

$$\frac{AP}{PB}\cdot\frac{BQ}{QD}\cdot\frac{DG}{GA}=1,\frac{AG}{GD}\cdot\frac{DR}{RF}\cdot\frac{FS}{SA}=1$$

上述两式相乘,即得

$$\frac{AP}{PB}\cdot\frac{BQ}{QD}\cdot\frac{DR}{RF}\cdot\frac{FS}{SA}=1$$

充分性:将上述证明逆过来,稍作整理即可(略).

由于完全四边形中既含有凸四边形,又含有凹四边形及折四边形,上述例题可以说是针对凸四边形 $ABDF$ 而言的完全四边形的一条性质,因此,也不妨称为性质 29.

由性质 29,我们可以看到或得到如下结论.

(1)2004 年中国数学奥林匹克竞赛平面几何题的背景:

凸四边形 $EFGH$ 的顶点 E,F,G,H 分别在凸四边形 $ABCD$ 的边 AB,BC,

CD,DA 上,满足 $\dfrac{AE}{EB} \cdot \dfrac{BF}{FC} \cdot \dfrac{CG}{GD} \cdot \dfrac{DH}{HA} = 1$；而点 A, B,C,D 分别在凸四边形 $E_1F_1G_1H_1$ 的边 H_1E_1, E_1F_1, F_1G_1, G_1H_1 上,满足 $E_1F_1 \mathbin{/\mkern-5mu/} EF, F_1G_1 \mathbin{/\mkern-5mu/}$ $FG, G_1H_1 \mathbin{/\mkern-5mu/} GH, H_1E_1 \mathbin{/\mkern-5mu/} HE$. 已知 $\dfrac{E_1A}{AH_1} = \lambda$, 求 $\dfrac{F_1C}{CG_1}$.

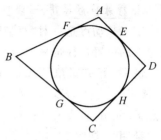

图 23.46

(2) 若四边形 $ABCD$ 外切圆 O 于点 F,G,H, E, 则直线 FE,BD,GH 相互平行或共点.

事实上,如图 23.46,注意到圆的切线长定理,则知
$$\dfrac{BG}{GC} \cdot \dfrac{CH}{HD} \cdot \dfrac{DE}{EA} \cdot \dfrac{AF}{FB} = \dfrac{BG}{BF} \cdot \dfrac{CH}{CG} \cdot \dfrac{DE}{DH} \cdot \dfrac{AF}{AE} = 1$$
由性质 29,结论获证.

(3) 若四边形 $ABCD$ 内接于圆 O,由对角线 AC,BD 的交点 Q 向四边 AB,BC,CD,DA 作垂线 得垂足 F,G,H,E, 则直线 FE,BD,GH 相互平行 或共点.

事实上,如图 23.47 所示,令 $\angle BAC = \angle 1$, $\angle ABD = \angle 2, \angle DBC = \angle 3, \angle BCA = \angle 4, \angle ACD = \angle 5, \angle BDC = \angle 6, \angle ADB = \angle 7, \angle DAC = \angle 8$, 则 $\angle 1 = \angle 6, \angle 2 = \angle 5, \angle 3 = \angle 8, \angle 4 = \angle 7$.

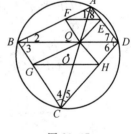

图 23.47

注意到直角三角形余切函数比值,则
$$\dfrac{AF}{FB} \cdot \dfrac{BG}{GC} \cdot \dfrac{GH}{HD} \cdot \dfrac{DE}{EA} =$$
$$\dfrac{\cot \angle 1}{\cot \angle 2} \cdot \dfrac{\cot \angle 3}{\cot \angle 4} \cdot \dfrac{\cot \angle 5}{\cot \angle 6} \cdot \dfrac{\cot \angle 7}{\cot \angle 8} = 1$$
由性质 29,结论获证.

第 3 节　定点问题的证明思路

西部赛试题 2 涉及了定点问题.

何为定点？顾名思义,即位置固定的点.

如何证明定点问题,常有如下几种思路：

走向国际数学奥林匹克的平面几何试题诠释(第2卷)

1. 特殊位置寻找,一般位置论证

定点与动点是一对"双胞胎",常常形影不离.研究动点的活动规律,对于寻找定点的位置往往带来启示和帮助[①].

例1 已知锐角 $\triangle ABC$ 是一个定三角形,两个动点 D,E 分别在边 AB,AC 上,又 $DF \perp BC, EG \perp BC, F,G$ 是垂足.设 BE 与 CD 交于点 O, FE 与 GD 交于点 P. 证明:直线 OP 恒过某一定点.

证明 如图23.48,作高 AQ,则垂足 Q 是一个定点.

下面证明:直线 OP 通过点 Q,即 O, P, Q 三点共线.

视 $\triangle ABE$ 被直线 DOC 所截,由梅涅劳斯定理得

$$\frac{EO}{OB} \cdot \frac{BD}{DA} \cdot \frac{AC}{CE} = 1$$

则

$$\frac{EO}{OB} = \frac{DA}{BD} \cdot \frac{CE}{AC}$$

因为 $DF \parallel AQ \parallel EG$,所以

$$\triangle PDF \backsim \triangle PGE, \triangle DBF \backsim \triangle ABQ, \triangle CEG \backsim \triangle CAQ$$

注意 $\triangle BEF$,有

$$\frac{EO}{OB} \cdot \frac{BQ}{QF} \cdot \frac{FP}{PE} = \left(\frac{AD}{BD} \cdot \frac{CE}{AC}\right) \cdot \frac{AB}{AD} \cdot \frac{DF}{EG} =$$

$$\frac{AB}{AC} \cdot \frac{DF}{BD} \cdot \frac{CE}{EG} =$$

$$\frac{AB}{AC} \cdot \frac{AQ}{AB} \cdot \frac{AC}{AQ} = 1$$

根据梅涅劳斯定理的逆定理知 O, P, Q 三点共线,即直线 OP 通过定点 Q.

注 此例也可考虑先延长 OP 交边 BC 于点 Q,然后设法证明 $AQ \perp BC$.

例2 已知定直线 l 与定圆 O 相离, $OD \perp l$ 于 D. 过 l 上的动点 P 作 PA, PB 切圆 O 于点 A, B,作 $DM \perp PA$ 于 M, $DN \perp PB$ 于 N. 证明:直线 MN 恒过某一个定点.

(1994年塞浦路斯数学奥林匹克竞赛试题)

证明 如图23.49,联结 OP, OA, OB, DB, AB 交 OD 于点 Q,作 $DL \perp AB$ 于 L.

因为 $\angle OAP = \angle OBP = \angle ODP = 90°$,所以 P, A, O, B, D 五点共圆,即点 D 在 $\triangle PAB$ 的外接圆上.

---

① 黄金福.谈谈定点问题[J].中等数学,2006(9):6-9.

由西姆松定理知 M,N,L 三点共线.

设 MN 交 OD 于点 G. 易知 $OP \perp AB$, 得 $OP \parallel DL$. 所以
$$\angle GDL = \angle ODL = \angle POD$$
易证 N,D,L,B 四点共圆, 且
$$\angle GLD = \angle NLD = \angle NBD = \angle PBD = \angle POD$$
所以, $\angle GDL = \angle GLD$. 故 $GL = GD$.

由于 QD 是 $Rt\triangle QDL$ 的斜边, 易得 $\angle GQL = \angle GLQ$, 所以, $GL = GQ$.

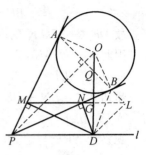

图 23.49

从而, $GD = GQ$, 即 G 为 QD 的中点.

下面只需证明 QD 的长度为定值.

设圆 O 的半径为 R, $OD = d$, R,d 均为定长. 由 P,A,O,B,D 五点共圆知 A,O,B,D 四点共圆.

因 $\angle ODB = \angle OAB = \angle OBA = \angle OBQ$, 所以, $\triangle ODB \sim \triangle OBQ$.

由此得 $OQ \cdot OD = OB^2$, 即
$$OQ = \frac{OB^2}{OD} = \frac{R^2}{d}$$
此时
$$QD = d - \frac{R^2}{d} = \frac{d^2 - R^2}{d}$$

显然 QD 为定长线段, 故 MN 与 OD 的交点, 即 QD 的中点 G, 当然是定点.

注 设 $\angle OPD = \alpha$, $\angle OPA = \beta$, 则 $\angle DNG = \alpha + \beta$, $\angle NDG = \alpha - \beta$, 可利用三角法计算 GD 的长.

2. 证明该定点就是两直(曲)线的交点

例 3 在 $\triangle ABC$ 中, D 是 AB 的中点, 点 E 在边 BC 上, $AC = BE - EC$. 在 CA, CB 延长线上分别取点 M, N, $AM = BN$, 直线 ED 交 MN 于点 F. 求证: 过 F 且垂直于 MN 的直线过定点.

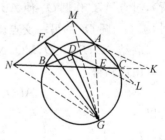

图 23.50

证明 如图 23.50, 联结 GA, GM, GB, GN, 易得 $\triangle GAM \cong \triangle GBN$.

从而, $GM = GN$, $\triangle GMN$ 为等腰三角形.

欲证过点 F 且垂直于 MN 的直线过定点 G, 只需证 F 为 MN 的中点即可.

为此, 延长 BC 到 K, 使 $CK = AC$. 联结 AK, 再延长 FE, AC 得交点 L.

因为 $BE - EC = AC$, 所以

$$BE = EC + AC = EC + CK = EK$$

故 DE 是 $\triangle BAK$ 的中位线.

因此,$DE \parallel AK$,即 $DL \parallel AK$.

此时,$\angle NEF = \angle K = \angle CAK = \angle L = \angle MLF$.

易知 $NE = BN + BE = AM + AC + EC = AM + AC + CL = ML$,$\angle NFE$ 与 $\angle MFL$ 互补.

观察 $\triangle NEF$ 与 $\triangle MLF$,有

$$\frac{NF}{\sin \angle NEF} = \frac{NE}{\sin \angle NFE}$$

$$\frac{MF}{\sin \angle MLF} = \frac{ML}{\sin \angle MFL}$$

两式相除,得 $\frac{NF}{MF} = 1$,即 $NF = MF$.

F 既然是等腰 $\triangle GMN$ 底边 MN 的中点,故 GF 必是底边 MN 的中垂线,即过 F 作 MN 的垂线通过定点 G.

例 4 如图 23.51,$\triangle ABC$ 是一个定三角形,动点 P 在边 BC 上,作 $PM \parallel AC$,$PN \parallel AB$,点 M,N 分别在边 AB,AC 上.今有一定点 Q,满足 A,M,Q,N 四点共圆.试确定点 Q 的几何位置.

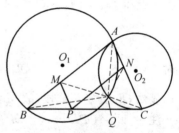

图 23.51

解 经过多次试探,可得定点. 即过点 A,B 作圆 O_1 使 AC 与圆 O_1 相切(怎样作?想想看),过点 A,C 作圆 O_2 使 AB 与圆 O_2 相切.此时,圆 O_1、圆 O_2 的另一交点就是定点 Q(图 23.51).

联结 AQ,BQ,CQ,MQ,NQ.

由已知得

$$\angle ABQ = \angle CAQ, \angle BAQ = \angle ACQ$$

所以
$$\triangle ABQ \sim \triangle CAQ$$

故 $\frac{BQ}{AQ} = \frac{AB}{AC}$.

另一方面,$\frac{BM}{AN} = \frac{BM}{MP} = \frac{AB}{AC}$,所以 $\frac{BQ}{AQ} = \frac{BM}{AN}$.

又 $\angle MBQ = \angle NAQ$,所以,$\triangle BMQ \sim \triangle ANQ$.

从而,$\angle BMQ = \angle ANQ$.

故 A, M, Q, N 四点共圆.

3. 通过研究定值，寻找定点的位置

定点问题与定值问题关系密切，前者是研究位置关系，后者是研究数量关系. 通过研究定值来寻找定点的位置，无疑是一种有效的方法.

例 5 已知直线上的三个定点依次为 A, B, C, Γ 为过 A, C 且圆心不在 AC 上的圆. 分别过 A, C 两点作与圆 Γ 相切的直线交于点 P, PB 交圆 Γ 于点 Q. 证明：$\angle AQC$ 的平分线与 AC 的交点是定点. （第 44 届 IMO 预选题）

证明 如图 23.52，设 $\angle AQC$ 的平分线交 AC 于点 R，延长 QR 交圆 Γ 于点 G，联结 AG, CG，易知
$$AG = CG, PA = PC$$

记 $\angle APQ = \gamma, \angle CPQ = \theta$，其余相等的角用 α, β 表示.

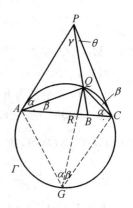

图 23.52

由于点 Q 在 $\triangle PAC$ 的内部，由塞瓦定理的第一角元形式（参见第 1 章第 1 节）表示可得
$$\frac{\sin \gamma}{\sin \theta} \cdot \frac{\sin \beta}{\sin \alpha} \cdot \frac{\sin \beta}{\sin \alpha} = 1$$

则
$$\frac{\sin \gamma}{\sin \theta} = \frac{\sin^2 \alpha}{\sin^2 \beta} \qquad ①$$

又
$$\frac{AB}{BC} = \frac{S_{\triangle PAB}}{S_{\triangle PBC}} = \frac{\sin \gamma}{\sin \theta} \qquad ②$$

$$\frac{AR}{RC} = \frac{S_{\triangle GAR}}{S_{\triangle GRC}} = \frac{\sin \alpha}{\sin \beta} \qquad ③$$

比较式 ①②③ 可得 $\dfrac{AB}{BC} = \dfrac{AR^2}{RC^2}$，即 $\dfrac{AR}{RC} = \sqrt{\dfrac{AB}{BC}}$.

由于 AB, BC 皆为定长线段，故 $\sqrt{\dfrac{AB}{BC}}$ 为定值，即 $\dfrac{AR}{RC}$ 为定值.

因此，点 R 的位置固定不变，即不论圆 Γ 的大小怎样变化，$\angle AQC$ 的平分线与 AC 的交点 R 恒为定点.

例 6 已知 AB 为半圆 O 的直径，Q 是 OB 上的一个定点，$PQ \perp AB$，点 P 在半圆 O 上，动点 M, N 皆在半圆 O 上，且满足 $\angle PQM = \angle PQN$. 设直线 $MN \cap AB = S$. 证明：不论 M, N 怎样运动，S 恒为定点.

证明 如图 23.53，将半圆 O 补画成圆 O，延长 NQ 交圆 O 于点 M'，联结

OM, OM'.

因为 $\angle PQM = \angle PQN$ 且 $PQ \perp AB$,所以 $\angle AQM = \angle BQN = \angle AQM'$.

易知直线 AB 是圆 O 与 $\angle MQM'$ 的公共对称轴,从而
$$\overset{\frown}{AM} = \overset{\frown}{AM'}, \angle AOM = \angle AOM'$$
此时
$$\angle AOM = \frac{1}{2}\angle MOM' = \angle MNM' = \angle MNQ$$

所以,M, O, Q, N 四点共圆.

因此,$\angle BQN = \angle OMN$.

令圆 O 的半径为 R, $OQ = a$, R, a 均为定值.

因 $\angle OQM = \angle BQN = \angle OMN = \angle OMS, \angle QOM = \angle MOS$,所以,$\triangle OQM \backsim \triangle OMS$,故 $\dfrac{OQ}{OM} = \dfrac{OM}{OS}$.

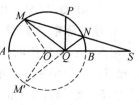

图 23.53

从而,$OS = \dfrac{OM^2}{OQ} = \dfrac{R^2}{a}$. 因此,$OS$ 为定长线段.

由于点 O, S 都在定直线 AB 上,且 O 为定点,故 S 是一个定点.

4. 运用有关公式或结论推导论证

例 7 如图 23.54,已知 $\triangle ABC$ 中,$MN \parallel BC$,$\dfrac{AM}{MB} = \dfrac{AB+AC}{BC}$,$\angle BCA$ 的平分线 CF 交 MN 于点 P,求证:P 为 $\triangle ABC$ 内一定点.

证明 联结 AP, BP 并延长分别交 BC, AC 于点 D, E.

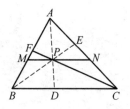

图 23.54

由 $MN \parallel BC$,P 为 MN 上的点,则有
$$\frac{AP}{PD} = \frac{AM}{MB} = \frac{AB+AC}{BC}$$
又有
$$\frac{AP}{PD} = \frac{AF}{FB} + \frac{AE}{EC}$$
(此结论的证明可见第 4 章第 3 节结论 4).

所以

$$\frac{AF}{FB} + \frac{AE}{EC} = \frac{AB + AC}{BC}$$

再注意到 CF 平分 $\angle BCA$ 有 $\frac{AF}{FB} = \frac{AC}{BC}$,所以 $\frac{AE}{EC} = \frac{AB}{BC}$,即 BE 平分 $\angle ABC$.

从而 P 是 $\triangle ABC$ 的内心(定点).

故 P 为 $\triangle ABC$ 内一定点.

练习题及证明提示

1. AB 为圆 O 的直径,圆 C 是一个动圆,它与圆 O 内切于点 P 且与 AB 相切于点 Q,求证:直线 PQ 恒通过某定点.

证明提示:设 PQ 交圆 O 于点 R.易知 O,C,P 三点共线,联结 OR,CQ,设法证 $OR \parallel CQ$.

2. 在 $\triangle ABC$ 中,$AB = AC$,圆 O 与 AB,AC 皆相切,X 为边 AB 上的切点.作 CY 切圆 O 于点 Y(Y 在三角形内).求证:不论圆 O 的大小怎样变化,直线 XY 恒过某点.

证明提示:易证 $\triangle OBX \cong \triangle OCY$.设 XY 交边 BC 于点 M,进而可证 O,X,B,M 四点共圆.

3. 在定线段 AB 上有一定点 D,$AD > DB$.直线 $l \perp AB$,D 为垂足.动点 C 在 l 上,作 $AE \perp CB$ 于 E,$BF \perp CA$ 于 F.证明:直线 FE 恒过一定点.

证明提示:取 AB 的中点 M,令 $AD = a$,$DB = b$,$a > b$.设 $FE \cap AB = P$,$BP = x$.注意 M,D,E,F 四点共圆——九点圆定义.

4. 已知正方形 $ABCD$,动点 E,F 分别在 AB,AD 上,满足 $EF = BE + DF$.作 $EG \perp CD$ 于 G,$FH \perp BC$ 于 H.证明:直线 EH,FG 的交点是定点.

证明提示:令正方形的边长为 1,$BE = m$,$DF = n$.则 $EF = m + n$,易得 $m + n + mn = 1$.设 $EH \cap AC = P$.利用梅涅劳斯定理可求得 $CP = AC$.此题证法颇多,也可考虑用坐标法.

5. 已知圆 A、圆 B 相等且相交.两个动圆圆 C、圆 D 外切于点 K,它们同时与圆 A 内切,且与圆 B 外切.证明:不论圆 C、圆 D 怎样运动,它们的内公切线恒过某一定点.

证明提示:取 AB 的中点 O,设法证明 $OK \perp CD$,即 OK 是圆 C、圆 D 的内公切线.而 AB 为定线段,它的中点 O 必是一个定点.

刘培杰数学工作室
已出版(即将出版)图书目录——初等数学

书　　名	出版时间	定价	编号
新编中学数学解题方法全书(高中版)上卷(第2版)	2018—08	58.00	951
新编中学数学解题方法全书(高中版)中卷(第2版)	2018—08	68.00	952
新编中学数学解题方法全书(高中版)下卷(一)(第2版)	2018—08	58.00	953
新编中学数学解题方法全书(高中版)下卷(二)(第2版)	2018—08	58.00	954
新编中学数学解题方法全书(高中版)下卷(三)(第2版)	2018—08	68.00	955
新编中学数学解题方法全书(初中版)上卷	2008—01	28.00	29
新编中学数学解题方法全书(初中版)中卷	2010—07	38.00	75
新编中学数学解题方法全书(高考复习卷)	2010—01	48.00	67
新编中学数学解题方法全书(高考真题卷)	2010—01	38.00	62
新编中学数学解题方法全书(高考精华卷)	2011—03	68.00	118
新编平面解析几何解题方法全书(专题讲座卷)	2010—01	18.00	61
新编中学数学解题方法全书(自主招生卷)	2013—08	88.00	261
数学奥林匹克与数学文化(第一辑)	2006—05	48.00	4
数学奥林匹克与数学文化(第二辑)(竞赛卷)	2008—01	48.00	19
数学奥林匹克与数学文化(第二辑)(文化卷)	2008—07	58.00	36′
数学奥林匹克与数学文化(第三辑)(竞赛卷)	2010—01	48.00	59
数学奥林匹克与数学文化(第四辑)(竞赛卷)	2011—08	58.00	87
数学奥林匹克与数学文化(第五辑)	2015—06	98.00	370
世界著名平面几何经典著作钩沉——几何作图专题卷(上)	2009—06	48.00	49
世界著名平面几何经典著作钩沉——几何作图专题卷(下)	2011—01	88.00	80
世界著名平面几何经典著作钩沉(民国平面几何老课本)	2011—03	38.00	113
世界著名平面几何经典著作钩沉(建国初期平面三角老课本)	2015—08	38.00	507
世界著名解析几何经典著作钩沉——平面解析几何卷	2014—01	38.00	264
世界著名数论经典著作钩沉(算术卷)	2012—01	28.00	125
世界著名数学经典著作钩沉——立体几何卷	2011—02	28.00	88
世界著名三角学经典著作钩沉(平面三角卷Ⅰ)	2010—06	28.00	69
世界著名三角学经典著作钩沉(平面三角卷Ⅱ)	2011—01	38.00	78
世界著名初等数论经典著作钩沉(理论和实用算术卷)	2011—07	38.00	126
发展你的空间想象力	2017—06	38.00	785
空间想象力进阶	2019—05	68.00	1062
走向国际数学奥林匹克的平面几何试题诠释.第1卷	即将出版		1043
走向国际数学奥林匹克的平面几何试题诠释.第2卷	即将出版		1044
走向国际数学奥林匹克的平面几何试题诠释.第3卷	2019—03	78.00	1045
走向国际数学奥林匹克的平面几何试题诠释.第4卷	即将出版		1046
平面几何证明方法全书	2007—08	35.00	1
平面几何证明方法全书习题解答(第2版)	2006—12	18.00	10
平面几何天天练上卷·基础篇(直线型)	2013—01	58.00	208
平面几何天天练中卷·基础篇(涉及圆)	2013—01	28.00	234
平面几何天天练下卷·提高篇	2013—01	58.00	237
平面几何专题研究	2013—07	98.00	258

刘培杰数学工作室
已出版(即将出版)图书目录——初等数学

书　名	出版时间	定　价	编号
最新世界各国数学奥林匹克中的平面几何试题	2007—09	38.00	14
数学竞赛平面几何典型题及新颖解	2010—07	48.00	74
初等数学复习及研究(平面几何)	2008—09	58.00	38
初等数学复习及研究(立体几何)	2010—06	38.00	71
初等数学复习及研究(平面几何)习题解答	2009—01	48.00	42
几何学教程(平面几何卷)	2011—03	68.00	90
几何学教程(立体几何卷)	2011—07	68.00	130
几何变换与几何证题	2010—06	88.00	70
计算方法与几何证题	2011—06	28.00	129
立体几何技巧与方法	2014—04	88.00	293
几何瑰宝——平面几何500名题暨1000条定理(上、下)	2010—07	138.00	76,77
三角形的解法与应用	2012—07	18.00	183
近代的三角形几何学	2012—07	48.00	184
一般折线几何学	2015—08	48.00	503
三角形的五心	2009—06	28.00	51
三角形的六心及其应用	2015—10	68.00	542
三角形趣谈	2012—08	28.00	212
解三角形	2014—01	28.00	265
三角学专门教程	2014—09	28.00	387
图天下几何新题试卷.初中(第2版)	2017—11	58.00	855
圆锥曲线习题集(上册)	2013—06	68.00	255
圆锥曲线习题集(中册)	2015—01	78.00	434
圆锥曲线习题集(下册·第1卷)	2016—10	78.00	683
圆锥曲线习题集(下册·第2卷)	2018—01	98.00	853
论九点圆	2015—05	88.00	645
近代欧氏几何学	2012—03	48.00	162
罗巴切夫斯基几何学及几何基础概要	2012—07	28.00	188
罗巴切夫斯基几何学初步	2015—06	28.00	474
用三角、解析几何、复数、向量计算解数学竞赛几何题	2015—03	48.00	455
美国中学几何教程	2015—04	88.00	458
三线坐标与三角形特征点	2015—04	98.00	460
平面解析几何方法与研究(第1卷)	2015—05	18.00	471
平面解析几何方法与研究(第2卷)	2015—06	18.00	472
平面解析几何方法与研究(第3卷)	2015—07	18.00	473
解析几何研究	2015—01	38.00	425
解析几何学教程.上	2016—01	38.00	574
解析几何学教程.下	2016—01	38.00	575
几何学基础	2016—01	58.00	581
初等几何研究	2015—02	58.00	444
十九和二十世纪欧氏几何学中的片段	2017—01	58.00	696
平面几何中考.高考.奥数一本通	2017—07	28.00	820
几何学简史	2017—08	28.00	833
四面体	2018—01	48.00	880
平面几何证明方法思路	2018—12	68.00	913
平面几何图形特性新析.上篇	2019—01	68.00	911
平面几何图形特性新析.下篇	2018—06	88.00	912
平面几何范例多解探究.上篇	2018—04	48.00	910
平面几何范例多解探究.下篇	2018—12	68.00	914
从分析解题过程学解题:竞赛中的几何问题研究	2018—07	68.00	946
从分析解题过程学解题:竞赛中的向量几何与不等式研究(全2册)	2019—06	138.00	1090
二维、三维欧氏几何的对偶原理	2018—12	38.00	990
星形大观及闭折线论	2019—03	68.00	1020
圆锥曲线之设点与设线	2019—05	60.00	1063

刘培杰数学工作室
已出版（即将出版）图书目录——初等数学

书　　名	出版时间	定　价	编号
俄罗斯平面几何问题集	2009—08	88.00	55
俄罗斯立体几何问题集	2014—03	58.00	283
俄罗斯几何大师——沙雷金论数学及其他	2014—01	48.00	271
来自俄罗斯的 5000 道几何习题及解答	2011—03	58.00	89
俄罗斯初等数学问题集	2012—05	38.00	177
俄罗斯函数问题集	2011—03	38.00	103
俄罗斯组合分析问题集	2011—01	48.00	79
俄罗斯初等数学万题选——三角卷	2012—11	38.00	222
俄罗斯初等数学万题选——代数卷	2013—08	68.00	225
俄罗斯初等数学万题选——几何卷	2014—01	68.00	226
俄罗斯《量子》杂志数学征解问题 100 题选	2018—08	48.00	969
俄罗斯《量子》杂志数学征解问题又 100 题选	2018—08	48.00	970
463 个俄罗斯几何老问题	2012—01	28.00	152
《量子》数学短文精粹	2018—09	38.00	972
谈谈素数	2011—03	18.00	91
平方和	2011—03	18.00	92
整数论	2011—05	38.00	120
从整数谈起	2015—10	28.00	538
数与多项式	2016—01	38.00	558
谈谈不定方程	2011—05	28.00	119
解析不等式新论	2009—06	68.00	48
建立不等式的方法	2011—03	98.00	104
数学奥林匹克不等式研究	2009—08	68.00	56
不等式研究（第二辑）	2012—02	68.00	153
不等式的秘密（第一卷）	2012—02	28.00	154
不等式的秘密（第一卷）（第 2 版）	2014—02	38.00	286
不等式的秘密（第二卷）	2014—01	38.00	268
初等不等式的证明方法	2010—06	38.00	123
初等不等式的证明方法（第二版）	2014—11	38.00	407
不等式·理论·方法（基础卷）	2015—07	38.00	496
不等式·理论·方法（经典不等式卷）	2015—07	38.00	497
不等式·理论·方法（特殊类型不等式卷）	2015—07	48.00	498
不等式探究	2016—03	38.00	582
不等式探秘	2017—01	88.00	689
四面体不等式	2017—01	68.00	715
数学奥林匹克中常见重要不等式	2017—09	38.00	845
三正弦不等式	2018—09	98.00	974
函数方程与不等式:解法与稳定性结果	2019—04	68.00	1058
同余理论	2012—05	38.00	163
[x]与{x}	2015—04	48.00	476
极值与最值.上卷	2015—06	28.00	486
极值与最值.中卷	2015—06	38.00	487
极值与最值.下卷	2015—06	28.00	488
整数的性质	2012—11	38.00	192
完全平方数及其应用	2015—08	78.00	506
多项式理论	2015—10	88.00	541
奇数、偶数、奇偶分析法	2018—01	98.00	876
不定方程及其应用.上	2018—12	58.00	992
不定方程及其应用.中	2019—01	78.00	993
不定方程及其应用.下	2019—02	98.00	994

刘培杰数学工作室
已出版(即将出版)图书目录——初等数学

书 名	出版时间	定 价	编号
历届美国中学生数学竞赛试题及解答(第一卷)1950—1954	2014—07	18.00	277
历届美国中学生数学竞赛试题及解答(第二卷)1955—1959	2014—04	18.00	278
历届美国中学生数学竞赛试题及解答(第三卷)1960—1964	2014—06	18.00	279
历届美国中学生数学竞赛试题及解答(第四卷)1965—1969	2014—04	28.00	280
历届美国中学生数学竞赛试题及解答(第五卷)1970—1972	2014—06	18.00	281
历届美国中学生数学竞赛试题及解答(第六卷)1973—1980	2017—07	18.00	768
历届美国中学生数学竞赛试题及解答(第七卷)1981—1986	2015—01	18.00	424
历届美国中学生数学竞赛试题及解答(第八卷)1987—1990	2017—05	18.00	769
历届 IMO 试题集(1959—2005)	2006—05	58.00	5
历届 CMO 试题集	2008—09	28.00	40
历届中国数学奥林匹克试题集(第 2 版)	2017—03	38.00	757
历届加拿大数学奥林匹克试题集	2012—08	38.00	215
历届美国数学奥林匹克试题集:多解推广加强	2012—08	38.00	209
历届美国数学奥林匹克试题集:多解推广加强(第 2 版)	2016—03	48.00	592
历届波兰数学竞赛试题集. 第 1 卷,1949～1963	2015—03	18.00	453
历届波兰数学竞赛试题集. 第 2 卷,1964～1976	2015—03	18.00	454
历届巴尔干数学奥林匹克试题集	2015—05	38.00	466
保加利亚数学奥林匹克	2014—10	38.00	393
圣彼得堡奥林匹克试题集	2015—01	38.00	429
匈牙利奥林匹克数学竞赛题解. 第 1 卷	2016—05	28.00	593
匈牙利奥林匹克数学竞赛题解. 第 2 卷	2016—05	28.00	594
历届美国数学邀请赛试题集(第 2 版)	2017—10	78.00	851
全国高中数学竞赛试题及解答. 第 1 卷	2014—07	38.00	331
普林斯顿大学数学竞赛	2016—06	38.00	669
亚太地区数学奥林匹克竞赛题	2015—07	18.00	492
日本历届(初级)广中杯数学竞赛试题及解答. 第 1 卷(2000～2007)	2016—05	28.00	641
日本历届(初级)广中杯数学竞赛试题及解答. 第 2 卷(2008～2015)	2016—05	38.00	642
360 个数学竞赛问题	2016—08	58.00	677
奥数最佳实战题. 上卷	2017—06	38.00	760
奥数最佳实战题. 下卷	2017—05	58.00	761
哈尔滨市早期中学数学竞赛试题汇编	2016—07	28.00	672
全国高中数学联赛试题及解答:1981—2017(第 2 版)	2018—05	98.00	920
20 世纪 50 年代全国部分城市数学竞赛试题汇编	2017—07	28.00	797
国内外数学竞赛题及精解:2017～2018	2019—06	45.00	1092
许康华竞赛优学精选集. 第一辑	2018—08	68.00	949
天问叶班数学问题征解 100 题. I ,2016—2018	2019—05	88.00	1075
高考数学临门一脚(含密押三套卷)(理科版)	2017—01	45.00	743
高考数学临门一脚(含密押三套卷)(文科版)	2017—01	45.00	744
新课标高考数学题型全归纳(文科版)	2015—05	72.00	467
新课标高考数学题型全归纳(理科版)	2015—05	82.00	468
洞穿高考数学解答题核心考点(理科版)	2015—11	49.80	550
洞穿高考数学解答题核心考点(文科版)	2015—11	46.80	551

刘培杰数学工作室
已出版(即将出版)图书目录——初等数学

书 名	出版时间	定 价	编号
高考数学题型全归纳:文科版.上	2016—05	53.00	663
高考数学题型全归纳:文科版.下	2016—05	53.00	664
高考数学题型全归纳:理科版.上	2016—05	58.00	665
高考数学题型全归纳:理科版.下	2016—05	58.00	666
王连笑教你怎样学数学:高考选择题解题策略与客观题实用训练	2014—01	48.00	262
王连笑教你怎样学数学:高考数学高层次讲座	2015—02	48.00	432
高考数学的理论与实践	2009—08	38.00	53
高考数学核心题型解题方法与技巧	2010—01	28.00	86
高考思维新平台	2014—03	38.00	259
30分钟拿下高考数学选择题、填空题(理科版)	2016—10	39.80	720
30分钟拿下高考数学选择题、填空题(文科版)	2016—10	39.80	721
高考数学压轴题解题诀窍(上)(第2版)	2018—01	58.00	874
高考数学压轴题解题诀窍(下)(第2版)	2018—01	48.00	875
北京市五区文科数学三年高考模拟题详解:2013~2015	2015—08	48.00	500
北京市五区理科数学三年高考模拟题详解:2013~2015	2015—09	68.00	505
向量法巧解数学高考题	2009—08	28.00	54
高考数学万能解题法(第2版)	即将出版	38.00	691
高考物理万能解题法(第2版)	即将出版	38.00	692
高考化学万能解题法(第2版)	即将出版	28.00	693
高考生物万能解题法(第2版)	即将出版	28.00	694
高考数学解题金典(第2版)	2017—01	78.00	716
高考物理解题金典(第2版)	2019—05	68.00	717
高考化学解题金典(第2版)	2019—05	58.00	718
我一定要赚分:高中物理	2016—01	38.00	580
数学高考参考	2016—01	78.00	589
2011~2015年全国及各省市高考数学文科精品试题审题要津与解法研究	2015—10	68.00	539
2011~2015年全国及各省市高考数学理科精品试题审题要津与解法研究	2015—10	88.00	540
最新全国及各省市高考数学试卷解法研究及点拨评析	2009—02	38.00	41
2011年全国及各省市高考数学试题审题要津与解法研究	2011—10	48.00	139
2013年全国及各省市高考数学试题解析与点评	2014—01	48.00	282
全国及各省市高考数学试题审题要津与解法研究	2015—02	48.00	450
高中数学章节起始课的教学研究与案例设计	2019—05	28.00	1064
新课标高考数学——五年试题分章详解(2007~2011)(上、下)	2011—10	78.00	140,141
全国中考数学压轴题审题要津与解法研究	2013—04	78.00	248
新编全国及各省市中考数学压轴题审题要津与解法研究	2014—05	58.00	342
全国及各省市5年中考数学压轴题审题要津与解法研究(2015版)	2015—04	58.00	462
中考数学专题总复习	2007—04	28.00	6
中考数学较难题、难题常考题型解题方法与技巧.上	2016—01	48.00	584
中考数学较难题、难题常考题型解题方法与技巧.下	2016—01	58.00	585
中考数学较难题常考题型解题方法与技巧	2016—09	48.00	681
中考数学难题常考题型解题方法与技巧	2016—09	48.00	682
中考数学中档题常考题型解题方法与技巧	2017—08	68.00	835
中考数学选择填空压轴好题妙解365	2017—05	38.00	759

刘培杰数学工作室
已出版(即将出版)图书目录——初等数学

书　名	出版时间	定　价	编号
中考数学小压轴汇编初讲	2017—07	48.00	788
中考数学大压轴专题微言	2017—09	48.00	846
怎么解中考平面几何探索题	2019—06	48.00	1093
北京中考数学压轴题解题方法突破(第4版)	2019—01	58.00	1001
助你高考成功的数学解题智慧:知识是智慧的基础	2016—01	58.00	596
助你高考成功的数学解题智慧:错误是智慧的试金石	2016—04	58.00	643
助你高考成功的数学解题智慧:方法是智慧的推手	2016—04	68.00	657
高考数学奇思妙解	2016—04	38.00	610
高考数学解题策略	2016—05	48.00	670
数学解题泄天机(第2版)	2017—10	48.00	850
高考物理压轴题全解	2017—04	48.00	746
高中物理经典问题25讲	2017—05	28.00	764
高中物理教学讲义	2018—01	48.00	871
2016年高考文科数学真题研究	2017—04	58.00	754
2016年高考理科数学真题研究	2017—04	78.00	755
2017年高考理科数学真题研究	2018—01	58.00	867
2017年高考文科数学真题研究	2018—01	48.00	868
初中、高中数学脱节知识补缺教材	2017—06	48.00	766
高考数学小题抢分必练	2017—10	48.00	834
高考数学核心素养解读	2017—09	38.00	839
高考数学客观题解题方法和技巧	2017—10	38.00	847
十年高考数学精品试题审题要津与解法研究.上卷	2018—01	68.00	872
十年高考数学精品试题审题要津与解法研究.下卷	2018—01	58.00	873
中国历届高考数学试题及解答.1949—1979	2018—01	38.00	877
历届中国高考数学试题及解答.第二卷,1980—1989	2018—10	28.00	975
历届中国高考数学试题及解答.第三卷,1990—1999	2018—10	48.00	976
数学文化与高考研究	2018—03	48.00	882
跟我学解高中数学题	2018—07	58.00	926
中学数学研究的方法及案例	2018—05	58.00	869
高考数学抢分技能	2018—07	68.00	934
高一新生常用数学方法和重要数学思想提升教材	2018—06	38.00	921
2018年高考数学真题研究	2019—01	68.00	1000
高考数学全国卷16道选择、填空题常考题型解题诀窍:理科	2018—09	88.00	971
高中数学一题多解	2019—06	58.00	1087
新编640个世界著名数学智力趣题	2014—01	88.00	242
500个最新世界著名数学智力趣题	2008—06	48.00	3
400个最新世界著名数学最值问题	2008—09	48.00	36
500个世界著名数学征解问题	2009—06	48.00	52
400个中国最佳初等数学征解老问题	2010—01	48.00	60
500个俄罗斯数学经典老题	2011—01	28.00	81
1000个国外中学物理好题	2012—04	48.00	174
300个日本高考数学题	2012—05	38.00	142
700个早期日本高考数学试题	2017—02	88.00	752
500个前苏联早期高考数学试题及解答	2012—05	28.00	185
546个早期俄罗斯大学生数学竞赛题	2014—03	38.00	285
548个来自美苏的数学好问题	2014—11	28.00	396
20所苏联著名大学早期入学试题	2015—02	18.00	452
161道德国工科大学生必做的微分方程习题	2015—05	28.00	469
500个德国工科大学生必做的高数习题	2015—06	28.00	478
360个数学竞赛问题	2016—08	58.00	677
200个趣味数学故事	2018—02	48.00	857
470个数学奥林匹克中的最值问题	2018—10	88.00	985
德国讲义日本考题.微积分卷	2015—04	48.00	456
德国讲义日本考题.微分方程卷	2015—04	38.00	457
二十世纪中叶中、英、美、日、法、俄高考数学试题精选	2017—06	38.00	783

刘培杰数学工作室
已出版(即将出版)图书目录——初等数学

书　名	出版时间	定价	编号
中国初等数学研究　2009卷(第1辑)	2009—05	20.00	45
中国初等数学研究　2010卷(第2辑)	2010—05	30.00	68
中国初等数学研究　2011卷(第3辑)	2011—07	60.00	127
中国初等数学研究　2012卷(第4辑)	2012—07	48.00	190
中国初等数学研究　2014卷(第5辑)	2014—02	48.00	288
中国初等数学研究　2015卷(第6辑)	2015—06	68.00	493
中国初等数学研究　2016卷(第7辑)	2016—04	68.00	609
中国初等数学研究　2017卷(第8辑)	2017—01	98.00	712
几何变换(Ⅰ)	2014—07	28.00	353
几何变换(Ⅱ)	2015—06	28.00	354
几何变换(Ⅲ)	2015—01	38.00	355
几何变换(Ⅳ)	2015—12	38.00	356
初等数论难题集(第一卷)	2009—05	68.00	44
初等数论难题集(第二卷)(上、下)	2011—02	128.00	82,83
数论概貌	2011—03	18.00	93
代数数论(第二版)	2013—08	58.00	94
代数多项式	2014—06	38.00	289
初等数论的知识与问题	2011—02	28.00	95
超越数论基础	2011—03	28.00	96
数论初等教程	2011—03	28.00	97
数论基础	2011—03	18.00	98
数论基础与维诺格拉多夫	2014—03	18.00	292
解析数论基础	2012—08	28.00	216
解析数论基础(第二版)	2014—01	48.00	287
解析数论问题集(第二版)(原版引进)	2014—05	88.00	343
解析数论问题集(第二版)(中译本)	2016—04	88.00	607
解析数论基础(潘承洞,潘承彪著)	2016—07	98.00	673
解析数论导引	2016—07	58.00	674
数论入门	2011—03	38.00	99
代数数论入门	2015—03	38.00	448
数论开篇	2012—07	28.00	194
解析数论引论	2011—03	48.00	100
Barban Davenport Halberstam均值和	2009—01	40.00	33
基础数论	2011—03	28.00	101
初等数论100例	2011—05	18.00	122
初等数论经典例题	2012—07	18.00	204
最新世界各国数学奥林匹克中的初等数论试题(上、下)	2012—01	138.00	144,145
初等数论(Ⅰ)	2012—01	18.00	156
初等数论(Ⅱ)	2012—01	18.00	157
初等数论(Ⅲ)	2012—01	28.00	158

刘培杰数学工作室
已出版(即将出版)图书目录——初等数学

书　名	出版时间	定　价	编号
平面几何与数论中未解决的新老问题	2013—01	68.00	229
代数数论简史	2014—11	28.00	408
代数数论	2015—09	88.00	532
代数、数论及分析习题集	2016—11	98.00	695
数论导引提要及习题解答	2016—01	48.00	559
素数定理的初等证明.第2版	2016—09	48.00	686
数论中的模函数与狄利克雷级数(第二版)	2017—11	78.00	837
数论:数学导引	2018—01	68.00	849
范式大代数	2019—02	98.00	1016
解析数学讲义.第一卷,导来式及微分、积分、级数	2019—04	88.00	1021
解析数学讲义.第二卷,关于几何的应用	2019—04	68.00	1022
解析数学讲义.第三卷,解析函数论	2019—04	78.00	1023
分析·组合·数论纵横谈	2019—04	58.00	1039
数学精神巡礼	2019—01	58.00	731
数学眼光透视(第2版)	2017—06	78.00	732
数学思想领悟(第2版)	2018—01	68.00	733
数学方法溯源(第2版)	2018—08	68.00	734
数学解题引论	2017—05	58.00	735
数学史话览胜(第2版)	2017—01	48.00	736
数学应用展观(第2版)	2017—08	68.00	737
数学建模尝试	2018—04	48.00	738
数学竞赛采风	2018—01	68.00	739
数学测评探营	2019—05	58.00	740
数学技能操握	2018—03	48.00	741
数学欣赏拾趣	2018—02	48.00	742
从毕达哥拉斯到怀尔斯	2007—10	48.00	9
从迪利克雷到维斯卡尔迪	2008—01	48.00	21
从哥德巴赫到陈景润	2008—05	98.00	35
从庞加莱到佩雷尔曼	2011—08	138.00	136
博弈论精粹	2008—03	58.00	30
博弈论精粹.第二版(精装)	2015—01	88.00	461
数学 我爱你	2008—01	28.00	20
精神的圣徒 别样的人生——60位中国数学家成长的历程	2008—09	48.00	39
数学史概论	2009—06	78.00	50
数学史概论(精装)	2013—03	158.00	272
数学史选讲	2016—01	48.00	544
斐波那契数列	2010—02	28.00	65
数学拼盘和斐波那契魔方	2010—07	38.00	72
斐波那契数列欣赏(第2版)	2018—08	58.00	948
Fibonacci数列中的明珠	2018—06	58.00	928
数学的创造	2011—02	48.00	85
数学美与创造力	2016—01	48.00	595
数海拾贝	2016—01	48.00	590
数学中的美(第2版)	2019—04	68.00	1057
数论中的美学	2014—12	38.00	351

刘培杰数学工作室
已出版(即将出版)图书目录——初等数学

书　名	出版时间	定价	编号
数学王者　科学巨人——高斯	2015—01	28.00	428
振兴祖国数学的圆梦之旅:中国初等数学研究史话	2015—06	98.00	490
二十世纪中国数学史料研究	2015—10	48.00	536
数字谜、数阵图与棋盘覆盖	2016—01	58.00	298
时间的形状	2016—01	38.00	556
数学发现的艺术:数学探索中的合情推理	2016—07	58.00	671
活跃在数学中的参数	2016—07	48.00	675
数学解题——靠数学思想给力(上)	2011—07	38.00	131
数学解题——靠数学思想给力(中)	2011—07	48.00	132
数学解题——靠数学思想给力(下)	2011—07	38.00	133
我怎样解题	2013—01	48.00	227
数学解题中的物理方法	2011—06	28.00	114
数学解题的特殊方法	2011—06	48.00	115
中学数学计算技巧	2012—01	48.00	116
中学数学证明方法	2012—01	58.00	117
数学趣题巧解	2012—03	28.00	128
高中数学教学通鉴	2015—05	58.00	479
和高中生漫谈:数学与哲学的故事	2014—08	28.00	369
算术问题集	2017—03	38.00	789
张教授讲数学	2018—07	38.00	933
自主招生考试中的参数方程问题	2015—01	28.00	435
自主招生考试中的极坐标问题	2015—04	28.00	463
近年全国重点大学自主招生数学试题全解及研究.华约卷	2015—02	38.00	441
近年全国重点大学自主招生数学试题全解及研究.北约卷	2016—05	38.00	619
自主招生数学解证宝典	2015—09	48.00	535
格点和面积	2012—07	18.00	191
射影几何趣谈	2012—04	28.00	175
斯潘纳尔引理——从一道加拿大数学奥林匹克试题谈起	2014—01	28.00	228
李普希兹条件——从几道近年高考数学试题谈起	2012—10	18.00	221
拉格朗日中值定理——从一道北京高考试题的解法谈起	2015—10	18.00	197
闵科夫斯基定理——从一道清华大学自主招生试题谈起	2014—01	28.00	198
哈尔测度——从一道冬令营试题的背景谈起	2012—08	28.00	202
切比雪夫逼近问题——从一道中国台北数学奥林匹克试题谈起	2013—04	38.00	238
伯恩斯坦多项式与贝齐尔曲面——从一道全国高中数学联赛试题谈起	2013—03	38.00	236
卡塔兰猜想——从一道普特南竞赛试题谈起	2013—06	18.00	256
麦卡锡函数和阿克曼函数——从一道前南斯拉夫数学奥林匹克试题谈起	2012—08	18.00	201
贝蒂定理与拉姆贝克莫斯尔定理——从一个拣石子游戏谈起	2012—08	18.00	217
皮亚诺曲线和豪斯道夫分球定理——从无限集谈起	2012—08	18.00	211
平面凸图形与凸多面体	2012—10	28.00	218
斯坦因豪斯问题——从一道二十五省市自治区中学数学竞赛试题谈起	2012—07	18.00	196

刘培杰数学工作室
已出版(即将出版)图书目录——初等数学

书　名	出版时间	定　价	编号
纽结理论中的亚历山大多项式与琼斯多项式——从一道北京市高一数学竞赛试题谈起	2012—07	28.00	195
原则与策略——从波利亚"解题表"谈起	2013—04	38.00	244
转化与化归——从三大尺规作图不能问题谈起	2012—08	28.00	214
代数几何中的贝祖定理(第一版)——从一道 IMO 试题的解法谈起	2013—08	18.00	193
成功连贯理论与约当块理论——从一道比利时数学竞赛试题谈起	2012—04	18.00	180
素数判定与大数分解	2014—08	18.00	199
置换多项式及其应用	2012—10	18.00	220
椭圆函数与模函数——从一道美国加州大学洛杉矶分校(UCLA)博士资格考题谈起	2012—10	28.00	219
差分方程的拉格朗日方法——从一道 2011 年全国高考理科试题的解法谈起	2012—08	28.00	200
力学在几何中的一些应用	2013—01	38.00	240
高斯散度定理、斯托克斯定理和平面格林定理——从一道国际大学生数学竞赛试题谈起	即将出版		
康托洛维奇不等式——从一道全国高中联赛试题谈起	2013—03	28.00	337
西格尔引理——从一道第 18 届 IMO 试题的解法谈起	即将出版		
罗斯定理——从一道前苏联数学竞赛试题谈起	即将出版		
拉克斯定理和阿廷定理——从一道 IMO 试题的解法谈起	2014—01	58.00	246
毕卡大定理——从一道美国大学数学竞赛试题谈起	2014—07	18.00	350
贝齐尔曲线——从一道全国高中联赛试题谈起	即将出版		
拉格朗日乘子定理——从一道 2005 年全国高中联赛试题的高等数学解法谈起	2015—05	28.00	480
雅可比定理——从一道日本数学奥林匹克试题谈起	2013—04	48.00	249
李天岩－约克定理——从一道波兰数学竞赛试题谈起	2014—06	28.00	349
整系数多项式因式分解的一般方法——从克朗耐克算法谈起	即将出版		
布劳维不动点定理——从一道前苏联数学奥林匹克试题谈起	2014—01	38.00	273
伯恩赛德定理——从一道英国数学奥林匹克试题谈起	即将出版		
布查特－莫斯特定理——从一道上海市初中竞赛试题谈起	即将出版		
数论中的同余数问题——从一道普特南竞赛试题谈起	即将出版		
范·德蒙行列式——从一道美国数学奥林匹克试题谈起	即将出版		
中国剩余定理:总数法构建中国历史年表	2015—01	28.00	430
牛顿程序与方程求根——从一道全国高考试题解法谈起	即将出版		
库默尔定理——从一道 IMO 预选试题谈起	即将出版		
卢丁定理——从一道冬令营试题的解法谈起	即将出版		
沃斯滕霍姆定理——从一道 IMO 预选试题谈起	即将出版		
卡尔松不等式——从一道莫斯科数学奥林匹克试题谈起	即将出版		
信息论中的香农熵——从一道近年高考压轴题谈起	即将出版		
约当不等式——从一道希望杯竞赛试题谈起	即将出版		
拉比诺维奇定理	即将出版		
刘维尔定理——从一道《美国数学月刊》征解问题的解法谈起	即将出版		
卡塔兰恒等式与级数求和——从一道 IMO 试题的解法谈起	即将出版		
勒让德猜想与素数分布——从一道爱尔兰竞赛试题谈起	即将出版		
天平称重与信息论——从一道基辅市数学奥林匹克试题谈起	即将出版		
哈密尔顿－凯莱定理:从一道高中数学联赛试题的解法谈起	2014—09	18.00	376
艾思特曼定理——从一道 CMO 试题的解法谈起	即将出版		

刘培杰数学工作室
已出版(即将出版)图书目录——初等数学

书　　名	出版时间	定　价	编号
阿贝尔恒等式与经典不等式及应用	2018—06	98.00	923
迪利克雷除数问题	2018—07	48.00	930
糖水中的不等式——从初等数学到高等数学	2019—07	48.00	1093
帕斯卡三角形	2014—03	18.00	294
蒲丰投针问题——从2009年清华大学的一道自主招生试题谈起	2014—01	38.00	295
斯图姆定理——从一道"华约"自主招生试题的解法谈起	2014—01	18.00	296
许瓦兹引理——从一道加利福尼亚大学伯克利分校数学系博士生试题谈起	2014—08	18.00	297
拉姆塞定理——从王诗宬院士的一个问题谈起	2016—04	48.00	299
坐标法	2013—12	28.00	332
数论三角形	2014—04	38.00	341
毕克定理	2014—07	18.00	352
数林掠影	2014—09	48.00	389
我们周围的概率	2014—10	38.00	390
凸函数最值定理:从一道华约自主招生题的解法谈起	2014—10	28.00	391
易学与数学奥林匹克	2014—10	38.00	392
生物数学趣谈	2015—01	18.00	409
反演	2015—01	28.00	420
因式分解与圆锥曲线	2015—01	18.00	426
轨迹	2015—01	28.00	427
面积原理:从常庚哲命的一道CMO试题的积分解法谈起	2015—01	48.00	431
形形色色的不动点定理:从一道28届IMO试题谈起	2015—01	38.00	439
柯西函数方程:从一道上海交大自主招生的试题谈起	2015—02	28.00	440
三角恒等式	2015—02	28.00	442
无理性判定:从一道2014年"北约"自主招生试题谈起	2015—01	38.00	443
数学归纳法	2015—03	18.00	451
极端原理与解题	2015—04	28.00	464
法雷级数	2014—08	18.00	367
摆线族	2015—01	38.00	438
函数方程及其解法	2015—05	38.00	470
含参数的方程和不等式	2012—09	28.00	213
希尔伯特第十问题	2016—01	38.00	543
无穷小量的求和	2016—01	28.00	545
切比雪夫多项式:从一道清华大学金秋营试题谈起	2016—01	38.00	583
泽肯多夫定理	2016—03	38.00	599
代数等式证题法	2016—01	28.00	600
三角等式证题法	2016—01	28.00	601
吴大任教授藏书中的一个因式分解公式:从一道美国数学邀请赛试题的解法谈起	2016—06	28.00	656
易卦——类万物的数学模型	2017—08	68.00	838
"不可思议"的数与数系可持续发展	2018—01	38.00	878
最短线	2018—01	38.00	879
幻方和魔方(第一卷)	2012—05	68.00	173
尘封的经典——初等数学经典文献选读(第一卷)	2012—07	48.00	205
尘封的经典——初等数学经典文献选读(第二卷)	2012—07	38.00	206
初级方程式论	2011—03	28.00	106
初等数学研究(Ⅰ)	2008—09	68.00	37
初等数学研究(Ⅱ)(上、下)	2009—05	118.00	46,47

刘培杰数学工作室
已出版(即将出版)图书目录——初等数学

书　　名	出版时间	定　价	编号
趣味初等方程妙题集锦	2014—09	48.00	388
趣味初等数论选美与欣赏	2015—02	48.00	445
耕读笔记(上卷):一位农民数学爱好者的初数探索	2015—04	28.00	459
耕读笔记(中卷):一位农民数学爱好者的初数探索	2015—05	28.00	483
耕读笔记(下卷):一位农民数学爱好者的初数探索	2015—05	28.00	484
几何不等式研究与欣赏.上卷	2016—01	88.00	547
几何不等式研究与欣赏.下卷	2016—01	48.00	552
初等数列研究与欣赏・上	2016—01	48.00	570
初等数列研究与欣赏・下	2016—01	48.00	571
趣味初等函数研究与欣赏.上	2016—09	48.00	684
趣味初等函数研究与欣赏.下	2018—09	48.00	685
火柴游戏	2016—05	38.00	612
智力解谜.第1卷	2017—07	38.00	613
智力解谜.第2卷	2017—07	38.00	614
故事智力	2016—07	48.00	615
名人们喜欢的智力问题	即将出版		616
数学大师的发现、创造与失误	2018—01	48.00	617
异曲同工	2018—09	48.00	618
数学的味道	2018—01	58.00	798
数学千字文	2018—10	68.00	977
数贝偶拾——高考数学题研究	2014—04	28.00	274
数贝偶拾——初等数学研究	2014—04	38.00	275
数贝偶拾——奥数题研究	2014—04	48.00	276
钱昌本教你快乐学数学(上)	2011—12	48.00	155
钱昌本教你快乐学数学(下)	2012—03	58.00	171
集合、函数与方程	2014—01	28.00	300
数列与不等式	2014—01	38.00	301
三角与平面向量	2014—01	28.00	302
平面解析几何	2014—01	38.00	303
立体几何与组合	2014—01	28.00	304
极限与导数、数学归纳法	2014—01	38.00	305
趣味数学	2014—03	28.00	306
教材教法	2014—04	68.00	307
自主招生	2014—05	58.00	308
高考压轴题(上)	2015—01	48.00	309
高考压轴题(下)	2014—10	68.00	310
从费马到怀尔斯——费马大定理的历史	2013—10	198.00	I
从庞加莱到佩雷尔曼——庞加莱猜想的历史	2013—10	298.00	II
从切比雪夫到爱尔特希(上)——素数定理的初等证明	2013—07	48.00	III
从切比雪夫到爱尔特希(下)——素数定理100年	2012—12	98.00	III
从高斯到盖尔方特——二次域的高斯猜想	2013—10	198.00	IV
从库默尔到朗兰兹——朗兰兹猜想的历史	2014—01	98.00	V
从比勃巴赫到德布朗斯——比勃巴赫猜想的历史	2014—02	298.00	VI
从麦比乌斯到陈省身——麦比乌斯变换与麦比乌斯带	2014—02	298.00	VII
从布尔到豪斯道夫——布尔方程与格论漫谈	2013—10	198.00	IX
从开普勒到阿诺德——三体问题的历史	2014—05	298.00	IX
从华林到华罗庚——华林问题的历史	2013—10	298.00	X

刘培杰数学工作室
已出版（即将出版）图书目录——初等数学

书　　名	出版时间	定　价	编号
美国高中数学竞赛五十讲.第1卷(英文)	2014—08	28.00	357
美国高中数学竞赛五十讲.第2卷(英文)	2014—08	28.00	358
美国高中数学竞赛五十讲.第3卷(英文)	2014—09	28.00	359
美国高中数学竞赛五十讲.第4卷(英文)	2014—09	28.00	360
美国高中数学竞赛五十讲.第5卷(英文)	2014—10	28.00	361
美国高中数学竞赛五十讲.第6卷(英文)	2014—11	28.00	362
美国高中数学竞赛五十讲.第7卷(英文)	2014—12	28.00	363
美国高中数学竞赛五十讲.第8卷(英文)	2015—01	28.00	364
美国高中数学竞赛五十讲.第9卷(英文)	2015—01	28.00	365
美国高中数学竞赛五十讲.第10卷(英文)	2015—02	38.00	366
三角函数(第2版)	2017—04	38.00	626
不等式	2014—01	38.00	312
数列	2014—01	38.00	313
方程(第2版)	2017—04	38.00	624
排列和组合	2014—01	28.00	315
极限与导数(第2版)	2016—04	38.00	635
向量(第2版)	2018—08	58.00	627
复数及其应用	2014—08	28.00	318
函数	2014—01	38.00	319
集合	即将出版		320
直线与平面	2014—01	28.00	321
立体几何(第2版)	2016—04	38.00	629
解三角形	即将出版		323
直线与圆(第2版)	2016—11	38.00	631
圆锥曲线(第2版)	2016—09	48.00	632
解题通法(一)	2014—07	38.00	326
解题通法(二)	2014—07	38.00	327
解题通法(三)	2014—05	38.00	328
概率与统计	2014—01	28.00	329
信息迁移与算法	即将出版		330
IMO 50年.第1卷(1959—1963)	2014—11	28.00	377
IMO 50年.第2卷(1964—1968)	2014—11	28.00	378
IMO 50年.第3卷(1969—1973)	2014—09	28.00	379
IMO 50年.第4卷(1974—1978)	2016—04	38.00	380
IMO 50年.第5卷(1979—1984)	2015—04	38.00	381
IMO 50年.第6卷(1985—1989)	2015—04	58.00	382
IMO 50年.第7卷(1990—1994)	2016—01	48.00	383
IMO 50年.第8卷(1995—1999)	2016—06	38.00	384
IMO 50年.第9卷(2000—2004)	2015—04	58.00	385
IMO 50年.第10卷(2005—2009)	2016—01	48.00	386
IMO 50年.第11卷(2010—2015)	2017—03	48.00	646

刘培杰数学工作室
已出版（即将出版）图书目录——初等数学

书　　名	出版时间	定　价	编号
数学反思(2006—2007)	即将出版		915
数学反思(2008—2009)	2019—01	68.00	917
数学反思(2010—2011)	2018—05	58.00	916
数学反思(2012—2013)	2019—01	58.00	918
数学反思(2014—2015)	2019—03	78.00	919
历届美国大学生数学竞赛试题集.第一卷(1938—1949)	2015—01	28.00	397
历届美国大学生数学竞赛试题集.第二卷(1950—1959)	2015—01	28.00	398
历届美国大学生数学竞赛试题集.第三卷(1960—1969)	2015—01	28.00	399
历届美国大学生数学竞赛试题集.第四卷(1970—1979)	2015—01	18.00	400
历届美国大学生数学竞赛试题集.第五卷(1980—1989)	2015—01	28.00	401
历届美国大学生数学竞赛试题集.第六卷(1990—1999)	2015—01	28.00	402
历届美国大学生数学竞赛试题集.第七卷(2000—2009)	2015—08	18.00	403
历届美国大学生数学竞赛试题集.第八卷(2010—2012)	2015—01	18.00	404
新课标高考数学创新题解题诀窍：总论	2014—09	28.00	372
新课标高考数学创新题解题诀窍：必修1～5分册	2014—08	38.00	373
新课标高考数学创新题解题诀窍：选修2－1,2－2,1－1,1－2分册	2014—09	38.00	374
新课标高考数学创新题解题诀窍：选修2－3,4－4,4－5分册	2014—09	18.00	375
全国重点大学自主招生英文数学试题全攻略：词汇卷	2015—07	48.00	410
全国重点大学自主招生英文数学试题全攻略：概念卷	2015—01	28.00	411
全国重点大学自主招生英文数学试题全攻略：文章选读卷(上)	2016—09	38.00	412
全国重点大学自主招生英文数学试题全攻略：文章选读卷(下)	2017—01	58.00	413
全国重点大学自主招生英文数学试题全攻略：试题卷	2015—07	38.00	414
全国重点大学自主招生英文数学试题全攻略：名著欣赏卷	2017—03	48.00	415
劳埃德数学趣题大全.题目卷.1：英文	2016—01	18.00	516
劳埃德数学趣题大全.题目卷.2：英文	2016—01	18.00	517
劳埃德数学趣题大全.题目卷.3：英文	2016—01	18.00	518
劳埃德数学趣题大全.题目卷.4：英文	2016—01	18.00	519
劳埃德数学趣题大全.题目卷.5：英文	2016—01	18.00	520
劳埃德数学趣题大全.答案卷：英文	2016—01	18.00	521
李成章教练奥数笔记.第1卷	2016—01	48.00	522
李成章教练奥数笔记.第2卷	2016—01	48.00	523
李成章教练奥数笔记.第3卷	2016—01	38.00	524
李成章教练奥数笔记.第4卷	2016—01	38.00	525
李成章教练奥数笔记.第5卷	2016—01	38.00	526
李成章教练奥数笔记.第6卷	2016—01	38.00	527
李成章教练奥数笔记.第7卷	2016—01	38.00	528
李成章教练奥数笔记.第8卷	2016—01	48.00	529
李成章教练奥数笔记.第9卷	2016—01	28.00	530

刘培杰数学工作室
已出版(即将出版)图书目录——初等数学

书 名	出版时间	定价	编号
第19～23届"希望杯"全国数学邀请赛试题审题要津详细评注(初一版)	2014—03	28.00	333
第19～23届"希望杯"全国数学邀请赛试题审题要津详细评注(初二、初三版)	2014—03	38.00	334
第19～23届"希望杯"全国数学邀请赛试题审题要津详细评注(高一版)	2014—03	28.00	335
第19～23届"希望杯"全国数学邀请赛试题审题要津详细评注(高二版)	2014—03	38.00	336
第19～25届"希望杯"全国数学邀请赛试题审题要津详细评注(初一版)	2015—01	38.00	416
第19～25届"希望杯"全国数学邀请赛试题审题要津详细评注(初二、初三版)	2015—01	58.00	417
第19～25届"希望杯"全国数学邀请赛试题审题要津详细评注(高一版)	2015—01	48.00	418
第19～25届"希望杯"全国数学邀请赛试题审题要津详细评注(高二版)	2015—01	48.00	419
物理奥林匹克竞赛大题典——力学卷	2014—11	48.00	405
物理奥林匹克竞赛大题典——热学卷	2014—04	28.00	339
物理奥林匹克竞赛大题典——电磁学卷	2015—07	48.00	406
物理奥林匹克竞赛大题典——光学与近代物理卷	2014—06	28.00	345
历届中国东南地区数学奥林匹克试题集(2004～2012)	2014—06	18.00	346
历届中国西部地区数学奥林匹克试题集(2001～2012)	2014—07	18.00	347
历届中国女子数学奥林匹克试题集(2002～2012)	2014—08	18.00	348
数学奥林匹克在中国	2014—06	98.00	344
数学奥林匹克问题集	2014—01	38.00	267
数学奥林匹克不等式散论	2010—06	38.00	124
数学奥林匹克不等式欣赏	2011—09	38.00	138
数学奥林匹克超级题库(初中卷上)	2010—01	58.00	66
数学奥林匹克不等式证明方法和技巧(上、下)	2011—08	158.00	134,135
他们学什么:原民主德国中学数学课本	2016—09	38.00	658
他们学什么:英国中学数学课本	2016—09	38.00	659
他们学什么:法国中学数学课本.1	2016—09	38.00	660
他们学什么:法国中学数学课本.2	2016—09	28.00	661
他们学什么:法国中学数学课本.3	2016—09	38.00	662
他们学什么:苏联中学数学课本	2016—09	28.00	679
高中数学题典——集合与简易逻辑·函数	2016—07	48.00	647
高中数学题典——导数	2016—07	48.00	648
高中数学题典——三角函数·平面向量	2016—07	48.00	649
高中数学题典——数列	2016—07	58.00	650
高中数学题典——不等式·推理与证明	2016—07	38.00	651
高中数学题典——立体几何	2016—07	48.00	652
高中数学题典——平面解析几何	2016—07	78.00	653
高中数学题典——计数原理·统计·概率·复数	2016—07	48.00	654
高中数学题典——算法·平面几何·初等数论·组合数学·其他	2016—07	68.00	655

刘培杰数学工作室
已出版（即将出版）图书目录——初等数学

书　名	出版时间	定　价	编号
台湾地区奥林匹克数学竞赛试题.小学一年级	2017—03	38.00	722
台湾地区奥林匹克数学竞赛试题.小学二年级	2017—03	38.00	723
台湾地区奥林匹克数学竞赛试题.小学三年级	2017—03	38.00	724
台湾地区奥林匹克数学竞赛试题.小学四年级	2017—03	38.00	725
台湾地区奥林匹克数学竞赛试题.小学五年级	2017—03	38.00	726
台湾地区奥林匹克数学竞赛试题.小学六年级	2017—03	38.00	727
台湾地区奥林匹克数学竞赛试题.初中一年级	2017—03	38.00	728
台湾地区奥林匹克数学竞赛试题.初中二年级	2017—03	38.00	729
台湾地区奥林匹克数学竞赛试题.初中三年级	2017—03	28.00	730
不等式证题法	2017—04	28.00	747
平面几何培优教程	即将出版		748
奥数鼎级培优教程.高一分册	2018—09	88.00	749
奥数鼎级培优教程.高二分册.上	2018—04	68.00	750
奥数鼎级培优教程.高二分册.下	2018—04	68.00	751
高中数学竞赛冲刺宝典	2019—04	68.00	883
初中尖子生数学超级题典.实数	2017—07	58.00	792
初中尖子生数学超级题典.式、方程与不等式	2017—08	58.00	793
初中尖子生数学超级题典.圆、面积	2017—08	38.00	794
初中尖子生数学超级题典.函数、逻辑推理	2017—08	48.00	795
初中尖子生数学超级题典.角、线段、三角形与多边形	2017—07	58.00	796
数学王子——高斯	2018—01	48.00	858
坎坷奇星——阿贝尔	2018—01	48.00	859
闪烁奇星——伽罗瓦	2018—01	58.00	860
无穷统帅——康托尔	2018—01	48.00	861
科学公主——柯瓦列夫斯卡娅	2018—01	48.00	862
抽象代数之母——埃米·诺特	2018—01	48.00	863
电脑先驱——图灵	2018—01	58.00	864
昔日神童——维纳	2018—01	48.00	865
数坛怪侠——爱尔特希	2018—01	68.00	866
当代世界中的数学.数学思想与数学基础	2019—01	38.00	892
当代世界中的数学.数学问题	2019—01	38.00	893
当代世界中的数学.应用数学与数学应用	2019—01	38.00	894
当代世界中的数学.数学王国的新疆域（一）	2019—01	38.00	895
当代世界中的数学.数学王国的新疆域（二）	2019—01	38.00	896
当代世界中的数学.数林撷英（一）	2019—01	38.00	897
当代世界中的数学.数林撷英（二）	2019—01	48.00	898
当代世界中的数学.数学之路	2019—01	38.00	899

刘培杰数学工作室
已出版(即将出版)图书目录——初等数学

书　名	出版时间	定价	编号
105个代数问题:来自AwesomeMath夏季课程	2019-02	58.00	956
106个几何问题:来自AwesomeMath夏季课程	即将出版		957
107个几何问题:来自AwesomeMath全年课程	即将出版		958
108个代数问题:来自AwesomeMath全年课程	2019-01	68.00	959
109个不等式:来自AwesomeMath夏季课程	2019-04	58.00	960
国际数学奥林匹克中的110个几何问题	即将出版		961
111个代数和数论问题	2019-05	58.00	962
112个组合问题:来自AwesomeMath夏季课程	2019-05	58.00	963
113个几何不等式:来自AwesomeMath夏季课程	即将出版		964
114个指数和对数问题:来自AwesomeMath夏季课程	即将出版		965
115个三角问题:来自AwesomeMath夏季课程	即将出版		966
116个代数不等式:来自AwesomeMath全年课程	2019-04	58.00	967
紫色慧星国际数学竞赛试题	2019-02	58.00	999
澳大利亚中学数学竞赛试题及解答(初级卷)1978~1984	2019-02	28.00	1002
澳大利亚中学数学竞赛试题及解答(初级卷)1985~1991	2019-02	28.00	1003
澳大利亚中学数学竞赛试题及解答(初级卷)1992~1998	2019-02	28.00	1004
澳大利亚中学数学竞赛试题及解答(初级卷)1999~2005	2019-02	28.00	1005
澳大利亚中学数学竞赛试题及解答(中级卷)1978~1984	2019-03	28.00	1006
澳大利亚中学数学竞赛试题及解答(中级卷)1985~1991	2019-03	28.00	1007
澳大利亚中学数学竞赛试题及解答(中级卷)1992~1998	2019-03	28.00	1008
澳大利亚中学数学竞赛试题及解答(中级卷)1999~2005	2019-03	28.00	1009
澳大利亚中学数学竞赛试题及解答(高级卷)1978~1984	2019-05	28.00	1010
澳大利亚中学数学竞赛试题及解答(高级卷)1985~1991	2019-05	28.00	1011
澳大利亚中学数学竞赛试题及解答(高级卷)1992~1998	2019-05	28.00	1012
澳大利亚中学数学竞赛试题及解答(高级卷)1999~2005	2019-05	28.00	1013
天才中小学生智力测验题.第一卷	2019-03	38.00	1026
天才中小学生智力测验题.第二卷	2019-03	38.00	1027
天才中小学生智力测验题.第三卷	2019-03	38.00	1028
天才中小学生智力测验题.第四卷	2019-03	38.00	1029
天才中小学生智力测验题.第五卷	2019-03	38.00	1030
天才中小学生智力测验题.第六卷	2019-03	38.00	1031
天才中小学生智力测验题.第七卷	2019-03	38.00	1032
天才中小学生智力测验题.第八卷	2019-03	38.00	1033
天才中小学生智力测验题.第九卷	2019-03	38.00	1034
天才中小学生智力测验题.第十卷	2019-03	38.00	1035
天才中小学生智力测验题.第十一卷	2019-03	38.00	1036
天才中小学生智力测验题.第十二卷	2019-03	38.00	1037
天才中小学生智力测验题.第十三卷	2019-03	38.00	1038

刘培杰数学工作室
已出版(即将出版)图书目录——初等数学

书 名	出版时间	定 价	编号
重点大学自主招生数学备考全书:函数	即将出版		1047
重点大学自主招生数学备考全书:导数	即将出版		1048
重点大学自主招生数学备考全书:数列与不等式	即将出版		1049
重点大学自主招生数学备考全书:三角函数与平面向量	即将出版		1050
重点大学自主招生数学备考全书:平面解析几何	即将出版		1051
重点大学自主招生数学备考全书:立体几何与平面几何	即将出版		1052
重点大学自主招生数学备考全书:排列组合.概率统计.复数	即将出版		1053
重点大学自主招生数学备考全书:初等数论与组合数学	即将出版		1054
重点大学自主招生数学备考全书:重点大学自主招生真题.上	2019-04	68.00	1055
重点大学自主招生数学备考全书:重点大学自主招生真题.下	2019-04	58.00	1056
高中数学竞赛培训教程:平面几何问题的求解方法与策略.上	2018-05	68.00	906
高中数学竞赛培训教程:平面几何问题的求解方法与策略.下	2018-06	78.00	907
高中数学竞赛培训教程:整除与同余以及不定方程	2018-01	88.00	908
高中数学竞赛培训教程:组合计数与组合极值	2018-04	48.00	909
高中数学竞赛培训教程:初等代数	2019-04	78.00	1042
高中数学讲座:数学竞赛基础教程(第一册)	2019-06	48.00	1094
高中数学讲座:数学竞赛基础教程(第二册)	即将出版		1095
高中数学讲座:数学竞赛基础教程(第三册)	即将出版		1096
高中数学讲座:数学竞赛基础教程(第四册)	即将出版		1097

联系地址:哈尔滨市南岗区复华四道街 10 号   哈尔滨工业大学出版社刘培杰数学工作室
 网   址:http://lpj.hit.edu.cn/
 邮   编:150006
联系电话:0451-86281378   13904613167
 E-mail:lpj1378@163.com